U0791677

DIANLI XITONG JIDIAN BAOHU ZUOYEYUAN KAOHE TIKU

电力系统继电保护作业员

考核题库

王其林 主编

本书配套电子题库可供答题练习。用手机微信扫描二维码可直接练习；如需在 PC 端使用，请用手机微信扫描二维码，打开后点右上角三个点，分享给 PC 版微信，在 PC 上点击链接即可打开题库练习。

中国电力出版社
CHINA ELECTRIC POWER PRESS

内容提要

本书是在深圳供电局《继电保护岗位胜任力考核题库》、历年继电保护作业员考试和各级技能竞赛试题的基础上，编写的一本继电保护作业员理论考核题库，全书贯彻着以实际应用为主线的特点，采用试题的形式介绍继电保护在电力系统中的实际应用，内容覆盖了电网企业继电保护班组作业员需掌握的全部内容，突出了应当重点掌握的基础知识、基本原理、有关规程规定、继电保护反事故措施等。

本书不仅可以作为从事电力系统继电保护作业人员岗位胜任力考核和技能鉴定用书，而且还可以作为电力系统继电保护工作的运行、维护、管理人员和高等学校电力系统专业师生的专业参考书籍和培训教材。

图书在版编目（CIP）数据

电力系统继电保护作业员考核题库 / 王其林主编．—北京：中国电力出版社，2020.10

ISBN 978-7-5198-4037-2

Ⅰ．①电…　Ⅱ．①王…　Ⅲ．①电力系统－继电保护－资格考试－习题集　Ⅳ．① TM77-44

中国版本图书馆 CIP 数据核字（2019）第 252470 号

出版发行：中国电力出版社
地　　址：北京市东城区北京站西街 19 号（邮政编码 100005）
网　　址：http://www.cepp.sgcc.com.cn
责任编辑：唐　玲（010-63412722）
责任校对：黄　蓓　郝军燕
装帧设计：张俊霞
责任印制：钱兴根

印　　刷：三河市万龙印装有限公司
版　　次：2020 年 10 月第一版
印　　次：2020 年 10 月北京第一次印刷
开　　本：787 毫米 ×1092 毫米　16 开本
印　　张：26.75
字　　数：614 千字
定　　价：80.00 元

版权专有　侵权必究

本书如有印装质量问题，我社营销中心负责退换

编委会

主　　编： 王其林

编写人员： 冯宗建　张　文　王勋江　马　帅　童斯琦　饶　博　郑润蓝　李洪卫　程景清

前 言

多年来，为了促进继电保护专业作业人员业务水平的提高，建设一支高素质的继电保护作业人员队伍，深圳供电局培训评价中心坚持探索继电保护岗位人员胜任力模型和胜任力考核模块的修编工作，极大地推动了继电保护作业人员学习专业知识的积极性，激发了刻苦钻研业务的热情，为保证电网安全稳定运行作出了贡献。

本书是在深圳供电局《继电保护岗位胜任力考核题库》、历年继电保护作业员考试和各级技能竞赛试题的基础上，编写的一本继电保护作业员理论考核题库，全书贯彻着以实际应用为主线的特点，采用试题的形式介绍继电保护在电力系统中的实际应用，内容覆盖了电网企业继电保护班组作业员需掌握的全部内容，突出了应当重点掌握的基础知识、基本原理、有关规程规定、继电保护反事故措施等。

本书在编写过程中尽力做到由浅入深、由易到难，各种公式的推导严密完整，答案的阐述清晰准确，力求使具有专科以上学历的电力系统专业的人员能够理解并且掌握；重点考核了专业人员的技术水平、专业知识面的深度与广度、综合业务能力和实际工作能力，并适当的设置了与继电保护相关专业，如综合自动化、安全自动装置、运行方式和一次设备操作等方面的内容。

本书的出版必将有利于推进继电保护专业作业人员的学习和培训工作，有助于继电保护、运行专业人员完整了解、掌握继电保护知识，并提高继电保护运行水平。本书不仅可以作为从事电力系统继电保护作业人员岗位胜任力考核和技能鉴定用书，而且还可以作为电力系统继电保护工作的运行、维护、管理人员和高等学校电力系统专业师生的专业参考书籍和培训教材。

本书在编写过程中参考了部分兄弟单位的日常培训考核试题，编者表示衷心的感谢。

编者

2020 年 7 月

目录

一、基础知识

1. 发生两相短路时，短路点处正序电压与负序电压的关系为（　　）。

A. $U_{k1}>U_{k2}$　　B. $U_{k1}=U_{k2}$　　C. $U_{k1}<U_{k2}$

2. 某35kV变电站发“35kV母线接地”信号，测得三相电压为A相22.5kV，B相23.5kV，C相0.6kV，则应判断为（　　）。

A. 单相接地　　B. TV断线　　C. 铁磁谐振

3. 电力系统中处于额定运行状况的电压互感器TV和电流互感器TA，设TV铁芯中的磁密为B_V，TA铁芯中的磁密为B_A，B_V和B_A相比（　　）。

A. $B_V>B_A$　　B. $B_V\approx B_A$　　C. $B_V<B_A$　　D. 大小不确定

4. 中性点不接地系统，发生金属性两相接地故障时，故障点健全相的对地电压（　　）。

A. 为正常相电压的1.5倍　　B. 略微增大

C. 略微减小　　D. 不变

5. 来自电压互感器二次侧的四根开关场引入线（U_a、U_b、U_c、U_n）和电压互感器三次侧的两根开关场引入线（开口三角的U_L、U_n）中的两根零相电缆芯U_n（　　）。

A. 必须分别引至控制室，并在控制室接地

B. 在开关场并接后，合成一根引至控制室接地

C. 三次侧的U_n在开关场接地后引入控制室N600，二次侧的U_n单独引入控制室N600并接地

D. 二次侧的U_n在开关场接地后引入控制室N600，三次侧的U_n单独引入控制室N600并接地

6. 系统振荡时，系统中各元件阻抗角相同，两侧电源S、R电动势幅值$|E_S|=\left|\frac{1}{\sqrt{3}}E_R\right|$，两侧电动势之间夹角摆开至90°，则振荡中心位置距离电源S、R之比为（　　）。

A. 1∶4　　B. 1∶3　　C. 1∶$\sqrt{3}$　　D. $\sqrt{3}$∶1

7. 高压开关控制回路中防跳继电器的动作电流应小于开关跳闸电流的（　　），线圈压降应小于10%额定电压。

A. 50%　　B. 80%　　C. 20%　　D. 85%

8. 某距离保护的动作方程为$90°<\arg[(Z_J-Z_{DZ})/Z_J]<270°$，它在阻抗复数平面上的动作特性是以$+Z_{DZ}$与坐标原点两点的连线为直径的圆。特性为以$+Z_{DZ}$与坐标原点连线为

长轴的透镜的动作方程（$\delta>0°$）是（　　）。

A. $90°+\delta<\arg[(Z_J-Z_{DZ})/Z_J]<270°+\delta$　B. $90°+\delta<\arg[(Z_J-Z_{DZ})/Z_J]<270°-\delta$

C. $90°-\delta<\arg[(Z_J-Z_{DZ})/Z_J]<270°+\delta$　D. $90°-\delta<\arg[(Z_J-Z_{DZ})/Z_J]<270°-\delta$

9. 电压互感器二次回路应满足在额定容量时，从电压互感器端子至保护屏的压降不超过额定电压的（　　）。

A. 2%　B. 3%　C. 5%　D. 10%

10. 一套独立保护装置在不同的保护屏上，其直流电源必须（　　）。

A. 从同一专用端子对取得正、负直流电源

B. 从出口继电器屏上的专用端子对取得正、负直流电源

C. 从各自的安装保护屏上的专用端子对取得正、负直流电源

D. 从直流电源屏单独取得正、负直流电源

11. 在220kV电网中，单相接地时开口三角形上电压与自产$3U_0$的比值为（　　）。

A. 1　B. $\sqrt{3}$　C. $\sqrt{2}$　D. 3

12. 在接地阻抗继电器中，当单相经过渡电阻接地时，送电侧阻抗继电器的测量阻抗要发生变化，出现由过渡电阻产生的附加阻抗，下列说法正确的是（　　）。

A. 附加阻抗呈阻容性，保护区伸长

B. 附加阻抗呈阻容性，保护区缩短

C. 附加阻抗呈阻感性，保护区伸长

D. 附加阻抗呈阻感性，保护区缩短

13. 某P型电流互感器，二次侧接纯电阻负载，若不计铁芯损耗和绕组漏抗，在某一正弦电流作用下铁芯处于线性范围内，当该正弦电流大小不变仅频率降低时，相角误差δ、变比误差ε的变化是（　　）。

A. δ增大、ε值不变　B. δ不变、ε值增大

C. δ、ε值均不变　D. δ、ε值均增大

14. 比率制动差动继电器，动作门槛电流为2A，比率制动系数为0.5，拐点电流为5A。本差动继电器的动作判据为$I_{DZ}=|I_1+I_2|$，制动量为$\{I_1, I_2\}$取较大者。模拟穿越性故障，当I_1=7A时测得差电流I_C=2.8A，此时，该继电器（　　）。

A. 动作　B. 不动作　C. 处于动作边界　D. 不确定

15. 同杆双回线均运行时，第二回线中的零序电流对第一回线的互感产生（　　）作用，架空地线流经电流对第一回线的互感产生（　　）作用。

A. 去磁、去磁　B. 去磁、助磁　C. 助磁、助磁　D. 助磁、去磁

16. 对接地距离继电器，如发生A相接地故障，为消除电压死区，采用（　　）作极化电压效果最好。

A. AC相间电压　B. AB相间电压　C. BC相间电压　D. 都可以

17. 方向元件的原理是利用（　　）。

A. 正向故障时$\dfrac{\Delta\dot{U}}{\Delta\dot{I}}=Z_L+Z_{SN}$，反向故障时$\dfrac{\Delta\dot{U}}{\Delta\dot{I}}=-Z_{SM}$

B. 正向故障时 $\frac{\Delta\dot{U}}{\Delta\dot{I}}=Z_{\mathrm{L}}+Z_{SN}$，反向故障时 $\frac{\Delta\dot{U}}{\Delta\dot{I}}=-Z_{SM}$

C. 正向故障时 $\frac{\Delta\dot{U}}{\Delta\dot{I}}=-Z_{SM}$，反向故障时 $\frac{\Delta\dot{U}}{\Delta\dot{I}}=Z_{\mathrm{L}}+Z_{SN}$

D. 正向故障时 $\frac{\Delta\dot{U}}{\Delta\dot{I}}=Z_{SM}$，反向故障时 $\frac{\Delta\dot{U}}{\Delta\dot{I}}=-\left(Z_{\mathrm{L}}+Z_{SN}\right)$

18. 断路器最低跳闸电压及最低合闸电压不应低于 30% 的额定电压，且不应大于（　　）额定电压。

A. 30%　　B. 50%　　C. 65%

19. 对称三相电源为星形联结，若已知 $U_{\mathrm{c}}=220\angle60°\mathrm{V}$，则 $U_{\mathrm{ac}}=$（　　）。

A. 220∠90°V　　B. 380∠90°V　　C. 220∠−90°V　　D. 380∠−90°V

20. 阻抗继电器动作特性在 R 轴方向的面积越大，克服过渡电阻的能力（　　），克服振荡影响的能力（　　）。

A. 越强，越弱　　B. 越弱，越强　　C. 越强，越强

21. 应严防电压互感器的反充电，这是因为反充电将使电压互感器严重过载，如变比为 220/0.1 的电压互感器，它所接母线的对地绝缘电阻虽有 1MΩ，但换算至二次侧的电阻只有（　　），相当于短路。

A. 0.21Ω　　B. 0.45Ω　　C. 0.12Ω

22. TA 回路接入保护时，N 线断线，发生单相接地故障时，保护电流采样（　　）。

A. 自产零序、外接零序采样均正常，无影响

B. 自产零序、外接零序采样均无零序电流

C. 自产零序正常，外接零序无采样

D. 自产零序无采样，外接零序采样正常

23. 为了提高电力系统暂态稳定水平，以下属于减小加速面积的措施为（　　）。

A. 串联电容补偿　　B. 加快切除短路故障

C. 电气制动　　D. 自动重合闸

24. 关于电流互感器，下列说法中错误的是（　　）。

A. 准确度等级分 0.2、0.5、5P、10P 等

B. 5P、10P 属于保护用电流互感器

C. 500kV 系统中线路保护、断路器保护等常用 TPY 级互感器

D. 暂态型电流互感器有 TPS、TPX、TPY、TPZ 四个等级

25. 在小电网中，为了防止自动低频减负荷装置过切负荷，通常设置 $\mathrm{d}f/\mathrm{d}t$ 闭锁判据，当满足低频和延时条件后，还需判断（　　）才动作出口。

A、$\mathrm{d}f/\mathrm{d}t>0$　　B、$\mathrm{d}f/\mathrm{d}t=0$　　C、$\mathrm{d}f/\mathrm{d}t<0$

26. 对于 220kV 电网，以 1000MVA 折算的阻抗标幺值比 100MVA 折算的阻抗标幺值（　　）。

A. 大　　B. 小　　C. 大小相同

27. 就 P 型电流互感器、TPY 型电流互感器来说，下列说法正确的是（　　）。

A. TPY 型电流互感器因铁芯有小气隙，故铁芯不会发生饱和

B. P 型电流互感器铁芯剩磁大，TPY 型电流互感器铁芯剩磁小

C. 当一次电流因开关跳闸强迫为零后，P 型电流互感器二次电流衰减要比 TPY 型二次电流衰减慢得多，因为 P 型电流互感器二次回路时间常数比 TPY 型二次回路时间常数大得多

28. 下列描述正确的是（　　）。

A. 微机继电保护装置的所有输出端子不应与其弱电系统（指 CPU 的电源系统）有电的联系

B. 微机继电保护装置不应设有自恢复电路，在因干扰而造成程序走死时，不应通过自恢复电路恢复正常工作

C. 微机继电保护装置中零序电压应采用外接零序电压。如果无外接零序电压，应采用自产零序电压

D. 开关量输入回路应直接使用微机继电保护装置的直流电源，光耦导通动作电压应在额定直流电源的 50%～70%

29. 传输允许命令信号的继电保护复用接口设备（　　）。

A. 动作或返回都应带有展宽时间

B. 动作应带展宽时间，返回不应带展宽时间

C. 动作不应带展宽时间，返回应带展宽时间

D. 动作或返回都不应带有展宽时间

30. 在三相对称故障时，计算电流互感器的二次负载，三角形接线是星形接线的（　　）。

A. 2 倍　　B. $\sqrt{3}$ 倍　　C. 3 倍　　D. $1/\sqrt{3}$ 倍

31. 采用（　　），就不存在由发电机间相角确定的功率极限问题，不受系统稳定的限制。

A. 串联补偿　　B. 直流输电　　C. 并联补偿

32. 在微机保护中经常用全周傅氏算法计算工频量的有效值和相角，当用该算法时正确的说法是（　　）。

A. 对直流分量和衰减的直流分量都有很好的滤波作用

B. 对直流分量和所有的谐波分量都有很好的滤波作用

C. 对直流分量和整数倍的谐波分量都有很好的滤波作用

33. 在保护柜端子排上（外回路断开），用 1000V 绝缘电阻表测量保护各回路对地的绝缘电阻值应（　　）。

A. 大于 10MΩ　　B. 大于 5MΩ　　C. 大于 0.5MΩ

34. 系统频率的突然深度下降，标志着严重的系统事故即将来临，（　　）是对付频率崩溃的最有效手段。

A. 负荷调节效应　　B. 按频率减负荷

C. 发电机组快速增加出力　　D. 短时投入电气制动

35. 某系统的负荷总功率为 5000MW，设想系统最大的功率缺额为 1200MW，该系

统负荷调节效应系数为 2，在低周减载装置动作后，希望系统恢复频率为 49.5Hz，此时依靠低周减载装置动作需要切除的最大功率是（　　）。

A. 969.4MW　　B. 1122.4MW　　C. 600MW　　D. 1224.5MW

36. 第一次采用的国外保护装置，必须经部质检中心进行（　　），确认其性能、指标等能够满足我国电网对继电保护装置的要求方可选用，否则不得进口、入网运行。

A. 电干扰试验　　B. 静态模拟试验　　C. 动态模拟试验　　D. 整组试验

37. 观察下图 35kV 母线电压和零序 $3U_0$ 录波，判断电网发生了（　　）异常情况。

A. 功率振荡　　B. 三相短路　　C. 铁磁谐振　　D. 接地故障

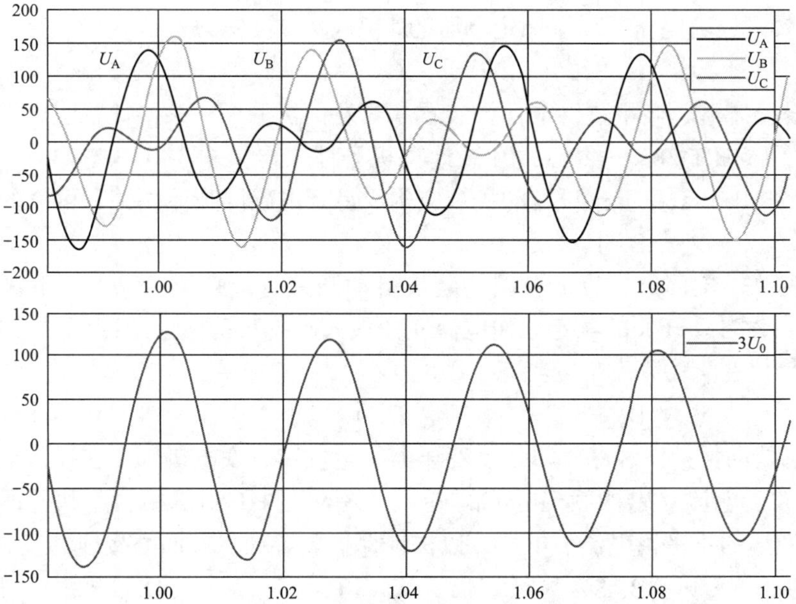

38. 电压互感器有两种：电容式电压互感器与电磁式电压互感器，其中暂态特性较差的是（　　）电压互感器。

A. 电容式　　B. 电磁式　　C. 都一样

39. 两相短路时，短路点故障相电流是正序电流的（　　）。

A. $\sqrt{2}$ 倍　　B. $\sqrt{3}$ 倍　　C. 2 倍

40. 单相断线的故障断口边界条件与（　　）的相似。

A. 单相接地短路　B. 两相短路　　C. 两相短路接地

41. 相当于负序分量的高次谐波是（　　）谐波。

A. $3n$ 次（其中 n 为正整数，余同）　B. $3n+1$ 次

C. $3n+2$ 次　　D. 上述三种以外的

42. 对称三角形接的三相负载 Z 等效成星形联结后，各相阻抗为（　　）。

A. $3Z$　　B. Z　　C. $\frac{1}{3}Z$　　D. $0.3Z$

43. 防跳继电器动作时间应与断路器动作时间配合，断路器（　　）保护的动作时间应与其他保护动作时间相配合。

A. 充电　B. 失灵　C. 死区　D. 三相位置不一致

44. 配置足够的保护备品、备件，缩短继电保护缺陷处理时间。微机保护装置的开关电源模件宜在运行（　　）后予以更换。

A. 3 年　B. 8 年　C. 6 年　D. 10 年

45. 由开关场的变压器、断路器、隔离开关和电流互感器、电压互感器等设备至开关场就地端子箱之间的二次电缆应经（　　）从一次设备的接线盒（箱）引至电缆沟，并将金属管的上端与上述设备的底座和金属外壳良好焊接，下端就近与主接地网良好焊接。

A. 金属管　B. 塑料管　C. 橡胶管　D. 陶瓷管

46. 继电保护直流系统运行中的电压纹波系数应不大于（　　），最低电压不低于额定电压的 85%，最高电压不高于额定电压的 110%。

A. 2%　B. 3%　C. 4%　D. 5%

47. 装设静态型、微机型继电保护装置和收发信机的厂、站接地电阻应按《计算机场地通用规范》（GB/T 2887—2011）和《计算机场地安全要求》（GB/T 9361—2011）的规定，不大于（　　）Ω，上述设备的机箱应构成良好电磁屏蔽体，并有可靠的接地措施。

A. 0.5　B. 1　C. 1.5　D. 2

48. 直流总输出回路、直流分路均装设自动开关时，必须确保上、下级自动开关有选择性地配合，自动开关的额定工作电流应按最大动态负荷电流（即保护三相同时动作、跳闸和收发信机在满功率发信的状态下）的（　　）倍选用。

A. 1.2　B. 1.5　C. 1.8　D. 2.0

49. 所有差动保护（线路、母线、变压器、电抗器、发电机等）在投入运行前，除应在负荷电流大于电流互感器额定电流的（　　）的条件下测定相回路和差回路外，还必须测量各中性线的不平衡电流、电压，以保证保护装置和二次回路接线的正确性。

A. 5%　B. 8%　C. 10%　D. 20%

50. 如果对短路点的正、负、零序综合电抗为 $X_{1\Sigma}$、$X_{2\Sigma}$、$X_{0\Sigma}$，而且 $X_{1\Sigma}=X_{2\Sigma}$，故障点的单相接地故障相的电流比三相短路电流大的条件是（　　）。

A. $X_{1\Sigma}>X_{0\Sigma}$　B. $X_{1\Sigma}=X_{0\Sigma}$　C. $X_{1\Sigma}<X_{0\Sigma}$　D. 不确定

51. 把三相不对称相量分解为正序、负序及零序三组对称分量时，其中正序分量 A_1 为（　　）。

A. $\frac{1}{3}\left(A+a^2B+aC\right)$　B. $\frac{1}{3}\left(A+aB+a^2C\right)$

C. $\frac{1}{3}\left(A+B+C\right)$　D. $\frac{1}{3}\left(aA+a^2B+C\right)$

52. 接地阻抗继电器接线方式输入电压 U_k、输入电流 I_k 分别是（　　）。

A. U_p，I_p　B. U_p，I_p+3kI_o　C. U_{pp}，I_{pp}　D. U_{pp}，I_p+3kI_o

53. 在高频闭锁零序距离保护中，保护停信需带一短延时，这是为了（　　）。

A. 防止外部故障时的暂态过程而误动

B. 防止外部故障时功率倒向而误动

C. 与远方启动相结合，等待对端闭锁信号的到来，防止区外故障时误动

D. 防止内部故障时高频保护拒动

54. 在区外故障时，阻抗继电器因过渡电阻影响发生超越现象，此时阻抗继电器的测量阻抗因过渡电阻影响而增加的附加分量是（　　）。

A. 电阻性　　B. 电容性　　C. 电感性　　D. 不确定

55. 工作电压 $\dot{U}_{op}$ 在正常情况下，振荡、区外故障以及两相运行状态下等于（　　）的电压。

A. 线路上整定值末端 Y 点的电压　　B. 电源处

C. 故障点　　D. 保护安装处

56. 发电厂（站）、变电站的直流母线电压最高不应超过额定电压的 115%，在最大负荷情况下保护动作时不应低于额定电压的（　　）。

A. 85%　　B. 80%　　C. 90%　　D.100%

57. 电压回路最大负荷时，保护和自动装置的电压降不得超过其额定电压的（　　）。

A. 2%　　B. 3%　　C. 5%　　D. 10%

58. 防跳继电器的动作电流应小于跳闸电流的（　　），线圈压降小于额定值的 10%。

A. 80%　　B. 70%　　C. 50%　　D. 30%

59. 在微机装置的检验过程中，如必须使用电烙铁，应使用专用电烙铁，并将电烙铁与保护屏（柜）（　　）。

A. 在同一点接地　　B. 分别接地

C. 只需保护屏（柜）接地　　D. 只需电烙铁接地

60. 三相对称负荷电流为 5A，用钳形电流表测量电流，分别卡 A 相、AB 相、ABC 三相，电流指数结果为（　　）。

A. 5A，10A，0A　　B. 5A，5A，5A

C. 5A，5A，0A　　D. 5A，10A，15A

61. 安装于同一面屏上由不同端子对供电的两套保护装置的直流逻辑回路之间，（　　）。

A. 为防止相互干扰，绝对不允许有任何电磁联系

B. 不允许有任何电的联系，如有需要必须经空触点输出

C. 一般不允许有电磁联系，如有需要应加装抗干扰电容等

62. 综自系统中，如果某线路的测控单元故障，则下列情况中正确的是（　　）。

A. 后台不能接收到保护动作信号　　B. 保护动作后断路器不能跳闸

C. 后台不能进行遥控操作

63. 使用钳形电流表，可先选择（　　）然后根据读数逐次切换。

A. 最高挡位　　B. 最低挡位　　C. 一半　　D. 任何挡位

64. 校核母差保护电流互感器的 10% 误差曲线时，计算电流倍数最大的情况是元件（　　）。

A. 对侧无电源　　B. 对侧有电源　　C. 都一样

65. 差动保护的二次不平衡电流与一次三相对称穿越性电流的关系曲线（　　）。

A. 呈明显的非线性特性　　B. 大致是直线　　C. 不定

66. 设备停电时，应先停一次设备，后停保护；送电时，应在（　　）投入保护。

A. 合刀闸前　　B. 合开关前　　C. 合开关后　　D. 无所谓

67. 如果用低额定电压规格的直流继电器串联电阻的方式，串联电阻一般应接于（　　）。

A. 负电源侧　　B. 正电源侧　　C. 远离正、负电源（不能接于电源端）

68. 电力系统发生振荡时，各点电压和电流（　　）。

A. 之间的相位角基本不变　　B. 均会发生突变

C. 在振荡的频率高时会发生突变　　D. 均做往复性摆动

69. 为了限制故障的扩大，减轻设备的损坏，提高系统的稳定性，要求继电保护装置具有（　　）。

A. 灵敏性　　B. 快速性　　C. 可靠性　　D. 选择性

70. 220～500kV 线路分相操作断路器使用单相重合闸，要求断路器三相合闸不同期时间不大于（　　）。

A. 1ms　　B. 5ms　　C. 10ms　　D. 15ms

71. 关于微机保护输出接点说法正确的是（　　）。

A. 给故障录波器的接点，应该用不带保持的瞬时接点

B. 给微机监控的接点，应该用带保持的接点

C. 给音响的接点，应该用不带保持的瞬时接点

D. 给光字牌的接点，应该用不带保持的瞬时接点

72. 如果 TA 二次回路负担不满足要求，则下面做法不正确的是（　　）。

A. 将两套相同变比的 TA 串联使用　　B. 选用变比较小的 TA 圈

C. 选用 TA 直阻较小的 TA 圈　　D. 增加 TA 二次回路导线截面面积

73. 下列说法中不正确的是：变压器分相电流差动保护（　　）。

A. 定值整定值可以不躲励磁涌流　　B. 反应匝间短路故障

C. 反应两相、三相短路故障　　D. 反应单相、两相接地故障

74. 接地系统中一线路的零序阻抗角为 70°，故障时关于零序电压 $3U_0$ 与零序电流 $3I_0$ 的说法正确的是（　　）。

A. 如果故障是单相接地，则 $3I_0$ 落后 $3U_0$ 70°

B. 如果故障是两相接地，则 $3I_0$ 落后 $3U_0$ 70°

C. 无论故障是单相还是两相接地，$3I_0$ 都超前 $3U_0$ 110°

D. 如果故障是单相接地，则 $3I_0$ 超前 $3U_0$ 70°；如果故障是两相接地，则无法判断

75. 四统一设计的距离保护使用的防失压误动方法是（　　）。

A. 断线闭锁装置切断操作正电源　　B. 装设快速开关，并联切操作电源

C. 整组以电流启动及断线闭锁启动总闭锁

76. 零度接线的阻抗继电器，在三相或两相短路情况下，其测量阻抗（　　）。

A. 三相短路大于两相短路　　B. 两相短路大于三相短路

C. 两种情况下相等

77. 来自室外开关场的电压互感器的二次侧 4 根引入线和三次侧的 2（3）根引入线

中的两根零相线必须（　　）。

A. 在开关场并接后合成一根，引入控制室接至 N600

B. 分别引至控制室 N600

C. 二次侧的零相引入室内 N600，三次侧的零相接地后再引入室内 N600

78. 方向阻抗继电器中，记忆回路的作用是（　　）。

A. 提高灵敏度　　B. 消除正向出口三相短路死区

C. 防止反向出口短路死区

79. 电力系统在发生故障或断开线路等大的扰动后仍能保持同步稳定运行，我们称之为系统（　　）。

A. 静稳定　　B. 暂态稳定　　C. 动态稳定

80. 过渡电阻对距离继电器工作的影响是（　　）。

A. 只会使保护区缩短　　B. 只会使继电器超越

C. 视条件可能会失去方向性，也可能使保护区缩短，也可能超越或拒动

81. 各种类型短路的电压分布规律是（　　）。

A. 正序电压、负序电压、零序电压越靠近电源数值越高

B. 正序电压、负序电压越靠近电源数值越高，零序电压越靠近短路点数值越高

C. 正序电压越靠近电源数值越高，负序电压、零序电压越靠近短路点数值越高

82. 在电力系统中发生不对称故障时，短路电流中的各序分量，其中受两侧电动势相角差影响的是（　　）。

A. 正序分量　　B. 负序分量

C. 正序分量和负序分量　　D. 零序分量

83. 从继电保护原理上讲，受系统振荡影响的有（　　）。

A. 零序电流保护　　B. 负序电流保护

C. 相间距离保护　　D. 相间过电流保护

84. 单侧电源供电系统短路点的过渡电阻对距离保护的影响是（　　）。

A. 使保护范围伸长　　B. 使保护范围缩短

C. 保护范围不变　　D. 保护范围不定

85. 作用于断路器跳合闸的出口继电器，其串联自保持线圈的自保持电流，应（　　）。

A. 等于断路器的跳（合）闸电流

B. 大于断路器的跳（合）闸电流

C. 不大于断路器跳（合）闸电流的一半

D. 不小于断路器跳（合）闸电流的一半

86. 微机保护的采样频率为 1200Hz，则每个工频周波内采样为（　　）。

A. 12 点　　B. 24 点　　C. 36 点　　D. 48 点

87. 在中性点不接地系统中发生单相接地故障时，流过故障线路始端的零序电流（　　）。

A. 超前零序电压 90°　　B. 滞后零序电压 90°

C. 和零序电压同相位　　　　　　　　D. 滞后零序电压45°

88. 整组试验允许用（　　）的方法进行。

A. 保护试验按钮、试验插件或启动微机保护

B. 短接触点

C. 从端子排上通入电流、电压模拟各种故障，保护处于与投入运行完全相同的状态

D. 手按继电器

89. 变电站接地网接地电阻过大对继电保护的影响是（　　）。

A. 可能会引起零序方向电流保护不正确动作

B. 可能会引起过电流保护不正确动作

C. 可能会引起纵差保护不正确动作

90. 下列说法中正确的是（　　）。

A. 只有距离保护才受分支系数的影响

B. 距离保护、电流保护均受分支系数的影响

C. 电流保护不受分支系数的影响

91. 开关非全相运行时，负序电流的大小与负荷电流的大小关系为（　　）。

A. 成正比　　B. 成反比　　C. 不确定

92. 故障点零序综合阻抗大于正序综合阻抗时，与两相接地短路故障时的零序电流相比，单相接地故障的零序电流（　　）。

A. 大　　B. 小　　C. 大小相同

93. 某变电站电压互感器的开口三角形侧B相接反，则正常运行时，如一次侧运行电压为110kV，开口三角形的输出为（　　）。

A. 0V　　B. 100V　　C. 200V　　D. 220V

94. 具有相同保护范围的全阻抗继电器、方向阻抗继电器、偏移圆阻抗继电器、四边形方向阻抗继电器，受系统振荡影响最大的是（　　）。

A. 全阻抗继电器　　　　　　　　B. 方向阻抗继电器

C. 偏移圆阻抗继电器　　　　　　D. 四边形方向阻抗继电器

95. 在大电流接地系统中发生接地短路时，保护安装点的$3U_0$和$3I_0$之间的相位角取决于（　　）。

A. 该点到故障点的线路零序阻抗角

B. 该点正方向到零序网络中性点之间的零序阻抗角

C. 该点背后到零序网络中性点之间的零序阻抗角

96. 电力系统发生振荡时，（　　）可能发生误动。

A. 电流差动保护　　　　　　　　B. 零序电流速断保护

C. 电流速断

97. 查找直流接地时，所用仪表内阻不应低于（　　）。

A. 1000Ω/V　　B. 2000Ω/V　　C. 3000Ω/V

98. 发电厂和变电站应采用铜芯控制电缆和导线，弱电控制回路的截面面积不应小于（　　）。

A. $1.5mm^2$　　B. $2.5mm^2$　　C. $0.5mm^2$

99. 系统发生两相短路，短路点距母线远近与母线上负序电压幅值的关系是（　　）。

A. 与故障点位置无关　　B. 故障点越远，负序电压幅值越高

C. 故障点越近，负序电压幅值越高

100. 断路器的控制电源最为重要，一旦失去电源，断路器无法操作，因此断路器控制电源消失时应发出（　　）。

A. 音响信号　　B. 光字牌信号　　C. 音响和光字牌信号

101. 集成电路型、微机型继电保护的电流、电压及信号接点引入线应采用屏蔽电缆，同时电缆的屏蔽层在（　　）可靠接地。

A. 开关场　　B. 控制室　　C. 开关场和控制室两端

102. 跳闸出口继电器的启动电压不宜低于直流额定电压的50%，也不应高于直流额定电压的（　　）。

A. 70%　　B. 65%　　C. 80%

103. 电流互感器本身造成的测量误差是由于有励磁电流存在，其角度误差是励磁支路呈现为（　　），使电流有不同相位，从而造成角度误差。

A. 电阻性　　B. 电容性　　C. 电感性

104. 我国防止距离保护因电压互感器二次失压误动作的有效措施是（　　）。

A. 电流启动　　B. 电压断线闭锁　　C. 电流启动和电压断线延时发信号

105. 继电保护事故后校验属于（　　）。

A. 部分校验　　B. 运行中发现异常的校验　　C. 补充校验

106. 在保护和测量仪表中，电流回路的导线截面面积不应小于（　　）。

A. $1.5mm^2$　　B. $2.5mm^2$　　C. $4.0mm^2$

107. 一组对称向量α、β、γ按顺时针方向排列，彼此相差120°，称为（　　）分量。

A. 正序　　B. 负序　　C. 零序

108. 在微机保护中，断电会丢失数据的主存储器是（　　）。

A. ROM　　B. RAM　　C. EPROM或E^2PROM

109. 快速切除线路与母线的短路故障，是提高电力系统（　　）的最重要手段。

A. 暂态稳定　　B. 静态稳定　　C. 动态稳定

110. 微机保护一般都记忆故障前的电压，其主要目的是（　　）。

A. 事故后分析故障前潮流　　B. 保证方向元件的方向性

C. 微机保护录波功能的需要

111. 用实测法测定线路的零序参数，假设试验时无零序干扰电压，电流表读数为20A，电压表读数为20V，瓦特表读数为137W，零序阻抗的计算值为（　　）。

A. $0.34+j0.94\Omega$　　B. $1.03+j2.82\Omega$　　C. $2.06+j5.64\Omega$

112. 在大接地电流系统中，当相邻平行线路停运检修并在两侧接地时，电网发生接地故障，此时停运线路（　　）零序电流。

A. 流过　　B. 没有　　C. 不一定有

113. 对称分量法所运用的运算子α的含义是（　　）。

A. 0　B. $-1/2+j\sqrt{3}/2$　C. $-1/2-j\sqrt{3}/2$　D. 1

114. 中性点经消弧线圈接地，普遍采用（　　）。

A. 全补偿　B. 过补偿　C. 欠补偿　D. 0 补偿

115. 相间距离保护测量组件一般均采用（　　）接线方式。

A. −30°　B. 0　C. 60°　D. 90°

116. 下面说法中正确的是（　　）。

A. 系统发生振荡时电流和电压值都往复摆动，并且三相严重不对称

B. 零序电流保护在电网发生振荡时容易误动作

C. 有一电流保护其动作时限为 4.5s，在系统发生振荡时它不会误动作

D. 距离保护在系统发生振荡时容易误动作，所以系统发生振荡时应断开距离保护投退压板

117. Z_1 表示测量阻抗，Z_2 表示整定阻抗，Z_3 表示动作阻抗。线路发生短路，该距离保护动作，则说明（　　）。

A. $Z_3<Z_2<Z_1$　B. $Z_3\leqslant Z_2<Z_1$　C. $Z_3<Z_2\leqslant Z_1$　D. $Z_3\leqslant Z_2\leqslant Z_1$

118. 在电流保护中加装低电压闭锁组件的目的是（　　）。

A. 提高保护的可靠性　B. 提高保护的选择性

C. 提高保护的快速性　D. 提高保护的灵敏性

119. 继电器动合触点是指（　　）。

A. 正常时触点断开　B. 继电器线圈带电时触点断开

C. 继电器线圈不带电时触点断开　D. 短路时触点断开

120. 主变压器复合电压闭锁过电流保护当失去交流电压时，（　　）。

A. 整套保护就不起作用　B. 仅失去低压闭锁功能

C. 失去复合电压闭锁功能　D. 保护不受影响

121. 电阻连接如下图所示，ab 间的电阻为（　　）。

A. 3Ω　B. 5Ω

C. 6Ω　D. 7Ω

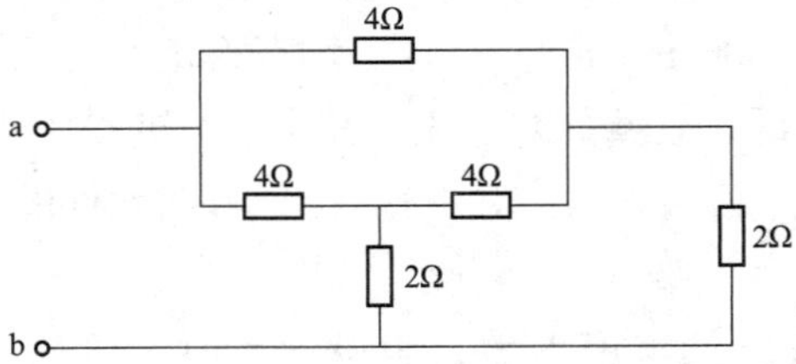

122. 电流互感器的不完全星形接线，在运行中（　　）。

A. 不能反应所有的接地故障　B. 对相间故障反应不灵敏

C. 对反应单相接地故障灵敏　D. 能够反应所有的故障

123. 带方向性的保护和差动保护新投入运行时，或变动一次设备、改动交流二次回

路后，(　　)，并用拉合直流电源来检查接线中有无异常。

A. 应仔细查验其电流、电压回路接线的正确性

B. 均应用负荷电流和工作电压来检验其电流、电压回路接线的正确性

C. 应从保护屏的端子排上加入试验电流、电压来检验其电流、电压回路接线的正确性

124. 对于刻度值是负序线电压的负序电压继电器，用单相电源模拟三种两相短路时，其刻度值为试验电压的(　　)倍。

A. 1/3　　B. 3　　C. $\sqrt{3}$　　D. $1/\sqrt{3}$

125. 微机保护为提高抗干扰能力，开关站至保护屏控制电缆屏蔽层接地方式为(　　)。

A. 开关站接地，保护屏不接地　　B. 开关站不接地，保护屏接地

C. 两侧接地　　D. 两侧不接地

126. 下述原因中不会引起线路区外正方向高频保护误动的是(　　)。

A. 多点接地　　B. 通道中断

C. N600 没有接地　　D. TV 断线

127. 为了确保合闸于单相接地故障可靠跳闸，同时躲开断路器三相非同期，对于零序后加速保护，在断路器合闸后通常带(　　)时延。

A. 30ms　　B. 100ms　　C. 500ms　　D. 1s

128. 安装于同一屏由不同端子供电的两套保护装置的直流逻辑回路之间，(　　)。

A. 为防止相互干扰，绝对不允许有任何电磁联系

B. 不允许有任何电的联系，如需要必须经空触点输出

C. 一般不允许有电磁联系，如有需要应加装抗干扰电容等

D. 允许有电的联系

129. 如果直流电源为 220V，而中间继电器的额定电压为 110V，则回路的连接可以采用中间继电器串联电阻的方式，串联电阻的一端应接于(　　)。

A. 正电源　　B. 负电源　　C. 远离正、负电源（不能直接接于电源端）

130. 设系统各元件正、负序阻抗相等，同一点三相金属性短路故障与两相金属性短路故障，故障支路的正序电流之比是(　　)。

A. 1　　B. $\sqrt{3}/2$　　C. $\sqrt{3}$　　D. 2

131. 当系统各元件正、负序阻抗相等时，两相短路故障非故障相电压是故障相电压的(　　)。

A. 1 倍　　B. $\sqrt{3}/2$ 倍　　C. $\sqrt{3}$倍　　D. 2 倍

132. 在中性点直接接地电网中，各元件正、负序阻抗相等，在同一点若分别发生了金属性单相短路、两相短路和两相接地短路，则故障点的正序电压(　　)。

A. 两相接地短路时最高　　B. 两相短路时最高

C. 单相短路时最高

133. 在大接地电流系统中，线路始端发生两相金属性接地短路，零序方向电流保护中的方向元件将(　　)。

A. 因短路相电压为零而拒动　　　　B. 因感受零序电压最大而灵敏动作

C. 因零序电压为零而拒动

134. 在操作箱中，关于断路器位置继电器线圈正确的接法是（　　）。

A. TWJ 在跳闸回路中，HWJ 在合闸回路中

B. TWJ 在合闸回路中，HWJ 在跳闸回路中

C. TWJ、HWJ 均在跳闸回路中

135. 零序电流保护的速断段和后加速段在恢复三相带负荷运行时，不得因断路器的短时三相不同步而误动作，如果整定值躲不过去，则在重合闸后增加（　　）s 的延时。

A. 0.1　　B. 0.2　　C. 0.3　　D. 0.4

136. 故障点综合零序阻抗小于正序阻抗时，两相接地短路的零序分量（　　）单相接地短路的零序分量。

A. 大于　　B. 等于　　C. 小于

137. 主变压器失灵解闭锁误开入发告警信号（　　）。

A. 开入变位　　B. TV 断线　　C. 开入异常　　D. 失灵动作

138. 保护屏必须有接地端子，并用截面面积不低于（　　）mm^2 的多股铜线和接地网直接连通。

A. 2.5　　B. 4　　C. 5　　D. 6

139. 一般操作回路按正常最大负荷时至各设备的电压降不得超过额定电压的（　　）的条件校验控制电缆芯截面。

A. 3%　　B. 5%　　C. 10%　　D. 4%

140. 继电保护要求所用的电流互感器的（　　）变比误差不应大于 10%。

A. 稳态　　B. 暂态　　C. 正常负荷下

141. 如果阻抗整定值及灵敏角相同，下述阻抗继电器特性，区内故障允许过渡电阻能力最强的是（　　）。

A. 透镜型特性阻抗继电器　　　　B. 全阻抗特性继电器

C. 方向圆特性阻抗继电器　　　　D. 四边形特性阻抗继电器

142. 在小电流接地系统中，发生单相接地时，母线电压互感器开口三角电压（　　）。

A. 故障点距母线越近，电压越高　　　　B. 故障点距母线越近，电压越低

C. 不管距离远近，基本上电压一样高

143. 两只装于同一相且变比相同、容积相等的管型电流互感器，在二次绕组串联使用时（　　）。

A. 容量和变比都增大一倍　　　　B. 变比增大一倍，容量不变

C. 变比不变，容量增大一倍

144. 比较具有比率制动特性的差动元件动作灵敏度，应该是（　　）。

A. 初始动作电流最小者，动作灵敏度高

B. 拐点电流最大者，动作灵敏度高

C. 当它们的比率制动系数及拐点电流均相同时，初始动作电流小者，动作灵敏度高

145. 小电流接地系统中的电压互感器开口三角绕组的单相额定电压为（　　）。

A. $100/\sqrt{3}$V　　B. 100/3V　　C. 100V

146. 电力系统线路发生故障时，会有非周期分量出现，下列说法中正确的是（　　）。

A. 故障相电流与该相母线电压中，均可能含有相当的非周期分量

B. 故障相电流中的非周期分量比该相母线电压中的非周期分量大得多

C. 故障相电流中的非周期分量比该相母线电压中的非周期分量小得多

147. 不论用何种方法构成的方向阻抗继电器，均要正确测量故障点到保护安装点的距离（阻抗）和故障点的方向，为此方向阻抗继电器中对极化的正序电压（或故障前电压）采取了“记忆”措施，其作用是（　　）。

A. 正确测量三相短路故障时故障点到保护安装处的阻抗

B. 可保证正向出口两相短路故障可靠动作、反向出口两相短路可靠不动作

C. 可保证正向出口三相短路故障可靠动作、反向出口三相短路可靠不动作

D. 可保证正向出口相间短路故障可靠动作、反向出口相间短路可靠不动作

148. 接地方向阻抗继电器中，目前均使用了零序电抗继电器进行组合，采用零序电抗继电器进行组合的作用是（　　）。

A. 保证正、反向出口接地故障时，不致因较大的过渡电阻而使继电器失去方向性

B. 保证保护区的稳定，使保护区不受过渡电阻的影响

C. 可提高保护区内接地故障时继电器反应过渡电阻的能力

149. 系统故障时电流互感器磁路的饱和一般（　　）发生。

A. 立即　　B. 3～5ms 后　　C. 半个周波后　　D. 一个周波后

150. 表达式 $\frac{1}{3}(\dot{U}_{BC}+e^{-j60^\circ}\dot{U}_{CA})$，代表的是（　　）。

A. A 相负序电压　　B. B 相负序电压　　C. C 相负序电压　　D. 以上都不对

151. 在大接地电流系统中，故障电流中含有零序分量的故障类型是（　　）。

A. 两相短路　　B. 三相短路　　C. 两相短路接地　　D. 与故障类型无关

152. 我国电力系统中性点接地方式有三种，分别是（　　）。

A. 直接接地方式、经消弧线圈接地方式和经大电抗器接地方式

B. 直接接地方式、经消弧线圈接地方式和不接地方式

C. 不接地方式、经消弧线圈接地方式和经大电抗器接地方式

D. 直接接地方式、经大电抗器接地方式和不接地方式

153. 在运行的电流互感器二次回路上工作时，（　　）。

A. 严禁开路　　B. 禁止短路　　C. 可靠接地　　D. 必须停用互感器

154. 中性点装设消弧线圈后，若接地故障的电感电流大于电容电流，此时补偿方式为（　　）。

A. 全补偿方式　　B. 过补偿方式　　C. 欠补偿方式　　D. 不能确定

155. 下列说法中符合电力元件继电保护的选择性要求的是（　　）。

A. 由电源算起，愈靠近故障点的继电保护的故障启动值相对愈小，动作时间愈短

B. 由电源算起，愈靠近故障点的继电保护的故障启动值相对愈大，动作时间愈短

C. 由电源算起，愈靠近故障点的继电保护的故障启动值相对愈小，动作时间愈长

D. 由电源算起，愈靠近故障点的继电保护的故障启动值相对愈大，动作时间愈长

156. 电流互感器二次回路接地点的正确设置方式是（　　）。

A. 每只电流互感器二次回路必须有一个单独的接地点

B. 所有电流互感器二次回路接地点均设置在电流互感器端子箱内

C. 电流互感器的二次侧只允许有一个接地点，对于多组电流互感器相互有联系的二次回路接地点应设在保护屏上

D. 电流互感器二次回路应分别在端子箱和保护屏接地

157. 若故障点正序综合阻抗等于零序综合阻抗，则流入故障点的两相接地短路零序电流与单相短路零序电流的关系是（　　）。

A. 前者大于后者　B. 两者相等　C. 前者小于后者　D. 不确定

158. 继电保护要求，电流互感器的一次电流等于最大短路电流时，其变比误差不大于（　　）。

A. 5%　B. 8%　C. 10%　D. 3%

159. 下面关于电压互感器和电流互感器二次接地的说法中正确的是（　　）。

A. 电压互感器二次接地属工作接地，电流互感器属保护接地

B. 电压互感器二次接地属保护接地，电流互感器属工作接地

C. 均属保护接地

D. 均属工作接地

160. 在小电流接地系统中，某处发生单相接地，母线电压互感器开口三角的电压（　　）。

A. 故障点距母线越近，电压越低　B. 故障点距母线越近，电压越高

C. 不管距离远近，基本上电压一样高　D. 大小不定

161. 电力系统发生两相短路时，两相短路电流是故障支路正序电流的（　　）。

A. 1 倍　B. $\sqrt{3}$倍　C. $\sqrt{3}/2$ 倍　D. 3 倍

162. 在同一小接地电流系统中，所有出线均装设两相不完全星形接线的电流保护，但电流互感器不装在同名两相上，这样在发生不同线路两点接地短路时，两回线路保护均不动作的概率为（　　）。

A. 1/3　B. 1/6　C. 1/2　D. 1

163. 在大接地电流系统中，当某线路上 A 相发生接地故障时（如不计负荷电流），故障处的边界条件是（　　）。

A. $I_a=0$，$U_b=U_c=0$　B. $U_a=0$，$I_b=I_c=0$

C. $I_a=0$，$I_b=-I_c$，$U_b=U_c$　D. $U_a=0$，$I_b=-I_c$

164. 电力系统发生 A 相金属性接地短路时，故障点的零序电压（　　）。

A. 与 A 相电压同相位　B. 与 A 相电压相位相差 180°

C. 超前于 A 相电压 90°　D. 滞后于 A 相电压 90°

165. 电抗变压器在空载情况下，二次电压与一次电流的相位关系是（　　）。

A. 二次电压超前一次电流近 90°　B. 二次电压与一次电流接近 0°

C. 二次电压滞后一次电流近 90°　　D. 不能确定

166. 已知正弦电压$u=311\sin\left(314t-\frac{\pi}{6}\right)$V和正弦电流$i=7.07\sin\left(314t+\frac{\pi}{3}\right)$，它们之间的相位差为（　　）。

A. 电压滞后电流$\frac{\pi}{2}$　　B. 电压超前电流$\frac{\pi}{2}$

C. 电压滞后电流$\frac{\pi}{6}$　　D. 电压超前电流$\frac{\pi}{6}$

167. 具有二次谐波制动的差动保护，为了可靠躲过励磁涌流，可（　　）。

A. 增大“差动速断”动作电流的整定值

B. 适当减小差动保护的二次谐波制动比

C. 适当增大差动保护的二次谐波制动比

D. 减小“差动速断”动作电流的整定值

168. 现场二次工作开始前，应检查已做的安全措施是否符合要求，（　　）之间的隔离措施是否正确完成。

A. 装置和直流系统　　B. 运行设备和检修设备

C. 装置和信号系统　　D. 直流系统和信号系统

169. 反应相间故障的阻抗继电器，采用线电压和相电流的接线方式，其继电器的测量阻抗（　　）。

A. 在三相短路和两相短路时均为 Z_{1L}

B. 在三相短路时为$\sqrt{3}Z_{1L}$，在两相短路时为 $2Z_{1L}$

C. 在三相短路和两相短路时均为$\sqrt{3}Z_{1L}$

D. 在三相短路和两相短路时均为 $2Z_{1L}$

170. 终端变电站的变压器中性点直接接地，在向该变电站供电的线路上发生两相接地故障，若不计负荷电流，则下列说法中正确的是（　　）。

A. 线路供电侧有正、负序电流　　B. 线路终端侧有正、负序电流

C. 线路终端侧三相均没有电流　　D. 线路供电侧非故障相没有电流

171. 选相元件是保证单相重合闸得以正常运用的重要环节，在无电源或小电源侧，适合选择（　　）作为选相元件。

A. 零序负序电流方向比较选相元件　　B. 相电流差突变量选相元件

C. 低电压选相元件　　D. 无流检测元件

172. 在系统发生非对称故障时，故障点的（　　）最高，向电源侧逐步降低为零。

A. 正序电压　　B. 负序电压　　C. 零序电压　　D. 相电压

173. 当 TV 接于母线上时，线路出现非全相运行，如果断线相又发生接地故障，两端负序方向元件（　　）。

A. 不能正确动作　B. 能正确动作　　C. 动作特性不确定

174. 在所有圆特性的阻抗继电器中，当整定阻抗相同时，允许过渡电阻能力最强的是（　　）。

A. 全阻抗继电器　　B. 方向阻抗继电器

C. 工频变化量阻抗继电器

175. 大电流接地系统中的分级绝缘的变压器，若中性点未安装间隙，应选择接地后备保护方案（　　）。

A. 先跳中性点直接接地的变压器，后跳不接地的变压器

B. 在中性点直接接地时用零序过电流保护，在中性点不接地时用零序过电压保护

C. 先跳中性点不接地的变压器，后跳直接接地的变压器

D. 以上说法都不对

176. 继电保护用电流互感器误差应不超过 10%。校验方法有两种：①当电流互感器的磁化曲线已知时，可根据（　　）的数值，求出励磁电流，从而确定电流互感器的误差；②根据制造厂提供的 10% 误差曲线进行校验。

A. 一次电流和二次电流　　B. 一次电流和二次负载阻抗

C. 一次电流和二次绕组漏抗　　D. 二次电流和二次负载阻抗

177. 当电网（$Z_{\Sigma 1}=Z_{\Sigma 2}$）发生两相金属性短路时，若某变电站母线的负序电压标幺值为 0.55，那么其正序电压标幺值应为（　　）。

A. 0.55　　B. 0.45　　C. 0.5　　D. 1.0

178. 已知在某线圈上施加直流电压 220V 时，消耗的功率为 968W；若施加交流电压有效值 220V，消耗的功率为 200W，则该线圈的阻抗约为（　　）Ω。

A. 50+j237　　B. 50+j68　　C. 50+j46　　D. 其他

179. 若用滑线变阻器（阻值为 R）分压法调节继电器（额定电流为 I_J）的动作电压，此电阻额定电流 I 应满足（　　）。

A. $I \geqslant I_J$　　B. $I \geqslant U/R$　　C. $I \geqslant U/R+I_J$　　D. $I \geqslant U/R+2I_J$

180. 试验接线如下图所示，合上开关 S，电压表、电流表、功率表均有读数，打开 S 时电压表不变，但电流表和功率表的读数都减小了，由此可判断负载是（　　）。

A. 感性　　B. 容性　　C. 阻性

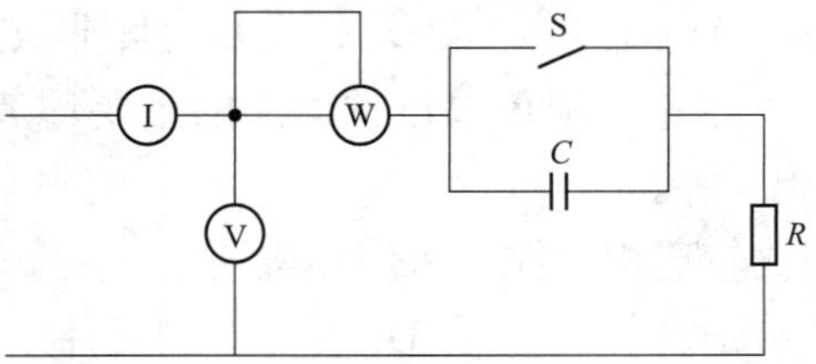

181. 负序电压继电器往往采用单相电压法试验，如果整定值为负序相间电压 7V（U_N=100V），则此时继电器的动作电压应为（　　）。

A. 8.08V　　B. 12.12V　　C. 14V　　D. 21V

182. 非数字型负序电流继电器整定值为 1A，用单相电流法测量动作电流时，从继电器 A 相通入电流 I，零序线圈未通入电流，则此时继电器的动作电流应为（　　）。

A. 1A　　B. 2A　　C. 3A　　D. 1.73A

183. 为防止启动中间继电器的触点返回（断开）时，中间继电器线圈所产生的反电动势，中间继电器线圈两端并联“二极管串电阻”。当直流电源电压为 110～220V 时，其

中电阻值应选取为（　　）Ω 较合适。

A. 10～30　　B. 250～300　　C. 1000～2000　　D. 100～300

184. 某单回超高压输电线路 A 相瞬时故障，两侧保护动作跳 A 相开关，线路转入非全相运行，当两侧保护取用线路侧 TV 时，就两侧的零序方向元件来说，正确的是（　　）。

A. 两侧的零序方向元件肯定不动作

B. 两侧的零序方向元件的动作情况，视传输功率方向、传输功率大小而定，可能一侧处于动作状态，另一侧处于不动作状态

C. 两侧的零序方向元件可能一侧处于动作状态，另一侧处于不动作状态，或两侧均处于不动作状态，这与非全相运行时的系统综合零序阻抗、综合正序阻抗相对大小有关

185. 在控制室经零相公共小母线 N600 连接的 220kV 的两条母线电压互感器二次回路，其接地点应（　　）。

A. 各自在 220kV 保护室外一点接地　　B. 只在 N600 保护室内接地

C. 各电压互感器分别接地

186. 如果保护设备与通信设备间采用电缆连接，当使用双绞 – 双屏蔽电缆时，正确的做法是（　　）。

A. 每对双绞线的屏蔽层，内层发端接地，收端悬浮；外屏蔽层两端接地

B. 每对双绞线的屏蔽层，内层收端接地，发端悬浮；外屏蔽层两端接地

C. 整个电缆的外屏蔽层，发端接地，收端悬浮；内屏蔽层两端接地

D. 每对双绞线的屏蔽层及整个电缆的外屏蔽层在两端接地

187. 接地距离保护中的零序系数 K 为（　　）。

A. $(Z_0-Z_1)/3(Z_0)$　　B. $(Z_0-Z_1)/3(Z_1)$

C. $(Z_0+Z_1)/3(Z_1)$

188. 电力系统发生振荡时（　　）。

A. 系统内某点的电流和电压均做往复性摆动，且电流增大时，电压减小；电压增大时，电流减小

B. 系统内某点的电流和电压均做往复性摆动，且电流、电压同时增大和减小

C. 系统内某点的电流和电压均发生突变

D. 产生高次谐波

189. 在 Yd11 接线变压器的三角形侧发生两相 AB 短路时，则星形侧 C 相短路电流为 B 相短路电流的（　　）。

A. 2　　B. $2/\sqrt{3}$　　C. $1/\sqrt{3}$　　D. 1/2

190. 姆欧型相间方向距离继电器在线路正方向上发生单相接地时（　　）。

A. 要动作，但保护范围至少缩短约 60%

B. 不会动作　　C. 要动作，保护范围将发生超越

191. 方向阻抗继电器引入第二相电压是为了防止（　　）。

A. 距离保护暂态超越　　B. 故障点过渡电阻的影响

C. 正方向出口相间短路拒动及反方向两相短路时误动

192. 直流电压为220V的直流继电器线圈的线径不宜小于（　　）mm。

A. 0.09　　B. 0.10　　C. 0.11

193. 直流中间继电器、跳（合）闸出口继电器的消弧回路应采取以下方式：（　　）。

A. 两个二极管串联后与继电器的线圈并联，要求每个二极管的反压不低于500V

B. 一个二极管与一适当感抗值的电感串联后与继电器的线圈并联，要求二极管与电感的反压均不低于1000V

C. 一个二极管与一适当阻值的电阻串联后与继电器的线圈并联，要求二极管的反压不低于1000V

194. 对于一个8位模数转换器，其内部与数模转换器的比较应该为（　　）次。

A. 8　　B. 9　　C. 7　　D. 不定

195. 对于能否在正常运行时确认$3U_0$回路完好，有下述三种意见，其中正确的是（　　）。

A. 可以用电压表检测$3U_0$回路是否有不平衡电压的方法判断$3U_0$回路是否完好

B. 可以用电压表检测$3U_0$回路是否有不平衡电压的方法判断$3U_0$回路是否完好，但必须使用高内阻的数字万用表，使用指针式万用表不能进行正确判断

C. 不能以检测$3U_0$回路是否有不平衡电压的方法判断$3U_0$回路是否完好

196. 中间继电器的电流保持线圈在实际回路中可能出现的最大压降应小于回路额定电压的（　　）。

A. 5%　　B. 10%　　C. 15%

197. 若一台三绕组自耦变压器的变比为550/220/35kV，S_N为额定容量，则低压35kV侧绕组的最大容量为（　　）。

A. $0.4S_N$　　B. $0.5S_N$　　C. $0.6S_N$　　D. $0.06S_N$

198. 保护动作至发出跳闸脉冲为40ms，断路器灭弧时间为60ms，重合闸时间继电器整定为700ms，断路器合闸时间为100ms，假设单相故障重合成功，则从事故发生到故障相恢复电压的时间为（　　）。

A. 0.9s　　B. 0.86s　　C. 0.84s　　D. 1.0s

199. 当小电流接地系统中发生单相金属性接地时，中性点对地电压为（　　）。

A. U_X　　B. $-U_X$　　C. 0

200. 在大电流接地系统中发生单相接地短路时，保护安装点的零序电压与零序电流之间的相位角（　　）。

A. 决定于该点到故障点的线路零序阻抗角

B. 决定于该点正方向到零序网络中性点之间的零序阻抗角

C. 决定于该点反方向到零序网络中性点之间的零序阻抗角

201. 继电器按其结构形式分类，主要有（　　）。

A. 测量继电器和辅助继电器　　B. 电流型继电器和电压型继电器

C. 电磁型、感应型、整流型和静态型

202. 能够快速切除线路上任意一点故障的主保护是（　　）。

A. 距离保护　　B. 零序电流保护

C. 纵联保护

203. 大接地电流系统，发生单相接地故障，零序电压在（ ）。

A. 接地短路点最高　B. 变压器中性点最高

C. 各处相等

204. 电流互感器是（ ）。

A. 电流源，内阻视为无穷大　B. 电压源，内阻视为零

C. 电流源，内阻视为零

205. 下列说法中正确的是（ ）。

A. 电流互感器和电压互感器二次侧均可以开路

B. 电流互感器二次侧可以短路但不得开路，电压互感器二次侧可以开路但不得短路

C. 电流互感器和电压互感器二次侧均不可以短路

206. 测量交流电流二次侧回路的绝缘电阻使用（ ）绝缘电阻表。

A. 500V　B. 1000V　C. 2000V

207. 超高压输电线路单相跳闸熄弧较慢是由于（ ）。

A. 单相跳闸慢　B. 潜供电流影响　C. 短路电流大

208. 大容量发电机和超高压输电线路差动保护为了减小暂态不平衡电流的影响，可选用（ ）的电流互感器。

A. TPS 级　B. TPY 级　C. 0.5 级

209. 一台变比为 $\frac{220\text{kV}}{\sqrt{3}}\Big/\frac{100\text{kV}}{\sqrt{3}}\Big/100\text{V}$ 的电压互感器，若开口三角绕组 C 相接反，运行时，开口三角输出电压为（ ）。

A. 100V　B. 200V　C. 0V

210. 过渡电阻对距离保护的影响是（ ）。

A. 只会使保护区缩短　B. 只会使继电器超越

C. 可能失去方向性，也可能使保护区缩短或发生超越及拒动

211. 接地距离保护的相阻抗继电器接线为（ ）。

A. U_ϕ/I_ϕ　B. $U_{\phi\phi}/I_{\phi\phi}$　C. $U_\phi/(I_\phi+k3I_0)$

212. 对继电保护二次回路接地的要求是（ ）。

A. TV 二次回路只能有一个接地点，接地点位置宜在 TV 安装处

B. 主设备差动保护各侧 TA 二次只能有一个公共接地点，接地点宜在 TA 端子箱

C. 发电机中性点 TV 二次只能有一个接地点，接地点应在保护屏上

213. 继电保护后备保护逐级配合是指（ ）。

A. 时间配合　B. 时间和灵敏度相配合　C. 灵敏度配合

214. 具有相同整定值的（ ），受系统振荡的影响最大。

A. 全阻抗继电器　B. 偏移圆阻抗继电器

C. 四边形方向阻抗继电器

215. 在一台 YN,d11 接线的变压器低压侧发生 BC 两相短路故障，星形侧某相电流为其他两相短路电流的 2 倍，则该相为（ ）。

A. A 相　　B. B 相　　C. C 相

216. 在无串联电容补偿大接地电流系统中，各元件的零序阻抗角为 70°，保护正方向发生单相故障时，保护安装处零序电流 $3I_0$ 超前零序电压 $3U_0$ 的相角是（　　）。

A. 30°　　B. 70°　　C. 110°

217. 关于零序电压下列说法中正确的是（　　）。

A. 外接零序电压的相电压为 100V

B. 外接零序电压的相电压为 100/3V

C. 外接零序电压的相电压大小与系统接地性质有关

D. 用于判断方向的零序电压取外接，不受 TV 断线的影响

218. 电力系统发生振荡时，其振荡中心电压变化情况是（　　）。

A. 幅度最大　　B. 幅度最小　　C. 幅度不变　　D. 不一定

219. 当中性点直接接地系统中某处发生单相接地时，母线电压互感器开口三角的电压（　　）。

A. 不管距离远近，基本上电压一样高

B. 故障点距母线越近，电压越低

C. 故障点距母线越远，电压越高

D. 故障点距母线越远，电压越低

220. 当电压互感器的安全接地点选在控制室接地，为保证在一、二次侧有击穿故障时设备和人身安全，若在二次中性点接击穿保险，则击穿保险的击穿电压最低应大于（　　），才可以保证在站内发生接地故障时，不会造成电压互感器两点接地。

A. $20I_{max}$(V)　　B. $30I_{max}$(V)　　C. $10I_{max}$(V)

注：I_{max} 的单位是 kA。

221. 某变电站装配有两套电压为 220V 的直流电源系统，正常运行时两组直流电源及所带负荷相互之间没有电气联系。如果不慎将第一组直流系统的正极与第二组直流系统的负极短接，则（　　）。

A. 两组直流系统的电压及各组正、负极对大地电位与短接前相同

B. 两组直流系统的电压与短接前相同，第一组正极对大地电位为 +220V；第二组负极对大地电位为 −220V

C. 两组直流系统的电压与短接前相同，第一组正极对大地电位为 +440V；第二组负极对大地电位为 0V

D. 两组直流系统的电压与短接前略有不同，第一组电压偏高和第二组电压偏低

222. 两相短路时，短路点正序电压 U_{K1} 与负序电压 U_{K2} 的关系为（　　）。

A. $U_{K1} > U_{K2}$　　B. $U_{K1} = U_{K2}$　　C. $U_{K1} < U_{K2}$

223. 在中性点不接地系统中，电压互感器的变比为 $\frac{10.5\text{kV}}{\sqrt{3}} \Big/ \frac{100\text{V}}{\sqrt{3}} \Big/ \frac{100\text{V}}{3}$，互感器一次端子发生单相金属性接地故障时，第三绕组（开口三角）的电压为（　　）。

A. 100V　　B. $100\text{V}/\sqrt{3}$　　C. 300V

224. 在（　　）情况下，两相接地故障的零序电流小于单相接地故障的零序电流。

A. $Z_{K1}<Z_{K0}$　　B. $Z_{K1}>Z_{K0}$　　C. $Z_{K1}=Z_{K0}$

（Z_{K1} 为故障点正序综合阻抗；Z_{K0} 为故障点零序综合阻抗）

225. 突变量方向元件的原理是利用（　　）。

A. 正向故障时 $\Delta U/\Delta I=Z_L+Z_{SN}$，反向故障时 $\Delta U/\Delta I=-Z_{SM}$

B. 正向故障时 $\Delta U/\Delta I=Z_L+Z_{SN}$，反向故障时 $\Delta U/\Delta I=-Z_{SN}$

C. 正向故障时 $\Delta U/\Delta I=-Z_{SN}$，反向故障时 $\Delta U/\Delta I=Z_L+Z_{SM}$

D. 正向故障时 $\Delta U/\Delta I=-Z_{SM}$，反向故障时 $\Delta U/\Delta I=Z_L+Z_{SM}$

226. 发生不对称短路时（　　）。

A. 正序电压和负序电压越靠近故障点数值越小，零序电压越靠近故障点数值越大

B. 正序电压越靠近故障点数值越小，负序电压和零序电压越靠近故障点数值越大

C. 零序电压越靠近故障点数值越小，正序电压和负序电压越靠近故障点数值越大

227. 在正方向发生接地故障时，零序电流和零序电压的关系是（　　）。

A. 零序电压超前零序电流　　B. 零序电压滞后零序电流约 95°

C. 零序电压滞后零序电流约 115°

228. 电力系统振荡，阻抗继电器是否会误动作，取决于（　　）。

A. 距离保护安装地点和阻抗继电器的动作特性

B. 过渡电阻的大小　　C. 线路阻抗角

229. 某 110kV 系统最大短路电流为 20kA，为保证保护正确动作的最佳 TA 为（　　）。

A. 600/5　10P20　B. 2000/5　10P20　C. 1000/5　10P10　D. 1000/5　10P20

230. 在保护带负荷试验合格后、投入出口压板之前，通常用万用表测量跳闸压板电位，正确的状态应该是（　　）。（直流系统为 220V）

A. 压板下口对地为 +110V 左右，上口对地为 0V 左右

B. 压板下口对地为 0V，上口对地为 −110V 左右

C. 压板下口对地为 +110V 左右，上口对地为 −110V 左右

D. 压板下口对地为 +110V 左右，上口对地为 0V

231. 当系统频率下降时，负荷吸取的有功功率（　　）。

A. 不变　　B. 随着下降　　C. 随着上升　　D. 不定

232. 微机保护中，每周波采样 20 点，则（　　）。

A. 采样间隔为 2ms，采样率为 1000Hz

B. 采样间隔为 1ms，采样率为 1200Hz

C. 采样间隔为 1ms，采样率为 1000Hz

D. 采样间隔为 5/3ms，采样率为 1000Hz

233. 继电保护装置试验所用仪表的精度应为（　　）。

A. 0.5 级　　B. 0.2 级　　C. 0.02 级　　D. 1 级

234. 系统中的 5 次谐波属于（　　）。

A. 负序性质　　B. 正序性质　　C. 零序性质　　D. 负荷性质

235. 电容式电压互感器中阻尼器的作用是（　　）。

A. 抑制操作过电压　　B. 消除铁磁谐振

C. 分担二次压降　　D. 改变二次阻抗角

236. 大电流接地系统中，线路正方向发生经过渡电阻单相接地和两相接地故障时，零序电流超前零序电压的角度分别为（　　）。（单位度）

A. 70、70　　B. 70、110　　C. 110、110　　D 与过渡电阻有关

237. 三相短路时，各相短路电流的非周期分量（　　）。

A. 为零　　B. 相等　　C. 不相等　　D 不存在

238. 当线路发生两相短路接地故障时，为防止继电器超越，一般采取（　　）的措施。

A. 闭锁滞后相　　B. 闭锁超前相

C. 闭锁非故障相　　D. 记忆电压

239. 对于交流系统而言，换流器相当于（　　）。

A. 谐波电压源　　B. 谐波电流源

C. 谐波电压及电流源　　D. 非谐波源

240. 某线路送有功功率 10MW，送无功功率 9Mvar，零序方向继电器接线正确，模拟 A 相接地短路，继电器的动作情况是（　　）。

A. 通入 A 相负荷电流时动作　　B. 通入 B 相负荷电流时动作

C. 通入 C 相负荷电流时动作　　D. 以上三种方法均不动作

241. 距离保护使用的防失压误动方法是（　　）。

A. 断线闭锁装置切断操作正电源

B. 装设快速开关，并联切操作电源

C. 以故障电流分量启动元件来开放距离保护

D. 保护启动后，三相失压闭锁距离保护

242. 各电压级电压互感器一次绕组中性点采取直接接地是（　　）。

A. 保护接地　　B. 使二次侧能反应一次侧零序分量电压

C. 改善二次电压的波形　　D. 保证二次相电压的对称性

243. 断路器液压操作机构油压逐渐下降时发出的信号依次为（　　）。

A. 闭锁合闸信号—闭锁重合闸信号—闭锁分闸信号

B. 闭锁重合闸信号—闭锁合闸信号—闭锁分闸信号

C. 闭锁重合闸信号—闭锁分闸信号—闭锁合闸信号

D. 闭锁分闸信号—闭锁重合闸信号—闭锁合闸信号

244. 如果将 TV 的 $3U_0$ 回路短接，则在系统发生单相接地故障时（　　）。

A. 会对 TV 二次侧的三个相电压都产生影响，其中故障相电压将高于实际的故障相电压，非故障相电压低于实际的非故障相电压

B. 会对 TV 二次侧的三个相电压都产生影响，其中故障相电压将高于实际的故障相电压，非故障相电压也高于实际的非故障相电压

C. 只会对 TV 二次侧的故障相电压产生影响，使其高于实际的故障相电压

D. 会对 TV 二次侧的三个相电压都产生影响，其中故障相电压将高于实际的故障相电压，非故障相电压低于实际的非故障相电压不会对 TV 二次侧的相电压产生影响

245. 关于两组电压互感器的并联操作，下列说法中正确的是（　　）。

A. 应先二次侧并联，然后一次侧并联，以防止反充电

B. 并列只是在母线 TV 因为检修等原因退出时才运行，一般用于手动

C. 二次并列用母联（或分段）断路器触点动作闭合必须落后于主触点闭合，触点返回打开必须先于主触点断开

D. 并列必须自动控制，确保二次电压运行状况与一次对应，这样才能确保保护正确动作

246. 自动化系统发出改变变压器分接头位置操作命令属于（　　）。

A. 遥测信息　　B. 遥信信息

C. 遥控信息　　D. 遥调信息

247. 电力系统短路故障，由于一次电流过大，电流互感器发生饱和，从故障发生到出现电流互感器饱和，称 TA 饱和时间 t_{sat}，下列说法中正确的是（　　）。

A. 减少 TA 二次负载阻抗使 t_{sat} 减小

B. 减少 TA 二次负载阻抗使 t_{sat} 增大

C. TA 剩磁越大，可使 t_{sat} 增大

D. t_{sat} 与短路故障时的电压相角无关

248. 系统频率降低时，可以通过（　　）的办法使频率上升。

A. 增加发电机励磁，降低功率因数

B. 投入大电流联切装置

C. 增加发电机有功出力或减少用电负荷

249. 按对称分量法，A 相的正序分量可按（　　）式计算。

A. $F_{a1}=(aF_a+a^2F_b+F_c)/3$　　B. $F_{a1}=(F_a+aF_b+a^2F_c)/3$

C. $F_{a1}=(a^2F_a+aF_b+F_c)/3$

250. 330～550kV 系统主保护的双重化是指两套不同原理的主保护的（　　）彼此独立。

A. 交流电流　　B. 交流电压

C. 直流电源　　D. 交流电流、交流电压、直流电源

251. 继电保护所使用的电流互感器，规程规定其稳态变比误差及角误差的范围是（　　）。

A. 稳态变比误差不大于 10%，角误差不大于 3%

B. 稳态变比误差不大于 10%，角误差不大于 7%

C. 稳态变比误差不大于 5%，角误差不大于 3%

D. 稳态变比误差不大于 5%，角误差不大于 7%

252. 电流互感器二次回路接地点的正确设置方式是（　　）。

A. 每只电流互感器二次回路必须有一个单独的接地点

B. 所有电力互感器二次回路接地点均设置在电流互感器端子箱内

C. 电流互感器二次回路应分别在端子箱和保护屏接地

D. 电流互感器的二次侧只允许一个接地点，对于多组电流互感器相互有联系的二次

回路接地点应设在保护屏上

253. 负序电流整定往往用模拟单相接地短路的方法，因为单相接地短路时负序电流分量为短路电流的（　　）。

A. 1/3　　B. 1 倍　　C. 2 倍　　D. 3 倍

254. 电容器在充电和放电过程中，充放电电流（　　）。

A. 与电容器两端电压成正比　　B. 与电压无关

C. 与电容器两端电压变化率成正比　　D. 与电容器两端电压变化量成正比

255. 距离保护装置的动作阻抗是指能使阻抗继电器动作的（　　）。

A. 最小测量阻抗

B. 最大测量阻抗

C. 介于小与大测量阻抗之间的一个定值

D. 大于大测量阻抗的一个定值

256. 各级继电保护部门划分继电保护装置整定范围的原则是（　　）。

A. 按电压等级范围划分，分级整定　　B. 整定范围一般与调度操作范围相适应

C. 由各级继电保护部门协调决定　　D. 按地区划分

257. 为防止电压互感器高压侧击穿高电压进入低压侧，损坏仪表、危及人身安全，应将二次侧（　　）。

A. 屏蔽　　B. 接地　　C. 设围栏　　D. 加防护罩

258. 对中性点经间隙接地的 220kV 变压器零序保护，从母线电压互感器取电压的 $3U_0$ 定值一般为（　　）。

A. 50V　　B. 57.7V　　C. 100V　　D. 180V

259. 110～220kV 中性点直接接地电网中，对中性点不装设放电间隙的分段绝缘变压器，其零序电流电压保护在故障时首先切除（　　）。

A. 母联断路器　　B. 中性点接地变压器

C. 中性点不接地变压器　　D. 分段断路器

260. 纯电感、电容串联回路发生谐振时，其串联回路的视在阻抗等于（　　）。

A. 无穷大　　B. 零　　C. 电源阻抗　　D. 谐振回路中的电抗

261. 电力系统发生振荡时，振荡中心电压的波动情况是（　　）。

A. 幅度大　　B. 幅度小　　C. 幅度不变　　D. 幅度不定

262. 负序电压继电器往往用模拟相间短路的单相电压方法整定，如果整定值为负序相电压 1V，则此时继电器的动作电压应为（　　）V。

A. 超前零序电压 90°　　B. 滞后零序电压 90°

C. 和零序电压同相位　　D. 滞后零序电压 45°

263. 综合重合闸中的阻抗选相元件，在出口单相接地故障时，非故障相选相元件误动可能性少的是（　　）。

A. 全阻抗继电器　　B. 方向阻抗继电器

C. 偏移性的阻抗继电器　　D. 电抗特性的阻抗继电器

264. 下列保护中，属于后备保护的是（　　）。

A. 变压器差动保护　　B. 瓦斯保护
C. 高频闭锁零序保护　　D. 断路器失灵保护

265. 在短路故障发生后经过大约半个周期的时间将出现短路电流的大瞬时值，它是校验电气设备机械应力的一个重要参数，称此电流为（　　）。

A. 暂态电流　　B. 次暂态电流　　C. 冲击电流　　D. 稳态电流

266. 在中性点非直接接地电网中的并联线路上发生跨线不同相两点接地短路时，两相星形接线电流保护只切除一个故障点的概率为（　　）。

A. 1　　B. 2/3　　C. 1/3　　D. 0

267. 220kV 电压等级终端变电站侧的其中一台中性点不接地变压器，当该变压器高压侧断路器单相偷跳时，采用母线 TV 时其开口三角电压为（　　）。

A. 0V　　B. 150V　　C. 200V　　D. 300V

268. 分析简单电力系统的暂态稳定主要应用（　　）。

A. 等耗量微增率原则　　B. 等面积定则
C. 小干扰法　　D. 对称分量法

269. 衡量电能质量的重要标志是（　　）。

A. 有功功率　　B. 无功功率
C. 电压、频率和波形　　D. 有功电能和无功电能

270. 电力系统的安全自动装置有低频、低压解列装置、大小电流连切装置、切机装置和（　　）等。

A. 纵差保护　　B. 低频、低压减负荷装置
C. 失灵保护　　D. 母差保护

271. 电力系统在很小的干扰下，能独立地恢复到它初始运行状态的能力，称为（　　）。

A. 初态稳定　　B. 静态稳定
C. 系统的抗干扰能力　　D. 动态稳定

272. 接地距离继电器在线路故障时感受到的是（　　）。

A. 从保护安装处至故障点的线路正序阻抗
B. 从保护安装处至故障点的线路零序阻抗
C. 从保护安装处至故障点的由零序阻抗按系数 K 补偿过的线路正序阻抗
D. 系统的等值阻抗

273. 距离Ⅱ段保护，防止过渡电阻影响的方法是（　　）。

A. 采用记忆回路　　B. 引入第三相电压
C. 利用瞬时测定电路　　D. 采用 90°接线方式

274. 距离保护“瞬时测量”装置是指防止（　　）的影响的一个有效措施。

A. 振荡　　B. 助增电流　　C. 过渡电阻　　D. 暂态超越

275. YN,d11（中性点接地）变压器的 YN 侧发生 AB 相间短路，则 d 侧（　　）电流大。

A. A 相　　B. B 相　　C. C 相　　D. N 相

276. 汲出电流的存在，对距离继电器的影响是（　　）。

A. 使距离继电器的测量阻抗减小，保护范围增大

B. 使距离继电器的测量阻抗增大，保护范围减小

C. 使距离继电器的测量阻抗增大，保护范围增大

D. 使距离继电器的测量阻抗减小，保护范围减小

277. 为了使方向阻抗继电器工作在（　　）状态下，要求将该阻抗继电器的大灵敏角设定为等于线路阻抗角。

A. 最佳选择性　　B. 最灵敏　　C. 最快速　　D. 最可靠

278. 按躲过负荷电流整定的线路过电流保护，在正常负荷电流下，由于电流互感器极性接反而可能误动的接线方式为（　　）。

A. 三相三继电器式完全星形接线　　B. 两相两继电器式不完全星形接线

C. 两相三继电器式不完全星形接线　　D. 两相电流差式接线

279. 国产距离保护振荡闭锁采用（　　）的方法。

A. “大圆套小圆”，当动作时差大于设定值就闭锁

B. 由故障启动元件对距离Ⅰ、Ⅱ段短时开放

C. “大圆套小圆”，当动作时差小于设定值就闭锁

D. 由故障启动元件对距离Ⅰ、Ⅱ段闭锁

280. 国产距离保护采用的防止电压回路断线导致误动的方法是（　　）。

A. 断线闭锁装置动作后切断操作正电源

B. TV 二次回路装设快速开关切操作电源

C. 保护经电流启动、发生电压回路断线时闭锁出口回路

D. 所有方法

281. 相间距离保护的Ⅰ段保护范围通常选择为被保护线路全长的（　　）。

A. 50%～55%　　B. 60%～65%　　C. 70%～75%　　D. 80%～85%

282. 助增电流的存在，对距离继电器的影响是（　　）。

A. 使距离继电器的测量阻抗减小，保护范围增大

B. 使距离继电器的测量阻抗增大，保护范围减小

C. 使距离继电器的测量阻抗增大，保护范围增大

D. 使距离继电器的测量阻抗减小，保护范围减小

283. 在没有实际测量值的情况下，除大区间的弱联系联络线外，系统长振荡周期一般可按（　　）考虑。

A. 1.0s　　B. 1.3s　　C. 1.5s　　D. 2.0s

284.（　　）不是光纤通道的特点。

A. 通信容量大　　B. 传输距离短

C. 不易受干扰　　D. 光纤质量小、体积小

285. 测量距离保护的动作时间，要求小通入电流值是（　　）。

A. 5A　　B. 小精工电流

C. 2 倍小精工电流　　D. 1.2 倍小精工电流

286. 220kV零序电流Ⅳ段保护的一次零序电流定值要求不超过（　　）A。

A. 400　　B. 300　　C. 500　　D. 100

287. 如果系统振荡时阻抗继电器会动作，则该阻抗继电器的动作行为是在每一个振荡周期内（　　）。

A. 多次动作返回　　B. 动作返回一次

C. 动作返回两次　　D. 动作返回的次数视系统振荡周期的长短而定

288. 为保证允许式纵联保护能够正确动作，要求收信侧的通信设备在收到允许信号时（　　）。

A. 须将其展宽至200～500ms　　B. 须将其展宽至100～200ms

C. 不需要展宽　　D. 将信号脉宽固定为100ms

289. 相间距离阻抗继电器（　　）。

A. 能够正确反映三相短路、两相短路、两相接地短路等故障，不能正确反映单相接地短路故障

B. 能够正确反映三相短路、两相短路等故障，不能正确反映两相接地短路、单相接地短路等故障

C. 能够正确反映三相短路、两相短路、两相接地短路、单相接地短路等故障

D. 能够正确反映三相短路故障，不能正确反映两相短路－两相接地短路、单相接地短路等故障

290. 对相阻抗继电器，当正方向发生两相短路经电阻接地时，滞后相阻抗继电器感受的测量阻抗附加分量是（　　）。

A. 容性　　B. 纯电阻　　C. 感性　　D. 不确定

291. 一变电站备用电源自投装置（BZT）在工作母线有电压且断路器未跳开的情况下将备用电源合上了，检查BZT装置一切正常，则外部设备和回路的主要问题是（　　）。

A. 工作母线电压回路故障和判断工作断路器位置的回路不正确

B. 备用电源系统失去电压

C. 工作母联断路器瞬时低电压

D. 失去直流电源

292. 下列不属于自动投入装置应符合的要求的一项是（　　）。

A. 在工作电源或设备断开后，才投入备用电源或备用设备

B. 自动投入装置必须采用母线残压闭锁的切换方式

C. 工作电源或设备上的电压，不论因什么原因消失，自动投入装置均应动作

D. 自动投入装置应保证只动作一次

293. 停用低频减载装置时应先停（　　）。

A. 电压回路　　B. 直流回路　　C. 信号回路　　D. 保护回路

294. 低频振荡的频率范围为（　　）。

A. 1～0.5Hz　　B. 0.6～0.8Hz　　C. 0.2～2.5Hz　　D. 3～5Hz

295. 电力设备和电网的保护装置，除了预先规定的外，都不允许因（　　）引起误动作。

A. 低电压　　B. 系统振荡　　C. 低频率　　D. 备自投装置

296. 在系统频率恢复至（　　）以上时，可经上级调度同意恢复对拉闸和自动低频减负荷装置动作跳闸线路的送电。

A. 48.8Hz　　B. 49.0Hz　　C. 49.1Hz　　D. 49.8Hz

297. 在自动低频减负荷装置切除负荷后，（　　）使用备用电源自动投入装置将所切除的负荷送出。

A. 不允许　　B. 允许　　C. 可以分开　　D. 不必分开

298. 自动低频减负荷装置动作后，应使运行系统稳态频率恢复到不低于（　　）Hz。

A. 48　　B. 48.5　　C. 49.0　　D. 49.5

299. 下列安全自动装置中，（　　）是为了解决与系统联系薄弱地区的正常受电问题，在主要变电站安装切负荷装置，当小地区故障与主系统失去联系时，该装置动作切除部分负荷，以保证区域发供电的平衡，也可以保证当一回联络线掉闸时，其他联络线不过负荷。

A. 切负荷装置　　B. 大小电流联切装置

C. 自动低频减负荷装置　　D. 切机装置

300. 正常运行情况下，低频解列点应是平衡点或基本平衡点，以保证在解列后小电源侧的（　　）能够基本平衡。

A. 有功功率　　B. 无功功率

C. 有功功率和无功功率　　D. 电流

301. 下列对备自投装置基本要求的描述中不正确的是（　　）。

A. 应保证在工作电源和设备断开后，才投入备用电源或备用设备

B. 工作母线和设备上的电压不论何种原因消失时备自投装置均应启动

C. 备自投装置应保证只动作一次

D. 若工作电源和备用电源同时消失，备自投装置要动作

302. 故障动态过程记录的特点是（　　）。

A. 采样速度高，一般采样频率不小于 5kHz；全程记录时间短

B. 采样速度允许较低，记录时间长

C. 采样速度低（数秒一次），全过程时间长

D. 采样速度高，全程记录时间长

303. 备自投装置的延时放电条件有（　　）。

A. 运行母线三相无压 5s 后恢复至额定电压

B. 备用母线或线路无压 1min 后恢复至额定电压

C. 开关合后位置

D. 手分开关

304. 下列方法中可以实现工作电源和设备断开后，才投入备用电源或备用设备的是（　　）。

A. 备用电源和设备的断路器合闸部分应由供电元件受电侧断路器的动断辅助触点起动

B. 备自投装置应有独立的低电压启动部分

C. 控制备用电源或设备断路器的合闸脉冲，使之只动作一次

D. 备自投装置设有备用母线电压监视继电器

305. 下列方法中可以实现电力系统内部故障使工作电源和备用电源同时消失时，备自投装置不动作的是（　　）。

A. 备用电源和设备的断路器合闸部分应由供电元件受电侧断路器的动断辅助触点起动

B. 备自投装置应有独立的低电压启动部分

C. 控制备用电源或设备断路器的合闸脉冲，使之只动作一次

D. 备自投装置设有备用母线电压监视继电器

306. 下列条件中满足典型桥断路器备自投充电逻辑的是（　　）。

A. 逻辑“或”：线路一进线断路器合位，线路二进线断路器合位，桥断路器分位，Ⅰ母有压，Ⅱ母有压

B. 逻辑“与”：线路一进线断路器合位，线路二进线断路器合位，桥断路器分位，Ⅰ母有压，Ⅱ母有压

C. 逻辑“与”：线路一进线断路器合位，线路二进线断路器分位，桥断路器合位，Ⅰ母有压，Ⅱ母有压

D. 逻辑“或”：线路一进线断路器合位，线路二进线断路器分位，桥断路器合位，Ⅰ母有压，Ⅱ母有压

307. 下列条件中满足典型进线断路器备自投充电逻辑（“线路检有压”退出）的是（　　）。

A. 逻辑“或”：线路一进线断路器合位，线路二进线断路器合位，桥断路器分位，Ⅰ母有压，Ⅱ母有压

B. 逻辑“与”：线路一进线断路器合位，线路二进线断路器合位，桥断路器分位，Ⅰ母有压，Ⅱ母有压

C. 逻辑“与”：线路一进线断路器合位，线路二进线断路器分位，桥断路器合位，Ⅰ母有压，Ⅱ母有压

D. 逻辑“或”：线路一进线断路器合位，线路二进线断路器分位，桥断路器合位，Ⅰ母有压，Ⅱ母有压

308. 利用电源断开后电压迅速下降来闭锁自动按频率减负荷装置称为（　　）。

A. 时限闭锁方式　　B. 低电压带时限闭锁方式

C. 低电流闭锁方式　　D. 滑差闭锁方式

参考答案： 1. B　2. B　3. A　4. A　5. A　6. B　7. A　8. B　9. B　10. A　11. B　12. A　13. D　14. B　15. D　16. C　17. C　18. C　19. D　20. A　21. A　22. B　23. B　24. C　25. C　26. A　27. B　28. A　29. D　30. C　31. B　32. C　33. A　34. B　35. B　36. C　37. C　38. A　39. B　40. C　41. C　42. C　43. D　44. C　45. A　46. A　47. A　48. D　49. C　50. A　51. B　52. B　53. C　54. B　55. A　56. B　57. B　58. C　59. A　60. C　61. B　62. C　63. A　64. A　65. A　66. A　67. A　68. D　69. B　70. B　71. A　72. B　73. B　74. C　75. C　76. C　77. B　78. B　79. B　80. C　81. C　82. A　83. C　84. B

85. C 86. B 87. B 88. C 89. A 90. B 91. A 92. A 93. C 94. A 95. C 96. C
97. B 98. C 99. C 100. C 101. C 102. A 103. C 104. C 105. C 106. B 107. A
108. B 109. A 110. B 111. B 112. A 113. B 114. B 115. B 116. C 117. B 118. D
119. C 120. C 121. A 122. A 123. B 124. D 125. C 126. D 127. B 128. B 129. B
130. D 131. D 132. C 133. B 134. B 135. A 136. A 137. C 138. B 139. C 140. A
141. D 142. C 143. C 144. C 145. B 146. B 147. C 148. B 149. B 150. B 151. C
152. B 153. A 154. B 155. A 156. C 157. B 158. C 159. C 160. C 161. B 162. B
163. B 164. B 165. A 166. A 167. B 168. B 169. B 170. A 171. C 172. C 173. B
174. C 175. C 176. B 177. B 178. C 179. C 180. B 181. B 182. B 183. B 184. C
185. B 186. A 187. B 188. A 189. D 190. A 191. C 192. A 193. C 194. A 195. C
196. A 197. C 198. A 199. A 200. C 201. C 202. C 203. A 204. A 205. B 206. B
207. B 208. B 209. B 210. C 211. C 212. C 213. B 214. A 215. C 216. C 217. C
218. A 219. D 220. B 221. B 222. B 223. A 224. A 225. C 226. B 227. B 228. A
229. D 230. B 231. B 232. C 233. A 234. A 235. B 236. C 237. C 238. B 239. B
240. A 241. C 242. B 243. B 244. A 245. B 246. D 247. B 248. C 249. B 250. D
251. B 252. D 253. A 254. C 255. B 256. B 257. B 258. D 259. C 260. B 261. A
262. B 263. B 264. D 265. C 266. B 267. A 268. B 269. C 270. B 271. B 272. A
273. C 274. C 275. A 276. A 277. B 278. C 279. B 280. C 281. D 282. B 283. C
284. B 285. C 286. B 287. B 288. C 289. A 290. C 291. A 292. B 293. B 294. C
295. B 296. D 297. A 298. D 299. A 300. A 301. D 302. B 303. B 304. A 305. D
306. B 307. C 308. B

二、线路保护

1. 发生 B、C 两相接地短路时下述说法中最正确、全面的是（　　）。

A. B、C 相的接地阻抗继电器可以保护这种故障

B. B、C 相间阻抗继电器可以保护这种故障

C. B、C 相的接地阻抗继电器和 B、C 相间阻抗继电器都可以保护这种故障

2. 微机保护要保证各模拟量数据同步采样，如果不能做到同步采样，除（　　）以外，对其他元件都将产生影响。

A. 负序电流元件　　B. 相电流元件

C. 零序方向元件

3. 方向阻抗继电器采用对极化电压记忆的措施主要是为了（　　）。

A. 提高保护过渡电阻的能力　　B. 消除正方向出口短路的死区

C. 避免区外短路的超越

4. 在弱馈侧，最可靠的选相元件是（　　）。

A. 相电流差突变量选相元件　　B. I_0、I_2 选相元件

C. 低电压选相元件

5. CA 相上的相间阻抗继电器其接线方式应为（ ）。

A. $\dfrac{U_{cA}}{I_c - I_a}$ B. $\dfrac{U_{cA}}{I_c + I_a}$ C. $\dfrac{U_{cA}}{I_A}$

6. 基于零序方向原理的小电流接地选线继电器的方向特性，对于无消弧线圈和有消弧线圈过补偿的系统，如方向继电器，按正极性接入电压、电流（母线流向被保护线路方向为正），对于故障线路，零序电压超前零序电流的角度是（ ）。

A. 均为 +90°

B. 无消弧线圈为 –90°，有消弧线圈为 +90°

C. 无消弧线圈为 +90°，有消弧线圈为 –90°

7. 潜供电流指的是（ ）。

A. 单相接地故障断路器单相跳闸后，另两相电压经相间电容、相间互感向短路点提供的电流

B. 单相接地故障断路器单相跳闸后，另两相电压经相间电容向故障相的负荷提供的电流

C. 单相接地故障时另两相电压的对地电容电流

8. 如果阻抗继电器的相位比较动作方程的两个边界角度分别 90° 和 270°，阻抗继电器的整定值确定以后，不同动作特性的阻抗继电器是由于（ ）造成的。

A. 不同的距离工作电压（或称工作电压、补偿电压）

B. 不同的极化电压

C. 不同的测量阻抗

9. 使用三相重合闸方式遇永久性单相接地故障时，保护装置正确的动作行为为（ ）。

A. 三相跳闸，延时三相重合，后加速选跳故障相

B. 选跳故障相，延时重合单相，后加速跳三相

C. 三相跳闸，延时三相重合，后加速跳三相

10.（ ）安装在送电端，在正方向出口经小过渡电阻三相短路时有可能拒动，因而应采取措施消除出口短路的死区。

A. 偏移特性阻抗继电器 B. 工频变化量距离继电器

C. 正序电压极化量继电器

11. 当两侧电动势幅值不相等时，如 $|E_s|>|E_R|$ 时，振荡中心将向（ ）的一侧偏移，即向（ ）侧偏移。

A. 电动势大，R 轴 B. 电动势小，R 轴

C. 电动势大，$-R$ 轴

12. 可以在区外发生短路后又紧接着发生区内不对称短路，在振荡中发生不对称短路时用以开发保护的判据是（ ）。

A. $|I_2|+|I_0|>m|I_1|$，（$m<1$）

B. $-0.03U_n<U_1\cos(\varphi_1+\theta)<0.08U_n$

C. 起动元件与正序电流元件（或相电流元件）动作的先后顺序

13. 在使用单相重合闸方式时要考虑潜供电流的影响。我们把非故障相通过（ ）

提供的潜供电流称为潜供电流的横向分量。这部分电流比较大。

A. 相间互感　　B. 相间电容　　C. 自身电感

14. 安装在输电线路受电端的阻抗继电器，由于反向短路时过渡电阻附加阻抗 Za 呈（　　）性，所以反方向出口发生经小电阻短路时，方向阻抗继电器将（　　）。

A. 阻容性，不会误动　　B. 阻容性，会误动

C. 阻感性，不会误动

15.（　　）不能单独使用，一般与其他继电器配合使用。

A. 偏移阻抗继电器　　B. 电抗继电器

C. 工频变化量继电器

16. 某一条线路 M 侧为中性点接地系统，N 侧无电源但主变压器（YN,d11 接线）中性点接地，当该线路 A 相接地故障时，如果不考虑负荷电流，则（　　）。

A. N 侧 A 相有电流，B、C 相无电流

B. N 侧 A 相有电流，B、C 相有电流，但大小不同

C. N 侧 A 相有电流，且与 B、C 相电流大小相等、相位相同

D. N 侧 A 相有电流，且与 B、C 相电流大小相等，但相位相差 120°

17. 某线路发生短路故障，通常情况下故障线路中的电流含有非周期分量，该线路所在母线电压也含有非周期分量，关于非周期分量相对含量的大小，下列说法中正确的是（　　）。

A. 电压中的非周期分量的含量相对较大

B. 电流、电压中的非周期分量相对含量相当

C. 电流中的非周期分量的含量相对较大

D. 无法断定哪个较大

18. 某微机线路保护每周波采样 12 点，现负荷潮流为有功功率 P=86.6MW、无功功率 Q=−50MW，微机保护打印出电压、电流的采样值，在微机保护工作正确的前提下，下列各组中正确的是（　　）。

A. U_a 比 I_a 由正到负过零点超前 1 个采样点

B. U_a 比 I_a 由正到负过零点滞后 2 个采样点

C. U_a 比 I_b 由正到负过零点超前 3 个采样点

D. U_a 比 I_c 由正到负过零点滞后 4 个采样点

19. 超高压平行双回线Ⅰ、Ⅱ，Ⅱ线一侧 A 相断开呈非全相运行状态，此时Ⅰ线两侧均有零序电流存在，就Ⅰ线两侧的零序方向元件来说，正确的是（　　）。

A. 两侧的零序方向元件均处于动作状态

B. 两侧的零序方向元件均处于不动作状态

C. 一侧的零序方向元件处于动作状态，另一侧的零序方向元件处于不动作状态

D. 无法确定

20. 某零序方向保护带负荷试验时，线路送出有功功率为 20MW，送出无功功率为 20Mvar，试验抽取电压为负 A 相电压，最大灵敏角为 70°。保护装置分别通入 A、B、C 相电流时，零序方向保护的动作行为是（　　）。

A. A相动作、B相不动作、C相可能会动作

B. A相动作、B相不动作、C相动作

C. A相动作、B相可能会动作、C相不动作

D. A相不动作、B相动作、C相不动作

21. 对于220kV线路，当同一送电截面的同级电压或高一级电压的并联回路数等于或大于（　　）回时，选用一侧检查线路无电压，另一侧检查线路与母线电压同步的三相重合闸方式；330kV、500kV及并联回路数小于或等于（　　）回的220kV的线路，采用单相重合闸方式。

A. 4，3　　B. 3，2　　C. 5，3　　D. 5，4

22. 继电保护是以常见运行方式为主来进行整定计算和灵敏度校核的。所谓常见运行方式是指（　　）。

A. 正常运行方式下，与被保护设备相邻近的一回线路或一个元件检修

B. 正常运行方式下，任意一回线路检修

C. 正常运行方式下，与被保护设备相邻近的一回线路检修并有另一回线路故障被切除

D. 正常运行方式下，被保护设备末端发生短路故障

23. 距离保护（或零序方向电流保护）的第Ⅰ段按躲本线路末端短路整定是为了（　　）。

A. 在本线路出口短路保证本保护瞬时动作跳闸

B. 在相邻线路出口短路时，防止本保护瞬时动作而误动

C. 在本线路末端短路只让本侧的纵联保护瞬时动作跳闸

D. 保证本线路故障时有一定灵敏度

24. 某220kV线路断路器处于冷备用状态，运行人员对部分相关保护装置的跳闸连接片进行检查，如果站内直流系统及保护装置均正常，则（　　）。（直流系统为220V）

A. 母差保护对应该线路的跳闸连接片下口对地为−110V左右

B. 母差保护对应该线路的跳闸连接片上口对地为0V左右

C. 母差保护对应该线路的跳闸连接片上口对地为+110V左右

D. 母差保护对应该线路的跳闸连接片上口对地为−110V左右

25. RCS−931保护装置假设M侧保护的“TA变比系数”定值整定为1，二次额定电流为5，N侧保护的“TA变比系数”定值整定为0.8，二次额定电流为1，下列选项中正确的是（　　）。

A. 在M侧加电流5，N侧显示的对侧电流为0.8

B. 在N侧加电流1，M侧显示的对侧电流为2

C. 在M侧加电流5，N侧显示的对侧电流为1.25

26. 输电线路中某一侧的潮流是送有功功率，受无功功率，它的电压超前电流（　　）。

A. 0°～90°　　B. 90°～180°　　C. 180°～270°　　D. 270°～360°

27. 直馈输电线路，其零序网络与变压器的等值零序阻抗如下图所示（阻抗均换算至220kV电压），变压器220kV侧中性点接地，110kV侧不接地，k点的综合零序阻抗为

（　　）。

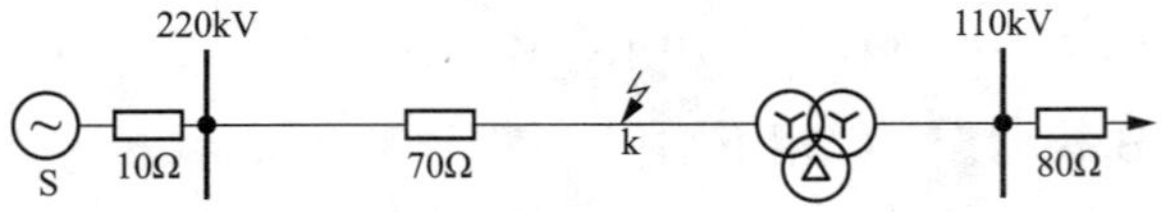

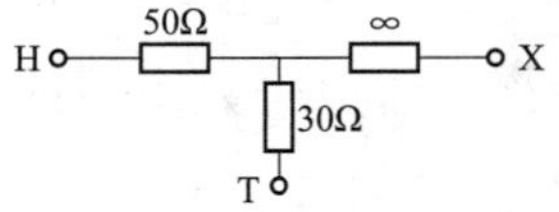

A. 80Ω　　B. 40Ω　　C. 30Ω　　D. 37.8Ω

28. 对于有零序互感的平行双回线路中的每个回路，其零序阻抗有下列三种，其中最小的是（　　）。

A. 一回路处于热备用状态　　B. 一回路处于接地检修状态

C. 二回路运行状态

29. 在主保护双重化配置功能完整的情况下，后备Ⅲ段允许在某些情况下和相邻元件后备灵敏段的（　　）。

A. 时间和灵敏度均不配合　　B. 时间配合，灵敏度不配合

C. 时间不配合，灵敏度配合

30. 如果三相输电线路的自感电抗为 Z_L，互感阻抗为 Z_M，则正确的是（　　）。

A. $Z_0=Z_L+2Z_M$　　B. $Z_1=Z_L+2Z_M$

C. $Z_0=Z_L-Z_M$

31. 如下图所示的电力系统，已知线路 MN 的阻抗为 10Ω，线路 NP 的阻抗为 20Ω；当 P 点三相短路时，电源 A 提供的短路电流为 100A，电源 B 提供的短路电流为 150A，此时 M 点保护安装处的测量阻抗为（　　）Ω。

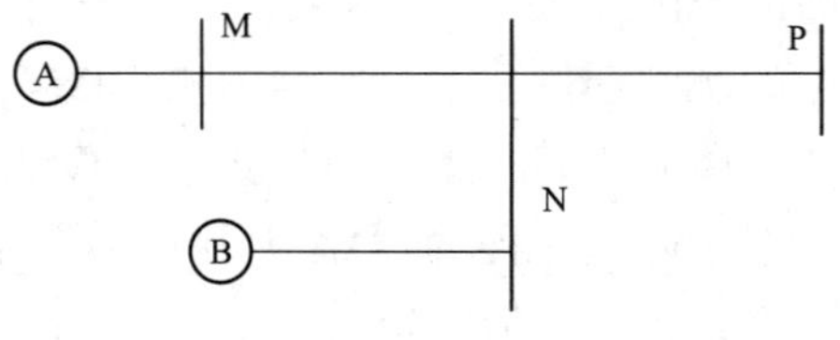

A. 60　　B. 30　　C. 40　　D. 75

32. 某线路距离保护Ⅰ段二次定值整定 2Ω，如其电流互感器的变比由原来的 600/5 改为 1200/5，其距离保护Ⅰ段二次定值应相应由 2Ω 改为（　　）Ω。

A. 4　　B. 2　　C. 0.5　　D. 1

33. 装在输电线路送电端和受电端的阻抗继电器分别在各自反方向短路时，过渡电阻的附加阻抗呈现不同的性质：（　　）。

A. 送电侧反向短路，送电侧阻抗继电器附加阻抗呈现阻感性；
受电侧反向短路，受电侧阻抗继电器附加阻抗呈现阻容性

B. 送电侧反向短路，送电侧阻抗继电器附加阻抗呈现阻容性；

受电侧反向短路，受电侧阻抗继电器附加阻抗呈现阻感性

C. 送电侧反向短路，送电侧阻抗继电器附加阻抗呈现阻容性；

受电侧反向短路，受电侧阻抗继电器附加阻抗呈现阻容性

D. 送电侧反向短路，送电侧阻抗继电器附加阻抗呈现阻感性；

受电侧反向短路，受电侧阻抗继电器附加阻抗呈现阻感性

34. 220kV 平行双回线路Ⅰ、Ⅱ，两侧母线 M、N 分别接有Y/△接线的变压器（变压器中性点接地），在负荷状态下，Ⅰ线 M 侧开关 A 相跳开，Ⅱ线 M、N 侧的零序方向元件的行为正确的是（　　）。

A. M 侧零序方向元件动作，N 侧零序方向元件不动作

B. M 侧零序方向元件不动作，N 侧零序方向元件不动作

C. M、N 两侧的零序方向元件均不动作

35. 输电线路 BC 相短路经过渡电阻 R_g 接地，A 相正序电流 $\dot{I}_{A1}$、负序电流 $\dot{I}_{A2}$、零序电流 I_0 的相位关系，正确的是（　　）。

A. $\arg\left(\frac{\dot{I}_{A1}}{\dot{I}_{A2}}\right)=180^\circ$、$\arg\left(\frac{\dot{I}_{A1}}{\dot{I}_0}\right)=180^\circ$

B. $0^\circ<\arg\left(\frac{\dot{I}_{A1}}{\dot{I}_0}\right)<180^\circ$、$0^\circ<\arg\left(\frac{\dot{I}_0}{\dot{I}_{A2}}\right)<180^\circ$、$0^\circ<\arg\left(\frac{\dot{I}_{A2}}{\dot{I}_{A1}}\right)<180^\circ$

C. $0^\circ<\arg\left(\frac{\dot{I}_{A1}}{\dot{I}_{A2}}\right)<180^\circ$、$0^\circ<\arg\left(\frac{\dot{I}_{A2}}{\dot{I}_0}\right)<180^\circ$、$0^\circ<\arg\left(\frac{\dot{I}_0}{\dot{I}_{A1}}\right)<180^\circ$

36. 综合重合闸装置中保护接入回路设有 N、M、P、Q、R 端子，接本线非全相运行中不会误动的保护应接在（　　）端子上。

A. N　　B. M　　C. P　　D. Q

37. 超高压线路采取串补电容后，在线路发生短路故障后，短路电流中含有暂态分量的性质是（　　）。

A. 高频分量　　B. 低频分量　　C. 工频分量　　D. 无法确定

38. 对 220kV 线路方向零序电流保护最后一段的整定要求是（　　）。

A. 必须保证当相邻线路末端发生接地故障时能可靠动作

B. 必须保证当本线路发生通过 300Ω 过渡电阻接地故障时能可靠动作

C. 一般动作电流不大于 300A，即线路发生经 100Ω 过渡电阻接地故障

D. 上述说法均不对

39. 电网中相邻 M、N 两线路，正序阻抗分别为 40∠75°Ω 和 60∠75°Ω，在 N 线中点发生三相短路，流过 M、N 同相的短路电流如下图所示，M 线相间阻抗继电器的测量阻抗一次值为（　　）Ω。

A. 58　　B. 100　　C. 90　　D. 140

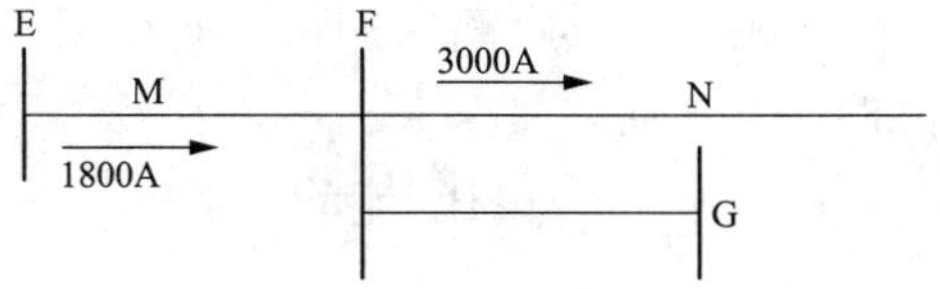

40. 对于远距离、重负荷线路及事故过负荷等情况，宜采用设置（　　）或其他方法避免相间、接地距离保护的后备段保护误动作。

A. 补偿系数　　B. 负荷电阻线　　C. 延时　　D. 偏移角度

41. 110kV 某一条线路发生两相接地故障，该线路保护所测的正序和零序功率的方向是（　　）。

A. 均指向线路　　B. 零序指向线路，正序指向母线

C. 正序指向线路，零序指向母线　　D. 均指向母线

42. 闭锁式纵联方向保护跳闸的必要条件是（　　）。

A. 正方向元件动作，反方向元件不动作，没有收到过闭锁信号

B. 正方向元件动作，反方向元件不动作，收到闭锁信号而后信号又消失

C. 正、反方向元件均动作，没有收到过闭锁信号

D. 正、反方向元件均不动作，没有收到过闭锁信号

43. 220kV 采用单相重合闸的线路使用母线电压互感器。事故前负荷电流 700A，单相故障双侧选跳故障相后，按保证 100Ω 过渡电阻整定的方向零序Ⅳ段在此非全相过程中（　　）。

A. 虽零序方向继电器动作，但零序电流继电器不动作，Ⅳ段不出口

B. 零序方向继电器会动作，零序电流继电器也动作，Ⅳ段可出口

C. 零序方向继电器动作，零序电流继电器也动作，但Ⅳ段不会出口

44. 同杆并架线路，在一条线路两侧三相断路器跳闸后，存在（　　）电流。

A. 潜供　　B. 助增　　C. 汲出　　D. 零序

45. 如果线路受进有功功率与送出无功功率相等，则线路电流、电压的相位关系为（　　）。

A. 电压超前电流 45°　　B. 电流超前电压 45°

C. 电流超前电压 135°

46. 当线路在正方向发生两相短路故障时，接地距离继电器（　　）。

A. 保护范围缩短，等值电源阻抗与整定阻抗之比越小，缩短的情况越严重

B. 保护范围增加，等值电源阻抗与整定阻抗之比越小，增加的情况越严重

C. 保护范围缩短，等值电源阻抗与整定阻抗之比越大，缩短的情况越严重

47. 超范围允许式纵联保护，本侧判断为正方向故障时，则向对侧发送（　　）信号。

A. 跳闸　　B. 闭锁　　C. 允许跳闸

48. 某输电线路，当发生 BC 两相短路时（如不计负荷电流），故障处的边界条件是（　　）。

A. $\dot{I}_A=0\quad \dot{U}_B=\dot{U}_C=0$　　B. $\dot{U}_A=0=\dot{I}_B=\dot{I}_C=0$

C. $\dot{I}_A=0=\dot{I}_B=-\dot{I}_C=\dot{U}_B=\dot{U}_C$　　D. $\dot{I}_A=0=\dot{I}_B=\dot{I}_C$

49. 某一线路与两条平行线相邻，其距离保护正方向在相邻平行线中点故障时不会动作，在相邻平行线末端故障时（　　）。

A. 可能动可能不动　　B. 能动　　C. 不动

50. 双侧电源的输电线路发生不对称故障时，短路电流中各序分量受两侧电势相差影响的是（　　）。

A. 零序分量　　B. 负序分量　　C. 正序分量

51. 同期继电器是反应母线电压和线路电压的（　　）。

A. 幅值之差　　B. 相位之差　　C. 矢量之差

52. 如果线路送出有功和受进无功相等，则线路电流、电压相位关系为。（　　）

A. 电压超前电流 45°　　B. 电流超前电压 45°

C. 电流超前电压 135°

53. 被保护线路发生三相短路，相间距离保护感受的阻抗（　　）接地距离保护感受的阻抗。

A. 大于　　B. 等于　　C. 小于

54. 当架空输电线路发生三相短路故障时，该线路保护安装处的电流和电压的相位关系是（　　）。

A. 功率因素角　　B. 线路阻抗角　　C. 保护安装处的功角　　D. 0

55. 如下图所示：由于电源 S2 的存在，线路 L2 发生故障时，N 点该线路的距离保护所测的测量距离和从 N 到故障点的实际距离关系是（　　）。（距离为电气距离）

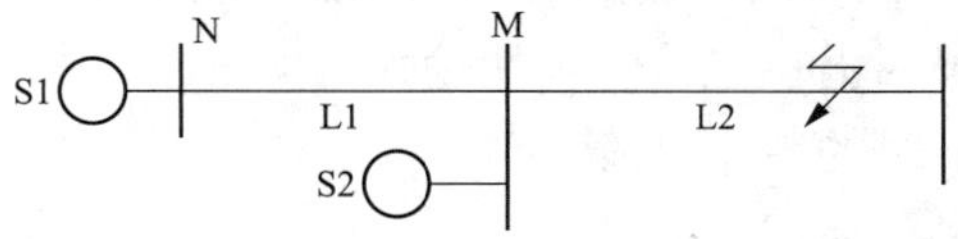

A. 相等　　B. 测量距离大于实际距离

C. 测量距离小于实际距离　　D. 不能比较

56. 对于双侧电源供电的线路阻抗继电器，以下叙述中正确的是（　　）。

A. 受过渡电阻的影响，线路阻抗与系统阻抗之比越大，超越越严重

B. 受过渡电阻的影响，线路阻抗与系统阻抗之比越小，超越越严重

C. 受过渡电阻的影响，线路阻抗与系统阻抗之比越大，灵敏度越低

D. 受过渡电阻的影响，线路阻抗与系统阻抗之比越小，灵敏度越低

57. 长线路灵敏系数为 1.5～2，且（　　）故障电流（　　）阻抗元件精确工作电流的 2 倍；还应验算线路末端经电阻接地时容纳接地电阻的能力，线路末端经一定接地电阻接地时，阻抗选相元件至少能相继动作。

A. 最小；不小于　　B. 最小；不大于

C. 最大；不小于　　D. 最大；不大于

58. 在进行线路保护试验时，除试验仪器容量外，试验电流及电压的谐波分量不宜超过基波分量的（　　）。

A. 2.50%　　B. 10%　　C. 5%　　D. 2%

59. 高频保护中设有工频变化量方向元件和零序方向元件，正常运行方式下被保护线路内部发生单相接地故障，高频保护出口的必要条件是（　　）。

A. ΔF+ 与 Fo+ 动作，ΔF_ 与 Fo_ 不动作

B. ΔF+ 与 Fo+ 动作，ΔF_ 或 Fo_ 不动作

C. ΔF+ 或 Fo+ 动作，ΔF_ 或 Fo_ 不动作

D. ΔF+ 或 Fo+ 动作，ΔF_ 与 Fo_ 不动作

60. 下列关于高频闭锁负序方向保护描述正确的是（　　）。

A. 对高频收发信机要求较低

B. 电压二次断线不影响保护运行

C. 非全相运行时被保护线路健全相再发生故障，保护仍能正确动作

D. 不反应稳定的三相短路，但可以反应系统振荡时

61. 一条线路 M 侧为系统，N 侧无电源但主变压器（YN/YN/△接线）中性点接地，当 Yo 侧线路 A 相接地故障时，如果不考虑负荷电流，则（　　）。

A. N 侧 A 相有电流，B、C 相无电流

B. N 侧 A 相有电流，B、C 相有电流，但大小不同

C. N 侧 A 相有电流，与 B、C 相电流大小相等且相位相同

62. 为防止区外短路切除过程中因零序或负序功率倒向而造成误动作，本保护方向元件从反向到正向动作带（　　）ms 延时。

A. 30　　　　B. 40　　　　C. 60　　　　D. 120

63. 500kV 三相并联电抗器的中性点经小电抗器接地，其主要目的是（　　）。

A. 减小单相接地故障时潜供电流，加快熄弧

B. 降低线路接地故障时的零序电流

C. 防止并联电抗器过负荷

64. 高压线路单相接地故障，单相跳闸后，重合闸时间的整定比相间故障三相跳闸后重合闸时间整定长，这是由于（　　）。

A. 有接地电阻的影响　　　　B. 有潜供电流的影响

C. 有接地电流大的影响

65. 某超高压输电线零序电流保护中的零序方向元件，其零序电压取自线路侧 TV 二次侧，当两侧 A 相断开线路处非全相运行期间，测得该侧零序电流为 240A，下列说法正确的是（　　）。

A. 零序方向元件是否动作取决于线路有功功率、无功功率的流向及其功率因数的大小

B. 零序功率方向元件肯定不动作

C. 零序功率方向元件肯定动作

D. 零序功率方向元件动作情况不明，可能动作，也可能不动作，与电网具体结构有关

66. 双侧电源线路的 M 侧，若系统发生接地故障，M 母线上有相电压突变量 $\Delta\dot{U}_{\Phi}$；另外工作电压 $\dot{U}_{\mathrm{op}\Phi}=\dot{U}_{\Phi}-(\dot{I}_{\Phi}+K3\dot{I}_0)Z_{\mathrm{set}}$，其中 $\dot{U}_{\Phi}$ 为 M 母线相电压，$\dot{I}_{\Phi}+K3\dot{I}_0$ 为 M 母线流向被保护线路的电流 $\left(K=\dfrac{Z_0-Z_1}{3Z_1}\right)$，$Z_{\mathrm{set}}$ 为保护区范围确定的线路阻抗。如果有 $|\Delta\dot{U}_{\Phi}|>|\Delta\dot{U}_{\mathrm{op}\Phi}|$，则接地点位置在（　　）。

A. 保护方向上　　　　B. 保护方向保护范围内

C. 保护反方向上　　　　　　　　　　D. 不能确定保护位置

67. 超范围允许式方向纵联保护中设有工频变化量方向元件 ΔF、零序方向元件 F0，被保护线路内部发生短路故障时，跳闸开放的必要条件是（　　）

A. F+ 与 F0+ 均动作，ΔF– 或 F0– 不动作

B. F+ 或 F0+ 动作，ΔF– 或 F0– 均不动作

C. F+ 或 F0+ 动作，ΔF– 或 F0– 不动作

D. F+ 与 F0+ 动作，ΔF– 或 F0– 均不动作

68. 单侧电源线路的自动重合闸装置必须在故障切除后，经一定时间间隔才允许发出合闸脉冲，这是因为（　　）。

A. 需与保护配合

B. 故障点要有足够的去游离时间，以及断路器及传动机构的准备再次动作时间

C. 防止多次重合

D. 断路器消弧

69. 高频闭锁距离保护的优点是（　　）。

A. 对串补电容无影响

B. 在电压二次断线时不会误动

C. 能快速地反映各种对称和不对称故障

D. 系统振荡无影响，不需采取任何措施

70. 输电线路 BC 两相金属性短路时，B 相短路电流（　　）。

A. 滞后于 BC 相间电压一个线路阻抗角

B. 滞后于 B 相电压一个线路阻抗角

C. 滞后于 C 相电压一个线路阻抗角

D. 超前 BC 相间电压一个线路阻抗角

71. 当双侧电源线路两侧重合闸均投入检查同期方式时，将造成（　　）。

A. 两侧重合闸均启动　　　　　　　B. 非同期合闸

C. 两侧重合闸均不启动　　　　　　D. 一侧重合闸启动，另一侧不启动

72. 某 220kV 线路甲侧电流互感器变比为 1250/1A，乙侧电流互感器变比为 1200/5A，两侧保护距离Ⅱ段一次侧定值均为 22Ω，则甲、乙两侧距离Ⅱ段二次侧定值分别为（　　）。

A. 38.7Ω，201.7Ω　　　　　　　　B. 12.5Ω，12.0Ω

C. 2.5Ω，2.4Ω　　　　　　　　　D. 12.5Ω，2.4Ω

73. 对 220kV 单电源馈供线路，当重合闸采用“三重方式”时，若线路上发生永久性单相短路接地故障，保护及重合闸的动作顺序为（　　）。

A. 选跳故障相，延时重合故障相，后加速跳三相

B. 三相跳闸不重合

C. 三相跳闸，延时重合三相，后加速跳三相

D. 选跳故障相，延时重合故障相，后加速再跳故障相，同时三相不一致保护跳三相

74. 为了使线路两侧闭锁式纵联距离保护和纵联方向零序保护通过高频通道构成快速

保护，在保护逻辑上应采用（　　）原则。

A. 正向元件优先发信原则

B. 反向元件优先发信原则

C. 距离元件优先发信原则

D. 零序方向元件优先发信原则

75. 对线路纵联方向（距离）保护而言，下列说法中不正确的是（　　）。

A. 当线路某一侧纵联方向（距离）保护投入连接片退出后，该线路两侧纵联方向（距离）保护均退出

B. 当线路两侧纵联方向（距离）保护投入连接片均投入后，该线路两侧纵联方向（距离）保护方投入

C. 当线路一侧纵联方向（距离）保护投入连接片退出时，该线路另一侧纵联方向（距离）保护仍在正常运行状态

D. 在运行中为安全起见，当线路某一侧纵联方向（距离）保护投入连接片退出时，该线路另一侧纵联方向（距离）保护投入连接片也退出

76. 对220kV及以上选用单相重合闸的线路，无论配置一套或两套全线速动保护，（　　）动作后三相跳闸不重合。

A. 后备保护　　B. 相间保护

C. 分相电流差动保护　　D. 距离保护速断段

77. 当输电线被冰层、霜雪所覆盖时，光纤保护通道的衰耗就会（　　）。

A. 增加　　B. 减少

C. 区外短路故障时，远离故障点侧保护有误动可能　　D. 不变

78. 确保220kV及500kV线路单相接地时线路保护能可靠动作，允许的最大过渡电阻值分别是（　　）。

A. 100Ω，300Ω　　B. 100Ω，150Ω

C. 150Ω，300Ω　　D. 300Ω，100Ω

79. RCS-901A微机保护，重合闸投单重方式，当线路发生单相区内故障，另一侧开关由于某种原因直接三跳，则本侧保护的动作情况是（　　）。

A. 单跳单重　　B. 单跳不重合，由后备保护经延时三跳

C. 单跳单重后，由后备保护经延时三跳

80. 220kV大接地电流系统中带负荷电流某线路断开一相，其余线路全相运行，下列说法中错误的是（　　）。

A. 非全相线路中有负序电流，全相运行线路中无负序电流

B. 非全相线路、全相运行线路中均有负序电流

C. 非全相线路中的负序电流大于全相运行线路中的负序电流

D. 非全相线路中有零序电流

81. 若线路发生故障，相电流差突变量选相元件 $\Delta I_{AB}=20A$，$\Delta I_{BC}=10A$，$\Delta I_{CA}=10A$，则线路发生的是（　　）故障。

A. AB相间短路　　B. C相接地故障　　C. AB两相接地故障

82. 超高压输电线单相接地两侧保护动作单相跳闸后，故障点有潜供电流，潜供电流产生的主要因素是（　　）。

A. 分布电容　　B. 相间电容　　C. 并联电抗器　　D. 过渡电阻

83. CSC-100 系列高压线路保护选相元件一般在故障初期采用（　　），故障后期采用（　　）选相，一般在保护启动 30ms 以后（　　）选相就要退出使用。

A. 序分量；突变量；突变量　　B. 突变量；序分量；序分量

C. 突变量；序分量；突变量

84. CSC-100 系列高压线路保护因（　　）受故障点过渡电阻影响较小且不受负荷电流影响，常作为保护的后续故障选相元件。这种选相元件一般配合以相间阻抗排除等方法来解决单相高阻接地时误选相间故障的问题。

A. 突变量　　B. 低电压　　C. 序分量　　D. 阻抗选相

85. CSC-103 系列光纤差动保护要求两侧采样同步，因此保护要求其定值一侧设置为（　　）机，另一侧设置为（　　）机。国网标准化版本的线路保护默认地址码（　　）的一侧为主机。

A. 主；从；大　　B. 主；备；大

C. 主机；从机；小　　D. 主；备；小

86. CSC-100 系列保护的 TA 接入均是以（　　）为极性端，其中零序电压选择（　　）。

A. 母线侧；自产　　B. 母线侧；外接

C. 线路侧；自产　　D. 线路侧；外接

87. CSC-100 如装置重合闸为检同期或检无压，则装置将在断路器处于（　　）时，自动根据两侧接入电压的情况判别检定同期相别。若不能找到两侧满足同期条件的相别，告警检同期电压异常。满足同期相别自动判断的条件为（　　）。

A. 合闸位置；10V，7°　　B. 跳闸位置；10V，7°

C. 和位置无关；10V，7°

88. CSC-103 保护通道延时小于（　　）时可以正常运行。

A. 12ms　　B. 18ms　　C. 10ms　　D. 30ms

89. CSC-103B 高压系列线路保护，当重合闸功能采用另外一套装置时，本套装置的重合闸连接片或控制字应选择（　　）。

A. 单重　　B. 三重　　C. 禁止　　D. 停用

90. 与多模光纤相比，单模光纤（　　）。

A. 带宽大、衰耗大、传输距离近、传输特性好

B. 带宽小、衰耗小、传输距离远、传输特性差

C. 带宽小、衰耗小、传输距离远、传输特性好

D. 带宽大、衰耗小、传输距离远、传输特性好

91. 同杆平行双回线两回线参数完全一致，且都经过充分换位，各相自阻抗 Z_L，同一回线内的相间互阻抗 Z_{M1}，两回线间的相间互阻抗 Z_{M2}，则每回线的正序阻抗、零序阻抗及两回线间的零序互阻抗分别为（　　）。

A. Z_L-Z_{M1}，Z_L+2Z_{M1}，$3Z_{M1}$　　B. Z_L-Z_{M1}，Z_L+2Z_{M1}，$3Z_{M2}$

C. Z_L+Z_{M1}，Z_L+2Z_{M1}，Z_{M1}　　D. Z_L-Z_{M1}，Z_L+2Z_{M1}，Z_{M2}

92. 系统接线如下图所示，当线路 L 发生两相断线时，不考虑母线电压互感器饱和，母线电压互感器开口三角电压为（　　）。

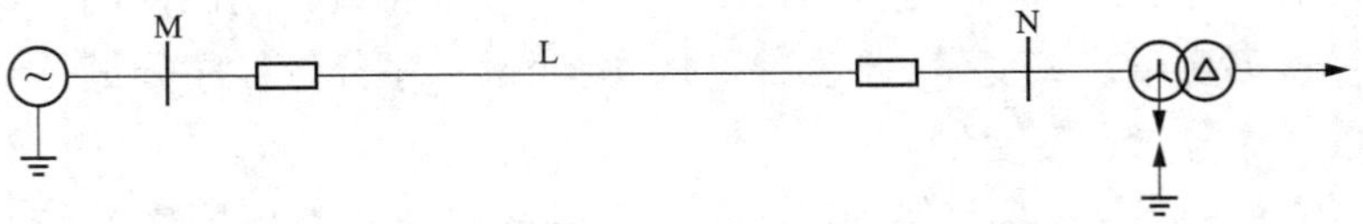

A. 0V　　B. 150V　　C. 200V　　D. 300V

93. 超高压输电线路中单相接地故障跳闸后，熄弧较慢是由于（　　）。

A. 潜供电流的影响　　B. 单相故障跳闸慢

C. 短路阻抗小　　D. 电压高

94. 线路正向经过渡电阻 R_g 单相接地时，关于保护安装处的零序电压与零序电流间的相位关系，下列说法中正确的是（　　）。

A. R_g 越大时，零序电压与零序电流间的夹角越小

B. 接地点越靠近保护安装处，零序电压与零序电流间的夹角越小

C. 零序电压与零序电流间的夹角与 R_g 无关

D. R_g 越大时，零序电压与零序电流间的夹角越大

95. 在振荡中，线路发生 B、C 两相金属性接地短路。如果从短路点 F 到保护安装处 M 的正序阻抗为 Z_K，零序电流补偿系数为 K，M 到 F 之间的 A、B、C 相电流及零序电流分别是 I_A、I_B、I_C 和 I_0，则保护安装处 B 相电压的表达式为（　　）。

A. $(I_B+I_C+K3I_0)Z_K$　　B. $(I_B+K3I_0)Z_K$

C. I_BZ_K　　D. $(I_A+K3I_0)Z_K$

96. 某 220kV 线路上发生金属性单相接地时，下列说法中正确的是（　　）。

A. 故障点正序电压的幅值等于故障点负序电压与零序电压相量和的幅值，且相位与之相反

B. 故障点正序电压的幅值等于故障点负序电压与零序电压相量和的幅值，且相位与之相同

C. 故障点的等于故障点负序电压与零序电压相量和

D. 故障点正序电压的大小等于故障点负序电压幅值与零序电压幅值的代数和

97. 超范围闭锁式方向纵联保护采用跳闸位置停信措施的作用是（　　）。

A. 故障发生在断路器和电流互感器之间时，可使对侧保护快速动作跳闸

B. 本侧 I 段范围内发生短路故障时，可使对侧保护快速动作跳闸

C. 手合到故障线路时，可使对侧保护快速动作跳闸

D. 方便通道交换试验

98. 某单回超高压输电线路 A 相瞬时故障，两侧保护动作跳 A 相开关，线路转入非全相运行，当两侧保护取用线路侧 TV 时，就两侧的零序方向元件来说，正确的是（　　）。

A. 两侧的零序方向元件肯定不动作

B. 两侧的零序方向元件的动作情况，视传输功率方向、传输功率大小而定，可能一侧处于动作状态，另一侧处于不动作状态

C. 两侧的零序方向元件可能一侧处于动作状态，另一侧处于不动作状态，或两侧均处于不动作状态，这与非全相运行时的系统综合零序阻抗、综合正序阻抗相对大小有关

D. 两侧的零序方向元件肯定动作

99. 在 220kV 大接地电流系统中，当同塔双回线中的一回线检修并在其两侧接地时，若双回线中运行的那一回线路发生接地故障，则停电检修线路中（　　）零序电流。

A. 一定流过　　B. 一定不流过

C. 很可能流过　　D. 无法确定是否流过

100. 对 220kV 采用综合重合闸的线路，当采用“单重方式”运行时，若线路上发生永久性单相短路接地故障，保护及重合闸的动作顺序为（　　）。

A. 选跳故障相，延时重合故障相，后加速跳三相

B. 三相跳闸不重合

C. 三相跳闸，延时重合三相，后加速跳三相

D 选跳故障相，延时重合故障相，后加速再跳故障相，同时三相不一致保护跳三相

101. 输电线路两端电压的相量差，称为（　　）。

A. 电压降落　　B. 电压损耗　　C. 电压偏移　　D. 线损

102. RCS-901 系列线路保护装置的工频变化量阻抗元件由（　　）功能连接片投退。

A. 主保护　　B. 距离保护　　C. 零序保护　　D. 主保护与距离保护

103. 非全相运行期间，（　　）可能误动。

A. 高频闭锁零序方向保护（A 两侧采用母线 TV）

B. 高频闭锁零序方向保护（A 两侧采用线路 TV）

C. 光纤电流差动保护

D. 零序Ⅳ段保护

104. 输电线路 BC 两相金属性短路时，短路电流 I_{BC}（　　）。

A. 滞后于 BC 相间电压一个线路阻抗角

B. 滞后于 B 相电压一个线路阻抗角

C. 滞后于 C 相电压一个线路阻抗角

D. 超前 BC 相间电压一个线路阻抗角

105. 超范围纵联保护可保护本线路全长的（　　）。

A. 1　　B. 115%～120%　　C. 2　　D. 80%～85%

106. 高频方向保护是利用高频信号比较被保护线路两端的（　　）。

A. 功率方向　　B. 电流相位　　C. 电压大小　　D. 功率大小

107. 如果三相输电线路的自感阻抗为 Z_L，互感阻抗为 Z_M，则正确的是（　　）式。

A. $Z_0=Z_L+2Z_M$　　B. $Z_1=Z_L+2Z_M$

C. $Z_0=Z_L-Z_M$　　D. $Z_1=Z_L+Z_M$

108. RCS-901A 距离保护中零序电抗继电器的特性向下倾斜（　　）。

A. 6°　　B. 10°　　C. 8°　　D. 12°

109. 确保220kV及500kV线路单相接地时线路零序电流保护能可靠动作，允许的大过渡电阻值分别是（　　）。

A. 100Ω、100Ω　　B. 100Ω、200Ω

C. 100Ω、300Ω　　D. 100Ω、150Ω

110. 如果不考虑线路电阻，在大电流接地系统中发生正方向接地短路时，下列说法中正确的是（　　）。

A. 零序电流超前零序电压90°　　B. 零序电流落后零序电压90°

C. 零序电流与零序电压同相　　D. 零序电流与零序电压反相

111. 当双电源侧线路发生经过渡电阻单相接地故障时，送电侧感受的测量阻抗附加分量是（　　）。

A. 容性　　B. 纯电阻　　C. 感性　　D. 不确定

112. RCS-901A中纵联闭锁式方向保护通道检查功能在（　　）。

A. 专有诊断程序　　B. 故障程序　　C. 跳闸程序　　D. 正常运行程序

113. 当双电源侧线路发生经过渡电阻单相接地故障时，受电侧感受的测量阻抗附加分量是（　　）。

A. 容性　　B. 纯电阻　　C. 感性　　D. 不确定

114. 线路两侧的保护装置在发生短路时，其中的一侧保护装置先动作，等它动作跳闸后，另一侧保护装置才动作，这种情况称之为（　　）。

A. 保护有死区　　B. 保护相继动作

C. 保护不正确动作　　D. 保护既存在相继动作又存在死区

115. 对于220kV线路高频闭锁保护，引入其他保护动作停信的作用是（　　）。

A. 防止TV断线保护误动　　B. 防止TV断线保护拒动

C. 确保对侧高频闭锁保护正确动作　　D. 防止对侧高频闭锁保护误动作

116. 线路分相电流差动保护的通道应（　　）。

A. 优先考虑采用数字载波　　B. 考虑采用OPGW光缆

C. 优先考虑采用数字微波　　D. 优先考虑采用ADSS光缆

117. 若某联络线路输送的有功功率为零，则表明该线路两侧系统同相电压相位的关系为（　　）。

A. 同相位　　B. 反相位　　C. 相差90°　　D. 不确定

参考答案： 1. C　2. B　3. B　4. C　5. A　6. C　7. A　8. B　9. C　10. C　11. B　12. A　13. A　14. B　15. B　16. C　17. C　18. C　19. B　20. C　21. A　22. A　23. B　24. D　25. C　26. D　27. B　28. B　29. B　30. A　31. A　32. A　33. A　34. C　35. B　36. A　37. B　38. C　39. C　40. B　41. C　42. B　43. C　44. A　45. B　46. C　47. C　48. C　49. A　50. C　51. C　52. B　53. B　54. B　55. B　56. B　57. A　58. C　59. D　60. A　61. C　62. C　63. A　64. B　65. D　66. C　67. B　68. B　69. C　70. A　71. C　72. D　73. C　74. B　75. C　76. B　77. D　78. A　79. B　80. A　81. A　82. B　83. C　84. C

85. A　86. A　87. A　88. B　89. C　90. D　91. B　92. D　93. A　94. C　95. B　96. A　97. B　98. C　99. A　100. A　101. A　102. B　103. A　104. A　105. A　106. A　107. A　108. D　109. C　110. A　111. A　112. D　113. C　114. B　115. C　116. B　117. A

三、变压器保护

1. 为躲过励磁涌流，变压器差动保护采用二次谐波制动，(　　)。

A. 二次谐波制动比越大，躲过励磁涌流的能力越强

B. 二次谐波制动比越大，躲过励磁涌流的能力越弱

C. 二次谐波制动比越大，躲空投时不平衡电流的能力越强

2. 变压器差动保护防止穿越性故障情况下误动的主要措施是(　　)。

A. 间断角闭锁　　B. 二次谐波制动　　C. 比率制动

3. 谐波制动的变压器保护中设置差动速断元件的主要原因是(　　)。

A. 为了提高差动保护的动作速度

B. 为了防止较高的短路水平时，由于电流互感器的饱和产生高次谐波量增加，导致差动元件拒动

C. 保护设置的双重化，互为备用

4. 断路器失灵保护为(　　)。

A. 主保护　　B. 远后备保护　　C. 近后备保护

5. 对两个具有两段折线式差动保护的动作灵敏度的比较，下列说法中正确的是(　　)。

A. 初始动作电流小的差动保护动作灵敏度高

B. 初始动作电流较大，但比率制动系数较小的差动保护动作灵敏度高

C. 初始动作电流与比率制动系数都较小的差动保护其动作灵敏度高

6. 为防止由瓦斯保护启动的中间继电器在直流电源正极接地时误动，应(　　)。

A. 采用动作功率较大的中间继电器，而不要求快速动作

B. 对中间继电器增加 0.5s 的延时

C. 在中间继电器启动线圈上并联电容

7. 空载变压器突然合闸时，可能产生的最大励磁涌流的值与短路电流相比(　　)。

A. 前者远小于后者　　B. 前者远大于后者

C. 可以比拟

8. YN,d11（中性点接地）变压器，三角形侧 ab 两相短路，星形侧装设两相三继电器过电流保护，设 Z_L 和 Z_K 为二次电缆（包括 TA 二次侧漏阻抗）和过电流继电器的阻抗，则电流互感器二次负载阻抗为(　　)。

A. Z_L+Z_k　　B. $2(Z_L+Z_k)$　　C. $3(Z_L+Z_k)$

9. 变压器的过电流保护，加装复合电压闭锁元件是为了(　　)。

A. 提高过电流保护的可靠性　　B. 提高过电流保护的灵敏度

C. 提高过电流保护的选择型　　D. 提高过电流保护的快速性

10. 变压器额定容量为120/120/90MVA，结线组别为YN,YN,d11，额定电压为220/110/11kV，高压侧TA变比为600/5，中压侧TV变比为1200/5，低压侧TV变比为6000/5，差动保护TV二次均采用星形接线。差动保护高、中、低二次平衡电流分别是（　　）。

A. 2.6A、2.6A、9.1A　　　　B. 2.6A、2.6A、3.9A

C. 2.6A、2.6A、5.2A　　　　D. 4.5A、4.5A、5.2A

11. 三台具有相同变比联结组别的三相变压器，其额定容量和短路电压分别为（　　）。

A. S_a=1000kVA，$U_{ka}(\%)=6.25\%$　　　　B. S_b=1800kVA，$U_{kb}(\%)=6.6\%$

C. S_c=3200kVA，$U_{kc}(\%)=7\%$

12. 一台YN,d11型变压器，低压侧无电源，当其高压侧差动范围内引线发生三相短路故障和两相短路故障时，对相位补偿为Y→△转换方式的PST1200变压器差动保护，其差动电流（　　）。

A. 相同　　　　B. 三相短路大于两相短路

C. 不定　　　　D. 两相短路大于三相短路

13. 以下关于变压器保护的说法中正确的是（　　）。

A. 由自耦变压器高、中压及公共绕组三侧电流构成的分相电流差动保护无须采取防止励磁涌流的专门措施

B. 由自耦变压器高、中压及公共绕组三侧电流构成的分相电流差动保护需要采取防止励磁涌流的专门措施

C. 自耦变压器的零序电流保护应接入中性点引出线电流互感器的二次电流

14. 通过调整有载调压变压器分接头调整电压时，对系统来说（　　）。

A. 起不了多大作用　　　　B. 改变系统的频率

C. 改变了无功功率分布　　　　D. 改变系统的谐波

15. 220kV变压器保护宜优先采用TPY型TA。若采用P级TA，为减轻可能发生的暂态饱和影响，其暂态系数不应小于（　　）。

A. 2　　B. 3　　C. 4　　D. 5

16. 某110kV变电站，变压器为YN,d11，用110kV侧TV与10kV侧TV进行核相，接线正确的是（　　）。

A. 高压侧A相与低压侧A相之间的电压约为30V

B. 高压侧A相与低压侧C相之间的电压约为82V

C. 高压侧A相与低压侧B相之间的电压约为100V

D. 高压侧A相与低压侧B相之间的电压约为115V

17. 一台容量为750MVA的双绕组自耦变压器，额定电压为$\frac{525}{\sqrt{3}}\Big/\frac{242}{\sqrt{3}}$kV，当带额定负荷时，其公共绕组中流过的电流为（　　）。

A. 964.5A　　B. 0.0A　　C. 1789.3A　　D. 824.8A

18. 容量为50MVA、接线为YN,d11（中性点接地）、变比为115±2×2.5%/10.5kV

的降压变压器，构成差动保护的电流互感器两侧均为星形接线，差动保护装置的相位补偿采用 d 侧移相方案。当 YN 侧保护区内 A 相接地时，下列说法中正确的是（　　）。

A. 仅 A 相差动继电器动作　　B. A、B 相差动继电器动作

C. A、B、C 相差动继电器动作

19. 220/110/35kV 三绕组自耦变压器，低压侧绕组接成三角形，下列说法中正确的是（　　）。

A. 中压侧母线单相接地时，中压侧零序电流比高压侧零序电流（有名值）大

B. 高压侧母线单相接地时，高压侧零序电流比中压侧零序电流（有名值）大

C. 自耦变压器的零序方向电流保护可采用中性点的零序电流

20. 变压器的高压侧宜设置（　　）的后备保护。在保护不失配的前提下，尽量缩短变压器后备保护的整定时间级差。

A. 0.1s 延时　　B. 无延时　　C. 短延时　　D. 长延时

21. 如果认为变压器的励磁阻抗为无穷大，则 YN,d 变压器的零序阻抗 Z_0 与正序阻抗 Z_1 的关系是（　　）。

A. $Z_1>Z_0$　　B. $Z_1=Z_0$　　C. $Z_1<Z_0$　　D. 无关

22. 变压器内部单相接地故障与相间故障相比，纵差保护的灵敏度相对（　　）。

A. 较高　　B. 较低　　C. 不变　　D. 相同

23. 变压器中性点间隙接地保护是由（　　）。

A. 零序电压继电器与零序电流继电器与门关系构成，不带时限

B. 零序电压继电器与零序电流继电器或门关系构成，不带时限

C. 零序电压继电器与零序电流继电器或门关系构成，带 0.5s 时限

D. 零序电压继电器与零序电流继电器与门关系构成，带 0.5s 时限

24. 在 YN,d11（中性点接地）接线的变压器低压侧发生两相短路时，星形侧某一相的电流等于其他两相短路电流的 2 倍，如果低压侧 AB 两相短路，则高压侧的电流值（　　）。

A. I_A 为 $2/\sqrt{3}I_k$　　B. I_B 为 $2/\sqrt{3}I_k$　　C. I_c 为 $2/\sqrt{3}I_k$　　D. 均为 $2/\sqrt{3}I_k$

25. 运行中的变压器，当现场（　　），重瓦斯保护应由跳闸改投信号。

A. 进行注油和滤油时　　B. 变压器中性点不接地运行时

C. 变压器轻瓦斯保护动作后

26. 某变电站装设两台自耦变压器，其中性点接地方式为（　　）。

A. 一台变压器接地，当接地变压器退出运行时，另一台变压器接地

B. 一台变压器接地，另一台变压器不接地

C. 两台变压器都接地

D. 两台变压器都不接地

27. 关于变压器的励磁涌流与故障电流描述，下列说法中不正确的是（　　）。

A. 它们都含有很高的非周期分量，所以偏向时间轴的一侧

B. 当励磁涌流和故障电流很大时，它们对一次设备会有损害

C. 它们都含有很高的二次谐波，所以对一次设备损害很大

D. 励磁涌流波形有很大的间断角，而故障电流没有

28. 谐波制动的变压器纵差保护中设置差动速断元件的主要原因是（　　）。

A. 为了提高谐波制动差动保护的动作速度

B. 为了防止在区内发生严重故障时，由于电流互感器的饱等原因造成差流中含有较多的谐波分量，延缓谐波制动差动保护的动作，甚至拒动

C. 保护设置的双重化，互为备用

29. 对于接线组别为 YN,d11（中性点接地）的变压器，正常运行时，△侧三相负荷电流 $I_{da(b、c)}$（即 I_d）、Y 侧输入三相电流 $I_{ya(b、c)}$（I_y）之间的相位关系是（　　）。

A. I_d 与 I_y 同相位　　B. I_d 滞后 I_y330°

C. I_d 超前 I_y330°　　D. I_d 滞后 I_y60°

30. 为防止瓦斯保护启动的中间继电器在直流电源正极接地时误动，应（　　）。

A. 在中间继电器启动线圈上并联电容

B. 对中间继电器增加 0.5s 的延时

C. 采用动作功率较大的中间继电器，而不要求快速动作

31. 对于 YN,d11（中性点接地）接线变压器下列表示法中正确的是（　　）。

A. $\dot{U}_a=\dot{U}_A e^{j60°}$　　B. $\dot{U}_{ab}=\dot{U}_{AB} e^{j30°}$

C. $\dot{U}_{ab}=\dot{U}_{AB} e^{j0°}$　　D. $\dot{U}_a=\dot{U}_A e^{j0°}$

32. 空投变压器时，具有二次谐波制动的差动保护误动，可能的原因只有（　　）。

A. 差动 TA 二次回路断线

B. 二次谐波制动比整定得过大

C. 二次谐波制动比整定得过小

D. 二次谐波制动的整定值过大或差动速断倍数整定值过小

33. 变压器间隙零序保护是（　　）。

A. 变压器相间短路故障的后备保护　　B. 大电流系统侧接地故障的后备保护

C. 变压器的远后备保护　　D. 保护变压器中性点绝缘

34. YN,d11（中性点接地）接线变压器的纵差保护，能保护（　　）。

A. 变压器内部匝数较多的匝间短路　　B. 变压器中性点接地故障

C. 变压器△侧单相接地故障　　D. 重瓦斯保护能保护的故障类型

35. 两台变压器间定相（核相）是为了核定（　　）是否一致。

A. 相序　　B. 相位差　　C. 相位　　D. 相序和相位

36. 关于 TA 饱和对变压器差动保护的影响，下列说法中正确的是（　　）。

A. 由于差动保护具有良好的制动特性，区外故障时没有影响

B. 由于差动保护具有良好的制动特性，区内故障时没有影响

C. 可能造成差动保护在区内故障时拒动或延缓动作，在区外故障时误动

37. 在一台 YN,d11 接线的变压器低压侧发生 AB 相两相短路，星形侧某相电流为其他两相短路电流的 2 倍，该相为（　　）。

A. A 相　　B. B 相　　C. C 相

38. 变压器比率制动差动保护设置制动线圈的主要原因是（　　）。

A. 为了躲励磁涌流

B. 为了在内部故障时提高保护的可靠性

C. 为了在区外故障时提高保护的安全性

39. 变压器励磁涌流含有大量高次谐波，其中以（　　）谐波为主。

A. 2 次　　B. 3 次　　C. 5 次

40. 变压器励磁涌流与变压器充电合闸初相有关，当初相角为（　　）时励磁涌流最大。

A. 0　　B. 60°　　C. 120°　　D. 180°

41. 变压器差动保护用的 TA 要求的准确级是（　　）。

A. 0.5 级　　B. 10 级　　C. 0.1 级　　D. D 级

42. 有一台 YN,d11（中性点接地）型，35/10.5kV 的变压器，在其 10kV 侧发生 AB 相间短路，三相短路电流为 I_k、$-I_k$、0，则高压侧的三相短路电流为（　　）。

A. I_k、I_k、0　　B. $I_k/\sqrt{3}$、$-I_k/\sqrt{3}$、0

C. $I_k/\sqrt{3}$、$-2I_k/\sqrt{3}$、$I_k/\sqrt{3}$　　D. $-I_k/\sqrt{3}$、$2I_k/\sqrt{3}$、$-I_k/\sqrt{3}$

43. 自耦变压器中性点必须接地，这是为了避免当高压侧电网内发生接地故障时（　　）。

A. 中压侧出现过电压　　B. 高压侧出现过电压

C. 高、中压侧均出现过电压

44. 主变压器纵差保护一般取（　　）谐波电流元件作为过励磁闭锁元件，谐波制动比越（　　），差动保护躲变压器过励磁的能力越强。

A. 3 次；大　　B. 2 次；大　　C. 5 次；小　　D. 2 次；小

45. 气体（瓦斯）保护是变压器的（　　）。

A. 主后备保护　　B. 内部故障的主保护

C. 外部故障的主保护　　D. 外部故障的后备保护

46. 变压器差动保护范围为（　　）。

A. 变压器各侧 TA 之间设备　　B. 油箱外部

C. 油箱内部　　D. 变压器中压侧

47. 当变压器外部故障时，有较大的穿越性短电流流过变压器，这时变压器的差动保护（　　）。

A. 立即动作　　B. 延时动作　　C. 不应动作　　D. 视短路时间长短而定

48. 自耦变压器中性点必须接地，这是为了避免当高压侧电网内发生单相接地故障时，（　　）。

A. 中压侧出现过电压　　B. 高压侧出现过电压

C. 高压侧、中压侧都出现过电压　　D. 以上三种情况以外的

49. 变压器比率制动的差动继电器，设置比率制动的主要原因是（　　）。

A. 为了躲励磁涌流

B. 为了提高内部故障时保护动作的可靠性

C. 当区外故障不平衡电流增加时，为了使继电器动作电流随不平衡电流增加而提高动作值

D. 为了提高内部故障时保护动作的快速性

50. 某 YN,d12（中性点接地）的变压器，其高压侧电压为 220kV 且变压器的中性点接地，低压侧为 6kV 的小接地电流系统（无电源），变压器差动保护采用内部未进行Y/△变换的静态型变压器保护，如两侧 TA 二次均接成星形接线，则（　　）。

A. 此种接线无问题

B. 低压侧区外发生故障时差动保护可能误动

C. 高压侧区外发生故障时差动保护可能误动

D. 高、低压侧区外发生故障时差动保护均可能误动

51. 变压器过励磁保护的启动、反时限和定时限元件应根据变压器的过励磁特性曲线进行整定计算并能分别整定，其返回系数不应低于（　　）。

A. 0.88　　B. 0.9　　C. 0.95　　D. 0.96

52. 在升压变压器接线组别为 YN,d11（中性点接地）接线，变压器高压侧（Y 侧）发生两相短路时电流等于其他两相短路电流的 2 倍，如果低压侧 BC 相短路，则高压侧的电流（　　）。

A. $I_a=(2/\sqrt{3})I_k$　　B. $I_b=(2/\sqrt{3})I_k$　　C. $I_c=(2/\sqrt{3})I_k$

53. YN,d11（中性点接地）接线的变压器△侧发生两相短路时，Y 侧有一相电流比另外两相电流大，该相是（　　）。

A. 同名故障相中的超前相　　B. 同名故障相中的滞后相

C. 非故障相

54. 在 YN,d11（中性点接地）变压器差动保护中，变压器带额定负荷运行，在 TA 断线闭锁退出的情况下，下列说法中正确的是（　　）。

A. YN 侧绕组断线，差动保护不会动作

B. d 侧绕组一相断线，差动保护要动作

C. YN 侧 TA 二次一相断线，差动保护要动作

D. d 侧 TA 二次一相断线，差动保护不动作

55. 一台 YN,d11（中性点接地）接线的变压器低压侧发生 BC 相两相短路，星形侧某相电流为其他两相短路电流的 2 倍，该相为（　　）。

A. A 相　　B. B 相　　C. C 相

56. 变压器过励磁与系统频率的关系是（　　）。

A. 与系统频率成反比　　B. 与系统频率无关

C. 与系统频率成正比

57. 对自耦变压器的零序方向电流保护，其零序方向元件的零序电流取自（　　）。

A. 变压器中性点接地的电流互感器　　B. 变压器出口的三相电流互感器

C. 均可

58. 一台微机变压器保护用于Y/Y/△接线的变压器，外部 TA 全星形接入，微机保护内部转角。当在高压侧通单相电流和三相对称电流时，（　　）。

A. 动作值不一样，两者之间的比值是 1 : $\sqrt{3}$，通单相电流动作值大，三相对称电流动作值小

B. 动作值不一样，两者之间的比值是 1 : $\sqrt{3}$，通单相电流动作值小，三相对称电流动作值大

C. 动作值一样

59. 一台 YN,d11（中性点接地）接线的变压器，是指正常运行时（　　）。

A. 星形侧相电压超前三角侧相电压 30°

B. 星形侧线电压超前三角侧线电压 30°

C. 星形侧线电压滞后三角侧线电压 30°

60. 变压器的非电量保护，应该（　　）。

A. 设置独立的电源（包括直流空气小开关及直流电源监视回路），出口回路与电气量保护公用

B. 设置独立的电源回路及出口跳闸回路，可与电气量保护安装在同一机箱内

C. 设置独立的电源回路和出口跳闸回路，且在保护柜上的安装位置也应相对独立

61. 关于变电站的 TA 接地问题，下列表述中正确的是（　　）。

A. 参与和流运算的 TA 必须在和流处接地

B. 参与和流运算的 TA 必须在 TA 所在地分别接地

C. 不参与和流运算的 TA 必须在保护屏接地，便于管理

D. 为防止因电位差造成出现电流，TA 需要现场和保护屏处都接地

62. 220kV 自耦变压器零序保护的 TA 不能安装在（　　）。

A. 变压器中性点　B. 220kV 侧　　C. 110kV 侧

63. 变压器重瓦斯保护不允许启动断路器失灵保护，主要原因是（　　）。

A. 有差动保护启动失灵保护、不需要重瓦斯保护重复启动

B. 重瓦斯保护的误动概率高、容易引起误启动失灵保护

C. 变压器内部故障、重瓦斯保护动作后返回时间无法确定

64. 变压器铭牌上的短路电压百分数 U_K%，含义是（　　）。

A. U_K% 的含义是变压器短路电流等于额定电流时产生的相电压降与额定相电压之比的百分值，等于一、二次漏抗标幺值之和

B. U_K% 的含义是变压器短路电流等于额定电流时产生的相电压降与额定相电压之比的百分值，等于一次漏抗标幺值

C. U_K% 的含义是变压器短路电流等于额定电流时产生的相电压降与额定相电压之比的百分值，等于二次漏抗标幺值

65. 当变压器采用比率制动特性的差动保护时，变压器无电源侧的电流互感器（　　）接入制动线圈。

A 不应　　B 可以　　C 必须

66. 220kV/110kV/10kV 变压器一次绕组为 YN,YN,d11（中性点接地）接线，10kV 侧没负荷也没引线，变压器实际当作双绕组变压器用，采用微机型双侧差动保护。这台变压器差动二次电流是否需要进行转角处理（内部软件转角方式或外部回路转角方式），

以下说法中正确的是（　　）。

A. 高中压侧二次电流均必须进行转角

B. 高中压侧二次电流均不需进行转角

C. 高压侧二次电流需进行外部回路转角，中压侧不需进行转角

D. 中压侧二次电流需进行外部回路转角，高压侧不需进行转角

67. 自耦变压器由高中压和公共绕组 TA 构成的分侧差动保护，如在分侧差动保护范围内发生匝间短路故障，分侧差动保护的动作行为是（　　）。

A. 短路匝数较多时，会动作　　B. 不动作

C. 动作　　D. 视故障情况而定

68. 调整有载调压变压器分接头主要为改变（　　）。

A. 系统阻抗　　B. 系统频率　　C. 无功功率分布　　D. 系统谐波

69. 220kV/110kV/35kV 变压器绕组为 YN,YN,d11（中性点接地）接线，35kV 侧没负荷，也没引线，变压器实际当双绕组变用，采用的保护为微机双侧差动。下面说法正确的有（　　）。

A. 二次电流接线接成 Y 形，保护与一次对应，由于接入保护的变压器绕组为 12 点接线，所以无须转角，但应注意极性和变比正确

B. 二次电流接线接成△形，再接入主变压器保护，这样可适应任何不同原理的主变压器差动保护，不会存在区外接地故障误动作的问题

C. 二次电流接线无须转角接成△形，接成 Y 形输入保护，零序电流消除由保护软件实现

D. 二次电流接线接成 Y 形，保护装置必须转角消除零序电流，才能消除区外接地故障误动作

70. 变压器过励磁保护的启动，反时限和定时限元件应根据变压器的过励磁特性曲线进行整定计算并能分别整定，其返回系数不应低于（　　）。

A. 0.88　　B. 0.90　　C. 0.95　　D. 0.96

71. 新安装或一、二次回路经过变动的变压器差动保护，当第一次充电时，应将差动保护（　　）。

A. 投入　　B. 退出

C. 投入、退出均可　　D. 以上说法均正确

72. Yn,d11（中性点接地）接线的变压器，是指（　　）。

A. 一次侧相电压超前二次侧相电压 30°

B. 一次侧线电压超前二次侧线电压 30°

C. 一次侧线电压滞后二次侧线电压 30°

D. 一次侧线电压滞后二次侧线电压 30°

73. YN,d11（中性点接地）组别的变压器配备 PST1200 差动保护，两侧 TA 回路均采用 Y 形接线，Y、△侧二次电流分别为 I_{ABC}、I_{abc}，软件中 A 相差动元件采用（　　）经接线系数、变比折算后计算差流。

A. I_A-I_B 与 I_a　　B. I_a-I_b 与 I_A　　C. I_A-I_C 与 I_a　　D. I_a-I_c 与 I_A

74. 运行中的变压器保护，当现场进行（　　）工作时，重瓦斯保护应由“跳闸”位置改为“信号”位置运行。

A. 注油和滤油　　B. 变压器中性点不接地

C. 变压器轻瓦斯保护动作后　　D. 变压器重瓦斯保护动作后

75. 为防止变压器后备阻抗保护在电压断线时误动作，必须（　　）。

A. 装设电压断线闭锁装置

B. 装设电流增量启动元件

C. 同时装设电压断线闭锁装置和电流增量启动元件

D. 以上说法均不正确

76. 分级绝缘的 220kV 变压器一般装有下列三种保护作为在高压侧失去接地中性点时发生接地故障的后备保护。此时，该高压侧中性点绝缘的主保护应为（　　）。

A. 带延时的间隙零序电流保护　　B. 带延时的零序过电压保护

C. 放电间隙　　D. 以上说法均不正确

77. 变压器差动保护投入前，带负荷测相位和差电压（或差电流）的目的是检查（　　）。

A. 电流回路接线的正确性　　B. 差动保护的整定值

C. 电压回路接线的正确性　　D. 以上说法均不正确

78. 变压器励磁涌流的衰减时间为（　　）。

A. 1.5～2s　　B. 0.5～1s　　C. 3～4s　　D. 4.5～5s

79. 主变压器重瓦斯保护和轻瓦斯保护的正电源，正确接法是（　　）。

A. 使用同一保护正电源

B. 重瓦斯保护接保护电源，轻瓦斯保护接信号电源

C. 使用同一信号正电源

D. 重瓦斯保护接信号电源，轻瓦斯保护接保护电源

80. 关于 TA 饱和对变压器差动保护的影响，下列说法中正确的是（　　）。

A. 由于差动保护具有良好的制动特性，区外故障时没有影响

B. 由于差动保护具有良好的制动特性，区内故障时没有影响

C. 可能造成差动保护在区内故障时拒动或延缓动作，在区外故障时误动作

D. 以上说法均不正确

81. 变压器差动速断的动作条件是（　　）。

A. 必须经比率制动

B. 必须经 2 次谐波制动

C. 不经任何制动，只要差流达到整定值即能动作

D. 必须经 5 次谐波制动

82. 对于 110kV 及以上双母线有三台及以上变压器，则应（　　）。

A. 有一台变压器中性点直接接地

B. 每条母线有一台变压器中性点直接接地

C. 三台及以上变压器均直接接地

D. 三台及以上变压器均不直接接地

83. 三绕组自耦变压器高、中压侧绕组额定容量相等，公共绕组及低压侧绕组容量仅为高、中压侧绕组额定容量的（　　）倍，其中 K_{12} 为高、中压侧变比。

A. $1/K_{12}$　　B. $1-1/K_{12}$　　C. $1/K_{12}-1$　　D. K_{12}

84. 调整电力变压器分接头，会在其差动回路中引起不平衡电流的增大，解决方法为（　　）。

A. 增大短路线圈的匝数　　B. 提高差动保护的整定值

C. 减少短路线圈的匝数　　D. 不需要对差动保护进行调整

85. 变电站增加一台中性点直接接地的负荷变压器，在该变电站母线出线上发生两相故障时，该出线的负序电流（　　）。

A. 变大　　B. 变小　　C. 不变　　D. 视具体情况而定

86. 电力变压器电压的（　　）可导致磁密的增大，使铁芯饱和，造成过励磁。

A. 升高　　B. 降低　　C. 变化　　D. 不确定

87. 变压器过励磁保护是按磁密 B 正比于（　　）原理实现的。

A. 电压 U 与频率 f 乘积　　B. 电压 U 与频率 f 的比值

C. 电压 U 与绕组线圈匝数 N 的比值　　D. 电压 U 与绕组线圈匝数 N 的乘积

88. 220kV 变压器用作相间故障的后备保护有（　　）。

A. 零序电流保护　　B. 零序方向过电流保护

C. 公共绕组零序过电流保护　　D. 复压过电流保护

89. 220kV 主变断路器的失灵保护，其启动条件是（　　）。

A. 主变压器保护动作，相电流元件不返回，开关位置不对应

B. 主变压器电气量保护动作，相电流元件动作，开关位置不对应

C. 主变压器瓦斯保护动作，相电流元件动作，开关位置不对应

D. 母差保护动作，相电流元件动作，开关位置不对应

90. 有一台新投入的 Y/Yn 接线的变压器，测得三相相电压、三相线电压均为 380V，对地电压 $U_{aph}=U_{bph}=380V$，$U_{cph}=0V$，该变压器发生了（　　）故障。

A. 变压器零点未接地，C 相接地　　B. 变压器零点接地

C. 变压器零点未接地，B 相接地　　D. 变压器零点未接地，A 相接地

91. 变压器气体继电器的安装，要求导管沿储油柜方向与水平具有（　　）升高坡度。

A. 0.5%～1.5%　　B. 2%～4%　　C. 4.5%～6%　　D. 6.5%～8%

92. 当过电压作用于变压器时，为了使绕组上的起始电压和终电压分布一致，且不发生振荡，通常（　　）。

A. 采用避雷器保护　　B. 采用增加阻尼措施

C. 加强绕组绝缘强度和改善电容分布　　D. 以上说法均不正确

93. 当变压器的一次绕组接入直流电源时，其二次绕组的（　　）。

A. 电动势与匝数成正比　　B. 电动势为 0

C. 感应电动势近似于一次绕组的电动势　　D. 电动势与匝数成反比

94. 按间断角原理构成的变压器差动保护，闭锁角一般整定为 60°～65°。为提高其躲

励磁涌流的能力，可适当（ ）。

A. 减小闭锁角　　B. 增大闭锁角

C. 增大小动作电流及比率制动系数　　D. 减小小动作电流及比率制动系数

95. 关于影响变压器空投时励磁涌流大小的因素，下列说法中错误的是（ ）。

A. 电源电压越高，励磁涌流越大

B. 合闸角为0°时，励磁涌流最小；90°时，涌流最大

C. 剩磁越大，与自由分量磁通方向相同时，涌流最大

D. 变压器与电源之间联系阻抗越大，涌流越小

参考答案：1. B　2. C　3. B　4. C　5. C　6. A　7. C　8. C　9. B　10. C　11. B　12. A　13. A　14. C　15. A　16. A　17. A　18. C　19. A　20. D　21. C　22. B　23. C　24. B　25. A　26. C　27. C　28. B　29. B　30. C　31. B　32. D　33. D　34. A　35. D　36. C　37. A　38. C　39. A　40. A　41. D　42. C　43. A　44. C　45. B　46. A　47. C　48. A　49. C　50. C　51. D　52. C　53. B　54. C　55. C　56. A　57. B　58. A　59. C　60. C　61. A　62. A　63. C　64. A　65. C　66. A　67. B　68. C　69. C　70. D　71. A　72. C　73. A　74. A　75. C　76. C　77. A　78. B　79. B　80. C　81. C　82. B　83. B　84. B　85. C　86. A　87. B　88. D　89. B　90. A　91. B　92. C　93. B　94. A　95. B

四、母差失灵保护

1. 断路器失灵保护是一种（ ）方式。

A. 主保护　　B. 近后备　　C. 远保护　　D. 辅助保护

2. 下列说法中错误的是（ ）。

A. 母联（分段）失灵保护、母联（分段）死区保护均应经电压闭锁元件控制

B. 母联（分段）死区保护确认母联跳闸位置的延时为120ms

C. 3/2断路器接线的母线保护应设置灵敏的、不需整定的电流元件并带50ms的固定延时，以提高边断路器失灵保护动作后经母线保护跳闸的可靠性

D. 为缩短失灵保护切除故障的时间，失灵保护宜同时跳母联（分段）和相邻断路器

3. 断路器失灵保护动作的必要条件是（ ）。

A. 失灵保护电压闭锁回路开放，本站有保护装置动作且超过失灵保护整定时间仍未返回

B. 失灵保护电压闭锁回路开放，故障元件的电流持续时间超过失灵保护整定时间仍未返回，且故障元件的保护装置曾动作

C. 失灵保护电压闭锁回路开放，本站有保护装置动作，且该保护装置和与之相对应的失灵电流判别元件持续动作时间超过失灵保护整定时间仍未返回

4. 双母线的电流差动保护，当故障发生在母联断路器与母联TA之间时出现动作死区，此时应该（ ）。

A. 启动远方跳闸　　B. 启动母联失灵（或死区）保护

C. 启动失灵保护及远方跳闸

5. 当双母线接线的两条母线分列运行时，母差保护（　　）元件的动作灵敏度将降低，因此需自动将制动系数降低。

A. 小差　　B. 大差　　C. 大差和小差

6.《继电保护和电网安全自动装置现场工作保安规定》(以下简称《保安规定》)要求，对一些主要设备，特别是复杂保护装置或有联跳回路的保护装置的现场校验工作如（　　），应编制和执行《安全措施票》。

A. 母线保护、断路器失灵保护和主变压器零序联跳回路等

B. 母线保护、断路器失灵保护、主变压器零序联跳回路和用钳形伏安相位表测量等

C. 母线保护、断路器失灵保护、主变压器零序联跳回路和用拉路法寻找直流接地等

7. 关于双母线的母差保护，下列说法中正确的是（　　）。

A. 大差动的比率制动系数通常比Ⅰ、Ⅱ母线的小差动的比率制动系数略小，其主要原因是大差动是启动元件，小差动是选择元件

B. 在用母联对另一空母线充电时，通常将母差保护短时闭锁，这是防止母差保护在充电期间受干扰而造成的误动

C. 在母联对另一个空母线充电时，将母差保护短时闭锁，这可防止充电时死区内的短路故障造成母差的动作

8. 当母线上连接元件较多时，电流差动母线保护在区外短路时不平衡电流较大的原因是（　　）。

A. 电流互感器的变比不同　　B. 励磁阻抗大

C. 电流互感器严重饱和　　D. 合后位置

9. 母线差动保护的暂态不平衡电流比稳态不平衡电流（　　）。

A. 大　　B. 相等　　C. 小　　D. 无法比较

10. 双母线之一故障后，由故障母线的一条线路向本站故障母线充电，本站母线保护应投（　　）方式。

A. 无选择　　B. 有选择　　C. 退出

11. 母差保护中使用的母联开关电流取自Ⅱ母侧电流互感器（TA），如母联开关与TA之间发生故障，将造成（　　）。

A. Ⅰ母差动保护动作，切除故障，Ⅰ母失压；Ⅱ母差动保护不动作，Ⅱ母不失压

B. Ⅱ母差动保护动作，切除故障，Ⅱ母失压；Ⅰ母差动保护不动作，Ⅰ母不失压

C. Ⅰ母差动保护动作，Ⅰ母失压，但故障没有切除，随后Ⅱ母差动保护动作，切除故障，Ⅱ母失压

D. Ⅰ母差动保护动作，Ⅰ母失压，但故障没有切除，随后失灵保护动作，切除故障，Ⅱ母失压

12. $1\frac{1}{2}$ 断路器接线每组母线宜装设两套母线保护，同时母线保护应（　　）电压闭锁环节。

A. 不设置　　B. 设置　　C. 一套设置一套不设置　　D. 无具体规定

13. 母线差动保护采用电压闭锁元件的主要目的是（　　）。

A. 系统发生振荡时，母线差动保护不会误动

B. 区外发生故障时，母线差动保护不会误动

C. 当误碰出口继电器时不至于造成母线差动保护误动

14. 在母差保护中，中间变流器的误差要求应比主电流互感器严格，一般要求误差电流不超过最大区外故障电流的（　　）。

A. 3%　　B. 5%　　C. 10%

15. 3/2 断路器接线每组母线宜装设二套母线保护，同时母线保护应（　　）电压闭锁环节。

A. 设置　　B. 不设置　　C. 一套设置，一套不设置

16. 当母线内部故障有电流流出时，应（　　）差动元件的比率制动系数，以确保内部故障时母线保护正确动作。

A. 减小　　B. 增大　　C. 减小或增大

17. 微机母线保护装置（　　）辅助电流互感器。

A. 可以采用　　B. 不宜采用　　C. 一定采用

18. RCS-915 母差保护在电流通道系数整定为“0.5”单元上加电流校验差动保护定值，当电流增大到 5A 时保护临界动作，此时的差动保护动作值为（　　）。

A. 5A　　B. 2.5A　　C. 7.5A　　D.10A

19. 双母线差动保护的复合电压闭锁元件还要求闭锁每一断路器失灵保护，这一做法的原因是（　　）。

A. 断路器失灵保护选择性能不好　　B. 防止断路器失灵保护误动

C. 断路器失灵保护原理不完善

20. 双母线运行倒闸过程中会出现两个隔离开关同时闭合的情况，如果此时Ⅰ母发生故障，母线保护应（　　）。

A. 切除两条母线　B. 切除Ⅰ母　　C. 切除Ⅱ母

21. BP-2B 母差保护电流通道系数的设定原则为以所有单元中（　　）为基准进行折算。

A. 最小变比　　B. 最大变比　　C. 相同变比数量最多的变比

22. 为更好地解决母联断路器热备用时发生死区问题，当母联断路器的动合辅助触点断开时，小差判据中（　　）母联电流。

A. 计入　　B. 不计入　　C. 相同变比数量最多的变比

23. 比率差动构成的国产双母线差动保护中，若母联开关由于需要处于开断运行，则正确的做法是（　　）。

A. 从大差动、两个小差动保护中切出母联电流

B. 从母联开关侧的一个小差动保护中切出母联电流

C. 从两个小差动保护中切出母联电流

D. 无须将母联电流从差动保护中切出，只需将母联开关跳闸连接片断开

24. 对于双母线接线形式的变电站，当某一连接元件发生故障且断路器拒动时，失灵

保护动作应首先跳开（　　）。

A. 拒动断路器所在母线上的所有开关　　B. 母联断路器

C. 故障元件的其他断路器　　D. 所有断路器

25. BP-2B 型母差保护带负荷试验，一次运行方式如下安排：主变压器总开关运行在Ⅰ母线，通过母联开关向Ⅱ母线上的某线路供电，则在选取不同的相位基准情况下，装置显示上述三个开关的电流相角，其中（　　）是对的。

A. 主变压器开关相角 0°，母联开关相角 0°，线路开关相角 180°

B. 主变压器开关相角 0°，母联开关相角 180°，线路开关相角 180°

C. 主变压器开关相角 0°，母联开关相角 180°，线路开关相角 0°

D. 主变压器开关相角 180°，母联开关相角 0°，线路开关相角 0°

26. 母差保护分列运行方式的自动判别方式与手动判别方式相比，优先级要（　　）。

A. 高　　B. 低　　C. 一样　　D. 随机

27. 双母线系统中，当Ⅰ母上隔离开关辅助触点出错，（　　）可能出现较大的差流。

A. Ⅰ母小差　　B. 大差　　C. Ⅰ母小差和大差同时

28. BP–2B 双母线母联电流的极性要求（　　）。

A. 与Ⅱ母上其他单元极性一致　　B. 与Ⅰ母上其他单元极性一致

C. 与母联电流的方向有关

29. 双母线系统的两组电压互感器二次回路采用自动切换的接线，切换继电器的触点（　　）。

A. 应采用同步接通与断开的触点　　B. 应采用先断开后接通的触点

C. 应采用先接通后断开的触点　　D. 对触点的断开顺序不做要求

30. 母线电流差动保护采用电压闭锁元件主要是为了防止（　　）。

A. 系统发生振荡时母线差动保护误动

B. 区外发生故障时母线差动保护误动

C. 由于误碰出口中间继电器而造成母线差动保护误动

31. 对于双母线接线方式的变电所，当某一连接元件发生故障且断路器拒动时，失灵保护动作应首先跳开（　　）。

A. 拒动断路器所在母线上的所有断路器

B. 母联断路器

C. 故障元件的其他断路器

32. CSC-150A 母线保护在（　　）情况下，母联电流不算入小差。

A. 并列运行　　B. 分列运行　　C. 一母运行一母停运

33. CSC150C–DA–G 母线保护的失灵跳母线开关的电流是按照（　　）判别的。

A. 对应失灵开入的间隔

B. 所有支路电流中，有任意一个支路满足电流判别条件

C. 不判电流可以直接动作

D. 所有支路电流，任意一个满足电流判别条件，同时判复压满足条件

34. CSC−150A 母线保护装置，现场某间隔 TA 变比为 1200/5，基准变比为 1500/5，则在该间隔加入 1A 电流，下列说法中正确的是（　　）。

A. 模入量菜单和测量量菜单显示均为 1A

B. 模入量菜单和测量量菜单显示均为 0.8A

C. 模入量菜单显示为 0.8A，测量量菜单显示为 1A

D. 模入量菜单显示为 1A，测量量菜单显示为 0.8A

35. 母线差动保护如果仅母联 TA 断线（　　）。

A. 不闭锁母差保护，发生区内故障时不再进行故障母线的选择

B. 闭锁母差保护

C. 因为出口有复压闭锁，不会误动，因而可以不闭锁母线保护

36. 某 220kV 母线最大短路电流为 20000A，则母线保护用电流互感器变比可选择（　　）。

A. 5P10　600/1　　B. 5P20　1200/1　　C. 10P10　1200/1　D. 10P20　600/1

37. 下列关于电流互感器饱和对母差保护影响结果的说法中正确的是（　　）。

A. 内部故障时，电流互感器即使饱和，母差保护也能正确动作

B. 外部故障时有误动可能，因为饱和电流互感器二次绕组呈电阻性使电流减小而导致差动回路电流增大

C. 内部故障时，有发生拒动可能性，因为饱和电流互感器因二次阻抗大，要汲出差动回路电流

D. 外部故障时有可能不动作，因为饱和电流互感器电流的减小而使差动电流减小

38. 母线故障时，关于母差保护 TA 饱和程度，下列说法中正确的是（　　）。

A. 故障电流越大，TA 饱和越严重

B. 故障初期 3～5ms TA 保持线性传变，以后饱和程度逐步减弱

C. 故障电流越大，且故障所产生的非周期分量越大和衰减时间常数越长，TA 饱和越严重

D. 母线区内故障比区外故障 TA 的饱和程度要严重

39. RCS-915 母线保护装置管理板不负责完成的工作是（　　）。

A. 保护的逻辑及跳闸出口功能

B. 保护启动逻辑计算

C. B 码对时功能

D. 事件记录及打印功能

40. 母线完全差动保护需将母线上（　　）电流互感器接入差动回路。

A. 有源元件　　B. 全部元件　　C. 无源元件　　D. 变比相同

41. 母线完全差动保护差动继电器动作电流整定，需要躲开（　　）。

A. 大负荷电流　　B. 小短路电流　　C. 大短路电流　　D. 小负荷电流

42. 接入 RCS-915A/B 型微机母线保护装置的 TA 极性规定：接在Ⅰ母线和Ⅱ母线上的间隔元件的 TA 的极性端，均以（　　）极性端为接入装置的极性端。

A. 线路侧　　B. 母线侧　　C. 母线或线路侧　D. 任意侧

43. 接入 RCS-915A/B 型微机母线保护装置的 TA 极性规定：母联的 TA 极性以（　　）侧为极性端接入装置的极性端。

A. Ⅰ母　　B. Ⅱ母　　C. 没有限制　　D. 由现场安装决定

44. 接入 BP-2B 型微机母线保护装置的 TA 极性规定：母联的 TA 极性以（　　）侧为极性端接入装置的极性端。

A. Ⅰ母　　B. Ⅱ母　　C. 没有限制　　D. 由现场安装决定

45. 母线充电保护是指（　　）。

A. 母线故障的后备保护

B. 利用母联断路器给另一母线充电时的保护

C. 利用母线上任一断路器给母线充电时的保护

D. 利用母联断路器给母线上任一断路器充电时的保护

46. 220kV 母线差动保护的电压闭锁元件中负序电压一般可整定为（　　）。

A. ≤2V　　B. 4～8V　　C. 8～12V　　D. 2～6V

47. 220kV 母线差动保护的电压闭锁元件中零序电压一般可整定为（　　）。

A. 4～6V　　B. 4～8V　　C. 4～12V　　D. ≤4V

48. 在 220kV 及以上变压器保护中（　　）保护的出口不宜启动断路器失灵保护。

A. 差动　　B. 气体

C. 220kV 零序过电流　　D. 中性点零流

49. BP-2B 母线保护装置的母联失灵电流定值按（　　）整定。

A. 母联间隔的变比　　B. 装置中用的多变比

C. 装置中用的少变比　　D. 装置的基准变比

50. 充电保护投入时刻为（　　）。

A. 充电连接片投入时

B. 母联电流大于充电过电流定值时

C. 充电保护过电流延时大于充电延时定值时

D. 充电过程中，母联电流由无至有瞬间

参考答案： 1. B　2. B　3. C　4. B　5. B　6. A　7. C　8. C　9. A　10. B　11. D　12. A　13. C　14. B　15. B　16. A　17. B　18. B　19. B　20. A　21. B　22. B　23. C　24. B　25. A　26. B　27. A　28. A　29. C　30. C　31. B　32. B　33. A　34. D　35. A　36. B　37. B　38. C　39. A　40. B　41. A　42. B　43. A　44. B　45. B　46. D　47. B　48. B　49. D　50. D

五、规程规范及反措

1. 按照《反措要点》的要求，防止跳跃继电器的电流线圈与电压线圈间耐压水平应（　　）。

A. 不低于 2500V、2min 的试验标准　　B. 不低于 1000V、1min 的试验标准

C. 不低于 2500V、1min 的试验标准　　D. 不低于 1000V、5min 的试验标准

2. 按照《反措要点》的要求，直流电压在 110V 及以上的中间继电器，并联在线圈上的消弧二极管的反向击穿电压不宜低于（　　）。

A. 800V　　B. 1000V　　C. 1200V

3. 按照《反措要点》的要求，防止跳跃继电器的电流线圈应（　　）。

A. 接在出口触点与断路器控制回路之间

B. 与断路器跳闸线圈并联

C. 与跳闸继电器出口触点并联

D. 任意接

4. 按照《反措要点》的要求，220kV 变电站信号系统的直流回路应（　　）。

A. 尽量使用专用的直流熔断器，特殊情况下可与控制回路共用一组直流熔断器

B. 尽量使用专用的直流熔断器，特殊情况下可与该站远动系统共用一组直流熔断器

C. 由专用的直流熔断器供电，不得与其他回路混用

D. 无特殊要求

5. 按照《反措要点》的要求，对于有两组跳闸线圈的断路器（　　）。

A. 其每一跳闸回路应分别由专用的直流熔断器供电

B. 两组跳闸回路可共用一路直流熔断器供电

C. 对直流熔断器无特别要求

D. 一组使用专用的直流熔断器供电，另一组可与主保护共用直流熔断器

6. 原部颁继电保护检验条例中关于对电压互感器及其二次回路的检验要求，“测量电压回路自互感器的二次端子到配电屏电压母线的每相直流电阻，并计算电压互感器在额定容量下的压降不超过额定电压的（　　）”。

A. 1%　　B. 3%　　C. 5%　　D. 10%

7.《电力系统继电保护及安全自动装置反事故措施要点》规定：装有小瓷套的电流互感器一次端子应放在（　　）。

A. 线路侧　　B. 母线侧　　C. 线路或母线侧

8. 保护装置整组试验实测动作时间与整定时间误差最大值不得超过整定时间级差的（　　）。

A. 5%　　B. 10%　　C. 15%　　D. 20%

9. 110kV 及以上的线路零序电流保护最末一段，为保证在高阻接地时，对接地故障有足够灵敏度，因此，其定值不应大于（　　）。

A. 200A　　B. 300A　　C. 360A　　D. 400A

10. 继电保护装置在进行整组试验时，其直流电源电压应为（　　）。

A. 额定直流电源电压的 85%　　B. 额定直流电源电压的 70%

C. 额定直流电源电压的 80%　　D. 额定直流电源电压的 75%

11. 继电保护试验用仪器的精度及测量二次回路绝缘表计的电压等级应分别为（　　）。

A. 1 级及 1000V　　B. 0.5 级及 1000V

C. 0.5 级及 500V　　D. 1 级及 500V

12. 在保护柜端子排上（外回路断开），用 1000V 绝缘电阻表测量保护各回路对地的绝缘电阻值应（　　）。

A. 大于 10MΩ　　B. 大于 5MΩ

C. 大于 0.5MΩ　　D. 大于 1MΩ

13. 运行中的继电保护和电网安全自动装置需要检验时，应先断开相关（　　），再断开装置的工作电源。

A. 保护连接片　　B. 跳闸和合闸连接片

C. 交流电压

14. 在以下三种关于微机保护二次回路抗干扰措施的定义中，错误的是（　　）。

A. 强电和弱电回路不得合用同一根电缆

B. 尽量要求使用屏蔽电缆，如使用普通铠装电缆，则应使用电缆备用芯，在开关场及主控室同时接地的方法，作为抗干扰措施

C. 保护用电缆与电力电缆不应同层敷设

15. 在直流总输出回路及各直流分路输出回路装设直流熔断器或小空气开关时，上下级配合（　　）。

A. 无选择性要求　　B. 有选择性要求

C. 视具体情况而定

16.（　　）保护装置与断路器操作回路可仅由一组直流熔断器或自动开关供电。

A. 保护装置与断路器跳闸线圈均双重化配置时

B. 采用远后备原则配置保护时

C. 任何情况下都不允许

17. 数字保护装置失去直流电源时，其硬件时钟（　　）。

A. 不能正常工作

B. 还能正常工作

C. 直流电源恢复后又能正常工作

18. 发电厂（站）、变电站的直流母线电压最高不应超过额定电压的 115%，在最大负荷情况下保护动作时不应低于额定电压的（　　）。

A. 85%　　B. 80%　　C. 90%　　D.100%

19."独立的保护装置或控制回路必须且只能由一对专用的直流熔断器或端子对取得直流电源"，主要目的是（　　）。

A. 保证直流回路短路时直流回路上下保护的选择性

B. 防止直流回路产生寄生回路

C. 减少直流系统接地的发生

20. 用于串补线路及其相邻线路的距离保护应有防止（　　）拒动和误动的措施。

A. 距离保护Ⅰ段　　B. 距离保护Ⅱ段

C. 距离保护各段

21. 大电流接地系统的输电线路发生接地故障时，对相邻线路零序互感影响的大小与

(　　) 无关。

A. 电压等级　　B. 零序电流的大小

C. 相邻线路的地理位置

22. 按照双化原则配置的两套线路保护均有重合闸，当其中一套重合闸停用时(　　)。

A. 对应保护装置的勾通三跳功能不应投入

B. 对应保护装置的勾通三跳功能需投入

C. 上述两种状态均可

23. 直流输电系统保护在不能兼顾防止保护误动和拒动时，保护配置应以防止(　　)为主。

A. 误动　　B. 拒动　　C. 均衡考虑

24. 设备停电时，应先停一次设备，后停保护；送电时，应在(　　)投入保护。

A. 合刀闸前　　B. 合开关前　　C. 合开关后　　D. 无所谓

25. 在保证可靠动作的前提下，对于联系不强的 220kV 电网，重点应防止保护无选择性动作；对于联系紧密的 220kV 电网，重点应保证保护动作的(　　)。

A. 选择性　　B. 可靠性　　C. 灵敏性　　D. 快速性

26. 20kV 小电阻接地系统接地变压器零序电流保护宜采用(　　)。

A. 电源侧三相电流互感器自产零序电流

B. 外接接地电阻侧零序电流

C. 无所谓

27. 电力系统继电保护和安全自动装置的功能是在合理的(　　)前提下，保证电力系统和电力设备的安全运行。

A. 配置　　B. 电网结构　　C. 设计

28. 传输线路纵联保护信息的数字式通道传输时间应不大于(　　)，点对点的数字式通道传输时间应不大于(　　)。

A. 15ms；8ms　　B. 12m；8ms

C. 12ms；5ms　　D. 8ms；3ms

29. 线路断路器失灵保护相电流判别元件的定值整定原则是(　　)。

A. 躲开线路最大负荷电流　　B. 保证本线路末端故障有灵敏度

C. 躲开本线路末端最大短路电流

参考答案： 1. B　2. B　3. A　4. C　5. A　6. B　7. B　8. B　9. B　10. C　11. B　12. A　13. B　14. B　15. B　16. B　17. B　18. B　19. B　20. A　21. A　22. A　23. B　24. A　25. B　26. B　27. B　28. C　29. B

一、基础知识

1. 使用绝缘电阻表时的注意事项有（　　）。

A. 使用绝缘电阻表时应将其置于水平位置

B. 使用前先空载摇测检验仪表指示是否正确

C. 使用时接线要正确，端钮要拧紧

D. 摇测时应注意防止触电

2. 正弦交流量的三要素（　　）。

A. 频率　　B. 幅值　　C. 初相位　　D. 平均值

3. 电力系统发生两相金属性短路故障，正序、负序电流间的正确关系（不计负荷电流）是（　　）。

A. 当各元件正、负序阻抗相等时，系统各分支正、负序电流相等

B. 因系统中发电机的正、负序阻抗不等，所以系统各分支正、负序电流不等

C. 计及发电机正、负序阻抗不等后，故障支路正、负序电流仍然是相等的

4. 我国电力系统中，中性点接地方式有（　　）。

A. 中性点直接接地方式　　B. 中性点经消弧线圈接地方式

C. 中性点不接地方式　　D. 中性点经小电阻接地

5. 长线路的分布电容影响线路两侧电流的（　　）。

A. 方向　　B. 相位　　C. 不变　　D. 大小

6. 大接地电流系统中，C 相发生金属性单相接地故障时，故障点序分量电流间的关系是（　　）。

A. A 相负序电流超前 C 相正序电流的角度是 120°

B. C 相负序电流超前 A 相正序电流的角度是 120°

C. B 相负序电流滞后 A 相零序电流的角度是 120°

D. B 相正序电流滞后 C 相零序电流的角度是 120°

7. 大接地电流系统中，AC 相金属性短路直接接地时，故障点序分量电流间的关系是（　　）。

A. B 相负序电压超前 C 相正序电压的角度是 120°

B. A 相正序电压与 C 相负序电压同相位

C. B 相零序电压超前 A 相负序电压的角度是 120°

D. B 相正序电压滞后 C 相零序电压的角度是 120°

8. 对于远距离超高压输电线路，一般在输电线路的两端或一端变电站内装设三相对地的并联电抗器，其作用是（　　）。

A. 限制线路故障时的短路电流

B. 对于使用单相重合闸的线路，限制潜供电容电流，提高重合闸的成功率

C. 吸收线路容性无功功率，限制系统的操作过电压

D. 消除长线路低频振荡，提高系统稳定性

9. 电压互感器的基本误差有（　　）。

A. 电压误差　　B. 电流误差　　C. 角度误差　　D. 暂态误差

10. 电力系统振荡时，电压要降低，电流要增大，与短路故障时相比，特点为（　　）。

A. 振荡时电流增大与短路故障时电流增大相同，电流幅值增大保持不变

B. 振荡时电压降低与短路故障时电压降低相同，电压幅值减小保持不变

C. 振荡时电流增大与短路故障时电流增大不同，前者幅值要变化，后者幅值不发生变化

D. 振荡时电流增大是缓慢的，与振荡周期大小有关；短路故障电流增大是突变的

11. 减少电压互感器基本误差的方法有（　　）。

A. 减小电压互感器线圈的阻抗　　B. 减小电压互感器励磁电流

C. 减小电压互感器负荷电流　　D. 增大电压互感器负荷电流

12. 采用单相重合闸方式的线路，在单相跳闸后，潜供电流的大小正比于线路的（　　）。

A. 运行电压　　B. 长度　　C. 过渡电阻　　D. 故障电流

13. 电力系统的稳定性包括（　　）。

A. 静态稳定　　B. 暂态稳定　　C. 动态稳定　　D. 电压稳定

14. 电力系统短路时，电流互感器饱和是需要时间的，此饱和时间与下列因素有关的是（　　）。

A. 电流互感器剩磁越大，饱和时间越长

B. 二次负载阻抗减小，可增长饱和时间

C. 饱和时间受短路故障时电压初始角影响

D. 饱和时间受一次短路电流大小的影响

15. 电流互感器的一、二次侧引出端子要标出极性的原因是（　　）。

A. 电流互感器的一、二次侧都有两个引出端子

B. 任何一侧的引出端子用错，都会使二次电流相位变化 180°

C. 相位的变化影响测量仪表和继电保护装置的正确工作

D. 为了防止接线错误

16. 发电机通过变压器与无穷大电网并列运行，稳定概念通常用功角特性解释，功与角的正确含义是（　　）。

A. 功指的是发电机发出的无功功率

B. 功指的是发电机发出的有功功率

C. 角指的是发电机次暂态电动势与无穷大电网电压间的相角差

D. 角指的是发电机端电压与无穷大电网电压间的相角差

E. 角指的是发电机空载电动势与无穷大电网电压间的相角差

17. 高压侧电压为500kV的变压器（　　）可以引起变压器工作磁密度过高。

A. 频率降低　　B. 电压降低　　C. 频率升高　　D. 电压升高

18. 设YN,d11变压器，在不计负荷电流情况下，低压侧（△侧）K点两相短路时，Y侧的三相电流为（　　）。

A. Y侧最大相电流等于K点三相短路时Y侧电流

B. Y侧最大相电流等于最小相电流的2倍

C. Y侧最大相电流等于K点三相短路时Y侧电流的$\sqrt{3}/2$

D. Y侧最大相电流等于最小相电流

19. 电流互感器的二次负荷包括（　　）。

A. 表计和继电器电流线圈的电阻　　B. 接线电阻

C. 二次电流电缆回路电阻　　D. 连接点的接触电阻

20. 高电压、长线路用暂态型电流互感器是因为（　　）。

A. 运行电压高

B. 保护动作时间相对短，确保在暂态过程中正确动作

C. 短路电流幅值大

D. 短路过渡过程中非周期分量大，衰减时间常数大

21. 在小接地电流系统中发生单相接地时的特点是（　　）。

A. 接地电流很大

B. 线电压仍然对称

C. 非故障相电压升高$\sqrt{3}$倍

D. 出现负序电压

22. 小接地电流系统单相接地故障时，故障线路的$3I_0$是（　　）。

A. 某一非故障线路的接地电容电流　　B. 所有非故障线路的$3I_0$之和

C. 滞后$3U_0$ 90°　　D. 超前$3U_0$ 90°

23. 在大接地电流系统中发生非对称故障时，故障点的（　　）最高，向电源侧逐步降低为零。

A. 正序电压　　B. 负序电压　　C. 零序电压　　D. 相电压

24. 消弧线圈的运行方式有（　　）。

A. 欠补偿　　B. 过补偿　　C. 全补偿　　D. 半补偿

25. 小接地电流系统发生单相接地时，（　　）。

A. 接地电流很小　　B. 线电压对称

C. 非故障相电压升高$\sqrt{3}$倍　　D. 没有负序电压分量

26. 用试停方法查找直流接地有时找不到接地点在哪个系统的原因是（　　）。

A. 接地点在充电设备　　B. 接地点在蓄电池

C. 接地点在刀闸机构箱　　D. 接地点在直流母线

27. 与励磁涌流（一次值）特征有关的是（　　）。

A. 系统电压　　B. 合闸初相角　　C. TA 传变特性　　D. 变压器负荷

28. 在超高压系统中，提高系统稳定水平的措施有（　　）。

A. 电网结构已定，提高线路有功功率传输

B. 尽可能快速切除故障

C. 采用快速重合闸或采用单相重合闸

D. 串补电容

E. 适当配置稳控装置

29. 在某些运行方式下，（　　）允许适当地牺牲部分选择性。

A. 对终端供电变压器　　B. 串联供电线路

C. 预定的解列线路　　D. 并联供电线路

30. 在中性点经消弧线圈接地的电网中，过补偿运行时消弧线圈的主要作用是（　　）。

A. 改变接地电流相位　　B. 减小接地电流

C. 消除铁磁谐振过电压　　D. 减小单相故障接地时故障点恢复电压

31. 终端变电站的变压器中性点直接接地，在供电该变电站线路上发生单相接地故障，不计负荷电流时，下列正确的是（　　）。

A. 线路终端侧有正序、负序、零序电流

B. 线路终端侧只有零序电流，没有正序、负序电流

C. 线路供电侧有正序、负序电流，可能没有零序电流

D. 线路供电侧肯定有正序、负序、零序电流

E. 线路终端侧三相均有电流且相等

32. 重合闸方式有（　　）。

A. 单相重合闸　　B. 三相重合闸

C. 综合重合闸　　D. 停用

33. 重合闸装置的要求有（　　）。

A. 手动或遥控跳闸时，不应重合；手动投入断路器于故障线路，由保护将其跳开后，不应重合。除上述情况外，均应重合

B. 重合闸启动采用控制开关与断路器位置不对应原理及保护启动，保证按规定的次数重合（一般只重合一次）

C. 一般自动复归。有值班人员的 10kV 以下线路也可手动复归

D. 断路器气（液）压降低时，应将重合闸装置闭锁

34. 自动重合闸的启动方式有（　　）。

A. 不对应启动方式　　B. 刀闸启动

C. 保护启动　　D. 断路器启动

35. 电力系统动态记录的功能有（　　）。

A. 高速故障记录功能　　B. 故障动态规程记录功能

C. 长过程动态记录功能　　D. 操作记录

36. 用分路试停的方法查找直流接地有时查找不到，可能是由于（　　）。

A. 分路正极接地　　B. 分路负级接地

C. 环路供电方式合环运行　　D. 充电设备或蓄电池发生直流接地

37. 系统频率降低时，可以通过（　　）的办法使频率上升。

A. 增加发电机的励磁，降低功率因数

B. 投入大电流联切装置

C. 增加发电机有功功率或减少用电负荷

D. 投入低频减载装置

38. 变压器并联运行的条件是所有并联运行变压器的（　　）。

A. 变比相等　　B. 短路电压相等

C. 绕组接线组别相同　　D. 中性点绝缘水平相当

39. 继电保护的四个基本性能要求中，（　　）主要靠整定计算工作来保证。

A. 可靠性　　B. 选择性　　C. 快速性　　D. 灵敏性

40. 超高压输电线路单相接地故障跳闸后，熄弧较慢是由于（　　）。

A. 潜供电流的影响　　B. 短路阻抗小

C. 并联电抗器的作用　　D. 负荷电流大

41. 电力系统低频运行的危害有（　　）。

A. 使系统内的发电机产生振动　　B. 影响对用户的供电质量

C. 影响系统的经济运行　　D. 增大线路上的损耗

42. 电网安全自动装置包括（　　）。

A. 低频、低压解列装置　　B. 振荡（失步）解列装置

C. 低频、低压减负荷装置　　D. 切机、切负荷装置

43. 单相重合闸的优点有（　　）。

A. 提高供电的可靠性　　B. 提高系统并联运行的稳定性

C. 减少转换性故障发生　　D. 没有操作过电压问题

44. 继电保护快速切除故障对电力系统的作用有（　　）。

A. 提高电力系统的稳定性

B. 电压恢复快，电动机容易自起动并迅速恢复正常，从而减少对用户的影响

C. 减轻电气设备的损坏程度，防止故障进一步扩大

D. 短路点易于去游离，提高重合闸的成功率

45. 零序电流保护的特点（　　）。

A. 灵敏度高，系统发生经高阻接地故障时仍能够动作

B. 系统全相振荡时不会误动

C. 零序保护之间的配合关系只取决于零序网络的阻抗分布，不受潮流和开机影响

D. 阶梯配置的零序电流保护可作为其他电气设备的后备保护

46. 下列（　　）不是提高继电保护装置的可靠性所采用的措施。

A. 双重化　　B. 自动重合

C. 重合闸后加速　　D. 备自投

47. 保护装置在电压互感器二次回路（　　）断线、失压时，应发告警信号，并闭锁可能误动作的保护。

A. 一相　　B. 两相　　C. 三相同时　　D. 外接 $3U_0$

48. 微机保护硬件中 RAM 的作用是（　　）。

A. 常用于存放采样数据和计算的中间结果、标志字等信息

B. 存放微机保护的动作报告信息等内容

C. 存放保护整定值

D. 存放保护的软件

49. 微机保护装置一般由（　　）硬件组成。

A. 数据采集系统　　B. 输入 / 输出接口部分

C. 微型计算机系统　　D. CPU

E. 电源部分

50. 新建线路及继电保护装置投入运行前，如何进行电流互感器相位正确性试验工作？（　　）

A. 根据输送功率，求出功率因数角，在确保电压相量正确的前提下实测二次电流的幅值及与同相二次电压之间的相位关系，与通过功率因数计算得到的幅值、角度相同

B. I_a、I_b、I_c 为正相序且互差 120°

C. 三相电流平衡

D. 零序回路有几十毫安的不平衡电流存在

51. 三相变压器空载合闸励磁涌流的大小和波形与（　　）等因素有关。

A. 剩磁大小和方向　　B. 三相绕组的接线方式

C. 合闸初相角　　D. 饱和磁通

52. 突变量不能反映（　　）状况。

A. 过负荷　　B. 振荡　　C. 短路　　D. 欠负荷

53. 微机保护硬件系统通常包括（　　）。

A. 数据处理单元　　B. 数据采集单元

C. 数字量输入 / 输出接口　　D. 通信接口

54. 暂态型电流互感器包括（　　）。

A. TPS　　B. TPX　　C. TPY

D. TPN　　E. TPZ

55. 下列有关自耦变压器的说法中，正确的是（　　）。

A. 自耦变压器中性点必须接地，这是为了避免当中压侧电网内发生单相接地时高压侧出现过电压

B. 自耦变压器的零序电流保护应接入中性点引出线电流互感器的二次电流

C. 自耦变压器高压侧外部接地故障时，流过自耦变压器的零序电流不一定高压侧最大

D. 由自耦变压器高、中压及公共绕组三侧电流构成的分相电流差动保护无须采取防止励磁涌流的专门措施

56. 下列有关自耦变压器高压侧发生接地故障时，说法正确的是（　　）。

A. 中性线电流可能为零　　B. 中性点电流可能流向接地点

C. 中性点电流可能由地流向中性点　　D. 中性点电流始终与高压侧方向一致

57. YN,d11 接线升压变压器，变比为 1，在不计负荷电流情况下，Y 侧单相接地时，则△侧三相电流为（　　）。

A. 最小相电流为 0

B. 最大相电流等于 Y 侧故障相电流的 $1/\sqrt{3}$

C. 最大相电流等于 Y 侧故障相电流

D. △侧三相无流

58. 安稳装置接收的对时信号一般有（　　）。

A. 脉冲对时　　B. 串口对时　　C. B 码对时　　D. 后台对时

59. 下面的安稳装置开入信号属于强电开入信号的是（　　）。

A. 跳闸信号　　B. 断路器位置信号

C. 功能压板　　D. 对时信号

60. 继电保护短路电流计算可以忽略（　　）等阻抗参数中的电阻部分。

A. 发电机　　B. 变压器　　C. 架空线路　　D. 电缆

61. 大接地电流系统中，线路发生经弧光电阻的两相短路故障时，存在（　　）分量。

A. 正序　　B. 负序　　C. 零序

62. 下列（　　）故障将出现负序电压。

A. 单相接地　　B. AB 相间短路　　C. 三相短路

63. 按惯例，直接接入电压互感器第三绕组的零序功率方向元件，其动作灵敏角为 $3I_o$（　　）$3U_o$ 70°；微机保护多采用保护装置自产 $3U_o$ 接线的零序功率方向元件，动作灵敏角为 $3I_o$（　　）$3U_o$110°。

A. 超前　　B. 滞后

64. 加强和扩充一次设备来提高系统稳定性的措施有（　　）。

A. 减小线路电抗　　B. 线路上装设串联电容

C. 装设中间补偿设备　　D. 采用直流输电

65. 辅助继电器可以用来改进和完善保护的功能，按其作用的不同可以分为（　　）。

A. 中间继电器　　B. 时间继电器　　C. 信号继电器　　D. 频率继电器

66. 大短路电流接地系统中输电线路接地保护方式主要有（　　）。

A. 纵联保护　　B. 零序电流保护　　C. 接地距离保护　　D. 相间距离保护

67. 电力系统短路故障时，电流互感器发生饱和，其二次电流波形特征是（　　）。

A. 波形失真，伴随谐波出现

B. 过零点提前，波形缺损

C. 一次电流越大时，过零点提前越多

D. 二次电流的饱和点可在该半周期内任何时刻出现，随一次电流大小而变

68. 对称分量法中正序分量是指 A_1、B_1、C_1 三个相量的（　　）。

A. 相位相差 120°　B. 大小相等　C. 顺相序　D. 逆相序

69. 220kV 大接地电流系统中，输送负荷的线路非全相运行，其余线路全相运行时，下列说法中正确的是（　　）。

A. 非全相线路中有负序电流，全相运行线路中无负序电流

B. 非全相线路、全相运行线路中均有负序电流

C. 非全相线路中的负序电流大于全相运行线路中的负序电流

D. 非全相线路中有零序电流

70.（　　）对邻近的控制电缆是极强的磁场耦合源。

A. 电流互感器　B. 电容耦合电压互感器的接地线

C. 不对称故障时的母线电流　D. 主变压器中性点接地

71. 保护装置应具有在线自动检测功能，包括保护（　　）自动检测。

A. 硬件损坏　B. 功能失效

C. 二次回路异常运行状态　D. 跳闸连接片松动

72. 短路故障的危害有（　　）。

A. 很大的短路电流和电弧，使故障元件损坏

B. 短路电流引起非故障元件损坏或缩短寿命

C. 部分地区电压降低，影响用户

D. 对系统稳定性造成影响

73. 大电流接地系统，电力变压器中性点接地方式有（　　）。

A. 中性点直接接地　B. 经消弧线圈接地

C. 中性点不接地　D. 经电阻接地

74. 过电压的研究应主要考虑（　　）。

A. 操作或故障前的运行工况　B. 操作情况

C. 故障情况　D. 避雷器的配置情况

75. 一般（　　）动作后应闭锁重合闸。

A. 母线差动保护　B. 变压器差动保护

C. 自动按频率减负荷装置　D. 联切装置

76. 以下关于 TA 断线对差动保护的影响，描述正确的是（　　）。

A. TA 断线闭锁分相差动保护　B. TA 断线闭锁零序差动保护

C. TA 断线闭锁差动速断保护　D. TA 断线不闭锁差动速断保护

77. 以下关于 TV 断线对差动保护的影响，描述正确的是（　　）。

A. TV 断线闭锁分相差动保护　B. TV 断线闭锁零序差动保护

C. TV 断线闭锁匝间保护　D. TV 断线不闭锁差动速断保护

78. 下列情况中出现二次谐波的是（　　）。

A. TA 稳态饱和时二次电流中有二次谐波

B. TA 暂态饱和时二次电流中有二次谐波

C. 变压器发生励磁涌流时，涌流中有二次谐波

D. 转子回路两点接地时，通常情况下定子电压中有二次谐波

79. 用于整定计算的（　　）必须采用实测值。

A. 三相三柱式变压器的零序阻抗

B. 平行线之间的零序互感阻抗

C. 双回线路的同名相间和零序的差电流系数

D. 其他对继电保护影响较大的有关参数

E. 架空线路和电缆线路的正序和零序阻抗、正序和零序电容

80. TA 二次绕组接线系数 $K_{jx}=1$ 的有（　　）。

A. 两相差电流接线　　B. 不完全星形接线

C. 三角形接线　　D. 星形接线

81. TA 二次绕组接线系数 $K_{jx}=\sqrt{3}$的有（　　）。

A. 星形接线　　B. 不完全星形接线

C. 三角形接线　　D. 两相差电流接线

82. 下列情况中出现 3 次谐波的是（　　）。

A. TA 稳态饱和时二次电流中有 3 次谐波

B. TA 暂态饱和时二次电流中有 3 次谐波

C. 发电机过励磁时差动电流中有 3 次谐波

D. 变压器过励磁时差动电流中有 3 次谐波

83. 可以提高电力系统的暂态稳定性的措施是（　　）。

A. 装设线路自动重合闸　　B. 发电机电气制动

C. 实现联锁切机　　D. 继电保护快速切除故障

84. 电力系统振荡时，电压最低的一点是振荡中心，振荡中心的位置是（　　）。

A. 系统运行方式一定时，位置是固定不变的

B. 当系统各元件阻抗角相等时，在一定运行方式下位置固定，与两侧等效电动势夹角大小无关

C. 当系统各元件阻抗角不相等时，在一定运行方式下，位置随两侧等效电势夹角发生变化

85. 在大接地电流系统中，当系统中各元件的正、负序阻抗相等时，则线路发生单相接地时，下列说法中正确的是（　　）。

A. 非故障相中没有故障分量电流，保持原有负荷电流

B. 非故障相中除负荷电流外，还有故障分量电流

C. 非故障相电压升高或降低，随故障点综合正序、零序阻抗的相对大小而定

D. 非故障相电压保持不变

86. 在大接地电流系统中，当系统中各元件的正、负序阻抗相等时，则线路发生两相短路时，下列说法中正确的是（　　）。

A. 非故障相中没有故障分量电流，保持原有负荷电流

B. 非故障相中除负荷电流外，还有故障分量电流

C. 非故障相电压要升高或降低，升高或降低随故障点离电源的距离而变化

D. 非故障相电压保持不变

87. 线路上发生 B 相单相接地时，故障点正、负、零序电流分别通过线路 M 侧的正、负、零序分流系数 C_{1M}、C_{2M}、C_{0M} 被分到了线路 M 侧，形成了 M 侧各相全电流中的故障分量 ΔI_{Φ}（Φ=A、B、C）。若（　　）成立，则 $\Delta I_A=\Delta I_C\neq0$；若（　　）成立，则 $\Delta I_A\neq0$，$\Delta I_C\neq0$，$\Delta I_A\neq\Delta I_C$；若（　）成立，则 $\Delta I_A=\Delta I_C=0$。

A. $C_{1M}=C_{2M}=C_{0M}$　　B. $C_{1M}=C_{2M}\neq C_{0M}$

C. $C_{1M}\neq C_{2M}\neq C_{0M}$

88. 故障录波装置的故障启动方式包括（　　）。

A. 模拟量启动　B. 开关量启动　C. 手动启动　D. 远方启动

89. 谐振过电压分为（　　）。

A. 线性谐振过电压　B. 铁磁谐振过电压

C. 参数谐振过电压　D. 操作谐振过电压

90. 通过缩短故障切除后的电气距离以提高暂态稳定性的措施是（　　）。

A. 设置开关站　B. 采用串联补偿装置

C. 采用自动重合闸　D. 增加强励倍数

91. 电力系统振荡时，两侧等值电动势夹角 δ 做 0 ～360°变化，其电气量变化特点为（　　）。

A. 离振荡中心越近，电压变化越大

B. 测量阻抗中的电抗变化率大于电阻变化率

C. 测量阻抗中的电阻变化率大于电抗变化率

D. δ 偏离 180°越大，测量阻抗变化率越小

92. 在超高压电网中的电压互感器，可视为一个变压器，就零序电压来说，下列正确的是（　　）。

A. 超高压电网中发生单相接地时，一次电网中有零序电压，所以电压互感器二次星型侧出现零序电压

B. 电压互感器二次星型侧发生单相接地时，该侧出现零序电压，因电压互感器相当于一个变压器，所以一次电网中也有零序电压

C. 电压互感器二次星型侧发生单相接地时，该侧无零序电压，所以一次电网中也无零序电压

D. 电压互感器二次星型侧发生单相接地时，该侧有零序电压，而一次电网中没有零序电压

93. 三绕组自耦变压器，高、中压侧电压的电压变比为 2；高 / 中 / 低的容量为 100/100/50，下列说法中正确的是（　　）。

A. 高压侧同时向中、低压侧送电时，公共绕组容易过负荷

B. 中压侧同时向高、低压侧送电时，公共绕组容易过负荷

C. 低压侧同时向高、中压侧送电时，低压绕组容易过负荷

94. 微机保护中采用的差分算法，其正确的是（　　）。

A. 可有效抑制非周期分量电流的影响

B. 有一定抑制高次谐波电流的作用

C. 有放大高次谐波电流的作用

95. 220/110/35kV 自耦变压器，中性点直接接地运行，下列说法中正确的是（　　）。

A. 中压侧母线单相接地时，中压侧的零序电流一定比高压侧的零序电流大

B. 高压侧母线单相接地时，高压侧的零序电流一定比中压侧的零序电流大

C. 高压侧母线单相接地时，可能中压侧零序电流比高压侧零序电流大，这取决于中压侧零序阻抗的大小

D. 中压侧母线单相接地时，可能高压侧零序电流比中压侧零序电流大，这取决于高压侧零序阻抗的大小

96. 当一次电流过大电流互感器饱和时，稳态下二次电流的波形特点为（　　）。

A. 含有二次、三次谐波分量　　B. 波形缺损，数值下降

C. 从（–）到（+）过零点提前　　D. 从（+）到（–）过零点提前

E. 含有非周期分量

97. 微机保护中采用的全周积分算法，其正确的是（　　）。

A. 有滤去高次谐波电流的作用，并且随采样点数的增大，滤波作用也增大

B. 有一定抑制非周期分量的作用，但作用并不十分明显

C. 计算出的电压或电流值随采样频率的增高，正确度也相对增大

98. 一般 220kV 线路保护，当开关在分闸状态，控制电源投入时，用万用表测量主保护跳闸出口连接片，其上端头对地为（　　）V，下端头对地为（　　）V；上下端头之间为（　　）V。

A. 110　　B. –110　　C. 0

99. 当采用单相重合闸装置时，应考虑到（　　）出现的非全相运行。

A. 重合闸过程中　　B. 单相重合闸装置拒动

C. 开关偷跳

100. 在变电站某一点的暂态电磁干扰有（　　）。

A. 传导　　B. 辐射　　C. 冲击

101. 在电感元件组成的电力系统中发生短路时，短路的暂态过程中将出现随时间衰减的（　　）自由分量。

A. 周期　　B. 非周期　　C. 直流

102. 长线的分布电容影响线路两侧电流的（　　）。

A. 大小　　B. 相位　　C. 频率

103. 终端变电站的变压器中性点直接接地，在供电该变电站线路上发生两相短路故障，不计负荷电流时，下列正确的是（　　）。

A. 线路终端侧有正、负序电流　　B. 线路供电侧有正、负序电流

C. 线路终端侧三相均没有电流　　D. 线路供电侧非故障相没有电流

104. 大接地电流系统中单相金属性接地时，有如下特点（　　）。

A. 当 $X_{0\Sigma}>X_{1\Sigma}$ 时，非故障相电压要升高

B. 当 $X_{0\Sigma}<X_{1\Sigma}$ 时，单相短路电流要大于该点的三相短路电流

C. 非故障相中只有负荷电流，没有故障分量电流

D. 故障点的零序电压小于故障点的正序电压

105. 大接地电流系统中，C 相金属性单相接地故障时，故障点序分量电流间的关系是（　　）。

A. A 相负序电流超前 C 相正序电流的角度是 120°

B. B 相正序电流超前 C 相负序电流的角度是 120°

C. C 相零序电流超前 A 相正序电流的角度是 120°

106. 大接地电流系统中，AB 相金属性短路故障时，故障点序电流间的关系是（　　）。

A. A 相负序电流与 B 相正序电流反相

B. A 相正序电流与 B 相负序电流反相

C. C 相正序电流与 C 相负序电流反相

107. 设系统各元件的正、负序阻抗相等，在两相金属性短路情况下，其特征是（　　）。

A. 故障点的负序电压高于故障点的正序电压

B. 没有零序电流，没有零序电压

C. 非故障相中没有故障分量电流

108. 设 I_a，I_b，I_c 为一组工频负序电流，当采样频率是 600Hz 时，采样电流表示为 $I_{a(0)}$、$I_{b(0)}$、$I_{c(0)}$，$I_{a(1)}$、$I_{b(1)}$、$I_{c(1)}$，$I_{a(2)}$、$I_{b(2)}$、$I_{c(2)}$，…，$I_{a(12)}$、$I_{b(12)}$、$I_{c(12)}$，$I_{a(13)}$、$I_{b(13)}$、$I_{c(13)}$，…下列等式中正确的是（　　）。

A. $I_{a(3)}=I_{b(9)}=I_{c(12)}$　　B. $I_{a(2)}=I_{b(10)}=I_{c(6)}$

C. $I_{a(4)}=I_{b(8)}=I_{c(4)}$　　D. $I_{a(7)}=I_{b(8)}=I_{c(16)}$

109. 在中性点不接地电网中，经过过渡电阻 R_g 发生单相接地，下列说法中正确的是（　　）。

A. R_g 大小会影响接地故障电流和母线零序电压相位

B. R_g 不影响非故障线路零序电流和母线零序电压间相位

C. R_g 大小会影响故障线路零序电流和母线零序电压间相位

110. 当用零序电流、负序电流比相选出故障相时，判据为 $-60°<\arg\dfrac{I_o}{I_{\phi2}}<60°$ (ϕ=A、B、C) 时，当 ϕ=A 时，则发生的故障是（　　）。

A. A 相接地　　B. BC 相接地　　C. AB 相接地　　D. AC 相接地

111. 下列（　　）故障将出现负序电压。

A. 单相接地　　B. AB 相间短路　　C. 三相短路

112. 电力系统继电保护的基本性能要求是（　　）。

A. 可靠性　　B. 选择性　　C. 快速性　　D. 灵敏性

113. 二次回路的电路图按任务不同可分为（　　）。

A. 原理图　　B. 展开图　　C. 安装接线图　　D. 端子排图

E. 出厂屏柜图

114. 安装接线图包括（　　）。

A. 屏面布置图　　B. 屏背面接线图　　C. 端子排图　　D. 原理图

E. 展开图

115. 电气设备的二次回路包括（　　）。

A. 测量、监视回路　　B. 控制、信号回路

C. 继电保护和自动装置回路　　D. 电压电流回路

E. 照明回路

116. 可以作为就地故障判别元件启动量的有（　　）。

A. 低电压　　B. 过电流　　C. 负序电流　　D. 零序电流

117. 安全自动装置在系统出现扰动时，如出现（　　）情况，应能可靠起动。

A. 不对称分量　　B. 功率突变　　C. 电压突变　　D. 电流突变

118. 集中式频率电压紧急控制装置中常用来防止频率继电器误动的措施是（　　）。

A. 频率差大闭锁　　B. 负序电压闭锁　　C. 电压消失闭锁　　D. df/dt 过大闭锁

119. 失步振荡中，振荡中心会偏移，原因主要有（　　）。

A. 一次系统时间常数　　B. 网架结构改变

C. 两侧系统电动势比不等于 1　　D. 励磁装置作用

120. 下列关于电网黑启动的描述正确的是（　　）。

A. 黑启动方案应根据电网结构的特点，合理划分区域，各区域必须安排一至两台具备黑启动能力的机组，并合理分布

B. 在恢复启动过程中必须考虑系统恢复过程中的稳定问题，合理投入继电保护和安全自动装置，防止保护误动而中断或延误系统恢复

C. 黑启动过程中，保护、通信及安全自动装置均应满足自启动和逐步恢复其他线路和负荷供电的特殊要求

D. 在恢复启动过程中应注意有功功率、无功功率平衡，防止发生自励磁和电压失控及频率的大幅度波动

121. 对于同一系统，若零序阻抗大于正序阻抗，则同一点上发生的单相短路接地、两相短路、两相接地短路、三相短路，其正序电流分量满足（　　）。

A. 三相短路等于两相短路的 2 倍　　B. 三相短路大于单相短路的 3 倍

C. 两相接地短路大于三相短路　　D. 单相短路小于两相接地短路

122. 序网络与短路故障点的（　　）有关。

A. 相别　　B. 故障类型

C. 短路故障点的位置　　D. 系统运行方式

123. 微机保护中的微处理器对转换后的电压、电流信号进行（　　），以判断电力系统是否发生故障。

A. 数值运算　　B. 数字滤波　　C. 逻辑运算　　D. A/D 变换

124. 对选相元件的基本要求有（　　）。

A. 在被保护范围内发生非对称接地故障时，故障相选相元件必须可靠动作，并应有足够的灵敏度

B. 在被保护范围内发生单相接地故障及在切除故障相后的非全相运行状态下，非故障相的选相元件不应误动作

C. 选相元件的灵敏度及动作时间都不应影响线路主保护的性能

D. 个别选相元件拒动时，应能保证正确跳开三相断路器，并进行三相重合闸。不允许因选相元件拒动，造成保护拒动，从而扩大事故

E. 选相元件动作后在主保护不动作的情况下允许直接三相跳闸

125. 电压选相元件需要解决的问题有（　　）。

A. 提高长线末端故障灵敏度

B. 接地故障时用相电压元件，而相间故障时用相间元件

C. 受运行方式变化很大

D. 单相经高电阻接地的灵敏度不足

126. 在 AB 相故障时，当用电流选相元件，（　　）选相会动。

A. A 相　　B. B 相　　C. C 相　　D. AB 相

127. 区域性安稳装置主要解决的问题有（　　）。

A. 区域性暂稳　　B. 区域性热稳　　C. 机组失步　　D. 线路备投

128. 电力系统暂态稳定及其控制若根据控制范围划分，则包括（　　）。

A. 局部稳定控制　　B. 区域电网稳定控制

C. 大区互联电网稳定控制　　D. 就地稳定控制

129. 正常运行方式下的电力系统受到（　　）较严重的故障扰动后，保护、开关及重合闸正确动作，应能保持稳定运行，必要时允许采取切机和切负荷等稳定控制措施。

A. 单回线单相永久性故障重合不成功及无故障三相断开不重合

B. 任一段母线故障

C. 同杆并架双回线的异名两相同时发生单相接地故障重合不成功，双回线三相同时跳开

D. 直流输电线路双极故障

130. 预防控制是在正常运行时调整系统工作点，以增大安全稳定储备，实现下列功能：（　　）。

A. 根据系统实际运行情况进行功角动态安全评估并进行相应控制

B. 维持系统频率于规定范围并具有必要的运行备用容量

C. 维持母线电压于规定范围并具有必要的电压稳定储备

D. 防止电网元件过负荷

131. 稳控系统中的暂态稳定问题包括（　　）。

A. 单相瞬时故障　　B. 单相永久性接地

C. 三相短路故障　　D. 过载

132. 稳控装置判断元件的异常包括（　　）。

A. 零序电压异常　　B. 零序电流异常　　C. 低电压异常　　D. 高电压异常

133. 稳控装置判断元件的故障类型包括（　　）。

A. 单相瞬时故障　　B. 单相永久故障　　C. 相间故障　　D. 无故障跳闸

134. 失步时，（　　）幅值与相角差的变化周期相同且波动幅度较大。

A. 电压　　B. 有功功率　　C. 电流　　D. 无功功率

135. 下列电力系统自动装置中属于电力系统安全控制装置的是（　　）。

A. 低频低压减载装置　　B. 备用电源自投装置
C. 励磁调节器　　D. 故障录波装置

136. 电力系统紧急控制的措施包括（　　）。
A. 切除发电机　　B. 发电机励磁紧急控制
C. 集中切负荷　　D. 电力系统解列

137. 电力系统安全控制包括（　　）。
A. 预防控制　　B. 紧急控制　　C. 恢复控制　　D. 智能控制

138. 下列措施中，不属于电力系统紧急控制措施中负荷端控制方法的有（　　）。
A. 快关汽轮机的气门　　B. 电力系统解列
C. 分散减负荷　　D. 发电机励磁紧急控制

139. 稳控装置双重化主要指（　　）。
A. 输入电气量绕组双重化　　B. 输入开关量节点双重化
C. 输出出口跳圈双重化　　D. 输入直流电源双重化

140. 稳控装置一般采用（　　）判断元件过载。
A. 电压　　B. 电流　　C. 功率　　D. 频率

141. 在对稳控装置进行装置定检时首先需要做好安全措施，以下安全措施中描述错误的有（　　）。
A. 电压回路严禁开路　　B. 电流回路严禁短路
C. 严禁带电插拔装置插件　　D. 严禁投入出口连接片进行实验

142. 安稳装置采取双套配置时，可以采取（　　）。
A. 双主运行　　B. 主辅运行
C. 短时间单套运行、单套退出　　D. 长期单套运行

143. 下列属于安全自动装置的有（　　）。
A. 低频和低压自动减载装置　　B. 失步解列装置
C. 自动重合闸装置　　D. 水轮发电机自启动和调相改发电装置

144. 安全自动装置应满足（　　）的要求。
A. 可靠性　　B. 选择性　　C. 灵敏性　　D. 速动性

145. 限制电压降低，控制装置作用于（　　）。
A. 增发无功功率　　B. 电容补偿装置
C. 减少无功功率需求　　D. 切除负荷

146. 低频、低压解列装置一般装设在系统中的（　　）。
A. 系统间联络线
B. 地区系统中从主系统受电的终端变电站母线联络断路器
C. 地区电厂的高压侧母线联络断路器
D. 系统事故紧急启动电源专带厂用电的发电机组母线联络断路器

147. 常用的备用电源自动投入装置有（　　）。
A. 进线备自投　　B. 主变压器备自投
C. 母线备自投　　D. 厂用电快速切换

148. 为防止暂态稳定破坏，可根据系统具体情况采用以下控制措施（ ）。

A. 对功率过剩地区采用切除部分负荷（含抽水运行的蓄能机组）等

B. 对功率短缺地区采用发电机快速减出力、切除部分发电机或投入动态电阻制动等

C. 励磁紧急控制，串联及并联电容装置的强行补偿，切除并联电抗器和高压直流输电紧急调制等

D. 在预定地点将某些局部电网解列以保持主网稳定

149. 安全自动装置的通道可采用（ ）。

A. 光纤 B. 微波 C. 电力线载波 D. 导引线电缆

150. 联络线发生失步振荡，安装在振荡中心的失步解列装置感受到的电气量特征有（ ）。

A. 电压大幅波动 B. 电流大幅波动

C. 有功功率大幅波动且有功功率会过零反相 D. 阻抗角大幅波动

151. 低电压减负荷控制装置应在（ ）期间可靠不动作。

A. 短路 B. 无功功率欠缺

C. 自动重合闸 D. 备用电源自动投入

152. 自动低频减负荷装置误动的原因有（ ）。

A. 电压突变时，因低频率继电器触点抖功而发生误动作

B. 系统短路故障引起有功功率缺损，造成频率下降而引起误动作

C. 若旋转备用容量不足或以水轮发电机为主，则可能会造成按频率自动减负荷装置误动作

D. 供电电源中断时，具有大型电动机的负荷反馈可能使按频率自动减负荷装置误动作

153. 微机保护系统的硬件一般由（ ）部分组成。

A. 模拟量输入系统 B. CPU 主系统

C. 开关量输入 / 输出系统 D. 抗干扰系统

154. 小接地电流系统的零序电流保护，可利用（ ）作为故障信息量。

A. 网络的自然电容电流

B. 消弧线圈补偿后的残余电流

C. 人工接地电流（此电流不宜大于 10～30A，且应尽可能小）

D. 单相接地故障的暂态电流

155. 负载与电源连接的原则：一是保证负载得到额定电压，二是尽量使三相负载对称分布。无论是三相交流电源还是三相负载都有星形（Y）和三角形（△）两种联结方式。因此，三相电路可能实现的联结方式有（ ）。

A. Y-Y B. Y-△ C. △-Y D. △-△

156. “不对应”原理是指（ ）。

A. 控制开关的位置与断路器的位置不对应

B. 双位置继电器的位置与断路器的位置不对应

C. 合闸位置继电器与断路器的位置不对应

D. 分闸位置继电器与断路器的位置不对应

E. 合闸位置继电器与分闸位置继电器的不对应

157. 电力系统振荡与短路的区别是（　　）。

A. 振荡时系统各点电流和电压值均做往复运动，而短路时电流和电压值是突变的

B. 振荡时系统电流和电压值是突变的，而短路时电流和电压值均做往复运动

C. 振荡时系统各电流和电压之间的相位角是随功角的变化而变化的，而短路时电流和电压之间的相位角是基本不变的

D. 振荡时电流和电压之间的相位角是基本不变的，而短路时各电流和电压之间的相位角是随功角的变化而变化的

158. 对振荡闭锁的基本要求是（　　）。

A. 系统发生振荡而没有故障时，应可靠地将保护闭锁

B. 在保护范围内发生短路故障的同时，系统发生振荡，闭锁装置将保护闭锁，不允许保护动作

C. 继电保护在动作过程中系统出现振荡，闭锁装置不应干预保护动作

159. 电力系统安全自动装置的作用是（　　）。

A. 避免电力系统失去平衡　　B. 避免用户甩负荷

C. 避免电气设备损坏　　D. 避免电力系统发生大面积停电

160. 各种类型短路的电压分布规律是（　　）。

A. 正序电压越靠近电源数值越高　　B. 负序电压越靠近电源数值越高

C. 零序电压越靠近短路点越高　　D. 零序电压越靠近电源数值越高

161. 从保护原理上讲，不受系统振荡影响的保护有（　　）。

A. 距离保护　　B. 电流差动保护　　C. 方向保护　　D. 电流速断保护

162. 电流互感器完全星形接线，在（　　）短路时，零导线中有不平衡电流存在。

A. 单相　　B. 两相　　C. 三相

163. 过电流保护两相两继电器的不完全星形联结方式，能反应（　　）。

A. 三相短路故障　　B. 单相接地故障

C. 两相短路故障　　D. 两相接地短路故障

164. 电流互感器的二次负载包括（　　）。

A. 二次设备（保护、表计、辅助设备等）的电流线圈的电阻

B. 二次电流电缆回路电阻

C. 电流互感器的二次线圈的电阻

D. 连接点的接触电阻

165. 按频率降低自动减负荷装置的防止误动的闭锁措施有（　　）。

A. 低电压闭锁　　B. 滑差闭锁　　C. 电流闭锁

166. 正序网络中同杆双回线路（　　）互感现象；负序网络中同杆双回线路（　　）互感现象；零序网络中同杆双回线路（　　）互感现象。

A. 有　　B. 没有

167. 标幺值是无单位的相对值，当在三相系统中采用标幺制后，正确的关系式是（　　）。

A. $S^*=\sqrt{3}\,U^*I^*$　　B. $S^*=U^*I^*$　　C. $P^*=U^*I^*\cos\phi$　　D.（U线）*=（U相）*

168. 突变量继电器及与常规继电器的不同在于（　　）。

A. 突变量保护与故障的初相角有关，因而继电器的启动值离散较大，动作时间也有离散

B. 突变量继电器在短暂动作后仍需保持到故障切除

C. 突变量保护在故障切除时会再次动作

D. 在进入正常稳定状态时再次返回

参考答案：1. ABCD　2. ABC　3. ABC　4. ABCD　5. BD　6. ABC　7. ABC　8. BC　9. AC　10. CD　11. ABC　12. AB　13. ABC　14. BCD　15. ABCD　16. BD　17. AD　18. AB　19. ABCD　20. BCD　21. BC　22. BC　23. BC　24. ABC　25. ABCD　26. ABD　27. ABD　28. BCDE　29. ABC　30. BCD　31. BCE　32. ABCD　33. ABCD　34. AC　35. ABC　36. CD　37. CD　38. ABC　39. BD　40. ACD　41. ABC　42. ABCD　43. ABCD　44. ABCD　45. ABCD　46. BCD　47. ABC　48. AB　49. ABCDE　50. ABCD　51. ABCD　52. ABD　53. ABCD　54. ABCE　55. CD　56. ABC　57. AB　58. ABCD　59. AB　60. ABCD　61. AB　62. AB　63. BA　64. ABCD　65. ABC　66. ABC　67. ABC　68. ABC　69. BCD　70. ABCD　71. ABC　72. ABCD　73. ABC　74. ABCD　75. ABCD　76. ABD　77. CD　78. BCD　79. ABCDE　80. BD　81. CD　82. ABD　83. ABCD　84. BC　85. BC　86. AD　87. BC　88. ABC　89. ABC　90. AB　91. AC　92. AD　93. BC　94. AC　95. AC　96. ABCD　97. AC　98. BCA　99. ABC　100. AB　101. BC　102. AB　103. BCD　104. ABD　105. ABC　106. ABC　107. BC　108. BCD　109. AB　110. ABC　111. AB　112. ABCD　113. ABC　114. ABC　115. ABCD　116. ABCD　117. ABCD　118. ACD　119. BCD　120. ABCD　121. ABD　122. CD　123. AC　124. ABCD　125. AB　126. AB　127. AB　128. ABC　129. ABCD　130. BCD　131. ABC　132. ABCD　133. ABCD　134. AC　135. AB　136. ABCD　137. ABC　138. AD　139. ABCD　140. BC　141. AB　142. ABC　143. ABCD　144. ABCD　145. ABCD　146. ABCD　147. ABCD　148. CD　149. ABCD　150. ABCD　151. ACD　152. ABCD　153. ABC　154. ABCD　155. ABCD　156. AB　157. AC　158. AC　159. AD　160. AC　161. BC　162. BC　163. AC　164. ABD　165. AB　166. BBA　167. BCD　168. AC

二、线路保护

1. 微机保护的常用基本算法有（　　）。

A. 半周积分法　　B. 采样和导数算法

C. 傅里叶算法　　D. 微分方程算法

2. 距离保护装置一般由（　　）组成。

A. 测量部分　　B. 启动部分

C. 振荡闭锁部分　　D. 二次电压回路断线失压闭锁部分

E. 逻辑部分

3. 正常运行的电力系统，出现非全相运行，非全相运行线路上可能会误动的继电器是（　　）。

A. 差动继电器

B. 阻抗继电器

C. 负序功率方向继电器（TV 在母线侧）

D. 零序功率方向继电器（TV 在母线侧）

E. 零序电流继电器

4. 500kV 线路后备保护配置原则是（　　）。

A. 采用近后备方式

B. 当双重化的每套主保护都有完整的后备保护时，仍需另设后备保护

C. 对相间短路，后备保护宜采用阶段式距离保护

D. 对接地短路，应装设接地距离保护并辅以阶段式或反时限零序电流保护

5. 影响阻抗元件正确测量的因素有（　　）。

A. 故障点过渡电阻

B. 保护安装处与故障点之间助增电流和汲出电流

C. 测量用互感器误差

D. 系统振荡

E. 电压二次回路断线

6. 突变量方向元件有（　　）特点。

A. 不受系统振荡的影响　　B. 不受过渡电阻的影响

C. 不受串联补偿电容的影响　　D. 动作速度快

7. 对于同杆并架双回线，为避免跨线异名相故障造成双回线跳闸，可采用的保护方式有（　　）。

A. 分相电流差动保护　　B. 分相跳闸逻辑的纵联保护

C. 高频距离、高频零序保护　　D. 高频方向保护

8. 高压线路自动重合闸装置的动作时限应考虑（　　）。

A. 故障点灭弧时间　　B. 断路器操作机构的性能

C. 保护整组复归时间　　D. 电力系统稳定的要求

9. 一次接线为 1 个半断路器接线时，该母线保护不必装设（　　）。

A. 低电压闭锁元件　　B. TA 断线闭锁元件

C. 复合电压闭锁元件　　D. TV 断线闭锁元件

10. 在超范围闭锁式纵联距离保护中，收到高频闭锁信号一定时间后才允许停信，其作用的正确说法是（　　）。

A. 区外短路故障，远离故障点侧需等待对侧闭锁信号到达，可防止误动

B. 区外短路故障，靠近故障点侧在有远方启动情况下因故未启动发信时，可防止误动

C. 收到一定时间高频闭锁信号，可区别于干扰信号，提高保护工作可靠性

D. 保证快速动作

11. 超范围闭锁式纵联保护装置中，线路一侧设有高、低定值两个启动元件，其错误的说法是（　　）。

A. 使保护装置启动可靠

B. 低定值开放保护出口正电源，高定值启动保护，从而提高保护工作可靠性

C. 低定值启动发信，高定值启动保护，起到区外短路故障时，一侧开放保护，另一侧必起动发信，防止保护误动作

D. 防止保护装置误启动

12. 对220kV及以上选用单相重合闸的线路，无论配置一套或两套全线速动保护，（　　）动作后三相跳闸不重合。

A. 母差保护　　B. 相间保护

C. 非全相再故障保护动作　　D. 远方跳闸

13. 高压线路自动重合闸应（　　）。

A. 手动跳、合闸应闭锁重合闸　　B. 手动合闸故障只允许一次重合闸

C. 重合永久故障开放保护加速逻辑　　D. 远方跳闸启动重合闸

14. 距离保护装置中后加速回路有（　　）。

A. 手动合闸后加速　　B. 重合闸后加速

C. 手动合闸前加速　　D. 重合闸前加速

15. 突变量继电器的动作特点有（　　）。

A. 能保护各种故障，不反应负荷和振荡

B. 一般作瞬时动作的保护，但也可作延时段后备保护

C. 两相稳定运行状态不会启动，再故障能灵敏动作

D. 振荡再三相故障，能可靠动作

16. 系统振荡时，不会误动的保护有（　　）。

A. 距离保护　　B. 零序方向电流保护

C. 纵联保护　　D. 差动保护

17. 允许式纵联保护有（　　）。

A. 欠范围允许式　　B. 超范围允许式

C. 差动保护　　D. 零序保护

18. 在微机保护中，断电不会丢失数据的主存储器是（　　）。

A. ROM　　B. RAM　　C. EPROM　　D. EEPROME

19. 下列保护在系统发生振荡时会误动作的是（　　）。

A. 电流差动保护　B. 高频距离保护　C. 距离保护　　D. 过电流保护

20. 电力系统振荡时，不受系统振荡影响的继电器是（　　）。

A. 差动继电器　　B. 阻抗继电器

C. 负序功率方向继电器　　D. 零序功率方向继电器

E. 带有浮动门槛的突变量电流继电器　F. 工频变化量方向 / 阻抗继电器

21. 下面（　　）能作为线路纵联保护通道。

A. 电力线载波　B. 架空地线　C. 光纤　D. 导引线

22. 以下关于自动重合闸描述正确的是（　　）。

A. 重合闸的启动方式之一是断路器控制开关位置与断路器位置不对应启动方式

B. 在双电源线路上，通常在检定无压的一侧也同时投入同期检定继电器，两者的触点并联工作

C. 长线路综合重合闸的整定时间应考虑潜供电流的影响

D. 长线路单相重合闸的整定时间应考虑潜供电流的影响

23. 停用重合闸的情况是（　　）。

A. 运行中装置异常　B. 充电线路或试运行的线路

C. 调度要求停用　D. 远动信号调试

24. 用同期装置进行合闸时应具备的条件是（　　）。

A. 相位相同　B. 电压相同　C. 电流方向相同　D. 频率相同

25. 在不计负荷电流情况下，带有浮动门槛的相电流差突变量启动元件，下列情况正确的是（　　）。

A. 双侧电源线路上发生各种短路故障，线路两侧的元件均能起动

B. 单侧电源线路上发生相间短路故障，当负荷侧没有接地中性点时，负荷侧元件不能起动

C. 单侧电源线路上发生接地故障，当负荷侧有接地中性点时，负荷侧元件能起动

D. 系统振荡时，元件不动作

26. 整套距离保护包括以下内容（　　）。

A. 相间距离　B. 接地距离　C. 零序保护　D. 差动保护

27. 纵联保护的通道可分为（　　）类型。

A. 载波纵联保护　B. 微波纵联保护　C. 光纤纵联保护　D. 导引线纵联保护

28. 纵联保护的信号有（　　）。

A. 监频信号　B. 闭锁信号　C. 允许信号　D. 跳闸信号

29. 超范围允许式方向纵联保护，跳闸开放的条件正确的说法是（　　）。

A. 本侧正方向元件动作，收到对侧允许信号 8～10ms

B. 本侧正方向元件动作，本侧反方向元件不动作，收到对侧允许信号 8～10ms

C. 本侧正方向元件动作，本侧反方向元件不动作，收不到对侧监频信号而收到跳频信号

D. 本侧正方向元件动作，本侧反方向元件不动作，监频信号和跳频信号均收不到时，在 100ms 窗口时间内延时 30ms

30. 光纤通信的主要优点有（　　）。

A. 传输频带宽、通信容量大　B. 损耗低

C. 不受电磁干扰　D. 线径细、质量小

31. 距离继电器可分类为（　　）。

A. 单相阻抗继电器　B. 多相阻抗继电器

C. 测距式距离继电器　D. 工频变化量距离继电器

32. 影响阻抗继电器正确测量的因素有（　　）。

A. 故障点的过渡电阻

B. 保护安装处和故障点之间的助增电流和汲出电流

C. 电压二次回路断线

D. 外部故障转换时的过渡过程

E. 电流互感器与电压互感器的二次过渡过程

33. 造成距离保护暂态超越的因素有（　　）。

A. 故障点的过渡电阻

B. 保护安装处和故障点之间的助增电流和汲出电流

C. 电压二次回路断线

D. 外部故障转换时的过渡过程

E. 电流互感器与电压互感器的二次过渡过程

34. 对综合重合闸需要考虑的特殊问题包括（　　）。

A. 需要设置故障判别元件和故障选相元件

B. 应考虑非全相运行对继电保护的影响

C. 应考虑潜供电流对综合重合闸装置的影响

D. 若单相合闸不成功，则根据系统运行的需要，线路需转入长期非全相运行时需考虑的问题

35. 自动重合闸按动作性能可以分为（　　）。

A. 机械式　　B. 电气式　　C. 单相式　　D. 三相式

36. 对于高频闭锁式保护，如果由于某种原因使高频通道不通，则（　　）。

A. 区内故障时能够正确动作　　B. 功率倒向时可能误动作

C. 区外故障时可能误动作　　D. 区内故障时可能拒动

37. 不需要考虑振荡闭锁的继电器有（　　）。

A. 极化量带记忆的阻抗继电器　　B. 工频变化量距离继电器

C. 多相补偿距离继电器

38. 过渡电阻对单相阻抗继电器（Ⅰ类）的影响有（　　）。

A. 稳态超越　　B. 失去方向性　　C. 暂态超越　　D. 振荡时易发生误动

39. 电力系统发生全相振荡时，（　　）不会发生误动。

A. 阻抗元件　　B. 分相电流差动元件

C. 电流速断元件　　D. 零序电流速断元件

40. 高频信号起闭锁保护作用的高频保护中，母差跳闸停信和断路器单跳位置停信的意图显然都是想让对侧的高频保护得以跳闸。但前者针对的是（　　），而后者针对的是（　　）。

A. 故障点在本侧 TA 与断路器之间　　B. 故障点在本侧母线上

C. 故障点在本侧线路出口

41. 同属区内短路，故障点越近，工频变化量阻抗继电器的测量电压的突变量便（　　），为满足动作判据所需的数据窗便（　　），动作便（　　）。

A. 越慢　　B. 越短　　C. 越快
D. 越大　　E. 越长

42. 以下定义中属于零序电流保护的优点的是（　　）。
A. 结构及工作原理简单，中间环节环节少，尤其是近处故障动作速度快
B. 不受运行方式影响，能够具备稳定的速动段保护范围
C. 保护反应零序电流的绝对值，受过渡电阻影响小，可作为经高阻接地故障的可靠的后备保护

43. 零序电流保护主要由（　　）构成。
A. 零序电流（电压）滤过器　　B. 电流继电器
C. 电压继电器　　D. 零序方向继电器

44. 综合重合闸中常用的选相元件有（　　）。
A. 电流选相元件　　B. 低电压选相元件
C. 阻抗选相元件　　D. 相电流差突变量选相元件
E. 序分量选相元件

45. 下列条件中可以使线路高频闭锁式保护停信的有（　　）。
A. 母线保护动作
B. 断路器位置
C. 本高频保护正方向元件动作，反方向元件不动作
D. 收到对侧的停信命令

46. 带记忆作用的方向阻抗继电器具有（　　）。
A. 增强了这种继电器允许弧光电阻故障的能力
B. 保护正方向经串联电容的出口短路的能力
C. 可以区分系统振荡与短路
D. 反向出口三相经小电阻故障不会误动作

47. 高频保护中设有工频变化量方向元件和零序方向元件，正常运行方式下被保护线路内部发生单相接地故障，高频保护出口的必要条件是（　　）。
A. △ F+ 与 F0+ 动作　　B. △ F- 与 F0- 不动作
C. △ F+ 或 F0+ 动作　　D. △ F- 或 F0- 不动作

48. 极化电压记忆作用的优点体现在（　　）。
A. 消除了死区　　B. 提高了覆盖过渡电阻的能力
C. 使距离继电器有明确的方向性　　D. 以上都错

49. 综合比相阻抗继电器中采用的相量是（　　）。
A. 工作电压　　B. 带记忆功能的正序电压
C. 负序电压　　D. 零序电压

50. 小电源接入的 110 kV 线路保护，主系统侧重合闸检线路无压，弱电源侧重合闸可停用，也可（　　）。
A. 检同期　　B. 检线路有压、母线无压
C. 检线路无压、母线有压　　D. 不检定

51. 继电保护装置中采用正序电压作为极化电压有以下优点（　　）。

A. 故障后各相正序电压的相位与故障前的相位基本不变，与故障类型无关，易取得稳定的动作特性

B. 除了出口三相短路以外，正序电压幅值不为零

C. 可提高保护动作时间

52. 自耦变压器的接地保护应装设（　　）。

A. 零序间隙过电流　　B. 零序过电压

C. 零序过电流　　D. 零序方向过电流

53. 线路差动保护可以采用单独的一对光纤芯作为信号通道，称为（　　）。同样，也可以和其他业务共用某一通道，称为（　　）。

A. 专用光纤　　B. 复接 PCM　　C. 光端机　　D. 光纤接口装置

54. 对解决线路高阻接地故障的切除问题，可以选择（　　）。

A. 分相电流差动保护　　B. 高频距离保护

C. 高频零序保护　　D. 零序电流保护

55. 距离保护振荡闭锁中的相电流元件，其动作电流应满足（　　）。

A. 应躲过最大负荷电流

B. 本线路末端短路故障时应有足够的灵敏度

C. 应躲过振荡时通过的最大电流

D. 应躲过突变量元件最大的不平衡输出电流

56. MN 线路上装设了超范围闭锁式方向纵联保护，若线路 M 侧的结合滤波器的放电间隙击穿，则可能出现的结果是（　　）。

A. MN 线路上发生短路故障时，保护拒动

B. MN 线路外部发生短路故障，两侧保护误动

C. N 侧线路外部发生短路故障，M 侧保护误动

D. M 侧线路外部发生短路故障，N 侧保护误动

57. 在超范围闭锁式方向纵联保护中设置了远方启动措施，其所起的作用是（　　）。

A. 可方便地对高频通道进行试验

B. 可防止区外短路故障时一侧启动元件因故未启动造成保护的误动

C. 可防止单侧电源线路内部短路故障时保护的拒动

58. 距离保护振荡闭锁采用短时开放保护，其目的是（　　）。

A. 有效防止系统振荡时距离保护误动

B. 防止振荡过程中系统中有操作，导致开放保护引起距离保护误动作

C. 防止外部故障切除紧接系统发生振荡引起保护误动

59. 某超高压单相重合闸方式的线路，其接地保护第Ⅱ段动作时限应考虑（　　）。

A. 与相邻线路接地Ⅰ段动作时限配合

B. 与相邻线路选相失败三相跳闸时间配合

C. 与相邻线断路器失灵保护动作时限配合

D. 与单相重合闸周期配合

60. 不需要振荡闭锁的继电器有（　　）。

A. 极化量带记忆的阻抗继电器　　B. 工频变化量距离继电器

C. 多相补偿距离继电器

61. 超范围闭锁式方向纵联保护运行在单侧电源线路上，在负荷侧，下列说法中正确的是（　　）。

A. 反方向元件动作，正方向元件不动作，不停信

B. 低电压元件动作，正方向和反方向元件不动作，当启动元件动作并收信达适当时间后，停信 100ms 左右，可保证电源侧方向纵联保护可靠跳闸

C. 低电压元件动作，正方向元件和反方向元件不动作，启动元件不动作收信达适当时间后，同样停信 100ms 左右

D. 低电压元件动作，正方向元件和反方向元件不动作，无论启动元件动作与否，只要收到对侧信号适当时间后，发信 100ms 左右

62. 在超范围闭锁式纵联距离保护中，设有远方启动发信措施，其作用是（　　）。

A. 提高内部短路故障时正确动作的可靠性

B. 防止区外故障时靠近故障点侧启动发信元件因故未动作带来的误动

C. 便于通道试验检查

63. 500kV 线路配置两套完全独立的全线速断保护，两套保护必须按双重化原则设置，必须做到（　　）独立。

A. 交流电流回路独立　　B. 交流电压回路独立

C. 直流电源回路独立　　D. 每一套主保护应有完整的后备保护

64. 自动重合闸装置应符合下列基本要求：（　　）。

A. 自动重合闸装置可由保护启动和 / 或断路器控制状态与位置不对应启动

B. 用控制开关或通过遥控装置将断路器断开，或将断路器投于故障线路上并随即由保护将其断开时，自动重合闸装置均不应动作

C. 在任何情况下（包括装置本身的元件损坏，以及重合闸输出触点粘住），自动重合闸装置的动作次数应符合预先的规定（如一次重合闸只应动作一次）

D. 自动重合闸装置动作后，应能经整定的时间后自动复归

65. 对双侧电源线路上的三相重合闸装置及单相重合闸装置，其动作时限应（　　）。

A. 大于故障点灭弧时间（计及负荷侧电动机反馈对灭弧时间的影响）及周围介质去游离时间

B. 大于断路器及操作机构复归原状，准备好再次动作的时间

C. 考虑线路两侧继电保护以不同时限切除故障的可能性

D. 考虑故障点潜供电流对灭弧时间的影响

66. 保护装置同时满足（　　），重合闸才允许充电。

A. 重合闸连接片投入　　B. 压力低闭锁重合闸

C. TWJA、B、C=0　　D. 无外部闭锁重合闸开入

67. 重合闸装置的沟三接点在（　　）情况下闭合。

A. 投单重　　B. 投三重

C. 未充电　　D. 重合闸装置故障

68. 为解决同杆双回线两线路跨相故障的选相问题，可选择（　　）。

A. 分相电流差动保护　　B. 单相通道高频保护

C. 分相通道高频保护　　D. 阶段性零序保护

69. 单侧电源高压线路上发生单相接地故障，如果受电侧变压器中性点接地，则受电侧不动作的启动元件为（　　）。

A. 相电流差突变量元件　　B. 相电流突变量元件

C. 由正序、负序电流构成的综合突变量元件

70. 500kV 线路，下列应传送跳闸命令，使相关线路对侧断路器跳闸切除故障的是（　　）。

A. 一个半断路器接线的断路器失灵保护动作

B. 高压侧无断路器的线路并联电抗器动作

C. 线路过电压保护动作

D. 线路变压器组的变压器保护动作

71. 高频保护中采用远方启动发信，其作用是（　　）。

A. 可以保证两侧启动发信与开放比相回路间的配合

B. 可以进一步防止保护装置在区外故障时的误动作

C. 便于通道检查

D. 加速高频保护跳闸

E. 可保证单侧充电线路上故障时，保护正确动作

72. 电网保护对功率方向继电器的要求是（　　）。

A. 能正确地判断短路功率方向　　B. 有很高的灵敏度

C. 继电器的固有动作时限小　　D. 要求所有功率方向继电器均采用 0 度接线

73. 超高压输电线单相接地两侧保护动作单相跳闸后，故障点有潜供电流，潜供电流大小与多种因素有关，正确的是（　　）。

A. 与线路电压等级有关　　B. 与线路长度有关

C. 与负荷电流大小有关　　D. 与故障点位置有关

E. 与故障点的过渡电阻大小有关

74. 某条 220kV 输电线路，保护安装处的零序方向元件，其零序电压由母线电压互感器二次电压的自产方式获取，对正向零序方向元件来说，当该线路保护安装处 A 相断线时，下列说法中正确的是（　　）（说明：–j80 表示容性无功）。

A. 断线前送出 80–j80MVA 时，零序方向元件动作

B. 断线前送出 80+j80MVA 时，零序方向元件动作

C. 断线前送出 –80–j80MVA 时，零序方向元件动作

D. 断线前送出 –80+j80MVA 时，零序方向元件动作

75. 为保证在转换性故障和保护纵续动作（对侧先跳闸）时的正确性，可采用（　　）。

A. 增加故障前电流的记忆时间

B. 最大相制动延时返回

C. 第二次选相，电流需接近第一次选出故障相电流

D. 选出两相故障，固定不再选相

76. 以下对单侧电源线路的自动重合闸方式的选择，正确的是（　　）。

A. 通常采用一次重合闸

B. 通常采用二次重合闸

C. 由几段串联线路构成的电力网，可采用带前加速的重合闸方式

D. 由几段串联线路构成的电力网，顺序重合闸方式

77. 220～500kV 线路应根据电力网结构和线路的特点采用适当的重合闸方式，以下方式正确的有（　　）。

A. 对 330～500kV 线路，一般情况下宜采用三相重合闸方式

B. 对 220kV 单侧电源线路，采用不检查同步的三相重合闸方式

C. 对 220kV 线路，并列运行的发电厂或电力系统之间，具有四条以上联系的线路或三条紧密联系的线路，可采用不检查同步的三相自动重合闸方式

D. 对 220kV 线路，并列运行的发电厂或电力系统之间，具有两条联系的线路或三条联系不紧密的线路，且电力系统稳定要求能满足时，可采用检查同步的三相自动重合闸方式

78. 电压闭锁电流速断保护比单一的电流或电压速断保护有（　　）优点。

A. 在经常运行方式下，有足够大的保护区

B. 在最大或最小运行方式下也不会误动作

C. 它比单一的电流或电压速断保护的保护区大

D. 动作速度快，灵敏度高

E. 接线简单

79. 带时限速断保护的保护范围是（　　）。

A. 本线全长　　B. 下线始端一部分

C. 下线全长

80. 定时限过电流保护的特点是（　　）。

A. 为了实现过电流保护的动作选择性，各保护的动作时间一般按阶梯原则进行整定

B. 相邻保护的动作时间，自负荷向电源方向逐级增大

C. 每套保护的动作时间是恒定不变的，与短路电流的大小无关

D. 保护范围受系统运行方式变化而变化

81. 电流速断保护的特点是（　　）。

A. 接线简单，动作可靠

B. 切除故障快，但不能保护线路全长

C. 保护范围受系统运行方式变化的影响较大

D. 保护范围受系统中变压器中性点接地数目变化影响较大

82. 超范围闭锁式纵联保护跳闸的条件是（　　）。

A. 正方向元件动作　　B. 反方向元件不动作

C. 没有收到高频信号　　D. 收到一定时间的高频信号后信号消失

83. 定时限过电流保护的选择性通过（　　）来实现。

A. 动作电流的整定　　B. 动作时限的整定

C. 灵敏系数校验

84. 在重合闸装置中闭锁重合闸的措施有（　　）。

A. 手动跳闸，直接闭锁重合闸

B. 不经重合闸的保护跳闸时，闭锁重合闸

C. 停用重合闸方式时，直接闭锁重合闸

D. 断路器气压或液压降低到不允许重合闸时，闭锁重合闸

85. 小电流接地系统当发生单相接地时，其余两相的电压数值变化为（　　）。

A. 其他两相电压幅值升高 $\sqrt{3}$ 倍

B. 其他两相电压幅值降低 $\sqrt{3}$ 倍

C. 超前相电压顺时针相移 30°

D. 落后相电压逆时针相移 30°

86. 距离继电器的极化电压带记忆的作用是（　　）。

A. 提高灵敏度　　B. 使选择性加强

C. 消除动作死区　　D. 改善保护动作方向特性

87. 35kV 中性点不接地电网中，线路相间短路保护配置的原则是（　　）。

A. 当采用两相式电流保护时，电流互感器应装在各出线同名相上

B. 保护装置采用远后备方式

C. 如线路短路会使发电厂厂用电母线、主要电源的联络点母线或重要用户母线的电压低于额定电压的 50%～60%，应快速切除故障

D. 线路相间短路保护必须按三段式配置

88. 相间方向距离继电器，为了避免电压死区，极化回路采取了（　　）措施。

A. 记忆作用　　B. 移相 90°第三相电压　　C. 偏移过零点

89. 零序差动保护的整定必须躲过（　　）。

A. 负荷电流　　B. 外部三相短路时产生的不平衡电流

C. 励磁涌流产生的零序不平衡电流

90. 考虑到零序电抗继电器的特点，其一般要与（　　）共同使用。

A. 选相元件　　B. 方向元件　　C. 躲负荷元件

91. 距离继电器可以分为（　　）。

A. 单相阻抗继电器　　B. 多相阻抗继电器

C. 测距式距离继电器

92. 为了防止失压误动作，距离保护设置了（　　）构成的启动元件控制。

A. 负序电流　　B. 相电流差突变量　　C. 零序电流

93. 双侧电源系统发生全相振荡时，M 侧距离继电器所测量到的阻抗轨迹为（　　）。

A. 当 |EM/EN|＞1 时，为上侧的圆簇

B. 当 |EM/EN|＞1 时，为下侧的圆簇

C. 当 |EM/EN|<1 时，为上侧的圆簇

D. 当双侧电源电动势相等时，即 |EM|=|EN| 时，为一直线

参考答案：1. ABCD　2. ABCDE　3. CDE　4. ACD　5. ABCDE　6. ABCD　7. AB　8. ABD　9. AC　10. ABC　11. AB　12. ABCD　13. AC　14. AB　15. AC　16. BCD　17. AB　18. ACD　19. BCD　20. ACDEF　21. ACD　22. ABCD　23. ABC　24. ABD　25. ABCD　26. AB　27. ABCD　28. BCD　29. CD　30. ABCD　31. ABCD　32. ABC　33. DE　34. ABCD　35. AB　36. ABC　37. BC　38. AB　39. BD　40. AC　41. DBC　42. AC　43. ABD　44. ABCDE　45. ABC　46. ABD　47. BC　48. ABC　49. ABCD　50. AB　51. AB　52. CD　53. AB　54. ACD　55. AB　56. CD　57. AB　58. BC　59. ABC　60. BC　61. ABC　62. BC　63. ABC　64. ABCD　65. ABCD　66. ACD　67. BCD　68. AC　69. AC　70. ABCD　71. ABC　72. ABC　73. ABCD　74. ABCD　75. ABCD　76. ACD　77. BCD　78. ABC　79. AB　80. ABCD　81. ABC　82. ABCD　83. AB　84. ABCD　85. ACD　86. CD　87. ABC　88. AB　89. BC　90. ABC　91. ABC　92. AB　93. AD

三、变压器保护

1. 为防止变压器差动保护在充电励磁涌流误动，可采取的措施有（　　）。

A. 采用具有速饱和铁芯的差动继电器

B. 采用五次谐波制动

C. 鉴别短路电流和励磁电流波形的区别

D. 采用二次谐波制动

2. 下列主变压器保护中属于非电气量的保护是（　　）。

A. 差动保护　　B. 过电流保护　　C. 气体保护　　D. 压力释放保护

E. 主设备的温度保护

3. 在变压器差动保护中，通常识别变压器励磁涌流的措施有（　　）。

A. 采用差动电流速断　　B. 采用二次或偶次谐波制动

C. 判别波形间断角大小识别励磁涌流　　D. 利用波形前、后半波对称性识别励磁涌流

4. 在区外线路故障时，可造成主变压器差动保护误动作跳闸的原因有（　　）。

A. 主变压器差动保护所用 TA 选型不当，其暂态误差大，保护定值没有躲过暂稳态误差

B. 主变压器保护设备硬件故障

C. 主变压器保护差动用 TA 回路接触不良

D. 二次谐波制动回路未起作用

5. 变压器比率制动的差动继电器，设置比率制动的主要原因有（　　）。

A. 为了躲励磁涌流

B. 为了内部故障时提高保护的灵敏度

C. 区外故障不平衡电流增加，使继电器动作电流随不平衡电流增加而提高动作值

D. 躲负荷电流

6. 变压器差动保护不能取代气体保护，其原因是（　　）。

A. 差动保护不能反映油面降低的情况

B. 差动保护受灵敏度限制，不能反映轻微匝间故障，而气体保护能反映

C. 差动保护不能反映绕组的断线故障，而气体保护能反映

D. 气体保护可以反映区内所有故障

7. 变压器过励磁保护主要防止（　　）对变压器的危害。

A. 过电压　　B. 低频　　C. 高频　　D. 过电流

8. 变压器空载合闸或外部故障切除电压突然恢复时，会出现励磁涌流，对于 YN,d11 接线变压器，差动回路的涌流特点是（　　）。

A. 涌流幅值大并不断衰减

B. 三相涌流中含有明显的非周期分量并不断衰减

C. 涌流中含有明显的二次谐波和其他偶次谐波

D. 涌流波形不连续，有明显的间断角

9. 变压器励磁涌流的特点有（　　）。

A. 包含很大的非周期分量，往往使涌流偏于时间轴一侧

B. 包含很大的高次谐波分量，并以二次谐波为主

C. 包含很大的高次谐波分量，并以五次谐波为主

D. 励磁涌流波形之间出现间断

10. 500kV 自耦变压器微机保护装置的配置主保护有（　　）。

A. 差流速断　　B. 比率差动　　C. 相间阻抗保护　　D. 接地保护

E. 反时限过励磁保护

11. 500kV 自耦变压器微机保护装置的配置高压侧后备保护有（　　）。

A. 比率差动　　B. 相间阻抗保护　　C. 接地保护　　D. 反时限过励磁保护

E. 过负荷发信号

12. 500kV 自耦变压器微机保护装置的配置中压侧后备保护有（　　）。

A. 公共绕组过负荷发信号　　B. 相间阻抗保护　　C. 接地保护

D. 公共绕组零序过电流保护　　E. 过负荷发信号

13. 电力变压器差动保护在暂态情况下的不平衡电流产生的原因为（　　）。

A. 由于非周期分量造成 TA 饱和　　B. 空投变压器的励磁涌流

C. 变压器过励磁　　D. 大电流系统侧接地故障时变压器的零序电流

14. 影响励磁涌流大小的因素主要有（　　）。

A. 电源电压　　B. 合闸初相角　　C. 剩磁　　D. 变压器容量

15. 下列关于差动速断元件的描述中正确的有（　　）。

A. 是变压器纵差保护的辅助保护

B. 时延可整定，方便用户选择

C. 只反映差流的有效值，不受差流中的谐波及波形畸变的影响

D. 可选择是否经谐波制动

16. 下列关于三绕组自耦变压器分侧差动保护描述正确的有（　　）。

A. 将变压器的各侧绕组分别作为被保护对象

B. 多用于超高压大型变压器的高压侧和中压侧

C. 保护范围与常规差动保护范围相当

D. 不受变压器励磁电流、励磁涌流、带负荷调压及过励磁的影响

17. 对三绕组自耦变压器来说，（　　）有可能出现公共绕组过载。

A. 当高压侧和低压侧同时向中压侧送有功功率和滞后无功功率时

B. 当高压侧同时向中压侧和低压侧送有功功率和滞后无功功率时

C. 当中压侧同时向高压侧和低压侧送有功功率和滞后无功功率时

D. 当中压侧和低压侧同时向高压侧送有功功率和滞后无功功率时

18. 变压器纵联差动保护应满足下列要求：（　　）。

A. 应能躲过励磁涌流和外部短路产生的不平衡电流

B. 在变压器过励磁时不应误动作

C. 在电流回路断线时应发出断线信号，电流回路断线允许差动保护动作跳闸

D. 在正常情况下，变压器差动保护的保护范围应包括变压器套管和引出线。如不能包括引出线，应采取快速切除故障的辅助措施

19. 采用比率制动式的差动保护继电器，可以（　　）。

A. 躲开励磁涌流　　B. 提高保护内部故障时的灵敏度

C. 提高保护对于外部故障的安全性　　D. 防止电流互感器二次回路断线时误动

20. 变压器差动保护防止励磁涌流的措施有（　　）。

A. 采用二次谐波制动　　B. 采用间断角判别

C. 采用五次谐波制动　　D. 采用波形对称原理

21. 变压器差动保护继电器采用比率制动式，可以（　　）。

A. 躲开励磁涌流

B. 通过降低定值来提高保护内部故障时的灵敏度

C. 提高保护对于外部故障的安全性

D. 防止电流互感器二次回路断线时误动

22. 变压器差动保护稳态情况下会产生不平衡电流，以下原因正确的是（　　）。

A. 互感器误差

B. 计算变比与实际互感器变比误差

C. 改变变压器调压分接头引起的误差

D. 系统阻抗

23. 变压器的气体保护应做到（　　）。

A. 防水　　B. 防油渗漏　　C. 密封性好

24. 运行中的变压器保护，当（　　），重瓦斯保护应由“跳闸”位置改为“信号”位置运行。

A. 进行呼吸器畅通工作或更换硅胶时

B. 变压器中性点不接地运行时

C. 在与气体保护相关的二次回路工作时

D. 变压器中性点接地运行时

25. 双绕组变压器空载合闸的励磁涌流的特点有（　　）。

A. 变压器两侧电流相位一致　　B. 变压器两侧电流相位无直接联系

C. 仅在变压器一侧有电流　　D. 三相励磁涌流不相等

26. 在变压器工频变化量差动保护和比率制动差动保护中，下列说法中正确的是（　　）。

A. 工频变化量差动保护不必考虑励磁涌流的影响

B. 两者的动作电流是相等的，都是故障电流

C. 两者的制动电流不一样

D. 均不能替代气体保护

27. 以下关于气体继电器的运行注意事项的说法中正确的是（　　）。

A. 轻瓦斯作用于信号，重瓦斯作用于跳闸

B. 气体继电器应防水、防油渗漏，密封性好，必要时在继电器顶部安装防水罩

C. 气体继电器由中间端子引出电缆宜直接接到保护柜

D. 不启动断路器失灵保护

28. 电力变压器差动保护在稳态情况下的不平衡电流产生的原因为（　　）。

A. 各侧电流互感器型号不同　　B. 变压器的励磁涌流

C. 改变分接头位置　　D. 外部短路电流过大

29. 大型变压器过励磁时，变压器差动回路电流发生变化，下列说法中正确的是（　　）。

A. 差动电流随过励磁程度的增大而非线性增大

B. 变压器过励磁时，差动保护中出现的不平衡电流主要是由励磁电流所引起

C. 差动电流中含有明显的三、五次谐波

D. 五次谐波与基波的比值随着过励磁程度的增大而增大

30. 高抗首端电流 I_h 和末端电流 I_l 正向均指向电抗器本体，分相纵差保护的制动电流计算公式可以采用（　　）。

A. $I_r=|I_h+I_l|$　　B. $I_r=|I_h-I_l|$　　C. $I_r=|I_h|+|I_l|$　　D. $I_r=(|I_h|+|I_l|)/2$

31. 以下关于高抗的匝间保护描述正确的是（　　）。

A. TV 断线闭锁匝间保护

B. TA 断线闭锁匝间保护

C. 匝间保护的范围与系统零序阻抗有关

D. TA 断线不闭锁匝间保护

32. 变压器空载合闸或外部短路故障切除时，会产生励磁涌流，关于励磁涌流的说法正确的是（　　）。

A. 励磁涌流总会在三相电流中出现

B. 励磁涌流在三相电流中至少在两相中出现

C. 励磁涌流在三相电流中可在一相电流中出现，也可在两相电流中出现，也可在三相电流中出现

D. 励磁涌流与变压器铁芯结构有关，不同铁芯结构的励磁涌流是不同的

E. 励磁涌流与变压器接线方式有关

33. 变压器在（　　）时会造成工作磁通密度增加，导致变压器的铁芯饱和。

A. 电压升高　　B. 过负荷　　C. 频率下降　　D. 频率上升

34. 以下属于稳态情况下变压器差动保护的不平衡电流产生原因的是（　　）。

A. 实际的电流互感器变比和计算变比不同

B. 改变变压器分接头

C. 变压器空载合闸的励磁涌流，仅在变压器一侧有电流

D. 变压器各侧电流互感器的型号不同

E. 短路电流的非周期分量

35. 以下关于差动保护描述正确的是（　　）。

A. 纵联差动保护可反映变压器内部接地短路故障

B. 纵联差动保护可反映变压器内部相间短路故障

C. 纵联差动保护可反映变压器内部匝间短路故障

36. 在 YN,d11 变压器差动保护中，变压器带额定负荷运行，在 TA 断线闭锁退出的情况下，下列说法中正确的是（　　）。

A. YN 侧绕组断线，差动保护不会动作

B. d 侧绕组一相断线，差动保护要动作

C. YN 侧 TA 二次一相断线，差动保护要动作

D. d 侧 TA 二次一相断线，差动保护要动作

37. 某超高压降压变压器装设了过励磁保护，引起变压器过励磁的可能原因有（　　）。

A. 变压器低压侧外部短路故障切除时间过长

B. 变压器低压侧发生单相接地故障非故障相电压升高

C. 超高压电网电压升高

D. 超高压电网有功功率不足引起电网频率降低

E. 超高压电网电压升高，频率降低

38. 变压器空载合闸时有励磁涌流出现，其励磁涌流的特点为（　　）。

A. 含有明显的非周期分量电流

B. 波形出现间断、不连续，间断角一般在 65° 以上

C. 含有明显的二次及偶次谐波

D. 变压器容量越大，励磁涌流相对额定电流倍数也越大

E. 变压器容量越大，衰减越慢

39. 高、中、低侧电压分别为 220kV、110kV、35kV 的自耦变压器，接线为 YNynd11，高压侧与中压侧的零序电流可以流通，就零序电流来说，下列说法中正确的是（　　）。

A. 中压侧发生单相接地时，自耦变压器接地中性点的电流可能为 0

B. 中压侧发生单相接地时，中压侧的零序电流比高压侧的零序电流大

C. 高压侧发生单相接地时，自耦变压器接地中性点的电流可能为 0

D. 高压侧发生单相接地时，中压侧的零序电流可能比高压侧的零序电流大

40. 就继电保护装置来说，检测到谐波电压或谐波电流的情况，正确的说法是（　　）。

A. 变压器过电压时会出现 3 次、5 次谐波电流，并且过电压越高，5 次谐波的含量也越高

B. 变压器低频运行，会出现 3 次、5 次谐波电流

C. 电流互感器饱和时，二次电流中会出现 2 次、3 次谐波电流

D. 变压器空载合闸时，励磁涌流中主要含有 2 次谐波分量，同时也有一定量的 3 次谐波电流分量

41. 设 Y,YN 变压器，变比为 1，不计负荷电流情况下，当 YN 侧单相接地时，Y 侧的三相电流是（　　）。

A. Y 侧故障相电流等于 YN 侧故障相电流

B. Y 侧故障相电流等于 YN 侧故障相电流的 2/3

C. Y 侧非故障相电流等于 YN 侧故障相电流的 1/3

42. 在发电机、变压器差动保护中，下列说法中正确的是（　　）。

A. 发电机过励磁时，差动电流增大

B. 变压器过励磁时，差动电流增大

C. 发电机过励磁时，差动电流基本不变化；变压器过励磁时，差动电流增大

D. 发电机和变压器过励磁时，差动电流均增大

43. 双绕组变压器纵差动保护，若以流入变压器的电流为正方向，分别是 I_1、I_2（均已折算到基本侧），则差动保护的动作电流、制动电流是（　　）。

A. 动作电流是 $|I_1-I_2|$　　B. 动作电流是 $|I_1+I_2|$

C. 动作电流是 1/2（$|I_1|+|I_2|$）　　D. 制动电流是 1/2（$|I_1|+|I_2|$）

44. 双星形接线的电抗器，一般装设高灵敏的单元件横差保护，其特点是（　　）。

A. 匝间短路的灵敏保护　　B. 绕组内部的接地短路

C. 引出端的相间短路　　D. 引出端接地短路

45. 在什么情况下需要将运行中的变压器差动保护停用？（　　）

A. 差动二次回路及电流互感器回路有变动或进行校验时

B. 继保人员测定差动保护相量图及差压时

C. 差动电流互感器一相断线或回路开路时

D. 差动误动跳闸后或回路出现明显异常时

46. 对于 220kV 及以上的变压器相间短路后备保护的配置原则，下列说法中不正确的是（　　）。

A. 除主电源外，其他各侧保护作为变压器本身和相邻元件的后备保护

B. 作为相邻线路的远后备保护，对任何故障具有足够的灵敏度

C. 对稀有故障，例如电网的三相短路，允许无选择性动作

D. 送电侧后备保护对各侧母线应有足够的灵敏度

47. 根据自耦变压器的结构特点，对超高压自耦变压器通常另配置分侧差动保护，（　　）是分侧差动保护的特点。

A. 高中压侧及中性点之间是电的联系，各侧电流综合后，励磁涌流达到平衡，差动

回路不受励磁涌流影响

B. 在变压器过励磁时，不需考虑过励磁电流引起差动保护误动作问题

C. 当变压器调压而引起各侧之间变比变化时，不会有不平衡电流流过，可以不考虑变压器调压的影响

D. 分侧差动保护不反应绕组中不接地的匝间短路故障

48. 500kV 变压器后备保护主要有（　　）。

A. 相间故障的后备保护　　B. 接地故障的后备保护

C. 过负荷保护　　D. 过励磁保护

49. 500kV 变压器用作接地故障的后备保护有（　　）。

A. 零序电流保护　　B. 零序方向过电流保护

C. 公共绕组零序过电流保护　　D. 复压过电流保护

50. 常用的变压器比率差动保护需整定的定值项有（　　）。

A. 差动启动电流值　　B. 比率制动系数

C. 差动速断电流值　　D. 涌流制动方式

E. 过励磁闭锁元件

51. 变压器差动保护需要特殊考虑相位平衡，相位平衡主要有两种方式，即以△侧为基准和以 YN 侧为基准，以下对于选择不同的相位平衡基准说法正确的是（　　）。

A. 不同的相位平衡基准，对三相短路故障的灵敏度相同

B. 在相间短路时，YN →△转换方式比△→ YN 转换方式的灵敏度高

C. 在单相接地时，△→ YN 转换方式比 YN →△转换方式的灵敏度高

D. 在相间短路时，△→ YN 转换方式比 YN →△转换方式的灵敏度高

52. 关于三相变压器中性点接地方式对并联三相变压器和应涌流的影响，说法正确的是（　　）。

A. 不接地变压器投入运行时，虽然本身涌流中无零序分量，但接地变压器的和应涌流存在零序分量

B. 和应涌流中的零序分量小于接地变压器投入运行时产生的零序分量

C. 在接地变压器投入运行初期，不接地变压器有一些不平衡输出，但不出现一个电流衰减过程

D. 不接地变压器投入运行初期，接地变压器不会产生不平衡输出

53. 变压器短路故障后备保护，主要是作为（　　）故障的后备保护。

A. 相邻元件　　B. 变压器内部　　C. 线路主保护　　D. 发电机保护

54. 变压器发生匝间短路时，下列说法中不正确的是（　　）。

A. 变压器出现负序功率，其功率方向与变压器外部不对称故障时功率方向相反

B. 对于 YN,d 接线的变压器，即使匝间短路发生在 d 侧时，YN 也将出现零序电流

C. 匝间短路时，差动保护会动作

55. 500kV 系统主变压器保护双重化配置是指两条主保护的（　　）均彼此独立。

A. 交流电流、电压　　B. 出口跳闸

C. 直流电源　　D. 保护通道

56. 对于高压侧有电源的降压自耦变压器，过负荷保护一般装于（　　）。

A. 高压侧　　B. 中压测　　C. 低压侧

57. 新投入或改动二次回路的变压器差动保护，在（　　）投入运行。

A. 变压器充电时　B. 充电良好后　C. 带负荷试验确证二次接线及极性正确

58. 220kV 降压变压器在重载时发生高压侧开关非全相，影响的保护有（　　）。

A. 对侧线路零序过电流保护可能动作

B. 本站母差保护的零序电压闭锁元件可能动作

C. 系统内发电机负序过电流保护可能动作

D. 变压器中性点零流保护可能动作

59. YN,d11 接线变压器在 YN 侧空载合闸时，在 YN 侧有励磁涌流出现，对于励磁涌流，下列说法中正确的是（　　）。

A. 当 A 相电压过最大值瞬间合闸时，A 相电流中不会出现励磁涌流，所以 A 相差动回路中也不会有涌流存在

B. A、B、C 三相励磁涌流之和接近零值，所以 YN 侧空载合闸时，中性线上电流接近零值

C. 励磁涌流中含有显著的偶次谐波分量，尤其是二次谐波

D. 当采用分相制动方式来识别励磁涌流时，最大的优点是带有故障的变压器合闸时，差动保护可快速切除故障变压器

60. 500kV 变压器保护标准化设计方案中高压侧后备保护应配置（　　）。

A. 带偏移特性的相间和接地阻抗保护　B. 复压闭锁过电流保护

C. 零序电流保护　D. 过励磁保护

E. 高压侧失灵保护经变压器保护跳闸　F. 过负荷保护

61. 220kV 变压器保护标准化设计方案中高压侧后备保护应配置（　　）。

A. 复压闭锁过电流（方向）保护　B. 零序过电流（方向）保护

C. 间隙电流保护和零序电压保护　D. 高压侧失灵保护经变压器保护跳闸

62. 变压器差动保护，设置比率制动的主要原因是（　　）。

A. 为了躲励磁涌流

B. 为了内部故障时提高保护的灵敏度

C. 区外故障不平衡电流增加，使继电器动作电流随不平衡电流增加而提高动作值

D. 为了内部故障时提高保护的速动性

63. 励磁涌流一般可达额定电流的 4 倍左右，其倍数与电压下降程度有关。因此与变压器阻抗 X_B、供电线路阻抗 X_L 及系统阻抗 X_C 相关的是（　　）。

A. 供电线路越长，励磁涌流越小　B. 系统等值阻抗越小，励磁涌流大

C. 变压器等值阻抗越大，涌流越小

64. 双绕组变压器差动保护 TA 二次绕组接线方式有（　　）。

A. 高、低压侧 TA 极性端取自母线侧

B. 高、低压侧 TA 极性端取自主变压器侧

C. 高压侧 TA 极性端取自母线侧，低压侧取自主变压器侧

D. 高压侧 TA 极性端取自主变压器侧，低压侧取自母线侧

65. 以下关于气体继电器的运行注意事项中说法正确的是（　　）。

A. 轻瓦斯作用于信号，重瓦斯作用于跳闸

B. 气体保护应防水、防油渗漏，密封性好，必要时在气体继电器顶部安装防水罩

C. 气体继电器由中间端子箱引出电缆宜直接接到保护柜

D. 气体保护的直流电源和出口跳闸回路应与电气量保护分开，按独立保护配置

66. 变压器比率制动的差动继电器主要特点有（　　）。

A. 区外故障不平衡电流增加，使继电器动作电流随不平衡电流增加而提高动作值

B. 为了内部故障时提高保护的灵敏度

C. 为了躲避励磁涌流

67. 空充变压器时，由于铁芯的饱和，会产生励磁涌流，影响励磁涌流大小的因素有（　　）。

A. 电源电压　　B. 合闸角 α　　C. 接地方式　　D. 剩磁

参考答案： 1. ACD　2. CDE　3. BCD　4. ABC　5. BC　6. ABC　7. AB　8. ABCD　9. ABD　10. AB　11. BCDE　12. ABCDE　13. AB　14. ABCD　15. AC　16. BD　17. AC　18. ABCD　19. BC　20. ABD　21. BC　22. ABC　23. ABC　24. AC　25. CD　26. CD　27. ABCD　28. AC　29. ABC　30. BCD　31. ABC　32. BDE　33. AC　34. ABDE　35. ABC　36. CD　37. CDE　38. ABCE　39. BCD　40. BC　41. BC　42. BC　43. BD　44. AB　45. ABCD　46. ABC　47. ABCD　48. ABCD　49. ABC　50. ABCDE　51. ABC　52. ABCD　53. AB　54. BC　55. ABCD　56. AC　57. AC　58. ABCD　59. CD　60. ABCDEF　61. ABCD　62. BC　63. AB　64. AB　65. ABCD　66. AB　67. ABD

四、母差失灵保护

1. 下面关于断路器失灵保护的说法中不正确的是（　　）。

A. 其是主保护　　B. 其是近后备　　C. 其是远后备　　D. 其是辅助保护

2. 在 220～500kV 电力网中，按什么原则装设断路器失灵保护？（　　）

A. 线路或电力设备保护采用近后备方式

B. 线路保护采用远后备方式，当由其他线路或变压器后备保护切除将扩大停电范围，并引起严重后果时

C. 断路器与电流互感器之间发生故障不能由该回路主保护切除形成保护死区，而其他线路或变压器后备保护切除又扩大停电范围，并引起严重后果时

D. 对于 220～500kV 分相操作的断路器，可仅考虑断路器单相拒动情况

3. 远方跳闸保护是一种直接传输跳闸命令的保护，（　　）动作后，通过发出远方跳闸信号，直接将对侧断路器跳开。

A. 高压电抗器保护　　B. 过电压保护

C. 断路器失灵保护　　D. 后备保护

4. 母线差动保护采用电压闭锁元件的主要目的是（　　）。

A. 系统发生振荡时，母线差动保护不会误动

B. 区外发生故障时，母线差动保护不会误动

C. 由于误碰出口继电器而不至于造成母线差动保护误动

D. 电流互感器二次回路断线时，母线差动保护不会误动

5. 微机母差保护（　　）。

A. TA 变比可以不一样　　B. 母线运行方式变化可以自适应

C. 必须使用辅助变流器　　D. 不需要电压闭锁

6. 对于采用双母线接线方式的变电站，当某一出线发生故障且断路器拒动时，应由（　　）切除电源。

A. 失灵保护　B. 母线保护　C. 对侧线路保护　D. 本侧线路保护

E. 本站的变压器后备保护和上一级电源线路的后备保护

7. 双母线接线方式下，线路断路器失灵保护由（　　）组成。

A. 保护动作触点　B. 电流判别元件　C. 电压闭锁元件　D. 时间元件

8. 满足下面哪些条件，断路器失灵保护方可启动？（　　）

A. 故障设备的保护能瞬时复归的出口继电器动作后不返回

B. 断路器未跳开的判别元件动作

C. 断路器动作跳闸

9. 下列哪些保护可以启动断路器失灵保护？（　　）

A. 光纤差动保护　　B. 变压器非电量保护

C. 变压器过负荷保护　　D. 线路距离三段保护

10. 失灵保护的线路断路器启动回路由（　　）组成。

A. 保护动作出口接点　　B. 断路器失灵判别元件（电流元件）

C. 断路器位置接点　　D. 线路电压元件

11. 失灵保护动作跳闸应满足什么要求？（　　）

A. 具有双跳闸线圈的相邻断路器，应同时动作于两组跳闸回路

B. 对于远方跳对侧断路器的，宜利用两个传输通道传送跳闸命令

C. 应闭锁重合闸

D. 以上都不是

12. 对于采用双母线接线方式的变电站，当某一连接元件发生故障且断路器拒动时，失灵保护应首先跳开（　　）。

A. 拒动断路器所在母线上的所有有源支路的断路器

B. 母联断路器

C. 故障元件的其他断路器

13. 母线保护整组动作时间由（　　）组成。

A. 采样延迟　　B. 传输时间

C. 母线保护装置动作时间　　D. 智能终端动作时间

14. 在发生母线短路故障时，关于在暂态过程中，母差保护差动回路的特点，以下说

法中正确的是（　　）。

A. 直流分量大

B. 暂态误差大

C. 不平衡电流最大值不在短路最初时刻出现

D. 不平衡电流最大值出现在短路最初时刻

15. $1\frac{1}{2}$ 断路器接线的断路器失灵启动回路由（　　）构成。

A. 相电流元件　　B. 保护动作接点　　C. 母线电压切换

16. BP-2B 母线保护装置可强制母线互联的方式有（　　）。

A. 保护控制字中整定母线互联　　B. 投互联连接片

C. 改变刀闸位置开入　　D. 短接母联开关合位开入

17. 下列关于 RCS-915 母线保护装置刀闸位置报警信号的说法中正确的是（　　）。

A. 当有刀闸位置变位时，需要运行人员检查无误后按刀闸位置确认按钮复归

B. 刀闸位置出现双跨时，此时不响应刀闸位置确认按钮

C. 当某条支路有电流而无刀闸位置时，装置能够记忆原来的刀闸位置，并根据当前系统的电流分布情况校验该支路刀闸位置的正确性，此时不响应刀闸位置确认按钮

D. 由于刀闸位置错误造成大差电流小于 TA 断线定值，而小差电流大于 TA 断线定值时延时 10s 发刀闸位置报警信号

18. 下列关于 RCS-915 母线保护装置交流电压断线的说法中正确的是（　　）。

A. 母线负序电压 $3U_2$ 大于 12V，延时 1.25s 报该母线 TV 断线

B. 母线三相电压幅值之和（$|U_a|+|U_b|+|U_c|$）小于 U_n，且母联或任一出线的任一相有电流（$>0.04I_n$）或母线任一相电压大于 $0.3U_n$，延时 1.25s 报该母线 TV 断线

C. 三相电压恢复正常后，经 10s 延时后全部恢复正常运行

D. 当检测到系统有扰动或任一支路的零序电流大于 $0.1I_n$ 时，不进行 TV 断线的检测，以防止区外故障时误判

19. 下列关于 RCS-915 母线保护装置交流电流断线的说法中正确的是（　　）。

A. 任一支路 $3I_0>0.25I_{\phi\max}+0.04I_n$ 时延时 5s 发该支路 TA 断线报警信号，对于母联支路发母联不平衡断线信号，该判据可由控制字选择退出

B. 差流大于 TA 断线整定值 I_{DX}，延时 5s 发 TA 断线报警信号

C. 大差电流小于 TA 断线整定值 I_{DX}，两个小差电流均大于 I_{DX} 时，延时 5s 报母联 TA 断线，当母联代路时不进行该判据的判别

D. 如果仅母联 TA 断线不闭锁母差保护，但此时自动切到单母方式，发生区内故障时不再进行故障母线的选择。其他 TA 断线情况时均闭锁母差保护（其他保护功能不闭锁）

20. 下列关于失灵保护的描述中正确的有（　　）。

A. 主变压器保护动作，主变压器 220kV 开关失灵，启动 220kV 母差保护

B. 主变压器电气量保护动作，主变压器 220kV 开关失灵，启动 220kV 母差保护

C. 220kV 母差保护动作，主变压器 220kV 开关失灵，延时跳主变压器三侧开关

D. 主变压器 35kV 开关无失灵保护

21. 下列关于开关失灵保护的描述中正确的是（　　）。

A. 失灵保护动作将启动母差保护

B. 若线路保护拒动，失灵保护将无法启动

C. 失灵保护动作后，应检查母差保护范围，以发现故障点

D. 失灵保护的整定时间应大于线路主保护的时间

22. 比率差动构成的国产母线差动保护中，若大差电流不返回，其中有一个小差动电流动作不返回，母联电流越限，则可能的情况是（　　）。

A. 母联断路器失灵

B. 短路故障在死区范围内

C. 母联电流互感器二次回路断线

D. 其中的一条母线上发生了短路故障，有电源的一条出线断路器发生了拒动

23. 对分相断路器，母联（分段）死区保护所需的开关位置辅触点应采用（　　）。

A. 三相动合触点并联　　B. 三相动合触点串联

C. 三相动合触点并联　　D. 三相动断触点串联

24. 长园深瑞 BP-2B 母线中复合电压闭锁元件包含（　　）。

A. 低电压　　B. 电压突变　　C. 负序电压　　D. 零序电压

25. 双母线接线的母线保护设置复合电压闭锁元件的原因有（　　）。

A. 防止由于人员误碰，造成母差或失灵保护误动出口，跳开多个元件

B. 防止母差或失灵保护由于元件损坏或受到外部干扰时误动出口

C. 双母线接线的线路由一个断路器供电，一旦母线误动，会导致线路停电，所以母线保护设置复合电压闭锁元件可以保证较高的供电可靠性

D. 当变压器开关失灵时，电压元件可能不开放

26. 关于 BP-2B，下列说法中正确的是（　　）。

A. 母联断路器在合位时，大差制动系数自动转入高值

B. 母联断路器在分位时，母联电流不再计入小差

C. 母联间隔电流极性和Ⅰ母出线电流极性保持一致

D. 母联断路器在分位时，大差制动系数自动转入高值

27. 进行母线倒闸操作应注意（　　）。

A. 对母差保护的影响

B. 各段母线上电源与负荷分布是否合理

C. 主变压器中性点分布是否合理

D. 双母线 TV 在一次侧没有并列前，二次侧不得并列运行，防止 TV 对停运母线反充电

28. BP-2B 母差保护装置在母线分裂运行时的跳闸出口的条件是（　　）。

A. 闭锁开放元件动作　　B. 仅要大差差流达到动作值

C. 仅要小差差流达到动作值　　D. 大小差差流均达到动作值

29. 微机型母线差动保护装置包含母联（或旁路母联）开关的（　　）。

A. 母联充电保护　　B. 母联过电流保护

C. 母联开关距离保护　　D. 母联开关零序保护

30. 远方跳闸保护的就地判据一般采用（　　）。

A. 零序电流　　B. 负序电流　　C. 电流变化量　　D. 低电流

31. 母差保护在二次回路测量电阻偏大时可采取（　　）措施。

A. 减小变比　　B. 增大变比

C. 增大导线截面面积　　D. 减小导线截面面积

32. 断路器失灵启动回路由（　　）构成。

A. 相电流元件　　B. 保护动作接点　　C. 母线电压切换

33. 母联开关位置接点接入母差保护，作用是（　　）。

A. 母联开关合于母线故障问题　　B. 母差保护死区问题

C. 母线分裂运行时的选择性问题　　D. 母线并联运行时的选择性问题

34. RCS-915AB 母差保护中当判断母联 TA 断线后，母联 TA 电流是（　　）。

A. 仍计入小差　　B. 退出小差计算　　C. 自动切换成单母方式　　D. 投大差计算

35. 对双母线接线重合闸、失灵启动的要求正确的是（　　）。

A. 对于含有重合闸功能的线路保护装置，设置“停用重合闸”连接片。“停用重合闸”连接片投入时，闭锁重合闸、任何故障均三相跳闸

B. 双母线接线的断路器失灵保护，应采用母线保护中的失灵电流判别功能，不配置含失灵电流启动元件的断路辅助装置

C. 应采用线路保护的分相跳闸触点（信号）启动断路器失灵保护

D. 智能站当线路支路有高抗、过电压及远方跳闸保护等需要三相启动失灵时，采用操作箱内 TJR 触点启动失灵保护

36. 某 220kV 馈线，负荷侧接有 YN,d11 变压器（变压器中性点接地），当该线 A 相接地时，负荷侧选相元件可正确选出故障相的是（　　）。

A. 相电流差突变量选相元件

B. 采用$\dot{U}_{OP.A0}$、$\dot{U}_{OP.A2}$构成的电压电流序分量选相元件

其中：$\dot{U}_{OP.A0}=\dot{U}_{A0}-(1+3K)\dot{I}_{A0}Z_{set}$；$\dot{U}_{OP.A2}=\dot{U}_{A2}-\dot{I}_{A2}Z_{set}$

C. 采用$\Delta\dot{U}_{OP.AB}$、$\Delta\dot{U}_{OP.BC}$、$\Delta\dot{U}_{OP.CA}$构成的复合突变量选相元件

其中：$\Delta\dot{U}_{OP.\varphi\varphi}=\Delta\dot{U}_{\varphi\varphi}-\Delta\dot{I}_{\varphi\varphi}Z_{set}\ (\varphi\varphi=AB,BC,CA)$

37. 如下图所示，在 3/2 接线方式下，可以启动 QF1 的失灵保护的是（　　）。

A. Ⅰ母母线保护　　B. Ⅱ母母线保护

C. 线路 L1 保护　　D. 线路 L1 远方跳闸的保护启动

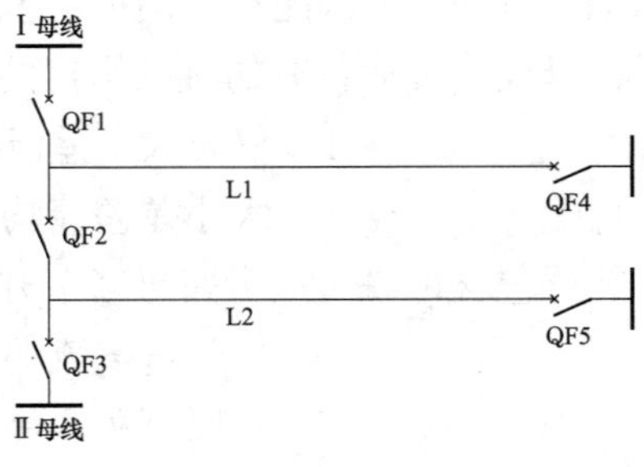

38. 在双母线运行方式下，当任一段母线故障时，母线差动保护动作。当母联断路器拒动时，由母联失灵保护来切除故障；当电源线路断路器拒动时，可由（　　）来切除故障。

A. 母线失灵保护　B. 线路失灵保护　C. 对侧线路后备保护　D. 线路纵联保护

39. 双母线母差保护中复合电压闭锁元件包含（　　）。

A. 低电压　B. 电压突变　C. 负序电压　D. 零序电压

40. 对于 220kV 双母线接线方式的变电站，当某一出线发生故障且断路器拒动时，应由（　　）切除电源。

A. 失灵保护　B. 母线保护　C. 对侧线路保护　D. 上一级后备保护

41. 双母线接线方式下，线路断路器失灵保护由（　　）组成。

A. 保护动作触点　B. 电流判别元件　C. 电压闭锁元件　D. 时间元件

42. RCS-915AB 中“投单母”连接片的作用和实际应用描述正确的是（　　）。

A. 在倒闸操作过程中，就装置本身功能而言，可以不投此连接片

B. 对于单母分段主接线，若不允许分段开关分闸，则此连接片必须投入

C. 对于双母线主接线，若发生区内故障时不需进行故障母线选择或故障时必须切除全部母线才能将故障隔离时应投入此连接片

D. 倒闸操作时，拉下母联空开必将导致母联开关无法分闸，此时两条母线实已成为一体，即此时选择故障母线已无必要，可将“投单母方式”连接片投入

43. RCS-915AB 保护中“母联检修”连接片的作用和实际使用方法描述正确的是（　　）。

A.“母联检修”连接片和“母联 TWJ 开入触点”并联，投入此连接片让两条母线强制分列运行

B. 在母联开关检修时，为了不让检修过程中的开关操作引起的 TWJ 变化影响装置对母线运行方式的正确判别，影响保护动作逻辑，需投入此连接片

C. 对于标准化装置双母双分接线形式下，现场实际接线缺少母联开关时，应投入该“母联检修”连接片

D. 校验母联死区故障时，可投入“母联检修”连接片

44. RCS-915AB 保护中电压切换把手的作用和使用方法描述正确的是（　　）。

A. 当有一组 TV 检修或故障时，可利用屏上的电压切换开关进行切换

B. 当母联代路运行或两母线分列运行时，TV 切换不再起作用，各母线取各自 TV 的电压

C. 当由电压切换把手进行切换时，需将整定控制字中的投Ⅰ母方式、投Ⅱ母方式置为“1”

D. 双母方式或单母方式运行（包括投单母方式、双跨）时，TV 切换一直起作用，此时如果有 TV 检修则必须将 TV 切换把手切至双母位置

E. 当由整定控制字进行 TV 切换时，需将电压切换把手切至双母位置

45. 母差保护在区内故障动作时，对于无调整系数及有系数而无刀闸位置的间隔如何处理？（　　）

A. 当某支路的刀闸位置为“1”时，无论该支路TA调整系数是否为“0”，都跳开该支路

B. 当某支路的刀闸位置为“0”时，若该支路TA调整系数为0，则不跳该支路

C. 若该支路TA调整系数不为0，则无论哪条母线发生故障，都将跳开该支路

46. 关于母联死区保护，下列描述中正确的是（　　）。

A. 死区保护是母联开关和母联TA之间发生故障，断路器侧母线跳开后故障仍然存在，正好处于TA侧母线小差的死区

B. 为提高保护动作速度，专设母联死区保护，当母差保护判为死区故障时，经死区动作延时跳开另一条母线，这对维护系统稳定有利

C. 母联分位情况，母联死区保护可以避免死区故障时非故障母线的误切除，增加系统可靠性

47. 双母线接线的微机母差保护具有大差和小差，小差能区分故障母线，为什么还要设大差？（　　）

A. 双母线进行倒闸操作时，刀闸位置出现双跨，此时如发生区外故障，小差会出现较大的差流，而大差没有，有大差闭锁就不会误动

B. 隔离开关辅助触点的位置能帮助装置识别母线的连接状态，若辅助触点接触不良，小差会出现较大的差流，有大差闭锁就不会误动

C. 大差判区内区外故障，小差选择故障母线，二者设立的目的不同

48. 在送电过程中，发现RCS-915AB装置报“Ⅰ母、Ⅱ母复压开放”，需做的检查有（　　）。

A. 检查装置采样，三相电压的幅值和相位是否正常

B. 查看零序电压是否过高

C. 查看“投中性点不接地系统”控制字整定是否为1

49. 关于母联TA断线，下列描述中正确的是（　　）。

A. 大差电流要小于TA断线整定值

B. 两个小差电流要大于TA断线整定值

C. 母联TA发生断线时，保护自动将发生TA断线的母联所连接的两条母线变为互联状态

D. 当装置判母联TA断线时，大差和小差都为零

50. 按间隔独立接入的断路器失灵联跳触点采用双开入接入方式，下列任一条件满足，失灵经母差保护出口（　　）。

A. 间隔双开入同时存在时，瞬时跳母线所有断路器

B. 间隔双开入同时存在时，经30ms短延时跳母线所有断路器

C. 间隔仅单开入存在，同时本间隔相电流条件满足，经30ms短延时跳母线所有断路器

D. 间隔仅单开入存在，首先经较短延时跟跳本间隔，若本间隔持续有流，再经较长延时跳母线所有断路器

51.（　　）均应经电压闭锁元件控制。

A. 母联（分段）失灵保护　　B. 母联（分段）死区保护
C. 线路断路器失灵保护　　D. 主变压器断路器失灵保护

52. 关于 220kV 母线及失灵保护，下列描述中正确的是（　　）。

A. 母联和分段支路采用操作箱三跳启动失灵（TJR）动作触点作为三相跳闸启动失灵开入母线及失灵保护

B. 主变压器后备保护动作跳母联（分段）应启动母联（分段）断路器失灵保护

C. 双母线双分段接线形式，分段两侧的母线保护动作应启动对侧分段失灵

D. 母线及失灵保护动作应远跳线路对侧断路器，采用线路支路操作箱三跳（TJR）动作触点作为线路保护启动远跳或其他保护动作停信开入

53. 220kV 母线保护的功能配置包括（　　）。

A. 母线差动保护　　B. 断路器失灵保护
C. 母联（分段）死区保护、过电流保护、失灵保护
D. 母联（分段）断路器三相不一致保护

参考答案： 1. ACD　2. ACD　3. ABCD　4. CD　5. AB　6. AE　7. BCD　8. AB　9. AD　10. AB　11. ABC　12. AB　13. ABCD　14. ABC　15. AB　16. AB　17. ABCD　18. ABCD　19. ABCD　20. BCD　21. BD　22. AB　23. AD　24. ACD　25. ABC　26. AB　27. ABCD　28. AD　29. AB　30. ABC　31. BC　32. ABC　33. BD　34. BCD　35. ABC　36. BC　37. ACD　38. CD　39. ACD　40. AC　41. ABCD　42. ABCD　43. ABCD　44. ABE　45. ABC　46. ABC　47. ABC　48. ABC　49. ABCD　50. BCD　51. ABC　52. ACD　53. ABCD

五、规程规范及反措

1. 微机线路保护装置对直流电源的基本要求是（　　）。

A. 额定电压 220V、110V　　B. 允许电压负偏差为 20%
C. 波纹系数不大于 5%　　D. 容量不小于 200Ah

2. 保护装置故障记录的要求是（　　）。

A. 应能记录保护动作全过程的重要信息

B. 记录内容应包含动作元件、动作时间、动作相别、开关变位、自检信息、定值、压板和故障录波等

C. 所记录信息应能显示、调阅或打印

D. 记录的所有数据应按照 GB/T 22386 要求转换输出或上传

3. 微机保护装置在调试中不可以（　　）。

A. 不带电插拔插件　　B. 使用不带接地的电烙铁
C. 触摸插件电路　　D. 试验仪器接地

4. 定期校验时继电保护装置外部检查的内容有（　　）。

A. 检查装置内、外部是否清洁无积尘

B. 检查各插件印制电路板是否有损伤或变形，连线是否连接好

C. 检查各插件上元件是否焊接良好，芯片是否插紧

D. 检查装置的小开关、拨轮及按钮是否良好

E. 检查、设定并记录装置插件内的选择跳线和拨动开关的位置

5. 继电保护和安全自动装置的抗扰度检验项目有（　　）。

A. 快速瞬变　　B. 工频　　C. 静电放电

D. 射频电磁场　　E. 浪涌

6. 根据继电保护反措要点的要求，开关场到控制室的电缆线应（　　）。

A. 采用屏蔽电缆，屏蔽层在开关场和控制室两端接地

B. 采用屏蔽电缆，屏蔽层在保护屏内一点接地

C. 强电和弱电回路不宜合用同一根电缆

D. 允许用电缆芯两端同时接地的方法提高抗干扰措施

7. 电网继电保护的整定不能兼顾速动性、选择性或灵敏性要求时，按（　　）原则取舍。

A. 局部电网服从整个电网　　B. 下一级电网服从上一级电网

C. 局部问题自行消化　　D. 尽量照顾局部电网和下级电网的需要

8. 定期检验分为（　　）。

A. 全部检验　　B. 部分检验

C. 用装置进行断路器跳合闸检验　　D. 带负荷试验

9. 保护装置和继电器应进行的绝缘试验项目有（　　）。

A. 介质强度试验　B. 绝缘电阻试验　C. 直流耐压试验　D. 冲击电压试验

10. 当采用静态保护时，根据保护的要求，在二次回路中宜采用（　　）抗干扰措施。

A. 在电缆敷设时，应充分利用自然屏蔽物的屏蔽作用。必要时，可与保护用电缆平行设置专用屏蔽线

B. 采用铠装铅包电缆或屏蔽电缆，且屏蔽层在两端接地

C. 强电和弱电回路不宜合用一根电缆

D. 电流互感器二次侧一点接地

11. 在（　　）情况下，应该停用整套微机继电保护装置。

A. 微机继电保护装置使用的交流电压、交流电流、开关量输入（输出）回路作业

B. 装置内部作业

C. 继电保护人员输入定值影响装置运行时

D. 高频保护交换信号

12. 微机线路保护装置做全检的项目有（　　）。

A. 绝缘检验　　B. 输出触点及输出信号检查

C. 整组试验　　D. 外观检查

13. 在检定同期、检定无压重合闸装置中，下列做法中正确的是（　　）。

A. 只能投入检定无压或检定同期继电器的一种

B. 两侧都要投入检定同期继电器

C. 两侧都要投入检定无压和检定同期的继电器

D. 只允许有一侧投入检定无压的继电器

14. 在电流互感器二次回路进行短路接线时，应用（　　）短路。

A. 短路片　　B. 导线压接　　C. 熔丝　　D. 导线缠绕

15. 下列措施中可以弥补电流互感器 10% 误差的要求有（　　）。

A. 增大二次电缆截面面积　　B. 串接备用电流互感器

C. 改用伏安特性较高的二次绕组　　D. 提高电流互感器变比

16. 对于集成电路型、微机型保护，为增强其抗干扰能力应采取的方法有（　　）。

A. 交流电源来线必须经抗干扰处理，直流电源来线可不经抗干扰处理

B. 直流电源来线必须经抗干扰处理，交流电源来线可不经抗干扰处理

C. 交流及直流电源来线均必须经抗干扰处理

D. 采用屏蔽电缆且屏蔽层应在开关场所和控制室两端可靠接地

17. 二次回路干扰的种类有（　　）。

A. 工频干扰　　B. 高频干扰

C. 控制回路引起的干扰　　D. 高能辐射设备引起的干扰

18. 下面包含在微机线路保护装置型式检验项目中的有（　　）。

A. 机箱、插件尺寸　　B. 抗扰度试验

C. 功能检验　　D. 冲击电压

19. 在最大负荷情况下保护动作时，直流母线电压不应低于额定电压的（　　），最高不应超过额定电压的（　　）。

A. 80%　　B. 85%　　C. 90%　　D. 115%　　E. 120%

20. 当直流继电器需要串联电阻时，下列说法中不正确的是（　　）。

A. 串联电阻的一端应接于正电源　　B. 串联电阻的一端应接于负电源

C. 串联电阻不能直接接于电源端　　D. 无规定

21. 按机械强度要求，控制电缆或绝缘导线的芯线最小截面面积：强电控制回路，不应小于（　　）；弱电控制回路，不应小于（　　）。

A. $1.0mm^2$　　B. $1.5mm^2$　　C. $2.5mm^2$　　D. $4mm^2$　　E. $0.5mm^2$

22. 改进电流互感器饱和的措施通常为（　　）。

A. 选用二次额定电流较小的电流互感器　　B. 铁芯设置间隙

C. 减小二次负载阻抗　　D. 减小铁芯面积

23. 对仪用互感器及其二次回路反事故措施的要求有（　　）。

A. 电流互感器及电压互感器的二次回路必须分别有且只能有一点接地

B. 由几组电流互感器二次组合的电流回路，其接地点宜选在控制室

C. 独立的、与其他互感器二次回路没有电的联系的电流互感器或电压互感器二次回路，可以在控制室也可以在开关场实现一点接地

D. 来自电压互感器二次的四根开关场引入线和互感器三次的两（三）根开关场引入线必须分开，不得公用

24. 加强和扩充一次设备提高系统稳定性的措施有（　　）。

A. 减少线路电抗　　B. 装设并联电抗器

C. 线路装设串补电容器　　D. 采用直流输电

25. 万用表的正确使用方法是（　　）。

A. 使用时明确测量的内容及大概数值

B. 测电阻时，应先断开被测回路电源，将两个测量线短路对零后，再进行测量

C. 万用表因刻度较多，使用时应防止将切换开关到错或用错，注意不要看错刻度

D. 使用完后应将表计切换开关放在 0 挡位置或交流电压最高挡

26.（　　）属于微机型保护装置的部分检验内容。

A. 模数变换系统检验　　B. 逆变电源检查

C. 二次回路绝缘检查　　D. 操作箱试验

27. 微机继电保护装置检验中应注意的问题有（　　）。

A. 试验装置应有良好可靠的接地

B. 不宜带电插、拔保护插件

C. 测量绝缘电阻时，应将相关回路短接

D. 整组试验后逐一检查芯片是否有过热现象

28. 微机型保护交流及直流电源来线的抗干扰措施有（　　）。

A. 引入的回路导线应直接焊在抗干扰电容的一端，抗干扰电容的另一端并接后接到屏的接地端子上

B. 经抗干扰处理后，引入装置在屏上的走线应远离直流操作回路的导线及高频输入的导线

C. 引入装置逆变电源的直流电源应经抗干扰处理

D. 弱信号线不得与有强干扰的导线相邻近

29. 由不同熔断器供电或不同专用端子供电的两套保护装置的直流逻辑回路间不允许有任何（　　）联系，如有需要，必须经（　　）输出。

A. 电的　　B. 空接点或光耦

C. 必须是经过光耦　　D. 端子排

30. 在电压互感器二次回路中，应装设熔断器或自动空气开关的回路是（　　）。

A. 保护用电压回路

B. 计量用电压回路

C. 开口三角绕组的零序电压引出线回路

D. 开口三角绕组的试验用引出线回路

31. 在断路器跳、合闸回路中，红绿灯所串接的电阻，是为了防止灯座发生短路时，造成（　　）。

A. 断路器误跳　　B. 断路器误合　　C. 保护误动　　D. 重合闸误合

32. 直流逆变电源应在（　　）额定电压下检验输出电压值及其稳定性。

A. 1　　B. 0.8　　C. 1.2　　D. 1.15

33. 直流熔断器配置的基本要求（　　）。

A. 消除寄生回路　　B. 增强保护功能的冗余度

C. 增加寄生回路　　　　　　　　　　D. 减少保护功能的冗余度

E. 上、下级之间的选择、配合关系

34. 当电流互感器误差超过 10% 时，可采取（　　）措施使其满足要求。

A. 串接备用电流互感器　　　　　　　B. 并接备用电流互感器

C. 提高变比　　　　　　　　　　　　D. 增大电缆截面面积

35. 由开关场至控制室的二次电缆采用屏蔽电缆且要求屏蔽层两端接地是为了降低（　　）。

A. 开关场的空间电磁场在电缆芯线上产生感应，对静态型保护装置造成干扰

B. 相邻电缆中信号产生的电磁场在电缆芯线上产生感应，对静态型保护装置造成干扰

C. 本电缆中信号产生的电磁场在相邻电缆的芯线上产生感应，对静态型保护装置造成干扰

D. 由于开关场与控制室的地电位不同，在电缆中产生干扰

36. 为增强继电保护的可靠性，重要变电站宜配置两套直流系统，同时要求：（　　）。

A. 任何时候两套直流系统均不得有电的联系

B. 两套直流系统同时运行互为备用

C. 两套直流系统正常时并列运行

D. 两套直流系统正常时分列运行

37. 电流互感器、电压互感器二次回路规定（　　）。

A. 电流互感器二次可以开路

B. 电压互感器二次可以短路

C. 电流互感器二次可以短路，但不得开路

D. 电压互感器二次可以开路，但不得短路

38. 短路电流互感器二次绕组时，防止开路的措施有（　　）。

A. 使用短路片　　　　　　　　　　　B. 使用导线压接

C. 使用熔丝紧紧缠绕　　　　　　　　D. 使用多股铜导线缠绕

39. 对双重化保护，（　　）不宜合用同一根多芯电缆。

A. 电流回路　　　　　　　　　　　　B. 电压回路

C. 直流电源回路　　　　　　　　　　D. 双套跳闸线路的控制回路

40. 新安装的变压器保护，在变压器启动过程中的试验有（　　）。

A. 带负荷校验　　　　　　　　　　　B. 测量差动保护不平衡电流

C. 变压器充电合闸试验　　　　　　　D. 测量差动保护的制动特性

41. 防止端子箱内凝露应安装加热器及温度湿度控制装置，（　　）技术规格应符合要求。

A. 温度设定　　　B. 湿度设定　　　C. 传感器安装　　　D. 加热电阻

42. 光纤电流差动保护的通道对调试验应包括（　　）项目。

A. 光接收功率测试　　　　　　　　　B. 对侧电流采样值检查

C. 远跳功能检查　　　　　　　　　　D. 通道传输时间测试

43. 零相接地的电压互感器二次回路中，（　　）不应接有开断元件（熔断器、自动开关等）。

A. 电压互感器的中性线

B. 电压互感器的相线回路

C. 电压互感器开口三角绕组引出的试验线

D. 电压互感器的开口三角回路

44. 跳闸连接片的安装要求（　　）。

A. 开口端应在上方，接到断路器的跳闸线圈回路

B. 在落下过程中必须与相邻跳闸连接片有足够的距离

C. 检查并确证跳闸连接片在拧紧螺钉后能可靠地接通回路

D. 检查跳闸连接片在拧紧后不会接地

45. 保护装置应承受工频实验电压 500V 的回路有（　　）。

A. 直流逻辑回路对地回路

B. 装置（或屏）的背板线对地回路

C. 直流逻辑回路对高压回路

D. 额定电压为 18～24V 的对地回路

E. 装置的交流电压互感器一次对地回路

46. 测量继电器及保护设备的电干扰实验内容有（　　）。

A. 1MHz 脉冲群干扰试验　　B. 静电放电试验

C. 辐射电磁场干扰试验　　D. 快速瞬变干扰试验

47. 大接地电流系统中的变压器中性点有的接地，也有的不接地，取决于（　　）等因素。

A. 保证零序保护有足够的灵敏度和很好的选择性，保证接地短路电流的稳定性

B. 为防止过电压损坏设备，应保证在各种操作和自动掉闸使系统解列时，不致造成部分系统变为中性点不接地系统

C. 变压器绝缘水平及结构决定的接地点

D. 电压等级

48. 根据静态继电保护及安全自动装置通用技术条件的规定，静态型保护装置的绝缘试验项目有（　　）。

A. 工频耐压试验　　B. 绝缘老化试验

C. 绝缘电阻试验　　D. 冲击电压试验

49. 微机型低频减负荷装置定检应做（　　）试验。

A. 逆变电源工作正确性及可靠性的检验

B. 数据采集回路正确性、准确性的测定

C. 各开出、开入回路工作性能的检验

D. 装置整组试验

50. 新投入或经更改的电压回路应利用工作电压进行（　　）检验。

A. 测量每一个二次绕组的电压　　B. 测量相间电压

C. 测量零序电压　　D. 检验相序

E. 定相

51. 保护装置或继电器的抗扰度试验项目有（　　）。

A. 1MHz 振荡波试验　　B. 冲击响应试验

C. 100Hz 振荡波试验　　D. 静电放电试验

52. 当主接线为一个半断路器接线时，每回线路宜装设（　　），母线宜装设（　　），若不能满足继电保护要求，也可装设一组三相电压互感器。

A. 二相电压互感器　　B. 不装设电压互感器

C. 一组三相电压互感器　　D. 一相电压互感器

53. 对双重化保护的电流回路、（　　）回路、（　　）回路、双套跳圈的控制回路等，两套系统不应合用一根多芯电缆。

A. 电压　　B. 交流

C. 信号　　D. 直流电源

54. 继电保护按（　　）分类评价。

A. 保护装置　　B. 故障录波及测距装置

C. 安自装置　　D. 安稳装置

55. 保护装置的动作评为“正确”的原则是（　　）。

A. 在电力系统故障或异常运行时，保护装置的动作符合设计、整定和试验要求。

B. 继电保护正确动作，断路器拒跳，继电保护应评价为“正确动作”

C. 在电力系统外部故障时，由于 TA 饱和，引起保护装置动作

D. 在电力系统无故障时，由于电流回路异常引起保护装置动作

56. 继电保护装置正确动作率按（　　）分类统计。

A. 全部保护装置　　B. 500（330）kV 系统保护装置

C. 220kV 及以上系统保护装置　　D. 220kV 系统保护装置

E. 1000（750）kV 系统保护装置

57. 继电保护故障责任分析时，“整定计算错误”包括（　　）。

A. 电力系统运行方式改变后，未对继电保护定值进行调整

B. 继电保护定值计算错误

C. 使用参数错误

D. 未执行反措规定

58. 微机继电保护装置的现场检验应包括（　　）。

A. 测量绝缘

B. 检验逆变电源

C. 检验固化的程序是否正确

D. 检验数据采集系统的精度和平衡度

59. 自动重合闸装置应按哪些规定装设？（　　）

A. 3kV 及以上的架空线路和电缆与架空混合线路，在具有断路器的条件下，如用电设备允许且无备用电源自动投入，应装设自动重合闸装置

B. 旁路断路器与兼作旁路的母线联络断路器，应装设自动重合闸装置

C. 必要时，母线故障可采用母线自动重合闸装置

D. 以上都不正确

60. 双重化的线路纵联保护应配置两套独立的通信设备，含（　　）等，两套通信设备应分别使用独立的电源。

A. 复用光纤通道　B. 独立纤芯　C. 微波、载波等通道　D. 通道加工设备

61. 继电保护所用的电流互感器稳态变化误差不应大于（　　），而角度误差不应超过（　　）度。

A. 0.1　B. 7　C. 0.05　D. 10

62. 电力系统继电保护运行统计评价范围中有（　　）。

A. 发电机、变压器的保护装置　B. 安全自动装置

C. 故障录波器　D. 站用直流系统

63. 录波装置本体应具有（　　）功能。

A. 定值整定和修改　B. 信号监视

C. 录波数据存储　D. 故障报告形成

64. 故障录波装置的录波数据综合分析软件应具有（　　）功能。

A. 谐波分析　B. 幅值计算

C. 有功功率和无功功率计算　D. 相序量计算

65. 故障录波装置对（　　）应有经常监视及自诊断功能。

A. 网络异常　B. 装置异常　C. 交直流消失　D. 采样报文

66. 故障录波装置向子站或监控系统提供的信息包括（　　）。

A. 故障录波的启动信号　B. 故障录波的启动时间

C. 故障录波的启动原因　D. 以上都不包括

67. 在以下微机保护二次回路抗干扰措施的定义中，正确的是（　　）。

A. 强电和弱电回路不得合用同一根电缆

B. 保护用电缆与电力电缆不应同层敷设

C. 尽量要求使用屏蔽电缆，如使用普通铠装电缆，则应使用电缆备用芯在开关场及主控室同时接地的方法，作为抗干扰措施

D. 应使用屏蔽电缆，电缆的屏蔽层应在开关场和控制室两端接地

68. 220kV 及以上系统主保护装置投运率仅指线路和电力主设备（　　）保护装置投运率。

A. 纵联　B. 差动　C. 距离　D. 零序

69. 保护装置应承受工频试验电压 1000V 的回路有（　　）。

A. 工作在 110V 或 220V 直流电路的各对地回路

B. 各对触点相互之间

C. 触点的动、静两端之间

70. 保护装置或继电器的抗干扰试验项目有（　　）。

A. 抗高频干扰试验　B. 抗低频干扰试验

C. 抗辐射电磁干扰试验

71. 逐次逼近型 A/D 转换器的重要指标是（　　）。

A. A/D 转换的分辨率　　B. A/D 转换的容错率

C. A/D 转换的转换速度　　D. A/D 转换的转换时延

72. 简述在故障录波装置的统计评价中，录波完好的标准是（　　）。

A. 故障录波记录时间与故障时间吻合

B. 数据准确，波形清晰完整，标记正确

C. 开关量清楚，与故障过程相符

D. 上报及时，可作为故障分析的依据

73. 应该停用整套微机保护装置的情况（　　）。

A. 微机继电保护装置使用的交流电压、交流电流、开关量输入、开关量输出回路作业

B. 装置内部作业

C. 继电保护人员输入定值

D. 收集保护装置的故障录波报告时

74. 对三相自动重合闸继电器的检验项目有（　　）。

A. 各直流继电器的检验　　B. 充电时间的检验

C. 只进行一次重合的可靠性检验　　D. 停用重合闸回路的可靠性检验

75. 继电保护的后备保护整定原则是（　　）。

A. 后备保护的灵敏度必须按满足规定的全线灵敏度要求整定

B. 保证上下级后备保护之间的选择性配合，但对动作时间无严格的配合要求

C. 在配置完整的两套主保护的线路上，后备保护可以与相邻线纵联保护配合整定

D. 后备保护的最末段按远后备整定

76. 电流互感器不能满足 10% 误差要求时可采取的措施有（　　）。

A. 增大二次电缆截面面积

B. 增大电流互感器一次额定电流

C. 改用容量大的互感器

D. 串接备用电流互感器

77. 电流继电器的主要技术参数有（　　）。

A. 可靠系数　　B. 动作电流　　C. 返回系数　　D. 返回电流

78. 对中间继电器机械部分应检查（　　）。

A. 应注意动、静触点接触良好

B. 动、静触点不偏心

C. 行程为 0.5～1mm

D. 触点断开时动、静触点之间的距离应不小于 3mm

79. 清扫二次线时应注意（　　）。

A. 使用的清扫工具应干燥，金属部分应包好绝缘

B. 清扫时应穿长袖工作服

C. 工作时必须小心谨慎，不应用力抽打，以免引起损坏设备元件或弄断线头

D. 污浊严重时可以用水清洗

80. 二次回路接线的要求是（　　）。

A. 按图施工，接线正确

B. 电气回路的连接（螺栓连接 – 插接 – 焊接等）应牢固可靠

C. 电缆芯线和所配导线的端部均应标明其回路编号，编号应正确，字迹清晰且不易脱色

D. 配线整齐 – 清晰 – 美观，导线绝缘良好，无损伤

E. 盘 – 柜内有导线不应有接头

81. 对继电器触点一般有（　　）的要求。

A. 触点固定牢固可靠，无拆伤和烧损

B. 动合触点闭合后要有足够的压力，即接触后有明显的共同行程

C. 动断触点的接触要紧密可靠，且有足够的压力

D. 动、静触点接触时应中心相对

E. 对具有多对触点的继电器，应检查各对触点应同时闭合或断开

82. 220kV 线路距离保护新安装试验报告主要内容有（　　）。

A. 整定值情况

B. 继电部分和 TA 特性试验情况

C. 二次线接线情况，未解决的问题和缺陷

D. 回路绝缘情况及整组试验情况

E. 相量图测试情况

83. 多绕组电流互感器及其二次线圈接入保护回路的接线原则，下面正确的是（　　）。

A. 装小瓷套的一次端子应放在母线侧

B. 保护接入的二次线圈分配，应特别注意避免当一套线路保持停用而线路继续运行时出现电流互感器内部故障时的保护死

C. 一个绕组三相只允许有一个接地点

D. 保护与测量可以合用一个绕组

84. 更改二次回路接线时应注意（　　）事项。

A. 先修改二次回路接线图，修改后的二次接线图必须经过审核，更改拆动前要与原图核对，接线更改后要与新图核对，并及时修改底图，修改运行人员及有关各级继电保护人员用的图纸

B. 修改后的图纸应及时报送直接管辖调度的继电保护部门

C. 保护装置二次线变动或更改时，严防寄生回路存在，没有用的线应拆除

D. 在变动直流回路后，应进行相应的传动试验，必要时还应模拟各种故障进行整组试验

E. 变动电压 – 电流二次回路后，要用负荷电压 – 电流检查变动后回路的正确性

85. 非电气量保护抗干扰的措施主要有（　　）。

A. 非电气量保护启动回路动作功率应大于 5W

B. 动作电压满足（55%～70%U_N）

C. 适当增加延时

D. 输入采用重动继电器隔离

E. 继电器线圈两端并联电阻

86. 安全自动装置正常巡视和检查的主要内容有（　　）。

A. 装置电源指示灯均应点亮

B. 液晶屏上显示的时间正确

C. 电压、频率等测量结果正确

D. 主机板及继电器板上指示灯显示正确

87. 为避免备自投装置误动作，需接入闭锁信号来闭锁其动作，这些信号包括（　　）。

A. 线路的手跳信号　　B. 线路的保护跳闸信号

C. 母差动作信号

88. 对稳定控制装置的主要技术性能要求（　　）。

A. 装置在系统中出现扰动时，如出现不对称分量，线路电流、电压或功率突变等，应能可靠起动

B. 装置宜由接入的电气量正确判别本厂站线路、主变压器或机组的运行状态

C. 装置的动作速度和控制内容应能满足稳定控制的有效性

D. 装置应有能与厂站自动化系统和/或调度中心相关管理系统通信，能实现就地和远方查询故障和装置信息、修改定值等

E. 装置应具有自检、整组检查试验、显示、事件记录、数据记录、打印等功能

89. 安装安全自动装置铺设电缆时，不能使用同一电缆的有（　　）。

A. 交流和直流回路　　B. 强电和弱电回路

C. 保护用电缆与电力电缆　　D. 与保护连接的同一回路

90. 对自动重合闸装置应符合的基本要求，正确的是（　　）。

A. 自动重合闸装置动作后，必须手动复归

B. 自动重合闸装置，应能在重合闸后加速继电保护的动作必要时，可在重合闸前加速继电保护动作

C. 自动重合闸装置应具有接收外来闭锁信号的功能

D. 在任何情况下（包括装置本身的元件损坏，以及重合闸输出触点的粘住），自动重合闸装置的动作次数应符合预先的规定（如一次重合闸只应动作一次）

91. 安全自动装置应满足有关电磁兼容标准，使其能承受所在发电厂和变电站内下列哪些电磁干扰？（　　）

A. 高压电路开、合操作或绝缘击穿、闪络引起的高频暂态电流和电压

B. 工频磁场对电子设备的干扰

C. 静电放电

D. 无线电发射装置产生的电磁场

92. 稳控装置出厂前要进行耐压试验，它的作用是（　　）。

A. 查看装置可靠性　　B. 查看装置内部绝缘情况
C. 通过放电处理一些毛刺　　D. 查看装置精度

93. 保护装置工频试验电压 1000V 的回路有（　　）。
A. 工作在 110V 或 220V 直流回路的各对触点对地回路
B. 各对触点相互之间
C. 触点的动、静两端之间
D. 直流逻辑回路对高压回路

94. 330～500kV 线路，应按下列哪些原则设置后备保护？（　　）
A. 采用近后备保护
B. 后备保护应能反映线路的各种类型故障
C. 采用远后备保护
D. 为快速切除中长线路出口故障，在保护配置中宜有专门反映近端故障的辅助保护功能

95. 对中间继电器应进行的检验有（　　）。
A. 极化电压　　B. 动作电压　　C. 返回电压　　D. 保持电压

96. 安全自动装置应具有自检、整组检查试验、显示、（　　）、打印等功能。
A. 事件记录　　B. 数据记录　　C. 远传　　D. 录波

97. 故障记录装置的远传功能除应满足数据传送要求外，还应满足（　　）。
A. 能以主动及被动方式、自动及人工方式传送数据
B. 能实现远方启动录波
C. 能实现远方修改定值及有关参数
D. 双端测距功能

98. 故障记录装置应有（　　）。
A. 必要的信号指示灯　　B. 告警信号输出触点
C. 软件分析功能　　D. 故障测距的数据

参考答案： 1. ABC　2. ABCD　3. BC　4. ABCDE　5. ABCDE　6. AC　7. ABCD　8. ABC　9. ABD　10. ABC　11. ABC　12. BCD　13. BD　14. AB　15. ABCD　16. CD　17. ABCD　18. ABCD　19. AD　20. ACD　21. BE　22. ABC　23. ABCD　24. ACD　25. ABCD　26. ABC　27. ABC　28. ABCD　29. AB　30. ABD　31. AB　32. ABD　33. ABE　34. ACD　35. ABC　36. BD　37. CD　38. AB　39. ABCD　40. ABC　41. ABCD　42. ABCD　43. AD　44. ABCD　45. ACD　46. ABCD　47. ABC　48. ACD　49. ABCD　50. ABCDE　51. ACD　52. CD　53. AD　54. ABC　55. AB　56. ABCDE　57. ABC　58. ABCD　59. ABC　60. ABCD　61. AB　62. ABC　63. ABCD　64. ABCD　65. ABCD　66. ABC　67. ABD　68. AB　69. ABC　70. AC　71. AC　72. ABCD　73. ABC　74. ABCD　75. AC　76. ABCD　77. BCD　78. ABCD　79. ABC　80. ABCDE　81. ABCDE　82. ABCDE　83. ABC　84. ABCDE　85. ABCDE　86. ABCD　87. AC　88. ABCDE　89. ABC　90. BCD　91. ABCD　92. BC　93. ABC　94. ABD　95. BCD　96. AB　97. ABC　98. ABCD

一、基础知识

1. 直流两点接地可能造成断路器拒动，也可能造成断路器误动。（　　）

2. 电流互感器因二次负载大，误差超过 10% 时，可将两组同级别、同型号、同变比的电流互感器二次串联，以降低电流互感器的负载。（　　）

3. 电力系统中静止元件施以负序电压产生的负序电流与施以正序电压产生的正序电流是相同的，故静止元件的正、负序阻抗相同。（　　）

4. 开关非全相运行时，负序电流的大小与负荷电流的大小关系成反比。（　　）

5. TPY 型电流互感器铁芯中由于加入气隙使得互感器额定二次时间常数变大。（　　）

6. 当流过某负载的电流 i=1.4sin(314t+π/12)A 时，其端电压为 u=311sin(314t−π/12)V，那么这个负载一定是感性负载。（　　）

7. 在变压器差动保护 TA 范围以外改变一次电路的相序时，变压器差动保护用 TA 的二次接线也应做相应改动。（　　）

8. 两个同型号、同变比的 TA 串联使用时，会使 TA 的励磁电流减小。（　　）

9. 国产操作箱中跳跃闭锁继电器 TBJ 的电流启动线圈的额定电流，应根据合闸线圈的动作电流来选择，并要求其灵敏度高于合闸线圈的灵敏度。（　　）

10. 空载长线路充电时，末端电压会升高。这是由于对地电容电流在线路自感电抗上产生了电压降。（　　）

11. 为提高抗干扰能力，微机型保护的电流引入线，应采用屏蔽电缆，屏蔽层和备用芯应在开关场和控制室同时接地。（　　）

12. 不论工作电源或设备上的电压因何原因消失，备用电源自动投入装置均应动作。（　　）

13. 正序电压是故障点数值最小，负序电压和零序电压是故障点数值最大。（　　）

14. 当电网（$Z_{\Sigma 1}=Z_{\Sigma 2}=Z_{\Sigma 0}$）发生单相金属性短路时，若某变电站母线的正序电压标幺值为 0.6，那么其负序电压标幺值可能为 –0.2。（　　）

15. 超高压电网中某中性点接地变压器空载合闸，产生了励磁涌流，流过中性点的励磁涌流之和为零。（　　）

16. 变压器的零序阻抗不仅与接线方式有关，同时也与铁芯结构有关。（　　）

17. 运行中某 P 级电流互感器二次开路未被发现，当线路发生短路故障该电流互感器一次侧流过很大的正弦波形短路电流时，则二次绕组上将有很高的正弦波形电压。

( )

18. 在中性点经消弧线圈接地的电网中，采用过补偿的优点之一是可防止单相接地时的串联谐振过电压。 ( )

19. 对新建、扩建的技改工程220kV变电站的变压器高压断路器和母联、母线分段断路器应选用三相联动的断路器。 ( )

20. 设500kV系统各元件的序阻抗角为90°，线路一侧的并联电抗器一相发生了匝间短路，则该侧线路零序电压超前流入电抗器零序电流的相角是270°。 ( )

21. 设$\dot{I}_{A2}$与$\dot{I}_{A0}$比相元件的动作方程式为$-60°<\arg(\dot{I}_{A2}/\dot{I}_{A0})<60°$。某500kV线路在一定负荷电流下A相发生瞬时性接地，两侧保护正确动作将A相跳闸，线路处非全相运行状态，此时比相元件处于不动作状态。 ( )

22. 用“六角图”测试方法可以确证$3U_0$构成的方向保护的极性关系正确。 ( )

23. 对新投运的保护装置，带负荷检查零序回路的电流值时，可以用任意一相进行。 ( )

24. 输电线路采用串联电容补偿，可以增加输送功率、改善系统稳定及电压水平。 ( )

25. 当电网（$Z_{\Sigma1}=Z_{\Sigma2}$）发生两相金属性短路时，若某变电站母线的负序电压标幺值应为0.55，那么其正序电压标幺值为0.45。 ( )

26. 继电保护装置的跳闸出口触点，必须在开关确实跳开后才能返回，否则，该触点会由于断弧而烧毁。 ( )

27. 电流互感器变比越大，二次开路时的电压越高。 ( )

28. 在小接地电流系统中发生线路出口单相金属性接地短路时，母线电压互感器开口三角输出的电压为100V。 ( )

29. 采用检无压、检同期重合闸方式的线路，投检同期的一侧，还要投检无压。 ( )

30. 线路上发生A相金属性接地短路时，电源侧A相母线上正序电压等于该母线上A相负序电压与零序电压之和。 ( )

31. 电力系统有功出力不足时，不只影响系统的频率，对系统电压影响更大。( )

32. 线路两侧重合闸方式分别为检同期和检线路无压，在线路发生永久性故障跳闸后，检同期侧重合闸不会动作。 ( )

33. 防跳跃中间继电器应为快速中间继电器，其电流、电压线圈接线的正确性须通过整组联动试验证明。 ( )

34. 消弧线圈用于小接地电流系统，采用过补偿方式时，故障线的零序电流与非故障线一样，也超前于零序电压。 ( )

35. 电力系统不管发生什么不对称故障，短路电流中一定存在负序分量和正序分量。 ( )

36. 在有串补电容的线路上，为了保证方向继电器的正确动作，零序方向继电器需要对零序电压进行补偿，而负序方向继电器一般不需要补偿。 ( )

37. 在受电侧电源的助增作用下，线路正向发生经接地电阻单相短路，假如接地

电阻为纯电阻性的，将会在送电侧相阻抗继电器的阻抗测量元件中引起容性的附加分量 Z_R。（　　）

38. 高压线路上 F 点的 B、C 两相各经电弧电阻 R_B 与 R_C（$R_B \neq R_C$）短路后再金属性接地时，不可按简单的两相接地故障一样，在构成简单的复合序网图后来计算故障电流。（　　）

39. 计及故障点正序、负序综合阻抗不相等的关系后，则单相金属性接地时，与正序、负序综合阻抗相等时相比较，接地电流与故障点正序电流间的系数两者不同。（　　）

40. 为了保证系统的稳定运行，发电机的功率角 δ 的极限值是 90°，但在发电机装有自动调节励磁装置后，发电机能在 $\delta>90°$ 区域稳定运行。（　　）

41. 带有浮动门槛的相电流突变量元件，系统振荡时可靠不启动，因此可用来作短路故障和系统振荡的判别元件。（　　）

42. 在系统发生故障而振荡时，只要距离保护的整定值大于保护安装处至振荡中心之间的阻抗，就不会发生误动作。（　　）

43. 在具备快速重合闸的条件下，能否采用快速重合闸，取决于重合瞬间通过设备的冲击电流值和重合后的实际效果。（　　）

44. 高压并联电抗器中性点配置小电抗的作用，是平衡线路的充电功率而避免工频过电压。（　　）

45. 单模光纤通信带宽大，传输距离远，寿命长；多模光纤通信带宽小，传输距离近，寿命相对较短。（　　）

46. 综合重合闸中，选相元件必须可靠，如果因选相元件在故障时拒动而跳开三相断路器，根据有关规程规定应认定综合重合闸为不正确动作。（　　）

47. 减小零点漂移的措施：①利用非线性元件进行温度补偿；②采用调制方式；③采用差动式放大电路。（　　）

48. 系统振荡且发生接地故障，接地点的零序电流随振荡角度的变化而变化，两侧电动势摆角到 180°，电流最小，故障点越靠近振荡中心，零序电流变化幅度越大。（　　）

49. 对于相电流差突变量选相元件，当选相为 B 相时，说明 ΔI_{AB} 或 ΔI_{BC} 动作。（　　）

50. 对于 SF_6 断路器，当气压降低至不允许的程度时，断路器的跳闸回路断开，并发出“直流电源消失”信号。（　　）

51. 在双侧电源系统中，如忽略分布电容，当线路非全相运行时一定会出现零序电流和负序电流。（　　）

52. 在电压互感器二次回路通电试验时，为防止由二次侧向一次侧反充电，将二次回路断开即可。（　　）

53. 在小接地电流系统中，线路上发生金属性单相接地时故障相电压为零，两非故障相电压升高 $\sqrt{3}$ 倍，中性点电压变为相电压。三个线电压的大小和相位与接地前相比都发生了变化。（　　）

54. 大接地电流系统中发生接地短路时，在复合序网的零序序网图中没有出现发电机

的零序阻抗，这是由于发电机的零序阻抗很小，可忽略。 (　　)

55. 在电压互感器开口三角绕组输出端不应装熔断器，而应装设自动开关，以便开关跳开时发信号。 (　　)

56. 气体保护能反应变压器油箱内的任何电气故障，差动保护却不能。 (　　)

57. 两相短路故障与两相短路接地故障，在故障表现的形态上基本一样。 (　　)

58. 220kV 系统时间常数较小，500kV 系统时间常数较大，后者短路电流非周期分量的衰减较慢。 (　　)

59. 对于三绕组变压器的过电流保护，要求它在外部发生短路时，将三侧断路器均断开。 (　　)

60. 两个同型号和同变比的电流互感器串联使用时，会使电流互感器的励磁电流减小，从而也减小了互感器的误差。 (　　)

61. 电流互感器变比越小，其励磁阻抗越大，允许的二次负载越小。 (　　)

62. 只要电压或电流的波形不是标准的正弦波，其中必定包含高次谐波。 (　　)

63. TA 采用减极性标注概念：一次侧从极性端通入电流 I_1，二次电流 I_2 从极性端流出。 (　　)

64. 在串联谐振电路中，电感与电容的电压数值大小相等、方向相反。 (　　)

65. 直流系统发生两点接地，只会引起断路器误跳闸。 (　　)

66. 如果对短路点的正、负、零序综合电抗为 $X_{1\Sigma}$、$X_{2\Sigma}$、$X_{0\Sigma}$，而且 $X_{1\Sigma}=X_{2\Sigma}$，故障点的单相接地故障相的电流比三相短路电流大的条件是 $X_{1\Sigma}>X_{0\Sigma}$。 (　　)

67. 在中性点不接地系统中，发生单相接地故障时，流过故障线路始端的零序电流滞后零序电压 90°。 (　　)

68. 振荡时系统任何一点的电流与电压的相位都随功角 δ 的变化而变化；而短路时，电流与电压之间的相位角是基本不变的。 (　　)

69. 系统振荡时各点电流值均做往复性摆动，过电流保护有可能误动，由于一般情况下振荡周期较短，当保护装置的时限大于 1～1.5s 时，就能躲过振荡误动。 (　　)

70. 电流互感器二次侧接成三角形比接成完全星形的负载能力强。 (　　)

71. 对于电流互感器二次侧接成三角形接线的情况（如主变压器差动保护），因为没有 N 相，所以二次侧无法接地。 (　　)

72. 电力系统中，只要零序网络保持不变，则在同一地点发生单相接地故障，零序电流也不变。 (　　)

73. 电流互感器一次侧串联时变比比一次侧并联时大一倍（二次分接头相同）。
(　　)

74. 距离保护受系统振荡的影响与保护的安装地点有关，当振荡中心在保护范围外或位于保护的反方向时，就不会因系统振荡而误动作。 (　　)

75. 系统发生振荡时，振荡中心的电压总是低于系统其他部分的电压。 (　　)

76. 在最大运行方式下，电流保护的保护区大于最小运行方式下的保护区。 (　　)

77. 在小电流接地系统中，某处发生单相接地时，母线电压互感器开口三角的电压不管距离远近，基本上电压一样高。 (　　)

78. 电流差动保护原理上不受电力系统振荡影响。（　）

79. 考虑线路故障，可将系统等值为两机一线系统。故障电流由M、N两侧供给，其故障正序电流分流系数定义K_m、K_n。该系数仅与系统运行接线方式及故障点有关，而与短路故障的类型无关。（　）

80. 小接地电流系统发生单相接地故障时，其他两相对地电压升高3倍。（　）

81. 接地方向距离继电器在线路发生两相短路经过渡电阻接地时，超前相的继电器保护范围将缩短，滞后相的继电器保护范围将伸长。（　）

82. 电力系统发生单相接地故障时，非故障相的电压是保持不变的。（　）

83. 双母线接线的断路器失灵保护中，可用隔离开关辅助触点启动的双位置继电器来反应断路器所接母线。（　）

84. 根据最大运行方式计算的短路电流来检验继电保护的灵敏度。（　）

85. 大接地电流系统同一地点发生不同类型短路故障，当$Z_{0\Sigma}>Z_{1\Sigma}$时，$I_{(3)}K>I_{(1,1)}K>I_{(1)}K$。（　）

86. 在大接地电流系统中，发生接地故障的线路，其电源端零序功率的方向与正序功率的方向正好相反。故障线路零序功率的方向是由母线流向线路。（　）

87. 用于500kV双回线路的自适应重合闸，采用分相顺序合闸时，速度越快越好，可不考虑断路器跳闸后触头去游离消弧时间。（　）

88. 用于500kV双回线路的自适应重合闸，采用分相顺序合闸，避免了重合于永久性多相故障对系统造成的冲击，从稳定计算的角度使双回线的输送能力进一步提高，带来了直接的经济效益。（　）

89. 在大接地电流系统中发生单相接地故障，故障处的$U_0=U_1=1/3U_K$。（　）

90. BC相金属性短路时，故障点的边界条件为$I_{KA}=0$；$U_{KB}=0$；$U_{KC}=0$。（　）

91. 设K为电流互感器的变比，无论电流互感器是否饱和，其一次电流I_1与二次电流I_2始终保持$I_2=I_1/K$的关系。（　）

92. 工频变化量距离继电器需要经振荡闭锁。（　）

93. 把三相不对称相量分解为正序、负序及零序三组对称分量时，其中正序分量和负序分量的计算式分别为$B1=1/3(a^2A+B+aC)$，$B2=1/3(aA+B+a^2C)$。（　）

94. 把三相不对称相量分解为正序、负序及零序三组对称分量时，其中正序分量和负序分量的计算式分别为$B1=1/3(aA+B+a^2C)$，$B2=1/3(a^2A+B+aC)$。（　）

95. 小电流接地系统中，当A相经过渡电阻发生接地故障后，各相间电压发生变化。（　）

96. 线路发生两相短路时，短路点处正序电压与负序电压的关系为$U_{K1}>U_{K2}$。（　）

97. 在大电流接地系统中，当相邻平行线停运检修并在两侧接地时，电网接地故障线路通过零序电流，将在该运行线路上产生零序感应电流，此时在运行线路中的零序电流将会减少。（　）

98. 在中性点不接地系统中，发生单相接地时，电压互感器开口三角电压有零序电压产生，是因为一次系统电压不平衡产生的。（　）

99. 在中性点不接地系统中，如果忽略电容电流，发生单相接地，系统一定不会有零

序电流。 ( )

100. 只要出现非全相运行状态，一定会出现负序电流和零序电流。 ( )

101. 在中性点直接接地系统中，如果各元件的阻抗角都是 80°，当正方向发生接地故障时，$3U_0$ 落后 $3I_0$110°；当反方向发生接地故障时，$3U_0$ 超前 $3I_0$80°。 ( )

102. 开关位置不对应启动重合闸是指开关位置和开关控制把手位置不对应启动重合闸。 ( )

103. 当线路出现不对称运行时，因为没有发生接地故障，所以线路没有零序电流。 ( )

104. 只要系统零序阻抗和零序网络不变，无论系统运行方式如何变化，零序电流的分配和零序电流的大小都不会发生变化。 ( )

105. 允许式的纵联保护较闭锁式的纵联保护易拒动，但不易误动。 ( )

106. TV 的一次内阻很大，可以认为是电压源。TA 的一次内阻很小，可以认为是电流源。 ( )

107. 电力系统振荡时，电流速断、零序电流速断保护有可能发生误动作。 ( )

108. 为使接地距离保护的测量阻抗能正确反映故障点到保护安装处的距离，应引入补偿系数 $K=(Z_0-Z_1)/(3Z_0)$。 ( )

109. 断路器失灵保护是一种近后备保护，当元件断路器拒动时，该保护动作切除故障。 ( )

110. 中性点经消弧线圈接地系统采用过补偿方式时，由于接地点的电流是感性的，熄弧后故障相电压恢复速度加快。 ( )

111. 对采用单相重合闸的线路，当发生永久性单相接地故障时，保护及重合闸的动作顺序：先跳故障相，重合单相，后加速跳单相。 ( )

112. 电力系统的不对称故障有三种单相接地，三种两相短路接地，三种两相短路和断线、系统振荡。 ( )

113. 纯电阻电路中，各部分电流与电压的波形是相同的。 ( )

114. 开关液压机构在压力下降过程中，依次发压力降低闭锁重合闸、压力降低闭锁合闸、压力降低闭锁跳闸信号。 ( )

115. 线路出现断相，当断相点纵向零序阻抗大于纵向正序阻抗时，单相断相零序电流应小于两相断相时的零序电流。 ( )

116. 系统振荡时，线路发生断相，零序电流与两侧电动势角差的变化无关，与线路负荷电流的大小有关。 ( )

117. 线路发生接地故障，正方向时零序电压滞后零序电流，反方向时，零序电压超前零序电流。 ( )

118. 系统运行方式越大，保护装置的动作灵敏度越高。 ( )

119. 线路发生单相接地故障，其保护安装处的正序、负序电流，大小相等，相序相反。 ( )

120. 系统振荡时，变电站现场观察到表计每秒摆动两次，系统的振荡周期应该是 0.5s。 ( )

121. 通常采用施加单相电压来模拟两相短路的方法来整定负序电压继电器的动作电压。例如，将继电器的 B、C 两端短接后对 A 端子施加单相电压 U。若负序继电器动作电压整定为 3V，则应将 U 升至 9V，才能使继电器刚好动作。（　）

122. 由母线向线路送出有功功率 100MW，无功功率 100MW。电压超前电流的角度是 45°。（　）

123. 全相振荡是没有零序电流的。非全相振荡是有零序电流的，但这一零序电流不可能大于此时再发生接地故障时，故障分量中的零序电流。（　）

124. 按躲过负荷电流整定的线路过电流保护，在正常负荷电流下，两相三继电器是不完全星形接线，由于电流互感器极性接反而可能误动。（　）

125. 500kV 线路保护一般采用 TPY 暂态型电流互感器，其原因之一是因为 500kV 系统的时间常数较小，导致短路电流非周期分量的衰减时间加长，短路电流的暂态持续时间加长。（　）

126. 当系统振荡或出现较大不平衡分量时，工频变化量方向元件会误动。（　）

127. 在系统振荡过程中，系统电压最高点称为振荡中心，它位于系统综合阻抗的 1/2 处。（　）

128. 电压互感器的误差是由于励磁电流和负荷电流引起的。（　）

129. 当电流互感器达不到 10% 误差要求时，可采取增大二次电缆截面面积、改用容量较高的二次绕组和提高电流互感器变比等措施来弥补。（　）

130. 电压互感器的基本误差有电压误差和角度误差。（　）

131. 增大电压互感器线圈的阻抗能减小电压互感器的误差。（　）

132. 减小电压互感器的负荷电流能减小电压互感器的误差。（　）

133. 若 Z_0、Z_1、Z_2 分别表示零序、正序、负序阻抗，Z_1=Z_2，Z_L 和 Z_m 表示 A、B、C 坐标系统中的自阻抗和互阻抗，则 $Z_0=Z_L+2Z_m$。（　）

134. 若 Z_0、Z_1、Z_2 分别表示零序、正序、负序阻抗，Z_1=Z_2，Z_L 和 Z_m 表示 A、B、C 坐标系统中的自阻抗和互阻抗，则 $Z_1=Z_2=Z_L-Z_m$。（　）

135. 电力系统振荡时，接地故障点的零序电流将随振荡角的变化而变化。当两侧电动势角差 δ 摆升到 180°时，电流最大；故障点越靠近振荡中心，零序电流变化幅度越大。（　）

136. 小接地电流系统中发生单相接地故障，破坏了系统线电压的对称性，系统不可以继续运行。（　）

137. 我国电力系统中，中性点的接地方式有中性点直接接地、中性点经消弧线圈接地及中性点不接地三种方式。（　）

138. 电流互感器二次侧标的 5P10，表示的含义是在 5 倍额定电流下，二次误差在 10% 之内。（　）

139. 电流互感器的二次绕组接成三角形或两相电流差时，在正常负荷电流下，其接线系数是 $\sqrt{3}$；当接成星形或两相不完全星形时，在正常负荷电流下，其接线系数是 1。（　）

140. 根据叠加原理，故障状态可分解为故障前的正常状态和故障引起的附加状态。

( )

141. 中性点不接地电网中发生不同相别、不同地点两点接地时，仍然没有很大的零序电流。 ( )

142. 中性点不接地电网或经消弧线圈接地的电网，发生单相接地时，可以认为电网各处零序电压相等。 ( )

143. 当电网发生振荡时，要求发电机组和送电线路的继电保护都能保证不动作跳闸。对于发电机组保护和线路继电保护，均要求加装振荡闭锁装置。 ( )

144. 大接地电流系统中，线路上两相接地短路故障时，非故障相电流仍然是负荷电流，无故障电流分量。 ( )

145. 模拟两相短路从负序电流继电器 AB 端子通入电流，此时继电器的动作电流是负序相电流的 3 倍。 ( )

146. 零序电流保护在电网发生振荡时容易误动作。 ( )

147. 电力系统发生振荡时，振荡中心电压的波动情况最大。 ( )

148. 中性点经消弧线圈接地，普遍采用欠补偿。 ( )

149. 一组对称相量 α、β、γ 按顺时针方向排列，彼此相差 120°，称为负序分量。 ( )

150. 测量电压时，电压表的内阻越大越好；测量电流时，电流表的内阻越小越好。 ( )

151. 当电流互感器饱和时，测量电流比实际电流小，有可能引起差动保护拒动，但不会引起差动保护误动。 ( )

152. 当电流互感器二次负载的阻抗超过其励磁阻抗的 1/9 时，该互感器的误差必定超过 10%。 ( )

153. 当电压互感器二次星形侧发生相间短路时，在熔丝或自动开关未断开以前，电压回路断相闭锁装置不动作。 ( )

154. 当系统发生短路故障使电压突变时，电磁式电压互感器的暂态过程比电容式电压互感器长得多。 ( )

155. 电流互感器，其二次侧接成星形比接成三角形所允许的二次负载要大。 ( )

156. 电流互感器误差超过 10% 时，可用两种同变比的互感器并接，以减小电流互感器的负担。 ( )

157. 主变压器纵差应取各侧套管 TA，以使伏安特性能更好地配合。 ( )

158. 电流互感器必须满足一次回路的额定电压、最大负荷电流及短路时的动、热稳定电流的要求，以及二次回路测量仪表、自动装置的准确度等级和继电保护装置 10% 误差特性曲线的要求。 ( )

159. 电压互感器二次回路中均应装设熔断器或自动小开关。 ( )

160. 电流互感器不完全星形接线，不能反应所有的接地故障。 ( )

161. 电流互感器的饱和不是从故障开始就立即出现的，而只能在一定时间之后。 ( )

162. 电流互感器的变比误差与其二次负载阻抗无关。 ( )

163. 电流互感器的二次回路中，应在其出口处装设熔断器或空气断路器。（ ）

164. 电流互感器的极性，对继电保护能否正确动作没有关系。（ ）

165. 系统振荡时，两侧电动势角摆开最大（180°），此时振荡中心的电压最小，而此时振荡中心的电压变化率最小。（ ）

166. 电流互感器二次回路采用多点接地，易造成保护动作不正确。（ ）

167. 电流互感器二次回路应有一个接地点，并在配电装置附近经端子排接地。但对于有几组电流互感器连接在一起的保护装置，则应在保护屏上经端子排接地。（ ）

168. 在电流互感器二次绕组接线方式不同的情况下，假定接入电流互感器二次导线电阻的阻抗均相同，而此计算负载以两相电流差接线最大。（ ）

169. 电流互感器两相星形接线，只用来作为相间短路保护。（ ）

170. 电流互感器容量大表示其二次负载阻抗允许值大。（ ）

171. 电流互感器铁芯剩磁大小和二次回路负载的阻抗角无关。（ ）

172. 电流互感器因二次负载大，误差超过10%时，可将两组同级别、同型号、同变比的电流互感器二次侧串联，以提高交流二次回路负载能力。（ ）

173. 电容式电压互感器的稳态工作特性与电磁式电压互感器基本相同，暂态特性比电磁式电压互感器差。（ ）

174. 电压互感器的误差是由于励磁电流和负荷电流流经电压互感器的绕组产生压降而引起的。（ ）

175. 电压互感器二次开口三角形侧输出回路应装设熔断器。（ ）

176. 电压互感器开口三角形绕组的额定电压，在大接地系统中为100/3V。（ ）

177. 对于二次负载来说，电流互感器的励磁阻抗很大，可以认为是电流源。（ ）

178. 和电流保护中若只有一套TA回路进行工作，则对该套TA进行验证后即可投运。（ ）

179. 所用电流互感器和电压互感器的二次绕组应有永久性的、可靠的保护接地。（ ）

180. 所有的电压互感器（包括测量、保护和励磁自动调节）二次绕组出口均应装设熔断器和自动小开关。（ ）

181. 同样的电流互感器和二次负载，电流互感器变比大的，比变比小的不容易饱和。（ ）

182. 同样的电流互感器和二次负载，电流互感器二次接成星形，比二次接成三角形不容易饱和。（ ）

183. 同样的电流互感器和二次负载，电流互感器伏安特性高的，比伏安特性低的不容易饱和。（ ）

184. 同样的电流互感器和二次负载，电流互感器容量大的，比容量小的不容易饱和。（ ）

185. 同样的二次负载和电流互感器，电流互感器二次接成星形，比二次接成三角形所感受到的二次负载要大。（ ）

186. 相对于二次侧的负载来说，电压互感器的一次内阻很大，可以认为是电压源。

电流互感器的一次内阻很小，可以认为是电流源。 （ ）

187. 选用截面面积大的导线，可减少电流互感器的二次负载，使电流互感器不容易饱和。 （ ）

188. 用于220～500kV电网的母线差动、变压器差动和发变组差动保护各支路的电流互感器应优先选用误差限制系数和饱和电压较高的电流互感器。 （ ）

189. 由三个电流互感器构成的零序电流滤过器，其不平衡电流主要是由于三个电流互感器铁芯磁化特性不完全相同所产生的。为了减小不平衡电流，必须选用具有相同磁化特性，并在磁化曲线未饱和部分工作的电流互感器来组成零序电流滤过器。 （ ）

190. 运行中，电压互感器二次侧某一相熔断器熔断时，该项电压值为零。 （ ）

191. 运行中切换母线时，为了避免距离保护失去电压误动作，通常操作程序是先使两条母线都带电，再由两段母线的电压互感器二次侧带电并联供电给距离保护，然后断开欲停电的电压互感器二次侧开关。 （ ）

192. 中性点直接接地系统中，线路发生单相接地短路时，母线上电压互感器开口三角形的电压，就是母线的零序电压 $3U_0$。 （ ）

193. 中性点直接接地运行的系统中，开口三角最大故障电压为100V。 （ ）

194. 电流互感器变比越大，其励磁电流越小，允许的二次负载越大。 （ ）

195. 电流互感器伏安特性越高，允许的二次负载越大。 （ ）

196. 电流互感器容量越大，其励磁阻抗越大，允许的二次负载越大。 （ ）

197. 故障点的零序电压最高，变压器中性点接地处的电压为0。 （ ）

198. 故障点的序网络与短路故障点的相别、类型无关，与短路故障点的位置、系统运行方式有关。 （ ）

199. 故障点的正序网络、负序网络、零序网络各自独立，即序分量仅存在于各自的序网络中。 （ ）

200. 故障点零序综合阻抗小于正序综合阻抗，单相接地故障电流大于三相短路电流。 （ ）

201. 故障点零序综合阻抗小于正序综合阻抗，两相接地故障的零序电流大于单相接地故障的零序电流。 （ ）

202. 故障点越靠近振荡中心，零序电流变化幅度越大，在振荡中心，两侧电动势角差180°时，最小零序故障电流可以为零。 （ ）

203. 故障分量的特点是仅在故障时出现，正常时为零。它由施加于故障点的电动势产生。 （ ）

204. 序网络中的电流，不是电流、电压的全量。当全量电流或电压为零时，其中的分量（正序、负序、零序）电流或电压不为零。 （ ）

205. 因为在有名制中，$S_3=\sqrt{3}UI$、$S_3=\sqrt{3}UI\cos\varphi$（$U$ 为线电压，I 为线电流）。所以在标幺制中，同样，$S_3^*=\sqrt{3}U^*I^*$、$S_3^*=\sqrt{3}U^*I^*\cos\varphi$。 （ ）

206. 用于继电保护状态判别的故障量，使用得最为普遍的是工频电气量。而最基本的是通过电力元件的电流和所在母线的电压，以及由这些量演绎出来的其他量，如功率、相序量、阻抗、频率等，从而构成电流保护、电压保护、阻抗保护、频率保护等。

（　　）

207. 有功功率 P、无功功率 Q 的基准值是 S_B，而不是 P_B、Q_B，所以在求得 P^*、Q^* 后，P、Q 值为 $P=P^*S_B$，$Q=Q^*S_B$。（　　）

208. 越靠近变压器中性点接地处，零序功率越小。在故障线路上，零序功率方向是由线路流向母线。（　　）

209. 在线路上装设串联电容，可有效地减小线路电抗，改善系统稳定性及电压水平。（　　）

210. 振荡时系统各点电压和电流值均做往复性摆动，而短路时电流、电压值是突变的。此外，振荡时电流、电压值的变化速度较慢，而短路时电流、电压值突变量很大。（　　）

211. 振荡时系统任何一点电流与电压之间的相位角都随功角 δ 的变化而改变；而短路时，电流与电压之间的角度是基本不变的。（　　）

212. 正序电压越靠近故障点数值越小，负序电压和零序电压越靠近故障点数值越大。（　　）

213. 正序网络中存在原有的负荷分量电流、电压，同时存在正序故障分量电流、电压。故障支路中无负荷电流分量。正序电压故障点最低。（　　）

214. 中性点不接地系统中，若忽略电容电流，发生单相接地，系统一定不会有零序电流。（　　）

215. 中性点加装 10Ω 的电阻元件，在零序等值网络中该阻抗为 30Ω。（　　）

216. 中性点经消弧线圈接地的系统普遍采用全补偿方式，因为此时接地故障电流最小。（　　）

217. 中性点经消弧线圈接地系统采用过补偿时，系统频率的降低只是使过补偿度暂时减小，不会对正常运行产生问题。（　　）

218. 中性点经消弧线圈接地系统采用全补偿时，无论不对称电压的大小如何，都将因发生串联共振而使消弧线圈感受到很高的电压。为了避免全补偿运行方式的发生，我国一般采用欠补偿的方式。（　　）

219. 中性点直接接地系统单相接地时，故障点的正、负、零序电流一定相等，各支路中的正、负、零序电流可不相等。（　　）

220. 中性点直接接地系统中，当发生单相接地故障时，将在变压器中性点产生最大的零序电压。（　　）

221. 中性点直接接地系统中，当故障点综合零序阻抗大于综合正序阻抗时，单相接地故障零序电流大于两相短路接地故障零序电流。（　　）

222. 中性点直接接地系统中，某线路的零序功率方向元件的零序电压接在母线电压互感器的开口三角电压时，在线路非全相运行时，该元件会动作。（　　）

223. 中性点直接接地系统中，中性点接地的变压器数量和其在系统中的位置，是经综合考虑变压器的绝缘水平、降低接地短路电流、保证继电保护可靠动作等要求而决定的。（　　）

224. 中性点直接接地系统中发生接地故障时，零序电流与零序电压的相位关系只与

变电站和有关支路的零序阻抗角有关，与故障点有无过渡电阻无关。（ ）

225. 中性点装设消弧线圈的目的是利用消弧线圈的感性电流补偿接地故障时的容性电流，使接地故障电流减少。（ ）

226. 阻抗 R、X 的基准值不是 R_B、X_B，而是 Z_B，在求得 R^*、X^* 后，R、X 值为 $R=R^*Z_B$，$X=X^*Z_B$。（ ）

227. 闭锁式纵联距离保护用距离Ⅱ段作为方向元件时，必须考虑功率倒向问题。（ ）

228. 在故障分析中，为方便可假设系统中所有变压器的变比等于两侧平均额定电压之比。（ ）

229. 在正序网络中，除故障点作用的正序电动势外，还有各发电机作用的电动势。（ ）

230. 在系统发生三相短路故障时，故障点作用的电动势为零。（ ）

231. 在线路发生不对称故障时，网络中各点正序电压值相应比三相短路时要高。（ ）

232. 电力系统中静止元件，不论三相是否对称，正序阻抗和负序阻抗都是相等的。（ ）

233. 向变电站的母线空充电操作时，有时出现误发接地信号，其原因是变电站内三相带电体对地电容量不等，造成中性点位移，产生较大的零序电压。（ ）

234. 由于互感的作用，平行双回线外部发生接地故障时，该双回线中流过的零序电流要比无互感时小。（ ）

235. 电力系统发生振荡再发生接地故障，当两侧电源夹角为180°时，零序电流最小。（ ）

236. 单相接地故障时，母线上非故障相相间电压不受故障点过渡电阻的影响，等于故障前非故障相相间电压。（ ）

237. 中性点不接地电网发生单相接地时有正序、负序、零序电压分量。（ ）

238. 中性点不接地电网发生单相经过渡电阻 R_g 接地时，U_0 与 I_0 之间的相位关系会随着 R_g 大小的变化而变化。（ ）

239. 中性点经消弧线圈接地电网发生单相接地故障时，L 与 $3C_\Sigma$ 处于串联状态。（ ）

240. 中性点经消弧线圈接地电网发生单相接地故障时，在过补偿方式下，故障线路的 $3I_0$ 超前 $3U_0$ 的相角大于90°而小于180°。（ ）

241. 中性点直接接地系统，在 $Z_{0\Sigma}>Z_{1\Sigma}$ 情况下，发生单相接地或两相接地时，非故障相电压均要升高。（ ）

242. 中性点直接接地系统，在发生两相经过渡电阻 R_g 接地时，相间测量阻抗无附加测量阻抗，两故障相测量阻抗存在附加测量阻抗。（ ）

243. 大接地系统经过渡电阻 R_g 三相短路时，当 R_g=0～∞时，故障点电压 $U_{(3)KA}$ 端点轨迹是以 $U_{KA[0]}$ 为直径从 O 点顺是针方向变化到 $U_{KA[0]}$ 端点的半圆。（ ）

244. 大接地系统发生单相接地时，当 $Z_{0\Sigma}$=0～∞时，两非故障相电压间的夹角由60°

变化到 180°。 ( )

245. 大接地系统发生两相经过渡电阻接地时，故障点流入地中的电流 I_g 与在同点发生三相短路时故障电流 $I_{(3)KA}$ 相位相差 180°。 ( )

246. 大接地系统发生两相金属性接地，若 $Z_{0\Sigma}>Z_{1\Sigma}$，则非故障相电压会增大。 ( )

247. 大接地系统发生两相金属性接地，若 $Z_{0\Sigma}<Z_{1\Sigma}$，则非故障相电压会降低。 ( )

248. 小电流接地电网中单电源线路，同一母线引出的两条线不同名相发生两点接地时，电源至母线相当于发生了两相相间短路，母线至故障线路侧为单相接地短路。 ( )

249. 电力系统振荡过程中的振荡周期始终不变。 ( )

250. 在现有系统下，线路上同一故障点、同一运行方式下，三相短路电流一般小于单相短路电流。 ( )

251. 断路器非全相运行时，会产生负序电流，其大小随着负荷电流的增大而增大。 ( )

252. 三绕组自耦变压器的正序等值电路应考虑中性点的接地阻抗。 ( )

253. 在中性点不接地的电力系统发生单相接地短路时，中性点电压升高到相电压，而非故障相电压升高到线电压。 ( )

254. 中性点不接地系统发生两相短路接地时，非故障相的电压可能升高，而且可能大于单相接地短路情况下可能的电压升高。 ( )

255. 故障时电源点的正序电压最高，越靠近短路点，正序电压数值越低。 ( )

256. 故障时短路点的负序和零序电压值最低，离短路点越远，负序和零序电压越高。 ( )

257. 电力系统发生两相金属性短路故障时，故障点非故障相电压保持原有的幅值和相位，两故障相电压在非故障相电压的相同方向上，其值等于非故障相电压的一半。 ( )

258. 继电保护要求所用的 P 级电流互感器的 5% 或 10% 误差是指稳态复合误差。 ( )

259. 在小接地电流系统中发生单相接地短路时，为了使电压互感器开口三角形侧的电压为 100V，电压互感器变比应选用 $\frac{U_N}{\sqrt{3}}\Big/\frac{100}{\sqrt{3}}\Big/100$。 ( )

260. 在大电流接地系统中，同一地点发生各种不同类型短路故障时，正序综合阻抗小于零序综合阻抗，故障处零序电压从大到小的故障排序为单相接地短路、两相接地短路、两相短路和三相短路。 ( )

261. 微机继电保护装置的所有输出端子不应与其弱电系统（指 CPU 的电源系统）有电的联系。 ( )

262. 大接地电流系统中发生接地故障时，变压器中性点接地处零序电压为零。 ( )

263. 中性点经消弧线圈接地后，若单相接地故障的电流呈感性，此时的补偿方式为欠补偿。（ ）

264. 电压互感器二次接地属保护接地，电流互感器属工作接地。（ ）

265. PCS-931N2 零序方向保护的零序方向元件采用自产 $3U_0$ 和外接 $3I_0$。（ ）

266. 系统发生振荡时电流和电压值都做往复摆动，并且三相严重不对称。（ ）

267. 距离保护在系统发生振荡时容易误动作，所以系统发生振荡时应断开距离保护投退连接片。（ ）

268. 用于保护交流电压自动切换的中间继电器在不停相应保护的情况下，不得对运行中的隔离开关辅助触点进行维修工作。（ ）

参考答案： 1. √ 2. √ 3. √ 4. × 5. √ 6. × 7. × 8. √ 9. √ 10. √ 11. × 12. √ 13. √ 14. √ 15. × 16. √ 17. × 18. × 19. √ 20. √ 21. × 22. × 23. × 24. √ 25. × 26. × 27. √ 28. √ 29. × 30. × 31. × 32. √ 33. √ 34. √ 35. √ 36. √ 37. √ 38. √ 39. × 40. √ 41. × 42. × 43. √ 44. × 45. √ 46. √ 47. √ 48. √ 49. × 50. √ 51. × 52. × 53. × 54. × 55. × 56. √ 57. × 58. √ 59. × 60. √ 61. × 62. √ 63. √ 64. √ 65. × 66. √ 67. √ 68. √ 69. × 70. × 71. × 72. × 73. × 74. √ 75. × 76. √ 77. √ 78. √ 79. √ 80. × 81. × 82. × 83. √ 84. × 85. √ 86. × 87. × 88. √ 89. × 90. × 91. × 92. × 93. √ 94. × 95. × 96. × 97. × 98. × 99. √ 100. × 101. × 102. √ 103. × 104. × 105. √ 106. √ 107. × 108. × 109. × 110. × 111. × 112. × 113. √ 114. √ 115. √ 116. × 117. √ 118. × 119. × 120. √ 121. √ 122. √ 123. × 124. √ 125. × 126. × 127. × 128. √ 129. √ 130. √ 132. × 132. √ 133. √ 134. √ 135. × 136. × 137. √ 138. × 139. √ 140. √ 141. × 142. √ 143. × 144. × 145. × 146. × 147. √ 148. × 149. × 150. √ 151. × 152. √ 153. √ 154. × 155. √ 156. × 157. × 158. √ 159. × 160. √ 161. √ 162. × 163. × 164. × 165. × 166. √ 167. √ 168. √ 169. √ 170. √ 171. × 172. √ 173. √ 174. √ 175. × 176. × 177. √ 178. × 179. √ 180. × 181. √ 182. √ 183. √ 184. √ 185. × 186. × 187. √ 188. √ 189. √ 190. × 191. √ 192. √ 193. √ 194. √ 195. √ 196. √ 197. √ 198. √ 199. √ 200. √ 201. √ 202. √ 203. √ 204. √ 205. √ 206. √ 207. √ 208. √ 209. √ 210. √ 211. √ 212. √ 213. √ 214. √ 215. √ 216. × 217. × 218. × 219. √ 220. × 221. √ 222. √ 223. √ 224. √ 225. √ 226. √ 227. × 228. √ 229. √ 230. √ 231. √ 232. × 233. √ 234. √ 235. √ 236. √ 237. × 238. × 239. × 240. √ 241. √ 242. √ 243. × 244. × 245. √ 246. √ 247. √ 248. √ 249. × 250. × 251. √ 252. × 253. √ 254. × 255. √ 256. × 257. × 258. √ 259. × 260. √ 261. √ 262. √ 263. × 264. × 265. × 266. × 267. × 268. √

二、线路保护

1. 线路发生接地故障，正方向时零序电压滞后零序电流，反方向时零序电压超前零序电流。 ( )

2. 长距离输电线路为了补偿线路分布电容的影响，以防止过电压和发电机的自励磁，需装设并联电抗补偿装置。 ( )

3. 助增电流的存在，使距离保护的测量阻抗增大，保护范围缩短。 ( )

4. 在单电源系统的线路上发生区内故障时，负荷侧的工频变化量阻抗继电器可能拒动。 ( )

5. 为了防止断路器在正常运行情况下由于某种原因（如误碰、保护误动等）而跳闸，由于对侧并未动作，线路上有电压而不能重合，通常是在检无压的一侧同时投入检同期重合闸，两者的逻辑是与门关系（两者的触点串联工作），这样就可将误动跳闸的断路器重新投入。 ( )

6. 当一个半断路器接线方式一串中的中间断路器拒动，启动失灵保护，并采用远方跳闸装置，使线路对端断路器跳闸并闭锁其重合闸。 ( )

7. 平行线路之间存在零序互感，当相邻平行线流过零序电流时，将在线路上产生感应零序电动势，有可能改变零序电流与零序电压的相量关系。 ( )

8. 综合重合闸中，低电压选相元件仅仅用在短路容量很小的一侧及单电流线路的弱电侧。 ( )

9. 距离保护是本线路正方向故障和与本线路串联的下一条线路上故障的保护，它具有明显的方向性。因此，即使作为距离保护第Ⅲ段的测量元件，也不能用具有偏移特性的阻抗继电器。 ( )

10. 在大接地电流系统中，两相短路对系统的危害比三相短路大，在某些情况下，单相接地短路电流比三相短路电流还要大。 ( )

11. BC 相金属性短路时，故障点的边界条件为 IKA=0；UKB=0；UKC=0。 ( )

12. 大电流接地系统中线路空载发生 A 相接地短路时，B 相和 C 相的零序电流为零。 ( )

13. 三相重合闸后加速和单相重合闸后加速，应加速对线路末端故障有足够灵敏度的保护段。如果躲不开后合侧断路器合闸时三相不同期产生的零序电流，则两侧的后加速保护在整个重合闸周期中均应带 0.1s 延时。 ( )

14. 接地距离保护的零序电流补偿系数 K 应按线路实测的正序、零序阻抗 Z_1、Z_0，用式 $K=(Z_0-Z_1)/(3Z_1)$ 计算获得。装置整定值应大于或接近计算值。 ( )

15. CSC103 差动保护出现“同步方式设置出错”告警信息的，原因是两侧定值都是主机方式。 ( )

16. 考虑线路故障，可将系统等值为两机一线系统。故障电流由 M、N 两侧供给，其故障正序电流分流系数定义为 K_m、K_n。该系数仅与系统运行接线方式及故障点有关，而

与短路故障的类型无关。 （ ）

17. 接地方向距离继电器在线路发生两相短路经过渡电阻接地时，超前相的继电器保护范围将缩短，滞后相的继电器保护范围将伸长。 （ ）

18. 某接地距离保护，零序电流补偿系数为 0.617，现错设为 0.8，则该接地距离保护区缩短。 （ ）

19. 某超高压线路一侧（甲侧）设置了串补电容，且补偿度较大，当在该串联补偿电容背后线路侧发生单相金属性接地时，该线路甲侧的正向零序方向元件不会有拒动现象（零序电压取自母线 TV 二次侧）。 （ ）

20. 微机保护中，构成零序方向的零序电压，可以取 TV 二次侧三相电压自产，它与零序电压取自 TV 开口三角相比，其优点是 TV 二次侧断线后，方向元件不需要退出运行。 （ ）

21. 在中性点不接地系统中，发生单相接地故障时，流过故障线路始端的零序电流滞后零序电压 90°。 （ ）

22. 某系统中的Ⅱ段阻抗继电器，因汲出与助增同时存在，且助增与汲出相等，所以整定阻抗没有考虑它们的影响。若运行中因故助增消失，则Ⅱ段阻抗继电器的保护区要缩短。 （ ）

23. 输电线路光纤分相电流差动保护，线路中的负荷电流再大，一侧 TA 二次断线时保护不会误动。 （ ）

24. 双母线接线的断路器失灵保护中，可用隔离开关辅助触点启动的双位置继电器来反应断路器所接母线。 （ ）

25. 某双侧电源线路的两侧分别装设了检线路无压和检同期的三相重合闸，线路两侧的重合闸后加速保护均应投入。 （ ）

26. 解列点上的距离保护不应经振荡闭锁控制。 （ ）

27. 距离保护动作区末端金属性相间短路的最小短路电流，应大于相应段最小精确工作电流的 2 倍。 （ ）

28. 接地距离 $U_A/(I_A+kI_0)$ 在振荡和振荡中又发生区外 BC 两相短路接地两种情况下都可能误动作。 （ ）

29. 相邻线路的零序电流产生的互感会影响方向纵联保护中零序方向元件的正确动作。 （ ）

30. 考虑到零序电抗继电器的特点，其一般要与选相元件、方向元件和躲负荷元件共同使用。 （ ）

31. 输电线路零序电流速断保护范围应不超过线路的末端，故其动作电流应小于保护线路末端故障时的最大零序电流。 （ ）

32. 汲出电流的存在使距离保护的测量阻抗缩小，保护范围增大。 （ ）

33. 方向特性阻抗继电器实现简单，对过渡电阻的反应能力较强，但无方向性。

（ ）

34. 假设系统正序阻抗等于负序阻抗，在接地阻抗继电器计算保护安装处故障相电压时，需要采用零序补偿接线方式的原因是正序阻抗与零序阻抗不相等。 （ ）

35. 在计算阻抗继电器工作电压（又称补偿电压、距离测量电压）时所用到的电压和电流，与计算极化电压时用到的电气量无关。（　　）

36. 在距离保护中，由于过渡电阻产生的超越是暂态超越，但是在短路稳态时也会引起区外短路误动。（　　）

37. 校验距离保护做阻抗整定时（非四边形特性），应该以给定的线路阻抗角通入电流电压。（　　）

38. 当 TV 接于母线上时，线路出现非全相运行，如果断线相又发生接地故障，两端负序方向元件不能正确动作。（　　）

39. 方向阻抗继电器反方向短路暂态动作特性使得存在阻容性过渡电阻也能保证方向性，但是当继电器进入稳态短路时，会存在反方向短路误动的问题。（　　）

40. 工频变化量阻抗继电器有很强的保护过渡电阻能力，但是缺乏在系统运行方式改变时的适应能力。（　　）

41. 工频变化量阻抗继电器在保护有串联补偿电容线路时，能保证在正反两方向故障都有很好的方向性。（　　）

42. 方向阻抗继电器中，极化回路串联谐振频率与系统频率相差过多，当保护正向出口金属性三相短路时，将增大记忆时间，有可能造成继电器拒绝动作，而在反方向出口故障时，则又有可能引起继电器误动作。（　　）

43. 在微机保护中设置了启动元件，所以当电压互感器二次回路断线时距离保护不会误动，但是此时应发电压互感器断线信号并闭锁距离保护。（　　）

44. 距离保护振荡闭锁开放时间等于振荡闭锁装置整组复归时间。（　　）

45. 工频变化量保护只在乎电流（或电压）值变化量的绝对值，它不在乎电流（或电压）值是由小变大，还是由大变小。（　　）

46. 用序分量选相元件选相时，如碰到单相故障可一次就选出故障相。（　　）

47. 两相电流差突变量选相元件采用浮动门槛技术可以有效防止在不平衡电流输出时突变量元件的误动，但是在转换性故障时可能不能指出最终故障类型。（　　）

48. 零序电流保护不反应电网的正常负荷、全相振荡和相间短路。（　　）

49. 在有串补电容的线路上只要对零序电压进行补偿，零序方向继电器就可以正确地判断短路方向。（　　）

50. 当双电源侧线路发生带过渡电阻接地时，送电侧感受的测量阻抗附加分量是感性的，受电侧感受的测量阻抗是容性的。（　　）

51. 对于三相短路和两相短路接地短路故障，采用相对地或相间测量电压都可以实现距离测量。（　　）

52. 距离保护中，故障点过渡电阻的存在，有时会使阻抗继电器的测量阻抗增大，也就是说保护范围会伸长。（　　）

53. 电力系统频率变化对阻抗元件动作行为的影响，主要是因为阻抗元件采用电感、电容元件作记忆回路。（　　）

54. 零序电流保护灵敏 I 段在重合在永久故障时将瞬时跳闸。（　　）

55. 短路初始时，一次短路电流中存在的直流分量与高频分量是造成距离保护暂态超

越的因素之一。（ ）

56. 反映突变量的保护分析是基于线路开关处于合闸运行位置。在被保护线路开关分合过程中，保护行为是混乱的，动作将不正常。（ ）

57. 阻抗继电器的测量阻抗与保护安装处至故障点的距离成正比，而与电网的运行方式无关，并不随短路故障的类型而改变。（ ）

58. 在后加速期间，即使相邻线路发生故障，也允许本线路无选择性地三相跳闸。（ ）

59. 线路的相间保护的最后一段的动作灵敏性，必须限制在可靠地躲开线路正常运行功率和实际可能的最大事故后过负荷功率的范围内。（ ）

60. 复合电压过电流保护的线电压元件和负序电压元件必须同时动作，同时过电流元件动作，整套装置才能启动。（ ）

61. 检验负序电流继电器动作值时，应将负序电流继电器旋钮置于整定位置。然后用冲击法由电流端子通入单相试验电流。要求在 1.3 倍动作值时应可靠动作，即当整定位置在“0.5”，通入电流为 0.65 时应能可靠动作。（ ）

62. 在距离保护的Ⅱ段采用瞬时测量装置，是为了减小助增电流的影响。（ ）

63. 选相元件要求在负荷电流比较大的情况下能正确选相，但在过渡电阻比较大的情况下可以不用选相。（ ）

64. 当线路出现不对称断相时，因为没有发生接地故障，所以线路没零序电流。（ ）

65. 接地距离保护不仅能反应单相接地故障，而且也能反应两相接地故障。（ ）

66. 在大接地电流系统中，发生接地故障的线路，其电源端零序功率的方向与正序功率的方向正好相反。故障线路零序功率的方向是由母线流向线路。（ ）

67. 阻抗保护受系统振荡的影响与保护安装地点有关。当振荡中心在保护范围之外或反方向时，方向阻抗保护就不会因系统振荡而误动。（ ）

68. 电力网中出现短路故障时，过渡电阻的存在对距离保护装置有一定的影响，而且当整定值越小时，它的影响越大，故障点离保护安装处越远时，影响也越大。（ ）

69. 电力系统发生振荡时，可能会导致阻抗元件误动作，因此突变量阻抗元件动作出口时，同样需经振荡闭锁元件控制。（ ）

70. 极化量带记忆不仅能够消除正方向出口故障时的死区防止反方向出口故障误动，还有利于减小过渡电阻对方向阻抗继电器的影响。（ ）

71. 超范围允许式距离保护，正向阻抗定值为 8Ω，因不慎错设为 2Ω，则其后果可能是区内故障拒动。（ ）

72. 设 A2 与 A0 比相元件的动作方程式为 $-60° < \arg(\dot{I}_{A2}/\dot{I}_{A0}) < 60°$。某 500kV 线路在一定负荷电流下 A 相发生瞬时性接地，两侧保护正确动作将 A 相跳闸线路处非全相运行状态，此时比相元件处于不动作状态。（ ）

73. 平行线路之间存在零序互感，当相邻平行线流过零序电流时，将在线路上产生感应零序电动势，但不会改变零序电流与零序电压的相量关系。（ ）

74. 距离保护是本线路和相邻线正方向故障的保护，它具有明显的方向性，因此，距

离保护第Ⅲ段的测量元件，也不能用具有偏移特性的阻抗继电器。（　）

75. 零序电流保护虽然做不了所有类型故障的后备保护，但是能保证在本线路末端经较大过渡电阻接地时仍有足够灵敏度。（　）

76. 电流差突变量选相元件，当选相为B相时，说明 ΔI_{AB} 或 ΔI_{BC} 动作。（　）

77. I_0、I_{2a} 比相的选相元件，当落入C区时，可能AB相故障。（　）

78. 一般距离保护振荡闭锁工作情况是正常与振荡时不动作、闭锁保护，系统故障时开放保护。（　）

79. 与电流、电压保护相比，距离保护的主要优点在于完全不受运行方式影响。（　）

80. 被保护线路上任一点发生AB两相金属性短路时，母线上电压 U_{ab} 将等于零。（　）

81. 零序电流保护Ⅵ段定值一般整定较小，线路重合过程非全相运行时，可能误动，因此在重合闸周期内应闭锁，暂时退出运行。（　）

82. 在受电侧电源的助增作用下，线路正向发生经接地电阻单相短路，假如接地电阻为纯电阻性的，将会在送电侧相阻抗继电器的阻抗测量元件中引起容性的附加分量 Z_R。（　）

83. 90°接法（接 I_A 的接 U_{BC}，以此类推）方向元件的缺点是健全相元件往往与故障相元件一启动作。（　）

84. 高压线路上F点的B、C两相各经电弧电阻 R_B 与 R_C（$R_B \neq R_C$）短路后再金属性接地时，仍可按简单的两相接地故障一样，在构成简单的复合序网图后来计算故障电流。（　）

85. 某线路的正序阻抗为0.2Ω/km，零序阻抗为0.6Ω/km，它的接地距离保护的零序补偿系数为0.5。（　）

86. 当系统最大振荡周期为1.5s时，动作时间不小于0.5s的距离Ⅰ段，不小于1s的距离保护Ⅱ段和不小于1.5s的距离保护Ⅲ段不应经振荡闭锁控制。（　）

87. 当串补电容在线路始端时，功率方向继电器失去方向性；在背后时有死区。（　）

88. 当串补电容在线路始端时，功率方向继电器有死区；在背后时失去方向性。（　）

89. 串补电容在断路器之外时，只要保护用电压互感器装在母线上，就可使串补电容处于保护背后。（　）

90. 串补电容在断路器之外时，只要保护用电压互感器装在线路上，就可使串补电容处于保护背后。（　）

91. 3/2断路器主接线方式的变电站中的重合闸应按线路配置。（　）

92. 突变量保护可以用作带延时的保护。（　）

93. 当整套保护装置中采用自产 $3U_0$ 方式，发生电压断线时，应将整套零序电流保护退出运行。（　）

94. 在整定计算单相重合闸时间取固定值，应为最佳的单相重合闸时间，与线路送电

负荷潮流的大小无关。（ ）

95. 为了尽可能减少重合闸于故障对系统暂态稳定的要求，重合闸时间越短越好。（ ）

96. 对选择三相重合闸方式的线路，应选定对系统稳定冲击较小的一侧先重合。（ ）

97. 采用序分量选相原理，当动作情况为63.4°＜$\arg I_0/I_{2a}$＜180°时，选A相。（ ）

98. 在大接地系统发生单相接地故障时，其故障电流、电压分析中各序的序网络是并联的。（ ）

99. 当重合闸重合于永久性故障时，主要有以下两个方面的不利影响：①使电力系统又一次受到故障的冲击；②使断路器的工作条件变得更加严重。（ ）

100. 当重合闸重合于永久性故障时，如断路器遮断容量不足、防止出现非同期情况时，允许使用重合闸。（ ）

101. 零序电流保护的优点：结构及原理简单，中间环节少，对于近处故障可以实现快速动作；在电网零序网络基本稳定的条件下，保护范围比较稳定；受故障过渡电阻的影响小；保护定值不受负荷电流的影响，也基本不受其他中性点不接地电网短路故障的影响，保护延时段灵敏度允许整定较高。（ ）

102. 断路器气压或液压降低到不允许重合闸时，应闭锁重合闸。（ ）

103. 当线路发生故障后，保护有选择性地动作切除故障，重合闸进行一次重合闸以恢复供电。当重合于永久性故障时，保护装置即不带时限无选择性地动作断开断路器，这种方式称为重合闸前加速。（ ）

104. 检定同期重合闸当线路属于永久性故障，无压侧重合后再次断开，此时检定同期重合闸不重合，因此采用检定同期重合闸再装后加速也就没有意义。（ ）

105. 为保证重合成功，单相重合闸的时间要躲过断路器的主触点分开时间、潜供电流消失时间、故障点去游离时间之和，并留有一定裕度。（ ）

106. 大接地电流系统反方向接地故障，零序电流与零序电压的相量关系为：零序电压滞后零序电流约100°。（ ）

107. 大接地电流系统正方向接地故障，零序电流与零序电压相量关系为：零序电压超前零序电流100°左右。（ ）

108. 大接地电流系统接地短路时，系统零序电流的分布与中性点接地的多少及位置有关。（ ）

109. 大接地电流系统接地短路时，故障点的零序电压为0，变压器中性点接地处的电压为高。（ ）

110. 四边形特性距离继电器由一个电抗（X特性）元件、一个电阻元件（R特性）、一个方向元件（D特性）构成。电抗元件的作用是测量距离，电阻元件的作用是躲负荷，这两个元件均为直线。方向元件用于判别方向，一般为折线。（ ）

111. 全阻抗特性阻抗继电器的优点是动作有方向性，最宜作为距离保护的第Ⅰ段，但有电压死区，并有暂态超越现象。（ ）

112. 偏移圆特性阻抗继电器的优点是出口故障时无死区，但无方向性。（ ）

113. 突变量距离继电器是以测量故障前后电压和电流工频有效值的变化量为判据的距离继电器。 ( )

114. 以非故障相的距离测量电压为极化量，即对于不同相别的相间（或接地）故障，各相的距离测量电压互为极化量，也有可能再辅之以其他的极化量，这种方式的继电器称为多相补偿距离继电器。 ( )

115. 极化量带记忆作用，可以消除近区单相故障时的电压死区。 ( )

116. 零序过电流保护因其简单在系统得到广泛使用，在复杂系统中使用时应注意的几个问题：①避开向空载线路充电的零序电容电流；②避开线路合闸时的零序电流；③避开相间短路时的零序不平衡电流。 ( )

117. 对单纯采用电压作极化量的方向距离继电器，当出口或母线短路时，正方向故障，可能因参考电压过小而拒绝动作；反方向故障，可能因参考电压中存在杂散电压而误动作。 ( )

118. 为了解决线路出口故障保护不正确动作的问题，采用的方法是使极化量带记忆作用。 ( )

119. 方向距离继电器的动作特性分为静态特性和动态特性。 ( )

120. 在系统发生非对称故障时，故障点的正序电压最低，向电源侧逐步增大为电源电动势；而故障点的负序电压最高，向电源侧逐步降低为零。 ( )

121. 阻抗继电器的动作特性可以在阻抗图上表示，也可以在导纳图上表示。 ( )

122. 解析系统振荡时阻抗继电器的动作行为，一般不考虑线路的分布电容。 ( )

123. 在系统振荡时，即使没有短路故障，阻抗继电器也可能会误动作。 ( )

124. 对相阻抗继电器，在两相短路经电阻接地时，超前相继电器在正方向短路时发生超越，在反方向短路时要失去方向性。 ( )

125. 故障分量分为两类：稳定的故障分量和短暂的故障分量。 ( )

126. 微机式突变量保护不仅能精确地实现相位比较，而且能精确地实现幅值比较。 ( )

127. 由于短路点存在过渡电阻，必然直接影响阻抗继电器的测量阻抗，在单侧电源网络中，过渡电阻只会使测量阻抗增大。 ( )

128. 全阻抗继电器没有方向性，所以在保护安装处反方向发生故障时，继电器也动作。 ( )

129. 从根本上避免零序方向元件不正确动作的唯一正确做法，是利用保护装置内部的三相相电压合成 $3U_0$（自产 $3U_0$）提供给方向元件。 ( )

130. 相间方向距离继电器，为了避免电压死区，极化回路都带记忆作用，有的还附加有移相 90° 的第三相电压参与极化。 ( )

131. 装在送电端的方向距离继电器，当受电侧母线经电阻三相短路时可能发生超越。送电功率越大，线路越长，发生暂态超越的可能性越大。 ( )

132. 对方向距离继电器，为了消除电压死区、增强允许接地电阻的能力和保证方向性，可采取极化回路采用记忆作用和领前相电压作为辅助极化量的措施。 ( )

133. 方向距离继电器在母线发生三相对称短路时，如果保护安装在送电端，继电器

不会误动；如果保护安装在受电端，在记忆作用存在时，不会误动，记忆作用消失后将误动。（　　）

134. 防止方向距离继电器在串补线路上运行时不正确动作的主要措施是极化回路的记忆作用。（　　）

135. 接地方向距离继电器在线路发生两相短路接地时，超前相的继电器保护范围将发生超越，滞后相的继电器保护范围将缩短。（　　）

136. 单相经高电阻接地故障一般是导线对树枝放电。高阻接地故障一般不会破坏系统的稳定运行。因此，当主保护灵敏度不足时，可以用简单的反时限零序电流保护来保护。（　　）

137. 当线路发生单相接地故障而进行三相重合闸时，将会比单相重合闸产生较小的操作过电压。（　　）

138. 采用三相重合闸时，最不利的情况是有可能重合于三相短路故障。（　　）

139. 使用单相重合闸时会出现非全相运行，除纵联保护需要考虑一些特殊问题外，对零序电流保护的整定和配合产生了很大影响，也使中、短线路的零序电流保护不能充分发挥作用。（　　）

140. 当重合闸使用方式为单相重合闸时，选相达两相及以上时应跳三相。（　　）

141. 重合闸前加速保护比重合闸后加速保护的重合闸成功率高。（　　）

142. 突变量构成的保护，不仅可构成快速主保护，也可构成阶段式后备保护。（　　）

143. 工频变化量阻抗继电器不反应系统振荡，但可能在其他解列点在系统振荡解列时误动。（　　）

144. 平行双回线路，切除一回线后，另一回线的零序阻抗一定变小。（　　）

145. 双侧电源线路上，振荡过程中发生短路故障，相电流突变量元件一定能可靠启动。（　　）

146. 当电力系统发生振荡时，线路的零序电流保护将误动。（　　）

147. 纵联保护两侧弱馈功能应同时投入。（　　）

148. 相间阻抗继电器不反映接地故障。（　　）

149. 工频变化量阻抗继电器在整套保护中最显著的优点是出口故障时高速动作，反应过渡电阻能力强。（　　）

150. 当零序功率方向继电器的最灵敏角为电流越前电压 100°时，其电流和电压回路应按反极性与相应的 TA、TV 回路连接。（　　）

151. 方向阻抗继电器引入第三相电压是为了防止距离保护暂态超越。（　　）

152. 非全相运行时（A 相断线），若电压互感器接于母线上，送端的负序和零序电流的相位超前于负序和零序电压 90°，受端的负序和零序电流的相位滞后于负序和零序电压 90°。（　　）

153. 非全相运行时（A 相断线），若电压互感器接于线路上。送端的负序和零序电流超前于负序和零序电压的相位角为 ϕ_L(ϕ_L 为断相前 A 相负荷电流滞后于 A 相母线电压的角度)。（　　）

154. 非全相运行时（A 相断线），若电压互感器接于线路上，送端的负序和零序电流的相位超前于负序和零序电压 90°，受端的负序和零序电流的相位滞后于负序和零序电压 90°。（　　）

155. 非全相运行时（A 相断线），若电压互感器接于线路上，送端的负序和零序电流滞后于负序和零序电压的相位角为 ϕ_L（ϕ_L 为断相前 A 相负荷电流滞后于 A 相母线电压的角度）；受端的负序和零序电流超前于负序和零序电压的相角为 $180°-\phi_L$。（　　）

156. 对于纵联保护，应保证被保护范围末端发生金属性故障或电阻性故障时有足够灵敏度。对接地电阻的要求：220kV 线路，100Ω；330kV 线路，150Ω；500kV 线路，300Ω；750kV 线路，400Ω。（　　）

157. 多段式零序电流保护逐级配合的原则：要求相邻保护在灵敏度和动作时间上均能相互配合；在上、下两级保护的动作特性之间，不允许出现任何交错点，并应留有一定裕度。（　　）

158. 接地距离 Ⅰ 段定值按可靠躲过本线路对侧母线接地故障来整定。（　　）

159. 距离保护Ⅱ段应保护本线路全长。（　　）

160. 距离保护第Ⅲ段的整定一般按照躲开最小负荷阻抗来整定。（　　）

161. 距离保护所采用的阻抗继电器的最小精确工作电流应该小于保护区末端短路时的最小短路电流。（　　）

162. 零序电流速断保护按照躲开下一条线路出口处单相或两相接地短路时可能出现的最大零序电流的整定原则整定。（　　）

163. 若线路的全线速动保护全部停用，根据稳定运行要求，可将被保护线路停运或将本线路两侧相间短路和接地故障后备保护灵敏段临时改为瞬时动作。（　　）

164. 上、下级保护间只要动作时间配合好，就可以保证选择性。（　　）

165. 下一级电压母线配出线路的故障切除时间，应满足上一级电压电网继电保护部门按系统稳定要求和继电保护整定配合需要提出的整定限额要求；下一级电压电网应按照上一级电压电网规定的整定限额要求进行整定，必要时，为保证电网安全和重要用户供电，可设置适当的解列点，以便缩短故障切除时间。（　　）

166. 相间和接地故障的延时段后备保护主要应保证选择性和灵敏性要求，在不能兼顾的情况下，优先保证选择性。（　　）

167. 应根据电网结构、系统稳定要求、电力设备承受能力和继电保护可靠性，合理地选定自动重合闸方式。（　　）

168. 在电力设备由一种运行方式转为另一种运行方式的操作过程中，被操作的有关设备均应在保护范围内，部分保护装置可短时失去选择性。（　　）

169. 在系统振荡过程中发生短路故障，可适当降低对继电保护装置速动性的要求，但应保证可靠切除故障。（　　）

170. 在系统振荡过程中发生接地故障时，应有选择地可靠切除故障；在发生不接地的多相短路故障时，应保证可靠切除故障，但允许个别的相邻线路相间距离保护无选择性动作。（　　）

171. 自动重合闸过程中，无论采用线路或母线电压互感器，无论采用什么保护形式，都必须保证在重合于故障时可靠快速三相跳闸。如果采用线路电压互感器，对距离保护的后加速跳闸应有专门措施，防止电压死区。（　）

172. 负序、零序分量和突变量保护都能保护各种故障。（　）

173. 当微机型光纤纵差保护采用专用光纤时，两侧保护装置的通信方式应该是主-主方式，而采用复用光纤方式时两侧应采用从-从方式。（　）

174. 方向纵联保护的方向元件在两相运行时不起保护作用。（　）

175. 任何电力设备和线路在运行中，必须在任何时候由两套完全独立的继电保护装置的跳闸回路分别控制两台完全独立的断路器实现保护。（　）

176. 突变量包含工频突变量和暂态突变量，为使突变量保护快速动作，常用其中的暂态突变分量，使其动作速度可以达到特高速（小于 10ms）。（　）

177. 线路发生单相接地故障，其保护安装处的正序、负序电流大小相等、相位相反。（　）

178. 在大接地电流系统中，当断路器触头一相或两相先闭合时，零序电流滤过器均无电流输出。（　）

179. 当发生电压回路断线后，220kV 及以上的保护中只需要退出距离保护元件。（　）

180. 方向阻抗继电器中电抗变压器的两组二次绕组在同一电流下产生的转移阻抗值不等，将使其变为带偏移特性的阻抗继电器。（　）

181. 在系统发生故障而振荡时，只要距离保护的整定值大于保护安装处至振荡中心之间的阻抗，就不会发生误动作。（　）

182. 电力系统发生振荡时，任一点电流与电压的大小，随着两侧电动势周期性的变化而变化。当变化周期小于该点距离保护某段的整定时间时，则该段距离保护不会误动作。（　）

183. 某 220kV 线路上发生 B 相金属性接地短路时，则 220kV 母线上的 B 相正序电压等于该母线上 B 相负序电压与零序电压之和。（　）

184. 若 220kV 线路保护用的 TV 二次回路存在多点接地问题，则当发生区外故障时，可能造成反方向故障而误判为正方向。（　）

185. 小接地电流电网中，母线单相接地，线路末段接地，TV 开口三角形侧电压总在 100V 左右。（　）

186. 大电流接地系统线路断相不接地，所以没有零序电流。（　）

187. 自耦变压器外部接地故障，其公共绕组的电流方向不变。（　）

188. 当变压器发生少数绕组匝间短路时，匝间短路电流很大，因而变压器气体保护和纵差保护都会动作跳闸。（　）

189. 某大型变压器发生故障，应跳断路器，若高压断路器失灵，则应启动断路器失灵保护，因此气体保护、差动保护等均可构成失灵保护的启动条件。（　）

190. 当电压互感器接于母线上时，线路出现非全相运行，如果断线相又发生接地故障，两端负序方向元件能正确动作。（　）

191. PCS-931N2 在 TV 断线时，零序过电流Ⅲ段保护不会退出。（　）

192. 当线路出现非全相运行时，由于没有发生接地故障，所以零序保护不会发生误动。（　　）

193. 允许式的纵联保护较闭锁式的纵联保护易拒动，但不易误动。（　　）

194. 阻抗继电器受过渡电阻的影响，使得阻抗继电器的灵敏度下降。（　　）

参考答案：1. √ 2. √ 3. √ 4. × 5. × 6. √ 7. √ 8. √ 9. × 10. × 11. × 12. × 13. √ 14. × 15. √ 16. √ 17. × 18. × 19. √ 20. × 21. √ 22. × 23. √ 24. √ 25. × 26. √ 27. √ 28. √ 29. √ 30. √ 31. × 32. √ 33. × 34. √ 35. √ 36. × 37. √ 38. × 39. √ 40. × 41. √ 42. × 43. √ 44. × 45. √ 46. × 47. √ 48. √ 49. √ 50. × 51. √ 52. × 53. √ 54. × 55. √ 56. × 57. √ 58. √ 59. √ 60. × 61. × 62. × 63. × 64. × 65. √ 66. × 67. √ 68. × 69. × 70. √ 71. √ 72. × 73. × 74. × 75. √ 76. × 77. √ 78. √ 79. × 80. × 81. × 82. √ 83. √ 84. × 85. × 86. √ 87. × 88. √ 89. × 90. √ 91. × 92. × 93. × 94. × 95. × 96. √ 97. × 98. × 99. √ 100. × 101. √ 102. √ 103. × 104. √ 105. √ 106. × 107. × 108. √ 109. × 110. √ 111. × 112. √ 113. √ 114. √ 115. × 116. √ 117. √ 118. √ 119. √ 120. √ 121. √ 122. √ 123. √ 124. √ 125. √ 126. √ 127. √ 128. √ 129. √ 130. √ 131. √ 132. √ 133. √ 134. √ 135. √ 136. √ 137. × 138. √ 139. √ 140. √ 141. √ 142. × 143. × 144. √ 145. × 146. × 147. × 148. × 149. √ 150. × 151. × 152. × 153. × 154. × 155. √ 156. × 157. √ 158. √ 159. √ 160. √ 161. √ 162. √ 163. √ 164. × 165. √ 166. × 167. √ 168. √ 169. √ 170. √ 171. √ 172. × 173. √ 174. × 175. √ 176. × 177. × 178. × 179. × 180. √ 181. × 182. √ 183. × 184. √ 185. √ 186. × 187. × 188. × 189. × 190. √ 191. √ 192. × 193. √ 194. √

三、变压器保护

1. 变压器的零序阻抗与绕组的联结方式及磁路结构有关。系统使用的变压器一般为YN,d接线且YN侧中性点接地，从d侧施以零序电压。由于回路不通不产生任何电流，故从d侧看入的零序阻抗为∞。从YN侧施以零序电压，在d侧将形成零序环流，故对零序来讲，从YN侧看入几乎相当于另一侧短路，呈现的是短路阻抗U_k%，但由于三芯式三相变压器的零序磁通要经过空气隙，使励磁阻抗大为降低，一般使零序阻抗减小到U_k%的80%左右。（　　）

2. YN,d11接线的变压器装有微机差动保护，其Y侧电流互感器的二次电流相位补偿是通过微机软件实现的。现整定Y侧二次基准电流I_B=5A，差动动作电流I_C=0.4I_B，从这一侧模拟A、B相短路，其动作电流应为2A左右。（　　）

3. 220kV变压器的中性点经间隙接地的零序过电压保护定值一般可整定为120V。（　　）

4. 超高压变压器过励磁时，差动保护的差回路中出现 5 次谐波电流，过励磁越严重，5 次谐波电流与基波电流之比也越大。（　）

5. 当变压器差动保护中的二次谐波制动方式采用分相制动时，躲励磁涌流的能力比其他二次谐波制动方式要高。（　）

6. 变压器接线为 YN,d11 接线，微机差动保护采用 d 侧移相方式，该变压器在额定运行时，YN 侧一相 TA 二次回路断线，三个差动继电器只有一个处于动作状态，其余两个因差动回路无电流仍处于制动状态。（　）

7. 接线为 YN,d11 的变压器，变比为 110/38.5kV，当 d 侧两相短路通过 d 侧的短路电流为电流为 9.8kA 时，则 YN 侧最大相电流为 3.96kA。（　）

8. 接线为 YN,d11 的变压器，两侧 TA 接成星形，微机差动保护采用 d 侧移相方式，额定运行下 YN 侧保护区内发生单相接地，差动回路最小相电流与最大相电流之比等于 0.5。（　）

9. 对自耦变压器，为增加切除单相接地短路的可靠性，可在变压器中性点回路增设零序过电流保护。（　）

10. 由于变压器纵差保护经星—角相位补偿后消除了零序电流分量，所以 YN,d11 接线变压器如果 Y 侧中性点不接地，变压器纵差保护不能保护变压器 Y 侧内部的单相接地故障。（　）

11. 因为变压器从开始过励磁，到产生的过热程度危及变压器安全的时间与过励磁倍数的平方成反比，所以变压器过励磁保护按反时限整定。（　）

12. 具有二次谐波制动的变压器分相差动保护，其制动方式可以采用分相制动方式，也可以采用“或门”制动（即一相制动三相）方式。前者有利于躲励磁涌流；后者有利于空投变压器且发生内部故障时，快速切除变压器。（　）

13. 中性点直接接地的三绕组自耦变压器高压侧母线发生单相接地时，中性线电流的大小与方向可能因中压侧系统零序阻抗的变化具有不确定性。（　）

14. 自耦变压器中性点必须接地，这是为了避免当高压侧电网内发生单相接地故障时中压侧出现过电压。（　）

15. 为使变压器差动保护在变压器过励磁时不误动，在确定保护的整定值时，应增大保护的谐波制动比。（　）

16. 变压器的容量越小，空投时励磁涌流与额定电流之比越大。（　）

17. 变压器空投时，变压器与电源之间的阻抗越大，励磁涌流越小。（　）

18. 当变压器差动保护中的 2 次谐波制动方式采用“或门”制动时，躲励磁涌流的能力比“按相”谐波制动方式要高。（　）

19. 新投运变压器充电前，应停用变压器差动保护，待相位测定正确后，才允许将变压器差动保护投入运行。（　）

20. 在自耦变压器高压侧或中压侧接地短路时，中性点零序电流的大小和相位与故障点位置、系统运行方式及参数有关。（　）

21. 当变压器中性点采用经过间隙接地的运行方式时，变压器接地保护应采用零序电流继电器和零序电压继电器并联的方式，保护的动作时限选用 0.5s。（　）

22. 自耦变压器的零序比率差动保护中，取用的零序电流是高压侧零序电流、中压侧零序电流、公共绕组的零序电流。　（　　）

23. 变电站切除一台中性点直接接地的负荷变压器，在该变电站母线出线上发生两相故障时，该出线的正序电流变小。　（　　）

24. 为防止变压器后备阻抗保护在电压断线时误动作，必须装设电压断线闭锁装置。　（　　）

25. 装于Y/△接线变压器高压侧的过电流保护，对于变压器低电压侧发生的两相短路，采用三相三继电器的接线方式比两相两继电器的接线方式灵敏度高。　（　　）

26. 三相三柱式变压器的零序磁通由于只能通过油箱作回路，所以磁阻大，零序阻抗比正序阻抗小。　（　　）

27. 为使变压器差动保护在变压器过励磁时不误动，在确定保护的整定值时，应增大差动保护的 5 次谐波制动比。　（　　）

28. 设置变压器差动速断元件的主要原因是防止区内故障 TA 饱和产生高次谐波致使差动保护拒动或延缓动作。　（　　）

29. YN,d11 接线的变压器低压侧发生 b、c 两相短路时，高压侧 B 相电流是其他两相电流的 2 倍。　（　　）

30. 变压器纵差保护经星—角相位补偿后，滤去了故障电流中的零序电流，因此不能反映变压器 YN 侧内部单相接地故障。　（　　）

31. 变压器的方向过电流保护的动作方向应指向变压器。　（　　）

32. 谐波制动的变压器差动保护中，一定要加装差动速动元件。　（　　）

33. 主变压器保护中除差动保护动作外，其他保护动作均应闭锁备自投装置。（　　）

34. 变压器的气体保护范围在差动保护范围内，这两种保护均为瞬动保护，所以能启动气体动作的故障也能启动差动保护。　（　　）

35. 变压器的零序阻抗不仅与接线方式有关，而且与铁芯结构有关。　（　　）

36. 如果变压器中性点不接地，并忽略分布电容，在线路上发生接地短路时，连于该侧的三相电流中不会出现零序电流。　（　　）

37. 在变压器间隙接地的接地保护采用零序电流与零序电压并联方式。　（　　）

38. 变压器各侧电流互感器型号不同，变流器变比与计算值不同，变压器调压分接头不同，所以在变压器差动保护中会产生暂态不平衡电流。　（　　）

39. 加装电压断线闭锁是防止变压器阻抗保护因电压互感器二次失压误动作的最有效措施。　（　　）

40. YN,d11 接线变压器在运行中，d 绕组 a 相发生匝间短路时，YN 侧没有零序电流出现。　（　　）

41. 变压器差动保护的不平衡电流包括稳态和暂态情况下的不平衡电流。　（　　）

42. 三相变压器空载合闸励磁涌流的大小和波形与电源电压大小和合闸初相角有关。　（　　）

43. 三相变压器空载合闸励磁涌流的大小和波形与系统阻抗大小及剩磁大小和方向有关。　（　　）

44. 三相变压器空载合闸励磁涌流的大小和波形与 Y 侧合闸时中性点接地方式有关。（　　）

45. 变压器中性点零序电流始终等于同侧三相电流之和。（　　）

46. YN,d11 变压器△侧两相短路，Y 侧三相均出现故障电流。（　　）

47. 对于Y/Y/△接线的自耦变压器，零序差动保护取用的零序电流是高压侧零序电流、中压侧零序电流和接地中性线中的零序电流。（　　）

48. 对于Y/Y/△接线的三绕组变压器，若低压侧等值阻抗为零，则高、中压构成互不相干的零序网络。（　　）

49. YN,d11 接线变压器差动保护，Y 侧保护区内单相接地时，接地电流中必有零序分量电流，根据内部短路故障时差动回路电流等于内部故障电流，所以差动电流中也必有零序分量电流。（　　）

50. 双绕组变压器的励磁涌流分布在变压器两侧，大小为变比关系。（　　）

51. 某大型变压器发生故障，应跳断路器，若高压断路器失灵，则应启动断路器失灵保护，因此气体保护、差动保护等均可构成失灵保护的启动条件。（　　）

52. 在变压器差动保护接线中，内部接地故障电流中的零序电流分量不能流入差动回路中。（　　）

53. 自耦变压器的零序比率差动保护中，取用的零序电流是高压侧零序电流、中压侧零序电流、接地中性点的零序电流。（　　）

54. 对于保护用电流互感器，当被保护线路发生短路故障时，铁芯中的磁感应强度是增大的。（　　）

55. 差动保护动作整定值越小或外部短路穿越性电流越大，则变压器差动保护越易误动。（　　）

56. 具有三折线比率制动特性的变压器差动保护兼顾了变压器外部严重短路的可靠性和内部轻微匝间短路的灵敏度。（　　）

57. 变压器中性点间隙接地保护包括间隙过电流保护与间隙过电压保护，且其接点串联出口。（　　）

58. 带负荷调压的油浸式变压器的调压装置，亦应装设气体保护。（　　）

59. 中性点经放电间隙接地的半绝缘 110kV 变压器的间隙零序电压保护，$3U_0$ 定值一般整定为 150～180V。（　　）

60. 在 220kV 电力系统中，校验变压器零序差动保护灵敏系数所采用的系统运行方式应为正常运行方式。（　　）

61. 除保护安装侧外，对侧无变压器中性点接地，则零序电流保护不需要经方向元件控制。（　　）

62. 电压为 220kV 及以上的变压器装设数字式保护时，除非电量保护外，应采用双重化保护配置。当断路器具有两组跳闸线圈时，两套保护宜分别动作于断路器的一组跳闸线圈。（　　）

63. 变压器比率制动的差动继电器，设置比率制动的主要原因是当区外故障不平衡电流增加，为了使继电器动作电流随不平衡电流增加而提高动作值。（　　）

64. 变压器保护的气体保护范围在差动保护范围内，这两种保护均为瞬动保护，所以可用差动保护代替气体保护。 ( )

65. 220kV 终端变压器的中性点，不论其接地与否不会对其电源进线的接地短路电流值有影响。 ( )

66. 变压器差动保护的暂态不平衡电流是由实际的电流互感器变比不同引起的。 ( )

67. 改变变压器调压分接头会引起变压器差动保护的稳态不平衡电流。 ( )

68. 变压器差动保护的稳态不平衡电流是由短路电流的非周期分量主要为电流互感器的励磁电流，使其铁芯励磁，误差增大而引起的。 ( )

69. 变压器励磁涌流包含大量的高次谐波分量，并以二次谐波为主。 ( )

70. 防止励磁涌流的方法可采用具有速饱和铁芯的差动继电器。 ( )

71. “12 点接线”的变压器，其高压侧线电压和低压侧线电压同相；“11 点接线”的变压器，其高压侧线电压滞后低压侧线电压 30°。 ( )

72. 在谐波制动的变压器差动保护中，设置差动速断元件的主要原因是提高差动保护的动作速度。 ( )

73. 在变压器中性点直接接地系统中，当发生单相接地故障时，将在变压器中性点产生很大的零序电压。 ( )

74. 在变压器差动保护范围以外改变一次电路的相序时，变压器差动保护所用的电流互感器的二次接线，也应随之做相应的变动。 ( )

75. 对于 YN,d11 接线的变压器，当变压器△侧出口故障，Y 侧绕组低电压接相间电压时，不能正确反映故障相间电压。 ( )

76. 双绕组变压器差动保护的正确接线，应该是正常及外部故障时，高、低压侧二次电流相位相同，流入差动继电器差动线圈的电流为变压器高、低压侧二次电流之相量和。 ( )

77. 当变压器铁芯过热烧伤时，差动保护无反应。 ( )

78. 在变压器高压侧绕组单相接地故障时，短路电流将导致变压器油热膨胀，从而使气体保护动作跳闸。 ( )

79. 变压器的复合电压方向过电流保护中，三侧的复合电压触点并联是为了提高该保护的动作可靠性。 ( )

80. 当变压器绕组发生少数线匝的匝间短路时，差动保护仍能正确反应。 ( )

81. 变压器的两套完整、独立的电气量保护和一套非电量保护应使用各自独立的电源回路（包括直流空气小开关及其直流电源监视回路），在保护柜上的安装位置应相对独立。 ( )

82. 在变压器差动保护 TA 范围以外改变一次电路的相序时，变压器差动保护用 TA 的二次接线也应做相应改动。 ( )

83. 当变压器发生少数绕组匝间短路时，匝间短路电流很大，因而变压器气体保护和纵差保护均动作跳闸。 ( )

84. 三绕组变压器的差动保护各侧电流互感器的选择，应按各侧的实际容量来选型电

流互感器的变比。 ( )

85. 为防御变压器过励磁应装设负序过电流保护。 ( )

86. 变压器内部故障指变压器线圈内发生故障。 ( )

87. 220kV 及以上电压等级变压器配置两套独立完整的保护（含非电量保护），以满足双重化原则。 ( )

88. 电力变压器不管其接线方式如何，其正、负、零序阻抗均相等。 ( )

89. 在自耦变压器高压侧接地短路时，中性点零序电流的大小和相位将随着中压侧系统零序阻抗的变化而改变。因此，自耦变压器的零序电流方向保护不能装于中性点，而应分别装在高、中压侧。 ( )

90. 调节变压器分接头会在差动回路中引起不平衡电流，目前的解决办法只能是靠提高整定值躲过。 ( )

91. 如果一台三绕组自耦变压器的高、中绕组变比为 N12=2.5，S_n 为额定容量，则低压绕组的最大容量为 $0.6S_n$。 ( )

92. 自耦变压器高压侧接地故障，接地中性线中零序电流方向不固定，因而接地中性点电流可能为零。 ( )

93. 变压器油箱内常见的短路故障的主保护是差动保护。 ( )

94. 自耦变压器零序比率差动保护中，与自耦变压器的纵差动保护一样要考虑励磁涌流的影响。 ( )

95. 在间断角原理微机型变压器纵差动保护中，数据采取系统中的采样频率与比率制动式差动保护中的相当。 ( )

96. 某降压变压器在投入运行合闸时产生励磁涌流，当电源阻抗越小时，励磁涌流越大。 ( )

97. YN,d11 接线变压器的纵差动保护可以反应变压器三角形绕组的断线故障。 ( )

98. YN,d11 接线变压器的纵差动保护，可反应 YN 侧一相的断线故障。 ( )

99. 自耦变压器外部接地故障，其公共绕组的电流方向不变。 ( )

100. YN,YN,d 接线的自耦变压器高压侧发生接地故障时，低压侧绕组中有环流电流。 ( )

101. 相对于变压器容量而言，大容量变压器的励磁涌流大于小容量变压器的励磁涌流标幺值。 ( )

102. 变压器励磁涌流含有大量的高次谐波分量，并以 2 次谐波为主。 ( )

103. 变压器励磁涌流含有大量的高次谐波分量，并以 5 次谐波为主。 ( )

104. 主接线为内桥或 3/2 接线的变电站，为简化二次回路，可将高压侧两开关 TA 二次并联后接入静态型变压器比率差动保护。 ( )

105. 自耦变压器的零序差动保护，能反应变压器内部各侧线圈的接地故障。 ( )

106. 终端变电站的变压器中性点直接接地，在其供电线路上发生单相接地故障时，终端变压器侧有负序电流。 ( )

107. 在变压器差动保护接线中，内部接地故障电流中的负序电流分量不能流入差动

回路中。 (　　)

108. 变压器常见的短路故障的主保护是气体保护和差动保护。 (　　)

109. 对于 220kV 的三侧三绕组降压变压器，其高压侧阻抗通常比低压侧大。(　　)

110. YN,YN,d 接线的三绕组变压器在中压侧出线故障时，中压侧直接接地中性点的零序电流和中压侧套管零序电流相等。 (　　)

111. YN,YN,d 接线的三绕组变压器中压侧发生接地故障时，低压侧绕组中无环流电流。 (　　)

112. YN,YN,d 接线自耦变压器在中压侧出线故障时，直接接地中性点的零序电流和高压套管零序电流相等。 (　　)

113. 500kV 的一个半断路器接线方式的断路器失灵保护应取用 TPY 级电流互感器。 (　　)

114. 安装于同一屏、由不同端子供电的两套保护装置的直流逻辑回路之间，不允许有任何电的联系，如需要，必须经空接点输出。 (　　)

115. 由自耦变压器高、中压及公共绕组三侧电流构成的分相电流差动保护无须采取防止励磁涌流的专门措施。 (　　)

116. 变压器并联运行的条件是所有并联运行变压器的变比相等、短路电压相等、中性点绝缘水平相当。 (　　)

117. 为了改进主变压器差动保护的工作条件，除 500kV 外，一般不考虑用满足暂态特性要求的保护用互感器（TP 型），低压侧可用体积较小的 PR，后者除要求铁芯剩磁小于 10% 外，其余与 P 级相同。 (　　)

参考答案： 1. √　2. √　3. ×　4. ×　5. ×　6. ×　7. √　8. √　9. √　10. ×　11. √　12. ×　13. √　14. √　15. ×　16. √　17. √　18. √　19. ×　20. √　21. √　22. √　23. ×　24. ×　25. √　26. √　27. ×　28. √　29. ×　30. ×　31. ×　32. √　33. ×　34. ×　35. √　36. √　37. √　38. ×　39. ×　40. ×　41. √　42. √　43. √　44. √　45. ×　46. √　47. ×　48. √　49. ×　50. ×　51. ×　52. √　53. ×　54. √　55. √　56. √　57. ×　58. √　59. √　60. √　61. √　62. √　63. √　64. ×　65. ×　66. ×　67. √　68. ×　69. √　70. √　71. √　72. ×　73. ×　74. ×　75. √　76. ×　77. √　78. √　79. ×　80. ×　81. √　82. ×　83. ×　84. ×　85. ×　86. ×　87. ×　88. ×　89. √　90. √　91. √　92. √　93. ×　94. ×　95. ×　96. √　97. ×　98. ×　99. ×　100. √　101. ×　102. √　103. ×　104. ×　105. ×　106. ×　107. ×　108. √　109. √　110. √　111. ×　112. ×　113. ×　114. √　115. √　116. ×　117. √

四、母差失灵保护

1. 双母线接线的母差保护采用电压闭锁元件，是因为有二次回路切换问题；一个断路器接线的母差保护不采用电压闭锁元件，是因为没有二次回路切换问题。 (　　)

2. 短路电流暂态过程中含有非周期分量，电流互感器的暂态误差比稳态误差大得多。

因此，母线差动保护的暂态不平衡电流也比稳态不平衡电流大得多。（ ）

3. 不论何种母线接线方式，当某一出线断路器发生拒动时，失灵保护只需跳开该母线上的其他所有断路器。（ ）

4. 双母线的母联断路器合闸运行，母线差动保护的死区在母联开关与母联TA之间。（ ）

5. 双母线接线的断路器失灵保护中，可用隔离开关辅助触点启动的双位置继电器来反应断路器所接母线。（ ）

6. 断路器失灵保护的电流判别元件的动作和返回时间均不宜大于20ms，其返回系数也不宜高于0.9。（ ）

7. 电流互感器在暂态过程中短路电流含有直流分量，使电流互感器的暂态误差比稳态误差大得多，因此母线差动保护的暂态不平衡电流要比稳态不平衡电流大得多。（ ）

8. 当线路保护装置拒动时，一般情况只允许相邻上一级的线路保护越级动作，切除故障；当断路器拒动（只考虑一相断路器拒动），且断路器失灵保护动作时，应保留一组母线运行（双母线接线）或允许多失去一个元件（一个半断路器接线）。（ ）

9. 合理分配母差保护所接电流互感器二次绕组，对确无办法解决的保护动作死区，可采取后备保护加以解决。（ ）

10. 用于母差保护的断路器和隔离开关的辅助触点、切换回路、辅助变流器，以及与其他保护配合的相关回路亦应遵循相互独立的原则按双重化配置。（ ）

11. 母差保护与失灵保护共用出口回路时，闭锁元件的灵敏系数应按母差保护的要求整定。（ ）

12. 母线完全差动保护启动元件的整定值，应能避开外部故障时的最大短路电流。（ ）

13. 为保证在电流互感器和断路器之间发生故障时，母差保护动作跳开本侧断路器的同时对侧闭锁式纵联保护能快速动作，应采取的措施是母差保护动作停信。（ ）

14. 对于超高压系统，当变电站母线发生故障，在母差保护动作切除故障的同时，变电站出线对端的线路保护亦应可靠的跳开相应断路器。（ ）

15. 失灵保护的判别元件一般为相电流元件，当用于发电机—变压器组保护启动断路器失灵保护时，判别元件应增加零序电流元件或负序电流元件。（ ）

16. 断路器失灵保护所需的动作延时，应为断路器跳闸时间再加裕度时间。（ ）

17. 在对停电的线路电流互感器进行伏安特性试验时，必须将该电流互感器接至母差保护的二次线可靠短接后，再断开电流互感器二次的出线，以防止母差保护误动。（ ）

18. 主变压器500kV侧、220kV侧距离保护可分别作为500kV、220kV母线的后备保护，当对应母线保护停用时，可调整距离保护动作时间。（ ）

19. 断路器失灵保护的相电流判别元件的整定值，在为了满足线路末端单相接地故障时有足够灵敏度，可以不躲过正常运行负荷电流。（ ）

20. 220kV母线分裂运行时，母联开关与母联TA之间发生故障，BP-2C母差保

护经 150ms 延时确认分裂状态，母联电流不计入小差电流，由差动保护切除母联死区故障。 ( )

21. 对于数字式母线保护装置，允许在启动出口继电器的逻辑中设置电压闭锁回路，而不在跳闸出口接点回路上串接电压闭锁触点。 ( )

22. 对于 3/2 断路器接线母线保护，要求它的安全性比可信赖性更高。 ( )

23. BP-2B 保护和电流突变量判据，当任一相的和电流突变量大于突变量门槛时，该相启动元件动作。其中和电流突变量采用和电流有效值比前一周波的突变量。 ( )

24. 断路器失灵保护的延时均不需与其他保护的时限配合，因为它在其他保护动作后才开始计时。 ( )

25. 母差保护为分相差动，TA 断线闭锁元件也应分相设置，即哪一相 TA 断线应去闭锁哪一相动保护，以减少母线上又发生故障时差动保护拒动的概率。 ( )

26. 当线路断路器与电流互感器之间发生故障时，本侧母差保护动作三跳。为使线路对侧的开关快速跳闸，采用母差保护动作三跳停信措施。 ( )

27. 在 220kV 双母线运行方式下，当任一母线故障，该母线差动保护动作而母联断路器拒动时，这时需由失灵保护来切除故障。 ( )

28. 母线充电保护是指母线故障的后备保护。 ( )

29. 母线差动保护元件的启动元件的动作电流必须避越外部故障时的最大不平衡电流。 ( )

30. 对于采用双母线接线方式的变电站，当某一连接元件发生故障，且开关拒动时，失灵保护动作首先应跳开故障元件对侧开关。 ( )

31. 母线电流差动保护采用电压闭锁元件主要是为了防止系统振荡时，母线差动保护误动。 ( )

32. 对于母线保护的基本要求是应能快速地、有选择性地将故障母线切除，并保证动作可靠，而且有足够的灵敏度。 ( )

33. 母线充电保护只在母线充电时投入，当充电良好后，应及时停用。 ( )

34. 断路器失灵保护动作时，应对有关断路器的自动重合闸装置进行闭锁。 ( )

35. 双母线保护中，必须大差和小差同时满足判据，差动保护才动作。 ( )

36. BP-2B 母线保护装置 K_r 选值越大，在区内故障时允许流出母线的电流占总故障电流的份额越大。 ( )

37. BP-2B 母线保护装置复式比率差动判据是不分相的。 ( )

38. BP-2B 母线保护装置双母线接线使用大差比率差动元件作为区内故障判别元件，使用小差比率差动元件作为故障母线选择元件。 ( )

39. BP-2B 母线保护装置双母线母联电流回路断线后，母线会转入互联状态。母联电流正常后，会自动解除互联状态。 ( )

40. BP-2B 母线保护装置当发现刀闸辅助触点状态与实际不符，在状态确定的情况下自动修正错误的刀闸触点。刀闸辅助触点恢复正确后，装置自动解除刀闸修正。 ( )

41. 断路器失灵保护应直接使用断路器（隔离开关）的辅助触点，如使用辅助触点确有困难，可采用辅助触点启动的双位置继电器。 ( )

42. 母线电流差动保护采用电压闭锁元件，主要是为了防止由于误碰出口中间继电器而造成母线电流差动保护误动。（　　）

43. 母线电流差动保护的最大不平衡电流出现在短路的最初瞬间。（　　）

44. 一次接线为1个半断路器接线时，母线保护应装设电压闭锁元件。（　　）

45. 母线充电保护是指利用母联断路器给另一母线充电时的保护。（　　）

46. 对于采用双母线接线方式的变电站，当某一连接元件发生故障且断路器拒动时，失灵保护应首先跳开母联断路器。（　　）

47. 断路器失灵保护的线路及母联断路器出口动作时间应为同一时间。（　　）

48. 当母线内部故障有电流流出时，应增大差动元件的比率制动系数，以确保内部故障时母线保护正确动作。（　　）

49. 失灵保护的动作时间应大于故障元件断路器跳闸时间和继电保护返回时间之和。（　　）

50. 母线充电保护正常情况下应投入运行。（　　）

51. 一次接线为1个半断路器接线方式的一串中的中间断路器拒动，应将该串两个边开关跳开即可。（　　）

52. 对双母线接线，断路器失灵动作，较短时限动作于断开母联断路器，再经一时限动作于断开与拒动断路器联接在同一母线上的所有断路器。（　　）

53. 复合电压闭锁元件包含低电压、电压突变、负序电压、零序电压。（　　）

54. RCS-915A/B型微机母线保护装置设有母线差动保护、母联充电保护、母联死区保护、母联失灵保护、母联过电流保护、母联非全相保护（仅A型保护有）及断路器失灵保护等功能。（　　）

55. BP-2B母线保护装置建议将母联开关的动合触点、动断触点同时引入装置，以便校验母联开关的位置。（　　）

56. BP-2B母线保护装置要求母线上各元件TA的极性端必须一致；一般母联采用一组TA，装置默认母联TA的极性与Ⅱ母上的元件一致。（　　）

57. BP-2B母线保护装置双母线接线，当母联开关处于分位时，大差比率差动元件自动转用比率制动系数低值。（　　）

58. 变压器非电气量保护也要启动断路器失灵保护。（　　）

59. 由于母差保护装置中采用了复合电压闭锁功能，所以当发生TA断线时，保护装置将延时发TA断线信号，不需要闭锁母差保护。（　　）

60. TV断线是通过母线复合电压来判别的。当判别母线上出现低电压、负序电压或零序电压时，装置将经延时发出TA断线告警信号，同时闭锁母差保护。（　　）

61. BP-2B母线保护装置将母线上所有连接元件（包括母联）的电流和构成大差电流。（　　）

62. 母线保护进行相量检查，以变压器间隔电流为基准，则其他各间隔电流角度或为0°，或为180°。（　　）

63. 需要加电压闭锁的母差保护，所加电压闭锁环节应加在母差总出口。（　　）

64. 220kV及以上电压等级双母线接线的微机母差保护出口可不经复合电压元件

闭锁。（　　）

65. 断路器失灵保护的电流判别元件返回系数也不宜低于 0.85。（　　）

66. 220kV 及以上电压等级变压器的断路器失灵时，跳开失灵断路器相邻的全部断路器即可。（　　）

67. 母差保护与失灵保护共用出口回路时，闭锁元件的灵敏系数应按失灵保护的要求整定。（　　）

68. 母线充电保护只是在对母线充电时才投入使用，充电完毕后要退出。（　　）

69. 某母线装设有完全差动保护，在外部故障时，各健全线路的电流方向是背离母线的，故障线路的电流方向是指向母线的，其大小等于各健全线路电流之和。（　　）

70. 微机母线差动保护的实质就是基尔霍夫第一定律，将母线当作一个节点。（　　）

71. 母线保护在外部故障时，其差动回路电流等于各连接元件的电流之和（不考虑电流互感器的误差）；在内部故障时，其差动回路的电流等于零。（　　）

72. 正常运行时，不得投入母联充电保护的连接片。（　　）

73. 母线电流差动保护（不包括 3/2 接线的母差保护）采用电压闭锁元件可防止由于误碰出口中间继电器或电流互感器二次开路而造成母差保护误动。（　　）

74. 断路器失灵保护所需动作延时，应为断路器跳闸时间、保护返回时间之和再加裕度时间。（　　）

75. 只将母线上所有电源元件的电流互感器均按同名相、同极性连接到差动回路，而无电源元件的电流互感器不接入差动回路的保护称为母线不完全差动保护。（　　）

76. 母线差动及断路器失灵保护，允许用导通方法分别证实到每个断路器接线的正确性。（　　）

77. 接入母差保护的每一间隔 TA 二次回路都有且仅有一点接地，接地点一般在母差保护屏上。（　　）

78. 大差取当前运行于双母线系统上所有连接单元的电流进行计算。（　　）

79. 在双母线系统中，当母联单元只安装一组 TA，在母联断路器与母联 TA 之间发生的故障称为死区故障。（　　）

80. 双母线并列、分裂或互联时，母线保护大差的动作灵敏度一样。（　　）

81. 在隔离开关双跨时，开关保护具有内连运行回路，发生母线内部故障时保护能有选择地动作跳开故障母线上的所有连接元件。（　　）

82. 母线差动保护启动元件的整定值，应能避开外部故障的最大不平衡电流。（　　）

83. 直流电源消失必须立即停用母差，待故障处理后方能投入保护。（　　）

84. 对于单母线分段或双母线的母差保护，每相差动保护由两个小差元件及一个大差元件构成。大差元件用于检查母线故障，而小差元件选择出故障所在的那段或那条母线。（　　）

85. 母线出线故障时 TA 可能饱和。某一出线元件 TA 饱和，其二次电流大大减小（严重饱和时，TA 二次电流等于零）。（　　）

86. 在母差保护中，当故障电流（即工频电流变化量）与差动元件中的差流同时出现时，认为是区内故障开放差动保护。（　　）

87. 低电压元件、零序过电压元件及负序电压元件中只要有一个或一个以上的元件动作，则立即开放母差保护跳各路开关的回路。 (　　)

88. 母线保护跳母联或分段断路器的回路可不串复合电压元件的输出接点。 (　　)

89. 在国产的微机母线保护装置中，设置有专用的死区保护，用于切除母联断路器与母联 TA 之间的故障。 (　　)

90. 母联过电流保护是临时性保护。当用母联代路时投入运行。 (　　)

91. 母联过电流保护动作后经延时跳开母联开关。该保护不经复合电压闭锁元件闭锁。 (　　)

92. 对于双母线断路器失灵保护，复合电压闭锁元件应设置两套，分别接在各自母线 TV 二次侧，并分别作为各自母线失灵跳闸的闭锁元件。 (　　)

93. 当连接元件从某一母线切换到另一母线时，对大差的工作并没影响，但对小差的工作却会带来影响。 (　　)

94. 对于采用双母线接线方式的变电站，当某一出线发生故障且断路器拒动时，应由母线保护切除电源。 (　　)

95. 在双母线倒闸操作过程中，母线保护仅由大差构成，动作时将跳开两段母线上所有的连接单元。 (　　)

参考答案： 1. × 2. √ 3. × 4. √ 5. √ 6. × 7. √ 8. √ 9. × 10. √ 11. × 12. × 13. √ 14. × 15. √ 16. × 17. × 18. √ 19. √ 20. × 21. √ 22. × 23. × 24. √ 25. √ 26. × 27. × 28. × 29. √ 30. × 31. × 32. √ 33. √ 34. √ 35. √ 36. × 37. × 38. √ 39. × 40. × 41. √ 42. √ 43. × 44. × 45. √ 46. √ 47. × 48. × 49. √ 50. × 51. × 52. √ 53. √ 54. √ 55. √ 56. √ 57. √ 58. × 59. × 60. × 61. × 62. × 63. × 64. × 65. × 66. × 67. √ 68. √ 69. × 70. √ 71. × 72. √ 73. √ 74. √ 75. √ 76. √ 77. √ 78. × 79. √ 80. × 81. × 82. √ 83. √ 84. √ 85. √ 86. √ 87. √ 88. √ 89. √ 90. √ 91. √ 92. √ 93. √ 94. × 95. √

五、规程规范及反措

1. 电力设备由一种运行方式转为另一种运行方式的操作过程中，被操作的有关设备均应在保护范围内，保护装置不允许失去选择性。 (　　)

2. 变压器的两套完整、独立的电气量保护和一套非电量保护应使用各自独立的电源回路（包括直流空气小开关及其直流电源监视回路），在保护柜上的安装位置应相对独立。 (　　)

3. 220kV 线路保护应按加强主保护、完善后备保护的基本原则配置和整定。 (　　)

4. 对保护装置或继电器的直流和交流回路必须用 1000V 绝缘电阻表进行绝缘电阻测量。 (　　)

5. 在继电保护逻辑回路及操作箱中，交直流回路必须要严格独立，不能有公共连

连点。（　）

6. 后备保护是当主保护或断路器拒动时用来切除故障的保护。（　）

7. 对于500kV线路，应装设两套完整、独立的全线速动主保护。接地短路后备保护可装设阶段式或反时限零序电流保护，亦可采用接地距离保护并辅之以阶段式或反时限零序电流保护，相间短路后备保护可装设阶段式距离保护。（　）

8. 按照后备保护的装设应遵循的原则，110kV线路宜采用近后备方式，220kV线路宜采用远后备方式。（　）

9. 为提高保护动作的可靠性，不允许交、直流回路共用同一根电缆。（　）

10. 运用中的电气设备，是指全部带有电压或一部分带有电压及一经操作即带有电压的电气设备。（　）

11. 电压互感器停电，只需将高压侧断开即可。（　）

12. 把电容器串联在线路上以补偿电路电抗，可以改善电压质量，提高系统稳定性和增加电力输出能力。（　）

13. 无载调压变压器可以在变压器空载运行时调整分接开关。（　）

14. 在计算和分析三相不对称系统短路时，广泛应用对称分量法。（　）

15. 主变压器差动保护不能替代气体保护。（　）

16. 保护装置的整组试验是指在做完每一套单独的整定试验后，需要将同一被保护设备的所有保护装置连在一起进行整组的检查试验，以校验保护回路正确。（　）

17. 对新安装的或设备回路经较大变动的保护装置，在投入运行以前，不必用一次电流和工作电压加以检验。（　）

18. 在检验继电保护及二次回路时，凡与其他运行设备二次回路相连的连接片和接线应有明显标记，并按安全措施票仔细地将有关回路断开或短路，做好记录。（　）

19. 保护信号回路由专用直流熔断器供电，可以与其他回路共用。（　）

20. 有两组跳闸线圈的断路器，其每一跳闸回路应分别由专用的直流熔断器供电。（　）

21. 电流互感器二次绕组的人为接地属于保护接地，其目的是防止绝缘击穿时，二次侧串入高压，威胁人身和设备安全。（　）

22. 继电保护人员在现场工作过程中造成开关误跳，应立即合上开关，尽快恢复供电，然后通知运行人员，再做相应处理。（　）

23. 电流系统继电保护有四项基本性能要求，分别是可靠性、选择性、速动性、安全性。（　）

24. 新安装的变压器差动保护在变压器充电时，应将差动保护停用，气体保护投入运行，待测试差动保护极性正确后再投入运行。（　）

25. 对工作前的准备，现场工作的安全、质量、进度和工作结束后的交接负全部责任者是工作负责人。（　）

26. 谐波制动的变压器差动保护中设置差动速断元件的主要原因是提高差动保护的动作速度。（　）

27. 双母线系统中电压切换的作用是保证二次电压与一次电压对应。（　）

28. 微机保护中，构成零序方向的零序电压，可以取TV二次三相电压自产，它与零序电压取自TV开口三角相比，其优点是TV二次断线后，方向元件不需要退出运行。（　）

29. 变压器非电气量保护不应启动失灵保护。（　）

30. 断路器的“跳跃”现象一般是在跳闸、合闸回路同时接通时才发生，“防跳”回路设置是将断路器闭锁到跳闸位置。（　）

31. 变压器气体继电器的安装，要求变压器顶盖沿气体继电器方向与水平面具有1%～1.5%的升高坡度。（　）

32. 主保护是满足系统稳定和设备要求、能以最快速度且有选择地切除被保护设备和线路故障的保护。（　）

33. 暂态稳定是指电力系统受到小的扰动（如负荷和电压较小的变化）后，能自动地恢复到原来运行状态的能力。（　）

34. 气体保护能反应变压器油箱内的任何故障，差动保护却不能，因此差动保护不能代替气体保护。（　）

35. 断路器非全相保护不启动断路器失灵保护。（　）

36. 一般微机保护的“信号复归”按钮和装置的“复位”键的作用是相同的。（　）

37. 为保证选择性，对相邻设备和线路有配合要求的保护和同一保护内有配合要求的两个元件，其灵敏系数及动作时间，在一般情况下应相互配合。（　）

38. 如果一套独立保护的继电器及回路分装在不同的保护屏上，那么在不同保护屏上的回路可以由不同的专用端子对取得直流正、负电源。（　）

39. 主保护的双重化主要是指两套主保护的交流电流、电压和直流电源彼此独立；有独立的选相功能；有两套独立的保护专（复）用通道；断路器有两个跳闸线圈，每套主保护分别启动一组。（　）

40. 对于双重化保护的电流回路、电压回路、直流电源回路、双套跳闸线圈的控制回路等，不宜合用同一根多芯电缆。（　）

41. 中性点经消弧线圈接地系统，不采用欠补偿和全补偿的方式，主要是为了避免造成并联谐振和铁磁共振引起过电压。（　）

42. 自耦变压器和绝缘有要求的变压器中性点不必直接接地运行。（　）

43. 近后备保护是当主保护或断路器拒动时，由相邻电力设备或线路的保护来实现的后备保护。（　）

44. 独立、完整的线路保护是指它可以独立地完成本线路内部故障时的全部保护任务，还可以保护对侧母线故障。（　）

45. 对于线路的相间保护的最后一段的动作灵敏性，必须限制在可靠地躲开线路正常运行功率和实际可能的最大事故后过负荷功率的范围内。（　）

46. 变压器在运行中补充油，应事先将重瓦斯保护改接信号位置，以防误动跳闸。（　）

47. 对于220kV及以上电力系统的母线，母线差动保护是其主保护，变压器或线路后备保护是其后备保护。（　）

48. 接入 RCS-915A/B 型微机母线保护装置的 TA 极性规定如下：接在Ⅰ母线和Ⅱ母线上的间隔元件的 TA 的极性星端，均以母线侧为星接入装置的星端。母联的 TA 极性以Ⅱ母侧为星端接入装置的星端。（ ）

49. 继电保护快速动作可以减轻故障元件的损坏程度，提高线路故障后自动重合闸的成功率，并特别有利于故障后的电力系统同步运行的稳定性。快速切除线路与母线的短路故障，是提高电力系统暂态稳定的最重要手段。（ ）

50. 双母线接线，母线差动保护因故停用，应采取下列措施：①尽量缩短母线差动保护的停用时间；②不安排母线连接设备的检修；③改变母线接线及运行方式；④临时将带短时限的母联断路器的过电流保护投入运行，以快速地隔离母线故障。（ ）

51. 当需要用一次电流及工作电压进行检验时，必须按当时的负荷情况加以分析，拟订预期的检验结果，凡所得结果与预期不一致时，应进行认真细致的分析，必要时经许可后通过改动保护回路的接线查找确实原因。（ ）

52. 在受端系统中，线路密集，变电站与电源点众多，只要故障能被快速切除，一般不存在系统稳定问题。（ ）

53. 为了实现保护装置间的选择性跳闸，由电源算起的上下级保护装置必须在快速切除、整定两方面同时取得配合。（ ）

54. 一次接线为 1 个半断路器接线时，每组母线宜装设 2 套母线保护，且该母线保护不应装设电压闭锁元件。（ ）

55. 为了防止电流互感器二次侧短路，应在其二次回路装设熔断器加以保护。（ ）

56. 一套独立保护装置在不同的保护屏上，其直流电源必须从各自的安装保护屏上的专用端子对取得正、负直流电源。（ ）

57. 根据南方电网公司《规范断路器本体三相不一致保护运行的通知》（调继〔2011〕6 号）要求，三相不一致保护用跳闸出口重动继电器启动功率不小于 5W，动作电压介于 55%～65%U_e。（ ）

58. 为防止线路过电压，长线路要求装设并联电抗器。（ ）

59. 根据南网《关于开展 220kV 及 110kV 系统电流互感器校核工作及明确防范饱和风险有关要求的通知》要求，220kV 及 110kV 系统 P 类电流互感器暂态系数应大于 2.0。（ ）

60. 按照反措要求，线路保护跳闸连接片开口端应装在上方，接到断路器的跳闸线圈回路。（ ）

61. 双母线系统的两组电压互感器二次回路采用自动切换的接线，切换继电器应采用先接通、后断开的触点。（ ）

62. 继电保护的“三误”是误整定、误试验、误碰。（ ）

63. 220kV 主变压器变高侧用作启动失灵保护的电流回路采用套管 TA，而不采用开关 TA。（ ）

64. 微机型保护的交流及直流电源来线，应先经抗干扰处理，然后才进入保护屏内。（ ）

65. 由于电网负荷电流及非全相零序电流较大，要求投入保护装置中的三相不一致保护，三相不一致保护零序电流按不大于300A（一次值）整定，二次值不小于$0.1I_n$。本体及电气量三相不一致保护动作时间应可靠躲单相重合闸动作时间整定，不大于2s。（ ）

66. 新投运设备电压切换装置的电压切换回路及其切换继电器同时动作信号采用保持（双位置）继电器触点，切换继电器回路断线或直流消失信号，应采用隔离开关动断触点启动的不保持（单位置）继电器触点。（ ）

67. 采用油压、气压作为操作机构的断路器，压力低闭锁重合闸接点应接入操作箱。（ ）

68. 新投运电压互感器的二次绕组回路采用三相联动空气开关，并实现有效监视。（ ）

69. 未配置双套母差保护的变电站，在母差保护停用期间应采取相应措施，严格限制母线侧隔离开关的倒闸操作，以保证系统安全。（ ）

70. 可以在线路两侧同时投入保护的弱馈功能。（ ）

71. 保护装置在电压互感器二次回路一相、两相或三相同时断线、失压时，应发告警信号，但不应闭锁保护。（ ）

72. 保护装置在电流互感器二次回路不正常或断线时，应发告警信号，除母线保护外，允许跳闸。（ ）

73. 线路断路器三相不一致保护不启动失灵保护。（ ）

74. 为防范220kV及以上系统变压器开关失灵联跳主变压器各侧回路不完善造成的系统风险，500kV、220kV变压器的各侧开关失灵应联跳变压器各侧开关。（ ）

75. 独立配置500kV断路器失灵保护通过母差保护跳闸时，应同时启动两套母差保护联跳边开关。（ ）

76. 为防止冷却器油泵起动时（引起油压突然变化）导致重瓦斯保护误动作，应进行单台及多台油泵起停试验，检查重瓦斯保护动作情况，若出现误动，应采取针对性措施。（ ）

77. 互为冗余配置的两套主保护、两套安稳装置、两组跳闸回路、两套通道设备等的直流供电电源必须取自不同段直流母线。（ ）

78. 双重化配置的两套保护与断路器的两组跳闸线圈一一对应时，其保护电源和控制电源必须取自同一组直流电源。（ ）

79. 保护装置的直流电源插件宜在运行8年后更换。（ ）

80. 独立式TA应按照TA故障时跳闸范围最小的原则合理选择等电位点。（ ）

81. 保护跳、合闸回路要求：TWJ监视应能监视“远方/就地”切换把手、断路器辅助触点、合闸线圈等完整的合闸回路；HWJ监视应能监视“远方/就地”切换把手、断路器辅助触点、跳闸线圈等完整的跳闸回路。（ ）

82. 防跳回路可以切换时，通常远方操作采用操作箱的防跳回路，就地操作时自动切换为断路器本体的防跳回路。（ ）

83. 500kV线路的主保护因故全部退出时，该线路应停运。（ ）

参考答案：1. ×　2. √　3. ×　4. √　5. √　6. √　7. √　8. ×　9. √　10. √　11. ×　12. √　13. ×　14. √　15. √　16. √　17. ×　18. √　19. ×　20. √　21. √　22. ×　23. ×　24. ×　25. √　26. ×　27. √　28. ×　29. √　30. √　31. √　32. √　33. ×　34. √　35. ×　36. ×　37. √　38. ×　39. √　40. √　41. ×　42. ×　43. ×　44. √　45. √　46. √　47. √　48. ×　49. √　50. √　51. ×　52. √　53. √　54. √　55. ×　56. ×　57. √　58. √　59. √　60. √　61. √　62. ×　63. ×　64. √　65. √　66. ×　67. √　68. ×　69. √　70. ×　71. ×　72. √　73. √　74. ×　75. √　76. √　77. √　78. √　79. ×　80. √　81. √　82. √　83. √

第四章 问答题

一、基础知识

1. 电流稳态量选相是以三相负序电流将全平面（360°）等分为三个区（各120°）。问：

（1）当零序电流位于A区时只可能存在哪几种接地短路类型？

（2）当发生AB两相接地短路时，故障点零序电流与C相负序电流的相位关系：接地电阻越大，零序电流越超前还是越滞后C相负序电流？最大不会超过多少度？

答：（1）当零序电流位于A区时只可能存在3种接地短路类型，即A相接地、BC两相接地和AB两相接地。

（2）当发生AB两相接地短路时，故障点零序电流与C相负序电流的相位随接地电阻的不同而不同。接地电阻越大，零序电流越超前C相负序电流，但最大不会超过90°。

2. 电力系统振荡与金属性短路故障的区别是什么？（至少答出两点）当系统振荡时，线路保护中何种继电器可能发生误动作？何种继电器不会误动作？（各答出两点）

答：（1）振荡时，电流、电压的变化比较缓慢，而短路故障时电流增大，电压降低是突变的；振荡时，系统中任一点电压、电流间的夹角随两侧电动势角度的变化而变化，而短路故障时夹角是不变化的；振荡时，无负序、零序分量，而不对称短路故障时有负序分量，接地故障时有零序分量；振荡时，系统中各点电压除以电流得到的测量阻抗随两侧电动势间夹角的变化而变化，而短路故障时是不变化的。

（2）可能误动作的继电器是阻抗继电器、电流继电器、低电压继电器。

（3）不误动的继电器是零序电流继电器、零序方向继电器、电流差动继电器、负序方向继电器。

3. 系统发生接地故障时，某一侧的$3U_0$、$3I_0$如下表所示，试判断故障在正方向上还是反方向上。

N	1	2	3	4	5	6	7	8
$3U_0$(V)	23.9	53.6	68.9	65.8	45	12.2	−23.9	−53.6
$3I_0$(A)	−76.6	−34.2	17.4	64.3	94	98.5	76.6	34.2
N	9	10	11	12	13	14	15	16
$3U_0$(V)	−68.9	−65.8	−45	−12.2	23.9	53.6	68.9	65.8
$3I_0$(A)	−17.4	−64.3	−94	−98.5	−76.6	−34.2	17.4	64.3

答：

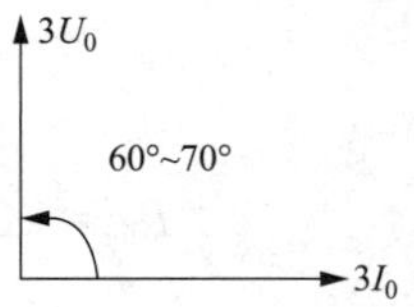

（1）从表中数据读出：一个工频周期采样点数 N=12，即相邻两点间的工频电角度为 360°/12=30°。

（2）从表中数据读出 $3I_0$ 滞后 $3U_0$ 的相角为 60°～70°，如图所示。

（3）结论：故障在反方向上。

4. 设 Z_x 为固定阻抗值，阻抗角与整定阻抗 Z_{set} 的阻抗角相等，Z_m 为测量阻抗，按以下动作方程作出 Z_m 的动作特性，并以阴影线表示 Z_m 的动作区。

（1）$180° < \arg\dfrac{Z_m - Z_{set}}{Z_m + Z_x} < 270°$。

（2）$210° < \arg(Z_{set} - Z_m) < 330°$。

答：（1）半圆。

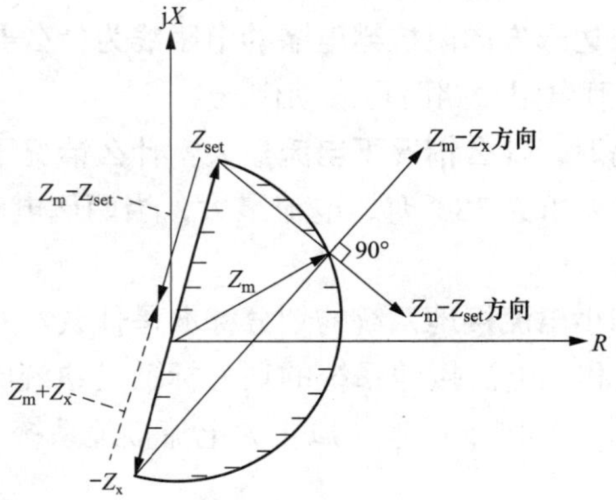

（2）$\arg(Z_{set} - Z_m) = \arg(Z_m - Z_{set}) + 180°$。

动作方程变为 $30° < \arg(Z_m - Z_{set}) < 150°$。

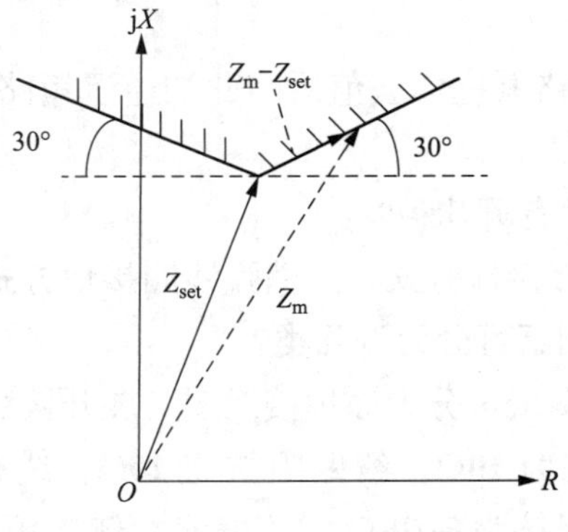

5. 变比为 1000/5、5P20、25VA 的电流互感器，二次绕组电阻测得 $R_{in} = 1.4\Omega$，在不计二次绕组漏抗、不计铁芯未饱和时的励磁电流的情况下，当二次负载阻抗 $R_{loa} = 2\Omega$ 时，稳态下综合误差不超过该电流互感器允许值（5%）的最大一次电流为多少？

答：（1）额定二次阻抗 $R_{2N} = \dfrac{25}{5^2} = 1(\Omega)$。

（2）二次侧的饱和电动势（综合误差 5% 时）为

$$E_{2.\mathrm{sat}} = MI_{1\mathrm{N}}(R_{\mathrm{in}} + R_{2\mathrm{N}})\frac{I_{2\mathrm{N}}}{I_{1\mathrm{N}}} = 20 \times 5 \times (1.4 + 1) = 240(\mathrm{V})$$

（3）$R_{\mathrm{loa}}=2\Omega$ 时，二次电动势为

$$E_2 = I_1(R_{\mathrm{in}} + R_{\mathrm{loa}})\frac{I_{2\mathrm{N}}}{I_{1\mathrm{N}}} = I_1 \times (1.4 + 2) \times \frac{5}{1000} = \frac{17}{1000}I_1(\mathrm{V})$$

（4）为保证误差不超过允许值，$E_2 \leqslant E_{2.\mathrm{sat}}$，即

$$\frac{17}{1000}I_1 \leqslant 240$$

$$I_{1.\max} = \frac{240 \times 1000}{17} = 14117.6(\mathrm{A})$$

6. 国产微机保护中四边形方向阻抗继电器中的电抗线为什么要设置为下倾（7°～10°）？

答：为防止在保护区末端经过渡电阻短路时可能出现的超范围动作。

7. 国产微机保护中四边形方向阻抗继电器的电阻线为什么要设置为 −30°？

答：为保证出口经过渡电阻短路时可靠动作。

8. 电力系统发生振荡时，什么情况下电流最大？什么情况下电流最小？

答：当两侧电动势的夹角为 180°时，电流最大；当两侧电动势的夹角为 0°时，电流最小。

9. 大电流接地系统和小电流接地系统的划分标准是什么？

答：大电流接地系统和小电流接地系统的划分标准是系统的零序电抗 X_0 与正序电抗 X_1 的比值。我国规定：$X_0/X_1 \leqslant 4$～5 的系统属于大电流接地系统，$X_0/X_1 > 4$～5 的系统属于小电流接地系统。

10. 我们在变压器铭牌上经常看到一个参数叫作短路电压百分数 $U_K\%$，请问 $U_K\%$ 的含义是什么？知道 $U_K\%$ 后，我们能否知道短路电抗标幺值？

答：$U_K\%$ 的含义是变压器短路电流等于额定电流时产生的相电压降与额定相电压之比的百分值。

短路电压标幺值等于短路电抗标幺值，因此知道了短路电压标幺值就知道了短路电抗标幺值。

11. 我国中性点接地方式有哪几种？

答：有三种，分别是直接接地方式、经消弧线圈接地方式和不接地方式。

12. 继电保护二次接线图纸可分为哪几类？

答：继电保护二次接线图纸可分为原理接线图、展开接线图和安装接线图。

13. 线路 M 侧电源阻抗为 10Ω，线路阻抗为 20Ω，线路 N 侧电源阻抗为 20Ω，问该系统振荡中心距 M 侧的阻抗为多少 Ω？（假设两侧电源阻抗的阻抗角与线路阻抗角相同）

答：距 M 侧 15Ω。

14. 下面的叙述是否正确：零序功率方向继电器在线路正方向出口发生单相接地故障时的灵敏度低于在线路中间发生单相接地故障时的灵敏度？为什么？

答：错误。因为零序功率在故障点最高。

15. 对于短路来说，系统最大运行方式和系统最小运行方式哪种方式的综合阻抗大，哪种方式的综合阻抗小？

答：系统最大运行方式的综合阻抗小，系统最小运行方式的综合阻抗大。

16. 大电流接地系统的单端电源供电线路中，在负荷端的变压器中性点接地的，请问线路发生单相接地时，供电端的正、负、零序电流是不是就是短路点的正、负、零序电流？

答：正序电流就是短路点的正序电流，而负序和零序电流不是短路点的负序、零序电流，因负荷端也有负序、零序网络。

17. 微机保护整定值的检验，是用缓慢增加（或减少）电压（或电流）的方法测量，还是采用模拟突然短路的方法测量？

答：采用模拟突然短路的方法。

18. 串联谐振回路和并联谐振回路哪个呈现的阻抗大？

答：串联谐振回路呈现的阻抗最小，并联谐振回路呈现的阻抗最大。

19. 如果零序电流保护的一次电流整定值不变，当 TA 变比增大一倍时，其二次定值应如何调整？

答：TA 变比增大一倍，其二次定值缩小一倍。

20. 大接地电流系统中，输电线路接地故障的保护方式主要有哪几种？

答：大接地电流系统中，输电线路接地故障的主要保护方式有纵联保护、零序电流保护、接地距离保护及电流速断保护等。

21. 哪些保护必须闭锁重合闸？

答：一般母线保护和失灵保护及作为相邻线路动作的保护段等要闭锁重合闸。闭锁方法是将母线保护或失灵保护等的触点接通重合闸的闭锁回路，使重合闸不能重合。

22. 电缆线路采不采用重合闸？为什么？

答：一般不采用。因为它和架空线不一样，瞬时故障比较少，一般是绝缘击穿的永久性故障，采用重合闸不但成功率不高，而且会加剧绝缘损坏程度。

23. 什么叫潜供电流？对重合闸时间有什么影响？

答：当故障相跳开后，另两健全相通过电容耦合和磁感应耦合供给故障点的电流叫潜供电流。

潜供电流使故障点的消弧时间延长，因此重合闸的时间必须考虑这一消弧时间的延长。

24. 大电流接地系统发生接地故障时，哪一点的零序功率最大？零序功率分布有什么特点？

答：故障点的零序功率最大。在故障线路上，零序功率由线路流向母线，越靠近变压器中性点接地处，零序功率越小。

25. 简答电力系统振荡和短路的区别。

答：（1）当系统发生振荡时，系统各点电压和电流的幅值均做往复性摆动，变化速度慢；而短路时电压、电流幅值是突变的，变化的量很大。

（2）振荡时，系统任何一点电压和电流之间的相位角都随功角的变化而变化；而短路时电压和电流之间的相位角是基本不变的。

26. 电力系统的运行方式是经常变化的，在整定计算上如何保证继电保护装置的选择性和灵敏度?

答：一般采用系统最大运行方式来整定选择性，用最小运行方式来校核灵敏度，以保证在各种系统运行方式下满足选择性和灵敏度的要求。

27. 新安装的微机继电保护装置出现不正确动作后，划分其责任归属的原则是什么?

答：新安装的微机继电保护装置在投入一年内，在运行单位未对装置进行检修和变动二次回路前，经分析确认是因为调试和安装质量不良引起的保护装置不正确动作或造成事故时，责任属基建单位。运行单位应在投入运行后一年内进行第一次全部检验，检验后或投入运行满一年以后，保护装置因安装调试质量不良引起不正确动作或造成事故时，责任属运行单位。

28. 为了保证继电保护装置的灵敏性，在同一套保护装置中，闭锁、启动等辅助元件的动作灵敏度与所控制的测量元件等主要元件的动作灵敏度应该是什么关系?

答：闭锁、启动等辅助元件的动作灵敏度应大于所控制的测量元件等主要元件的动作灵敏度。

29. 简述微机保护中光耦合器的作用。何谓共模干扰?

答（要点）：微机保护中光耦合器常用于开关量信号的隔离，使其输入与输出之间电气上完全隔离，尤其是可以实现地电位的隔离，这可以有效抑制共模干扰。

共模干扰是指在某一给定地点对任意参考点（一般为地）所测得的各线共有的电压。

30. 当大电流接地系统的线路发生非对称接地短路时，我们可以把短路点的电压和电流分解为正、负、零序分量，请问在保护安装处的正序电压、负序电压和零序电压各是多少?

答：正序电压为保护安装处到短路点的阻抗压降，即正序电流乘以从保护安装处到短路点的正序阻抗。负序电压为负序电流乘以保护安装处母线背后的综合负序阻抗。零序电压为零序电流乘以保护安装处母线背后的综合零序阻抗。

31. TV 二次回路断线，哪些继电器或保护装置可能误动作?

答：一相、两相或三相回路断线；低压继电器、距离保护阻抗元件将会误动作，功率方向继电器将因潜动而误动。

一相、两相断线，负序电压继电器将误动。

32. 电力系统安全自动装置的主要作用有哪些?

答：（1）防止电力系统失去稳定性；

（2）避免电力系统发生大面积停电。

33. TV、TA 的二次侧接地是工作接地还是保护接地？为什么要接地?

答：（1）是保护接地；

（2）TV、TA 二次侧接地是保护人身和设备安全，防止一次高压窜入二次线圈而造成人身和设备伤害。

34. 小电流接地系统中，故障线路的零序电流、零序电压的相位关系如何？非故障线路呢?

答：故障线路的零序电流滞后零序电压 90°，非故障线路的零序电流超前零序电压 90°。

35. 系统振荡对距离保护有何影响？

答：电力系统振荡时，系统中的电流和电压在振荡过程中做周期性变化，因此阻抗继电器的测量阻抗也做周期性变化，可能引起阻抗继电器误动作。

36. 一条线路由两个供电企业负责维修，该线路跳闸后，检查未发现故障点。若一方提供了故障录波图或故障测距记录，计算出故障点在本侧，而对方未能提供故障录波或故障测距。事故责任应如何确定？

答：双方各定为一次事故。

37. 哪些保护需经远方跳闸？

答：（1）高压侧没有开关的并联高压电抗器保护；

（2）过电压保护；

（3）2/3 接线的开关失灵保护；

（4）发电机－变压器线路组，元件保护动作跳对侧开关；

（5）串补电容旁路开关拒合；

（6）线路一侧无开关，元件保护动作远跳对侧开关。

38. 请写出工频变化量距离继电器的动作方程。

答：其动作方程为 $|\Delta U_{OP}| > U_Z$。

对相间故障：$U_{OP\phi\phi}=U_{\phi\phi}-I_{\phi\phi}\cdot Z_{ZD}\ \phi\phi=AB,\ BC,\ CA$

对接地故障：$U_{OP\phi}=U_{\phi}-(I_{\phi}+K\cdot 3I_0)\times Z_{ZD}\ \phi=A,\ B,\ C$

式中：Z_{ZD} 为整定阻抗，一般取 0.8～0.85 倍线路阻抗；

U_Z 为动作阈值电压，取故障前的工作电压的记忆量。

39. 电流互感器 10% 误差不满足要求时，可采取哪些措施？

答：①增大电缆截面；②串接备用电流互感器，使允许负载增大 1 倍；③改用伏安特性较高的二次绕组；④提高电流互感器的变比。

40. 正常情况下发生的第一次短路故障振荡闭锁都采用短时开放距离Ⅰ、Ⅱ段的方法。请说明为什么不采取长期开放保护？

答：如果采用长期开放保护，则有可能在区外故障并引起振荡时距离保护误动作。线路的距离保护在发生区外短路故障并导致两侧电源间的振荡时，如果振荡闭锁长期开放保护，则阻抗继电器只要在振荡中误动就会导致距离保护误动。现实行短时开放的方法，当区外故障导致系统振荡时，当两侧的电势角摆开到足以使阻抗继电器误动的角度之前，振荡闭锁开放已过，从而重新闭锁距离保护Ⅰ、Ⅱ段，避免误动。

41. 为什么在距离保护的振荡闭锁中采用对称开放和不对称开放？

答：距离保护在振荡闭锁时会误动作，对于那些在故障发生后短时开放其Ⅰ、Ⅱ段的距离保护，当振荡中又发生故障时，就无法快速切除故障。振荡中发生不对称故障和对称故障时的情况是不同的，所以采用对称开放和不对称开放距离保护。

42. 四边形特性阻抗继电器的基本特点是什么？

答：四边形动作特性能较好地符合短路时测量阻抗的性质，反应故障点过渡电阻能力强、避越负荷阻抗能力好。

43. 简述短路和振荡的区别。

答：（1）振荡时系统各点电压和电流均做往复性摆动，而短路时电流、电压是突变的。此外，振荡时电流、电压变化速度较慢，而短路时电流、电压突然变化量很大。

（2）振荡时系统任一点电流与电压之间的相角都随功角的变化而变化；短路时，电流与电压之间的相角是基本不变。

44. 发电机同步电抗、暂态电抗、次暂态电抗有哪些区别和用途？

答：（1）同步电抗 X_d 为发电机稳态运行时的电抗，由绕组的漏抗和电枢反应组成，一般用来计算系统潮流和静态稳定条件。

（2）暂态电抗 $X_{d'}$ 是发电机对突然发生的短路电流所形成的电抗，因电枢中的磁通量不能突变，故由短路电流产生的电枢反应最初不存在，故 $X_{d'}<X_d$，一般用来计算短路电流和暂态稳定。

（3）次暂态电抗 $X_{d''}$ 是对有阻尼绕组或有阻尼效应的发电机的暂态电抗，其值比 $X_{d'}$ 更小，用途同暂态电抗 $X_{d'}$。

45. 怎样用单相电压整定负序电压继电器的动作电压？

答：对负序电压继电器的 A 与 BC 端子间试加单相电压并缓慢升压，模拟相间短路。记下继电器动作电压 U_{OP}。从短路电流理论可知 $U_{OP}/3$ 即为负序电压继电器的动作电压（相），该值应与整定值（负序相电压）相等。

46. 什么是电力系统安全自动装置？举出 5 种以上的电力系统安全自动装置。

答：电力系统安全自动装置是指在电网中发生故障或出现异常运行时，为确保电网安全与稳定运行起控制作用的自动装置。如自动重合闸、备用电源或备用设备自投、自动切负荷、低频和低压自动减载、电压事故减出力、切机、电气制动、水轮发电机自启动和调相改发电、抽水蓄能机组由抽水改发电、自动解列、失步解列、自动调节励磁等。

47. 对于远距离超高压输电线路一般在输电线路的两端或一端变电站内装设三相对地的并联电抗器，其作用是什么？

答：①吸收线路容性无功功率，限制系统的操作过电压；②对于使用单相重合闸的线路，限制潜供电容电流，提高重合闸的成功率。

48. 220kV 降压变压器在重载时发生高压侧开关非全相，影响的保护有哪些？

答：①对侧线路零序过电流保护可能动作；②本站母差保护的零序电压闭锁元件可能动作；③系统内发电机负序过电流保护可能动作；④变压器中性点零流保护可能动作。

49. 电磁式 TA 饱和的特点有哪些？

答：TA 饱和的特点如下。

（1）TA 二次电流波形发生畸变，含大量谐波分量。

（2）发生短路故障时，即使 TA 发生饱和，但是 TA 是在短路发生一段时间以后才开始饱和的，在短路初始一段时间内 TA 一、二次电流总有一段正确传变时间。试验证明 TA 最快要在短路发生 2ms 以后才会开始饱和。

（3）即使 TA 处于非常严重的饱和状态，TA 二次电流也不可能完全为零。

50. 突变量继电器的动作特点有哪些？

答：①能保护各种故障，不反应负荷和振荡；②一般作瞬时动作的保护；③两相稳定运行状态不会启动，再故障能灵敏动作；④振荡再三相故障，能可靠动作。

51. 电网继电保护的整定不能兼顾速动性、选择性或灵敏性要求时，按哪些原则取舍？

答：（1）局部电网服从整个电网；

（2）下一级电网服从上一级电网；

（3）局部问题自行消化；

（4）尽量照顾局部电网和下级电网的需要。

52. 加强和扩充一次设备提高系统稳定性的措施有哪些？

答：①减少线路电抗；②装设并联电抗器；③线路装设串补电容器；④采用直流输电。

53. 在哪些情况下应该停用整套微机保护？

答：①微机继电保护装置使用交流电压、交流电流、开关量输入、开关量输出回路作业；②装置内部作业；③继电保护人员输入定值；④收集保护装置的故障录波报告时。

54. 谐振过电压可分为哪几种？

答：线性谐振过电压、铁磁谐振过电压、参数谐振过电压。

55. 如何防止潜供电流？

答：为了保证重合闸有较高的重合成功率，一方面可采取如对500kV中长线路高压电抗器中性点加小电抗、短时在线路两侧投入快速单相接地开关等消弧措施；另一方面可采用实测熄弧时间来整定重合闸时间。

56. 电力系统过电压分几类？其产生原因及特点是什么？

答：电力系统过电压分以下几种类型。

（1）大气过电压由直击雷引起，特点是持续时间短暂、冲击性强，与雷击活动强度有直接关系，与设备电压等级无关。因此，220kV以下系统的绝缘水平往往由防止大气过电压决定。

（2）工频过电压由长线路的电容效应及电网运行方式的突然改变引起，特点是持续时间长、过电压倍数不高，一般对设备绝缘危险性不大，但在超高压、远距离输电确定绝缘水平时起重要作用。

（3）操作过电压由电网内开关操作引起，特点是具有随机性，但最不利情况下过电压倍数较高。因此，330kV及以上超高压系统的绝缘水平往往由防止操作过电压决定。

（4）谐振过电压由系统电容及电感回路组成谐振回路时引起，特点是过电压倍数高、持续时间长。

57. 为什么要定相？哪些情况下要定相？

答：交流电不但有大小之分，而且有相位之别，若相位或相序不同的电源并列或合环，将产生很大的电流，巨大的电流会造成发电机或电气设备损坏，因此定相十分重要。为了正确地并列，不但要求一次相序和相位正确，而且要求二次相位和相序正确，否则也会发生非同期并列。

对于新投产的线路或大修后的线路，必须进行相位、相序核对，与并车有关的二次回路检修时改动过，也须核对相位、相序。

58. 方向过电流保护为什么必须采用按相启动方式？

答： 方向过电流保护采取“按相启动”的接线方式，是为了躲开反方向发生两相短路时造成装置误动。例如，当反方向发生BC相短路时，在线路A相，方向继电器因负荷电流为正方向将动作，此时如果不按相启动，当C相电流元件动作时，将引起装置误动；采用了按相启动接线，尽管A相方向继电器动作，但A相的电流元件不动，而C相电流元件动作但C相方向继电器不动作，所以装置不会误动作。

59. 大接地电流系统为什么不利用三相相间电流保护兼作零序电流保护，而要单独采用零序电流保护？

答： 三相星形接线的相间电流保护，虽然也能反应接地短路，但用来保护接地短路时，在定值上要躲过最大负荷电流，在动作时间上要由用户到电源方向按阶梯原则逐级递增一个时间级差来配合。而专门反应接地短路的零序电流保护，则不需要按此原则来整定，故其灵敏度高、动作时限短，且因线路的零序阻抗比正序阻抗大得多，零序电流保护的保护范围长，上下级保护之间容易配合。故一般不用相间电流保护兼作零序电流保护。

60. 什么是零序保护？大接地电流系统中为什么要单独装设零序保护？

答： 在大短路电流接地系统中发生接地故障后，就有零序电流、零序电压和零序功率出现，利用这些电量构成保护接地短路故障的继电保护装置统称为零序保护。

三相星形接线的过电流保护虽然也能保护接地短路故障，但其灵敏度较低，保护时限较长。采用零序保护可克服此不足。这是因为：①系统正常运行和发生相间短路时，不会出现零序电流和零序电压，因此零序保护的动作电流可以整定得较小，这有利于提高其灵敏度；② Yd接线的降压变压器，三角形绕组侧以后的故障不会在星形绕组侧反映出零序电流，所以零序保护的动作时限可以不必与该种变压器以后的线路保护相配合而取较短的动作时限。

61. 试简要叙述继电保护的选择性含义。

答： 选择性是指首先由故障设备或线路本身的保护切除故障，当故障设备或线路本身的保护或断路器拒动时，才允许由相邻设备、线路的保护或断路器失灵保护切除故障。为保证选择性，对相邻设备和线路有配合要求的保护和同一保护内有配合要求的两元件，其灵敏系数及动作时间在一般情况下应相互配合。

62. 纵联保护的信号有哪三种？

答： 闭锁信号，允许信号，跳闸信号。

63. 变压器油在运行中起到哪些作用？

答： 绝缘、冷却、灭弧。

64. 变压器中性点在什么情况下设置保护？

答： 中性点直接接地系统中的中性点不接地变压器。

65. 在带电的电流互感器二次回路上工作时，应采取哪些安全措施？

答： ①严禁将电流互感器二次侧开路；②短路电流互感器二次绕组必须使用短路片或短路线，短路应妥善可靠，严禁用导线缠绕；③严禁在电流互感器与短路端子之间的回路和导线上进行任何工作；④工作必须认真、谨慎，不得将回路永久接地点断开；

⑤工作时，必须有专人监护，使用绝缘工具，并站在绝缘垫上。

66. 请写出零序补偿系数的计算公式，并简述线路接地距离保护为什么要采用零序补偿系数。

答：零序补偿系数计算公式为$K=(Z_0-Z_1)/(3Z_1)$。采用零序补偿系数，是为了使接地距离保护装置的测量阻抗在接地故障时正比于保护安装处到故障点之间的线路正序阻抗。

67. 简述220kV微机保护用负荷电流和工作电压检验项目的主要内容。

答：主要内容如下。①测电流相位、相序，电压相位、相序；②电压和电流之间相位的正确性；③ $3I_0$ 极性的正确性；④ $3U_0$ 极性的正确性。

68. 影响继电保护阻抗元件正确测量的因素有哪些？

答：①故障点过渡电阻；②保护安装处与故障点之间助增电流和汲出电流；③测量用互感器误差；④系统振荡；⑤电压二次回路断线。

69. 小电流接地系统中，在中性点装设消弧线圈的目的是什么？

答：小电流接地系统发生单相接地故障时，接地点通过的电流是对应电压等级电网的全部对地电容电流，如果此电容电流相当大，就会在接地点产生间歇性电弧，引起过电压，从而使非故障相对地电压极大增加，可能导致绝缘损坏，造成多点接地。在中性点装设消弧线圈的目的是利用消弧线圈的感性电流补偿接地故障的电容电流，使接地故障电流减少，以至自动熄弧，保证继续供电。

70. 简述负序、零序分量和工频变化量这两类故障分量的同异及在构成保护时应特别注意的地方。

答：零序和负序分量及工频变化量都是故障分量，正常时为零，仅在故障时出现，它们仅由施加于故障点的一个电动势产生。但它们是两种类型的故障分量。零序、负序分量是稳定的故障分量，只要不对称故障存在，它们就存在，它们只能保护不对称故障。工频变化量是短暂的故障分量，只能短时存在，但在不对称、对称故障开始时都存在，可以保护各类故障，尤其是它不反应负荷和振荡，是其他反应对称故障量保护无法比拟的。由它们各自的特点决定：由零序、负序分量构成的保护既可以实现快速保护，也可以实现延时的后备保护；工频变化量保护一般只能作为瞬时动作的主保护，不能作为延时保护。

71. 目前对保护装置的电干扰试验有哪四种？

答：分别是1MHz脉冲群干扰试验、静电放电试验、辐射电磁场干扰试验和快速瞬变干扰试验。

72. 中性点直接接地系统中，部分变压器中性点不接地的主要目的是什么？

答：限制单相短路电流和操作过电压。

73. 运行中的电压互感器二次侧应避免什么？运行中的电流互感器二次侧应避免什么？

答：① 短路；② 开路。

74. 330kV以上超高压电网中线路并联高压电抗器的中性点经小电抗器接地的主要目的是什么？

答：限制潜供电流，提高单相重合闸的成功率。

75. 电力系统继电保护的四个基本要求是什么？

答：可靠性、选择性、灵敏性和速动性。

76. 我国电力系统中性点接地方式有哪些？

答：中性点直接接地，中性点经消弧线圈接地，中性点不接地。

77. 架空线路的零序电抗为什么大于线路的正序或负序电抗？

答：线路的各序电抗都是线路某一相自感抗 X_L 和其他两相对应相序电流所产生互感抗 X_M 的相量和。对应正序或负序分量而言，因三相幅值相等，相角互为 120°，任意两相电流正（负）序分量的相量与第三相正（负）序分量的大小相等、方向相反。故对于线路的正、负序电抗有 $X_1=X_2=X_L-X_M$，而由于零序分量三相同相，零序自感电动势和互感电动势相位相同，故线路的零序电抗 $X_0=X_L+2X_M$，因此线路的零序电抗大于线路正序电抗或负序电抗。

78. 继电保护出口跳合闸回路为什么设置自保持回路？

答：（1）保证断路器可靠跳合闸；

（2）保证由断路器辅助触点切弧，不能由保护动作触点切弧。

79. 什么是断路器的跳跃和防跳？

答：跳跃是指断路器在手动合闸或自动装置动作使其合闸时，如果操作控制开关未复归或控制开关触点、自动装置触点卡住，此时恰巧继电保护动作使断路器跳闸，发生的多次“跳—合”现象。

防跳是利用操作机构本身的机械闭锁或另在操作接线上采取措施，以防止跳跃现象的发生。

80. 直流正、负极接地对运行有哪些危害？

答：直流正极接地有造成保护误动的可能。因为一般跳闸线圈（如出口中间继电器线圈和跳合闸线圈等）均接负极电源，若这些回路再发生接地或绝缘不良就会引起保护误动作。直流负极接地与正极接地同一道理，如回路中再有一点接地就可能造成保护拒绝动作（越级扩大事故）。因为两点接地将跳闸或合闸回路短路，这时还可能烧坏继电器触点。

81. 小接地电流系统中，为什么单相接地保护在多数情况下只是用来发信号，而不动作于跳闸？

答：小接地电流系统中，单相接地时并不破坏系统电压的对称性，通过故障点的电流仅为系统的电容电流，或是经过消弧线圈补偿后的残流，其数值很小，对电网运行及用户的工作影响较小。为了防止再发生一点接地时形成短路故障，一般要求保护装置及时发出预告信号，以便值班人员酌情处理。

82. 电压互感器和电流互感器在作用原理上有什么区别？

答：主要区别是正常运行时工作状态很不相同，表现为：

（1）电流互感器二次侧可以短路，但不得开路；电压互感器二次侧可以开路，但不得短路。

（2）相对于二次侧的负荷来说，电压互感器的一次内阻抗较小，以至可以忽略，可以认为电压互感器是一个电压源；而电流互感器的一次内阻抗很大，以至可以认为是一个内阻无穷大的电流源。

（3）电压互感器正常工作时的磁通密度接近饱和值，故障时磁通密度下降；电流互感器正常工作时的磁通密度很低，而短路时由于一次侧短路电流变得很大，磁通密度大大增加，有时甚至远远超过饱和值。

83. 为什么电流互感器的二次负载阻抗超过其容许的二次负载阻抗，准确度就会下降？

答：电流互感器二次负载阻抗的大小对互感器的准确度有很大影响。这是因为，如果电流互感器的二次负载阻抗增加得很多，超出了其所容许的二次负载阻抗，励磁电流的数值就会大大增加，而使铁芯进入饱和状态，在这种情况下，一次电流的很大一部分将用来提供励磁电流，从而使互感器的误差大为增加，其准确度就随之下降了。

84. 造成电流互感器稳态测量误差的原因是什么？

答：测量误差就是因电流互感器的二次输出量 I_2，与其归算到二次侧的一次输入量 I_1 的大小不等，相角不相同所造成的误差。所以测量误差分为幅值（变比）误差和相位（角度）误差两种。测量误差产生的原因：一是电流互感器本身，二是运行和使用条件。

电流互感器本身造成的误差是由于电流互感器有励磁电流 I_e 的存在，I_e 是输入电流的一部分，但它不传变到二次侧，故形成了变比误差。I_e 除在铁芯中产生磁通外，还产生铁芯损耗，包括涡流损耗和磁滞损耗，且 I_e 所流经的励磁支路是一个感性支路，所以 I_e 与 I_2 不同相位，就形成角度误差。

运行和使用造成的测量误差是由于电流互感器二次负载过大，铁芯饱和造成的。

85. 电压互感器的开口三角形侧为什么不反应三相正序、负序电压，而只反应零序电压？

答：因为开口三角形接线是将电压互感器的第三绕组按 a—x—b—y—c—z 相连，而以 a、z 为输出端，即输出电压为三相电压相量相加。由于三相的正序、负序电压相加等于零，因此其输出电压等于零，而三相零序电压相加等于一相零序电压的 3 倍，故开口三角形的输出电压中只有零序电压。

86. 为什么万用表的电压灵敏度越高（内阻大），测量电压的误差就越小？

答：万用表电压灵敏度的意义是指每测量 1V 电压对应的仪表内阻，如 MF-18 型万用表为 20000Ω/V。用万用表电压挡测量电压时，是与被测对象并联连接的，电压灵敏度高，就是该表测量电压时内阻大，分流作用小，对测量的影响就小，测量结果就准确，反之测量误差就大。所以，万用表的电压灵敏度越高，测量电压的误差就越小。

87. 什么是系统的最大、最小运行方式？

答：在继电保护的整定计算中，一般要考虑电力系统的最大与最小运行方式。最大运行方式是指在被保护对象末端短路时，系统的等值阻抗最小，通过保护装置的短路电流为最大的运行方式。

最小运行方式是指在上述同样的短路情况下，系统等值阻抗最大，通过保护装置的短路电流为最小的运行方式。

88. 试分析比较负序、零序分量和工频变化量这两类故障分量的不同点和相同点，以及在构成保护时的特点。

答：（1）零序和负序分量及工频变化量都是故障分量，正常时为零，仅在故障时出现。

（2）它们是两种类型的故障分量，零序、负序分量是稳态的故障分量，只在不对称故障时存在。

（3）工频变化量是暂态的故障分量，在对称和不对称故障时均存在。

（4）根据它们的特点：由零序、负序分量构成的保护既可以作为快速保护，也可以作为延时的后备保护；由工频变化量构成的保护只能作为快速保护。

89. 中性点经消弧线圈接地系统为什么普遍采用过补偿运行方式？

答：（1）欠补偿电网发生故障时，容易出现数值很大的过电压。例如，当电网中因故障或其他原因而切除部分线路后，在欠补偿电网中就可能形成全补偿的运行方式而造成串联共振，从而引起很高的中性点位移电压与过电压，在欠补偿电网中也会出现很大的中性点位移而危及绝缘。只要采用欠补偿的运行方式，这一缺点是无法避免的。

（2）欠补偿电网在正常运行时，如果三相不对称度较大，还有可能出现数值很大的铁磁共振过电压。这种过电压是因欠补偿的消弧线圈（它的 $\omega L > \frac{1}{3\omega C_0}$ ）和线路电容 $3C_0$ 发生铁磁共振而引起的。如采用过补偿的运行方式，就不会出现这种铁磁共振现象。

（3）电力系统往往是不断发展和扩大的，电网的对地电容亦将随之增大。如果采用过补偿，原装的消弧线圈仍可以使用一段时期，至多由过补偿转变为欠补偿运行，但如果原来就采用欠补偿的运行方式，则系统一有发展就必须立即增加补偿容量。

（4）由于过补偿时流过接地点的是电感电流，熄弧后故障相电压恢复速度较慢，因而接地电弧不易重燃。

（5）采用过补偿时，系统频率的降低只是使过补偿度暂时增大，这在正常运行时是毫无问题的；反之，如果采用欠补偿，系统频率的降低将使之接近于全补偿，从而引起中性点位移电压的增大。

90. 提高系统稳定性有哪些主要措施？

答：（1）减小线路电抗（可以采用增加并联运行输电线的回路数和复合导线等方法，以减小系统的总阻抗，改善系统稳定性及电压水平）。

（2）线路上装设串联电容（在线路上装设串联电容，可有效地减小线路电抗，比增加多回线路要经济，但技术较复杂）。

（3）装设中间补偿设备（在线路中间装设同步调相机或电容器，能有效地保持变电站母线电压及提高系统稳定性。近年发展的静止补偿器，可以快速地调整和供给系统无功功率，是提高系统稳定性的重要手段）。

（4）采用直流输电（由于直流电源不存在相位问题，所以用直流远距离输电，就不存在由发电机间相角确定的功率极限问题，不受系统稳定的限制）。

91. 为什么要进行电流互感器伏安特性试验？

答：电流互感器做伏安特性试验的目的是：

（1）了解电流互感器本身的磁饱和状况、应符合要求。

（2）伏安特性试验是发现线匝、层间短路的有效方法，特别是当二次线圈短路圈数很少时效果更加显著。在测量电流互感器伏安特性的全过程中，不允许在升压中途降压，要求试验电压稳定不得中断电流。此外，有的电流互感器由于剩磁的影响致使伏安特性改变。此时，应将试验电压先升到最高值再逐渐降低，以进行去磁。如一次效果不大，可进行多次，然后恢复。

92. 电流互感器伏安特性试验时应注意什么？

答：试验时应注意以下要求：

（1）应使用高内阻电压表，当无高内阻电压表时，应注意试验接线的正确性，以减小测量误差；

（2）应使用线电压，减少电源谐波分量带来的测量误差；

（3）应以小电流升到铁芯饱和，电流应均匀上升，不得上下摆动；

（4）测量点应足够画出平滑曲线。

93. 有些距离保护中阻抗继电器采用线电压相电流的接线方式，试分析证明这种接线方式在不同相间短路时，其测量阻抗不相等。

答：设 U_K、I_K 为加入继电器的电压和电流，Z_m 为测量阻抗，I_k 为故障电流，Z_1 为线路每千米阻抗，L 为保护安装点到故障点的距离。则对于三相短路是

$$U_k^3 = \sqrt{3} I_k^{(3)} Z_1 L$$

式中：$I_k^{(3)} = I_K^{(3)}$（设$n_{TV}=1$，$n_{TA}=1$）。

所以

$$\dot{Z}_K^{(3)} = \frac{U_K^{(3)}}{I_K^{(3)}} = \sqrt{3} Z_1 L$$

对于两相短路有

$$U_K^{(2)} = 2 I_k^{(2)} Z_1 L, \quad I_k^{(2)} = I_K^{(2)}$$

所以

$$\dot{Z}_K^{(2)} = \frac{U_K^{(2)}}{I_K^{(2)}} = 2 Z_1 L$$

显然

$$\dot{Z}_K^{(2)} \neq \dot{Z}_K^{(3)}$$

94. 接地电流系统中的变压器中性点有的接地，也有的不接地，取决于什么因素？

答：变压器中性点是否接地一般考虑如下因素。

（1）保证零序保护有足够的灵敏度和很好的选择性，保证接地短路电流的稳定性；

（2）为防止过电压损坏设备，应保证在各种操作和自动掉闸使系统解列时，不致造成部分系统变为中性点不接地系统；

（3）变压器绝缘水平及结构决定的接地点（如自耦变压器一般为“死接地”）。

95. 微机保护中振荡闭锁原理中在正常运行第一次故障的短时开放保护的判据中为什么要引入正序电流元件条件？

答：引入正序电流元件后，当系统静稳破坏引起振荡时，两侧电动势的夹角稍一张开，正序电流元件 I_1 就可以动作。由于系统振荡时两相电流差突变量元件 $\Delta I_{\Phi\Phi}$ 是不动作的，零序电流启动元件也是不动作的。所以正序电流元件 I_1 先于启动元件动作至少 10ms 以上。正序电流元件动作后记忆（展宽）3s（大于最长的振荡周期），这样只要系统处于

振荡状态，本短时开放保护的判据就不再满足。所以在振荡的第一个振荡周期在两侧电动势夹角到达 180°之前，实际上短时开放保护的判据就已被闭锁了。这样在振荡期间再进行操作时，虽然可能造成 $\Delta I_{\Phi\Phi}$、I_0 启动元件启动，本判据也不会再去开放保护，防止了“先振荡后操作”时距离保护的误动。

96. 线路并联电抗器保护装置的零序过电流保护和过电流保护应采用首端电流还是尾端电流？为什么？

答：应采用首端 TA 的电流。零序电流保护和过电流保护的定值一般取（1.3～2）倍额定电流，在电抗器首端发生引线的相间或接地故障时，首端 TA 的电流反应系统短路的故障电流，其值一般远大于保护定值，所以零序电流保护和过电流保护能够动作，而在引线短路故障时，电抗器的每一相电压都不大于额定电压，尾端 TA 的每一相电流都不大于负荷电流，由尾端 TA 构成的零序电流不大于非全相的零序电流，零序电流保护和过电流保护达不到动作定值而不能动作。

97. 如下图所示：220kV 双母并列运行，110kV 母线及 35kV 母线分列运行，110kV 及 35kV 侧无电源。1 号及 2 号主变压器中性点接地运行，线路 L1、L2、L3、L4 对侧均为强电源。本站 220kV 线路保护配置：RCS-931+CSC103，单重方式（单重延时 1s）；220kV 母差 1：RCS-915GB；220kV 母差 2：BP-2CS。所有保护二次回路正确，本站保护配置满足国网标准要求。某日对 220kV 母差 1 进行定期校验，母差 2 的差动投入连接片接触不良导致母差 2 的差动保护退出运行，该系统所有Ⅱ段保护动作三跳并闭重（Ⅱ段保护动作时间均为 1s），回答下列问题：

（1）线路 L1 的 F1 点发生单相金属性接地故障且 DL1 失灵，分析保护动作行为。

（2）DL5 为三相联动机构，F2 点发生单相金属性接地故障且 DL5 失灵，分析保护动作行为。

（3）DL5 为分相操作机构，F2 点发生单相金属性接地故障且 DL5 失灵，分析保护动作行为。

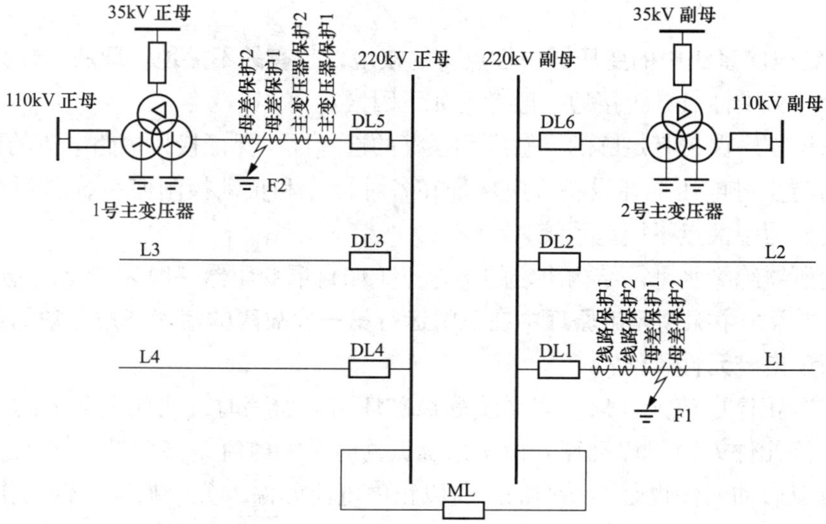

答：母差1因定期校验，母差1及失灵1均停用。母差2因连接片接触不良，母差2退出运行，只剩失灵2运行。

（1）F1点故障，线路纵联保护动作，对侧选跳故障相，本侧开关失灵启动母差保护中的失灵保护，由于对侧故障相跳开，本侧母差2中的L1间隔故障相电流为零，线路失灵电流判据不满足，失灵拒动。L2、L3、L4线对侧Ⅱ段保护经1s动作三跳闭重，L1线对侧选故障相，经单1s延时重合于永久性故障后加速保护三跳并闭重。

（2）F2故障，主变压器差动保护1、2动作跳开中、低压侧开关，高压侧开关三相失灵，由于低压侧三角绕组作用，1号主变压器间隔母差2中的间隔电流为零序电流，失灵电流判据满足，经短延时跳母联，长延时跳DL3、DL4，切除故障。

（3）F2点故障，由于开关为分相操作机构，只考虑单相拒动，不论故障失灵或非故障相失灵，由于中、低压侧已三相跳开，正负序阻抗无穷大，主变压器高压侧绕组无正负序电流，又因开关单相拒动，零序电流无法流通，失灵电流判据不满足，失灵拒动。由L1、L2、L3、L4对侧Ⅱ段经1s延时动作三跳闭重，切除故障。

98. 欲构成如图所示的双折线（实线）特性的阻抗继电器，实线下方为动作区。请写出以阻抗形式表达的动作方程和以电压形式表达的动作方程，并说明其实现方法。（设加入继电器的电压 $\boldsymbol{U}_{\mathrm{m}}$、电流 $\boldsymbol{I}_{\mathrm{m}}$ 为阻抗继电器接线方式中规定的电压、电流，继电器的测量阻抗为 $\boldsymbol{Z}_{\mathrm{m}}$）

答案1和答案2都算正确。

答案1：直线1的阻抗形式动作方程为

$$200° < \arg\frac{Z_{\mathrm{m}}-Z_{\mathrm{set}}}{R} < 380°$$

或写为

$$-160° < \arg\frac{Z_{\mathrm{m}}-Z_{\mathrm{set}}}{R} < 20°$$

直线1的电压形式动作方程为

$$200° < \arg\frac{U_{\mathrm{m}}-I_{\mathrm{m}}Z_{\mathrm{set}}}{I_{\mathrm{m}}R} < 380° \text{或} 200° < \arg\frac{U_{\mathrm{m}}-I_{\mathrm{m}}Z_{\mathrm{set}}}{I_{\mathrm{m}}} < 380°$$

或写为

$$-160° < \arg\frac{U_{\mathrm{m}}-I_{\mathrm{m}}Z_{\mathrm{set}}}{I_{\mathrm{m}}R} < 20° \text{或} -160° < \arg\frac{U_{\mathrm{m}}-I_{\mathrm{m}}Z_{\mathrm{set}}}{I_{\mathrm{m}}} < 20°$$

直线2的阻抗形式动作方程为

$$165° < \arg\frac{Z_{\mathrm{m}}-Z_{\mathrm{set}}}{R} < 345°$$

直线2的电压形式动作方程为

$$165° < \arg\frac{U_{\mathrm{m}}-I_{\mathrm{m}}Z_{\mathrm{set}}}{I_{\mathrm{m}}R} < 345° \text{或} 165° < \arg\frac{U_{\mathrm{m}}-I_{\mathrm{m}}Z_{\mathrm{set}}}{I_{\mathrm{m}}} < 345°$$

用直线1和直线2的电压形式动作方程构成的两个继电器的“与”门，即可构成本继电器。

答案2：本继电器的阻抗形式动作方程为

$$200° < \arg\frac{Z_m - Z_{set}}{R} < 345°$$

本继电器的电压形式动作方程为

$$200° < \arg\frac{U_m - I_m Z_{set}}{I_m R} < 345° \text{或} 200° < \arg\frac{U_m - I_m Z_{set}}{I_m} < 345°$$

用电压形式动作方程即可构成本继电器。

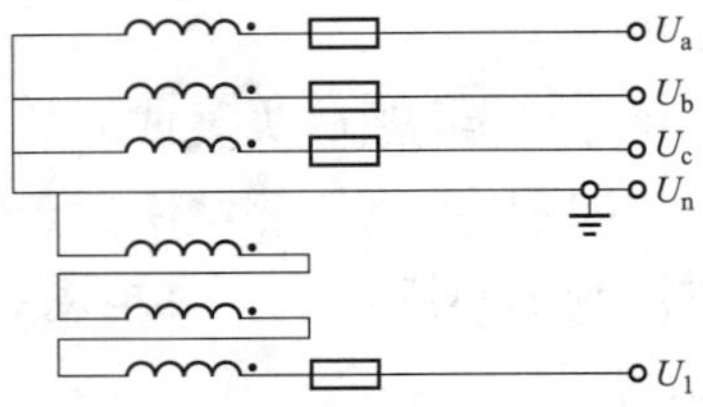

99. 电压互感器二次绕组和辅助绕组接线及电流回路二次接线如左图所示，请说明电压互感器二次绕组和辅助绕组接线有何错误。为什么？

答：（1）错误1，对于图中接线，二次绕组中性线和辅助绕组零线共用一根缆芯。正确接法应分别独立从开关场引线至控制室后，在控制室将两根中性线接在一块并可靠一点接地。

因为：图中接线，在一次系统发生接地故障时，开口三角 $3U_0$ 电压有部分压降落在中性线电阻上，致使微机保护的自产 $3U_0$ 因含有该部分压降而存在误差，零序方向保护可能发生误动或拒动。

（2）错误2，对于图中接线，开口三角引出线不应装设熔断器。

因为即便装了，在正常情况下，由于开口三角无压，两根引出线间发生短路时也不会熔断起保护作用，相反若熔断器损坏而又不能及时发现，在发生接地故障时，$3U_0$ 又不能送到控制室供保护和测量使用。

100. 用于整定计算的哪些一次设备参数必须采用实测值？

答：（1）三相三柱式变压器的零序阻抗；

（2）66kV 及以上架空线路和电缆线路的阻抗；

（3）平行线之间的零序互感阻抗；

（4）双回线路的同名相间和零序的差电流系数；

（5）其他对继电保护影响较大的有关参数。

101. 220kV 及以上国产多绕组的电流互感器，其二次绕组的排列次序和保护使用上应遵循什么原则？

答：（1）具有小瓷瓶套管的一次端子应放在母线侧；

（2）母差保护的保护范围应尽量避开电流互感器的底部；

（3）后被保护应尽可能用靠近母线的电流互感器一组二次绕组；

（4）使用电流互感器二次绕组的各类保护要避免保护死区。

102. 试对零序方向继电器的性能进行评判。（答对4条即可）

答：（1）正方向短路和反方向短路时零序电压和零序电流的夹角截然相反，动作边界十分清晰，因此性能良好，有良好的方向性。

（2）继电器的动作行为与负荷电流无关，与过渡电阻大小无关。

（3）系统振荡时不会误动作。

（4）在非全相运行期间，在简化成双侧系统的零序序网图中，从保护用的 TV 安装处向两端观察，如果反方向没有电源，且它的零序综合阻抗又是感性的，那么零序方向继电器判为正方向短路；如果正方向没有电源，且它的零序综合阻抗又是感性的，那么零序方向继电器判为反方向短路；如果从 TV 安装处向两端观察，两端都有电源，那么要根据具体系统参数分析零序方向继电器的动作行为。

（5）在有串补电容的线路上要对零序电压进行补偿，零序方向继电器可以正确判断短路方向。

（6）零序方向继电器只能保护接地故障，对两相不接地短路和三相短路无能为力。

103. 某新建变电站，设计院设计时，选用了具备双套压力闭锁元件的断路器，压力低禁止跳、合闸功能由断路器本体实现。断路器压力低闭锁重合闸回路选用了操作箱直流电源切换后进行供电。上述做法正确吗？为什么？若不正确，请指出正确做法并描述其优点。

答：（1）不正确。

原因如下：压力低闭锁重合闸回路中，压力低接点需从断路器机构箱取得，由保护操作箱到断路器机构箱的一对连线较长，若其负端与其他回路短路，将造成第一路直流电源短路，此时若压力低闭锁重合闸回路经操作箱直流电源切换至第二路直流，将使第二路直流亦短路，操作箱两路直流均失去（答出采用直流电源切换方式容易造成直流故障扩大的意思即可）。

（2）应采用第一路直流供电。

选用第一路直流供电，在发生上述故障时，第二路直流电源仍可供电给操作箱，不至于同时失去两路直流电源，仍能保证保护不发生拒动（答出不扩大直流系统故障范围即可）。

由于操作箱合闸回路采用第一路直流电源供电，若第二路直流电源发生故障，正确接线可保证装置各项跳合闸功能均正常。

104. 复用光纤纵差保护通道故障如何判定、如何检测？

答：当保护装置通道出现故障时，可以采用以下分步检查来确定故障的部件。

（1）保护装置电自环：保护内部通信板自环，用于检测通信板好坏。

（2）光端机光自环：本侧保护装置上的光端机自环，用于检测光端机好坏。

（3）复用接口盒自环：在复用接口盒出口处自环，用于检测复用接口盒的好坏。

（4）复用通道自环：用于检测复用通道的好坏。

（5）对端自环检测：用于检测对端各个部分的好坏。

105. 简述工频变化量距离继电器的特点。

答：（1）动作速度快，故障越严重动作越快；

（2）方向性好；

（3）适应过渡电阻能力强；

（4）不需要振荡闭锁。

106. 正序电压用作极化电压的好处是什么？

答： 正序电压用作极化电压的好处如下。

（1）故障后各相正序电压的相位始终保持故障前的相位不变，与故障类型无关。作为工作电压要与它来比相的，起着参考标准的极化电压正需要这种相位始终不变的特性。

（2）除了三相短路以外，幅值一律不会降到零，意味着无死区。

（3）构成的元件性能好。例如，方向元件的极化电压改用正序电压后，其选相性能大大改善。不像过去未用正序电压时，为了消灭多数故障形式下的电压死区，方向元件要用 90°接线。结果是与故障相方向元件动作的同时，健全相也往往动作，即选相性能差。改用正序电压后，健全相便不会动了。

107. 试说出下图所示的具有方向特性的四边形阻抗继电器动作特性图中四条边 *AB*、*BC*、*CD*、*DA* 及倾叙角 *α* 所代表的含义和作用。试分析四边形阻抗动作判据各块区的作用。

答： 第Ⅰ象限区：正方向动作区，R_s 定值反应阻抗继电器克服过渡电阻的能力和躲负荷的能力，X 定值随过渡电阻增加而降低的下斜线是为了克服由过渡电阻的影响造成保护的超越。

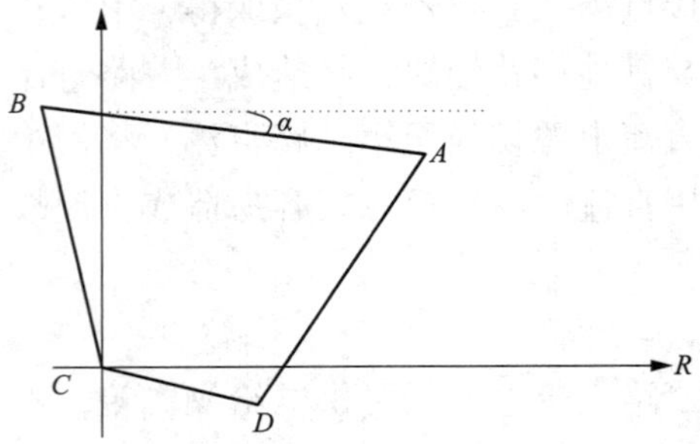

第Ⅱ象限区：X 为正，R 为负，是为了克服正方向发生金属故障，由于电流电压互感器误差使阻抗计算的电阻不为零而为负值造成保护拒动。

第Ⅳ象限区：X 为负，R 为正，是为了克服出口经过渡电阻短路，由于电流电压互感器误差和过渡电阻的影响使阻抗计算的电抗不为零而为负值造成保护拒动。

108. 小接地电流系统中，为什么采用中性点经消弧线圈接地？

答： 中性点非直接接地系统发生单相接地故障时，接地点将通过接地线路对应电压等级电网的全部对地电容电流。如果此电容电流相当大，就会在接地点产生间歇性电弧，引起过电压，从而使非故障相对地电压极大增加。在电弧接地过电压的作用下，可能导致绝缘损坏，造成两点或多点的接地短路，使事故扩大。为此，我国采取的措施是当各级电压电网单相接地故障时，如果接地电容电流超过一定数值（35kV 电网为 10A，10kV 电网为 10A。3～6kV 电网为 30A），就在中性点装设消弧线圈，其目的是利用消弧线圈的感性电流补偿接地故障时的容性电流，使接地故障电流减小，以至自动熄弧，保证继续供电。

109. 电力系统在什么情况下运行将出现零序电流？试举出五种例子。

答： 电力系统在三相不对称运行状况下将出现零序电流，如：①电力变压器三相运行参数不同；②电力系统中有接地故障；③单相重合闸过程中的两相运行；④三相重合闸和手动合闸时断路器三相不同期投入；⑤空载投入变压器时三相的励磁涌流不相等。

110. 中性点不接地系统发生单相完全接地、不完全接地、持续接地和间隙接地时各有什么现象？

答： 完全接地：接地相对地电压为零，其他两相电压升高到$\sqrt{3}$倍。不完全接地：接地相对地电压降低，其他两相电压升高。持续接地：接地相对地电压降至某一值历久不变，另两相对地电压升至某一值不变。间歇接地：电压表指示时增时减，有时指示正常。

111. 提高系统稳定性有哪些主要措施？

答：（1）减小线路电抗。可以采用增加并联运行输电线的回路数和复合导线等方法，以减小系统的总阻抗，改善系统稳定性及电压水平。

（2）线路上装设串联电容。在线路上装设串联电容，可有效减小线路电抗，比增加多回线路要经济，但技术较复杂。

（3）装设中间补偿设备。在线路中间装设同步调相机或电容器，能有效地保持变电站母线电压及提高系统稳定性。近年发展的静止补偿器，可以快速地调整和供给系统无功功率，是提高系统稳定性的重要手段。

（4）采用直流输电。由于直流电源不存在相位问题，所以用直流远距离输电，就不存在由发电机间相角确定的功率极限问题，不受系统稳定的限制。

112. 简述傅里叶算法的优缺点。

答：傅里叶算法是数字信号处理的一个重要工具，它源于傅里叶级数。这种算法一般需要一个周期的数据窗长度，运算工作量属中等。它可以滤去各整次谐波，包括直流分量，滤波效果较好。但这种算法受输入模拟量中的非周期分量的影响较大，理论分析最不利条件下可产生15%以上的误差，因而必要时应予以补偿。

113. 电压互感器二次侧某相熔丝并联的电容器，其容量应怎样选择？

答：应按电压互感器在带最大负荷下三相熔丝均断开及在带最小负荷下并联电容器的一相熔丝断开时，电压断相闭锁继电器线圈上的电压不小于其动作电压的两倍左右来选择并联电容器的容量，以保证电压断相闭锁继电器在各种运行情况下均能可靠动作。

114. 综合重合闸对零序电流保护有什么影响？为什么？如何解决这一矛盾？

答：线路上装设综合重合闸装置，不可避免地将出现非全相运行，从而给系统的零序电流保护带来影响。这是因为，在非全相运行中会出现零序电流，造成保护误动。所以对动作机会较多的零序电流保护Ⅰ段来说，为在非全相运行时不退出工作必须校验其整定值，许多情况下将定值抬高，从而缩短了其保护范围。为了解决这一矛盾，可以增设定值较大的不灵敏Ⅰ段，在非全相运行中不拒切线路始端的接地故障。而灵敏Ⅰ段定值较小，保护范围大，但在非全相运行时需退出工作。为了保证选择性，零序Ⅱ段动作时限应躲过第一次故障算起的单相重合闸周期，否则非全相运行时，应退出其运行，防止越级跳闸。故障线路的零序Ⅲ段的动作时限在重合闸过程中适当自动缩短。

115. 电流闭锁电压速断保护比单一的电流或电压速断保护有什么优点？

答：电流闭锁电压速断保护的整定原则是从经常运行方式出发，使电流和电压元件具有相等的灵敏度，因而在经常运行方式下，有足够大的保护区，且在最大或最小运行方式下也不会误动作。它比单一的电流或电压速断保护的保护区大。

116. 中间继电器的动作电压、保持电压、保持电流有什么要求？现场测量时应注意什么？

答：动作电压不大于$0.7U_n$，出口中间应为（0.50～0.70）U_n，保持电流不大于$0.80I_n$，保持电压不大于$0.65U_n$。现场试验时均应与实际回路中串联和并联的电阻元件一起进行。

117. 某电流互感器的变比为1500A/1A，二次接入负载阻抗5Ω（包括电流互感器二次漏抗及电缆电阻），电流互感器伏安特性试验得到的一组数据为电压120V时，电流为1A。试问当其一次侧通过的最大短路电流为30000A时，其变比误差是否满足规程要求？为什么？

答：最大短路电流为30000A时，I_2=30000/1500=20(A)。

假若此时的励磁电流I_F=1A，则在TA二次侧的电压U_2=(20−1)×5=95(V)。

由伏安特性可知U=120V时，I_F=1A，而此时U_2=95V＜120V，可知此时接5Ω负载时的I_F＜1A。

误差δ＜1/20=5%＜10%满足规程要求。

118. 新安装继电保护装置竣工后，验收的主要项目是什么？

答：（1）电气设备及线路有关实测参数完整正确；

（2）全部保护装置竣工图纸符合实际；

（3）装置定值符合整定通知单要求；

（4）检验项目及结果符合有关规程规定；

（5）核对TA变比及伏安特性，二次负载满足误差要求；

（6）屏前、屏后的设备应整齐、完好，回路绝缘良好，标志齐全、正确；

（7）二次电缆绝缘良好、标号齐全、正确；

（8）用一次负荷电流和工作电压进行验收试验。

119. 电网继电保护的整定不能兼顾速动性、选择性或灵敏性时，按什么原则取舍？

答：如果由于电网运行方式、装置性能等原因，电网继电保护的整定不能兼顾速动性、选择性或灵敏性要求，在整定时应按如下原则合理地进行取舍：

（1）局部电网服从整个电网；

（2）下一级电网服从上一级电网；

（3）局部问题自行消化；

（4）尽量照顾局部电网和下级电网的需要；

（5）保证重要用户供电。

120. 微机保护装置基本性能试验有哪些？

答：（1）装置中各种原理元件的定值试验；

（2）各种原理元件动作时间特性试验；

（3）各种原理元件动作特性试验；

（4）逻辑回路及其联合动作正确性检查。

121. 简要阐述阻抗选相元件的优缺点。

答：阻抗选相元件的缺点是在单相经高电阻接地时灵敏度不足；优点是在距离保护中就用保护的Ⅲ段接地阻抗继电器作选相元件，使装置总体上得到简化。

122. 简述继电保护的后备保护整定原则。

答：（1）最后一段的启动值必须按满足规定的灵敏度要求整定。

（2）保证上下级后备保护之间的选择性配合，但对绝对动作时间无严格要求。

（3）如果相互配合整定有困难或有特殊需要，有条件时可以与相邻纵联保护配合整定。基本前提是相邻线路纵联保护能保持可靠投入运行。

（4）允许在某些整定特殊困难的情况下，上下级零序电流保护的最后一段间可以不配合，如单回线环网，特别是双回线环网，允许设一个解列点或一回解列线路。

123. 保护中低气压闭锁重合闸开入与闭锁重合闸开入有何区别？

答：它们均为闭锁重合闸，即对重合闸放电。低气压闭锁重合闸开入气压机构的接点，仅在装置启动前监视，目的是防止跳闸过程中短时由于气压降低而导致误闭锁重合闸。闭锁重合闸不管在什么时候接通均会对重合闸放电而闭锁重合闸。

124. 简明列举电网第三道防线协调配置方案。

答：电网第三道防线协调配合方案主要通过离线分析计算等技术手段，研究确立适合于电网的第三道防线控制措施设置及装置接入系统原则，提出包括振荡解列、低频低压解列、低频低压减载、高周切机等措施在内的电网第三道防线协调配置方案。

125. 什么是区域性稳定控制系统？

答：对于一个复杂电网的稳定控制问题，必须靠区域电网中的几个厂站的稳定控制装置协调统一才能完成。即每个厂站的稳定控制装置不仅靠就地测量信号，还要接收其他厂站传来的信号，综合判断才能正确进行稳定控制。这些分散的稳定控制装置的组合统称为区域性稳定控制系统。

126. 什么是电力系统的三道防线？

答：为防止电网失去稳定，针对电网可能发生的各种扰动事故设置了三道防线。

第一道防线：在电力系统正常状态下通过预防性控制保持其充裕性和安全性，发生故障时由性能良好的继电保护装置构成，确保快速、正确地切除电力系统的故障元件，防止系统失去稳定。

第二道防线：由电力系统安全稳定控制系统及切机、切负荷等稳定控制措施构成，对预先考虑到的存在稳定问题的故障进行检测、判断和实施控制，防止系统失去稳定。

第三道防线：由失步解列、频率及电压紧急控制装置构成，当电力系统发生失步振荡、频率异常、电压异常等事故时，采取解列、切机、切负荷等措施，防止系统崩溃，避免出现大面积停电。

127. 简述电网中备自投装置的主要分类和功能。

答：备自投装置按照投退元件分类可大致分为进线备投和母联备投装置。

（1）进线备投装置主要针对单端单回或双回线供电的变电站，当电源进线故障时，能投入备用电源线路，保证变电站不会失压而损失大量负荷。

（2）母联分段备自投主要针对变电站母线分母运行的情况，两段母线接入不同的电源，当一段母线的电源发生故障而导致母线失压时，投入母联分段断路器，保证两段母线的持续供电。

128. 简述典型进线备自投、母联备自投、主变压器备自投的功能。

答：典型进线备自投工作环境如图 1 所示。

正常运行时母联（3QF）处于合位，两条电源线路一条工作、一条备用（如电源 1 工作、1QF 处于合位，电源 2 备用、2QF 处于分位），当工作线路因故障跳闸造成母线失去电压时，备自投动作将备用线路自动投入（跳 1QF、合 2QF）。

典型母联备自投工作环境如图 2 所示。

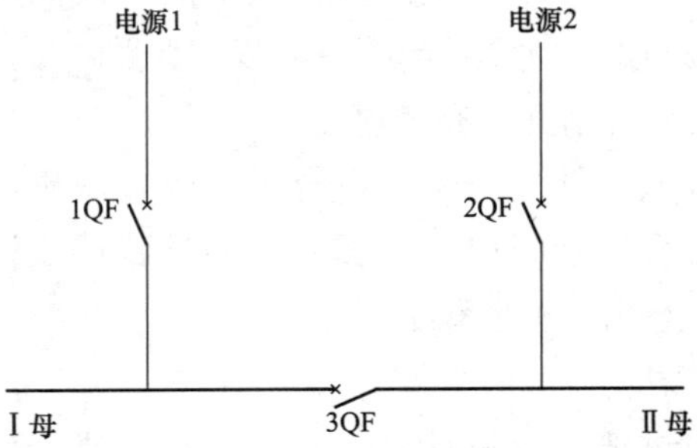

图1

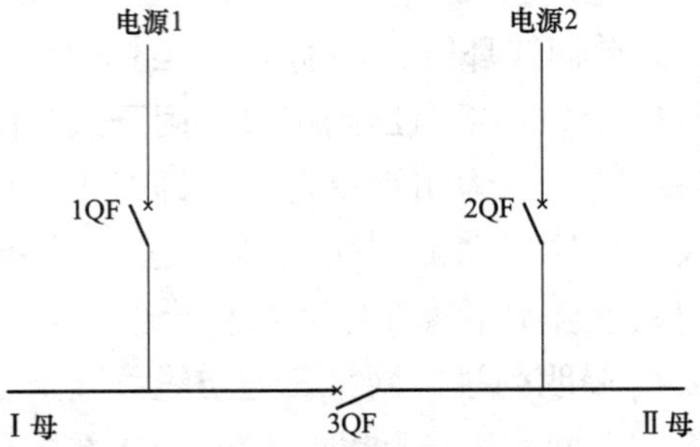

图2

正常运行时母联（3QF）处于分位，两条电源线路（主变压器）正常工作，当一路电源故障造成母线失去电压时，备自投动作跳故障元件开关、合母联。

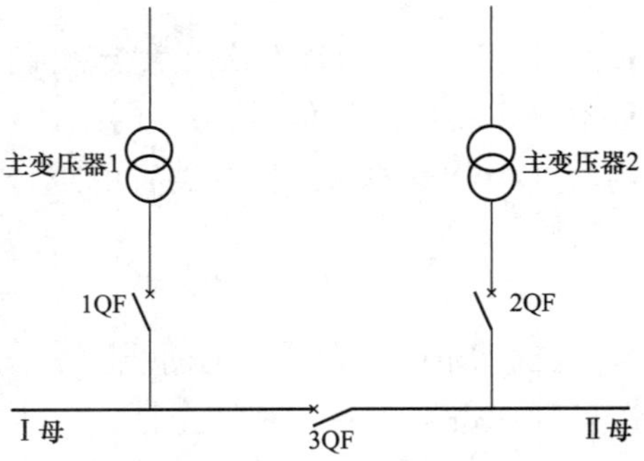

图3

典型主变压器备自投工作环境如图 3 所示。

主变压器备自投与进线备自投类似，正常运行时母联（3QF）处于合位，两台主变压器一台工作、一台备用（如主变压器 1 工作、1QF 处于合位，主变压器 2 备用、2QF 处于分位），当工作主变压器因故障跳闸造成母线失去电压时，备自投动作将备用主变压器自动投入（跳 1QF、合 2QF）。

129. 什么是振荡解列装置？

答：当电力系统受到较大干扰而发生非同步振荡时，为防止整个系统的稳定被破坏，经过一段时间或超过规定的振荡周期数后，在预定地点将系统进行解列，该执行振荡解列的自动装置称为振荡解列装置。

130. 低频、低压解列装置一般装设在系统中的哪些地点？

答：在系统中的如下地点，可考虑设置低频、低压解列装置：

（1）系统间联络线；

（2）地区系统中从主系统受电的终端变电站母线联络断路器；

（3）地区电厂的高压侧母线联络断路器；

（4）专门划为系统事故紧急启动电源专带厂用电的发电机组母线联络断路器。

131. 试举电力系统安全自动装置主要种类。（要求 8 种及以上）

答：电力系统安全自动装置，是指防止电力系统失去稳定和避免电力系统发生大面积停电的自动保护装置。如：

（1）自动重合闸；

（2）备用电源和备用设备自动投入；

（3）自动联切负荷；

（4）自动低频（低压）减负荷；

（5）事故减出力；

（6）事故切机；

（7）电气制动；

（8）水轮发电机自动启动和调相改发电；

（9）抽水蓄能机组由抽水改发电；

（10）自动快速调节励磁；

（11）低频、低压解列装置；

（12）振荡（失步）解列装置；

（13）大小电流联切装置。

132. 什么是电网黑启动？电网黑启动过程中，继电保护和安全自动装置配置应注意哪些问题？

答：电网黑启动是指整个系统因故障全部停电后，利用自身的动力资源或利用外来电源带动自启动能力的发电机组起动达到额定转速和建立正常电压，有步骤地恢复电网运行和对用户供电，最终实现整个系统恢复的过程。

在恢复启动过程中应注意有功功率、无功功率平衡，防止发生自励磁和电压失控及频率的大幅度波动，必须考虑系统恢复过程中的稳定问题，合理投入继电保护和安全自动装置，防止保护误动而中断或延误系统恢复。

133. 备用电源自动投入装置应符合什么要求？

答：（1）应保证在工作电源或设备断开后，才投入备用电源或设备；

（2）工作电源或设备上的电压，不论因何原因消失时，自动投入装置均应动作；

（3）自动投入装置应保证只动作一次。

134. 电压互感器在运行中为什么要严防二次侧短路？

答：电压互感器是一个内阻极小的电压源，正常运行时负载阻抗很大，相当于开路状态，二次侧仅有很小的负载电流。当二次侧短路时，负载阻抗为零，将产生很大的短路电流，会将电压互感器烧坏。

135. 请说明无铁芯的空心线圈（罗戈夫斯基线圈）电流互感器、带铁芯的低功率电流互感器、电阻分压或阻容分压的电压互感器的特点。

答：这些电子式互感器与常规互感器较近似，亦称为半常规互感器。它们体积小、质量小、暂态响应和运行性能良好，可靠性高，可以直接以模拟量形式输出至就近的开关装置。也可用这种半常规的互感器进行信息测量，但用光纤技术进行信息传送，这样可大大简化互感器的绝缘结构，以便用于高电压系统。但这类电子式互感器处于高电位的传感器需要电源，故亦称为有源电子式互感器。

136. 电磁环网对电网运行有何弊端？

答：电磁环网对电网运行的主要弊端有：①易造成系统热稳定破坏。如果主要的负荷中心用户高低压电磁环网供电，当高一级电压线路断开后，则所有的负荷通过低一级电压线路送出，容易出现导线热稳定电流问题。②易造成系统稳定破坏。正常情况下，两侧系统间的联系阻抗将略小于高压线路。当高压线路因故障断开，则联系阻抗将显著增大，易超过该联络线的暂态稳定极限而发生系统振荡。③不利于经济运行。由于不同电压等级线路的自然功率值相差极大，因此系统潮流分配难于达到最经济。④需要架设高压线路，因故障停运后联锁切机、切负荷等安全自动装置的拒动、误动影响电网的安全运行。一般情况下，往往在高一级电压线路投入运行初期，由于高一级电压网络未形成或网络尚薄弱，需要保证输电能力或为保重要负荷而不得不电磁环网运行。

137.（1）说明电力系统振荡与金属性短路故障的差别。（至少答出两点）（2）系统振荡时，线路保护中何种继电器可能发生误动作？何种继电器不会误动作？（各答出两点即可）

答：（1）两者差别：①振荡时电流、电压的变化比较缓慢，而短路故障时电流增大，电压降低，是突变的；②振荡时，系统中任一点电压、电流间的夹角随两侧电势角度的变化而变化，而短路故障时夹角是不变化的；③振荡时，无负序、零序分量，而不对称短路故障时有负序分量，接地故障时有零序分量；④振荡时，系统中各点电压除以电流得到的测量阻抗随两侧电势间夹角变化而变化，而短路故障时是不变化的。

（2）可能误动作的继电器是阻抗继电器、电流继电器、低电压继电器。不误动的继电器是零序电流继电器、零序方向继电器、电流差动继电器、负序方向继电器。

138. 对于双屏蔽层的二次电缆，从抗干扰角度考虑，内、外屏蔽层应如何接地？为什么？

答：（1）对于双屏蔽层的二次电缆，由于外屏蔽层本身为导体，外界干扰一般在该层感应，应两端接地。这样感应电流形成电流回路，从而产生反向磁通，抵消外界磁干扰的影响。

（2）对于内屏蔽层，经外屏蔽层屏蔽后，可能因为地电位的不平衡产生差模干扰，为求对电的屏蔽效果，宜在户内端一点接地。

139. 如下图所示的回路接线有何问题？请画图说明。应采取何种措施？

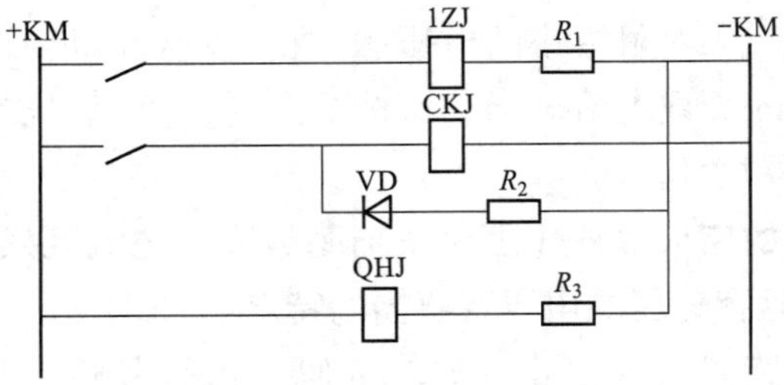

答：如下图所示，在A点或B点的回路断线时，将形成寄生回路，直流正电源通过QHJ、R_3、R_2、VD引至CKJ，造成误动作。

当两个及以上中间继电器线圈或回路并联使用时，应先并联，然后经公共连线引出。

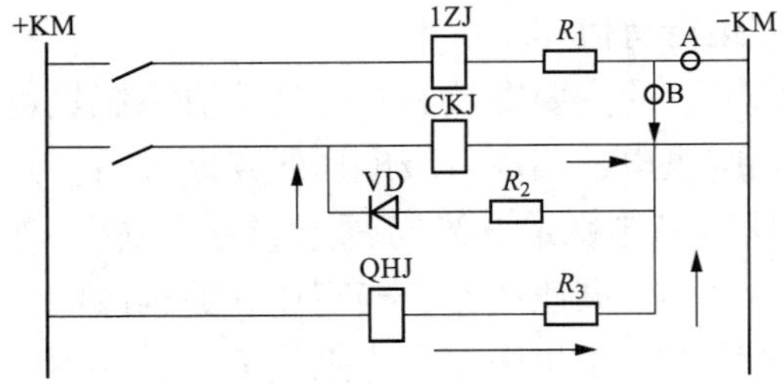

140. 接地阻抗继电器按 $\dfrac{U_\Phi}{I_\Phi + K\cdot(3I_0)}$ 接线，其中 K 为实数，$3I_0$ 为自产零序电流，在只知继电器的灵敏角为 85° 的情况下，如何用试验的方法测出 K 值？

答：（1）在 A、B、C 三相中通入对称的电流 I_x，外加电压使电压超前电流的相角为灵敏角，调节电压 U_1 使继电器动作，其动作阻抗为 $Z=U_1/I_x$。

（2）在一相（A、B、C 中任一相）与 N 线间通入电流 I_x，外加电压使电压超前电流的相角为灵敏角，调节电压 U_2 使继电器动作，其动作阻抗为 $Z=U_2/(I_x+3KI_0)$。

（3）因为两种情况下的整定阻抗不变，有 $U_1/I_x=U_2/(I_x+3KI_0)$，且 $3I_0=I_x$，则 $K=U_2/U_1-1$。

141. 用于整定计算的哪些一次设备参数必须采用实测值？

答：下列参数用于整定计算时必须使用实测值：

（1）三相三柱式变压器的零序阻抗；

（2）架空线路和电缆线路的正序和零序阻抗、正序和零序电容；

（3）平行线之间的零序互感阻抗；

（4）双回线路的同名相间和零序的差电流系数；

（5）其他对继电保护影响较大的有关参数。

142. 在微机保护数据采集系统中，共用 A/D 转换器条件下采样 / 保持器的作用是什么？

答：（1）保证在 A/D 变换过程中输入模拟量保持不变；

（2）保证各通道同步采样，使各模拟量的相位关系经过采样后保持不变。

143. 什么情况下，零序电流保护不需要经方向元件控制？

答：（1）反方向也能满足配合要求；

（2）除保护安装侧外，对侧无变压器中性点接地。

144. 试述小接地电流系统单相接地的特点。当发生单相接地时，为什么可以继续运行 1～2h？

答：小接地电流系统单相接地的特点如下。

（1）非故障线路 $3I_0$ 的大小等于本线路的接地电容电流；故障线路 $3I_0$ 的大小等于所有故障线路的 $3I_0$ 之和，即所有非故障线路的接地电容电流之和。

（2）非故障线路的零序电流超前零序电压 90°；故障线路的零序电流滞后零序电压 90°。故障线路的零序电流与非故障线路的零序电流相位相差 180°。

（3）接地故障处的电流大小等于所有线路（包括故障线路和非故障线路）的接地电容电流的总和，并超前零序电压 90°。

根据小接地电流系统单相接地时的特点，由于故障点电流很小，而且三相之间的线电压仍然对称，对负荷的供电没有影响，因此在一般情况下允许再继续运行 1～2h，不必立即跳闸，这也是采用中性点非直接接地运行的主要优点。但在单相接地以后，其他两相对地电压升高 $\sqrt{3}$ 倍，为了防止故障进一步扩大成两点、多点接地短路，应及时发出信号，以便运行人员采取措施予以消除。

145. 如何减少差动保护的不平衡电流？

答：（1）差动保护各侧 TA 同型（短路电流倍数相近，不准 P 级与 TP 级混用）；

（2）各侧 TA 的二次负荷与相应侧 TA 的容量成比例（大容量接大的二次负载）；

（3）诸 TA 铁芯饱和特性相近；

（4）二次回路时间常数应尽量接近；

（5）在短路电流倍数、TA 容量、二次负荷的设计选型上留有足够余量（如计算值 / 选用值之比大于 1.5～2.0）；

（6）必要时采用同变比的两个 TA 串联应用，或两根二次电缆并联使用；

（7）P 级互感器铁芯增开气隙（即 PR 型 TA）。

146. 比例制动的 220kV 母差的检验工作中有哪些重点注意要求？

答：对于比例制动的 220kV 母差，新装校验时应检查辅助 TA 极性、变比和三次侧零相连接情况，并注意检查备用电流互感器的三次侧，不得短接。同时带负荷试验时必须测量正常、相位两相交错、一相短接时的差动电流、差动电压量和制动量，并手动模拟母线互联，测量互联时保护装置的差动量和制动量。在校验结束后，还应特别注意核对母联、分段的一次位置是否与相应的不联继电器位置对应。对于多段母差应注意带负荷母差对运行母差的影响，如不联回路。检查不平衡电流、电压。

147. 为防止因直流熔断器不正常熔断而扩大事故，应注意做到哪些方面？

答：①直流总输出回路、直流分路均装设熔断器时，直流熔断器应分级配置，逐级配合；②直流总输出回路装设熔断器，直流分路装设小空气开关时，必须确保熔断器与小空气开关有选择性地配合；③直流总输出回路、直流分路均装设小空气开关时，必须确保上、下级小空气开关有选择性地配合；④为防止因直流熔断器不正常熔断或小空气开关失灵而扩大事故，对运行中的熔断器和小空气开关应定期检查，严禁质量不合格的熔断器和小空气开关投入运行。

148. 大接地电流系统中三相相间电流保护能否反应单相接地故障？为什么要单独采用零序电流保护？

答：三相星形接线的相间电流保护，能反应接地短路，但用来保护接地短路时，在定值上要躲过最大负荷电流，在动作时间上要由用户到电源方向按阶梯原则逐级递增一个时间级差来配合。而专门反应接地短路的零序电流保护，则不需要按此原则来整定，故其灵敏度高、动作时限短，且因线路的零序阻抗比正序阻抗大得多，零序电流保护的保护范围长，上下级保护之间容易配合。故一般不用相间电流保护兼作零序电流保护。

149. 在图示的电路中 K 点发生了直流接地，试说明故障点排除之前如果触点 A 动作，会对继电器 ZJ2 产生什么影响？（注：图中 *C* 为抗干扰电容，可不考虑电容本身的耐压问题；ZJ2 为快速中间继电器）

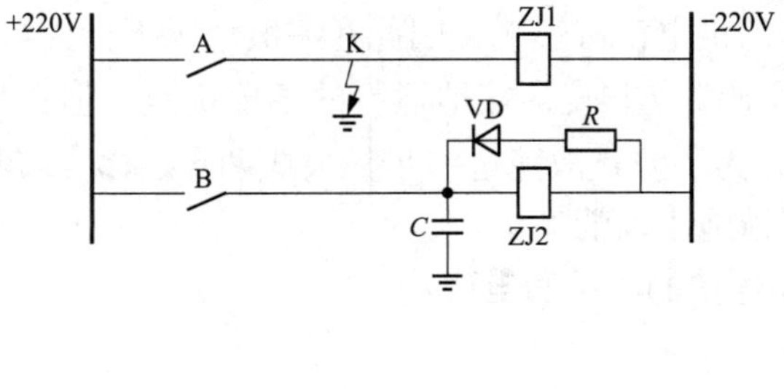

答：（1）触点 A 动作之前，直流系统为负接地，直流系统的负极对地电位为 0V；正极对地电位为 220V，且电容 C 上的电位宜为 0V。

（2）触点 A 动作之后，直流系统瞬间便转为正接地，正极对地电位由 220V 转为 0V；负极对地电位由 0V 转为 –220V。

抗干扰电容上的电位不能突变，因此在直流系统由正接地转为负接地之后，电容 C 上的电位不能马上转变为 –220V，并通过继电器 ZJ2 的线圈对负极放电。

继电器 ZJ2 为快速继电器，有可能在电容 C 的放电过程中动作。

150. 电力系统在什么情况下运行将出现零序电流？试举出五种例子。

答：电力系统在三相不对称运行状况下将出现零序电流。例如：

（1）电力变压器三相运行参数不同。

（2）电力系统中有接地故障。

（3）单相重合闸过程中的两相运行。

（4）三相重合闸和手动合闸时断路器三相不同期投入。

（5）空载投入变压器时三相的励磁涌流不相等。

151. 利用 $u\cos\varphi$ 低电压继电器实现振荡闭锁的实质是什么？为什么只能区分三相短路与振荡？

答：$u\cos\varphi$ 低电压继电器的实质是最大限度地压缩在振荡时的动作时间，因而只需减小延时就可避开振荡。在三相短路时，$u\cos\varphi$ 的数值很小，不会闭锁保护。在不对称故障尤其是单相故障时，故障可能有过渡电阻，$u\cos\varphi$ 将保持一定的数值，不能开放保护，所以仅用 $u\cos\varphi$ 低电压继电器还不能完全解决问题。

152. 消弧线圈的作用是什么？

答：消弧线圈的作用是，当发生单相接地故障时，通过消弧线圈产生的感性电流补偿接地点的电容电流，使流过接地点的电流变小或为零，从而消除接地处的间歇性弧光过电压。

153. 大接地电流系统中发生接地短路时，零序电流的分布与什么有关？

答：零序电流的分布只与系统的零序网络有关，与电源的数目无关。当增加或减小中性点接地的变压器台数时，系统零序网络将发生变化，从而改变零序电流的分布。当增加或减少接在母线上的发电机台数和中性点不接地变压器台数，而中性点接地变压器的台数不变时，只改变接地电流的大小，而与零序电流的分布无关。

154. 某电流互感器一次侧通入正弦交流电流 I_1，二次侧在纯电阻负载下测得的电流为 I_2，在不计二次绕组漏抗及铁芯损失的情况下，若测得的相角误差为 7°，试求此时的变比误差 ε。

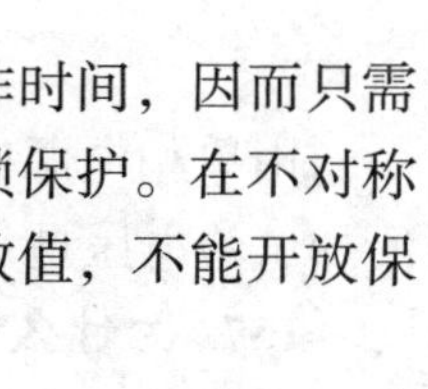

答：作出电流互感器相量关系如下。

因为

$$I_2' = I_1\cos\delta$$

所以变比误差

$$\varepsilon = \frac{I_2' - I_1}{I_1} = \frac{I_1\cos\delta}{I_1} = \cos\delta - 1 = \cos 7° - 1 = -0.75\%$$

155. 某 220kV 母线正序等值标幺阻抗为 0.018（基准容量 100MVA），若该母线单相接地短路电流为 5kA，当基准电压取额定电压的 1.05 倍时，试求该 110kV 母线系统的等值零序标幺阻抗。

答： 因为

$$I_k^{(1)}=\frac{3}{X_{\Sigma1}+X_{\Sigma2}+X_{\Sigma3}}\cdot\frac{S_B}{\sqrt{3}U_B}$$

所以

$$X_{\Sigma0}=\frac{S_B}{\sqrt{3}U_B I_k^{(1)}}-2X_{\Sigma1}=\frac{100}{\sqrt{3}\times1.05\times220\times5}-2\times0.018=0.0140$$

156. 某负序电流元件，AB 相间通 20A 正弦电流时刚好动作，如仅 A 相通正弦电流，则通入多少电流该元件正好动作？

答： 该负序电流元件的动作电流为

$$I_{2.0p}=\frac{20}{\sqrt{3}}\text{A}$$

单相通正弦电流时的动作电流为

$$I_{op}=3I_{2.0p}=3\times\frac{20}{\sqrt{3}}=20\sqrt{3}(\text{A})$$

或

$$I_{op}=20\sqrt{3}=34.64(\text{A})$$

用单相电源电压模拟 AB、BC、CA 三种两相短路故障，试验负序继电器的定值时，所加试验电压是负序电压定值的 $\sqrt{3}$ 倍。

157. 为什么线路发生单相接地，进行三相重合闸时，会比单相重合闸产生较大的操作过电压？

答： 这是由于三相跳闸，电流过零时断电，在非故障相上会保留相当于相电压峰值的残余电荷电压，而重合闸的断电时间较短，上述非故障相的电压变化不大，因而在重合时会产生较大的操作过电压。而当使用单相重合闸时，重合时的故障相电压一般只有 17% 左右（由于线路本身电容分压产生），因而没有操作过电压问题。然而，从较长时间在 110kV 及 220kV 电网采用三相重合闸的运行情况来看，对一般中、短线路操作，过电压方面的问题并不突出。

158. 在拆动二次线时，应采取哪些措施？

答： 拆动二次线时，必须做好记录；恢复时，应在记录本上注销。二次线改动较多时，应在每个线头拴牌。拆动或敷设二次电缆时，还应在电缆的首末端及其沿线的转弯处和交叉处拴牌。

159. 简述站用直流系统接地的危害。

答：（1）直流系统两点接地有可能造成保护装置及二次回路误动；

（2）直流系统两点接地有可能使得保护装置及二次回路在系统发生故障时拒动；

（3）直流系统正、负极间短路有可能使得直流熔丝熔断；

（4）直流系统一点接地时，如交流系统也发生接地故障，则可能对保护装置形成干扰，严重时会导致保护装置误动作；

（5）对于某些动作电压较低的断路器，当其跳（合）闸线圈前一点接地时，有可能造成断路器误跳（合）闸。

160. 在双母线系统中电压切换的作用是什么？

答：对于双母线系统上所连接的电气元件，在两组母线分开运行时（如母联断路器断开），为了保证其一次系统和二次系统的电压保持对应，以免发生保护或自动装置误动、拒动，要求保护及自动装置的二次电压回路随同主接线一起进行切换。用隔离开关两个辅助触点并联后去启动电压切换中间继电器，利用其触点实现电压回路的自动切换。

161. 电流互感器饱和时，其二次电流有什么特征？

答：（1）在故障发生瞬间，由于铁芯中的磁通不能跃变，TA 不能立即进入饱和区，而是存在一个时域为 3～5ms 的线性传递区。在线性传递区内，TA 二次电流与一次成正比。

（2）TA 饱和之后，在每个周期内一次电流过零点附近存在不饱和时段，在此时段内，TA 二次电流又与一次电流成正比。

（3）TA 饱和后，其励磁阻抗大大减小，使其内阻大大降低，严重情况内阻等于零。

（4）TA 饱和后，其二次电流偏于时间轴一侧，致使电流的正、负半波不对称，电流中含有很大的二次和三次谐波电流分量。

162. 电压互感器的零序电压回路是否装设熔断器？为什么？

答：不能。因为正常运行时，电压互感器的零序电压回路无电压，不能监视熔断器是否断开，一旦熔丝熔断了，而系统发生接地故障，则保护拒动。

163. 电流互感器的二次负载的定义是什么？

答：电流互感器的二次负载等于电流互感二次绕组两端的电压除以该绕组内流过的电流。

164. 电流互感器二次额定电流为 1A 和 5A 有何区别？

答：额定电流为 1A 的电流互感器的匝数比 5A 的大 5 倍，二次绕组匝数大 5 倍，开路电压高，内阻大，励磁电流小。但额定电流为 1A 的电流互感器可大幅度降低电缆中的有功损耗，在相同条件下，可增加电流回路电缆的长度。在相同的电缆长度和截面时，功耗减小 25 倍，因此电缆截面可以减小。

165. 为什么有些保护用的电流互感器的铁芯在磁回路中留有小气隙？

答：为了使在重合闸过程中铁芯中的剩磁很快消失，以免重合于永久性故障时，有可能造成铁芯磁饱和。

166. 电流互感器伏安特性试验的目的是什么？

答：（1）了解电流互感器本身的磁化特性，判断是否符合要求；

（2）发现线匝层间短路，特别是二次线圈短路圈数很少时。

167. 电抗变压器和电流互感器的区别是什么？

答：电抗变压器的励磁电流大，二次负载阻抗大，处于开路工作状态；电流互感器的励磁电流小，二次负载阻抗小，处于短路工作状态。

168. 电压互感器在运行中为什么要严防二次侧短路？

答：电压互感器是一个内阻极小的电压源，正常运行时负载阻抗很大，相当于开路状态，二次侧仅有很小的负载电流。当二次短路时，负载阻抗为零，将产生很大的短路电流，会将电压互感器烧坏。

169. 在带电的电压互感器二次回路上工作时应采取哪些安全措施？

答：在带电的电压互感器二次回路上工作时应采取下列安全措施：

（1）严格防止电压互感器二次侧短路或接地。工作时应使用绝缘工具，戴绝缘手套，必要时在工作前停用有关保护装置。

（2）在二次侧接临时负载，必须装有专门的刀闸和熔断器。

170. 为什么交直流回路不可以共用一条电缆？

答：（1）交直流回路都是独立系统。直流回路是绝缘系统，而交流回路是接地系统。若共用一条电缆，两者之间一旦发生短路就造成直流接地，同时影响了交、直流两个系统。

（2）平常也容易互相干扰，还有可能降低对直流回路的绝缘电阻。

所以交直流回路不能共用一条电缆。

171. 变电站二次回路干扰的种类，可以分为哪几种？

答：可以分为 5 种。① 50Hz 干扰；②高频干扰；③雷电引起的干扰；④控制回路产生的干扰；⑤高能辐射设备引起的干扰。

172. 为提高抗干扰能力，是否允许用电缆芯线两端接地的方式替代电缆屏蔽层的两端接地？为什么？

答：不允许。

电缆屏蔽层在开关场及控制室两端接地可以抵御空间电磁干扰的机理是：当电缆被干扰源电流产生的磁通所包围时，如屏蔽层两端接地，则可在电缆的屏蔽层中感应出电流，屏蔽层中感应电流所产生的磁通与干扰源电流产生的磁通方向相反，从而可以抵消干扰源磁通对电缆芯线上的影响。

由于发生接地故障时开关场各处的电位不等，则两端接地的备用电缆芯会流过电流，对对称排列的工作电缆芯会感应出不同的电动势，从而对保护装置形成干扰。

173. 为什么用绝缘电阻表测量并联电容器、电力电缆等电容性试品的绝缘电阻时，表针会左右摆动？应如何解决？

答：绝缘电阻表由手摇直流发电机和磁电式流比计构成。测量时，输出电压会随摇动速度变化而变化，输出电压的微小变动对测量纯电阻性试品影响不大，但对于电容性试品，当转速高时，输出电压也高，该电压对被试品充电；当转速低时，被试品向表头放电，这样就导致表针摆动，影响读数。

解决的办法是在绝缘电阻表的“线路”端子 L 与被试品间串入一只 2DL 型高压硅整流二极管，用以阻止试品对绝缘电阻表放电。这样既可消除表针的摆动，又不影响测量的准确度。

174. 中性点经消弧线圈接地的系统正常运行时，消弧线圈是否带有电压？

答：系统正常运行时，由于线路的三相对地电容不平衡，网络中性点与地之间存在一定电压，其电压值的大小直接与电容的不平衡度有关。在正常情况下，中性点所产生的电压不能超过额定相电压的 1.5%。

175. 某 500kV 开关站是系统重要联络站，采用 3/2 断路器接线，本期进出线共 4 回，500kV 进线 2 回至 A 变电站，线路名称为 A1、A2；500kV 出线 2 回至 B 变电站，线路名称为 B1、B2；以上 4 回线路构成 2 个完整串，为保证系统可靠另设联络断路器 1 台，

连接 1、2 母线。在不考虑电气一次专业接线方式如何实现的情况下，请从二次保护专业角度分析 4 回线路如何配串系统最为可靠合理，并说明原因。

方案一：同方向 2 回线路位于同一串内。

方案二：同方向 2 回线路位于不同串内，在同母线侧。

方案三：同方向 2 回线路位于不同串内，在不同母线侧。

答：（1）系统在 N-2 即检修加故障情况下是否可靠，是二次保护专业必须考虑的问题。

（2）方案一：当任一中间断路器失灵时将造成系统联络断开。

（3）方案二：当中间断路器检修，同时发生另一串母线断路器失灵时，系统联络断开。

（4）方案三：只要不是同方向 2 回线路同时检修加故障，或一回线路检修同时另一串发生中间断路器失灵，其他任何检修加故障情况不会造成系统联络断开。方案二所描绘的故障情况若发生在方案三中，不会造成系统联络断开。

综上所述，方案三最为可靠合理，将发生系统联络断开的可能性降低到最小。

176. 某 220/110/10kV 变电站已设计完成，主变压器按 YN,d11 接线订货，但此后发现此地区 10kV 系统对应主变压器高、中、压侧为 YN,d1 点接线系统，在不能改变主变压器内部低压侧联结组别的情况下，如何利用改变站内一次接线的方式来实现 YN,d1 点接线系统？请说明方法并画出相量图，还需说明一次接线改变后对二次回路是否会产生影响，二次专业应向一次专业提出哪些要求。

答：站内三侧母线 A、B、C 名称不变，三侧母线至主变压器三侧接线端子引线时，三侧同时倒相序接线，三侧任意两相同时互换即可。例如，A 母线对应主变压器 B 端子，B 母线对应主变压器 A 端子。为减少二次回路改动，二次专业应要求一次专业倒相序时应尽量在主变压器出口侧更改，不要在母线侧更改。在主变压器出口侧更改，仅影响套管 TA 回路，对其他二次回路无影响。若在母线侧更改，则母线至主变压器间的 TA、断路器等含相别的回路编号均需更改为与母线一致。例如，电流回路 A 改 B、B 改 A。

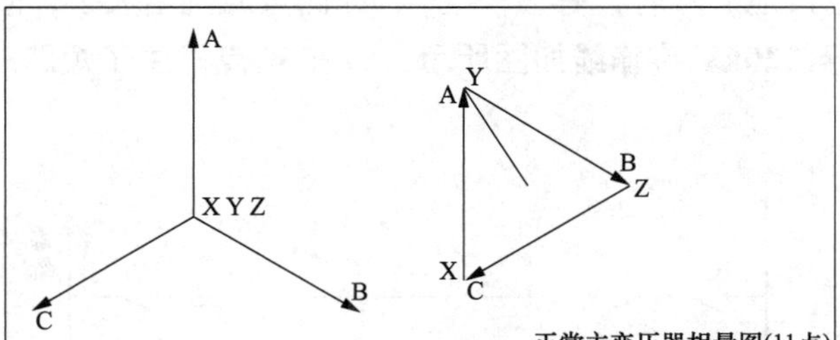

正常主变压器相量图(11点)

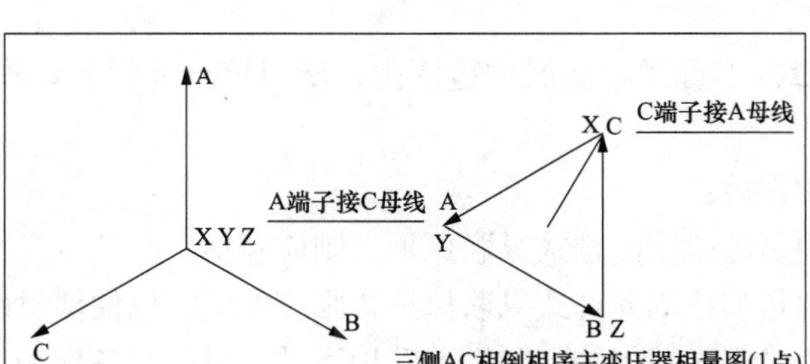

三侧AC相倒相序主变压器相量图(1点)

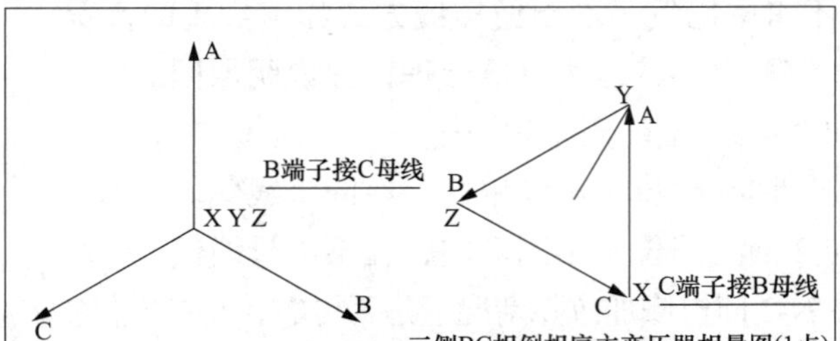

三侧BC相倒相序主变压器相量图(1点)

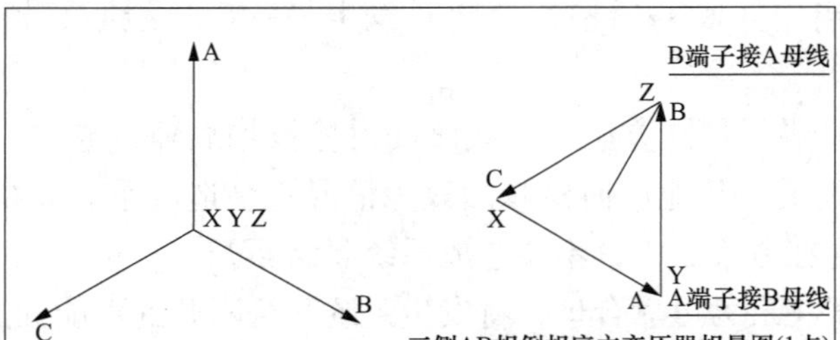

三侧AB相倒相序主变压器相量图(1点)

177. 某输电线路一侧的相间、接地距离保护中，在接线中假设主电流互感器的零线接触不良造成开断，试分析该距离保护的行为。

答：（1）对相间距离：无影响。

（2）对接地距离的影响，测量阻抗为

$$Z_{m}=\frac{\dot{U}_{\Phi}}{\dot{I}_{\Phi}+K\cdot 3I_{0}}\left(K=\frac{Z_{0}-Z_{1}}{3Z_{1}}\right)$$

当零线断开时，测量阻抗变为

$$Z'_{M}=\frac{\dot{U}_{\Phi}}{\dot{I}_{\Phi}}$$

在同一地点发生接地故障时，有 $Z'_{M}>Z_{m}$，即测量阻抗增大了，故保护区缩短。

178. 某母线一条 220kV 传输线如图所示，设在 K 点发生了短路故障，试说明保护的行为。

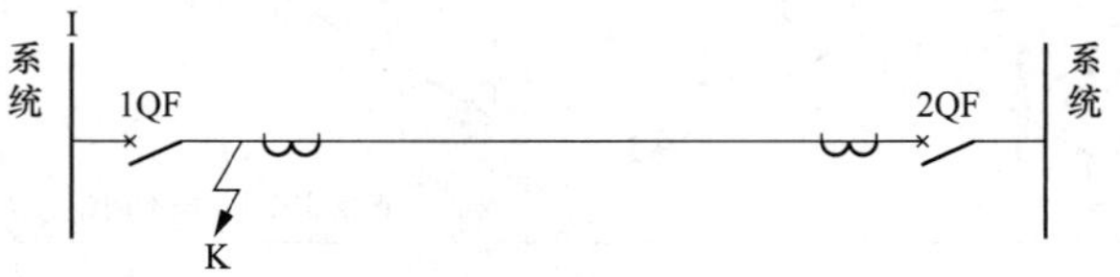

答：（1）该故障在Ⅰ母线差动保护范围内，所以该母差保护动作，跳开该母线上所有开关。

（2）母差保护动作后：

如果线路保护中是超范围闭锁式纵联保护，则应停信。

如果线路保护中是超范围允许式纵联保护，则应发信，以便使对侧保护快速动作。

如果线路保护为光纤纵差保护，则纵差保护不动，对端后备保护动作。

179. 某系统主接线如图所示，系统阻抗、线路阻抗如下图中所示，试确定距离保护1、2、3、4中Ⅰ段方向阻抗是否需经振荡闭锁控制？

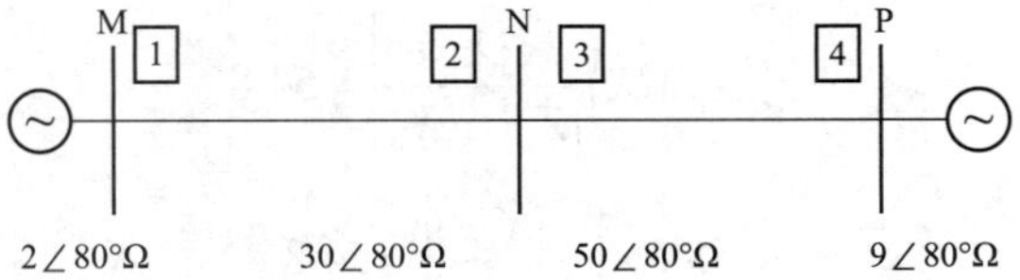

答：系统综合阻抗为

$$Z_{11}=2+30+50+9=91(\Omega)$$

振荡中心在 $Z_{11}/2$ 处，即 91/2=45.5(Ω)，振荡中心在NP线路靠近N侧的 45.5−(30+2)=13.5(Ω) 处。

1、2保护中的Ⅰ段：不需要振荡闭锁控制。

3保护中的Ⅰ段：需振荡闭锁控制。

4保护中的Ⅰ段：按整定阻抗85%计算。保护区为 5×85%=42.5(Ω)，保护区伸到离N母线处 50−42.5=7.5(Ω)，振荡中心在Ⅰ段保护区内，故需振荡闭锁控制。

180. 如下图所示，某110kV系统的各序阻抗为：$X_{\Sigma1}=X_{\Sigma2}=j5\Omega$，$X_{\Sigma0}=j3\Omega$，母线电压为115kV；P级电流互感器变比为1200/5，星形联结，不计电流互感器二次绕组漏阻抗、铁芯有功损耗；不计二次电缆电抗和微机保护电流回路阻抗，若 $Z_L=4\Omega$，K点三相短路时测得TA二次电流稳态电流为54.8A，TA不饱和时求：

（1）K点单相接地时稳态下TA的变比误差 ε。

（2）K点单相接地时稳态下TA的相角误差 δ。

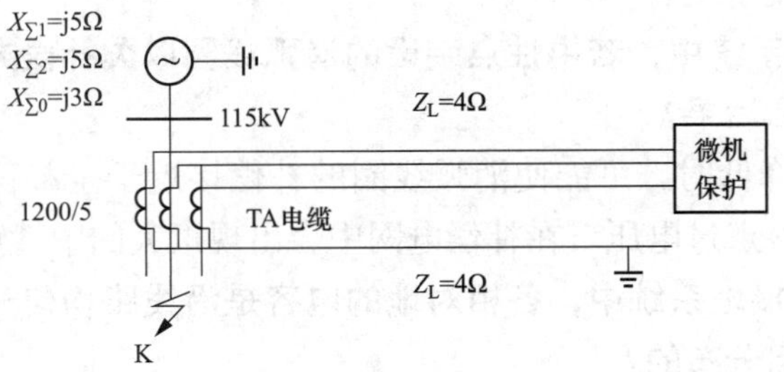

答：K点三相短路电流为

$$I_K^{(3)}=\frac{115}{\sqrt{3}\times5}\times10^3\approx13279(\text{A})$$

折算到其二次侧，有

$$I_K^{(3)}(\text{二次})=\frac{13279}{1200/5}\approx55.3(\text{A})$$

K点单相短路电流为

$$I_K^{(1)}=\frac{(115/\sqrt{3})\times10^3}{5+5+3}\times3\approx15322(\text{A})$$

折算到二次侧，有

$$I_K^{(1)}(二次)=\frac{15322}{1200/5}\approx 63.8(A)$$

求 TA 励磁阻抗 X_u。

因为
$$I_K^{(3)}(二次)\left|\frac{jX_u}{Z_L+jX_u}\right|=54.8$$

所以
$$55.3\times\left|\frac{jX_u}{4+jX_u}\right|=54.8$$

解得
$$X_u=\frac{4}{\sqrt{\left(\frac{55.3}{54.8}\right)^2-1}}=29.5(\Omega)$$

（1）K 点单相接地时 ε。

TA 二次负载阻抗 $R=4\times 2=8(\Omega)$

所以
$$I_2=63.8\times\frac{j29.5}{8+j29.5}=61.6\angle 15.2°(A)$$

$$\varepsilon=\frac{61.6-63.8}{63.8}\approx -3.45\%$$

（2）K 点单相接地时的相角误差

$$\delta=15.2°$$

181. 大接地电流系统、小接地电流系统的划分标准是什么？

答：大接地电流系统、小接地电流系统的划分标准是依据系统的零序电抗 X_0 与正序电抗 X_1 的比值：$X_0/X_1\leqslant 3$，且 $R_0/X_1\leqslant 1$ 的系统属于大接地电流系统；$X_0/X_1>3$，且 $R_0/X_1>1$ 的系统属于小接地电流系统。

182. 小接地电流系统中，若中性点装设的消弧线圈以欠补偿方式运行，当系统频率降低时，可能导致什么后果？

答：当系统频率降低时，可能使消弧线圈的补偿接近于全补偿方式运行，造成串联谐振，引起很高的中性点过电压，在补偿电网中会出现很大的中性点位移而危及绝缘。

183. 在中性点不接地系统中，各相对地的电容是沿线路均匀分布的，请问线路上的电容电流沿线路是如何分布的？

答：线路上的电容电流沿线路是不相等的。越靠近线路末端，电容电流越小。

184. 小接地电流系统中，故障线路的零序电流、零序电压的相位关系如何？非故障线路呢？

答：故障线路的零序电流滞后零序电压 90°，非故障线路的零序电流超前零序电压 90°。

185. 电力系统振荡和短路的区别是什么？

答：电力系统振荡和短路的主要区别是：

（1）电力系统振荡时系统各点电压和电流均做往复性摆动，而短路时电流、电压值是突变的。

（2）振荡时电流、电压值的变化速度较慢，而短路时电流、电压值突然变化量很大。

（3）振荡时系统任何一点电流与电压之间的相位角都随功角的变化而变化；而短路时，电流和电压之间的相位角基本不变。

186. 大接地电流系统发生接地故障时，三相短路电流是否一定大于单相短路电流？为什么？

答：不一定。当故障点零序综合阻抗小于正序综合阻抗时，单相接地故障电流大于三相短路电流。

187. 大接地电流系统中，在线路任何地方发生单相接地故障时，短路点的 I_1、I_2、I_0 大小相等、相位相同，那么一条线路两端保护安装处的 I_1、I_2、I_0 是否也一定大小相等、相位相同？为什么？

答：不一定。因为各序电流是按各序网络的分配系数进行分配的，若各序网络的分配系数不同，大小也就不同；若各序网络的阻抗角不同，其相位也不会相同。

188. 如果全系统对短路点的综合正负零序阻抗分别为 $Z_{1\Sigma}$、$Z_{2\Sigma}$ 和 $Z_{0\Sigma}$，则各种短路故障的复合序网图相当于正序序网图的短路点 K1 和中性点 H1 两点间串入了一个附加阻抗 ΔZ。试分别写出 $K^{(3)}$，$K^{(2)}K^{(1,1)}$ 和 $K^{(1)}$ 四种故障类型的 ΔZ 的表达式。

答：$K^{(3)}$：$\Delta Z=0$；

$K^{(2)}$：$\Delta Z=Z_{2\Sigma}$；

$K^{(1,1)}$：$\Delta Z=Z_{2\Sigma}//Z_{0\Sigma}$ $\left(\Delta Z=\dfrac{Z_{2\Sigma}Z_{0\Sigma}}{Z_{2\Sigma}+Z_{0Z}}\right)$；

$K^{(1)}$：$\Delta Z=Z_{2\Sigma}+Z_{0\Sigma}$。

二、线路保护

1. 造成距离保护暂态超越的因素有哪些？

答：当距离继电器的动作过快时，容易因下述一些原因引起暂态超越：

（1）短路初始时，一次短路电流中存在的直流分量与高频分量。

（2）外部短路转换时的过渡过程。

（3）电流互感器和电压互感器的二次过渡过程。

（4）继电器内部回路因输出量突然改变引起的过渡过程等。

2. 对于距离保护，当采用线路电压互感器时应注意哪些问题？

答：在线路合闸于故障线路时，在合闸前后电压互感器（TV）都没有电压。方向型阻抗继电器将不能动作。为此，应有合于故障线路的保护措施。

在线路两相运行时，断开相电压很小，但有零序电流存在，导致断开相的接地距离继电器可能持续动作。因此，每相接地距离继电器都应配置该相的电流元件。

在故障相单相跳闸进入两相运行时，故障相上储存的能量，在短路消失后不会立即释放，而会在线路电感、并联电抗器的电感和线路分布电容间振荡而逐渐衰减，其振荡频率接近 50Hz 衰减时间常数相当长，所以，两相运行的保护最好不反映断开相的电压。

3. 简述阻抗继电器的测量阻抗、动作阻抗、整定阻抗的含义。

答：①测量阻抗指阻抗继电器测量（感受）到的阻抗，即为加入阻抗继电器的电压、电流的比值；②动作阻抗指能使阻抗继电器动作的最大测量阻抗；③整定阻抗指编制整定方案时根据保护范围给出的阻抗（当角度等于线路阻抗角时，动作阻抗等于整定阻抗；发生短路时，当测量阻抗等于或小于整定阻抗时，阻抗继电器动作）。

4. 方向阻抗继电器为消除正方向出口短路的死区而对极化电压进行记忆。请从阻抗继电器的动作特性和动作方程两个角度说明对极化电压进行记忆后为什么可消除正方向出口短路的死区？

答：对极化电压进行记忆后，在记忆作用未消失前，阻抗继电器按暂态动作特性工作。方向阻抗继电器的暂态动作特性是向第Ⅲ象限偏移的一个圆，坐标原点在圆内。正方向出口金属性短路时阻抗继电器的测量阻抗是零，测量阻抗落在坐标原点在圆内，继电器能够正确动作而消除死区。从动作方程来看，由于对极化电压进行了记忆，尽管是正向出口短路，记忆的极化电压总是短路前保护安装处的电压，相位比较动作方程可以正确比相而动作消除了死区。

5. 影响阻抗继电器正确测量的因素有哪些？

答：（1）故障点的过渡电阻。

（2）保护安装处与故障点之间的助增电流和汲出电流。

（3）测量互感器的误差。

（4）电力系统振荡。

（5）电压二次回路断线。

（6）被保护线路的串补电容。

6. 距离保护应用于短线路时应特别注意哪些问题？为什么？

答：短线路主要特点是线路阻抗小，在最小运行方式下，尤其是当经过长线向短线路供电时，在线路末端故障时，保护安装处的残压非常低，当此电压低于距离保护的最小精确工作电压时，可能会造成距离保护的非选择性动作，因此，距离保护应用于短线路时应特别注意校核在最不利的情况下，在线路末端短路时距离保护能够精确测量阻抗，同时，还应注意其在小定值下的整定精度，保证距离保护运行时不会出现非选择性动作。

7. 为什么在零序电流保护整定计算中应考虑平行双回线路在一回线停电检修的运行方式？（如Ⅱ线路停电检修，Ⅰ线路运行）这种运行方式对接地距离保护的影响是什么？

答：平行双回线路在一回线停电检修的运行方式（如Ⅱ线路停电检修，Ⅰ线路运行）下，会使Ⅰ线路的零序阻抗

$$Z'_{\mathrm{I}0}=\left(Z_{\mathrm{I}0}-\frac{Z^2_{(\mathrm{I-II})0}}{Z_{\mathrm{II}0}}\right)\times L$$

可见，零序阻抗减小了。这是因为$\dot{I}_{\mathrm{II}0}$与$\dot{I}_{\mathrm{I}0}$方向相反，产生了去磁作用。由于零序阻抗减小，接地故障时，通过的零序电流增大，为保证零序电流保护的选择性，在进行整定计算时应该考虑这种运行方式。在这种运行方式下，因零序阻抗减小，使实际$K=\dfrac{Z_0-Z_1}{3Z_1}$减小，导致接地故障时母线实际电压降低，同时保护装置定值K不变，导致接地距离继电器的测量阻抗减小，有可能造成保护区伸长发生非选择性动作。

8. 某电厂具有一台600MW的机组，经一条短线路接入系统中的枢纽变电站，线路

配置 RCS931A 和 CSC103A 光差保护。机组励磁系统故障导致失磁，因母线电压较高，机组失磁保护并未动作，但两套线路保护中有一套保护的距离Ⅲ段动作跳闸。请问：

（1）线路保护中哪套装置动作？

（2）简述两套线路保护动作行为差异原因。

答：（1）RCS931A 保护装置动作。

（2）RCS931A 距离保护采用圆特性，而 CSC103A 距离保护采用四边形特性，两者在第Ⅱ象限的动作范围有差异，圆特性在第Ⅱ象限动作范围较大。机组失磁后，从系统中吸取大量无功功率，保护装置的测量阻抗在第Ⅱ象限，更容易落在圆特性范围内而导致 RCS931A 保护装置动作。

9. 某 220kV 线路如下图所示。

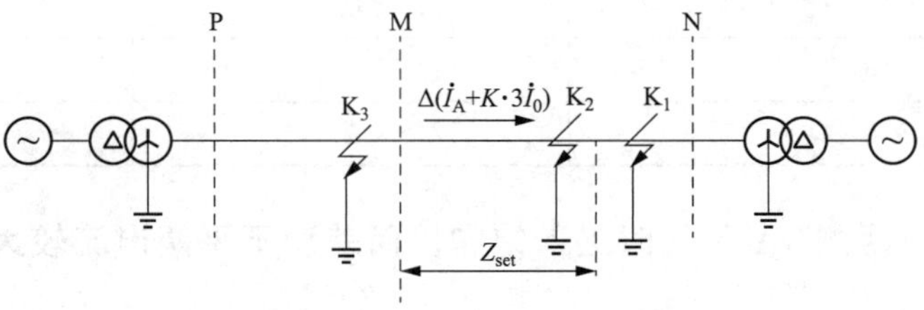

线路处于空载状态，设 M 母线 A 相工作电压$\dot{U}_{op.A}$为

$$\dot{U}_{op.A}=\dot{U}_{MA}-(\dot{I}_A+K\cdot 3\dot{I}_0)Z_{set}$$

式中：$\dot{U}_{MA}$为 M 母线 A 相电压；Z_{set} 为 M 侧保护整定阻抗。以图中$\Delta(\dot{I}_A+K\cdot 3\dot{I}_0)$为基准相量，试分别作出 K_1 点、K_2 点、K_3 点 A 相接地时 $\Delta\dot{U}_{op.A}$相量。（图中各元件的序阻抗角相同，均为 80°，且零序阻抗与正序阻抗之比相同）

答：$\Delta\dot{U}_{op.A}$、$\Delta(\dot{I}_A+K\cdot 3\dot{I}_0)$仅存在于故障分量网络中。

（1）正向 A 相接地（K_1、K_2）。

$\Delta\dot{U}_{MA}=-\Delta(\dot{I}_A+K\cdot 3\dot{I}_0)Z_{M(-)}$（$Z_{M(-)}$为 M 母线背后阻抗）

所以

$$\Delta\dot{U}_{op.A}=\Delta\dot{U}_{MA}-\Delta(\dot{I}_A+K\cdot 3\dot{I}_0)Z_{set}=-\Delta(\dot{I}_A+K\cdot 3\dot{I}_0)(Z_{M(-)}+Z_{set})$$

（2）反向 A 相接地（K_3）。

由于线路处空载，因为 K_1、K_2、K_3 点作用的故障分量，电势同相位，因此 K_1、K_2、K_3 点 A 相接地时，$\Delta(\dot{I}_A+K\cdot 3I_0)$同相位。

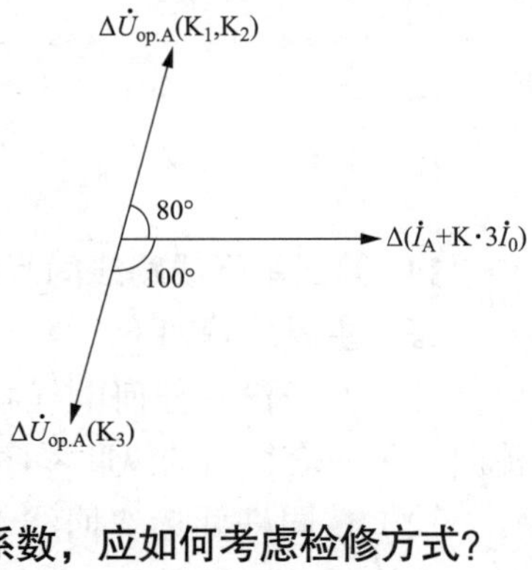

$\Delta\dot{U}_{MA}=\Delta(\dot{I}_A+K\cdot 3\dot{I}_0)Z_{M(+)}$（$Z_{M(+)}$为 M 母线正向阻抗）

所以：

$$\begin{aligned}\Delta\dot{U}_{op.A}&=\Delta\dot{U}_{MA}-\Delta(\dot{I}_A+K\cdot 3\dot{I}_0)Z_{set}\\&=\Delta(\dot{I}_A+K\cdot 3\dot{I}_0)(Z_{M(+)}-Z_{set})(Z_{M(+)}>Z_{set})\end{aligned}$$

10. 如图所示的电力系统，各线路均配置阶段式零序电流保护，当保护Ⅰ和保护Ⅱ进行配合时，为求得最大分支系数，应如何考虑检修方式？

答：线路 PN 停运。

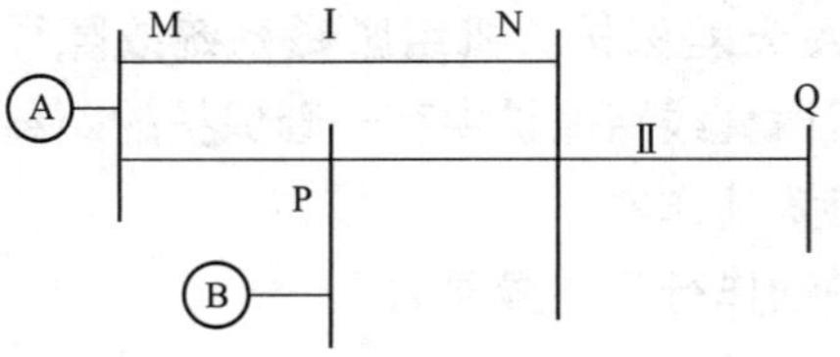

11. 线路保护范围若只伸入对侧变压器，但未伸出其他侧母线，应如何考虑与下一级的配合?

答：只需考虑与变压器差动保护在时间上的配合。

12. 差动保护两侧 TA 型号、变比都不同，两侧的工况如下表所示。

项目	甲侧	乙侧
额定电流下的二次电流（A）	3.5	5
TA二次饱和电压（V）	350	375
TA二次负担（Ω）	2	3

在外部短路时两侧 TA 不同时进入饱和，而差动不平衡电流较大，应当采取什么措施?

注：现场两侧都还有一组闲置的 TA 可以利用。

答：甲侧：350/(3.5×2)=50，乙侧：375/(5×3)=25。

所以乙侧的 TA 较甲侧易饱和，因此，在乙侧可采取将一组闲置的 TA 与原有的 TA 串联相接，以增大一倍容量的措施。

13. 超高压远距离输电线两侧单相跳闸后为什么会出现潜供电流？对重合闸有什么影响?

答：如下图所示，C 相接地故障，两侧单相跳闸后，非故障相 A、B 仍处在工作状态。由于各相之间存在耦合电容 C_1，所以 A、B 相通过 C_1 向故障点 k 供给电容性电流 I_{C1}，同时由于各相之间存在互感，所以带负荷的 A、B 两相将在故障相产生感应电动势，该感应电动势通过故障点及相对地电容 C_0 形成回路，向故障点供给一电感性电流，这两部分电流总称为潜供电流。由于潜供电流的影响，短路处的电弧不能很快熄灭，如果采用单相快速重合闸，将会又一次造成持续性的弧光接地而使单相重合闸失败。所以单相重合闸的时间，必须考虑潜供电流的影响。

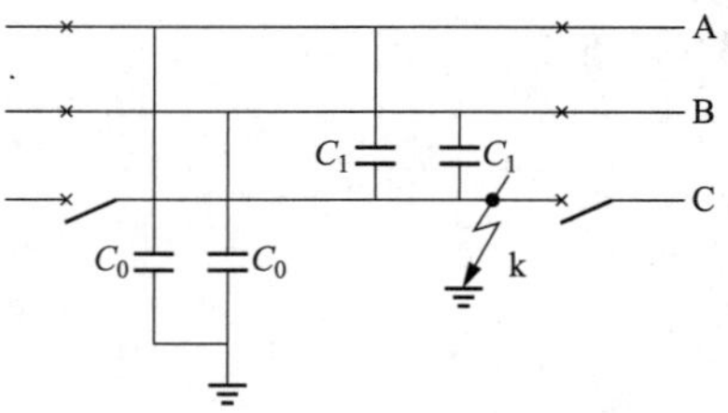

14. 简述平行线路线间互感对纵联零序方向保护的影响及相关措施。

答：主要影响如下。

（1）两条没有任何电气联系的平行线路，只要存在零序互感，当一条线路有零序电流时，另一套线路的纵联零序方向保护将误动。

（2）在同杆并架双回线上，只要两回线有一端是直接相连的，一回线接地故障时，另一回线的纵联零序方向保护不会误动。

（3）在弱电强磁联系的两条线路上，当一条线路上流有零序电流时，将可能造成另一条线路的纵联零序方向保护误动。

相关措施：

（1）通过定值躲过相邻线故障时可能出现的最大零序电流。

（2）增加负序方向元件辅助判别。

15. 输电线路微机纵联电流差动保护应解决的主要问题有哪些？

答：（1）输电线路电容电流的影响。

（2）外部短路或外部短路切除时，由于两侧电流互感器的变比误差不一致、短路暂态过程中由于两侧电流互感器的暂态特性不一致、二次回路的时间常数不一致产生的不平衡电流。

（3）解决重负荷线路区内经高电阻接地时灵敏度不足的问题。

（4）防止正常运行时电流互感器（TA）断线造成的纵联电流差动保护误动。

（5）输电线路两侧保护采样时间不一致所产生的不平衡电流。

16. 一般情况下，对于220～500kV线路，试写出三种保护，其动作时应传输远方跳闸命令。

答：（1）1个半断路器接线的断路器失灵保护动作。

（2）高压侧无断路器的线路并联电抗器保护动作。

（3）线路过电压保护动作。

（4）线路变压器组的变压器保护动作。

（5）线路串补保护动作且电容器旁路断路器拒动或电容器平台故障。

17. 某双侧电源甲、乙输电线上装设了超范围闭锁式纵联保护，当甲侧的发信机发生故障不能发信时，试分析保护行为。

答：（1）乙侧外部故障时，乙侧发出闭锁信号，甲、乙侧保护不发生误动。

（2）线路内部故障，乙侧发信后两侧均收到信号，而后因乙侧停信，两侧保护开放，正确动作，切除故障。

（3）甲侧外部故障时，乙侧发信后立即停信，因甲侧发不出闭锁信号，故乙侧保护发生误动（甲侧保护不动作）。

18. 500kV线路配置两套完全独立的全线速断保护，两套保护必须按双重化原则设置，必须做到哪些独立？

答：①交流电流回路独立；②交流电压回路独立；③直流电源回路独立；④每一套主保护应有完整的后备保护；⑤每套主保护分别启动断路器的一组跳闸线圈；⑥保护通道独立。

19. 高压线路自动重合闸装置的动作时限应考虑哪些因素？

答：①故障点灭弧时间；②断路器操作机构的性能；③电力系统稳定的要求。

20. 500kV线路后备保护配置原则是什么？

答：①采用近后备方式；②对相间短路，后备保护宜采用阶段式距离保护；③对接地短路，应装设接地距离保护并辅以阶段式或反时限零序电流保护。

21. 什么是三段式电流保护？其各段是怎样获得动作选择性的？

答：由无时限电流速断、限时电流速断与定时限过电流保护组合而构成的一套保护装置，称为三段式电流保护。无时限电流速断保护是靠动作电流的整定获得选择性的；时限电流速断和过电流保护是靠上、下级保护的动作电流和动作时间的配合获得选择性的。

22. 采用单相重合闸的主要目的是什么？

答：提高系统暂态稳定性。

23. 纵联保护为什么不能作为后备保护？

答：因为纵联保护不反应被保护线路以外的故障，所以不能作为下一段线路的后备保护。

24. 某500kV线路在合上断路器后，后台显示有功功率为0，受无功功率为300Mvar。已知线路电流互感器变比为2000/1，如此时进行线路保护相量测试，所测结果怎样？该保护交流回路接线正确。

答：由有功功率为0，受无功功率300Mvar，可判断线路处在充电状态，即本侧断路器合上，对侧断路器在断开状态。

保护交流回路接线正确，则电压互感器二次A、B、C三相电压的幅值应为58V，各相电压之间夹角为120°，正相序。电流互感器A、B、C三相电流为173mA，各相电流之间夹角为120°，正相序。二次电流超前电压约90°。

25. 光纤差动保护弱馈功能如何试验？

答：将保护使用的光纤通道连接可靠，无异常信号。①投入两侧（M、N）装置“主保护投入”软压板和控制字。投入“主保护投入”硬压板。②两侧（M、N）开关在合闸位置。③N侧加三相对称电压为30%～65%U_n，装置没有“TV断线”告警信号。④在M侧模拟各种故障，故障电流大于差动保护定值，M、N侧差动保护均动作跳闸。

26. 光纤差动保护联调项目有哪些？

答：将保护使用的光纤通道连接可靠，无异常信号。①对侧电流及差流检查；②模拟线路空冲时故障或空载时发生故障；③模拟弱馈功能；④远方跳闸功能；⑤两侧开关均在合位时的相关试验。

27. 长距离输电线的结构、短路过渡过程对继电保护的影响是什么？

答：长距离输电线短路过渡过程对继电保护的影响如下：

（1）高压输电线电感对电阻的比值大，时间常数大，短路时产生的电流和电压自由分量衰减较慢。为了保持系统稳定，长距离输电线的故障应尽快切除，其继电保护的动作时间一般要求在20～40ms。因此，必须考虑这些自由分量对继电保护测量值（测量阻抗、电流相位、电流波形、功率方向等）的影响。

（2）由于并联电抗中所储藏的磁能在短路时释放，在无串联补偿电容的线路上可产生非周期分量电流，在一定条件下此电流可能同时流向线路两端或从线路两端流向电抗器。因而在外部短路时，流入线路两端继电保护装置的非周期分量电流可能数值不等，方向相同（如都从母线指向线路）。

（3）串联电容和线路及系统电感及并联电抗等谐振将产生幅值较大的、频率低于工频的低次谐波。由于这种谐波幅值大，频率和工频接近，故使电流的波形和相位都将发生严重的畸变。

（4）由于分布电容大，因而分布电容和系统，以及线路的电感谐振产生的高次谐波很多，幅值也很大，对电流的相位和波形也将产生影响。

28. 当相邻平行线停运检修并在两侧（或全线）接地时，对线路零序阻抗和零序电流有什么影响？

答：当相邻平行线停运检修并在两侧（或全线）接地时，电网接地故障线路通过零序电流将在该停运线路中产生零序感应电流，此电流反过来也将在运行线路中产生感应电动势，使线路零序电流因之增大，相当于线路零序阻抗减小。

29. 以下图为例，简述允许式纵联方向保护 1 至保护 6 的动作行为。

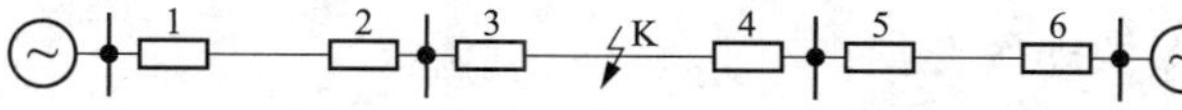

答：图中 K 点故障：

3、4 正方向元件动作、反方向元件不动作，互向对侧发允许信号，保护 3、4 均动作跳闸。

2、5 反方向元件动作、正方向元件不动作，不向对侧的保护 1、6 发允许信号，且不跳闸。

1、6 正方向元件动作、反方向元件不动作，分别向对侧的保护 2、5 发允许信号，但由于收不到对侧保护的允许信号，不跳闸。

30. 如左图所示，该 220kV 线路 B 相发生单相永久性故障，此时，由于 211 开关 A 相机构故障，不能正常分闸，保护如何动作？失灵是否能启动？（220kV 线路重合闸方式为单重，211 开关失灵保护投入）

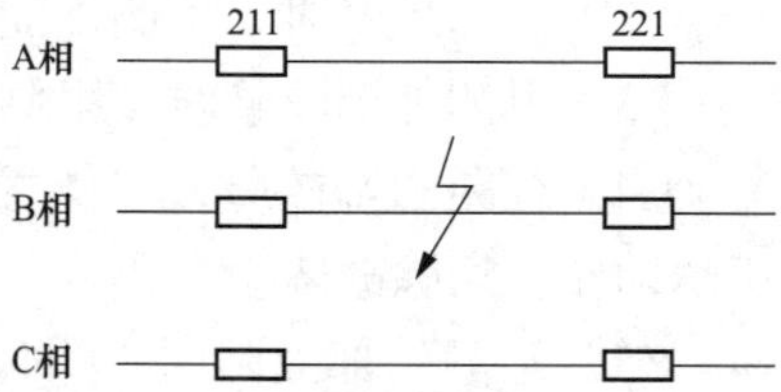

答：（1）当 220kV 线路 B 相发生区内单相永久性故障时，两侧线路（211、221）保护动作，B 相跳闸，随后 211、221 开关启动 B 相重合闸，重合不成功跳开两侧三相开关。此时 211 开关 A 相机构故障，不能跳闸。

（2）不会启动失灵保护。因为虽然 A 相开关拒分，但当 211 开关的 B、C 相和 221 开关的 A、B、C 相跳开后，两侧不存在故障电流，所以两侧保护返回，不启动失灵保护。

31. 线路并联电抗器保护装置的零序过电流保护和过电流保护应采用首端电流还是尾端电流？为什么？

答：应采用首端 TA 的电流。零序电流保护和过流保护的定值一般取（1.3～2）倍额定电流，在电抗器首端发生引线的相间或接地故障时，首端 TA 的电流反应系统短路的故障电流，其值一般远大于保护定值，所以零序电流保护和过流保护能够动作，而在引线短路故障时，电抗器的每一相电压都不大于额定电压，尾端 TA 的每一相电流都不大于负荷电流，由尾端 TA 构成的零序电流不大于非全相的零序电流，零序电流保护和过流保护达不到动作定值而不能动作。

32. 复用光纤纵差保护通道故障如何检测？请列出检测步骤及每个检测步骤所判断的

故障范围。

答：当保护装置通道出现故障时，可以采用以下分步检查来确定故障的部件。

（1）保护装置自环：即保护内部通信板自环，用于检测通信板好坏。

（2）光电转换装置自环：即本侧保护装置上的光电转换装置自环，用于检测光电转换装置好坏。

（3）复用接口盒自环：即在复用接口盒出口处自环，用于检测复用接口盒的好坏。

33. 一般情况下，对于220～500kV线路，试写出四种保护，其动作时应传输远方跳闸命令。

答：（1）1个半断路器接线的断路器失灵保护动作。

（2）高压侧无断路器的线路并联电抗器保护动作。

（3）线路过电压保护动作。

（4）线路变压器组的变压器保护动作。

（5）线路串补保护动作且电容器旁路断路器拒动或电容器平台故障。

34. 某双侧电源甲、乙输电线上装设了超范围闭锁式纵联保护，当甲侧的收信机发生故障收不到信号时，试分析保护行为。当乙侧的发信机发生故障不能发信时，试分析保护行为。

答：超范围闭锁式纵联保护发信转为停信条件为信机故障收不到信号，所以一经发信就不能停信，于是保护行为如下。

（1）甲侧区外、乙侧区外发生故障时，保护不会发生误动。

（2）内部故障时，甲侧不能停信。两侧保护将发生拒动。

（3）甲侧外部故障时，甲侧发出闭锁信号，甲、乙侧保护不发生误动。

（4）线路内部故障，甲侧发信后两侧均收到信号，而后因甲侧停信，两侧保护开放，正确动作，切除故障。

（5）乙侧外部故障时、甲侧发信后立即停信，因乙侧发不出闭锁信号，故甲侧保护发生误动（乙侧保护不动作）。

35. 某输电线路一侧的相间、接地距离保护中，在接线中假设主电流互感器的零线接触不良造成开断，试分析该距离保护的行为？

答：（1）对相间距离：无影响。

（2）对接地距离的影响，测量阻抗$Z_m=\dfrac{\dot{U}_\varphi}{\dot{I}_\varphi+K3I_0}\left(K=\dfrac{Z_0-Z_1}{3Z_1}\right)$。

当零线断开时，测量阻抗变为$Z'_M=\dfrac{\dot{U}_\varphi}{\dot{I}_\varphi}$。

在同一地点发生接地故障时，有$Z'_M>Z_m$。

即测量阻抗增大了，故保护区缩短。

36. 某母线一条220kV传输线如下图所示，设在K点发生了A相瞬时性接地短路故障，试说明两侧保护及重合闸的动作行为。

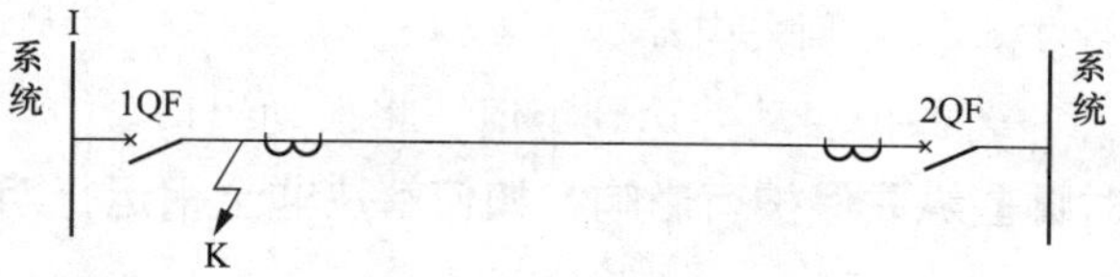

答：（1）该故障在Ⅰ母线差动保护范围内，所以该母差保护动作，跳开该母线上所有开关。

（2）母差保护动作后：

如果线路保护中是超范围闭锁式纵联保护，则应停信。

如果线路保护中是超范围允许式纵联保护，则应发信，以便使对侧保护快速动作。

如果线路保护为光纤纵差保护，则纵差保护不动，对端后备保护动作（远跳对侧）。

37. 某系统主接线，系统阻抗、线路阻抗如下图中所示，试确定距离保护 1、2、3、4 中Ⅰ段方向阻抗是否需经振荡闭锁控制？

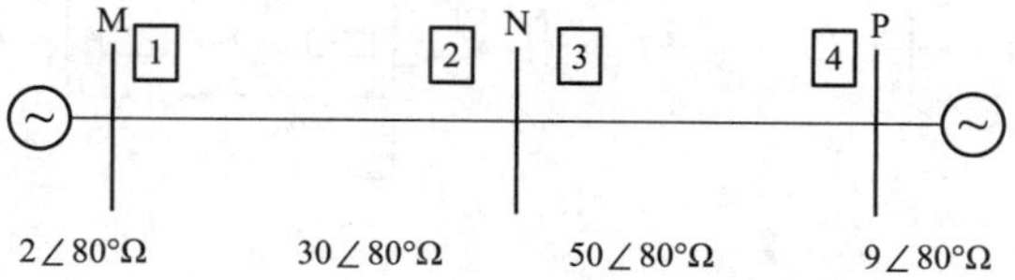

答：系统综合阻抗为：

Z11=2+30+50+9=91

振荡中心在 Z11/2 处，即 91/2=45.5Ω，振荡中心在 NP 线路靠近 N 侧的 45.5−(30+2)=13.5Ω 处。

1、2 保护中的Ⅰ段：不需要振荡闭锁控制。

3 保护中的Ⅰ段：需振荡闭锁控制。

4 保护中的Ⅰ段：按整定阻抗 85% 计算。保护区为 50×85%=42.5Ω，保护区伸到离 N 母线处 50−42.5=7.5Ω，振荡中心在Ⅰ段保护区内，故需振荡闭锁控制。

38. 就 500kV 一个半接线方式和 220kV 双母线接线方式简述线路重合闸的区别。

答：（1）500kV 线路重合闸有优先重合回路，先合母线侧开关（有些站没有优先回路）。

（2）500kV 线路重合闸没有位置不对应启动重合闸。

（3）500kV 线路重合闸中间断路器要与两条线路保护进行配合，但一条线路发生单相短路，另一条线路发生异名相短路时对单相重合闸方式，中间断路器不进行重合。

（4）如有短线保护，短线动作要闭锁重合闸。

（5）相邻断路器失灵保护动作要闭锁重合闸。

（6）远方跳闸要闭锁重合闸。

（7）当线－变串时，变压器保护动作要闭锁中间断路器重合闸。

39. 国产的光纤分相电流差动保护差流达到一定值时会发“长期有差流”的告警信号，此时装置发告警信号的原因是什么？若此时相邻线路发生故障，在未采取措施时会发生什么情况？

答：（1）“长期有差流”的可能原因通常有以下几种：①保护通道收发路径不同；②定值整定出错；③二次回路存在寄生回路或有分流；④差动保护不具备地址码功能，线路两侧接错线；⑤差动保护至少一侧未启动。

（2）相邻线路故障，若保护启动并达到定值，将误动出口。

40. 非全相运行对哪些纵联保护有影响？如何解决非全相运行期间健全相再故障时快速切除故障的问题？

答：非全相运行对采用零序、负序等方向元件作为停信控制的纵联保护有影响。对判断两侧电流幅值、相位关系的差动等纵联保护无影响。因此，非全相期间应自动将采用零序、负序等方向元件作为发停信控制的纵联保护退出运行，非全相运行期间健全相再故障时，应尽量使用不失去选择性的纵联保护。

41. 如下图所示，串补电容安在保护反方向上，且 $X_c > X_{set}$，则 K 点发生短路时，工频变化量阻抗继电器会误动，如何采取措施防止其误动？

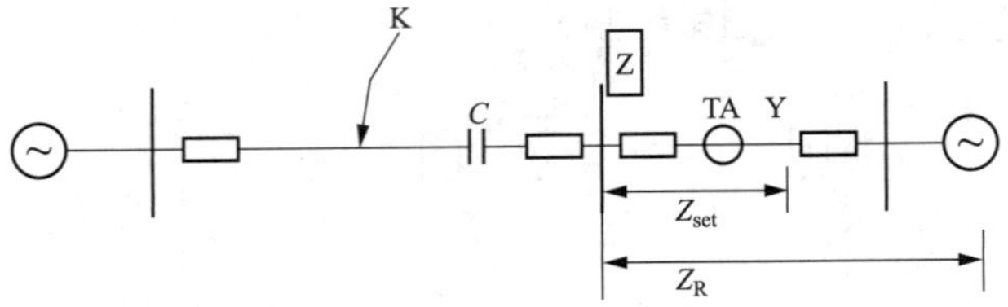

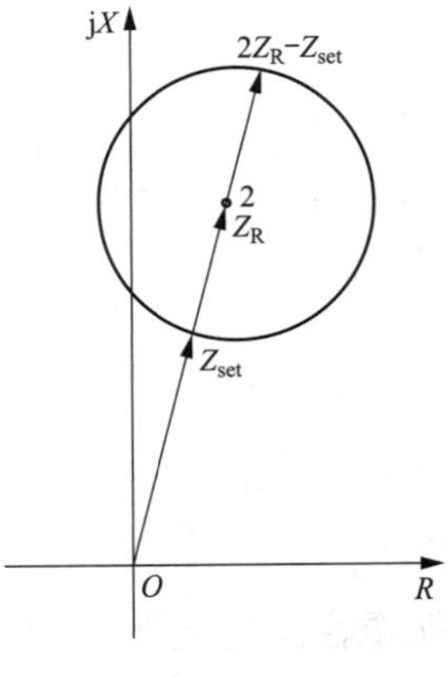

答：为了解决工频变化量阻抗继电器在上述情况下误动的问题，采取的措施是设置两个工频变化量阻抗继电器。其中一个的定值按整定计算的要求，即继电器所在线路阻抗的 0.8 倍整定，另一个的定值整定得比较大，大于 X_c，如整定为 $Z_{set}=Z_R$。两个继电器构成逻辑“与”的关系，这样反方向短路时，两个工频变化量阻抗继电器的公共动作区就是 Z_R 处的一个点（如图中圆 2 所示），从而防止反方向误动。

42. 某变电站母线最低电压为 U_{min}，出线保护 CSL101A 相间距离Ⅲ段电阻定值为 R_{DZ}，电抗定值为 X_{DZ}，请画出阻抗特征动作边界，并计算线路允许最大负荷电流（功角 φ）。

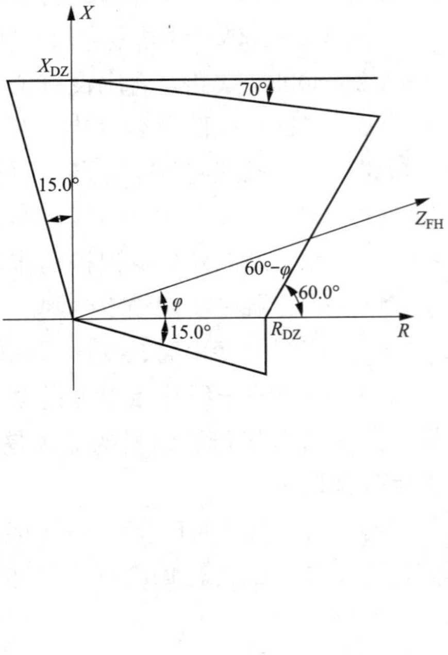

答：$I_{max} \leqslant \dfrac{U_{min}}{\sqrt{3}R_{DZ}} \cdot \dfrac{\sin(60° - \varphi)}{\sin 60°}$。

43. 某 220kV 线路，采用单相重合闸方式，在线路单相瞬时故障时，一侧单跳单重，另一侧直接三相跳闸。若排除断路器本身的问题，试分析可能造成直接三跳的原因。（要求答出五个原因）

答：（1）保护感知沟通三跳开入。

（2）重合闸充电未满，单相故障发三跳令。

（3）保护选相失败。

（4）分相跳闸保护未投入，由后备保护三相跳闸。

（5）定值中跳闸方式整定为三相跳闸，或重合闸置于三重位置。

44. 在输电线采用光纤分相电流差动保护中，回答下列问题：

（1）短路故障时，如另一侧启动元件不启动，有何现象发生？

（2）在各种运行方式下线路发生故障（含手合故障线），采用什么措施可使两侧保护启动？

答：（1）设 A 侧启动元件动作，B 侧启动元件不动作。

●内部故障时：B 侧不发差动元件动作信号，当然 A 侧收不到 B 侧的差动元件动作信号，虽 A 侧启动元件动作，但 A、B、C 三相差动不出口，于是内部故障时保护拒动。

●外部故障时：A 侧差动元件动作，启动元件动作，向 B 侧发差动动作允许信号，只是 A 侧收不到对侧差动动作信号，A 侧保护不出口，故不发生误动作。但 A 侧差动元件处于动作状态，是一种危险的状态。

（2）从原理看：要保证保护正确动作，不论是线路内部还是外部故障，也不论故障类型，两侧启动元件必须启动。措施如下：

●采用灵敏的带浮动门槛的相电流突变量启动元件（线路一侧无电源，该侧变压器中性点接地时，将不能启动）。

●零序电流启动元件，保证高阻接地时也能启动。

●低电压启动，启动方式为：收到对侧启动信号，同时本侧低电压（相电压或线电压），两条件满足就启动。这可保证线路一侧无电源本线故障时该侧启动。

●手合故障线，只要对侧三相开关断开，同时收到合闸侧发来的启动信号，则断开侧保护启动。这可保证合闸保护快速切除故障。

45. 如下图所示线路上装有串补电容，在线路上 K 点发生短路时，试问用 TV1 和 TV2 的电压互感器时工频变化量方向继电器的动作行为。（不考虑串补电容的保护不对称击穿）

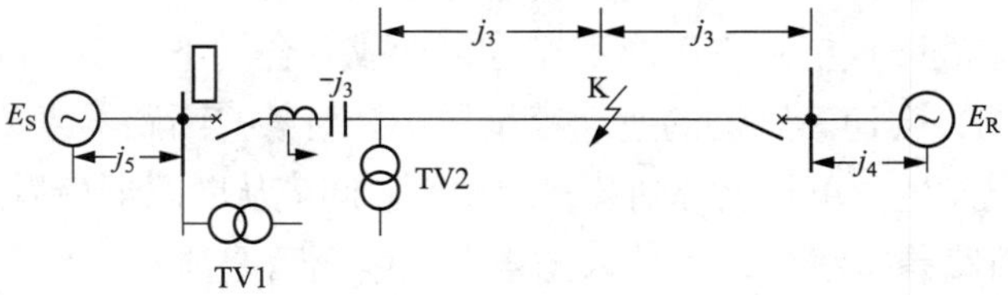

答：工频变化量方向继电器的动作方程是：$\Phi_{+}=\arg(\Delta U/\Delta I\times Z_D)$

设系统阻抗角与 Z_D 的阻抗角一致，则：

当 $\Phi_{+}=180°$ 时，方向继电器动作；当 $\Phi_{+}=0°$ 时，方向继电器不动作。

上述串补线路中，在线路上 K 点发生故障时，若保护电压取自母线 TV1：

$$\begin{aligned}\Phi_{+}&=\arg(\Delta U/\Delta I\times Z_D)\\&=\arg(-\Delta I\times j5/\Delta I\times Z_D)\\&=\arg(-j5/Z_D)\\&=180°\text{，方向继电器能正确动作。}\end{aligned}$$

若保护电压取自线路 TV2：

$$\Phi_{+}=\arg(\Delta U/\Delta I\times Z_D)$$

$$=\arg[-\Delta I\times(j5-j3)/\Delta I\times Z_D]$$
$$=\arg(-j2/Z_D)$$
$=180°$，方向继电器仍能正确动作。

因此若串补电容器容抗 Z_c<本侧系统等效阻抗 Z_s，且串补电容器容抗 Z_c<对侧系统等效阻抗 Z_s' 时，工频变化量方向继电器将不受串补电容器的影响，能够正确反应故障方向。

若串补电容器容抗 Z_c<系统等效阻抗 Z_s 或 Z_s' 时，则需要对工频变化量方向继电器的电压进行一定的补偿（$\Delta U-jXk\times\Delta I$）。

46. 220kV 线路光纤差动保护需解决哪些问题？比较线路差动保护与距离保护的优缺点。

答：（1）输电线路电容电流的影响。

（2）外部短路或外部短路切除时，由于两侧电流互感器的变比误差不一致、短路暂态过程中由于两侧电流互感器的暂态特性不一致、二次回路的时间常数不一致产生的不平衡电流。

（3）解决重负荷线路区内经高电阻接地时灵敏度不足的问题。

（4）防止正常运行时电流互感器（TA）断线造成的纵联电流差动保护误动。

（5）输电线路两侧保护采样时间不一致所产生的不平衡电流。

差动保护能全线速动，同杆回线无选相问题，不能作为后备保护；距离保护，可作为后备保护。

47. 长距离输电线的结构、短路过渡过程的特点及其对继电保护的影响是什么？

答：高压长距离输电线的任务是将远离负荷中心的大容量水电站或煤炭产地的坑口火电。

48. 单相重合闸装置的动作时间为什么应从最后一次断路器跳闸算起？

答：采用单相重合闸后，线路必然会出现非全相运行状态。实践证明，在非全相运行期间，健全相又发生故障的情况还是有的。这种情况一旦发生，就有可能出现因健全相故障其断路器跳闸后，没有适当的间隔时间就立即合闸的现象，最严重的断路器一跳闸就立即合闸。这时，由于故障点电弧去游离不充分，造成重合闸不成功，同时由于断路器刚刚分闸完毕又接着合闸，会使断路器的遮断容量减小。对某些断路器来说，还有可能引起爆炸。为防止这种情况发生，单相重合闸装置的动作时间应从断路器最后一次跳闸算起。

49. 在一个半断路器接线中，为什么先重合母线侧断路器？

答：原因是当重合于永久性故障的线路上，断路器一旦失灵，联跳所有母线侧断路器，不影响其他设备的正常运行；若反过来，在同样的情况下，将影响其他线路送电（线路—线路串）或切除变压器（线路—变压器串）。

50. 试列出闭锁式纵联方向保护发出跳闸命令一定要满足的条件。

答：（1）高定值启动元件动作。

（2）F– 元件不动作。

（3）曾经连续收到过 8ms 的高频信号。

（4）F+ 元件动作，同时满足上述四个条件时去停信。

（5）收发信机收不到信号。

同时满足上述五个条件 8ms 后启动出口继电器，发跳闸命令。

51. 闭锁式纵联方向保护动作跳闸的条件是什么？以下图为例，简述保护 1 至保护 6

的动作行为。

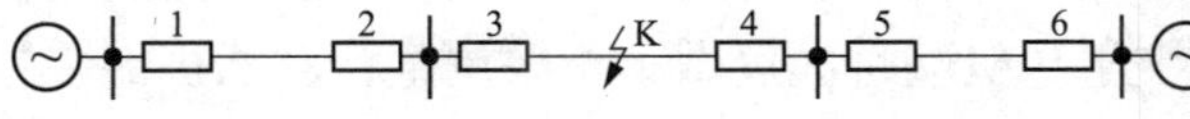

答：闭锁式纵联方向保护动作跳闸的条件：高定值启动元件动作；保护启动发信；正向元件动作停信；无闭锁信号构成其动作条件。

图中K点故障：3、4侧保护启动发信——正向元件动作停信，且无闭锁信号，于是跳闸；2、5感受到反向故障发信，闭锁两侧保护，不跳闸；1、6正反向元件动作，收到对侧闭锁信号，不跳闸。

52. 一条220kV线路TA改线后，带负荷做零序电流方向保护的相量检查，在模拟A相接地后（即断开L线，接入S线）。试计算U_{AS}、U_{BS}、U_{CS}、U_{OS}、U_{NS}的大小。在$3U_0$正极性接线后，在功率送出情况为母线向线路送正有功功率和正感性无功功率的情况下，且$P=Q$时，通入各相电流，画出相量图并分析功率方向元件的动作情况。方向灵敏角为−110°。

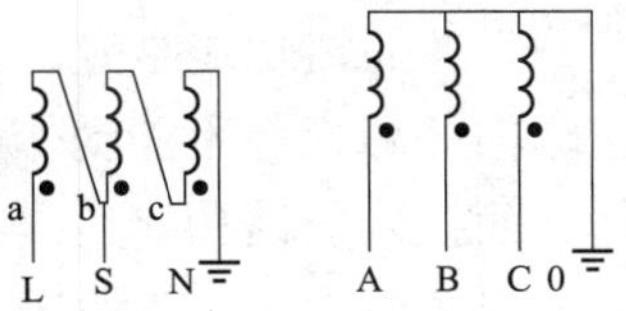

答：（1）U_{AS}=158V，U_{BS}=87V，U_{CS}=87V，U_{OS}=100V，U_{NS}=100V。

（2）I_A动作，I_B不动，I_C不动。相量图。

53. 当相邻平行线停运检修并在两侧（或全线）接地时，对线路零序阻抗和零序电流有什么影响？

答：当相邻平行线停运检修并在两侧（或全线）接地时，电网接地故障线路通过零序电流将在该停运线路中产生零序感应电流，此电流反过来也将在运行线路中产生感应电势，使线路零序电流因之增大，相当于线路零序阻抗减小。对平行双回线，减小的零序阻抗Z_0为

$$Z_0 = Z_{L0} - \frac{Z_{0M}^2}{Z_{L0}}$$

式中　Z_{L0}——线路无互感的零序阻抗；

Z_{0M}——平行双回线间的零序互感阻抗。

54. 某双侧电源甲乙输电线上装设了超范围闭锁式纵联保护，当甲侧的收信机发生故障收不到信号时，试分析保护行为？

答：超范围闭锁式纵联保护发信转为停信条件为信机故障收不到信号，所以一经发信就不能停信，因此：

甲侧区外、乙侧区外发生故障时，保护不会发生误动；内部故障时，甲侧不能停信。两侧保护将发生拒动。

55. 简述光纤差动保护中同步方法中的“采样时刻调整法”。

答：装置刚上电时，或测得的两侧采样时间差ΔT_S超过规定值时，启动一次同步过程。在同步过程中先要测定通道传输延时T_d。测得通道传输延时T_d后，从机端可根据收到主机报文时刻t_{sr}求得两侧采样时间差ΔT_S，随后从机端从下一采样时刻起对采样时刻做多次小步幅的调整，而主机侧采样时刻保持不变。经过一段时间调整直到采样时间差

ΔT_S至零，两侧同步采样。

由于在启动同步过程时两侧采样时间差比较大，所以在同步过程中两侧纵联电流差动保护自动退出。但由于从机端每次仅做小步幅调整，对从机端装置内的其他保护（反应一侧电气量的保护）影响甚微，所以其他保护仍旧能正常工作，不必退出。

在正常运行过程中从机端一直在测量两侧采样时间差ΔT_S。当测得的ΔT_S大于调整的步幅时，从机端立即将采样时刻做小步幅调整，这个工作平时一直在做。由于此时ΔT_S的值很小，对保护没有影响，故做这种调整时纵联电流差动保护仍然是投入的。

从上述采样时刻调整法来看，主机与从机之间收发的通道传输延时应该相等，这要求通道收发的路由应相同。如果路由不同，采样时刻调整法无法调整到同步采样。

56. 纵联保护的弱馈功能是什么？为什么强电源侧不能投入弱馈功能？

答：弱馈功能是允许式纵联保护的一种附加功能，当线路内部故障时，弱电源侧的正方向故障元件不能动作，不能发出允许跳闸命令，强电源侧的纵联保护因而也不能动作，而投入弱馈功能后，在线路内部发生故障时，强电源侧正方向故障元件动作，同时向弱电源侧发出允许跳闸命令，弱电源侧收到允许跳闸命令后，如果可靠地判定没有发生反向故障，母线电压降低或线路相电流小于一定值或出现零序电流，表明线路有故障迹象时，即转发允许跳闸信号到对侧，完成跳闸。

但是由于保护装置内部逻辑配合及和收发信机发信速度之间的配合协调问题，往往会出现误动情况，而上述逻辑对于强电源侧保护没有丝毫意义，因此不能在强电源侧保护投入弱馈功能。

57. 对微机型线路保护来说，为什么特别强调电压互感器的二次回路和三次回路必须分开？

答：微机线路保护采用自产$3U_0$实现接地方向保护，受二次绕组直接影响；接地故障时，若零序电压高，N线上的压降附加在二次绕组各相上，可能引起方向判断错误；L、N短路，正常时不易发现，故障时压降很大，N线上的压降附加在二次绕组各相上，可能引起方向判断错误，使保护误动或拒动。

58. 对综合重合闸中的选相元件有哪些基本要求？

答：（1）在被保护范围内发生非对称接地故障时，故障相选相元件必须可靠动作，并应有足够的灵敏度。

（2）在被保护范围内发生单相接地故障及在切除故障相后的非全相运行状态下，非故障相的选相元件不应误动作。

（3）选相元件的灵敏度及动作时间都不应影响线路主保护的性能。

（4）个别选相元件拒动时，应能保证正确跳开三相断路器，并进行三相重合闸。

59. 什么是潜供电流？它对重合闸带来什么影响？

答：在单相重合闸方式和综合重合闸方式中，线路上发生单相接地短路时两侧保护都只跳单相。当两侧都单相跳闸后，由于线路上另外两相还有电压，另外两相的电压通过相间电容与相间互感向短路点提供短路电流。该电流是分布性的且没有明显的电路通道，所以称为潜供电流。

潜供电流的影响使短路点的电弧熄灭时间加长，因而单相重合闸的时间也应长一些，以提高重合闸的成功率。

在三相重合闸方式中，线路上发生单相短路时也是三相跳闸的。两侧都三相跳闸后三相都无电压，因而不存在潜供电流，因而三相重合闸的时间可以短一些。

60. 装有重合闸的线路跳闸后，在哪些情况下本线路不允许或不能进行重合闸？（至少答出七种）

答：以下情况下不允许或不能重合闸：

（1）手动跳闸。

（2）断路器失灵保护动作跳闸。

（3）远方跳闸。

（4）母线保护动作跳闸。

（5）本线路重合闸停用时跳闸。

（6）在投单相重合闸方式位置时发生三相跳闸。

（7）断路器操作压力降低到允许值以下时跳闸。

（8）零序电流保护第Ⅲ段和距离保护第Ⅲ段动作跳闸。

（9）由软压板控制的某些闭锁重合闸条件出现时。例如，相间距离第Ⅱ段、接地距离第Ⅱ段、零序电流第Ⅱ段三跳、选相无效、非全相运行期间的故障、多相故障、三相故障，这些情况都有软压板选择是否闭锁重合闸。如果这些软压板置“1”，出现上述情况都三跳同时闭锁重合闸。

（10）手动合闸或重合闸于故障线路上跳闸。

（11）某些保护装置在检查出 TV 断线时闭锁重合闸。

（12）单相跳闸失败持续 200ms 有电流引起的三相跳闸。

（13）单相运行持续 200ms 引起的三相跳闸。

（14）重合闸尚未充满电时跳闸。

（15）闭重沟三压板合上时或闭重三跳软压板置“1”时三相跳闸。

（16）RCS、902、931 保护装置在线路跳闸后发现跳闸位置继电器处于动作状态，TWJ=1 且无流，随后又出现有电流时。

61. 某双侧电源甲乙输电线上装设了超范围闭锁式纵联保护，当甲侧的收信机发生故障收不到信号时，试分析保护行为？

答：超范围闭锁式纵联保护发信转为停信条件为信机故障收不到信号，所以一经发信就不能停信，于是保护行为。

（1）甲侧区外、乙侧区外发生故障时，保护不会发生误动。

（2）内部故障时，甲侧不能停信。两侧保护将发生拒动。

62. 某线路一侧送出有功功率 P，受进容性无功功率 Q，若将该侧的 U_C、I_A 视作 U_2、I_2，加于该侧的负序方向元件上，试分析该负序方向元件的行为。

答：（1）负序方向元件动作特性：

（2）该侧 $\dot{U}$、$\dot{I}$ 相位关系（电流从母线流向线路作为正方向）：与 $\dot{U}$ 同相位，$\dot{I}_Q$ 滞后 $\dot{U}$ 90º，所以 $\dot{I}$ 滞后。$\dot{U}$ 的相角 0°～90°。

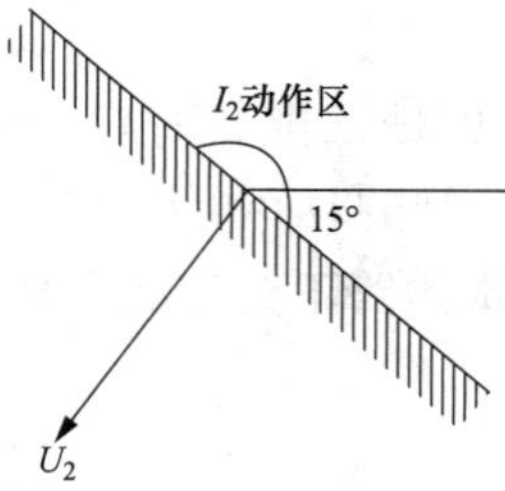

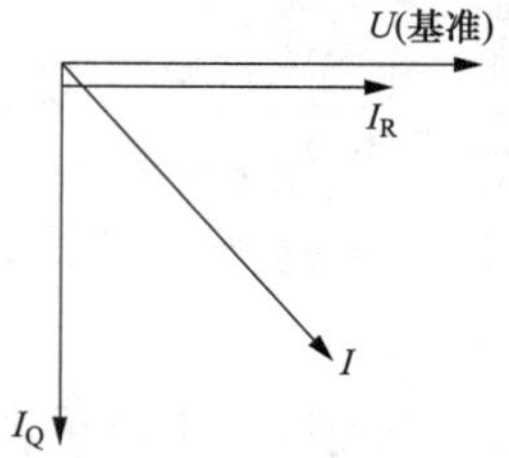

（3）作$\dot{U}_A$、$\dot{U}_B$和$\dot{U}_C$的相量关系。

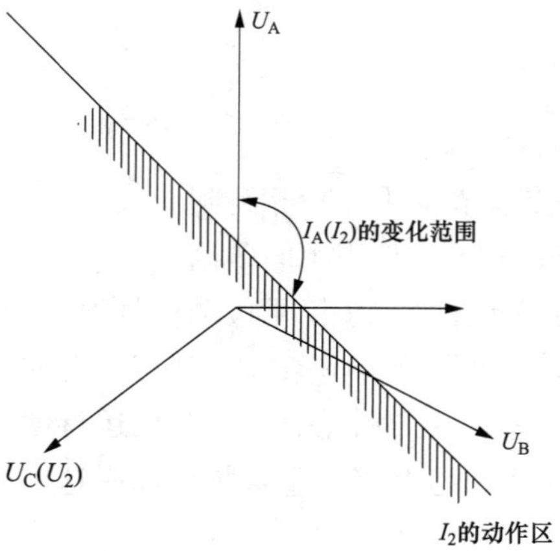

（4）结论：处动作状态。

63. 纵联保护的弱馈功能是什么？为什么强电源侧不能投入弱馈功能？

答：弱馈功能是允许式纵联保护的一种附加功能，当线路内部故障时，弱电源侧的正方向故障元件不能动作，不能发出允许跳闸命令，强电源侧的纵联保护因而也不能动作，而投入弱馈功能后，在线路内部发生故障时，强电源侧正方向故障元件动作，同时向弱电源侧发出允许跳闸命令，弱电源侧收到允许跳闸命令后，如果可靠地判定没有发生反向故障，母线电压降低或线路相电流小于一定值或出现零序电流，表明线路有故障迹象时，即转发允许跳闸信号到对侧，完成跳闸。

但是由于保护装置内部逻辑配合及和收发信机发信速度之间的配合协调问题，往往会出现误动情况，而上述逻辑对于强电源侧保护没有丝毫意义，因此不能在强电源侧保护投入弱馈功能。

64. 对微机型线路保护来说，为什么特别强调电压互感器的二次回路和三次回路必须分开。

答：微机线路保护采用自产 $3U_0$ 实现接地方向保护，受二次绕组直接影响；接地故障时，若零序电压高，N 线上的压降附加在二次绕组各相上，可能引起方向判断错误；L、N 短路，正常时不易发现，故障时压降很大，N 线上的压降附加在二次绕组各相上，可能引起方向判断错误，使保护误动或拒动。

65. 限制潜供电流的一般措施有哪些？

答：为了保证重合闸有较高的重合成功率，可采用 500kV 中长线路高压电抗器中性点加小电抗、短时在线路两侧投入快速单相接地开关等措施。

66. 什么是重合闸后加速？为什么采用检定同期重合闸时不用后加速？

答：当线路发生故障后，保护有选择性地动作切除故障，重合闸进行一次重合以恢复供电。若重合于永久故障，保护装置即不带时限无选择性地动作断开断路器，这种方式称为重合闸后加速。

检定同期重合闸是当线路一侧无压重合后，另一侧在两端的频率不超过一定允许值的情况下才进行重合。若线路属于永久故障，无压侧重合后再次断开，此时检定同期重合闸不重合，因此采用检定同期重合闸再装后加速也没有意义。若线路属于瞬时故障，无压重合后，即线路已重合成功，不存在故障，故同期重合闸时，不采用后加速，以免合闸冲击电流引起误动作。

67. 方向纵联保护中的方向元件应满足哪些要求？

答：（1）能反应所有类型的故障。

（2）不受负荷的影响，在正常负荷状态下不启动。

（3）不受振荡影响，在振荡无故障时不误动，振荡中故障能准确动作。

（4）在两相运行时仍能起保护作用。

68. 零序方向元件在方向纵联保护中通常起后备作用，其好处有哪些？

答：①由于突变量只能短时存在，在突变量输出消失后，零序方向元件可起后备作用；②在振荡中再故障时突变量方向元件可能拒动，零序方向元件在δ减小时总可以动作；③在启动断路器失灵保护时突变量的输出不能持续存在，而零序电流则可连续存在。

69. 某220kV线路，采用单相重合闸方式，在线路单相瞬时故障时，一侧单跳单重，另一侧直接三相跳闸。若排除断路器本身的问题，试分析可能造成直接三跳的原因。（要求答出五个原因）

答：（1）保护感知沟通三跳开入。

（2）重合闸充电未满，单相故障发三跳令。

（3）保护选相失败。

（4）分相跳闸保护未投入，由后备保护三相跳闸。

（5）定值中跳闸方式整定为三相跳闸，或重合闸置于三重位置。

70. 500kV线路保护远跳就地判别装置为什么采用低功率判据？

答：500kV远跳一般在过电压和断路器失灵的情况下启动针对远跳的就地判别装置。

在过电压情况下，必须采用低功率进行就地判别。

在断路器失灵情况下，500kV开关失灵只考虑单相失灵。因此，在开关失灵情况下，则必有两相跳开，利用相低功率或门进行就地判别。

71. 为什么在距离保护的振荡闭锁中采用对称开放或不对称开放？

答：距离保护在振荡时会误动作，对于那些在故障发生后短时开放其Ⅰ、Ⅱ段的距离保护，当振荡中又发生故障时，就无法快速切除故障。振荡中发生不对称故障和对称故障时的情况是不同的，所以采用对称开放和不对称开放距离保护。

72. 10kV出线瞬时故障时，由于小水电电压自保可造成什么后果？试分析原因。

答：10kV出线故障，开关跳闸后，由于对侧小水电电压自保，线路电压不能下降至线路重合闸检无压定值，重合闸条件不满足，所以重合闸不启动，开关跳闸后不能重合。

73. 220kV 单电源线路通常由双回线并列或单回终端线路供电，简述这两种供电方式对纵联保护的影响。

答：单回线方式下，由于末端无正序电源，纵联距离（方向）保护如不考虑弱馈，则一般不会动作。而双回线方式下，在故障靠近首端时，短路电流不会流过负荷端，开始的动作行为与单回线差别不大；但若首端故障先切除，末端保护一般能正确动作，明显与单回线不同。在故障靠近末端时，保护感受到的故障与正常双电源系统类似，基本正确。

74. 在有一侧为弱电源的线路内部故障时，防止纵联电流差动保护拒动的措施是什么？

答：在发生短路以后，弱电侧由于三相电流为零又无电流的突变，故启动元件不启动。于是无法向对侧发“差动动作”的允许信号，因此造成电源侧的纵差保护因收不到允许信号而无法跳闸。为解决此问题，在纵联电流差动保护中除了有相电流差突变量启动元件、零序电流启动元件和不对应启动元件以外，再增加一个“低压差流起动元件”。该启动元件的启动条件为：①差流元件动作；②差流元件的动作相或动作相间的电压小于 0.6 倍的额定电压；③收到对侧的“差动动作”的允许信号。同时满足上述三个条件该启动元件启动。

75. 闭锁式纵联保护通道联调的项目有哪些？（要求回答出 5 条）

答：（1）工作频率下整条通道传输衰耗和输入阻抗。

（2）两侧收、发信功率测试。

（3）两侧收信回路各点电平校验。

（4）收信灵敏启动电平及通道裕量的检查。

（5）通道监视告警回路的整定。

（6）远方启动试验检查（交换信号试验）。

76. 线路距离保护振荡闭锁的控制原则是什么？

答：线路距离保护振荡闭锁的控制原则一般如下。

（1）单侧电源线路和无振荡可能的双侧电源线路的距离保护不应经振荡闭锁。

（2）35kV 及以下线路距离保护不考虑系统振荡误动问题。

（3）预定作为解列点上的距离保护不应经振荡闭锁控制。

（4）躲过振荡中心的距离保护瞬时段不宜经振荡闭锁控制。

（5）动作时间大于振荡周期的距离保护段不应经振荡闭锁控制。

（6）当系统最大振荡周期为 1.5s 时，动作时间不小于 0.5s 的距离保护Ⅰ段、不小于 1.0s 的距离保护Ⅱ段和不小于 1.5s 的距离保护Ⅲ段不应经振荡闭锁控制。

77. 为什么要调整方向阻抗继电器的最大灵敏角等于被保护线路的阻抗角？

答：被保护线路发生相间短路时，短路电流与继电器安装处电压间的夹角等于线路的阻抗角，即方向阻抗继电器测量阻抗的阻抗角等于线路的阻抗角。为了使继电器工作在最灵敏状态下，故要求继电器的最大灵敏角等于被保护线路的阻抗角。

78. 功率方向判别元件实质上是在判别什么？为什么存在“死区”？什么时候要求它最灵敏？

答：功率方向判别元件实质上是判别输入该元件的电流 ÷ 电压之间的相位关系。功率方向判别元件动作与否不仅与其所加的电流、电压间的角度大小有关，而且与电流、电压值的大小有关。当加入功率方向判别元件的电压小于其最小动作电压或电流小于其最小动作电流时，功率方向判别元件将拒绝动作，即存在“死区”。要求功率方向判别元件在常见的短路情况下动作最灵敏。

79. 在电流保护的整定计算中，为什么要引入可靠系数？

答：引入可靠系数的原因是理论计算与实际情况之间存在着一定的差别，即必须考虑实际上存在的各种误差的影响，如实际短路电流可能大于计算值；对瞬时动作的保护还应考虑非周期分量使短路电流增大的影响；保护装置中电流继电器（元件）的实际启动电流可能小于整定值；考虑到必要的裕度，从最不利的情况出发，即使同时存在以上几个因素的影响，也能保证在预定的保护范围以外的故障时，保护装置不误动作。

80. 单相重合闸方式下，断路器跳闸后，在哪些情况下重合闸不应动作？（至少说出4种）

答：（1）运行人员手动跳闸。

（2）运行人员手动合闸到故障线路，而随即保护跳闸时。

（3）断路器处于不正常状态，如气压或液压降低闭锁重合闸。

（4）相间故障或三相故障保护跳闸。

（5）母线保护或失灵保护跳闸。

81. 为什么距离保护的Ⅰ段保护范围通常选择为被保护线路全长的80%～85%？

答：距离保护Ⅰ段的动作时限为保护装置本身的固有动作时间，为了和相邻的下一线路的距离保护Ⅰ段有选择性地配合，两者的保护范围不能有重叠的部分，否则，本线路Ⅰ段的保护范围会延伸到下一线路，造成无选择性动作。

另外，保护定值计算用的线路参数有误差，电压互感器和电流互感器的测量也有误差。考虑最不利的情况，若这些误差为正值相加，如果Ⅰ段的保护范围为被保护线路的全长，就不可避免地要延伸到下一线路。此时，若下一线路出口故障，则相邻的两条线路的Ⅰ段会同时动作，造成无选择性地切断故障。因此，距离保护的Ⅰ段通常取被保护线路全长的80%～85%。

82. 正序电压用作极化电压的好处是什么？

答：正序电压用作极化电压的好处如下。

（1）故障后各相正序电压的相位始终保持故障前的相位不变，与故障类型无关。作为工作电压要与它来比相的，起着参考标准的极化电压正需要这种相位始终不变的特性。

（2）除了三相短路以外，幅值一律不会降到零，意味着无死区。

（3）构成的元件性能好。例如，方向元件的极化电压改用正序电压后，其选相性能大大改善。不像过去未用正序电压时，为了消灭多数故障形式下的电压死区，方向元件要用90°接线。结果是与故障相方向元件动作的同时，健全相也往往动作，即选相性能差。改用正序电压后，健全相的便不会动了。

83. 电气化铁路供电线路保护应如何配置？保护应考虑哪些特殊要求？

答：采用三相电源对电气化铁路负荷供电的线路，可装设与一般线路相同的保护。

采用两相电源对电气化铁路负荷供电的线路，可装设两段式距离、两段式电流保护。

保护应考虑下述特点：

（1）电气化铁路供电产生的不对称分量和冲击负荷可能会使线路保护装置频繁启动，必要时，可增设保护装置快速复归的回路。

（2）电气化铁路供电在电网中造成的谐波分量可能导致线路保护装置误动，必要时，可增设谐波分量闭锁回路。

84. 在如下系统中，如果 E_S 超前 E_R，$Z_S=Z_R$，是 M 侧方向阻抗继电器在反方向短路容易误动，还是 N 侧方向阻抗继电器反方向短路容易误动？请说明理由？

答：（1）反方向出口（母线）发生经小电阻短路过渡电阻且附加阻抗是电阻电容性最易误动。

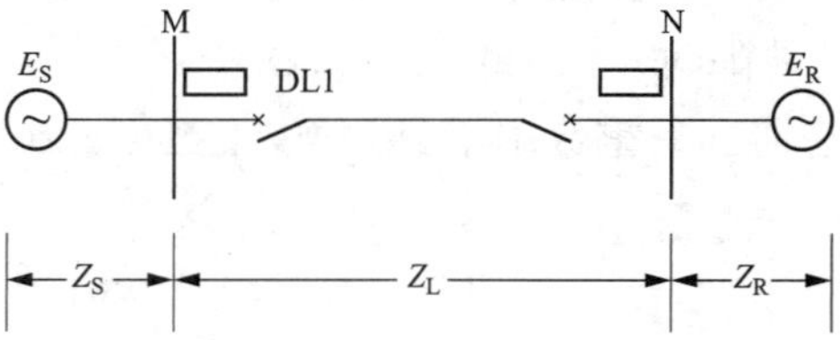

（2）N 侧反方向短路时，N 侧方向阻抗继电器测量阻抗中的过渡电阻附加阻抗是阻容性质的，所以 N 侧方向阻抗继电器反方向短路最易误动。M 侧方向阻抗继电器测量阻抗中的过渡电阻附加阻抗是阻感性质的，所以 M 侧方向阻抗继电器反方向短路不会误动。

85. 构成具有如下动作特性的接地阻抗继电器，式中 Z_{ZD} 为整定阻抗，阴影部分为动作区。①试写出阻抗形式表达的相位比较动作方程。②该继电器的接线方式是什么？③写出用以实现的用电压形式表达的相位比较动作方程。（即用加入继电器的电压 U_J 和电流 I_J 表达的动作方程）

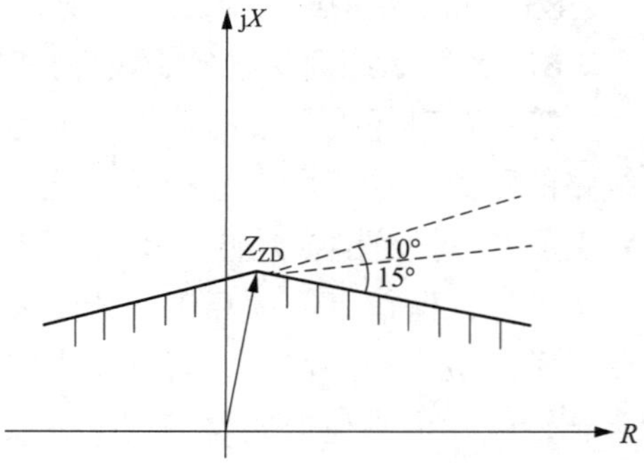

答：① $180°+10°<\arg[(Z_J-Z_{ZD})/R]<360°-15°$，即 $190°<\arg[(Z_J-Z_{ZD})/R]<345°$。

② $U_J=U_\phi I_J=I_\phi+K\cdot 3I_0$。

③ $190°<\arg[(U_J-I_JZ_{ZD})/I_JR]<345°$。

86. 某条线路的零序电流保护Ⅲ段，其定值为 4.6A，3.0s，其电流互感器 B 相极性接反，试问当负荷电流为 90A 时，该保护会不会动作？并用相量分析。（电流互感器变比 150/5）

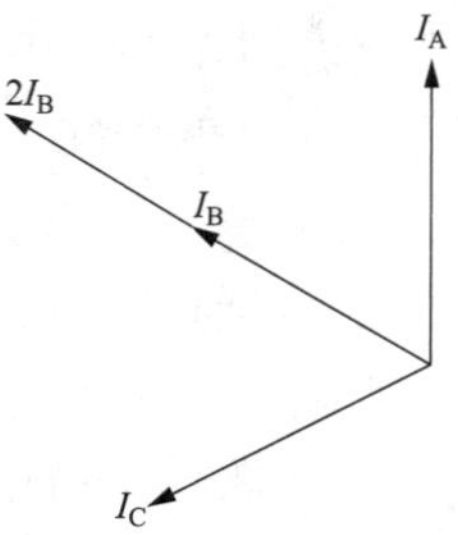

答：负荷电流二次值为 90/30=3(A)，零序电流为 2 倍负荷电流，二次 6A，保护动作。

87. 什么情况下带电作业应停用重合闸，并不得强送？

答：（1）中性点有效接地的系统中有可能引起单相接地的作业。

（2）中性点非有效接地的系统中有可能引起相间短路的作业。

（3）工作票签发人或工作负责人认为需要停用重合闸的作业。

88. 3/2 母线接线方式，当线路 L1 上发生故障时（如下图所示）对重合闸和断路器失灵保护有什么要求？

答：单母或双母接线方式的线路保护在发跳闸命令时，只跳一个断路器，重合闸也只重合这个断路器。如果这个断路器失灵，则启动断路失灵保护动作，跳该断路器

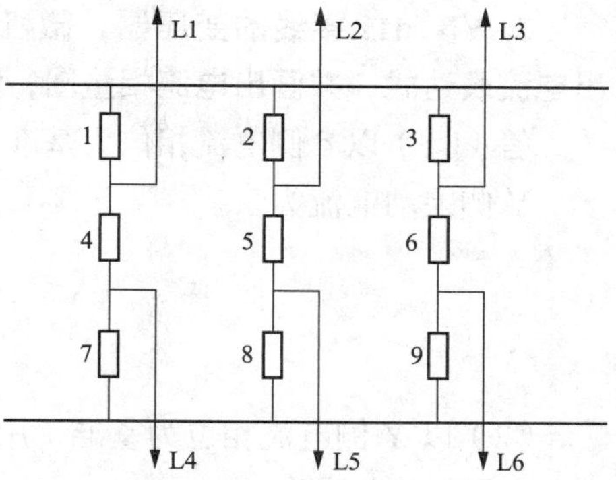

连接的母线上的所有断路器。但对 3/2 母线接线方式的线路保护，就有与上述不同的要求。现说明如下：

在线路 L1 发生故障时，线路保护发跳闸命令时要跳两个断路器 1、4，重合闸动作也要重合这两个断路器。因此，就有重合的顺序问题，这样重合闸应按断路器设置，而且每个断路器还要配置断路失灵保护。

（1）断路器跳闸失灵的问题：当线路 L1 发生故障时，线路保护要跳断路器 1、4，如中断路器 4 跳闸后，断路器 1 失灵，则 1 断路器失灵保护应将 I 母上所有断路器跳闸，如图中断路器 2、3 跳闸。若断路器 4 失灵，在断路器 1 跳闸后，断路器 4 失灵保护将断路器 7 跳闸。可见，凡边断路器（如图中断路器 1、2、3、7、8、9）失灵，边断路器失灵保护跳边断路器所在母线上所有断路器和中断路器；凡中断路器失灵，中断路器失灵保护跳与其连接的两个边断路器。而且要考虑在 3/2 母线接线方式时某一线路发生短路故障，如出现边断路器或中断路器失灵拒动，则一方面启动失灵保护，跳开与失灵断路器有电气联系的所有断路器。同时要传送远方跳闸信号，使线路对侧断路器跳闸切除故障。

（2）重合闸的重合顺序问题：当线路 L1 发生故障时，线路保护跳动 1、4 断路器后，重合闸装置动作，如先合断路器 4，且重合在线路永久故障上，线路保护再跳断路器 4，此时，万一断路器 4 失灵，断路器 4 的失灵保护将断路器 7 跳开，这会影响线路 L4 正常运行。如先合断路器 1，也是重合在线路永久故障上，线跌保护再跳断路器 1，此时，万一断路器 1 失灵，断路器 1 的失灵保护将 I 母上所有与其连接的断路器（如图中 2、3）都跳开，由于断路器 4 没有合，所以线路 L4 运行不受影响。可见，在线路保护跳开两个断路器后，应先合边断路器，重合成功后，再合中断路器。

三、变压器保护

1. 变压器为什么要设置过励磁保护？通过什么量的变化可以反映变压器过励磁？

答： 工作磁密增加，使变压器励磁电流增加，特别是铁芯饱和后，励磁电流要急剧增大，造成变压器过励磁，同时会使铁损增加，铁芯温度升高。另外，漏磁场增强，使靠近铁芯的绕组导线、油箱壁和其他金属构件产生涡流损耗、发热，引起高温，严重时会造成局部变形和损伤周围的绝缘介质。

通过 $B=10^8/4.44NSU/f$，可以反映变压器过励磁。

2. YN,d 接线变压器的差动保护为什么对 YN 侧绕组单相短路不灵敏？如何解决？

答： 通常作相间短路用的差动保护，一次侧为 YN 接线，其二次侧用△接线，而单相短路的零序电流流经二次△接线时被滤掉，所以对单相短路不灵敏。YN 绕组单相短路，YN/△变压器两侧电流的相位可能具有外部短路特征，所以差动保护不灵敏。在 YN 绕组侧装设零序差动保护。

3. YN,d11 接线的变压器，微机型差动保护可实现两种方式的相位校正，请分别写出电流表达式，并画出电流相量图，解释如何消除零序电流进入差动元件。

答：（1）以 d 侧电流相位为基准，用 Y 侧电流进行移相。

Y 侧差动电流为

$$I_{AH}=I_{ah}-I_{bh}$$
$$I_{BH}=I_{bh}-I_{ch}$$
$$I_{CH}=I_{ch}-I_{ah}$$

（2）以 Y 侧电流相位为基准，用 d 侧电流进行移相。

d 侧差动电流为

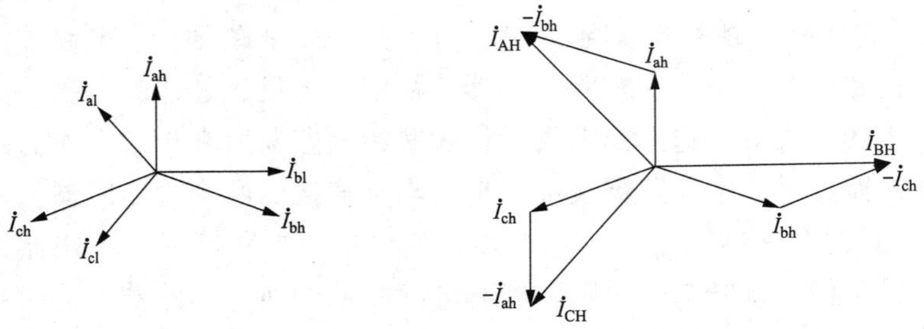

以d侧为基准的软件校正后Y，d侧电流相位

$$I_{AL}=(I_{al}-I_{cl})/1.732$$
$$I_{BL}=(I_{bl}-I_{al})/1.732$$
$$I_{CL}=(I_{cl}-I_{bl})/1.732$$

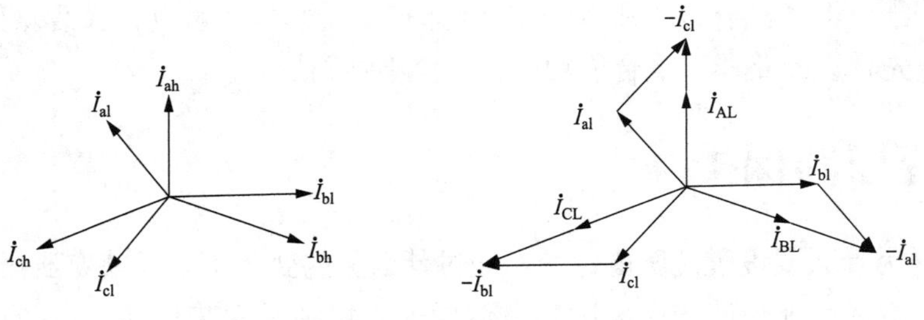

以Y侧为基准的软件校正后Y，d侧电流相位

对于在 Y 侧进行移相的变压器纵差保护，由于 Y 侧通入电流为两相电流差，故零序已消除。在 d 侧移相的变压器纵差保护，则考虑 Y 侧差动电流的消零。

$$I_{AH}=I_{al}-I_0$$
$$I_{BH}=I_{bl}-I_0$$
$$I_{CH}=I_{cl}-I_0$$

4. 主变压器接地后备保护中零序过电流与间隙过电流的 TA 是否应该共用一组？为什么？

答：（1）不应该共用一组。

（2）该两种保护TA独立设置后则不须人为进行投、退操作，自动实现中性点接地时投入零序过电流（退出间隙过电流）、中性点不接地时投入间隙过电流（退出零序过电流）的要求，安全可靠。

两者共用一组TA有如下弊端：

①间隙保护用TA变比小，中性点TA变比较大，用同一个TA对保护的整点或灵敏度都带来影响。

②当中性点接地运行时，一旦忘记退出间隙过电流保护，又遇有系统内接地故障时，往往造成间隙过电流误动作将本变压器切除。

③间隙保护电流定值小，但每次接地故障都受到大电流冲击，易造成损坏。

5. 如何减小差动保护的稳态和暂态不平衡电流？（至少列出5种方法）

答：（1）差动保护各侧TA同型（短路电流倍数相近，不准P级与TP级混用）。

（2）各侧TA的二次负荷与相应侧TA的容量成比例（大容量接大的二次负载）。

（3）诸TA铁芯饱和特性相近。

（4）二次回路时间常数应尽量接近。

（5）在短路电流倍数、TA容量、二次负荷的设计选型上留有足够裕量（如计算值/选用值之比大于1.5～2.0）。

（6）必要时采用同变比的两个TA串联应用，或两根二次电缆并联使用。

（7）P级互感器铁芯增开气隙（即PR型TA）。

6. 变压器保护中比率差动保护、差动速断保护各自的作用是什么？

答：比率差动保护的作用：提高内部故障时的动作灵敏度及可靠躲过外部故障的不平衡电流。

差动速断保护的作用：在变压器内部严重故障时，如果TA饱和，TA二次电流的波形将发生严重畸变，并含有大量的谐波分量，从而使比率差动保护中涌流判别元件误判成励磁涌流，导致比率差动保护拒动，造成变压器严重损坏，此时由不经闭锁的差动速断保护快速动作切除故障。

7. 变压器比率制动系数 K_b 是如何整定的？

答：$K_b=K_{rel}(K_i f_i+\Delta U+\Delta f)$

式中：K_{rel} 为可靠系数，取1.3～1.5；K_i 为电流互感器同型系数；f_i 为电流互感器的最大相对误差，满足10%误差，取0.1。ΔU 为变压器由于调压引起的相对误差，取调压范围中偏离额定值的最大值；Δf 为变压器经过电流互感器变比，不能完全补偿所产生的相对误差，微机保护可以完全补偿，所以 $\Delta f=0$。

综上所述，K_b 一般在0.3～0.5中选取。

8. 变压器励磁涌流闭锁方式可以采用“分相”闭锁方式和“或”门闭锁方式，请简述这两种闭锁方式的区别及各自的优缺点。

答：（1）两者的区别：分相闭锁方式，指某相的涌流闭锁元件只对本相的差动元件有闭锁作用，而对其他相无闭锁作用。而涌流“或”门闭锁方式，在三相涌流闭锁元件中，只要有一相满足闭锁条件，立即将三相差动元件全部闭锁。

（2）“或”门闭锁优缺点：变压器空投时，三相励磁涌流是不相同的。各相励磁涌流的波形、幅值及二次谐波的含量不同。此时，若采用“或”门闭锁的纵差保护，空投变压器时不会误动。但在空投变压器发生内部故障时，“或”门闭锁方式的差动保护则可能拒动或延缓动作。

“分相”闭锁方式的优缺点：在空投变压器时，在某些条件下，三相涌流之中的某一相可能不满足闭锁条件，此时采用“分相”闭锁方式的差动保护，空投时容易误动；其优点是在空投变压器的同时发生内部故障，这种闭锁方式能迅速而可靠动作并切除变压器。

9. 简述500kV变压器保护中构成纵差保护、分相差动保护、分侧差动保护、低压侧小区差动保护电流回路分别采用的TA。上述几种差动保护各自用于反应什么故障？

答：（1）纵差保护指由变压器各侧外附TA构成的差动保护；分相差动保护是由每相绕组的各侧TA构成的差动保护；分侧差动保护指将变压器的高、中压侧外附TA和公共绕组TA构成的差动保护；低压侧小区差动保护是由低压侧三角形两相绕组内部TA和一个反映两相绕组差电流的外附TA构成的差动保护。

（2）纵差保护能反应各侧绕组及引线的各种故障；分相差动保护能反应高、中压侧引线及各侧绕组的各种故障；分侧差动保护能反应高、中压侧接地故障；低压侧小区差动保护能保护低压侧三角绕组及引线各种故障。

10. 微机保护使用自产$3U_0$，变电站电压互感器的二次回路和三次回路在室外中性线不能共用，必须分开接至室内N600，为什么？

答：电压互感器二次回路和三次回路由开关场到控制室的接线一旦共用了接地相电缆芯，则导致通入微机保护自产$3U_0$回路的三倍零序电压$3U_{0j}$将是$3U_{0j}=U_A+U_B+U_C+3U_{0n}=3U_0+3U_{0n}$。若$3U_0$回路负载电阻为$R$，电缆芯线电阻为$r$，按正确接线，则因三次回路电压变比为二次回路的$\sqrt{3}$倍，得$U_{0N}=-\dfrac{r}{R+2r}\times 3\sqrt{3}U_0$，如果因某种原因，引起$\dfrac{r}{R+2r}>\dfrac{1}{3\sqrt{3}}$时，$3U_0$和$3U_{0j}$反方向，于是接地零序保护正方向拒动而反方向误动。所以必须将二次回路和三次回路在室外中性线分开使用，最好是单独使用电缆，同时取消外接$3U_0$回路，全部用自产。

11. 在Y/△接线的变压器选用二次谐波制动原理的差动保护，当空载投入时，某一相的二次谐波可能很小，为防止误动目前一般采取的是什么措施？该措施有什么缺点？

答（要点）：（1）用三相“或”闭锁的措施。

（2）在空投伴随故障时保护动作延时的缺点。

12. YN,d11接线的降压变压器，在三角形侧发生单相接地故障时，装于星形侧的零序电流保护可能会误动吗？

答：不会误动，因为星形侧基本没有零序电流。

13. 某强电源点的高备变压器接于220kV系统，变压器中性点直接接地，其小压侧装过电流速断保护，定值按躲过厂用电自启动负荷电流整定，试问220kV接地故障时该保护是否有误动的可能？为什么？

答：有可能误动。因为220kV系统接地故障时，分配给该变压器的零序电流反映到相电流回路的电流可能大于电流速断定值而误动。

14. 试述自耦变压器的优缺点。

答：优点：①节省材料，造价低；②损耗少（包括铜损及铁损）；③质量小，便于运输安装，能扩大变压器的极限制造容量。

缺点：①自耦变压器由于一次侧与二次侧之间除磁耦合外还有电气直接耦合，增加保护配置的复杂性；②中性点绝缘水平低，故中性点必须直接接地，增加系统单相短路容量；③使不同电压的零序网络相连通，给零序保护的配合带来困难。

15. 为什么发电机纵差保护对匝间短路没有作用，而变压器差动保护对变压器各侧绕组匝间短路有保护作用？

答：发电机同一相发生匝间短路，虽然短路电流可以很大，但差动继电器中无差流。而变压器各侧绕组的匝间短路，通过变压器铁芯磁路的耦合，改变了各侧电流的大小和相位，使变压器差动保护对匝间短路有作用。

16. 对YN,d11变压器，Y侧B、C两相短路时，通过绘制相量图分析两侧电流关系。

答：变压器高压侧（即Y侧）B、C两相短路电流相量如图1所示。

对于YN,d11接线组别，正序电流应向导前方向转30°，负序电流向滞后方向转30°即可得到低压侧（即△侧）电流相量，如图2所示。

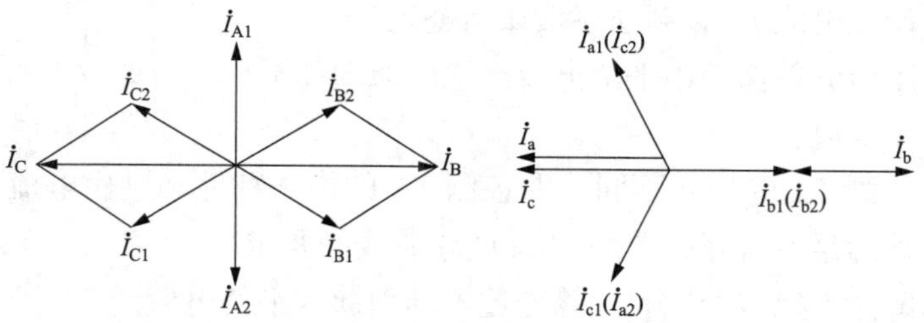

图1 高压侧　　图2 低压侧

17. 变压器的过励磁可能产生什么后果？如何避免？

答：（1）当变压器电压超过额定电压的10%时，变压器铁芯饱和，铁损增大。漏磁使箱壳等金属构件涡流损耗增加，造成变压器过热、绝缘老化，影响变压器的使用寿命甚至烧毁变压器。

（2）避免方法：

①防止电压过高运行。一般电压越高，过励磁情况越严重，允许运行时间越短。

②加装过励磁保护。根据变压器特性曲线和不同的允许过励磁倍数发出告警信号或切除变压器。

18. 有一台YN,d11接线的变压器，在其整流型差动保护带负荷检查时，测得其Y侧电流互感器电流相位系统为I_b超前I_a150°，I_a超前I_c60°，I_c超前I_b150°，I_b为8.65A，I_b=I_c=5A，试分析变压器Y侧电流互感器是否有接线错误，并改正之。（用相量图分析）

答：由正常带负荷测得变压器差动保护Y侧三相电流不对称，因此可以断定变压器Y

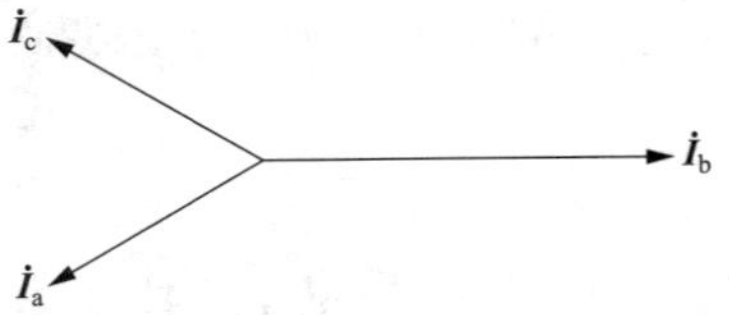

图1　三相不对称时的相量图

侧电流互感器接线有误，图1为测得的三相电流的相量图。

由于变压器差动保护Y侧电流互感器通常接成三角形，以消除Y侧零序电流对差动保护的影响。在接线的过程中最易出线的问题是电流互感器的极性接反，因此可从极性接反的角度进行考虑。

正常接线时三角形接法的电流为：

$$\dot{I}_a=\dot{I}_A-\dot{I}_B$$

$$\dot{I}_b=\dot{I}_B-\dot{I}_C$$

$$\dot{I}_c=\dot{I}_C-\dot{I}_A$$

由于只有一相电流的极性与另两相不同，所以仅考虑某一相的极性反的情况。从电流的幅值分析：$\dot{I}_b$的幅值为$\dot{I}_a$、$\dot{I}_c$的$\sqrt{3}$倍，而$\dot{I}_b$是由$\dot{I}_B$与$\dot{I}_C$产生的，因此可初步判断B、C两相的极性相同，而A相的极性可能相反。

从图2的相量图分析可知，A相极性接反时电流的相位关系和大小与测量情况相吻合，因此可以断定A相CT的极性接反，应将A相CT两端的引出线对换。

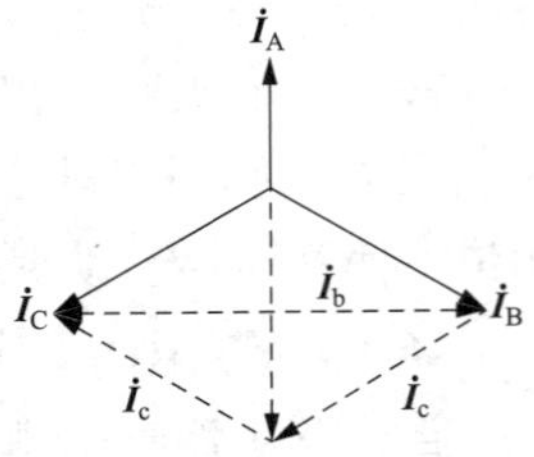

图2　三相不对称时分析图

19. 简述变压器纵差保护不平衡电流（稳态和暂态）的产生原因。比率制动式变压器纵差保护的最小动作电流 I_{op} 和制动系数如何整定？

答：（1）变压器纵差保护不平衡电流产生的原因如下。

①稳态不平衡电流：

（a）变压器各侧TA的型号不同，即各侧TA的饱和特性和励磁电流不同而引起的不平衡电流。它必须满足电流互感器的10%误差曲线的要求。

（b）实际的电流互感器变比和计算变比不同引起的平衡电流。

（c）改变变压器调压分接头引起的不平衡电流。

②暂态不平衡电流：

（a）短路电流的非周期分量主要为电流互感器的励磁电流，它使其铁芯饱和，误差增大而引起不平衡电流。

（b）变压器空载合闸的励磁涌流，仅在变压器一侧有电流。

（2）比率制动式变压器纵差保护的最小动作电流 I_{op} 和制动系数的整定比例制动特性曲线通常由比例制动系数、拐点电流和最小动作电流这三个值决定，目前在工程实用上有两种整定计算方法。

①整定方法之一。

（a）最小动作电流 $I_{op.min}$。最小动作电流应大于变压器额定负载时的不平衡电流，即

$$I_{op.min}=K_{rel}(K_{er}+\Delta U+\Delta m)I_N/n_a$$

式中：K_{rel} 为可靠系数，取1.3～1.5；K_{er} 为电流互感器的比误差，10P型取0.03×2，5P型和TP型取0.01×2；ΔU 为变压器调压引起的误差，取调压范围中偏离额定值的最大值（百分比）；Δm 为电流互感器变比未完全匹配产生的误差，初设时取0.05；I_N 为变压器的

额定电流；n_a 为电流互感器的变比。

（b）拐点电流（起始制动电流）$I_{res.0}$。拐点电流宜取

$$I_{res.0}=(0.8\sim1.0)I_N/n_a$$

（c）比例制动系数 K_b。通常所说的比例制动系数 K_b 是指制动曲线折线段的斜率，而制动系数 K_{res} 则是指动作电流 I_{op} 与制动电流 I_{res} 之比，$K_{rel}=I_{op}/I_{res}$。二者之间的关系为

$$K_b=\frac{K_{res}-I_{op.min}/I_{res}}{1-I_{res.0}/I_{res}}$$

纵差保护的动作电流大于外部短路时流过差动回路的不平衡电流。差动保护的最大动作电流为 $I_{op.max}=K_{rel}I_{unb.max}$；最大制动系数为 $K_{res.max}=I_{op.max}/I_{res.max}$。变压器种类不同，不平衡电流计算也有较大差别，普通双绕组变压器 $I_{unb.max}=(K_{ap}K_{cc}K_{er}+\Delta U+\Delta m)I_{k.max}/n_a$；三绕组变压器（以低压侧外部短路为例）$I_{unb.max}=K_{ap}K_{cc}K_{er}I_{k.max}/n_a+\Delta U_hI_{k.h..max}/n_{a.h}+\Delta U_mI_{k.m.max}/n_{a.h}+\Delta m_{\mathrm{I}}I_{k.\mathrm{I}.max}/n_{a.h}+\Delta m_{\mathrm{II}}I_{k.\mathrm{II}.max}/n_{a.m}$。其中，$K_{ap}$ 为非周期分量系数，两侧同为 TP 级电流互感器时取 1.0，两侧同为 P 级电流互感器时取 1.5～2.0；K_{cc} 为电流互感器的同型系数，取 1.0；K_{er} 为电流互感器的比误差，取 0.1；$I_{k.max}$、$I_{k.h..max}$、$I_{k.m.max}$、$I_{k.\mathrm{I}.max}$、$I_{k.\mathrm{II}.max}$ 分别为低压侧外部短路时流过靠近故障侧电流互感器的最大短路电流周期分量、流过高压侧电流互感器电流的周期分量、流过中压侧电流互感器电流的周期分量及流过非靠近故障点两侧电流互感器电流的周期分量；ΔU_h、ΔU_m 分别为变压器高、中压侧调压引起的相对误差；Δm_{I}、Δm_{II} 为电流互感器的变比未完全匹配而产生的误差；n_a、$n_{a.h}$、$n_{a.m}$ 为各侧电流互感器的变比。将 $I_{op.max}$、$K_{res.max}$ 代入上面的公式，当 $I_{res.max}=I_{k.max}$ 时得

$$K_b=\frac{I_{op.max}-I_{op.min}}{I_{k.max}/n_a-I_{res.0}}$$

②整定方式之二。

（a）比例制动系数 K_b。

$$K_b=K_{rel}(K_{ap}K_{cc}K_{er}+\Delta U+\Delta m)$$

式中：K_{rel} 为可靠系数，取 1.3～1.5；K_{ap} 为非周期分量系数，两侧同为 TP 级电流互感器时取 1.0，两侧同为 P 级电流互感器时取 1.5～2.0；K_{cc} 为电流互感器的同型系数，取 1.0；K_{er} 为电流互感器的比误差，取 0.1；ΔU 为调压引起的相对误差；Δm 为电流互感器的变比未完全匹配而产生的误差。

（b）拐点电流（起始制动电流）$I_{res.0}$。拐点电流宜取

$$I_{res.0}=(0.8\sim1.0)I_N/n_a$$

（c）最小动作电流 $I_{op.min}$。按满足制动特性的要求整定，使制动系数不随制动电流而变化，根据最小动作电流与拐点电流之间的关系可得最小动作电流为

$$I_{op.min}=K_bI_{res.0}$$

20. 什么是变压器的过励磁？

答：当变压器在电压升高或频率下降时都将造成工作磁通密度增加，导致变压器的铁芯饱和。

21. 二次谐波制动原理的主变压器差动保护有交叉制动和按相制动两种方式，试简述这两种方式，并比较其优缺点。

答：（1）交叉制动：每相二次谐波制动元件不但闭锁本相差动元件，还闭锁其他两相的差动元件。此类制动方式，避越励磁涌流的能力较强，但在空载合于故障主变压器时差动保护有可能拒动或延迟动作。

（2）按相制动：每相二次谐波制动元件只闭锁同相的差动元件。此类制动方式，避越励磁涌流的能力相对较差，但在空载合于故障主变压器时差动保护拒动的可能性较低。

22. 为什么自耦变压器的零序保护不宜取自中性点 TA，而要取自高、中压侧的 TA？

答：在高压侧发生单相接地故障时，中性点电流取决于二次绕组所在电网的零序综合阻抗 $Z_{\Sigma 0}$，当 $Z_{\Sigma 0}$ 为某一值时，一、二次电流将在公用的绕组中完全抵消，因而中性点电流为零；当 $Z_{\Sigma 0}$ 大于此值时，中性点零序电流将与高压侧故障电流同相；当 $Z_{\Sigma 0}$ 小于此值时，中性点零序电流将与高压侧故障电流反相。

23. 某 220kV 变压器在进行冲击试验时，其单回送电线路发生单相接地故障，请问供电端的正、负、零序电流与故障点的正、负、零序电流是否相等？为什么？

答：供电端的正、负序电流与故障点的正、负序电流相等。供电端的零序电流与故障点的零序电流不等。因变压器在进行冲击试验时，低压侧断路器在断开状态，无正负序网络，故供电端的正、负序电流与故障点的正、负序电流相等。因变压器在进行冲击试验时，中性点接地开关在合闸状态，有零序网络，供电端的零序电流与故障点的零序电流不等。

24. 500kV 变压器如何配置过励磁保护？

答：500kV 变压器配置过励磁保护，其电压取自 500kV 侧，过励磁保护的低值发信、反时限和高值跳闸元件应能分别独立整定，其返回系数应不低于 0.96。过励磁保护的定值应与变压器的过励磁曲线相配合。变压器过励磁保护跳闸元件在保护屏上应有投停压板。

25. 自耦变压器的接线形式为 YN，YN，d，其过负荷保护如何配置？为什么？

答：自耦变压器的自耦两侧和△侧及公共绕组均应装设过负荷保护。

原因：自耦变压器一般应用于超高压网络，作为联络变压器，各侧都有过负荷的可能。另外，带自耦的高、中压侧可能没有过负荷，而公共绕组由于额定容量 $S_{公}=(1-1/N)S_e$，可能过负荷。因此，公共绕组及自耦变压器各侧均应装设过负荷保护。

26. 简要介绍变压器励磁涌流的特点。主变压器差动保护该采取哪些措施才能避免励磁涌流造成误动？

答：励磁涌流有以下特点。

（1）包含很大成分的非周期分量，往往使涌流偏于时间轴的一侧。

（2）包含大量的高次谐波分量，并以二次谐波为主。

（3）励磁涌流波形出现间断。

防止励磁涌流影响的方法有：

（1）采用具有速饱和铁芯的差动继电器。

（2）鉴别短路电流和励磁涌流波形的区别，要求间断角为 60°～65°。

（3）利用二次谐波制动，制动比为 15%～20%。

（4）利用波形对称原理的差动继电器。

27. 变压器差动保护在外部短路暂态过程中产生不平衡电流（两侧二次电流的幅值和相位已完全补偿）的主要原因有哪些？（要求答出5种原因）

答：在两侧二次电流的幅值和相位已完全补偿好的条件下，产生不平衡电流的主要原因如下。

（1）如外部短路电流倍数太大，两侧TA饱和程度不一致。

（2）外部短路非周期分量电流造成两侧TA饱和程度不同。

（3）二次电缆截面选择不当，使两侧差动回路不对称。

（4）TA设计选型不当，应用TP型于500kV，但中、低压侧用5P或10P。

（5）各侧均用TP型TA，但TA的短路电流最大倍数和容量不足够大。

（6）各侧TA二次回路的时间常数相差太大。

28. 在RCS978变压器差动保护中，采取哪些措施，防止区外故障伴随TA饱和时，差动保护误动？

答：采用稳态低值差动和稳态高值差动相配合，低值差动有TA饱和判据，而高值差动没有TA饱和判据。在下列几种故障情况下，区内故障保护灵敏动作，区外故障保护不误动：

（1）区内轻微故障，短路电流小，TA不饱和：低值比率差动灵敏动作。

（2）区内严重故障，短路电流大，TA饱和：低值闭锁，高值动作。

（3）区外轻微故障，短路电流小，TA不饱和：差流为0，低值和高值都不动作。

（4）区外严重故障，短路电流大，TA饱和：低值闭锁，高值差动由于定值比较高，差流进入不到动作区，也不会动作。

29. 220kV/110kV/35kV变压器一次绕组为YN，YN，d11接线，35kV侧没负荷，也没引线，变压器实际当作两绕组变压器用，采用的保护为微机双侧差动。问这台变压器差动的二次电流需不需要转角（内部转角或外部转角）？为什么？

答：对高、中压侧二次电流必须进行转角。一次变压器内部有一个内三角绕组，在电气特性上相当于把三次谐波和零序电流接地，使之不能传变。二次接线电气特性必须和一次特性一致，所以必须进行转角，无论是采用内部软件转角方式还是外部回路转角方式。若不转角，当外部发生不对称接地故障时，差动保护会误动。

30. 当电网中空投一台变压器时，在相邻的并联或级联的变压器中产生和应涌流，和应涌流的特点是什么？

答：（1）和应涌流在合闸变压器励磁涌流持续一段时间后才产生，两台变压器的涌流交替出现，方向相反，且不会重叠。

（2）和应涌流的幅值随时间增大到最大值，随后又不断衰减。

（3）和应涌流衰减过程比单个变压器合闸时慢得多。

（4）当空合变压器的励磁涌流处于峰值附近时，母线电压的瞬时值较低，此时不产生和应涌流；当励磁涌流处于间断期间时，母线电压的瞬时值较高，运行变压器在母线电压的直流分量和高电压的共同作用下，产生和应涌流。

31. 330kV及以上变压器中压侧的阻抗后备保护的要求是什么？为什么要设四段时限？

答：带偏移特性的阻抗保护。指向变压器的阻抗不伸出高压侧母线，作为变压器部分绕组故障的后备保护，指向母线的阻抗作为本侧母线故障的后备保护。设置一段四时限，第一时限跳开分段，第二时限跳开母联，第三时限跳开本侧断路器，第四时限跳变压器各侧断路器。主要是考虑对于变压器中压侧的双母双分段接线方式，母联和分段断路器不能同时跳闸，如果母联和分段同时跳闸，则将双母双分段接线分为4段，其中只有负荷而无电源的母线段会损失负荷。

32. 若主变压器接地后备保护中零序过电流与间隙过电流共用一组TA，有何危害？

答：（1）不应该共用一组。

（2）该两种保护TA独立设置后则不须人为进行投、退操作，自动实现中性点接地时投入零序过电流（退出间隙过电流）、中性点不接地时投入间隙过电流（退出零序过电流）的要求，安全可靠。

反之，两者公用一组TA有如下弊端：

①当中性点接地运行时，一旦忘记退出间隙过电流保护，又遇有系统内接地故障，往往造成间隙过电流误动作将本变压器切除。

②间隙过电流元件定值很小，但每次接地故障都受到大电流冲击，易造成损坏。

33. 简述三相变压器空载合闸时励磁涌流的大小及波形特征与哪些因素有关。

答：三相变压器空载合闸时励磁涌流的大小和波形与下列因素有关。

（1）系统电压大小和合闸出相角。

（2）系统等值电抗大小。

（3）铁芯剩磁和铁芯结构。

（4）铁芯材质（饱和特性、磁滞环）。

（5）合闸在高压或低压侧。

34. 怎样理解变压器非电气量保护和电气量保护的出口继电器要分开设置？

答：变压器的电气量保护依靠电气量作故障特征，在动作后一旦故障被切除，均能很快返回，而非电气量保护（如气体保护、温度保护等）则是依靠变压器内部的气体或变压器的温升作为故障的特征量，动作后返回很慢，通常需要人为释放气体后或温度下降后才能可靠返回。如果变压器的非电气量保护与电气量保护共用一出口继电器且均启动失灵保护，则失灵保护存在误动的风险。因此反措要求将变压器非电气量保护和电气量保护的出口继电器分开设置，慢速返回的非电气量保护不启动失灵保护。

35. 降压变压器接线为YN,d11，容量为40MVA，变比为115/35kV，装设的微机型纵差动保护在该变压器带上一定量负荷后发生误动。经查：TA接线正确、整定值设置正确，打印出的YN侧上臂A、B、C相电流值如下表，试分析误动原因。

采样点	1	2	3	4	5	6	7	8
A相电流	0.868	3.124	4.698	4.924	3.830	1.710	−0.868	−3.124
B相电流	3.830	1.710	−0.868	−3.124	−4.698	−4.924	−3.830	−1.710
C相电流	−4.698	−4.924	−3.830	−1.710	0.868	3.124	4.698	4.924

续表

采样点	9	10	11	12	13	14	15	16
A相电流	−4.698	−4.924	−3.830	−1.710	0.868	3.124	4.968	4.924
B相电流	0.868	3.124	4.698	4.924	3.830	1.710	−0.868	−3.124
C相电流	3.830	1.710	−0.868	−3.124	−4.968	−4.924	−3.830	−1.710

答：由打印出的上臂电流可见，A、B、C 相为负序电流，因而判定变压器 Y 侧相序错了。

36. 接地电流系统中的变压器中性点有的接地，也有的不接地，取决于什么因素？

答：变压器中性点是否接地一般考虑如下因素：①保证零序保护有足够的灵敏度和很好的选择性，保证接地短路电流的稳定性；②为防止过电压损坏设备，应保证在各种操作和自动掉闸使系统解列时，不致造成部分系统变为中性点不接地系统；③变压器绝缘水平及结构决定的接地点（如自耦变一般为“死接地”）

37. 大接地电流系统中对变压器接地后备保护的基本要求是什么？

答：较完善的变压器接地后备保护应符合以下基本要求：①与线路保护配合在切除接地故障中做系统保护的可靠后备；②保证任何一台变压器中性点不遭受过电压；③尽可能有选择地切除故障，避免全站停电；④尽可能采用独立保护方式，不要公用保护方式，以免因“三误”造成多台变压器同时掉闸。

38. 为什么自耦变压器的零序电流保护不能接在中性点 TA 上？

答：分析表明，当系统接地短路时，该中性点的电流既不等于高压侧 $3\dot{I}_0$，也不等于中压侧 $3\dot{I}_0$，所以各侧零序保护只能接至其出口 TA 构成的零序电流回路，而不能接在中性点 TA 上。

39. 自耦变压器过负荷保护比起非自耦变压器，更要注意什么？

答：自耦变压器高、中、低三个绕组的电流分布、过载情况与三侧之间传输功率的方向有关，因而自耦变压器的最大允许负载（最大通过容量）和过载情况除与各绕组的容量有关外，还与其运行方式直接相关。特别是高、低压侧同时向中压侧传输功率时，会在三侧均未过载的情况下，其公共绕组却已过载，因此，应装设公共绕组过负荷保护。

40. 变压器间隙保护由间隙电流保护和间隙电压保护组成，那么间隙电流保护和间隙电压保护是起动同一个时间继电器吗？为什么？

答：是起动同一个时间继电器。因为，当出现单相故障时，变压器中心点偏移，当电压达到定值，间隙电压保护启动。当经过一段时间后，可能放电间隙击穿，间隙电流保护动作，而间隙电压返回。如果间隙电流与间隙电压采用不同的时间继电器，则间隙保护将重新开始计时，此时间将可能大于一次设备所能承受的接地时间，而使一次设备损坏。

41. 接地电流系统中的变压器中性点有的接地，也有的不接地，取决于什么因素？

答：变压器中性点是否接地一般考虑如下因素：①保证零序保护有足够的灵敏度和很好的选择性，保证接地短路电流的稳定性；②为防止过电压损坏设备，应保证在各种操作和自动掉闸使系统解列时，不致造成部分系统变为中性点不接地系统；③变压器绝缘水平及结构决定的接地点（如自耦变一般为“死接地”）

42. 自耦变压器的接线形式为 YN,YN,d，其过负荷保护如何配置，为什么？

答：自耦变压器的自耦两侧和△侧及公共绕组均应装设过负荷保护。

原因：自耦变压器一般应用于超高压网络，作为联络变压器，各侧都有过负荷的可能。另外，带自耦的高中压侧可能没有过负荷，而公共绕组由于额定容量 $S_{公}=(1-1/N)S_e$，可能过负荷。因此，公共绕组及自耦变压器各侧均应装设过负荷。

43. 大接地电流系统中对变压器接地后备保护的基本要求是什么？

答：较完善的变压器接地后备保护应符合以下基本要求：①与线路保护配合在切除接地故障中做系统保护的可靠后备；②保证任何一台变压器中性点不遭受过电压；③尽可能有选择地切除故障，避免全站停电；④尽可能采用独立保护方式，不要公用保护方式，以免因“三误”造成多台变压器同时掉闸。

44. 为何自耦变压器的零序电流保护不能接在中性点电流互感器上？

答：分析表明，当系统接地短路时，该中性点的电流既不等于高压侧 $3\dot{I}_0$，也不等于中压侧 $3\dot{I}_0$，所以各侧零序保护只能接至其出口 TA 构成的零序电流回路而不能接在中性点 TA 上。

45. 自耦变压器过负荷保护比起非自耦变压器的来，更要注意什么？

答：自耦变压器高、中、低三个绕组的电流分布、过载情况与三侧之间传输。

46. 试述电流继电器的两相电流差接线不能用在 Yd 接线变压器的情况。

答：不能用在 Yd 接线的变压器。这种变压器 Y 侧相绕组承受相电压，△侧相绕组承受线电压，故△侧绕组的匝数$N_{\triangle}=\sqrt{3}N_{Y}$，其变比 $I_Y/I_{\triangle}=N_Y/N_{\triangle}=\sqrt{3}$。若装在 Y 侧，在△侧产生两相短路时（ab 相），Y 侧的 A、C 相电流均为$1/\sqrt{3}$，所以继电器不动。

47. 某降压变压器容量 S_N=40MVA，YN,d11 接线，电压变比为 115/6.3kV，YN 侧 TA 变比为 300/5，低压侧 TA 变比 3000/5，微机差动保护采用 d 侧移相方式，差动保护接线如下图所示，当在“X”处断开，将 A 相高、低压侧 TA 一次侧串联，如图所示通入 900A 正弦交流电流，取 YN 侧为基本侧，求 A 相差动回路电流。

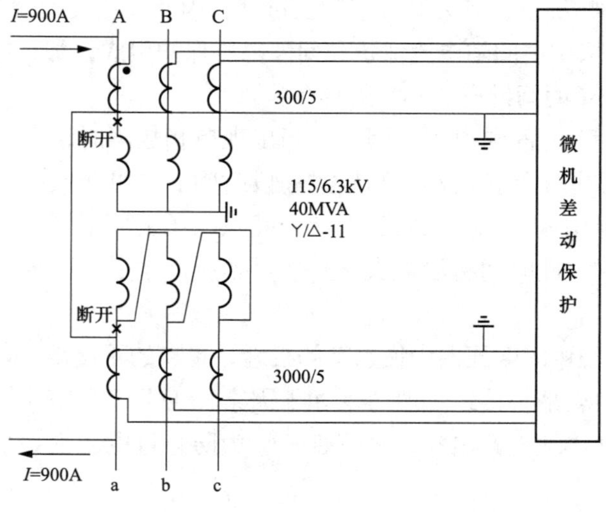

答：（1）计算电流平衡系数。

①一次额定电流：

110kV 侧：$I_{1N}=\dfrac{40\times10^3}{\sqrt{3}\times115}\approx200.8(A)$

6.3kV 侧：$I_{2N}=\dfrac{40\times10^3}{\sqrt{3}\times6.3}\approx3665.7(A)$

②进入差动回路电流：

110kV 侧：$I_{1N}=\dfrac{200.8}{300/5}\approx3.35(A)$

6.3kV 侧：$I_{2N}=\dfrac{3665.7}{3000/5}\approx6.11(A)$

③电流平衡系数：

110kV 侧：K_{D1}=1

6.3kV 侧：$K_{b2}=\dfrac{3.35}{6.11}\approx0.55$

（2）高压侧进入差动回路电流。

$$I_a=\frac{900}{300/5}-\frac{1}{3}\times\frac{900}{300/5}=10(A)$$

（3）低压侧进入差动回路电流。

$$I_a'=\frac{1}{\sqrt{3}}\times\left(-\frac{900}{3000/5}-0\right)\approx-0.866(A)$$

（4）计算差动回路电流。

$$I_{dA}=I_a+k_{b2}I_a'=10-0.55\times0.866\approx9.52(A)$$

48. 220kV/110kV/35kV 变压器一次绕组 YN，YN，d11 接线，高压侧中性点采用间隙接地，中压侧中性点不接地。35kV 侧没负荷也没引线，变压器实际当作两绕组变压器运行，高、中压侧 TA 采用星形接线，如果差动保护只经平衡系数对两侧电流大小进行调整，分析差动保护的安全性。如果需要改进，说出改进措施。

答：（1）变压器正常对称负荷运行下，没有差电流，保护不误动。发生两相短路或三相短路，如果短路点在差动外部，差动不误动，在差动内部差动正确动作。

（2）如果发生的是 220kV 侧的差动区外接地短路事故（单相接地或两相短路接地），如果高压侧中性点放电间隙不击穿，差动不会误动；间隙击穿差动保护误动跳闸。

（3）如果发生的是 220kV 侧差动区内的接地短路，不论间隙击穿与否，差动都能正确跳闸。

（4）差动区外接地短路事故导致间隙击穿，对于零序网络来说，故障点加零序电源，零序电流流进中性点，中压侧 TA 无零序电流，而 220kV 侧 TA 因有零序电流，形成差电流，差动误动。

（5）改进措施：为了防止区外接地故障间隙击穿差动误动，高、中压侧必须减掉零序电流进行差动运算，方法有两种：星形侧转换三角形补偿方式；或在星形侧直接减掉零序电流。

49. 在对 110kV 主变压器保护 A 相进行比率制动系数测试时，为什么在低压侧 C 相还要加电流才平衡？

答：因为微机主变压器保护软件采用内部转角，对于 YN,d11 接线的变压器差动保护，其 TA 二次接线均采用 Y 接法，如果是高压侧转角的那种，$I'_A=I_A-I_B$，$I'_B=I_B-I_C$，$I'_C=I_C-I_A$，正常带负荷运行的时候，高压侧 I'_A 与低压侧 I_A 大小相同、相位相反，刚好抵消，但是在进行比率制动系数测试时，如果只在高压侧加 A 相电流，那么根据上面的公式 $I'_A=I_A, I'_B=0, I'_C=-I_A$，所以在低压侧 C 相还要加电流来抵消。

50. 变压器的过励磁是怎样产生的？

答：以下原因都可能产生变压器的过励磁：电力系统因事故解列后，部分系统的甩负荷过电压；铁磁谐振过电压；变压器分接头连接调整不当；长线路末端带空载变压器或其他误操作；发电机频率未到额定值，过早增加励磁电流；发电机自励磁。

51. 220kV 变压器高、中、低压侧 TV 断线时，本侧的复压闭锁过电流保护功能如何应对以提高装置动作的可靠性？

答：高压侧 TV 断线，高压侧复压过电流保护采用中压侧 TV 闭锁过电流保护。

中压侧 TV 断线，中压侧复压过电流保护采用高压侧 TV 闭锁过电流保护。

低压侧 TV 断线，低压侧复压过电流保护变为纯过电流元件。

52. 有哪些措施可以保证母联（分段）断路器停运时母差保护的工作灵敏度？现在微机型母差保护中一般采用哪种措施，并以什么作为开入量？

答：①解除大差元件；②自动降低大差元件的比率制动系数；现在的微机型母差保护一般采用自动降低大差元件的比率制动系数的方法，以母联（分段）开关的辅助触点作为开入量。

53. 为什么母线保护动作停信（闭锁式纵联）和发信（允许式纵联）的措施在 3/2 接线方式中不能应用？

答：因为在 3/2 接线中，当母线上故障时，母线保护动作跳开边断路器后，中断路器还可以继续带线路运行。此时断路器与电流互感器之间发生故障时由母线保护启动失灵保护，失灵保护动作后启动“远跳”跳对端断路器。

54. 为什么 500kV 单相自耦变压器组的零序差动保护不需要经励磁涌流及过励磁闭锁？为什么它不能保护变压器内部匝间不接地的短路？

答：因为零序差动保护使用的各端零序电流是同一个电路中的电流，它们之间没有电磁耦合的关系，故不需要经励磁涌流及过励磁闭锁。因为在变压器发生匝间不接地短路时，尽管会产生零序电流，但该零序电流对零序差动保护来说是穿越性的，所以零序差动保护不能反应。

55. 为何自耦变压器的零序电流保护不能接在中性点 TA 上？

答：当系统接地短路时，该中性点的电流既不等于高压侧 $3I_{01}$，也不等于中压侧 $3I_{02}$，而是两者有名值之差。所以各侧零序保护不能接在中性点 TA 上。

56. 变压器的不正常运行状态有哪些？

答：（1）由外部相间、接地短路引起的过电流。

（2）过电压。

（3）超过额定容量引起的过负荷。

（4）漏油引起的油面降低。

（5）冷却系统故障及因此而引起的温度过高。

（6）大容量变压器的过励磁和过电压问题等。

57. 为什么差动保护不能代替气体保护？

答：气体保护能反应变压器油箱内的任何故障，如铁芯过热烧伤、油面降低等，但差动保护对此无反应。又如，变压器绕组发生少数线匝的匝间短路，虽然短路匝内短路电流很大会造成局部绕组严重过热产生强烈的油流向油枕方向冲击，但表现在相电流上其量值却不大，因此差动保护没有反应，但气体保护对此却能灵敏地加以反应，这就是差动保护不能代替气体保护的原因。

58. 什么条件下，断路器失灵保护的跳闸回路可启动？

答：下列条件同时具备时，断路器失灵保护的跳闸回路可启动。

（1）故障设备的保护能瞬时复归的出口继电器动作后不返回。

（2）断路器未跳开的判别元件动作。

59. 变压器空载合闸时的励磁涌流有何特点？

答：（1）波形有很大成分的非周期分量，往往使涌流偏于时间轴的一侧。

（2）包含大量高次谐波，而以二次谐波为主。

（3）涌流波形之间出现间断。

60. 自耦变压器的接线形式为 YN，YN，d，其过负荷保护如何配置，为什么？

答：自耦变的自耦两侧和 Δ 侧及公共绕组均应装设过负荷保护。

原因：自耦变一般应用于超高压网络，作为联络变，各侧都有过负荷的可能。另外，带自耦的高中压侧可能没有过负荷，而公共绕组由于额定容量 $S_{公}=(1-1/N)Se$，可能过负荷。因此，公共绕组及自耦变各侧均应装设过负荷。

61. 变压器差动保护通常采用哪几种方法躲励磁涌流？

答：目前变压器保护主要采用以下方法躲励磁涌流。

（1）采用具有速饱和铁芯的差动继电器。

（2）鉴别短路电流和励磁涌流波形的区别，间断角为 60°～65°。

（3）利用二次谐波制动，制动比为 15%～20%。

（4）利用波形对称原理的差动继电器。

62. 变压器新安装或大修后，投入运行发现：轻瓦斯继电器动作频繁，试分析动作原因，并说明处理方法。

答：（1）轻瓦斯继电器的动作原因：可能在投运前未将空气排除，当变压器运行后，因温度上升，形成油的对流，内部储存的空气逐渐上升，空气压力造成轻瓦斯动作。

（2）处理方法：应收集气体并进行化验，密切注意变压器的运行情况，如温度变化，电流、电压数值及音响有何异常，若上述化验和观察未发现异常，则可将气体排除后继续运行。

63. 谐波制动的变压器保护为什么要设置差动速断元件？

答：设置差动速断元件的主要原因是防止高压侧引线故障时，在较高的短路电流水平作用下，电流互感器饱和使高次谐波量增加，产生极大的制动量而使差动保护拒动，因此设置差动速断元件，当短路电流达到4～10倍额定电流时，速断元件快速动作出口。

64. 什么情况下变压器应装设气体保护？

答：0.8MVA及以上油浸式变压器和0.4MVA及以上车间内油浸式变压器，均应装设气体保护；当壳内故障产生轻微气体或油面下降时，应瞬时动作发信号；当产生大量气体时，应动作于断开变压器各侧断路器。

带负荷调压的油浸式变压器的调压装置，亦应装设气体保护。

65. 变压器差动保护用的电流互感器，在最大穿越性短路电流时其误差超过10%，此时应采取哪些措施来防止差动保护误动作？

答：此时应采取下列措施。

（1）适当地增加电流互感器的变流比。

（2）将两组电流互感器按相串联使用。

（3）减小电流互感器二次回路负载。

（4）在满足灵敏度要求的前提下，适当地提高保护动作电流。

66. 为什么变压器纵差保护能反应绕组匝间短路？而发电机纵差保护不能反应匝间短路？

答：变压器某侧绕组匝间短路时，该绕组的匝间短路部分可视为出现了一个新的短路绕组，使差流变大，当达到整定值时差动就会动作。

由于变压器有磁耦合关系且有每相不少于两个绕组，匝间短路时$\Sigma \neq 0$，而发电机没有磁耦合关系且每相只有一个绕组，绕组匝间短路时$\Sigma=0$，没有差流，保护不动作。

67. 变压器、电抗器气体保护动作跳闸回路有什么要求？

答：变压器、电抗器气体保护的动作不应经过微机保护等处理后再跳闸，而应直接跳闸或经中间继电器重动后直接跳闸。因瓦斯继电器触点至中间继电器的连接电缆很长，电缆的电容值大，为避免电源正极接地引起误动作，应采取动作功率较大的延时返回中间继电器，不应快速动作。气体继电器应有独立投退压板，与差动保护能分别投退。

68. 对YN,d11变压器，Y侧B、C两相短路时，试分析两侧电流的关系。

答：变压器高压侧（即Y侧）B、C两相短路电流相量如图1所示。

对于YN,d11接线组别，正序电流向导前方向转30°，负序电流向滞后方向转30°即可得到低压侧（即△侧）电流相量，如图2所示。

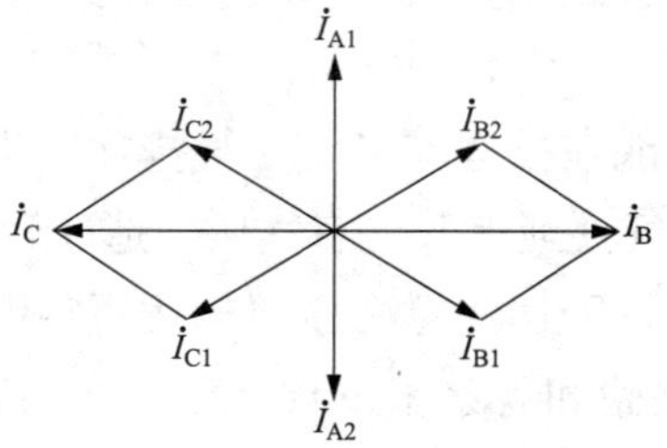

图1　高压侧

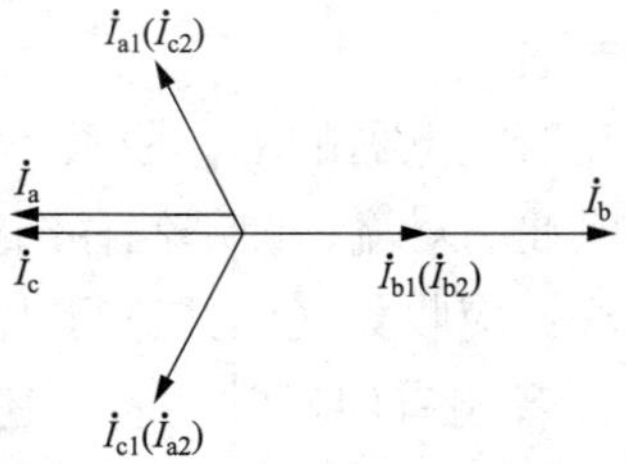

图2　低压侧

两侧电流数量关系可由图求得：设变比$n=1$，高压侧正序电流标幺值为1，则有：

高压侧 $I_B=I_C=\sqrt{3}$，$I_A=0$。

低压侧 $I_a=I_c=1$，$I_b=2$。

四、母差失灵保护

1. 简述电磁式 TA 饱和的特点。在微机母差保护装置中抗 TA 饱和的方法有哪几种。

答：（1）TA 饱和的特点如下：

① TA 二次电流波形发生畸变，含大量谐波分量。

②发生短路故障时，即使 TA 发生饱和，但是 TA 是在短路发生一段时间以后才开始饱和的，在短路初始一段时间内 TA 一、二次电流总有一段正确传变时间。试验证明 TA 最快要在短路发生 2ms 以后才会开始饱和。

③即使 TA 处于非常严重的饱和状态，TA 二次电流也不可能完全为零。

④在稳态短路电流情况下，TA 的变比误差（幅值误差）小于 10%，但是在短路暂态过程中，由于短路电流中的非周期分量影响，其误差也往往大于 10%。

（2）目前在微机母差保护装置中一般根据上述 TA 饱和的特点构成抗 TA 饱和的方法有同步识别法、自适应阻抗加权、基于采样值的重复多次判别法、谐波制动原理。

2. 简述母差保护动作停信的作用。

答：保证母线故障发生在电流互感器和断路器之间时，对侧断路器快速切除故障。

3. 简述双母双分段接线变电站的母差保护、断路器失灵保护，分段支路不应经复合电压闭锁的原因。

答：双母双分段接线的变电站分段断路器左右两侧各配置两套母线保护，相互之间不交互信息，当分段断路器和 TA 之间发生先断线后接地故障时（故障点靠近分段断路器），故障母线差动元件满足动作条件，但电压闭锁元件不满足动作条件，另一侧母线保护差动元件不动作，但电压闭锁元件开放，将导致两套母线差动保护均拒动，如跳分段断路器不经电压闭锁，则可先跳分段，再启动分段失灵保护切除故障，因此母线保护跳分段支路不应经复合电压闭锁。

4. 双母线接线的 220kV 母线发生故障、变压器 220kV 侧断路器失灵时，如何实现联跳变压器各侧断路器的功能？

答：通过母线保护和变压器电量保护实现上述功能。

母线故障、变压器断路器失灵时，除应跳开失灵断路器相邻的全部断路器外，还应跳开该变压器连接其他电源侧的断路器，失灵电流再判别元件由母线保护实现。母线保护设“失灵联跳变压器（每个变压器支路 1 组）”开出。

变压器保护内设失灵联跳功能，一段 1 时限。变压器高压侧断路器失灵保护动作开入后，经灵敏的、不需整定的电流元件并带 50ms 延时后跳开变压器各侧断路器。

5. 双母线接线的微机母差保护具有大差和小差，小差能区分故障母线，为什么还要设大差？

答：母线进行倒闸操作时，两段母线被隔离开关短接，此时如发生区外故障，小差会出现较大的差流，而大差没有，有大差闭锁就不会误动。微机母差保护利用隔离开关辅助触点的位置识别母线的连接状态，若辅助触点接触不良，小差会出现较大的差流，有大差闭锁就不会误动。

6. 断路器失灵保护启动条件是什么？

答：①故障线路保护动作跳闸；②线路故障保护动作跳闸以后，保护不返回且相电流元件继续动作。

7. 为什么不需要考虑相间距离保护与对侧断路器失灵保护在时间上进行配合？

答：（1）在220kV及以上电网中用的是分相操作的断路器，只考虑断路器一相拒动。这样在220kV电网中，任何相间故障在断路器一相拒动时都转化为保留的单相故障。此时，需依靠零序电流保护启动断路器失灵保护，而用相间距离保护与对侧失灵保护配合并无实际意义。

（2）在110kV电网中，线路都采用三相操动机构，但110kV电网继电保护的配置原则是“远后备”，即依靠上一级保护装置的动作来断开下一级未能断开的故障，因而没有设置断路器失灵保护的必要。

8. 母线差动电流保护中，设置电压闭锁元件的主要目的是什么？

答：防止差动继电器误动。

9. 为什么220kV及以上系统要装设断路器失灵保护，其作用是什么？

答：220kV及以上的输电线路一般输送的功率大，输送距离远，为提高线路的输送能力和系统的稳定性，往往采用分相断路器和快速保护。由于断路器存在操作失灵的可能性，当线路发生故障而断路器又拒动时，将给电网带来很大威胁，故应装设断路器失灵保护装置，有选择地将失灵拒动的断路器所在（连接）母线的断路器断开，以减少设备损坏，缩小停电范围，提高系统的安全稳定性。

10. 断路器失灵保护的启动条件是什么？

答：（1）继电保护能瞬时复归的出口继电器动作后不返回。

（2）断路器未断开的电流判别元件动作后不返回，且判别元件的动作及返回时间均不大于20ms。

11. 母线保护动作发信（允许式纵联）的措施在3/2接线方式中能不能应用？为什么？

答：不能。因为在3/2接线中，当母线上故障时，母线保护动作跳开边断路器后，中断路器还可以继续带线路运行。此时断路器与电流互感器之间发生故障时由母线保护启动失灵保护，失灵保护动作后启动“远跳”跳对端断路器。

12. 500kV母差保护（一个半开关接线），为什么不必考虑常规的电压闭锁？

答：（1）500kV母线保护要求快速动作，防止拒动。

（2）考虑电压闭锁需要有负序和零序电压，就需要三相式TV，500kV母线都是单相式TV，构不成负序和零序。

（3）当一组母线TV检修时需切换电压回路，会增加回路的复杂性。

（4）母差保护误动不会带来严重的后果。

13. 双母接线和3/2接线的母差保护动作跳相应开关且开关失灵时，两种接线方式是如何切除故障的？回路是如何实现的？

答： 双母接线的母差保护动作跳相应开关，是通过母差停信（闭锁式）或发信（允许式）或母差动作启动远跳（分相电流差动）将对侧开关跳开切除故障的。

3/2 接线的母差保护动作跳相应开关且开关失灵时，是通过母差动作启动边开关失灵，边开关失灵出口跳相邻开关，跳主变压器其他侧开关或远跳线路对侧开关，切除故障的。

14. 双母线电流差动保护在母线倒闸操作过程中应怎样操作？

答： 在母线配出元件倒闸操作的过程中，配出元件的两组隔离开关双跨两组母线，配出元件和母联断路器的一部分电流将通过新合上的隔离开关流入（或流出）该隔离开关所在母线，破坏了母线差动保护选择元件差流回路的平衡，而流过新合上的隔离开关的这一部分电流，正是它们共同的差电流。此时，如果发生区外故障，两组选择元件都将失去选择性，全靠总差流启动元件来防止整套母线保护的误动作。

在母线倒闸操作过程中，为了保证在发生母线故障时，母线差动保护能可靠发挥作用，需将保护切换成由启动元件直接切除双母线的方式。但对隔离开关为就地操作的变电站，为了确保人身安全，此时，一般需将母联断路器的跳闸回路断开。

15. 重负荷下发生母线内经高电阻短路时，对比率制动特性的母差保护来说有什么影响？

答： 对保护的灵敏度有影响。对所有稳态量的差动保护来说，负荷电流不会产生动作电流，而只能产生制动电流。因此，在重负荷下发生母线内经高电阻短路时，由于动作电流（短路电流）不大而制动电流较大，将影响差动保护动作的灵敏度。可以采用工频变化量母线差动保护，以提高在重负荷下母线内部发生轻微故障（经高电阻短路）的灵敏度。

16. 以下图为例说明母联断路器状态对差动元件动作灵敏度的影响。

答： 运行时，流入大差元件的电流为 $\dot{I}_1 \sim \dot{I}_4$ 四个电流；流入Ⅰ母小差元件的电流为 $\dot{I}_3$、$\dot{I}_4$ 及 $\dot{I}_0$ 三个电流；流入Ⅱ母小差元件的电流为 $\dot{I}_1$、$\dot{I}_2$、$\dot{I}_0$ 三个电流。

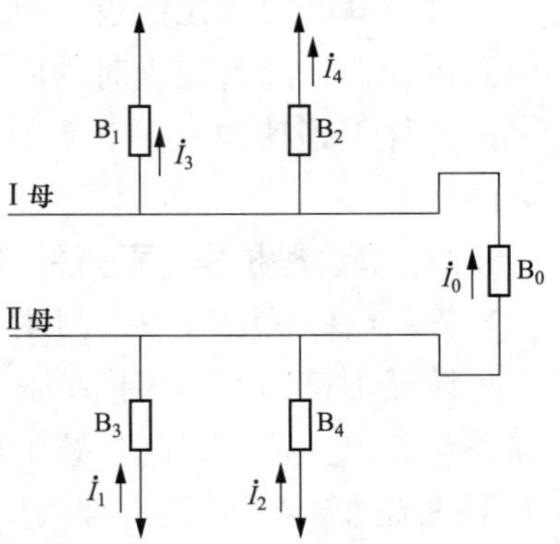

当母联运行时，Ⅰ母发生短路故障，Ⅰ母小差元件的差流为 $|\dot{I}_3|+|\dot{I}_4|+|\dot{I}_0|=|\dot{I}_3|+|\dot{I}_4|+|\dot{I}_1|+|\dot{I}_2|$；Ⅰ母小差元件的制动电流也为 $|\dot{I}_3|+|\dot{I}_4|+|\dot{I}_1|+|\dot{I}_2|$。两者之比为 1。大差元件的差流和制动电流与Ⅰ母小差相同，两者之比也为 1。

当母联断开时，Ⅰ母发生短路故障，Ⅰ母小差元件的差流为 $|\dot{I}_3|+|\dot{I}_4|$，制动电流也为 $|\dot{I}_3|+|\dot{I}_4|$，两者之比为 1。而大差元件的制动电流仍为 $|\dot{I}_3|+|\dot{I}_4|+|\dot{I}_1|+|\dot{I}_2|$，但差流只有 $|\dot{I}_3|+|\dot{I}_4|$。显然大差元件的动作灵敏度大大下降。

17. 在双母接线的微机母线保护中，为什么要采用电压闭锁元件？怎样闭锁？

答： 为了防止差动继电器误动作或误碰出口中间继电器造成母线保护误动作，故采用复合电压闭锁元件。它利用接在每组母线电压互感器二次侧上的低电压继电器和零序过电压继电器实现。三只低电压继电器反应各种相间短路故障，零序过电压继电器反应各种接地故障。利用电压元件对母线保护进行闭锁，接线简单。防止母线保护误动接线是将电压重动继电器的触点串接在各个跳闸回路中。这种方式如误碰出口中间继电器，不会引起母线保护误动作，因此被广泛采用。

18. 有哪些措施可以保证母联（分段）断路器停运时母差保护的工作灵敏度？现在微机型母差保护中一般采用哪种措施？

答：①解除大差元件；②自动降低大差元件的比率制动系数；现在的微机型母差保护一般采用自动降低大差元件的比率制动系数的方法。

19. 断路器失灵保护启动条件有哪些？

答：下列条件同时具备方可启动。

（1）故障设备的保护能瞬时复归的出口继电器动作后不返回；

（2）断路器未跳开的判别元件动作。

20. 目前微机母差屏上需要加装启动失灵压板，请问为什么应加装在负电源端？

答：在失灵保护试验时，有可能因为误碰将正电源引入失灵启动回路，引起母线失灵保护误动作，在负电源侧加装启动失灵压板后可以有效进行隔离。

21. 目前普遍使用的微机母差保护差动定值是否需要考虑 TA 饱和的因素？

答：不需要考虑，微机保护差动定值只要躲过分支的最大负荷电流，在区外发生故障时 TA 饱和，由微机保护内部算法识别，并闭锁差动保护。

22. 某 220kV 双母线配置单套母差保护，某间隔需要打连通前，值班人员误将“互联”压板投成“分裂”压板，请问这种状态对母差保护有什么影响？为什么？

答：第一种情况，把母联 TA 退出小差回路，将造成差流告警，闭锁母差保护，在操作过程中母线发生故障将无保护切除故障，造成严重后果。

第二种情况，如果此时母联恰好没有电流，则在母线发生故障时，Ⅰ母和Ⅱ母将同时动作。

23. 电流互感器二次回路一相开路，是否会造成母差保护误动作？说明原因。

答：电压闭锁元件投入时，如系统无扰动，电压闭锁元件不动作，此时电流断线闭锁元件动作，经整定延时后闭锁母差保护，母差保护不会误动作；当电流断线时，电压闭锁元件正好动作（在电流断线闭锁元件整定延时到达之前）或没有投入，则母差保护会误动作。

24. 母线保护屏上配置的模拟盘有何作用？

答：当保护装置发出刀闸位置报警信号以后，如果运行人员检查并确认刀闸位置与实际情况不符，可利用模拟盘上的强制开关的触点代替刀闸的辅助触点作为开入量输入保护装置，并按“刀闸位置确认”按钮，让保护装置读取正确的刀闸位置，这样在检修刀闸的辅助触点期间不会影响母线保护的正确工作。

25. 断路器失灵保护的相电流判别元件定值应满足什么要求？低电压、负序电压、零序电压闭锁元件定值如何整定？

答：断路器失灵保护相电流判别元件的整定值，应保证在本线路末端或本变压器低压侧单相接地故障时有足够灵敏度，灵敏系数大于 1.3，并尽可能躲过正常运行负荷电流。

断路器失灵保护负序电压、零序电压和低电压闭锁元件的整定值，应综合保证与本母线相连的任一线路末端和任一变压器低压侧发生短路故障时有足够灵敏度。其中，负序电压、零序电压闭锁元件应可靠躲过正常情况下的不平衡电压，低电压闭锁元件应在母线最低运行电压下不动作，而在切除故障后能可靠返回。

26. 请解释规程中规定双母线接线的断路器失灵保护要以较短时限先切母联断路器，再以较长时限切故障母线上的所有断路器。

答：双母线接线方式的断路器失灵时，失灵保护动作后，先跳开母联和分段开关，以第二延时跳开失灵开关所在母线的其他所有开关。

先跳开母联和分段开关，主要是为了尽快将故障隔离，减少对系统的影响，避免非故障母线线路对侧零序速动段保护误动。

27. 对于双母双分主接线母差保护，母差启动分段失灵采用跳分段接点，分段保护启动失灵采用 TJR 接点；母差和分段保护都采用 TJR 接点启动失灵。上述两种情况下，分段保护 TJR 接点启动失灵回路如何设计？简要说明理由。

答：母差启动分段失灵采用跳分段接点，分段保护启动失灵采用 TJR 接点时，同一 TJR 两对接点应同时启动同一侧两套失灵保护，防止 TJR 误动或接点粘连后同时失去左右两侧母线。

母差和分段保护都采用 TJR 接点启动失灵时，同一 TJR 两对接点应同时启动左右两侧各一套失灵保护，防止一套母差检修时另一套运行母差不能启动对侧失灵保护，造成母差动作时分段失灵保护拒动。

28. 某双母线接线形式的变电站中，装设有母差保护和失灵保护，当一组母线 TV 出现异常需要退出运行时，是否允许母线维持正常方式且将 TV 二次并列运行？为什么？

答：不允许。此时应将母线倒为单母线方式，而不能维持母线方式不变，仅将 TV 二次并列运行。因为如果一次母线为双母线方式，母联开关为合入方式，单组 TV 且 TV 二次并列运行时，当无 TV 母线上的线路故障且断路器失灵时，失灵保护首先断开母联开关，此时，非故障母线的电压恢复，尽管故障元件依然还在母线上，但复合电压闭锁的作用使得失灵保护无法动作出口。

29. 母差保护跳主变压器开关，主变压器开关失灵应跳开主变压器各侧开关，请画出简要逻辑框图。

答：母差保护动作后，判别变压器开关失灵时，失灵保护动作，经变压器电气量保护出口跳变压器三侧开关。

母线保护跳变压器三侧接点经变压器电气量保护跳变压器三侧开关。变压器电气量保护内部设有不需整定的电流元件，以提高抗干扰能力，防止误开入动作出口。

30. 双母线的母线保护有总差动和每条母线的分差动。运行中的接线和 TA 的位置示于图中。试问：

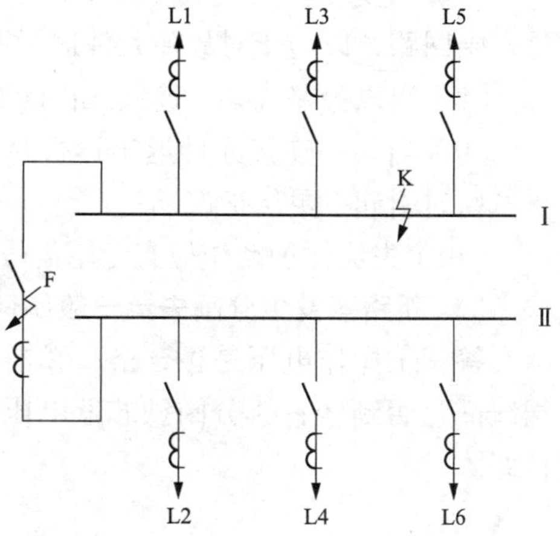

（1）如果在母联断路器和 TA 之间的 F 点发生故障，保护将如何动作？

（2）如果在 K 点发生故障，线路 L1 的断路器拒绝动作。保护又将如何动作？

答：F 点和 K 点都处于Ⅰ母分差的保护范围内，都是总差动和Ⅰ母差动同时动作。F 点故障母联断路器跳闸后，由于 F 点并未被从系统中切除，母联 TA 有电流流过，总差动和Ⅰ母差动继续动作。K 点故障线路 L1 的断路器拒绝动作，也出现相类似的情况，即总差动和Ⅰ母差动动作后，故障并未从系统中切除，总差动和Ⅰ母差动继续动作。为了区分这两种情况，可由母联 TA 二次侧有无电流输出决定。若有电流输出，就是 F 点故障或者是母联断路器拒动，应当切除Ⅱ母线。若无电流输出，则是Ⅰ母引出的某一线路的断路器拒动，实际上如果线路有纵联保护，在Ⅰ母分差差动动作时就同时通过纵联保护向对侧发出允许信号，令线路对侧断路器跳闸。若线路没有纵联保护，只能由线路对侧距离Ⅱ段起后备作用，延时切除故障。3/2 母线接线方式。当线路 L1 上发生故障时（如图所示）对重合闸和断路器失灵保护有什么要求。

31. 试述双母线接线方式时断路器失灵保护的设计原则。

答：（1）对带有母联断路器和分段断路器的母线，要求断路器失灵保护应首先动作于断开母联断路器或分段断路器，然后动作于与拒动断路器接于同一母线上的所有电源支路的断路器。

（2）断路器失灵保护由故障元件的继电保护启动，手动跳开断路器时不可启动失灵保护。

（3）在启动失灵保护的回路中，除故障元件保护的触点外，还应包括断路器失灵判别元件的触点，利用失灵分相判别元件来检测断路器失灵故障的存在。

（4）为从时间上判别断路器失灵故障的存在，失灵保护的动作时间应大于故障元件断路器跳闸时间和继电保护返回时间之和。

（5）为防止失灵保护的误动，失灵保护回路中任一对触点闭合时，应使失灵保护不被误启动或引起误跳闸。

（6）断路器失灵保护应有负序、零序和低电压闭锁元件。对于变压器、发电机变压器组采用分相操作的断路器，允许只考虑单相拒动，应用零序电流代替相电流判别元件和电压闭锁元件。

（7）当变压器发生故障或不采用母线重合闸时，失灵保护动作应闭锁各连接元件的重合闸回路，以防止对故障元件进行重合。

（8）当以旁路代某一连接元件的断路器时，失灵保护的启动回路可做相应切换。

（9）当某一连接元件退出运行时，它的启动失灵保护的回路应同时退出工作，以防止试验时引起失灵保护误动。

（10）失灵保护动作应有专用信号表示。

32. 断路器发生分闸失灵一般如何查找？

答：①操作电压是否合格；②操作保险及分闸回路元件是否接触不良或断线；③分闸线圈是否断线；④分闸铁芯低电压动作是否合格；⑤小车式断路器联锁触点接触是否良好。

五、规程规范及反措

1. 什么是变压器、电抗器就地跳闸方式？这种方式的优点和相关反措要求有哪些？

答：（1）变压器本体保护就地跳闸方式，即将变压器本体保护通过较大启动功率中间继电器的两对触点分别直接接入断路器的两个跳闸回路。

（2）优点：减少电缆迂回带来的直流接地、对微机保护引入干扰和二次回路断线等不可靠因素。

（3）反措要求：当变压器、电抗器采用就地跳闸方式时，应向监控系统发送动作信号。启动功率中间继电器应满足动作电压在额定直流电源电压的55%～70%，启动功率大于5W的要求。

2. 按部颁“检验条例”，对继电保护检验周期有什么要求？

答：（1）新投入的保护装置第一年内需要进行一次全部检验，以后每3～5年进行一次全部检验，每年进行一次部分检验。

（2）变压器气体保护每年进行一次部分检验，每3～5年进行一次全部检验。

（3）回路绝缘试验：每年进行一次绝缘耐压试验。

（4）通道设备本身：每3～5年进行一次全部检验，每年进行一次部分检验，每日交换信号一次。

（5）电流互感器每5年进行一次部分检验。

3. 技术规程对加强220kV线路主保护的要求是什么？

答：加强主保护是指全线速动保护的双重化配置，同时，要求每一套全线速动保护的功能完整，对全线路内发生的各种类型故障均能快速动作，切除故障。对于要求实现单相重合闸的线路，每套全线速动保护应具有选相功能。当线路在正常允许中发生不大于100Ω电阻的单相接地故障时，全线速动保护应有尽可能强的选相能力，并能动作跳闸。

4. 简述微机型保护装置对运行环境的要求。

答：微机继电保护装置室内月最大相对湿度不应超过75%，应防止灰尘和不良气体侵入。微机继电保护装置室内环境温度应为5～30℃，若超过此范围应装设空调。

5. 新安装的差动保护在投入运行前应做哪些试验？

答：（1）带负荷测相位和测差压（差流），以检查电流回路接线的正确性。

①变压器充电时，退出差动保护。

②带负荷前将差动保护停用，测量各侧各相电流的有效值和相位。

③变压器测各相差压、差流。

（2）冲击五次，以检查躲涌流能力。

6. 如何处理在开关场电压互感器二次线圈中性点的放电间隙或氧化锌阀片？

答：微机保护采用自产$3U_0$，较开口三角电压对电压互感器的二次回路两点接地更为敏感，更应避免TV二次回路两点接地。二次线圈中性点的放电间隙或氧化锌阀片击穿造成两点接地，会使零序方向元件误判，导致误动。

为安全必须装设则，应保证击穿电压峰值大于$30I_{MAX}$（V），I_{MAX}为通过变电站的最大接地电流有效值。必须定期校验，2500V 击穿，1000V 不击穿。

对于独立的电压互感器绕组，应在就地实现二次 N 接地，取消放电间隙或氧化锌阀片。

7. 3/2 接线方式下，线路的重合闸功能及断路器失灵保护如何设置？为什么？

答：在重合线路时，由于两个断路器都要进行重合，且两个断路器的重合还有一个顺序问题，因此重合闸不应设置在线路保护装置内，而应按断路器单独设置。此外，每个断路器的失灵保护跳闸对象也不一样，所以失灵保护也应按断路器单独设置。因此一般在 3/2 接线方式中，把重合闸和断路器失灵保护做在单独的一个装置内，每一个断路器配置一套该装置。

8.《继电保护和安全自动装置技术规程》要求 220kV 线路保护应加强主保护，那么加强主保护是指什么？

答：（1）全线速动保护的双重化配置。

（2）每套主保护功能完善，线路内发生的各种类型故障均能快速切除。

（3）对要求实现单相重合闸的线路，应具有选相功能。

（4）当线路正常运行时，发生不大于 100Ω 电阻的单相接地故障，应有尽可能强的选相能力，并能正确跳闸。

9. 在带电的电流互感器二次回路上工作时应采取哪些安全措施？

答：在带电的电流互感器二次回路上工作时应采取下列安全措施。

（1）严禁将电流互感器二次侧开路；

（2）短路电流互感器二次绕组，必须使用短路片或短路线，短路应妥善可靠，严禁用导线缠绕；

（3）严禁在电流互感器与短路端子之间的回路和导线上进行任何工作；

（4）工作必须认真、谨慎，不得将回路的永久接地点断开；

（5）工作时，必须有专人监护，使用绝缘工具，并站在绝缘垫上。

10. 对 3/2 断路器接线“沟通三跳”和重合闸的要求有哪些？

答：（1）3/2 断路器接线“沟通三跳”功能由断路器保护实现，断路器保护失电时，由断路器三相不一致保护三相跳闸。

（2）3/2 断路器接线的断路器重合闸，先合断路器合于永久性故障，两套线路保护均加速动作，跳三相并闭锁重合闸。

11. 对电压切换箱（回路）的要求有哪些？

答：（1）隔离开关辅助触点采用单位置输入方式，电压切换直流电源与对应保护装置直流电源共用自动空气开关。

（2）切换继电器同时动作和 TV 失压时应发信号。

12. 纵联距离保护技术原则有哪些？

答：（1）保护装置中的零序功率方向元件应采用自产零序电压。纵联零序方向保护不应受零序电压大小的影响，在零序电压较低的情况下应保证方向元件的正确性。

（2）在平行双回或多回有零序互感关联的线路发生接地故障时，应防止非故障线路零序方向保护误动作。

（3）纵联距离保护应具备弱馈功能，在正、负序阻抗过大，或两侧零序阻抗差别过大的情况下，允许纵续动作。

13. 220kV及以上电压等级变压器、发电机－变压器组的断路器失灵时应启动断路器失灵保护，并应满足什么要求。

答：（1）双母线接线变电站的断路器失灵保护的电流判别元件应采用相电流、零序电流和负序电流按“或”逻辑构成，在保护跳闸触点和电流判别元件同时动作时去解除复合电压闭锁，故障电流切断、保护收回跳闸命令后应重新闭锁断路器失灵保护。

（2）线路－变压器和线路－发电机－变压器组的线路和主设备电气量保护均应启动断路器失灵保护。当本侧断路器无法切除故障时，应采取启动远方跳闸等后备措施加以解决。

（3）变压器的断路器失灵时，除应跳开失灵断路器相邻的全部断路器外，还应跳开本变压器连接其他电源侧的断路器。

14. 保护装置应有哪些抗干扰措施？

答：保护装置应有的抗干扰措施如下。

（1）交流输入回路与电子回路的隔离应采用带有屏蔽层的输入变压器（或变流器、电抗器等变换器），屏蔽层要直接接地。

（2）跳闸、信号等外电路要经过触点过渡或光耦隔离。

（3）发电厂、变电站的直流电源不宜直接与电子回路直接相连（如经逆变器）。

（4）消除电子回路内部干扰源，如在小型辅助继电器的线圈并联二极管或电阻，以消除线圈断电时所产生的反电动势。

（5）保护装置强弱电平回路的配线要隔离。

（6）装置与外部设备相连，应有一定的屏蔽措施。

15. 怎样理解在220kV及以上电压等级变电站中，所有用于连接由开关场引入控制室继电保护设备的电流、电压和直流跳闸等可能由开关场引入干扰电压到电子器件的继电保护设备的二次回路，都应当采用带屏蔽层的控制电缆，且屏蔽层在开关场和控制室两端同时接地？

答：（1）当控制电缆被母线暂态电流产生的磁通所包围时，在电缆的屏蔽层中将感应出屏蔽电流，由屏蔽电流产生的磁通将抵销母线暂态电流产生的磁通对电缆芯线的影响，因此控制电缆要进行屏蔽。

（2）为保证设备和人身的安全，避免一次电压的串入，同时减少干扰在二次电缆上的电压降，屏蔽层必须保证有接地点。

（3）屏蔽层两端接地，可以降低由于地电位升产生的暂态感应电压。

当雷电经避雷器注入地网，使变电站地网中的冲击电流增大时，将产生暂态的电位波动，同时地网的视在接地电阻也将暂时升高。

当控制电缆在上述地电位升的附近敷设时，电缆电位将随地电位的波动而波动。当屏蔽层只有一点接地时，在非接地端的导线对地将可能出现很高的暂态电压。实验证明：采用两端接地的屏蔽电缆，可以将暂态感应电压抑制为原值的10%以下，是降低干扰电压的一种有效措施。

16. 为什么要求继电保护及自动装置整组实验和断路器传动试验在 80% 的直流额定电压下进行？

答：直流母线电压的波动范围为 ±10%，也即直流母线电压允许下降到 90%。直流电源与各操作回路之间的电压降规定小于 10%。如两种情况同时发生，电源电压有可能下降至 80%，如果继电保护和自动装置与断路器的传动试验在 80% 额定电压下能正确进行，则说明上述装置在实际运行中能够承受直流电源降低的工况。

17. 为什么交直流回路不能共用一根电缆？

答：交直流回路是两个相互独立的系统，直流回路是绝缘系统，而交流回路是接地系统，若共用一根电缆，两者间容易发生短路，发生相互干扰，降低直流回路的绝缘电阻，所以不能共用。

18. 什么是电压互感器反充电？对保护装置有什么影响？

答：通过电压互感器二次侧向不带电的母线充电称为反充电。例如 220kV 电压互感器，变比为 2200，停电的一次母线即使未接地，其阻抗 (包括母线电容及绝缘电阻) 虽然较大，假定为 1MΩ，但从电压互感器二次侧看到的阻抗只有 $1000000/(2200)^2 \approx 0.2(\Omega)$，近乎短路，故反充电电流较大（反充电电流主要取决于电缆电阻及两个电压互感器的漏抗），将造成运行中电压互感器二次侧小开关跳开或熔断器熔断，使运行中的保护装置失去电压，可能造成保护装置的误动或拒动。

19. 新安装及大修后的电力变压器，为什么在正式投入运行前要做冲击合闸试验？冲击几次？

答：新安装及大修后的电力变压器在正式投入运行前一定要做冲击合闸试验。这是为了检查变压器的绝缘强度和机械强度，检验差动保护躲过励磁涌流的性能。新安装的设备应冲击 5 次，大修后设备应冲击 3 次。

20. 为什么 500kV 系统采用 TPY 型电流互感器？

答：（1）500kV 系统的时间常数在 80～200ms，系统时间常数增大，导致短路电流非周期分量的衰减时间加长，短路电流的暂态持续时间加长。

（2）系统的短路容量大，短路电流的幅值也大。

（3）500kV 系统稳定要求主保护动作时间一般在 20ms 左右，总的切除故障时间小于 100ms，系统的主保护是在故障的暂态过程中动作的。

（4）该型电流互感器铁芯设置一定的非磁性间隙，限制了剩磁。

21. 为什么检无压侧要投入检同期重合闸？

答：如果采用一侧投无电压检定，另一侧投同步检定这种接线方式。那么，在使用无电压检定的那一侧，当其断路器在正常运行情况下由于某种原因（如误碰、保护误动等）而跳闸时，由于对侧并未动作，线路上有电压，就不能实现重合，这是一个很大的缺陷。为了解决这个问题，通常在检定无压的一侧也同时投入同期检定继电器，两者的触点并联工作，这样就可以将误跳闸的断路器重新投入。为了保证两侧断路器的工作条件一样，在检定同期侧也装设无压检定继电器，通过切换后，根据具体情况使用。

22. 整组试验有什么反措要求？

答：用整组试验的方法，即除了由电流及电压端子通入与故障情况相符的模拟故障量外，保护装置应处于与投入运行完全相同的状态，检查保护回路及整定值的正确性。

不允许用卡继电器触点、短接触点或类似的人为手段做保护装置的整组试验。

23. 气体继电器重瓦斯的流速一般整定为多少？而轻瓦斯动作容积整定值又是多少？

答：重瓦斯的流速一般整定在0.6～1m/s，对于强迫油循环的变压器整定为1.1～1.4m/s；轻瓦斯的动作容积，可根据变压器的容量大小整定在200～300mm^3。

24. 对断路器控制回路有哪些基本要求？

答：（1）应有对控制电源的监视回路。

（2）应经常监视断路器跳闸、合闸回路的完好性。当跳闸或合闸回路故障时，应发出断路器控制回路断线信号。

（3）应有防止断路器“跳跃”的电气闭锁装置。“防跳”回路的设计应使得断路器出现“跳跃”时，将断路器闭锁到跳闸位置。

（4）跳闸、合闸命令应保持足够长的时间，并且当跳闸或合闸完成后，命令脉冲应能自动解除。通常由断路器的辅助触点自动断开跳合闸回路。

（5）断路器的合闸、跳闸状态，应有明显的位置信号，故障自动跳闸、自动合闸时，应有明显的动作信号。

（6）断路器的操作动力消失或不足时，如弹簧机构的弹簧未拉紧、液压或气压机构的压力降低等，应闭锁断路器的动作，并发出信号。

（7）在满足上述要求的条件下，力求控制回路接线简单，采用的设备和使用的电缆最少。

25. 新投入的电流、电压回路应利用工作电压和负荷电流进行哪些试验？

答：电压互感器：①测量每个二次绕组的电压；②测量相间电压；③测量零序电压；④检验相序；⑤定相。

电流互感器：①测量每相及零序回路的电流值；②测量各相电流的极性及相序的正确性；③定相；④对接有差动的回落，还应测量不平衡电流。

26. 3/2接线方式下，为什么重合闸和断路器失灵保护要单独配置？

答：在重合断路器时，由于两个断路器都要重合，且两个断路器的重合有一个时间先后顺序，因此重合闸不能设置在线路保护装置内，而应按断路器单独设置。因为每个断路器失灵保护跳闸对象不一样，所以断路器的失灵保护也应按断路器单独设置。

27. 详述330～500kV线路，应按什么原则实现主保护的双重化。

答：一般情况下应按下列原则实现主保护双重化。

（1）设置两套完整、独立的全线速动主保护。

（2）两套主保护的交流电流、电压回路和直流电源彼此独立。

（3）每一套主保护对全线路内发生的各种类型的故障（包括单相接地、相间短路、两相接地、三相接地、非全相运行故障及转移故障等），均能实现无时限动作切除。

（4）每套主保护应有独立的选相功能，实现分相跳闸和三相跳闸。

（5）断路器有两组跳闸线圈，每套主保护分别启动一组跳闸线圈。

（6）两套主保护分别使用独立的远方信号传输设备。

（7）若保护采用专用收发信机，其中至少有一个通道完全独立，另一个可与通信复用，如采用复用载波机，两套主保护应分别采用两台不同的载波机。

28. 控制电缆屏蔽层两端接地的作用是什么？

答： 使被屏蔽层完全包围的电缆芯线中的磁通为零。因为当控制电缆被母线暂态电流产生的磁通所包围时，在电缆的屏蔽层将感应出屏蔽电流，由屏蔽电流产生磁通，将抵消母线暂态电流产生的磁通对电缆芯线的影响。

29. 对电压互感器回路公用线及接地的要求有哪些？

答：（1）经控制室中性线小母线（N600）连通的几组电压互感器二次回路，只应在控制室将 N600 一点接地，各电压互感器二次中性点在开关场的接地点应断开；为保证接地可靠，各电压互感器的中性线不得接有可能断开的熔断器（自动开关）或接触器等。

（2）来自电压互感器二次回路的 4 根开关场引入线和互感器三次回路的 2 根开关场引入线均应使用各自独立的电缆，不得共用。

30. 电压互感器的开口三角形回路中为什么一般不装熔断器？

答： 因电压互感器开口三角两端正常运行时无电压，即使其回路中发生相间短路，也不会使熔断器熔断，而且熔断器的状态无法监视。若熔断器损坏而未发现，如果是大电流接地系统，将致使零序方向保护拒动；如果是小电流接地系统，将影响绝缘监察继电器的正确运行，因此一般不装熔断器。

31. 请说出用于不同作用的出口中间继电器、防跳电流、开入光耦的参数要求。

答： 出口中间继电器动作电压应为额定电压的 55%～70%，继电器自保持电流不大于跳合闸电流的 50%，线圈压降不大于 5% 的额定值。防跳继电器的动作电流应小于跳闸电流的 50%，线圈压降小于额定值的 10%。开入光耦的动作电压为额定电压的 55%～70%。

32. 更改二次回路接线时应注意哪些事项？

答： 更改二次回路接线时应注意的事项如下。

（1）修改二次回路接线图，修改后的二次接线图必须经过审核，更改拆动前要与原图核对，接线更改后要与新图核对，并及时修改底图，修改运行人员及有关各级继电保护人员用的图纸。

（2）修改后的图纸应及时报送运维单位专业管理部门。

（3）保护装置二次线变动或更改时，严防寄生回路存在，没有用的线应拆除。

（4）在变动直流回路后，应进行相应的传动试验，必要时还应模拟各种故障进行整组试验。

（5）变动电压、电流二次回路后，要用负荷电压、电流检查变动后回路的正确性。

33. 如何理解“双重化配置的线路、变压器和单元制接线方式的发电机－变压器组应使用主、后一体化的保护装置”？

答： 双重化配置意味着主保护要两套，后备保护也要两套。如果不采用主、后一体化配置，就等于要配置 4 套保护。以线路保护为例，按照双重化配置原则，每套保护的 TA、TV、直流电源、出口回路均要独立配置，二次回路就相当复杂，当需要停用其中一套保护时，操作也相当麻烦，另外成本也要增加。现在利用微机保护的优势，将主保护和后备保护集中在一套保护装置中，构成“主、后一体化保护”，充分发挥了其作用，又简化了二次回路，提高了保护整体的可靠性，所以双重化配置的线路、变压器和单元制接线方式的发电机－变压器组应使用主、后一体化的保护装置。

34. 为什么“单套配置的断路器失灵保护动作后应同时作用于断路器的两个跳闸线圈。如断路器只有一组跳闸线圈，失灵保护装置工作电源应与相对应的断路器操作电源取自不同的直流电源系统。”

答：前一句话意味着：失灵保护动作必须可靠地切除相关母线上所有回路的断路器。因为不考虑断路器两个跳闸回路同时发生问题。后一句话的意思可以这样理解：某条线路配有双重化保护，但断路器只有一组跳闸线圈。当线路发生故障，两套保护均动作，但由于跳闸线圈断线或该跳闸线圈的直流熔断器失去（甚至其中一套保护因失去直流电源拒动），该线路断路器无法跳闸切除故障。由于此时失灵保护的工作电源是独立的，其中一套保护是正确动作的，它们可以启动断路器失灵保护，跳开该线路运行的母线上所有电源的断路器，切除故障。

35. 对保护二次回路电压切换有什么反措要求？

答：对保护二次回路电压切换的反措要求如下。

（1）用隔离开关辅助触点控制的电压切换继电器，应有一对电压切换继电器触点作监视用；不得在运行中维护隔离开关辅助触点。

（2）检查并保证在切换过程中，不会产生电压互感器二次反充电。

（3）手动进行电压切换的，应有专用的运行规程，并由运行人员执行。

（4）用隔离开关辅助触点控制的切换继电器，应同时控制可能误动作的保护的正电源，有处理切换继电器同时动作与同时不动作等异常情况的专用运行规程。

36. 备用电源自动投入装置应符合什么要求？

答：（1）应保证在工作电源或设备断开后，才投入备用电源或设备。

（2）工作电源或设备上的电压，不论因何原因消失时，自动投入装置均应动作。

（3）当电压互感器二次回路断线时，装置不应动作，并发断线信号。

（4）自动投入装置应保证动作一次。

（5）应具有防止电源自动投入于故障线或故障设备的功能。

37. 简述电网中备自投装置的主要分类和功能。

答：备自投装置按照投退元件分类可大致分为进线备投和母联备投装置。

（1）进线备投装置主要针对单端单回或双回线供电的变电站，当电源进线故障时，能投入备用电源线路，保证变电站不会失压而损失大量负荷。

（2）母联分段备自投主要针对变电站母线分母运行的情况，两段母线接入不同的电源，当一段母线的电源发生故障而导致母线失压时，投入母联分段断路器，保证两段母线的持续供电。

38. 试述500kV电力系统采用TPY型电流互感器的必要性。

答：主要原因如下。

500kV电力系统短路容量大，时间常数也大，造成了在短路时短路电流中非周期分量很多且衰减时间很长。

500kV电力系统稳定性要求高，要求主保护动作时间在20ms左右，总的切除时间不大于100ms，因此保护是在暂态过程中动作的。

综上所述，500kV保护必须考虑暂态过程的问题。因此要求电流互感器必须具有良好的暂态特性。

当前暂态特性电流互感器分为TPS、TPX、TPY、TPZ四个等级。其中，TPY级控制剩磁不大于饱和磁通的10%，同时满足C-O-C-O双工循环和重合闸的要求。而TPS、TPX级暂态特性不满足要求，且不满足双工循环要求；TPZ级不反应直流分量且励磁阻抗很小，不适于500kV电力系统。

注意：在500kV电力系统失灵保护电流判别回路中不宜使用TPY级，因为电流衰减时间较长，可能造成电流判别元件返回时间延长。

39. 请解释规程中规定双母线接线的断路器失灵保护要以较短时限先切母联断路器，再以较长时限切故障母线上的所有断路器？

答：双母线接线方式的断路器失灵时，失灵保护动作后，先跳开母联和分段开关，以第二延时跳开失灵开关所在母线的其他所有开关。

先跳开母联和分段开关，主要是为了尽快将故障隔离，减少对系统的影响，避免非故障母线线路对侧零序速动段保护误动。

40. 电流互感器安装完工后，继电保护人员要进行哪些方面的检验？

答：电流互感器、电压互感器的变比、容量、准确级必须符合设计要求。

测试互感器各绕组间的极性关系，核对铭牌上的极性标志是否正确。检查互感器各二次绕组的联结方式及其极性关系是否与设计符合，相别标识是否正确。

自电流互感器的一次侧通入电流，检查工作抽头的变比及回路是否正确。

自电流互感器的二次侧端子箱处向负载端通入交流电流，测定回路压降，计算电流回路每相与零相及相间的阻抗。将所测得的阻抗值按保护的具体工作条件和制造厂提供的出厂资料来验算是否符合互感器10%误差的要求。

41. 新投入的电压互感器在接入系统电压后需要做哪些检查试验？

答：①测量每一个二次绕组的电压；②测量相间电压；③测量零序电压，对于小电接地系统的电压互感器，在带电测量前，应于零序电压回路接入一合适的电阻负载，避免出现铁磁谐振现象；④检验相序；⑤定相。

42. 为什么变电站的所有电压互感器二次回路，只应在控制室将N600一点接地？

答：如果将电压互感器二次回路的N600分别在开关场接地，则可能造成在线路出口发生单相金属性接地故障时，电压互感器中性接地点的地电位不等，N600导线将通过电流，并形成两点地电位差的分压线。虽然故障相电压在开关场一侧为零，但到继电保护电压端子上将出现部分地电位差值，这部分电压也将加到其他两相的故障后电压上，使得带电压回路记忆作用的距离保护方向元件不正确动作，最终可能造成保护的不正确动作。

43. 在加强主保护简化后备保护的原则下，如何简化变压器的后备保护？

答：高压侧后备保护仅设复合电压过电流保护，中、低压侧后备保护设复合电压过电流保护和电流限时速断保护，前者按变压器额定电流整定，后者按同侧母线的最低灵敏度要求整定，时间应与同侧相邻线路的相应时间相配合。

44. 断路器跳闸回路中，防跳继电器电流线圈自保持触点为何要串一只电阻？其阻值

应选择多大？

答： 其作用为保证保护回路信号继电器能够掉牌，阻值选择（一般选择为 1Ω、50W）应保证保护动作时，串接在跳闸回路的信号继电器能够掉牌，同时，该电阻加上 TBJ 电流线圈电阻在回路上的压降应小于 10% 额定电压。

45. 简述 220kV 双母线接线的线路保护装置检验时主要有哪些安全措施要点。

答： 安全措施要点如下。

（1）查看并记录连接片的实际位置，特别要注意断开启动失灵保护连接片，并且还需要将其上端用绝缘胶布缠绕，以防误投该连接片。

（2）断开保护屏上的 TA 回路，要求断开 I_A、I_B、I_C 的可连端子。

（3）断开保护屏上的 TV 回路，要求断开 U_A、U_B、U_C、U_L、U_N 的空气开关或可连端子，优先断开可连端子。

（4）电压切换回路，应可靠断开，以防止检验过程中造成 TV 短路。

46. 在整组试验中应着重检查哪些问题？（至少答 5 项）

答： 在整组试验中应着重检查下列问题。

（1）两套保护间的电压、电流回路的相别及极性是否一致。

（2）在同一类型的故障下，应该同时动作于发出跳闸脉冲的保护，在模拟短路故障中是否均能动作，其信号指示是否正确。

（3）有两个以上线圈的直流继电器的极性连接是否正确。对于用电流启动（或保持）的回路，其动作（或保持）性能是否可靠。

（4）所有相互间存在闭锁关系的回路，其性能是否与设计一致。

（5）所有在运行中需要由运行值班员操作的把手及连接片的连线、名称、位置标号是否正确，在运行过程中与这些设备有关的名称、使用条件是否一致。

（6）中央信号装置的动作及有关光字、音响信号指示是否正确。

（7）各套保护在直流电源正常及异常状态下（自端子排处断开其中一套保护的负电源等）是否存在寄生回路。

（8）断路器跳、合闸回路的可靠性，其中装设单相重合闸的线路，验证电压、电流、断路器回路相别的一致性及与断路器跳合闸回路相连的所有信号指示回路的正确性。对于有双跳闸线圈的断路器，应检查两跳闸线圈接线极性是否一致。

（9）自动重合闸是否能确实保证按规定的方式动作，并保证不发生多次重合情况。

47.《继电保护和电网安全自动装置检验规程》中对于用一次电流和工作电压检验电流差动回路有什么要求？

答： 测量电流差动保护各组电流互感器的相位及差动回路中的差电流或差电压，以判明差动回路接线的正确性及电流变比补偿回路的正确性，所有差动保护在投入运行前除测定相回路和差回路外，还必须测量各中性线的不平衡电流、电压，以保证装置和二次接线的正确性。

48. 检验工作结束后，应进行哪些工作？

答： ①设备及回路恢复到工作前状态；②清理现场；③向运行人员交代，并记入记录本；④记录内容包括定值变更情况、二次接线变更情况、已解决和未解决的问题及缺陷、运行注意事项、设备能否投运，运行人员检查无误后，双方签字。

49. 如何进行主变压器通（380V）试验？

答：主变压器通 380V 试验是通过将 380V 电压加在变压器高压侧，低压侧短路，从而测得电流，将电流进行比较，以此验证电流回路的正确性。其接线如下图：

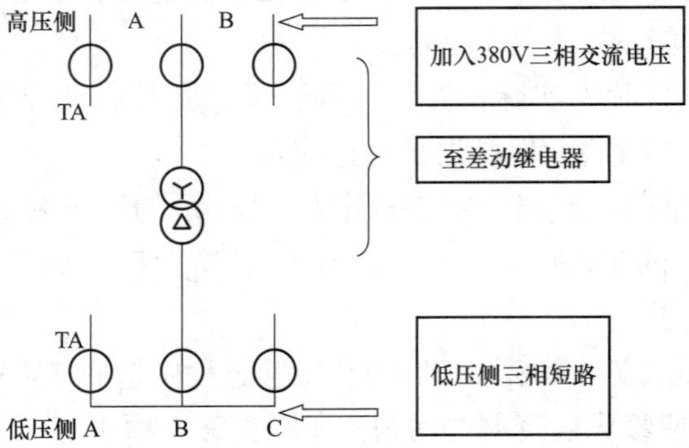

根据变压器的额定容量 S_e、阻抗百分数 $Z\%$、变压器分接头相对应的额定电压 U_e 等参数，计算出加入 380V 三相交流电压时的一次电流值 $I_{试}=[(220S_e)/(Z\%U_e^2)]\times100\%$ 或根据实际测得的一次电流（钳形表）换算成二次电流值，将 PC 与装置面板上的在线通信口连接，通过测量菜单查看二次电流的幅值及差动模块中的差电流、制动电流来验证装置内部电流回路极性正确 $(I_d \ll I_H)$。

需要注意的是，低压侧两个分支应分别短路，验证电流回路；此外，接地变压器也应短路，验证接地变压器电流回路的正确性。

50. 保护双重化配置应满足哪些要求？

答：保护双重化配置应满足下列几点要求。

（1）每套完整、独立的保护装置应能处理可能发生的所有类型的故障。两套保护之间不应有任何电气联系，当一套保护退出时，不应影响另一套保护的运行。

（2）两套主保护的电压回路宜分别接入电压互感器的不同二次绕组。电流回路应分别取自电流互感器互相独立的绕组，并合理分配电流互感器二次绕组，避免可能出现的保护死区。分配接入保护的互感器二次绕组时，还应特别注意避免运行中一套保护退出时可能出现的电流互感器内部故障死区问题。

（3）双重化配置保护装置的直流电源应取自不同蓄电池组供电的直流母线段。

（4）两套保护的跳闸回路应与断路器的两个跳圈分别一一对应。

（5）双重化的线路保护应配置两套独立的通信设备（含复用光纤通道、独立光芯、微波、载波等通道及加工设备等），两套通信设备应分别使用独立的电源。

（6）双重化配置保护与其他保护、设备配合的回路应遵循相互独立的原则。

双重化配置的线路、变压器和单元制接线方式的发电机－变压器组应使用主、后一体化的保护装置；对非单元制接线或特殊接线方式的发电机－变压器组则应根据主设备的一次接线方式，按双重化的要求进行保护配置。

51. 220kV 及以上电压等级联络线不允许无全线速动的纵联保护运行，一旦出现上述

情况，应如何处理？采取哪些必要的措施？

答：应立即向调度部门汇报，并采取必要的应急措施。应急措施有：①拉停该联络线路；②调整后备保护时间段（本线路两侧灵敏保护动作时间改为0.6s，切除线路区内故障，只保系统单相稳定）；③相邻线路的快速保护投入；④线路两侧母线的母差保护投入。此时，由0.6s后备保护与母差保护和相邻线路的快速保护配合构成完整的保护配置，应对母线或相邻线路故障。

52. 为什么“按母线配置的断路器失灵保护，宜与母差保护共用一个复合电压闭锁元件，闭锁元件的灵敏度应按断路器失灵保护的要求整定。”

答：由于一般220kV及以上电压等级双母线接线的失灵保护是通过母差保护出口的，为了简化回路，失灵保护与母差保护共用一个复合电压闭锁元件。当发生母线故障时，母线电压一般很低，其电压闭锁元件容易达到灵敏度的要求；当主变压器内部靠近低压侧发生故障时，220kV母线的电压下降不多，为了不使失灵保护拒动，必须校核失灵保护电压闭锁元件的灵敏度，所以闭锁元件的灵敏度应按断路器失灵保护的要求整定。

53. 继电保护及二次回路一类设备的标准是什么？

答：（1）盘，各种电继电器、仪表、信号装置机和各种部件安装端正，牢固清洁，外壳密封良好，并有名称标志。

（2）配线整齐美观，电缆、各类端子编号齐全，导线、电缆截面符合有关规程要求。

（3）各元件、部件的端螺钉紧而可靠，闲置元件导线不带电。

（4）各元件、部件及二次回路等绝缘符合有关规程规定。

（5）回路接线合理，安装接线图与实际相符。

（6）各种装置、元件、部件的检查，试验周期，特性和误差符合有关规程规定。

（7）各种装置整组动作正确可靠。

（8）定值有依据，试验记录（包括原始记录）、技术资料图纸齐全。

54. 在现场工作过程中，遇到异常情况应怎样处理？

答：工作人员在现场工作过程中，凡遇到异常情况（如直流系统接地等）或断路器（开关）跳闸时，不论与本身工作是否有关，应立即停止工作，保持现状，待查明原因，确定与本工作无关时方可继续工作；若异常情况或断路器（开关）跳闸是由本身工作所引起的，应保留现场并立即通知运行人员，以便及时处理。

55. 线路距离保护振荡闭锁的控制原则是什么？

答：线路距离保护振荡闭锁的控制原则一般如下：

（1）单侧电源线路和无振荡可能的双侧电源线路的距离保护不应经振荡闭锁。

（2）35kV及以下线路距离保护不考虑系统振荡误动问题。

（3）预定作为解列点上的距离保护不应经振荡闭锁控制。

（4）躲过振荡中心的距离保护瞬时段不宜经振荡闭锁控制。

（5）动作时间大于振荡周期的距离保护段不应经振荡闭锁控制。

（6）当系统最大振荡周期为1.5s时，动作时间不小于0.5s的距离保护Ⅰ段、不小于1.0s的距离保护Ⅱ段和不小于1.5s的距离保护Ⅲ段不应经振荡闭锁控制。

56. 新安装的变压器差动保护在投入运行前应做哪些试验？

答：（1）带负荷测相位和测差压（差流），以检查电流回路接线的正确性

（2）变压器充电时，退出差动保护

（3）带负荷前将差动保护停用，测量各侧各相电流的有效值和相位

（4）变压器测各相差压差流，

（5）冲击五次，以检查躲涌流能力。

57. 二次回路绝缘的检验项目有哪些？

答：电流回路对地；电压回路对地；直流回路对地；信号回路对地；正极对跳闸回路；各回路间。

58. 继电保护装置安装在控制室内，如何实现等电位接地网，请根据 GB/T 14285—2006《继电保护和安全自动装置技术规程》的规定，用文字和连接示意图说明之。

答：为了保障人身和设备的安全及满足继电保护对电磁兼容的要求，通常将设备的外壳及二次回路电缆的屏蔽层接地，要求在发电厂、变电站控制室内建立起等电位接地网，以便很好地与厂、站公共接地网直接连接。根据 GB/T 14285—2006《继电保护和安全自动装置技术规程》中的要求：

（1）装设静态保护和控制装置的屏柜地面下宜用截面不小于 $100mm^2$ 的接地铜排直接连接构成等电位接地母线。接地母线应首末可靠连接成环网，并用截面不小于 $50mm^2$、不少于 4 根铜排与厂、站的接地网直接连接。

（2）静态保护和控制装置的屏柜下部应设有截面不小于 $100mm^2$ 的接地铜排。屏柜上装置的接地端子应用截面不小于 $4mm^2$ 多股铜线和接地铜排相连。接地铜排应用截面不小于 $50mm^2$ 的铜排与地面下的等电位接地母线相连。

连接示意图如下图所示。

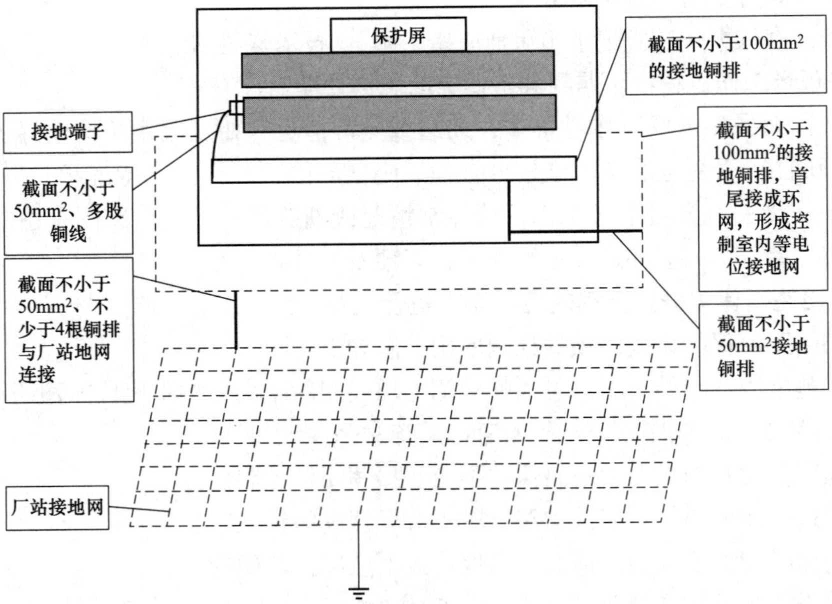

59. 对于被检验保护装置与其他保护装置共用电流互感器绕组的特殊情况，应采取何种措施防止保护装置误启动？

答：（1）核实电流互感器二次回路的使用情况和连接顺序。

（2）若在被检验装置电流回路后串接其他运行的保护装置，原则上应停用其他保护装置。如确实无法停运，在短接被检验保护装置电流回路前、后，监测运行的保护装置电流，应与实际相符。若在被检验保护电流前串接其他运行保护装置，短接被检验保护装置电流后，监测到被检验保护装置电流接近于零时，方可断开被检验保护装置电流回路。

60. 在全部停电或部分停电的电气设备上工作时，保证安全的技术措施有哪些？

答：①停电；②验电；③装设接地线；④悬挂标上示牌和装设遮栏。

61. 现场在进行试验接线前应注意什么？

答：在进行试验接线前，应了解试验电源的容量和接线方式；配备适当的熔断器，特别要防止总电源熔断器越级熔断；试验用刀闸必须带罩，禁止从运行设备上直接取得试验电源。在试验工作完毕后，必须经第二人检查，方可通电。

62. 对 500kV 线路，应按什么原则实现主保护的双重化？

答：①设置两套完整、独立的全线速动保护；②两套保护的交流电流、电压回路和直流电源彼此独立；③每一套主保护对全线路内发生的各种类型故障均能无时限动作切除故障；④每套主保护应有独立选相功能，实现分相跳闸和三相跳闸；⑤断路器有两组跳闸线圈，每套主保护分别启动一组跳闸线圈；⑥两套主保护分别使用独立的远方信号传输设备。

63. 在对微机继电保护装置进行哪些工作时应停用整套保护？

答：（1）微机继电保护装置使用的交流电流、电压，在开关量输入、输出回路上工作时。

（2）在微机继电保护装置内部作业时。

（3）输入保护定值时。

64.《继电保护和电网安全自动装置现场工作保安规定》中规定在运行的电压互感器二次回路上工作时，应采取哪些安全措施？

答：（1）不应将电压互感器二次回路短路、接地和断线。必要时，工作前申请停用有关继电保护或电网安全自动装置。

（2）接临时负载，应装有专用的隔离开关（刀闸）和熔断器。

（3）不应将回路的永久接地点断开。

65. TV 开口三角侧断线和短路，将有什么危害？

答：断线和短路，将会使这些接入开口三角电压的保护在接地故障中拒动，用于绝缘监视的继电器不能正确反应一次接地问题；开口三角短路，还会使绕组在接地故障中过电流而烧坏 TV。

66. 大短路接地系统的零序电流保护的时限特性和相间短路电流保护的时限特性有何异同？

答：接地故障和相间故障电流保护的时限特性都按阶梯原则整定。不同之处在于接地故障零序电流保护的动作时限不需要从离电源最远处的保护逐级增大，而相间故障的电流保护的动作时限必须从离电源最远处的保护开始逐级增大。

67. 电缆及导线的布线应符合哪些要求？

答：（1）交流和直流回路不应合用同一根电缆。

（2）强电和弱电回路不应合用一根电缆。

（3）保护用电缆与电力电缆不应同层敷设。

（4）交流电流和交流电压不应合用同一根电缆。双重化配置的保护设备不应合用同一根电缆。

（5）保护用电缆敷设路径，尽可能避开高压母线及高频暂态电流的入地点，如避雷器和避雷针的接地点、并联电容器、电容式电压互感器、结合电容及电容式套管等设备。

（6）与保护连接的同一回路应在同一根电缆中走线。

68. 为保证电网保护的选择性，上、下级电网保护之间逐级配合应满足什么要求？

答：上、下级（包括同级和上一级及下一级电网）继电保护之间的整定，应遵循逐级配合的原则，满足选择性的要求，即当下一级线路或元件故障时，故障线路或元件的继电保护整定值必须在灵敏度和时间上均与上一级线路或元件的继电保护整定值相互配合，以保证电网发生故障时有选择性地切除故障。

69. 在 110～220kV 中性点直接接地电网中，后备保护的装设应遵循哪些原则？

答：后备保护应按下列原则配置。

（1）110kV 线路保护宜采用远后备方式。

（2）220kV 线路保护宜采用近后备方式。但某些线路如能实现远后备，则宜采用远后备方式，或同时采用远、近结合的后备方式。

70. 新投入或经更改的电流、电压回路应利用工作电压和负荷电流进行哪些检验？

答：（1）电压互感器在接入系统电压以后，应进行下列检验工作。

①测量每一个二次绕组的电压。

②测量相间电压。

③测量零序电压。对小电流接地系统的电压互感器，在带电测量前，应在零序电压回路接入一合适的电阻负载，避免出现铁磁谐振现象，造成错误测量。

④检验相序。

⑤定相。

（2）被保护线路有负荷电流之后（一般宜超过 20% 的额定电流），应进行下列检验工作：

①测量每相及零序回路的电流值。

②测量各相电流的极性及相序是否正确。

③定相。

④对接有差动保护或电流相序滤过器的回路，测量有关不平衡值。

71. 微机线路保护装置对直流电源在下列方面的基本要求是什么？

答：（1）额定电压 220V 或 110V。

（2）允许偏差 –20%～+10%。

（3）波纹系数不大于 5%。

72. 现场工作过程中遇到异常情况或断路器跳闸时，应如何处理？

答：在现场工作过程中，凡遇到异常（如直流系统接地）或断路器跳闸时，不论与本身工作是否有关，应立即停止工作，保持现状，待找出原因或确定与本工作无关后，方可继续工作。上述异常若为从事现场继电保护工作的人员造成，应立即通知运行人员，以便有效处理。

73. 电力设备由一种运行方式转为另一种运行方式的操作过程中，对保护有什么要求？

答：电力设备由一种运行方式转为另一种运行方式的操作过程中，被操作的有关设备均应在保护范围内，部分保护装置可短时失去选择性。

74. 运行中继电保护装置的补充检验分哪几种？

答：分四种。①装置改造后的检验；②检修或更换一次设备后的检验；③运行中发现异常情况后的检验；④事故后检验。

75. 用于整定计算的哪些一次设备参数必须采用实测值？

答：（1）三相三柱式变压器的零序阻抗；

（2）66kV 及以上架空线路和电缆线路的阻抗；

（3）平行线之间的零序互感阻抗；

（4）双回线路的同名相间和零序的差电流系数；

（5）其他对继电保护影响较大的有关参数。

76. 为保证灵敏度，接地故障保护的最末一段定值应如何整定？

答：零序电流保护最末一段的动作电流应不大于 300A（一次值）。线路末端发生高阻接地故障时，允许线路两侧继电保护装置纵续动作切除故障，接地故障保护最末一段（如零序电流保护Ⅳ段），应以适应下述短路点接地电阻值的故障为整定条件：

220kV 线路，100Ω；

330kV 线路，150Ω；

500kV 线路，300Ω。

一、基础知识

1. 画出线路出口 A 相单相接地时，零序电压和零序电流的相量图。

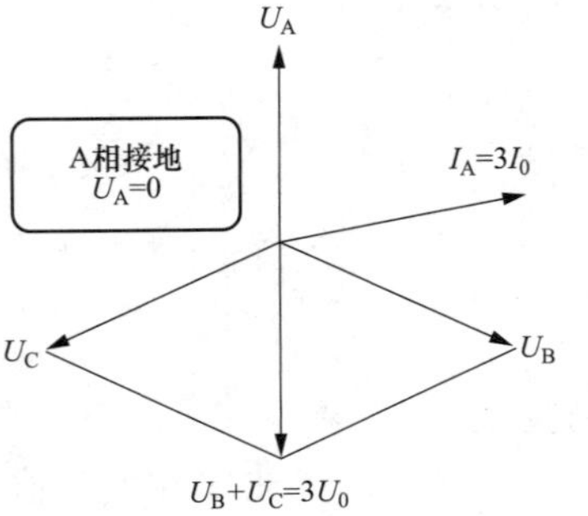

答：

$$\dot{I}_A = \dot{I}_K$$
$$I_B = I_C = 0$$

所以 $3\dot{I}_0 = \dot{I}_A$

$$\dot{U}_A = 0$$
$$3\dot{U}_0 = \dot{U}_A + \dot{U}_B + \dot{U}_C = \dot{U}_B + \dot{U}_C$$

2. 在大电流接地系统中发生 BC 两相接地短路故障。写出此时故障点的边界条件，并画出此时故障点的电压、电流相量图。

答： 大电流接地系统发生 BC 两相接地短路时故障点的边界条件为

$$\dot{I}_{KA} = 0; \dot{U}_{KB} = 0; \dot{U}_{KC} = 0$$

此时故障点的电流、电压相量图如图所示。

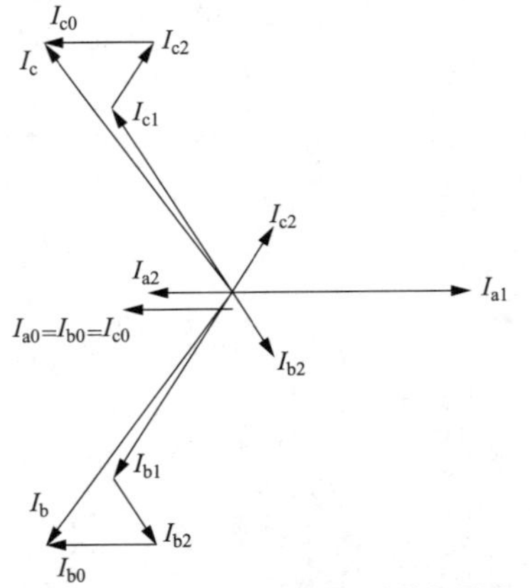

B、C相接地短路电流相量图

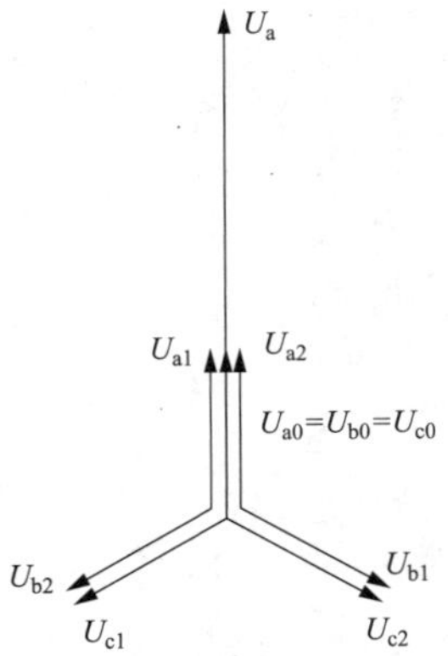

B、C相接地电压相量图

由相量图可知，A 相电流为零，B、C 相电流增大；A 相电压增大，B、C 相电压为零。

3. 绘出下图所示系统在 k 点两相短路时的正、负序电压分布图。

答：

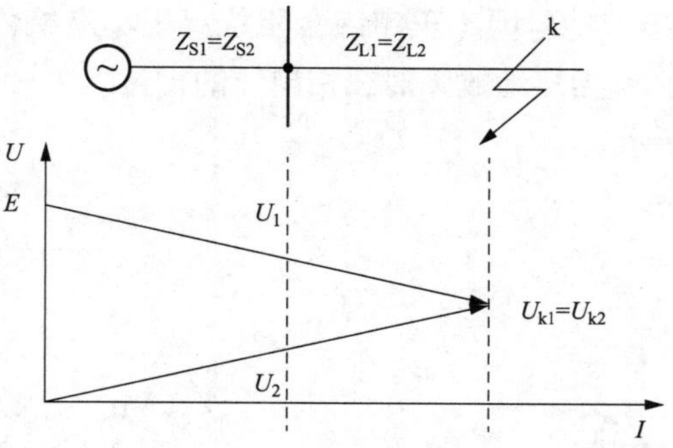

4. 绘出中性点接地系统 BC 两相短路时的 A 相等值复合序网图、BC 两相短路时 B 相电流的相量图。

答：

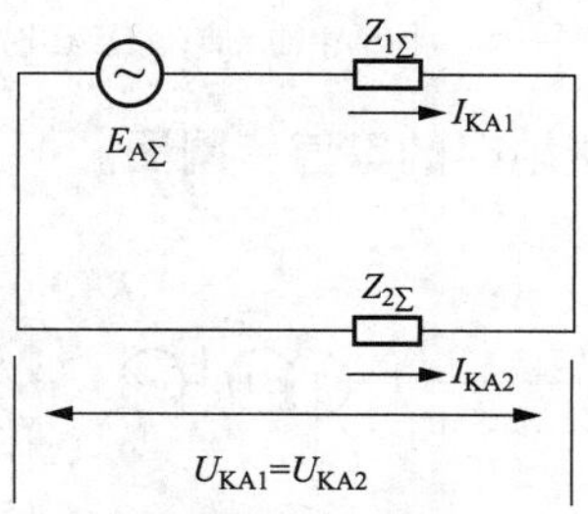

A相等值复合序网图

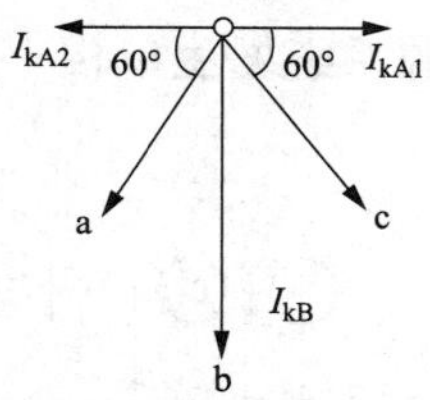

B相电流相量图

其中 a 是 B 相正序电流，c 是 B 相负序电流。

5. 在大电流接地系统中，两个区域电网的联络线发生 A 相断线故障。请用序分量表示出此故障点的边界条件，并画出 A 相复合序网图。

答：A 相断线故障的序分量边界条件为

$$\dot{I}_{A1}^{(1,1)}+\dot{I}_{A2}^{(1,1)}+\dot{I}_{A0}^{(1,1)}=0$$

$$\Delta\dot{U}_{A1}^{(1,1)}=\Delta\dot{U}_{A2}^{(1,1)}=\Delta\dot{U}_{A0}^{(1,1)}=\frac{1}{3}\Delta\dot{U}_{A}^{(1,1)}$$

此时 A 相复合序网图如下图所示。

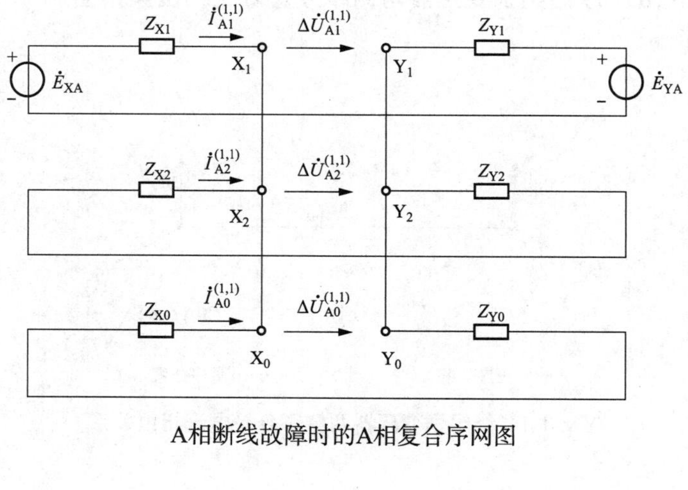

A相断线故障时的A相复合序网图

6. 试画出中性点直接接地电网（正序综合阻抗等于零序综合阻抗）和中性点非直接接地电网，以及母线发生 A 相接地故障时三相电压的相量。

答：相量图如下图所示。

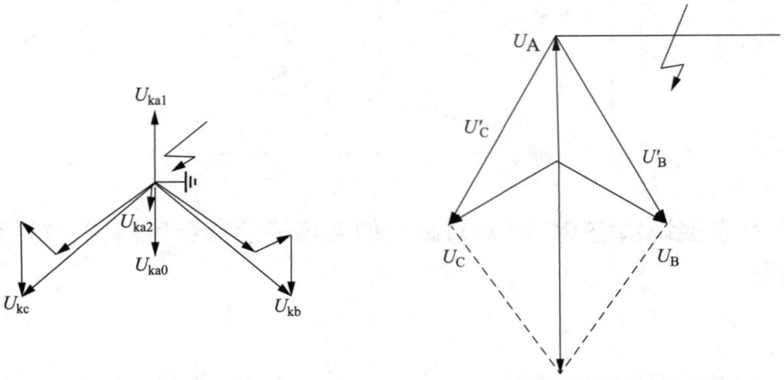

(a) 中性点直接接地电网　　(b) 中性点非直接接地电网

7. 画出两侧电源系统发生单相（A 相）接地时的等值序网图。

答：

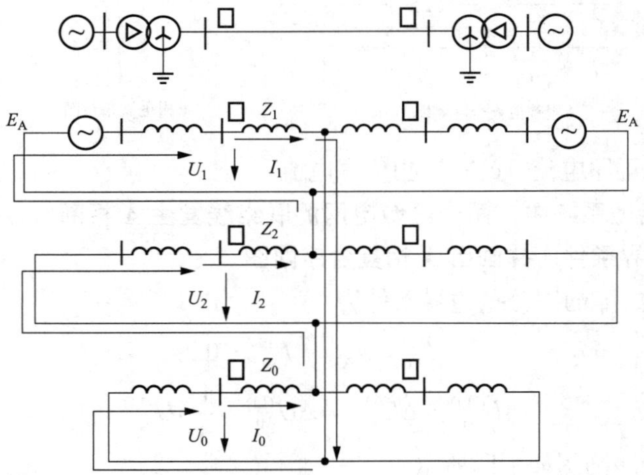

8. 请绘制 YN，d11 联结组别变压器两侧序分量电流相位关系图。

答：如下图所示。

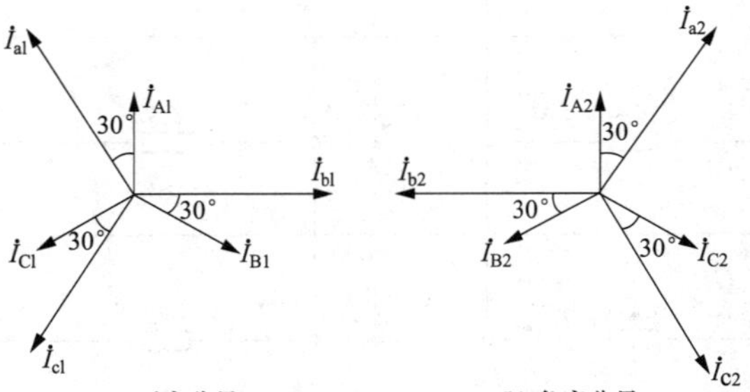

(a) 正序分量　　(b) 负序分量

YN, d11联结组别变压器两侧序分量电流相位关系

9. YN,d11 变压器，Y 侧 B、C 两相短路，试分析两侧电流的关系（图解）。

答：变压器高压侧（即 Y 侧）B、C 两相短路电流相量如图 1 所示。

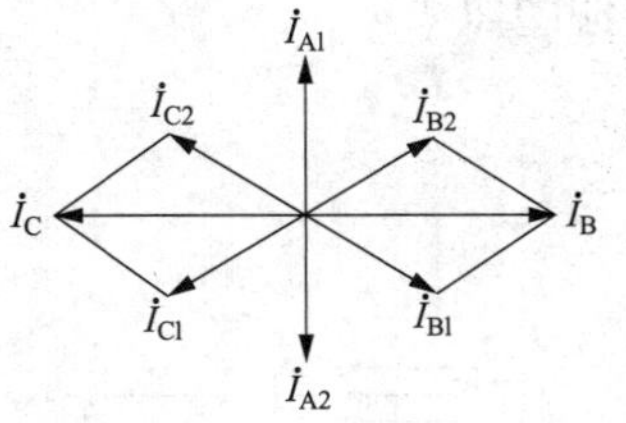

图1　高压侧

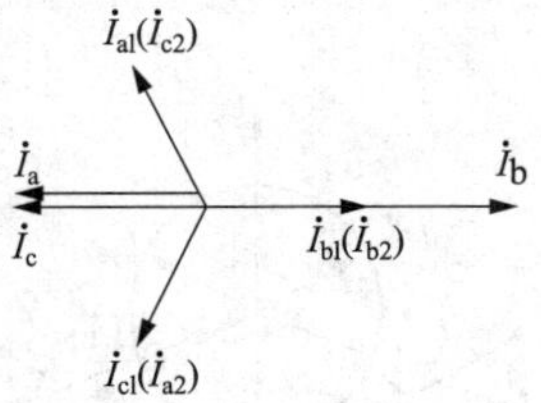

图2　低压侧

对于 YN,d11 接线组别，正序电流向导前方向转 30°，负序电流向滞后方向转 30°，即可得到低压侧（即△侧）电流相量图，如图 2 所示。

两侧电流数量关系可由图求得：设变比 $n=1$，高压侧正序电流标幺值为 1，则有

高压侧　$I_B=I_C=\sqrt{3}, I_A=0$

低压侧　$I_a=I_c=1, I_b=2$

10. 画出 YN,d11 接线变压器在 d 侧 ab 相短路时的电流相量图及分布图。

答：

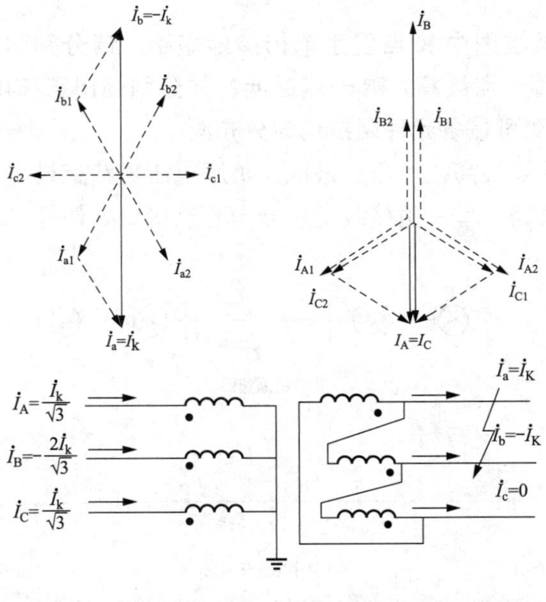

11. 如下图所示，发电机经 YN,d11 变压器及断路器 B1 接入高压母线，在准备用断路器 B2 并网前，高压母线发生 A 相接地短路，短路电流为 I_{AK}。变压器配置有其两侧 TA 接线为星一角的分相差动保护，并设变压器零序阻抗小于正序阻抗。画出故障时变压器两侧的电流、电压相量图及序分量图。

答：

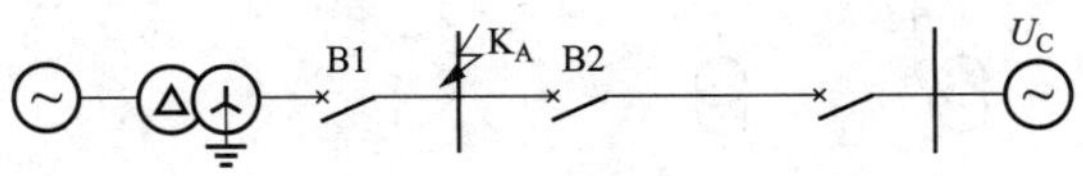

变压器高压侧接地故障时，设A相短路电流为I_{AK}，则

$$\dot{U}_{A1}=-(\dot{U}_{A0}+\dot{U}_{A2}),\dot{I}_{A1}=\dot{I}_{A2}=\dot{I}_{A0}=1/3\dot{I}_{AK}$$

变压器高压侧电流、电压及序量相量图如图所示。

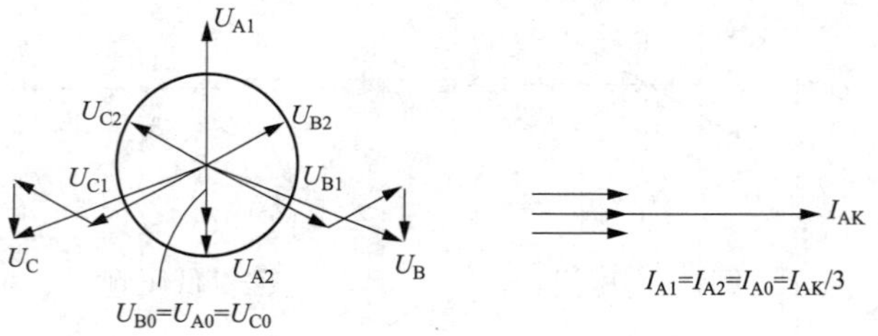

变压器低压侧电流、电压相量图如图所示。

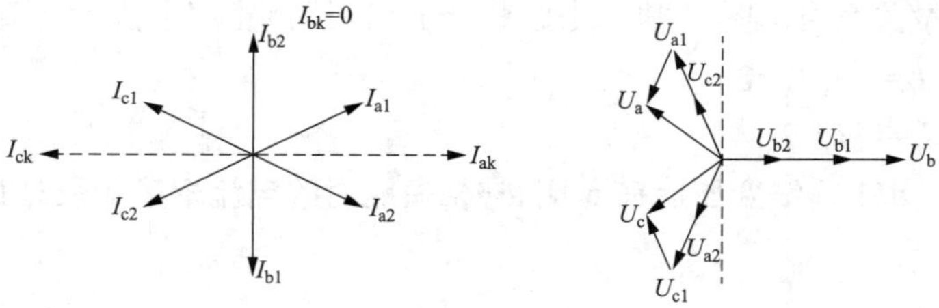

12 在图（a）的系统图中K点发生单相接地短路。请分别回答全系统中正序电压、负序电压、零序电压哪一点最高？哪一点最低？并分别画出正序电压、负序电压、零序电压的分布图。（绘图时可按各元件阻抗均匀分布画）

答：正序电压电源处最高，短路点最低；负序电压短路点最高，电源处最低；

零序电压短路点最高，星－角接线变压器中心点接地处最低。电压分布图如图所示。

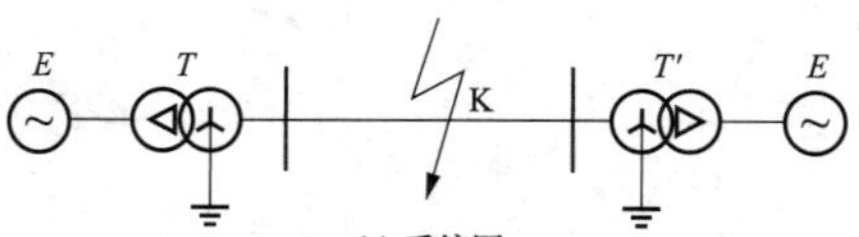

(a) 系统图

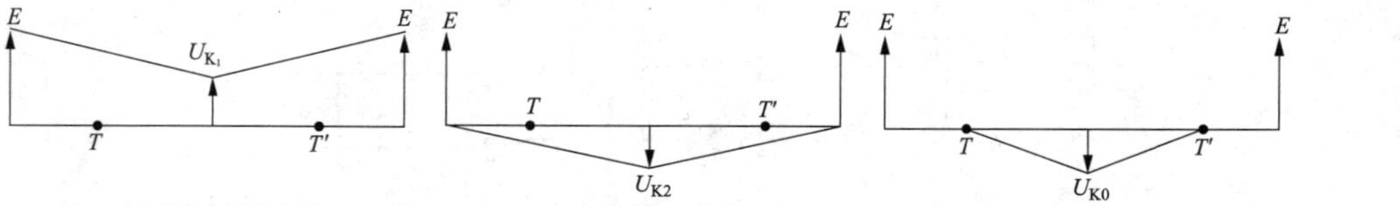

(b) 正序电压分布图　　(c) 负序电压分布图　　(d) 零序电压分布图

13. 如下图所示，A变电站AB线路开关有一相断开，画出零序电压分布图，并分析该线路高频闭锁零序方向保护装置J使用的电压互感器接在母线侧（A）和线路侧（A′）有何区别。A、B两侧均为大接地电流系统。

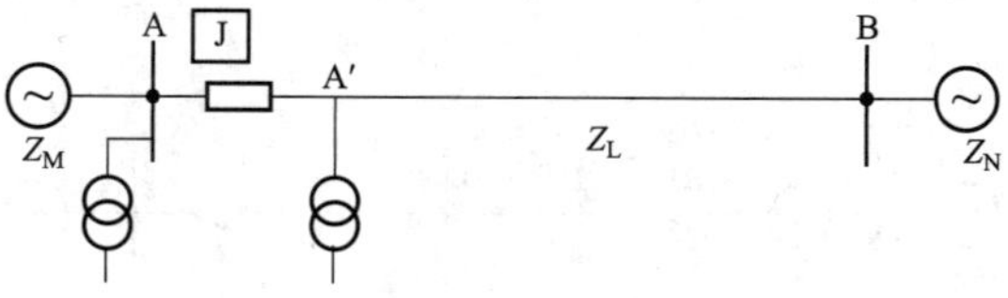

答： 零序网络图和零序电压分布图如图所示。

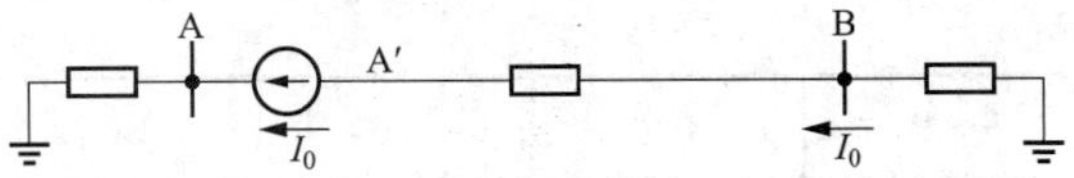

(a) 零序网络图

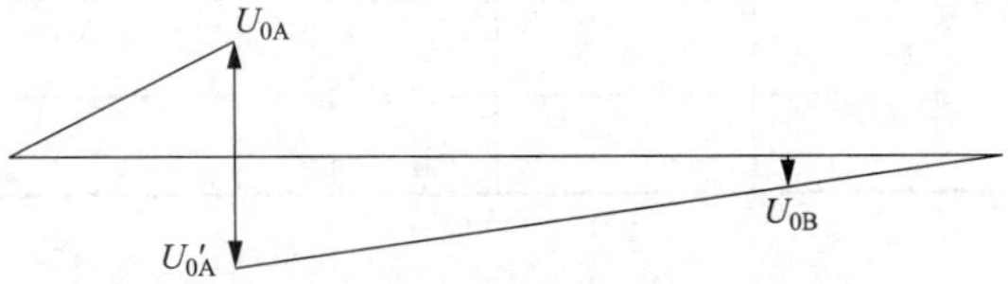

(b) 零序电压分布图

分析动作情况，如表所示。

位置	A	A′	B
U_0	+	–	–
I_0	–	–	+
动作情况	–	+	–

从表中可以看出，线路的 A、B 两端零序功率方向元件的方向同时为“–”，这和内部故障情况一样，保护将误动。如选用线路侧（A–）电压互感器，则两端零序功率方向元件的方向为一“+”一“–”，和外部故障情况一样，故保护不会误动。

14. 画出下图 K 点单相接地时负序电压、零序电压、正序电压、突变量正序电压的分布。

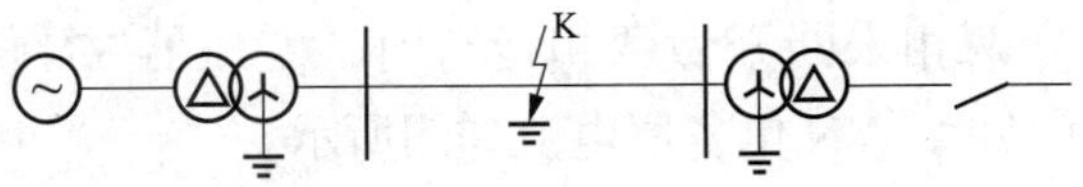

答：

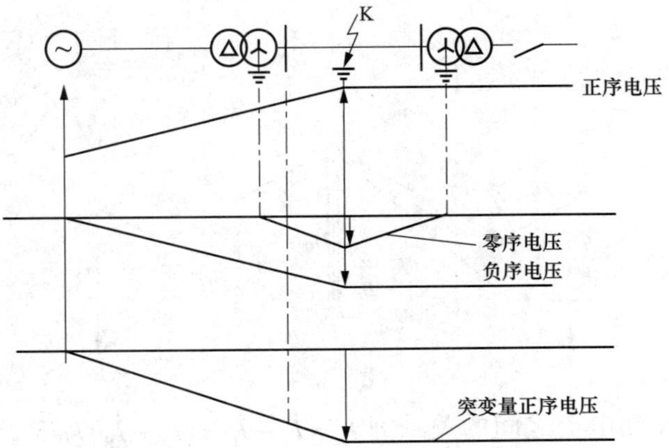

15. 目前系统中超高压输电线路的保护中电流突变量选相元件？电流突变量选相元件：ΔI_{AB}、ΔI_{BC} 和 ΔI_{CA}，分成大、中、小进行比较。试补充表格。

选相结果	AN	BN	CN	AB	BC	CA	ABC
ΔI_{AB}							
ΔI_{BC}							
ΔI_{CA}							

答：

选相结果	AN	BN	CN	AB	BC	CA	ABC
ΔI_{AB}	+	+	−	++	+	+	++
ΔI_{BC}	−	+	+	+	++	+	++
ΔI_{CA}	+	−	+	+	+	++	++

16. 分析 YN,d11 变压器 Y_n 侧断路器一相断开时两侧线电流的相量关系，并绘图。

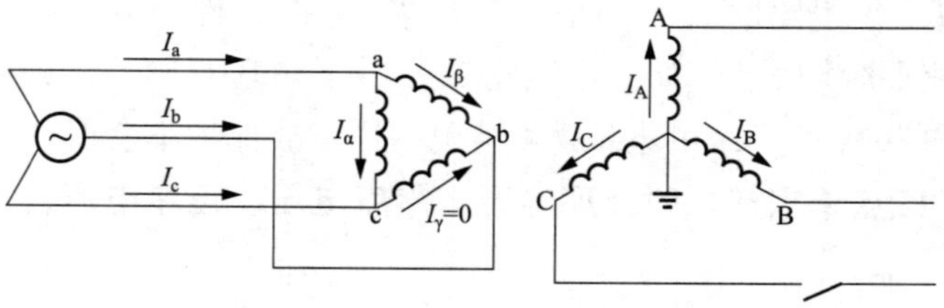

答：当 YN 侧 A、B 两相未断开做两相运行时，变压器 YN 侧有 $\dot{I}_{C1}+\dot{I}_{C2}+\dot{I}_{C0}=0$ 且 $\dot{I}_{C2}$、$\dot{I}_{C0}$ 对 $\dot{I}_{C1}$ 的相位为 180°，YN 侧各序电流如图所示。

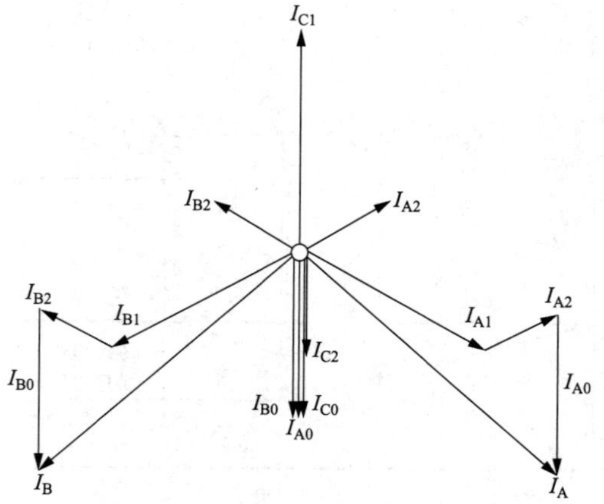

△侧电流与 YN 侧电流之间的关系为 $\dot{I}_a=\dot{I}_\alpha-\dot{I}_\beta=(\dot{I}_A-\dot{I}_B)/\sqrt{3}$，对于序分量，易得以下关系：$\dot{I}_{a1}=\dot{I}_{A1}\angle 30°$，$\dot{I}_{a2}=\dot{I}_{A2}\angle -30°$。可得△侧相量关系如图所示。

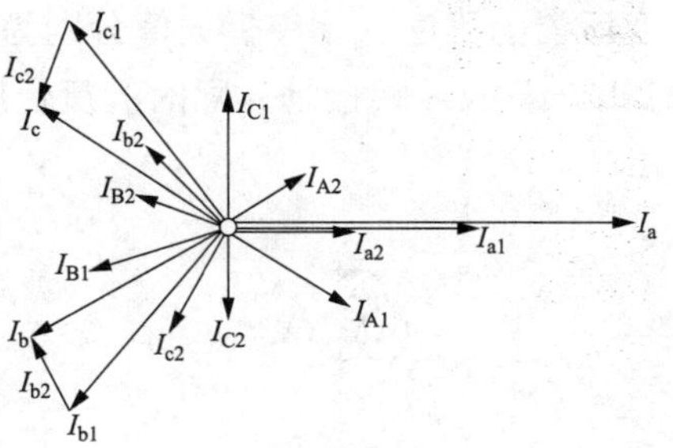

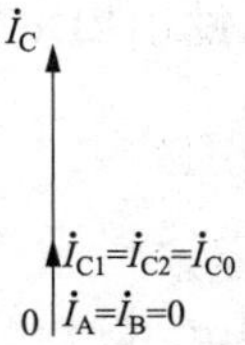

Y侧电流相量图

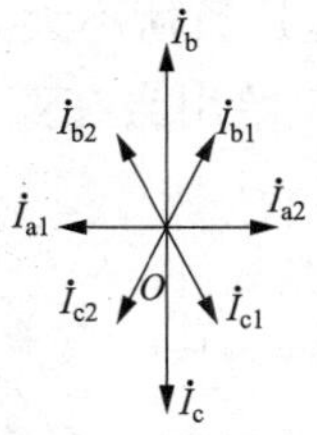

△侧电流相量图

17. 如图所示，在 FF′ 点 A 相短开，画出 A 相断线时的复合序网。

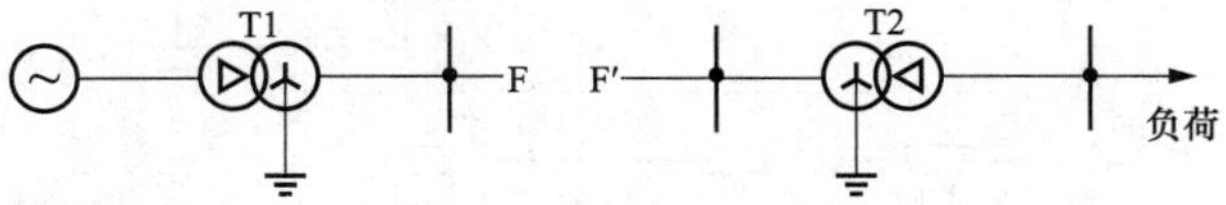

	发电机	T1	线路	T2	负荷
X_1	0.25	0.2	0.15	0.2	1.2
X_2	0.25	0.2	0.15	0.2	0.35
X_0		0.2	0.57	0.2	

假设各元件参数已归算到以 S_b=100MVA、U_b 为各级电网的平均额定电压为基准的标幺值表示。E_{a1}=j1.43。

答：

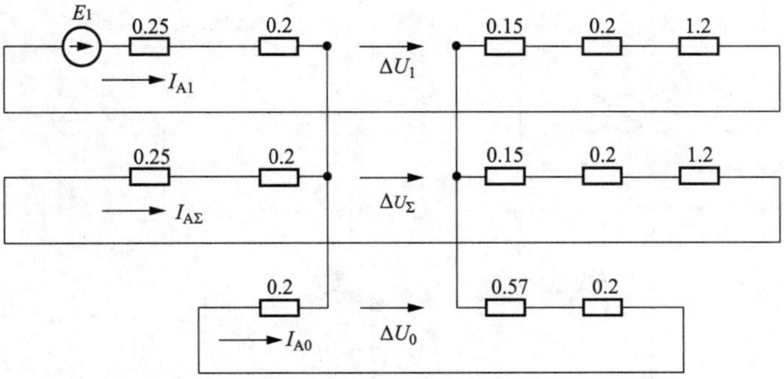

18. 如图所示：

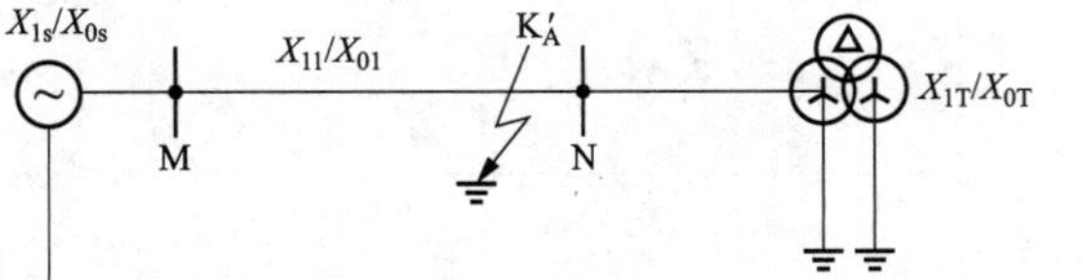

系统经一条 220kV 线路供一终端变电站，该变电站为一台 150MVA、220/110/35kV、YN,YN,d11 三绕组变压器，变压器 220kV 侧与 110kV 侧的中性点均直接接地，中、低

压侧均无电源且负荷不大。系统、线路、变压器的正序、零序标幺值分别为 X_{1S}/X_{0S}、X_{1L}/X_{0L}、X_{1T}/X_{0T}，绘出当在变电站出口发生 220kV 线路 A 相接地故障时的复合序网图。

答：

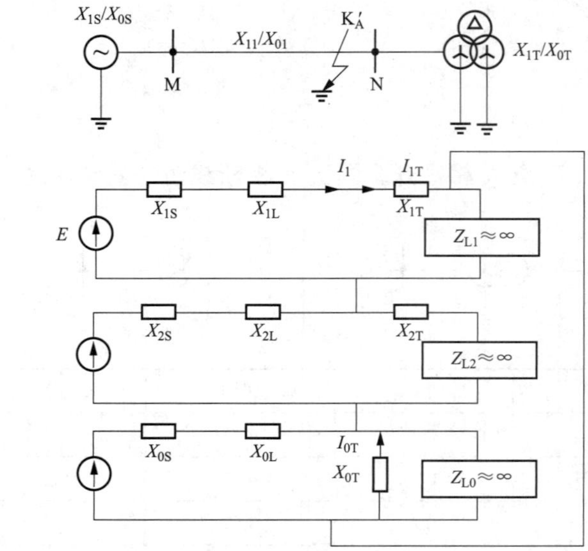

19. 在单侧电源线路上发生 A 相接地短路，假设系统图如下。T 变压器 YN,d12 接线，YN 侧中性点接地。T′ 变压器 YN,d11 接线，YN 侧中性点接地。T′ 变压器空载，请画出复合序网图。

答：

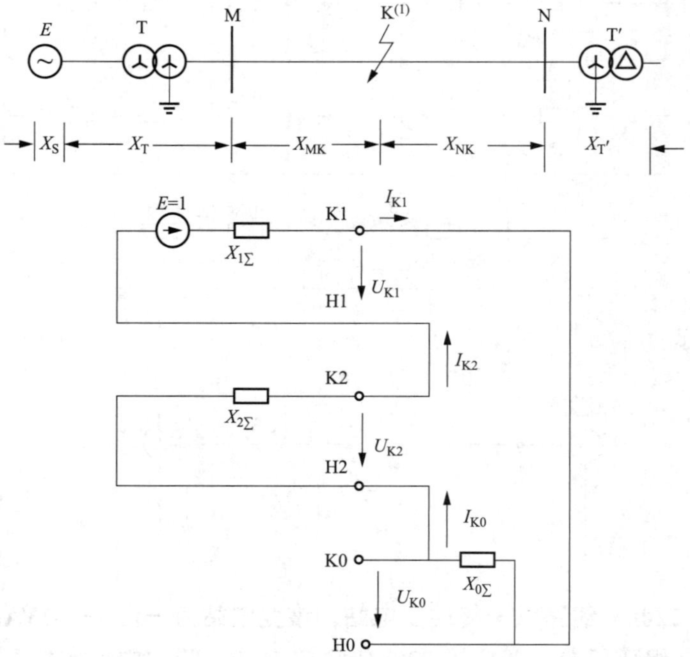

20. 20kV 单电源线路单带一台接线组别为 YN,YN,d11 的负荷变压器（中、低压侧无电源但有负荷）。请用序分量法定性分析在该线路电源侧断路器两相跳闸后，流经该断路器的各相各序电流。（考虑变压器高压侧中性点接地和不接地两种情况）要求绘出等值序网图。

答：

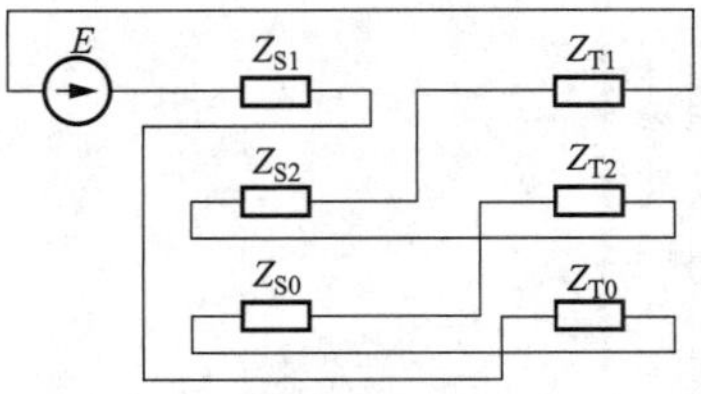

(a) 中性点接地　　(b) 中性点不接地

21. 试画出中性点直接接地电网（假设 $Z_{0\Sigma}=Z_{1\Sigma}$）和中性点非直接接地电网，发生 A 相接地故障时三相电压的相量，试述两种电网使用的电压互感器的变比及开口绕组的电压。

解：（1）相量图。

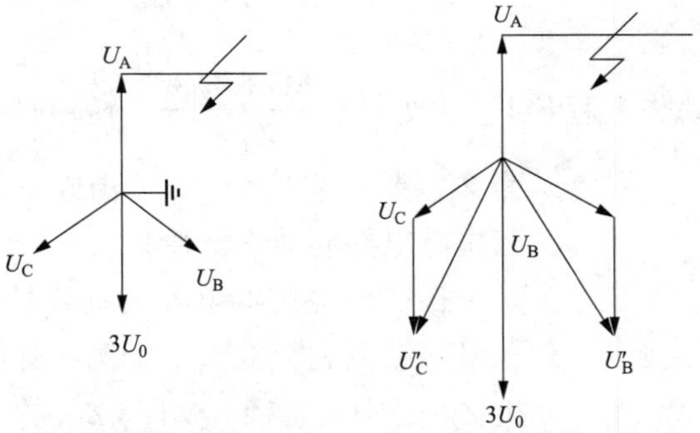

(a) 中性点直接接地电网　　(b) 中性点非直接接地电网

（2）分析。

对于中性点直接接地电网：

故障相 $U_A=0$

U_B、U_C 电压与故障前相同，开口三角绕组两端的电压 $3U_0=-U_A$。

变比：$(U_N/1.732)/(100/1.732)/100(V)$

则 $3U_0=100(V)$。

对于中性点非直接接地电网：

故障相 $U_A=0$，U_B、U_C 电压升高 1.732 倍，开口三角绕组两端的电压 $3U_0=3U_A$。

变比：$(U_N/1.732)/(100/1.732)/(100/3)(V)$。

则 $3U_0=3\times100/3=100(V)$。

二、线路保护

1. 某线路微机零序方向继电器的灵敏角是 $\phi_L=110°$，动作范围为 $\theta=-110°\pm80°$，

自产 $3\dot{U}_0$，$3\dot{I}_0$ 取自 TA 中性线，从母线流向被保护线路方向定为电流的正方向。线路有功功率送 50MW，无功功率为零，如果在 A 相 TA 开路的同时又恰逢 TV 二次回路故障 AB 相断线，试用相量图说明此时零序方向继电器的动作状态。

答：$3\dot{I}_0=\dot{I}_B+\dot{I}_C=-\dot{I}_A$；$3\dot{U}_0=\dot{U}_c$。

由于只送有功功率不送无功功率，$\dot{I}_A$ 与 $\dot{U}_A$ 同相，$3\dot{I}_0$ 与 $\dot{U}_A$ 反相。画出相量图如图所示。$3\dot{I}_0$ 落在动作区内，故继电器动作。

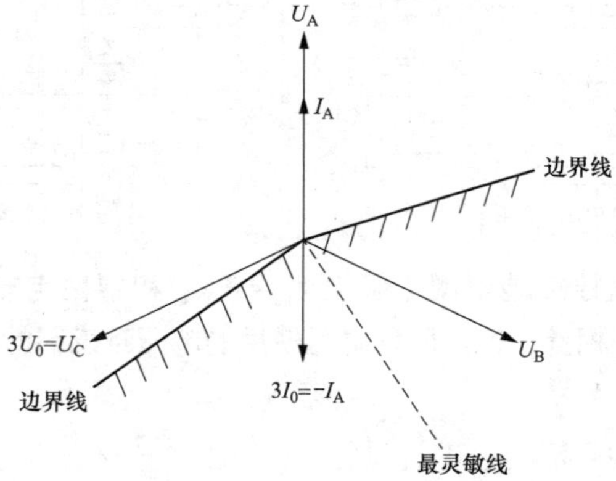

2. 如按阻抗形式动作方程 $180°<\arg\dfrac{Z_J-0.866Z_{ZD}e^{j30°}}{Z_J}<300°$（设继电器的测量阻抗为 Z_J、整定阻抗为 Z_{ZD}）构成一阻抗继电器，请绘制该阻抗继电器的动作特性。

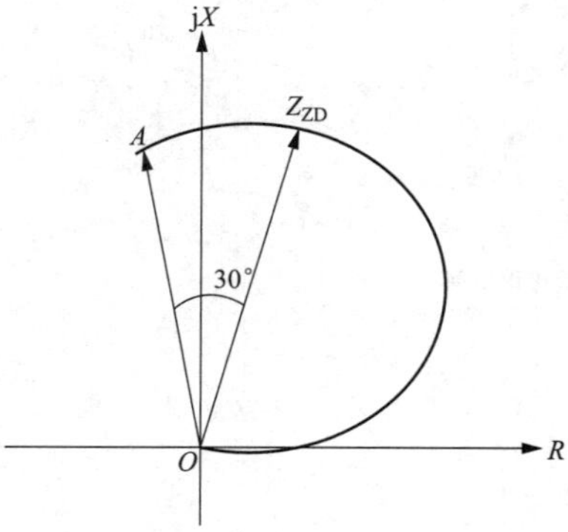

答：该阻抗继电器的动作特性如图所示，是以 $\overline{OA}$ 相量两端点为弦的大半个圆，圆内为动作区，其整定阻抗 Z_{ZD} 是圆的直径。$\overline{OA}$ 与 Z_{ZD} 的夹角为 30°。

3. 阻抗继电器的动作方程为 $90°\leqslant\arg(Z_J-Z_{zd})/Z_J\leqslant270°$，式中 Z_J 为测量阻抗，Z_{zd} 为整定阻抗。在阻抗复数平面上画出它的动作特性。

答：

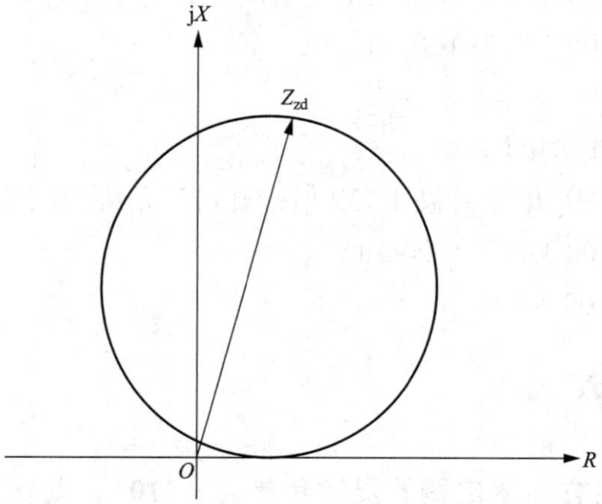

4. 请画出具有方向特性的四边形阻抗继电器的动作特性图，并简述四边形各边界的作用。

答：X 边界：测量距离；R 边界：躲负荷；D 边界：判断方向。

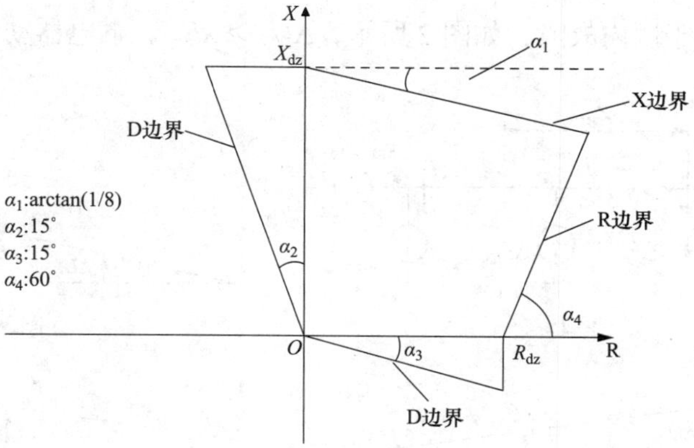

5. 如需构成如图所示特性的相间阻抗继电器，直线 *PQ* 下方与圆所围的部分是动作区。Z_{zd} 是整定值，*OM* 是直径。请写出动作方程，并说明其实现方法。（要求写出圆特性和直线特性的以阻抗形式表达的动作方程、加于继电器的电压 U_J、电流 I_J 和 Z_{zd} 表达的电压动作方程及逻辑关系）

答：圆特性动作方程 $90°+15° < \arg(Z_J - Z_{zd})/Z_J < 270°+15°$，即 $105° < \arg(Z_J - Z_{zd})/Z_J < 285°$

直线特性动作方程 $180°-10° < \arg(Z_J - Z_{zd})/R < 360°-10°$，即 $170° < \arg(Z_J - Z_{zd})/R < 350°$。

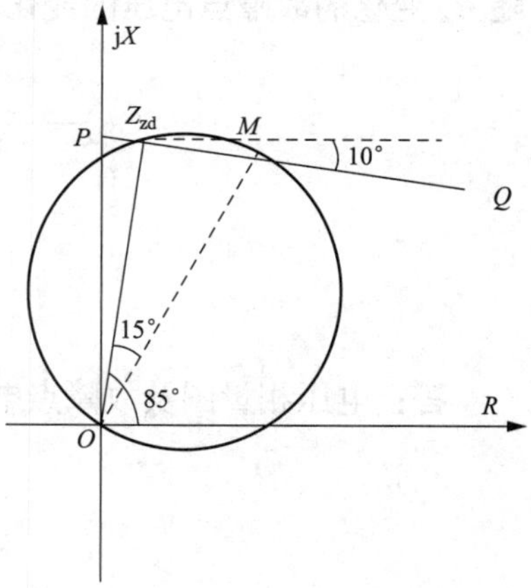

实现方法：

圆特性动作方程：

$$105° < \arg(U_J - I_J Z_{zd})/U_J < 285°$$

直线特性动作方程：

$$170° < \arg(U_J - I_J Z_{zd})/(I_J R) < 350°$$

$$[\text{或 } 170° < \arg(U_J - I_J Z_{zd})/I_J < 350°]$$

两个动作方程构成“与”门。

6. 试作图分析微机保护中工频变化量距离继电器的动作原理。

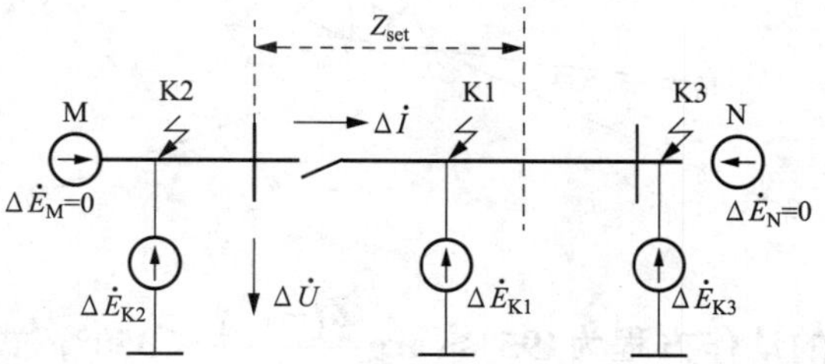

答：阻抗元件 $\Delta Z_\varphi(\varphi = A\quad B\quad C)$ 测量工作电压的工频变化量的幅值，其动作方程为

$|\Delta\dot{U}_{op}|>U_z$，其中$U_{op}=U_\varphi-I_\varphi Z_{set}$为阻抗继电器的工作电压，$Z_{set}$为整定阻抗；$U_z$为整定阈值电压，一般可以取$1.2U_e$。

对反应工频变化量的继电器，系统电动势不起作用，因此，仅需考虑故障点附加电动势ΔE_k。

K1 故障时，属于区内故障，如图 2 所示，$\Delta U_{op}>\Delta E_{K1}$，继电器动作。

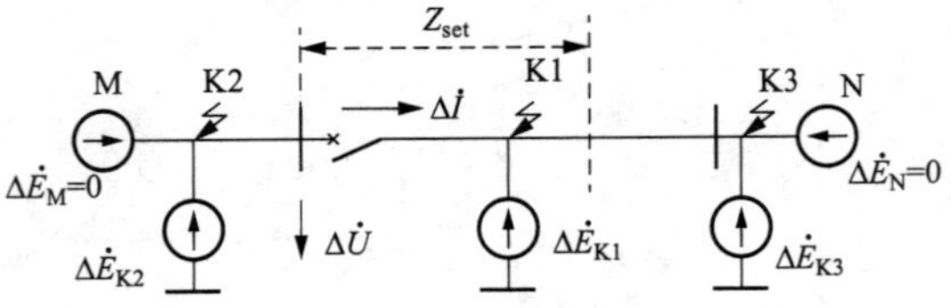

图1

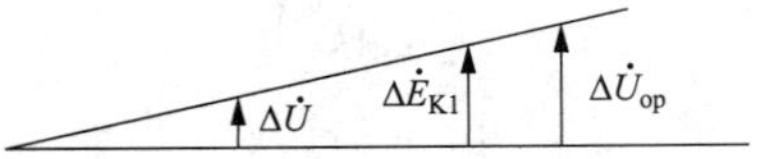

图2

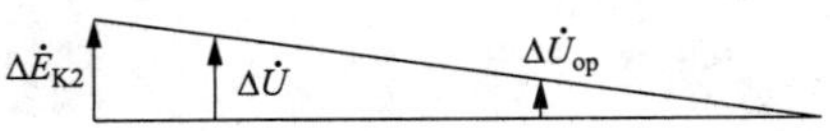

图3

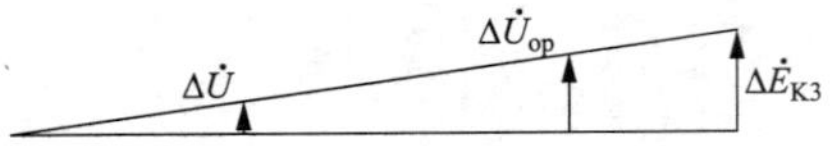

图4

K2 故障时，属于反方向故障，$\Delta U_{op}<\Delta E_{K2}$，继电器不动作。

K3 故障时，属于区外故障，$\Delta U_{op}<\Delta E_{K2}$，继电器不动作。

7. 根据下图画出单侧电源空载线路上三相经过渡电阻短路的电压相量图。（要求画出随 R_A 变化的故障点电压的变化轨迹）

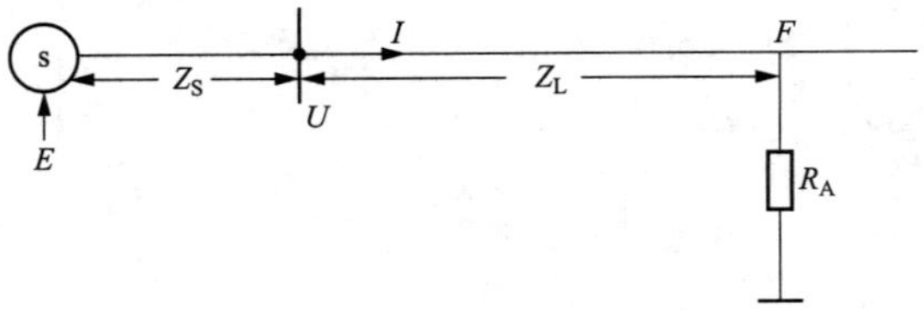

答： 电压相量图及故障点电压变化轨迹如图所示。

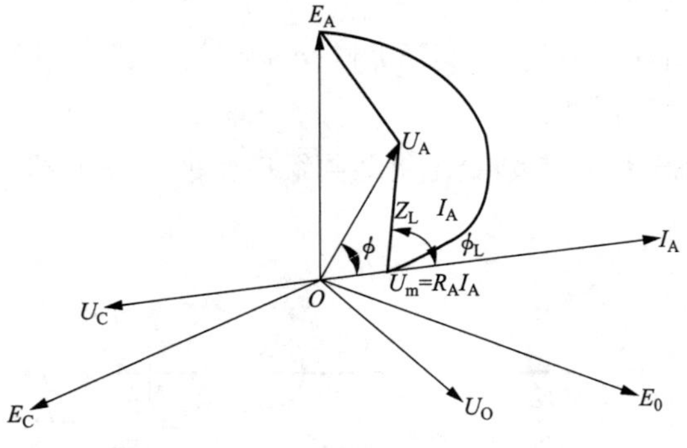

8. 某阻抗继电器的动作方程为$195°\leqslant \arg\dfrac{Z_j-Z_{zd}}{R}<350°$，式中 Z_{zd} 为整定阻抗，Z_j 为测量阻抗，请在阻抗复平面上画出它的动作特性。

答：动作特性如图所示。

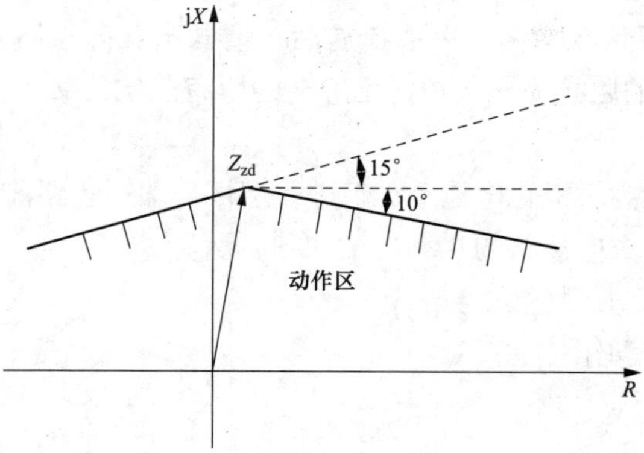

9. 设 J_1、J_2 动作方程如下：

$$J_1：0° < \arg\frac{\dot{U}_m - \dot{I}_m\dot{R}_{set}}{\dot{I}_m R e^{j60°}} < 240°$$

$$J_2：-120° < \arg\frac{\dot{U}_m + \dot{I}_m\dot{R}_{set}}{\dot{I}_m R} < 120°$$

式中：$\dot{U}_m$、$\dot{I}_m$ 为测量电压、电流；$\dot{R}_{set}$ 为整定阻抗；R 为电阻。当测量阻抗 $Z_m = \dfrac{\dot{U}_m}{\dot{I}_m}$ 时，试在阻抗复平面上画出由 J_1、J_2 构成“与”逻辑的 Z_m 动作区。（用阴影线表示）

答：

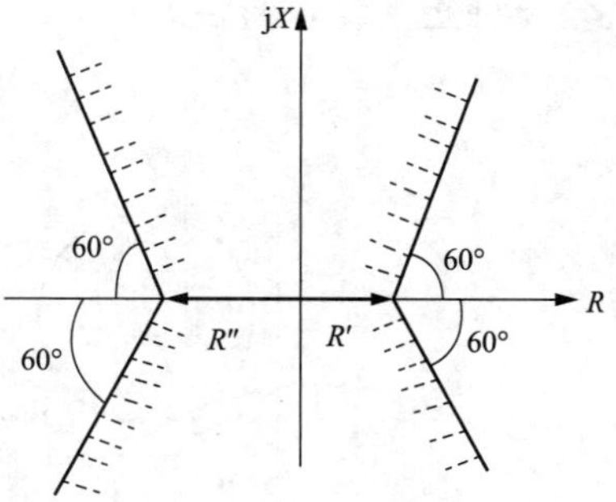

10. 试绘制两侧线路保护复用通道连接示意简图。

答：

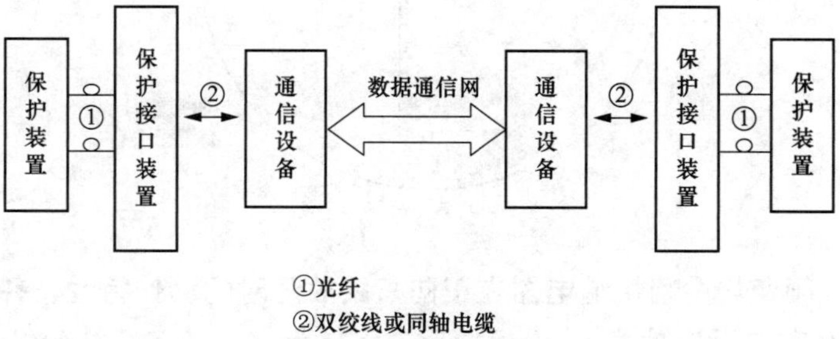

11. 如果阻抗继电器的动作方程为 $90° \leqslant \arg(Z_J - Z_{zd})/Z_J \leqslant 270°$，式中 Z_J 为测量阻抗，Z_{zd} 为整定阻抗。该继电器在正方向出口短路可能会拒动（出现死区），在反方向出口短路可能会误动，应采取什么措施？采取措施后，请画出正向短路和反向短路时的暂态动作特性。（保护反方向的阻抗为 $Z_s\angle\Phi$，正方向的所有阻抗为 $Z_R\angle\Phi$，保护的整定阻抗为 $Z_{zd}\angle\Phi$）

答：应采取的措施为对极化电压（U_J）进行记忆，即用短路前的电压作为极化电压。继电器正方向和反方向短路的暂态特性如图所示。

（1）正向短路暂态动作特性：

（2）反向短路暂态动作特性：

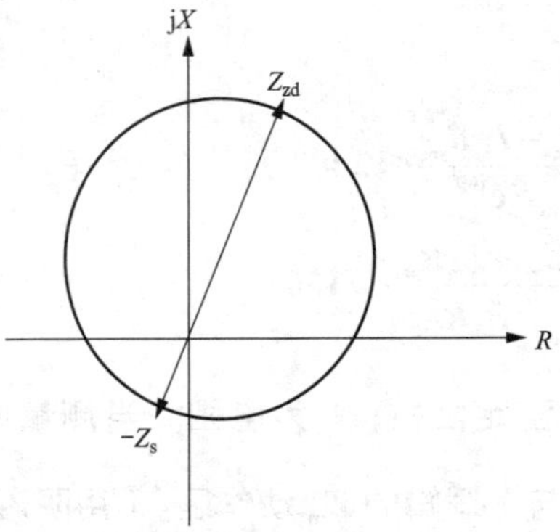

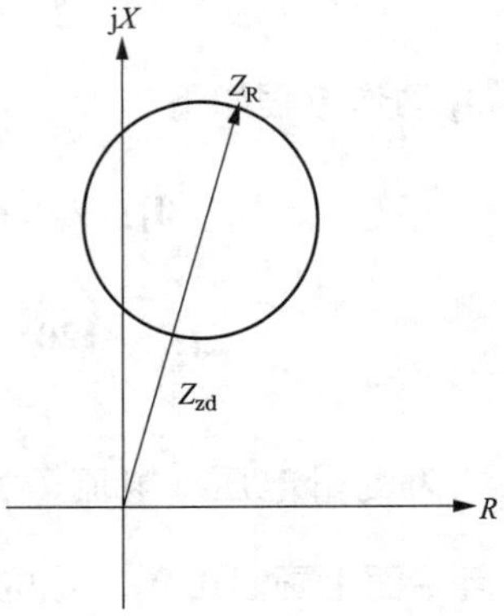

12. 线路保护安装处背后电源阻抗为 Z_s，到对侧电源内阻抗为 Z_s'，整定阻抗为 Z_{set}，画出工频变化量阻抗继电器在复平面上的动作特性。

答：动作特性如图所示。

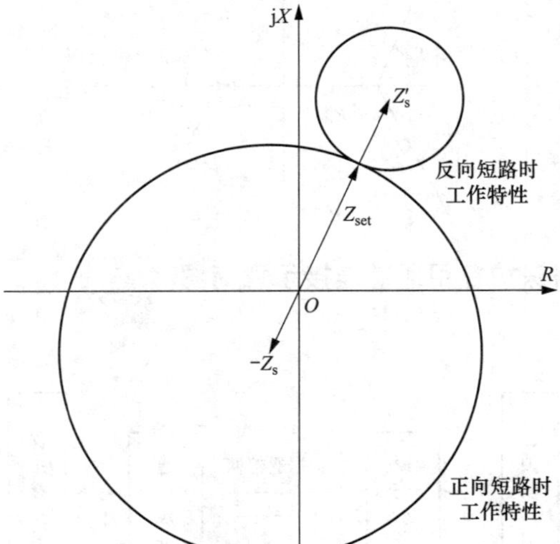

13. 试画出工频变化量阻抗继电器在正向短路故障时的动作特性，并说明它保护过渡电阻的能力为什么有自适应功能。（设保护反向阻抗为 Z_s，整定阻抗为 Z_{zd}）

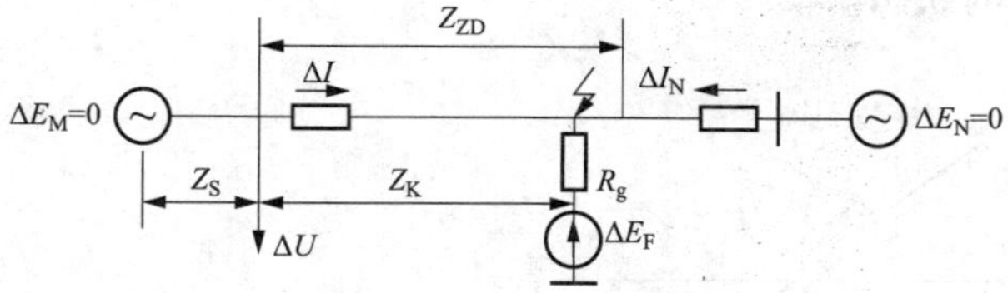

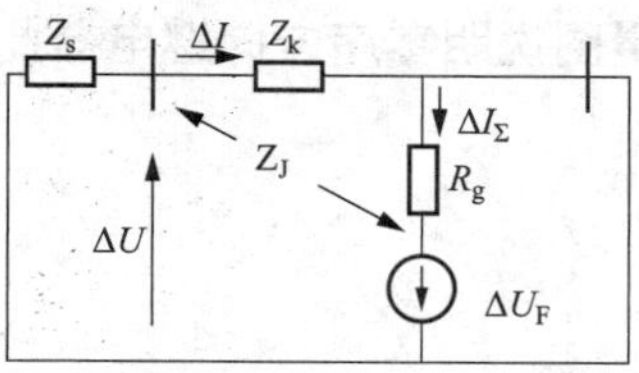

答：工频变化量阻抗继电器在正向短路故障时的计算示意图及等效电路图如图所示。

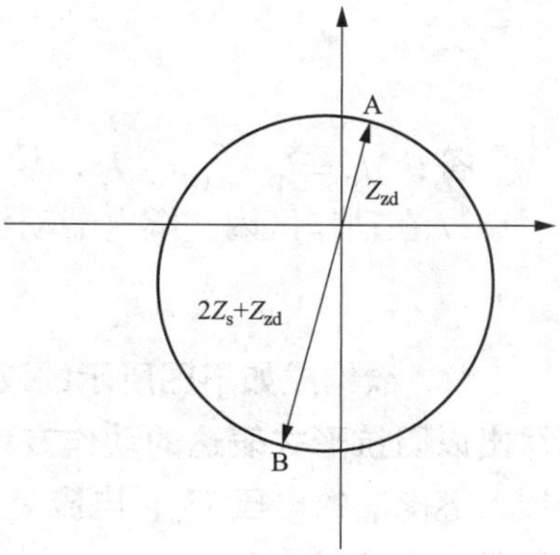

（1）工频变化量阻抗继电器的动作方程：

区内短路：　　$Z_k < Z_{zd}$ 或 $|\Delta U_{op}| > |\Delta U_F|$　　（1）

区外短路：　　$Z_k > Z_{zd}$ 或 $|\Delta U_{op}| < |\Delta U_F|$　　（2）

（2）阻抗继电器在正向短路故障时：

$$\Delta U_{op}=\Delta U-\Delta I Z_{zd}=-\Delta I(Z_s+Z_{zd}) \qquad (3)$$

$$\Delta U_F=\Delta I(Z_s+Z_J) \qquad (4)$$

将式（3）～式（4）代入式（1）得

$$|Z_s+Z_{zd}|>|Z_s+Z_J| \qquad (5)$$

经过变换后得

$$90° < \arg\frac{Z_J - Z_{zd}}{Z_J + 2Z_s + Z_{zd}} < 270° \qquad (6)$$

由式（6）可画出此时的动作相量图，如图所示。

（3）保护过渡电阻的自适应能力。因过渡电阻附加阻抗 $Z_a=\left(\frac{\Delta I_F}{\Delta I_M}\right)\cdot R_g$，如果 Z_s 越大则 ΔI_F 中分流给 ΔI_M 就越小，因此相同的 R_g 值，Z_a 就越大，继电器在区内短路越容易拒动。而工频变化量阻抗继电器的动作特性与两倍的（$-Z_s$）有关，Z_s 越大动作圆在 R 方向有更多的保护范围，即具有自适应的功能。

14. 某 500kV 线路 1 启动过程中，对线路 1 电压与线路 2 电压进行同电源核相，试根据核相表画出电压相量图，并推断可能存在的接线错误。

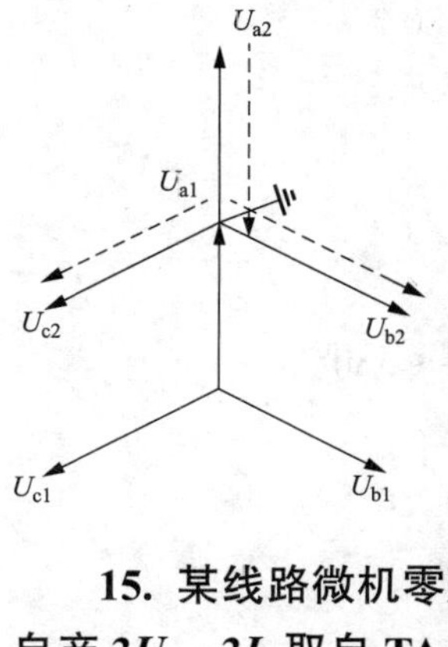

电压核相表	U_{a2}/V	U_{b2}/V	U_{c2}/V	U_{n2}/V
U_{a1}/V	57.7	57.7	57.7	0
U_{b1}/V	152.7	57.7	115.4	100
U_{c1}/V	152.7	115.4	57.7	100
U_{n1}/V	57.7	57.7	57.7	0

答：线路 1 的电压 N 错接至 A 相电压绕组，如图所示。

15. 某线路微机零序方向继电器的灵敏角是 Φ_L=−110°，动作范围为 θ=−110° ± 80°，自产 $3U_0$，$3I_0$ 取自 TA 中性线，从母线流向被保护线路方向定为电流的正方向。线路有功功率送 50MW，无功功率为零，A 相 TA 开路又恰逢 TV 二次回路故障 AB 相断线，画

出矢量图说明零序方向继电器此时的状态。

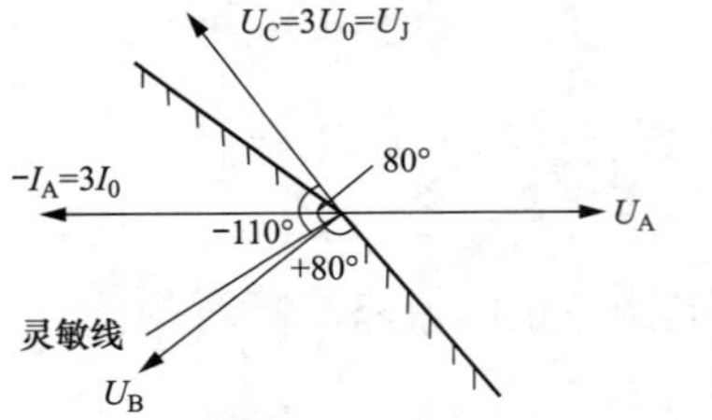

答： $3\dot{I}_0=\dot{I}_B+\dot{I}_C=-\dot{I}_A$，$3\dot{U}_0=\dot{U}_c$，$U_A$ 与 I_A 同相。

$3\dot{I}_0$在动作区内，继电器动作。

$$3\dot{I}_0=\dot{I}_B+\dot{I}_C=-\dot{I}_A$$

16. 欲构成如下图所示的双折线（实线）特性的阻抗继电器，实线下方为动作区。请写出以阻抗形式表达的动作方程和以电压形式表达的动作方程，并说明其实现方法。（设加入继电器的电压 U_m、电流 I_m 为阻抗继电器接线方式中规定的电压、电流，继电器的测量阻抗为 Z_m）

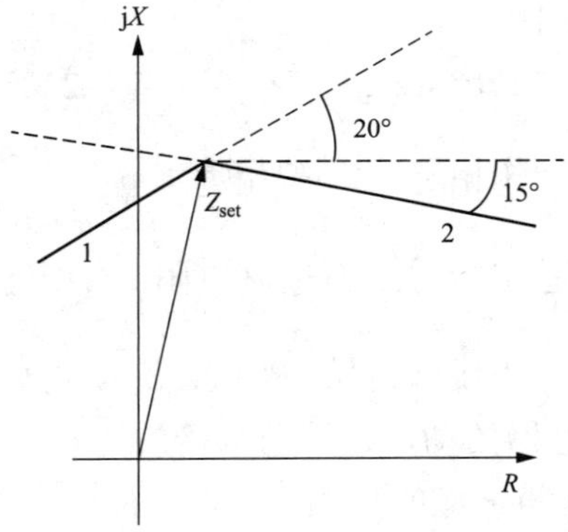

答： 答案 1 和答案 2 都算正确。

答案 1：直线 1 的阻抗形式动作方程为：$200°<\arg\dfrac{Z_m-Z_{set}}{R}<380°$

或写为：$-160°<\arg\dfrac{Z_m-Z_{set}}{R}<20°$

直线 1 的电压形式动作方程为：

$$200°<\arg\frac{U_m-I_mZ_{set}}{I_mR}<380° \text{ 或 } 200°<\arg\frac{U_m-I_mZ_{set}}{I_m}<380°$$

或写为：$-160°<\arg\dfrac{U_m-I_mZ_{set}}{I_mR}<20°$ 或 $-160°<\arg\dfrac{U_m-I_mZ_{set}}{I_m}<20°$

直线 2 的阻抗形式动作方程为：$165°<\arg\dfrac{Z_m-Z_{set}}{R}<345°$

直线 2 的电压形式动作方程为：

$$165°<\arg\frac{\dot{U}_{\mathrm{m}}-\dot{I}_{\mathrm{m}}Z_{\mathrm{set}}}{\dot{I}_{\mathrm{m}}R}<345° \text{ 或 } 165°<\arg\frac{\dot{U}_{\mathrm{m}}-\dot{I}_{\mathrm{m}}Z_{\mathrm{set}}}{\dot{I}_{\mathrm{m}}}<345°$$

用直线 1 和直线 2 电压形式动作方程构成的两个继电器的“与”门，即可构成本继电器。

答案 2：本继电器的阻抗形式动作方程为：$200°<\arg\frac{Z_{\mathrm{m}}-Z_{\mathrm{set}}}{R}<345°$

本继电器的电压形式动作方程为：

$$200°<\arg\frac{\dot{U}_{\mathrm{m}}-\dot{I}_{\mathrm{m}}Z_{\mathrm{set}}}{\dot{I}_{\mathrm{m}}R}<345° \text{ 或 } 200°<\arg\frac{\dot{U}_{\mathrm{m}}-\dot{I}_{\mathrm{m}}Z_{\mathrm{set}}}{\dot{I}_{\mathrm{m}}}<345°$$

用电压形式动作方程即可构成本继电器。

17. 以加入继电器的保护安装处的电压 $\dot{U}_{\mathrm{m}}$ 为基准，画出正方向区内、区外、保护区末端及反方向金属性短路时阻抗继电器的工作电压 $\dot{U}_{\mathrm{OP}}$ 的相量图。（只要画出相位关系，幅值大小不要求）

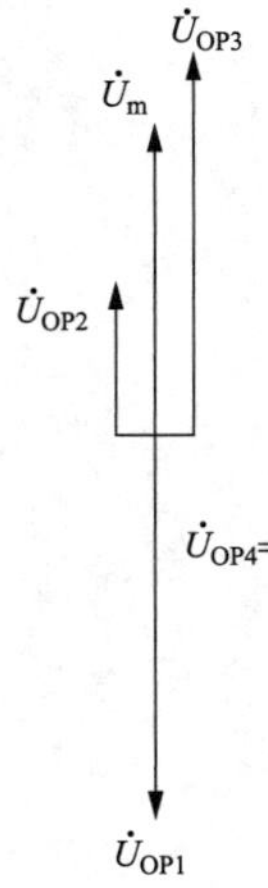

答：$U_{\mathrm{op}}=U_{\varphi}-I_{\varphi}Z_{\mathrm{set}}$。

相量图如下图所示。$\dot{U}_{\mathrm{OP1}}$ 为区内短路时的工作电压，$\dot{U}_{\mathrm{OP2}}$ 为区外短路时的工作电压，$\dot{U}_{\mathrm{OP3}}$为反方向短路时的工作电压，$\dot{U}_{\mathrm{OP4}}=0$ 为保护区末端短路时的工作电压。

18. 220kV 线路只有 B、C 两相运行，带容性负荷，请画出带负荷测试图。

答：相位分析，I_{b} 超前 U_{bc}90°，I_{c} 与 I_{b} 反相。

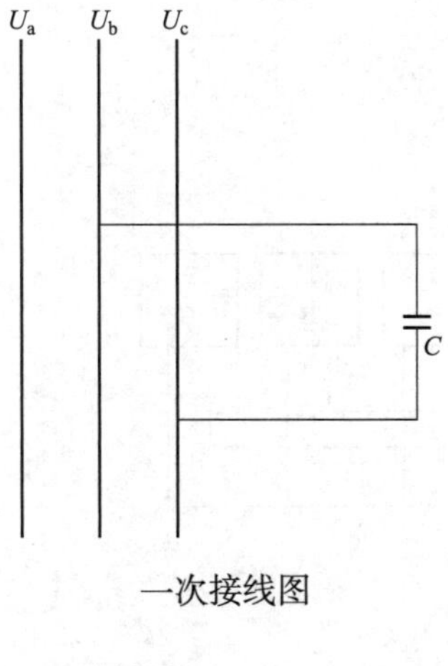

一次接线图

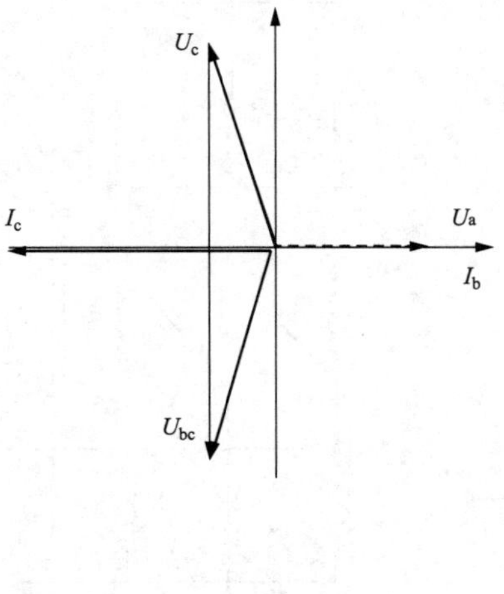

三、变压器保护

1. 试完成常规双绕组变压器 YN,d11 差动保护的三相原理接线图（图中 * 表示变压器极性端子。要求标注 TA 一次及二次的极性）。

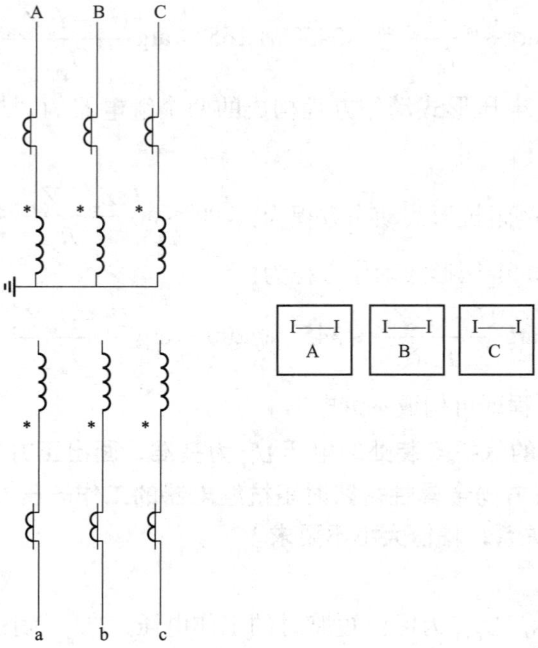

答：

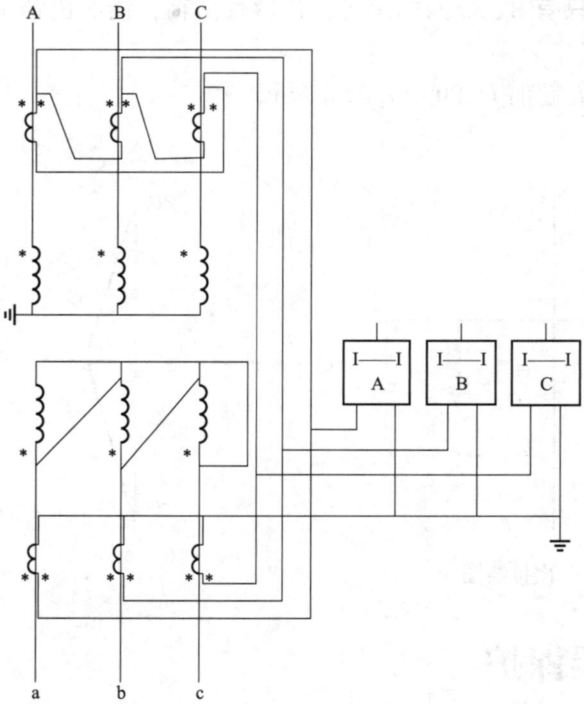

2. 画出中性点直接接地的 YN,d7 接线的三相变压器三相三继电器式差动保护回路的原理图（图中标明极性），写出高压侧差动回路电流表达式并画出其相量图。

答：高压侧差动回路电流：

$$\dot{I}_a=\frac{\dot{I}_C-\dot{I}_A}{\sqrt{3}};\ \dot{I}_b=\frac{\dot{I}_A-\dot{I}_B}{\sqrt{3}};\ \dot{I}_c=\frac{\dot{I}_B-\dot{I}_C}{\sqrt{3}}$$

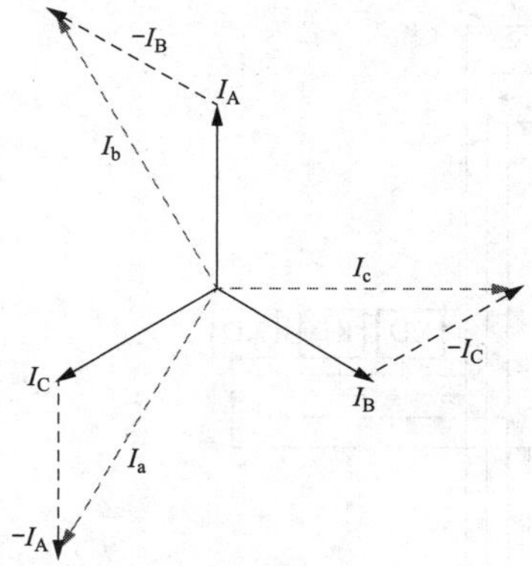

3. 画出自耦变压器零序差动保护 TA 回路解线示意图，并标出极性端。

答:

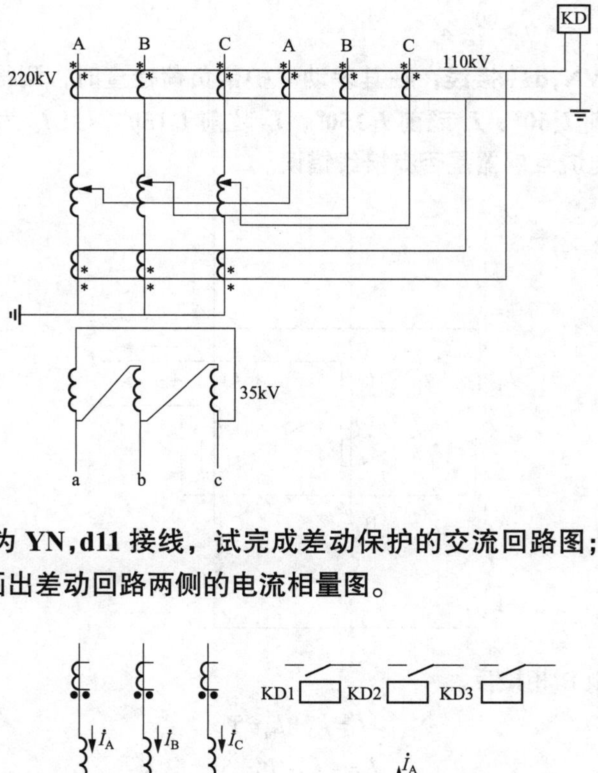

4. 图示变压器为 YN,d11 接线，试完成差动保护的交流回路图；已给出电流互感器一次侧的相量图，画出差动回路两侧的电流相量图。

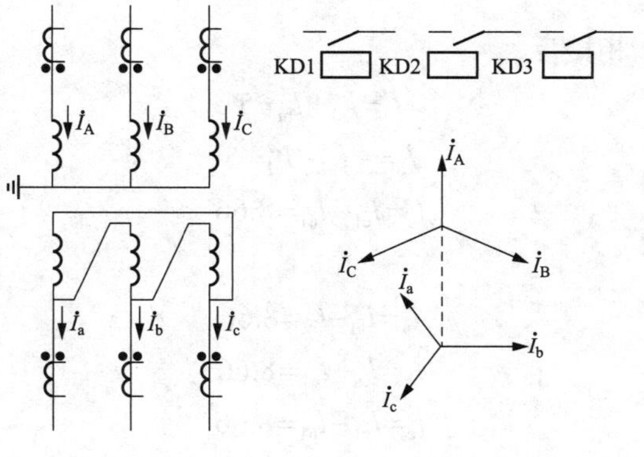

答：

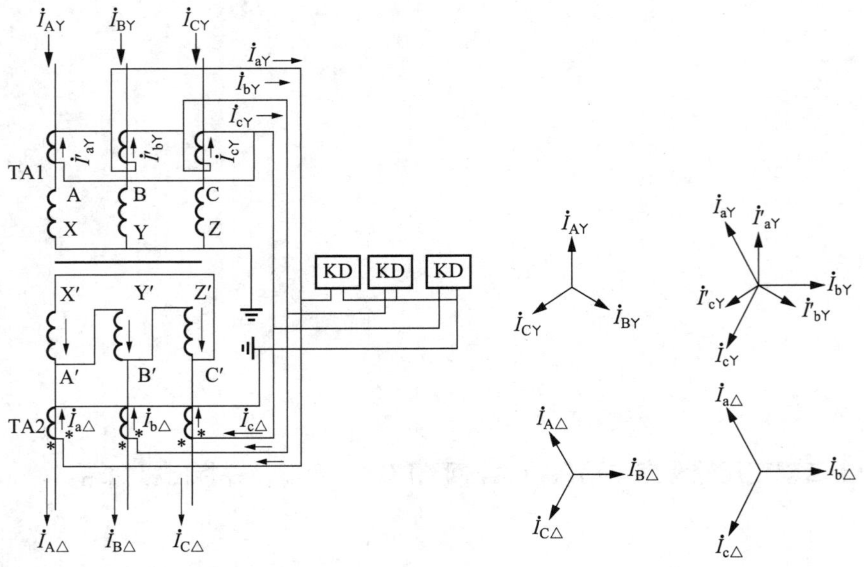

(a) (b) (c)

5. 一台变压器 YN,d11 接线，在其差动保护带负荷检查时，测得 Y 侧电流互感器电流相位关系为 I_B 超前 I_A60°，I_A 超前 I_C150°，I_C 超前 I_B150°，且 I_C 为 8.65A，$I_A=I_B=5$A，试分析变压器 Y 侧电流互感器是否有接线错误。

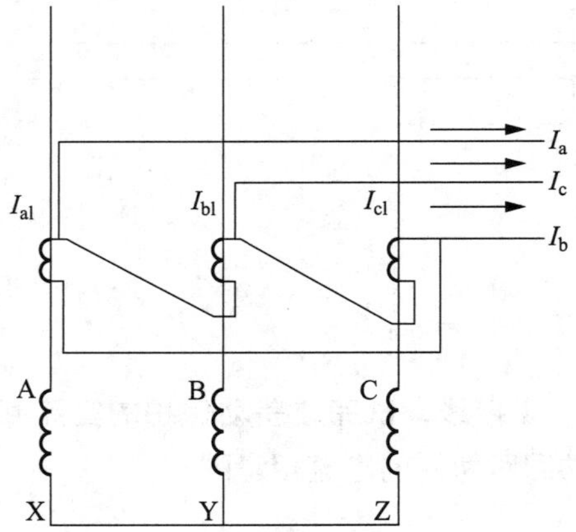

答：变压器 Y 侧 B 相接反。

$$I_a=I_{a1}+I_{b1}=5$$
$$I_b=-I_{b1}-I_{c1}=5$$
$$I_c=I_{c1}-I_{a1}=8.66$$

改正后：

$$I_a=I_{a1}-I_{b1}=8.66$$
$$I_b=I_{b1}-I_{c1}=8.66$$
$$I_c=I_{c1}-I_{a1}=8.66$$

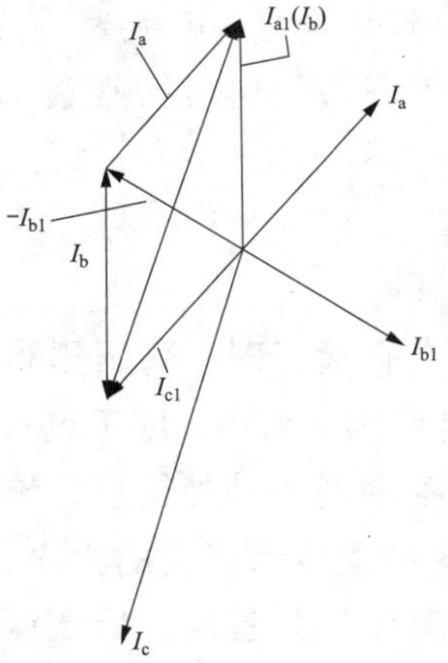

（改正前）

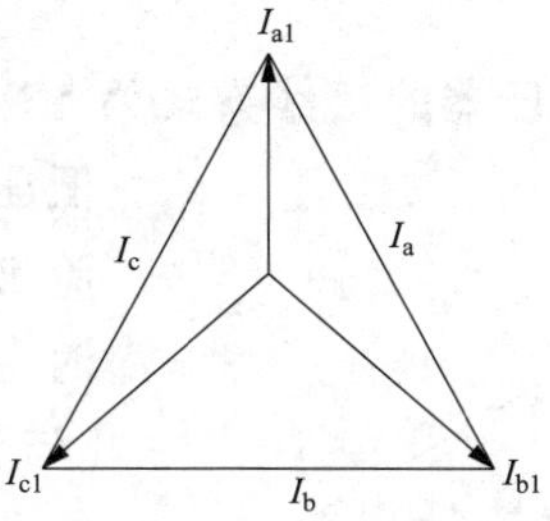

（改正后）

6. YN,d11 接线的变压器，微机型差动保护可实现两种方式的相位校正，请分别写出电流表达式，并画出电流相量图，解释如何消除零序电流进入差动元件。

答：（1）以 d 侧电流相位为基准，用 Y 侧电流进行移相。

Y 侧差动电流：

$$I_{AH}=(I_{ah}-I_{bh})/\sqrt{3}$$
$$I_{BH}=(I_{bh}-I_{ch})/\sqrt{3}$$
$$I_{CH}=(I_{ch}-I_{ah})/\sqrt{3}$$

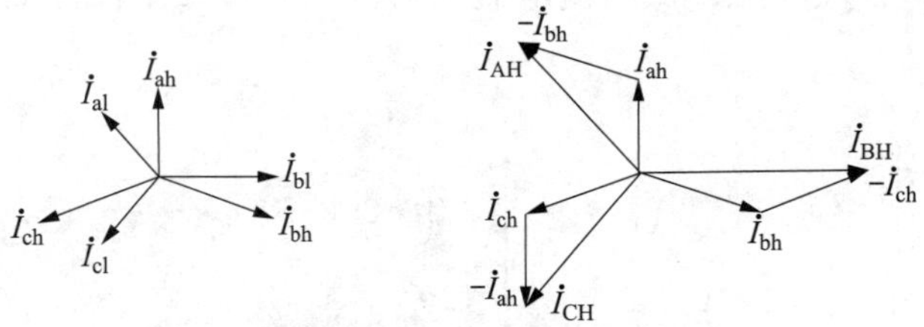

以d侧为基准的软件校正后Y, d侧电流相位

（2）以 Y 侧电流相位为基准，用 D 侧电流进行移相

D 侧差动电流：

$$I_{AL}=(I_{al}-I_{cl})/1.732$$
$$I_{BL}=(I_{bl}-I_{al})/1.732$$
$$I_{CL}=(I_{cl}-I_{bl})/1.732$$

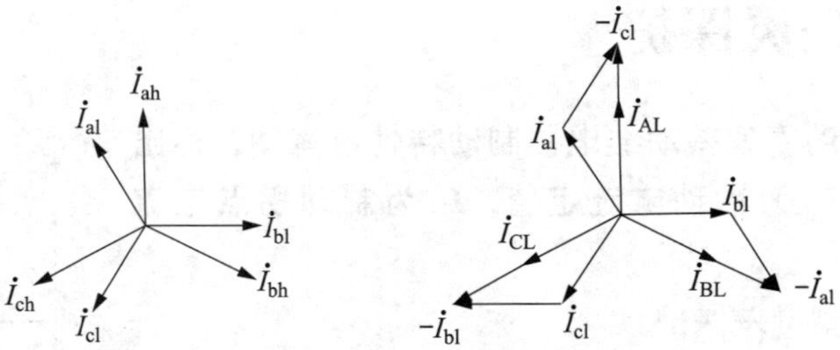

以Y侧为基准的软件校正后Y, d侧电流相位

对于在 Y 侧进行移相得变压器纵差保护，由于 Y 侧通入电流为两相电流差，故零序已消除。在 D 侧移相的变压器纵差保护，则考虑 Y 侧差动电流的消零。

$$I_{AH}=I_{ah}-I_{o}$$

$$I_{BH}=I_{bh}-I_{o}$$

$$I_{CH}=I_{ch}-I_{o}$$

7. 一台主变压器的接线方式为 YN, d11，满负荷运行时，高压侧额定电流为 3.94A，低压侧额定定流为 4.95A，施工过程中误把低压侧电流 B 相和 C 相在端子排处接反，请计算满负荷运行时主变压器保护置显示差流的大小，并作相量分析。（该保护是以高压侧为基准，低压侧通过软件校正相位）

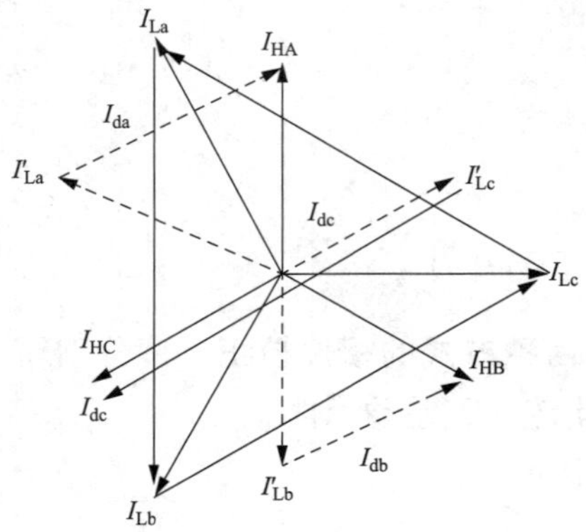

答：$I_{da}=1.0I_e$；$I_{db}=1.0I_e$；$I_{dc}=2.0I_e$

由相量图可知：

$$I_{da}=1.0I_e$$

$$I_{db}=1.0I_e$$

$$I_{dc}=2.0I_e$$

8. 110kV 主变压器（两绕组变压器）送电时，低压侧只带电容器运行，主变压器差动保护 TA 绕组变高极性靠 110kV 母线侧，变低极性靠 10kV 母线侧，画出带负荷测试图。（测量变高、变低电流时都以变高 A 相电压为基准）

答：负荷电流为容性电流，低压侧电流比对应高压侧相电流滞后 150°左右。结果如图所示。

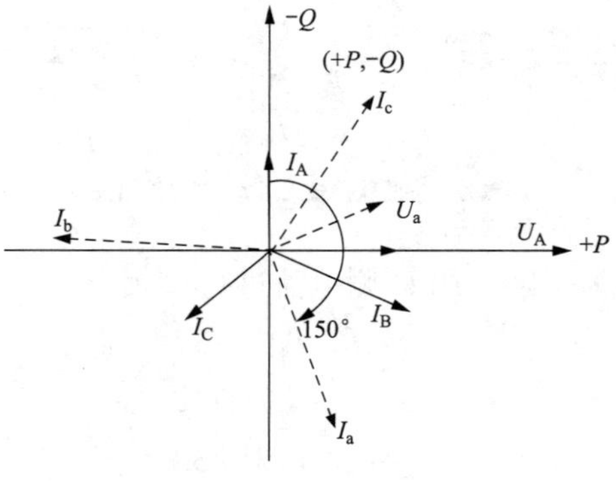

四、母差失灵保护

1. 画出比率制动原理差动继电器制动特性示意图，标出动作区与制动区。I_{cd} 为差动电流定值，I_{zd} 为制动拐点电流定值。

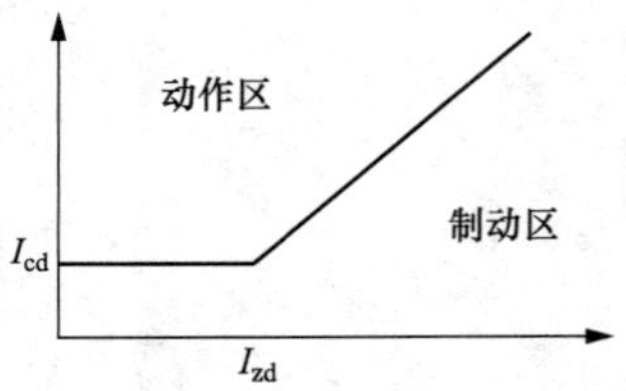

答：RCS915A 型母差保护。

动作方程：

$I_d > I_{dset}$

$I_d > K_r I_r (0 < K_r < 1)$

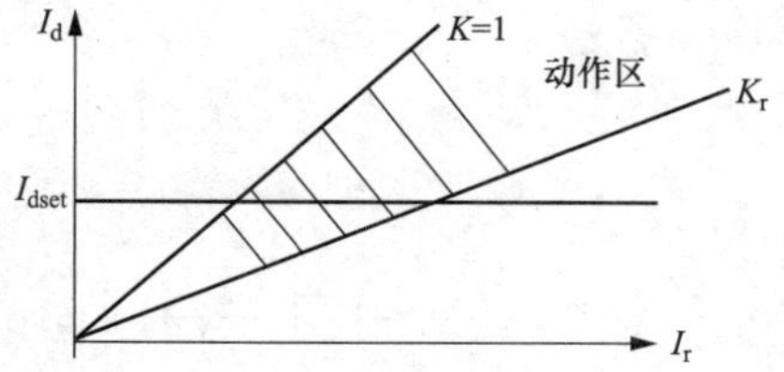

2. 请分别画出 RCS915A 型母差保护、BP-2B 型母差保护的差动元件动作特性曲线，并写出各自的动作方程。（符号表示：差动电流 I_d，制动电流 I_r，差流门槛定值 I_{dset}，制动系数 K_r）

答：BP-2B 型母差保护。

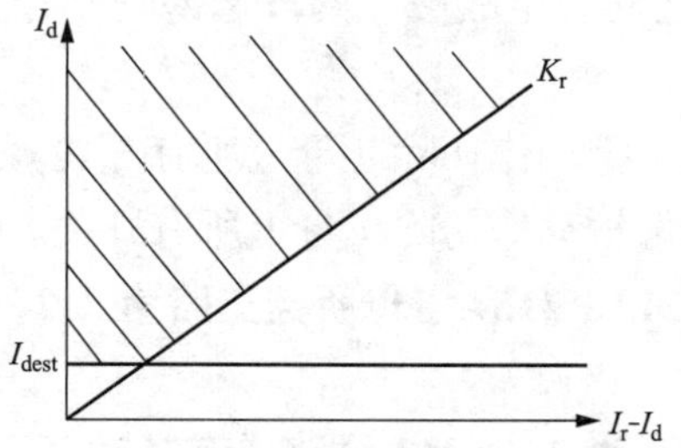

动作方程：

$I_d > I_{dset}$

$I_d > K_r(I_r - I_d)(K_r \geq 1)$

3. 根据下图所采用的母差保护，请画出在图中 K 位置发生故障时，流过各 TA 一、二次电流的示意图，并指出哪个差动继电器动作，跳哪些开关。

答：KD1、KD3 动作，跳开 QF1、QF2、QF5。

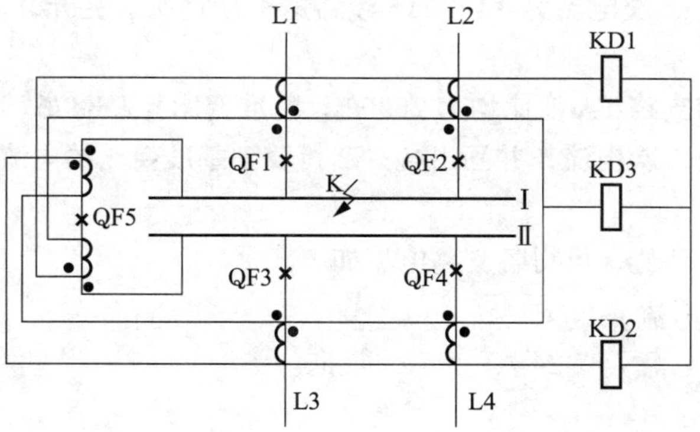

4. 根据下图所示 D 点故障，分析整个保护动作及切除故障全过程（各开关切除顺序）。保护配置为相位比较式母差保护，所有开关均在运行位置。

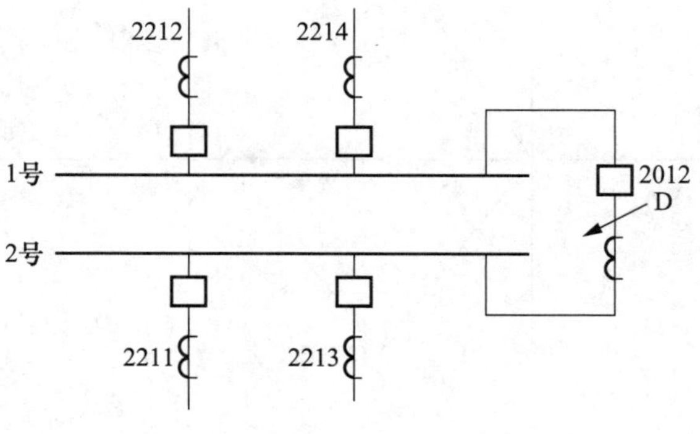

答：母差保护动作首先跳开 2212、2214、2012 开关，然后延时跳开 2211、2213 开关。

5. 画出双母线接线中母联 TA 的三种布置方式，试分析这三种布置方式下死区故障时母差保护的动作情况。

答：

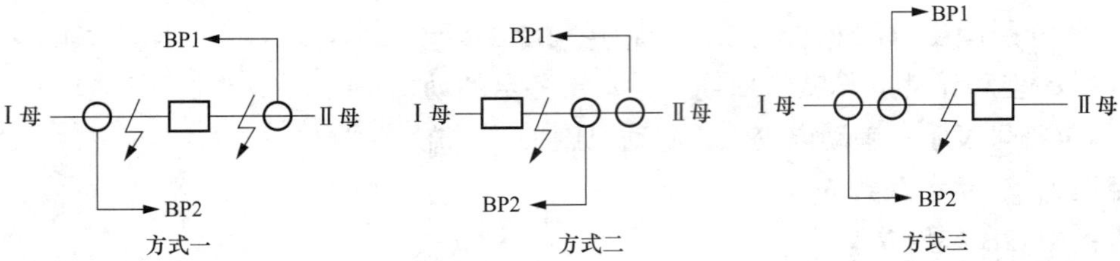

方式一：TA布置在母联开关的两侧，在开关与TA之间发生故障，两段母差均动作跳闸，也就是不存在死区。

方式二：Ⅰ母母差动作后，故障点仍然存在，靠死区保护动作切除Ⅱ母上所有开关。

方式三：Ⅱ母母差动作后，故障点仍然存在，靠死区保护动作切除Ⅰ母上所有开关。

6. 某站220kV为双母线接线，Ⅰ母所挂支路为211、213、215，Ⅱ母所挂支路为212，母联为210，双母并列运行。

已知：（1）Ⅰ母潮流为211线路受有功功率，二次电流为2A；213线路送有功功率、送无功功率均相等，二次电流为3A；215线路送有功功率、受无功功率均相等，二次电流为3A。

（2）变比：所有支路TA变比均为2500/5，基准变比为2500/5。

计算出其余支路二次电流，并画出各支路折算到基准变比的电流相量图。（以Ⅰ母 U_a 为基准）

答：已知潮流、变比，可得各支路电流如下。

210支路：二次电流 $I=\sqrt{3^2+3^2}-2=2.24(\text{A})$，与 U_a 同向。

212支路：二次电流 $I=2.24(\text{A})$，与 U_a 反向。

电流相量图如下：

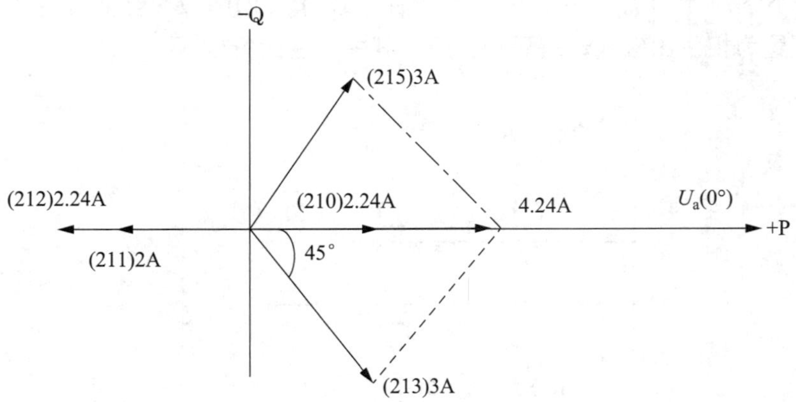

五、规程规范及反措

1. 一组220kV线路电流互感器，其内部二次绕组的排列方式如图所示，L1靠母线

侧，L2 靠线路侧。问：线路保护、母线保护、录波器、测控装置、远方切负荷检测装置的电流回路应接入哪一组？为什么？

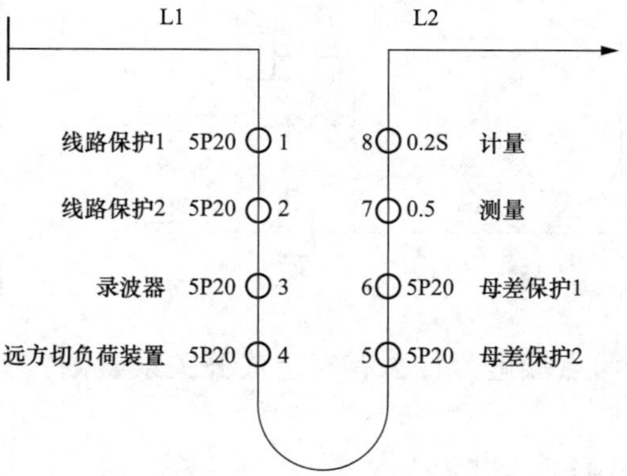

答：线路保护与母差保护应交叉配置，防止 CT 死区，线路保护与母差保护范围应最大。

2. 某电流互感器一次侧通入正弦交流电流 I_1，二次侧在纯电阻负载下测得的电流为 I_2，在不计二次绕组漏抗及铁芯损失的情况下，若测得的相角误差为 7°，试求此时的变比误差 ε。

答：作出电流互感器相量关系如下。

$$
\begin{aligned}
\varepsilon &= \frac{I_1 - I_2}{I_1} \times 100\% \\
&= \frac{1-\cos\delta}{1} \times 100\% \\
&= (1-\cos 7°) \times 100\% \\
&= 0.75\%
\end{aligned}
$$

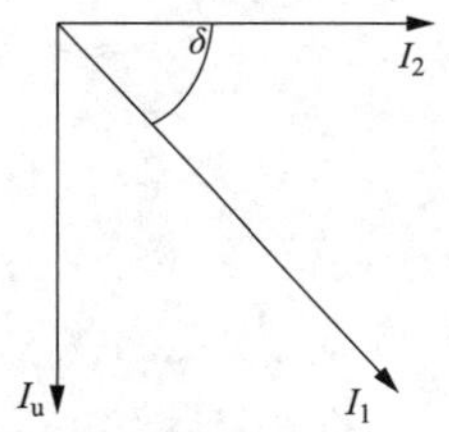

3. 如下图所示的回路接线有何问题？请画图说明。应采取何种措施？

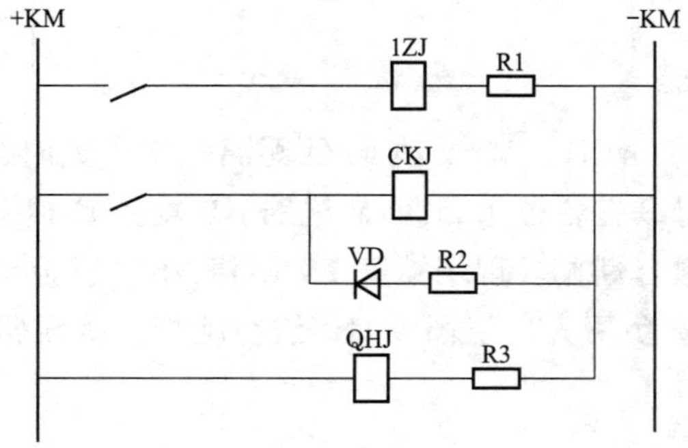

答：如图所示，在 A 点或 B 点的回路断线时，将形成寄生回路，直流正电源通过 QHJ、R2、VD 引至 CKJ，造成误动作。

对于两个及以上中间继电器线圈或回路并联使用时，应先并联，然后经公共连线引出。

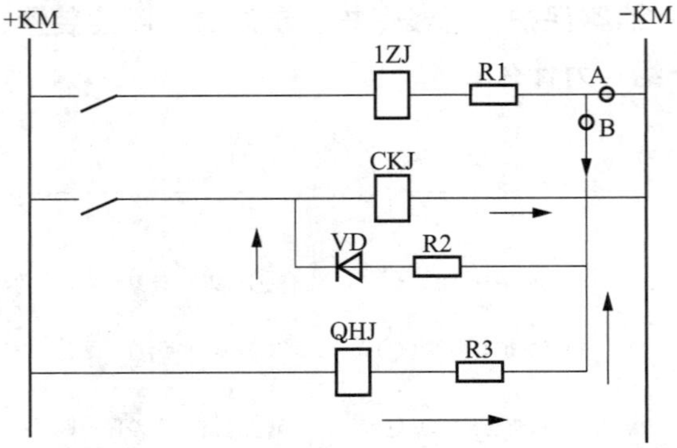

4. 试分析直流系统两点接地为什么有时造成开关误跳闸？有时造成开关拒跳闸？画图举例说明。

答：（1）两点接地可能造成开关误跳闸。

如图所示，当直流接地发生在 A、B 两点时，将电流继电器 1LJ、2LJ 触点短接，而将中间继电器启动，ZJ 触点闭合使开关跳闸，造成开关误跳闸。

（2）两点接地可能造成开关拒跳闸。

如图所示，当直流接地发生在 B、C 两点或 D、C 两点时，可能造成开关拒跳闸。

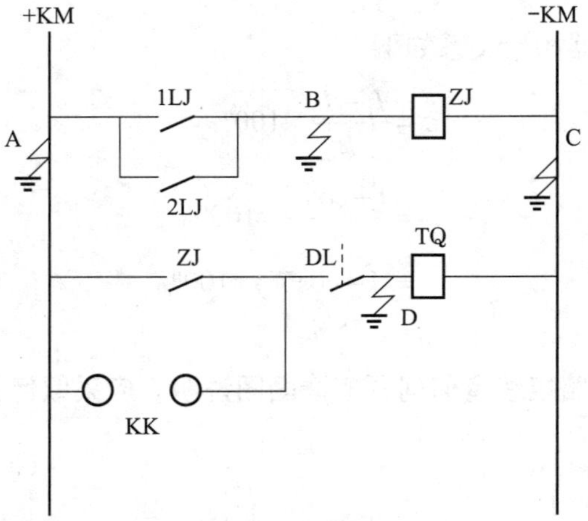

5. 以下为系统简图和 MN1、MN2 线 M 侧距离保护装置内部录波图（1 线运行在Ⅰ母，2 线运行在Ⅱ母，母联在合位），220kV 线路 NP 发生 C 相接地故障，MN2 线 M 侧距离保护接地距离Ⅰ段动作跳闸。现场检查 TV 回路 N600 在控制室一点接地，保护装置正常。如果你是事故检查负责人，现场应如何进行检查？试根据录波图分析距离保护误动的原因。

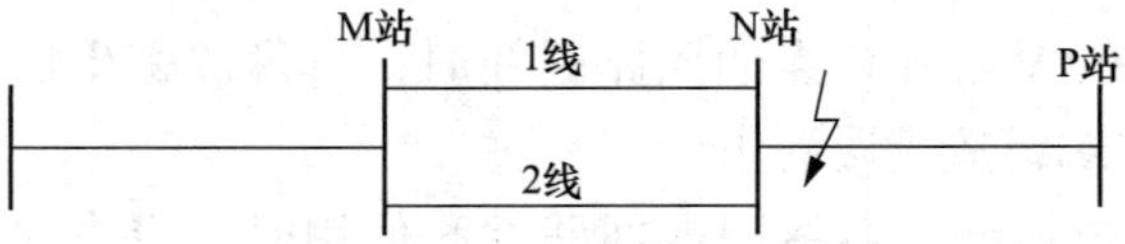

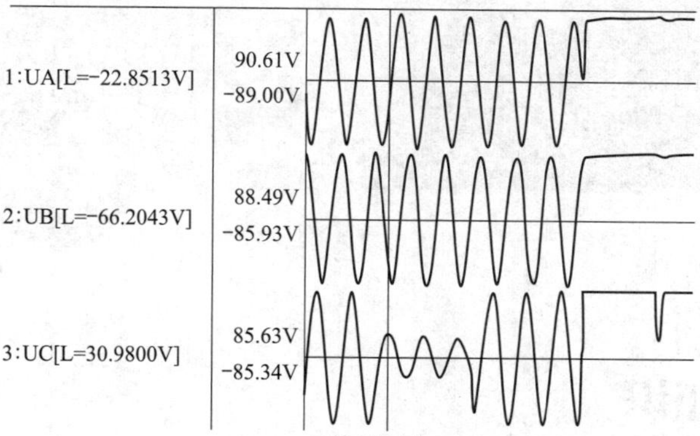

1线录波图

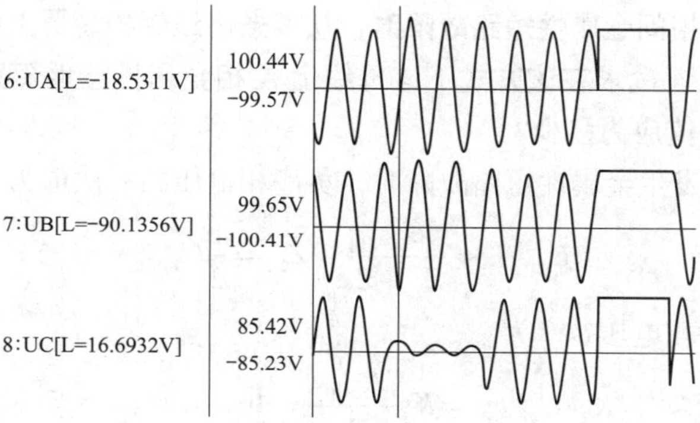

2线录波图

答：从录波看线路2的电压采样有明显异常，故障时非故障相A、B相电压有明显升高，而C相故障电压则比1线明显偏低，现象看电压中性点往C相电压方向有偏移，虽然两条线路的电压分别取自各自母线TV，但两TV电气距离都在同一站内，电气距离很近，一次电压不可能有如此大的区别，故问题还是出在2线的TV二次回路。2母TV二次回路的问题可能是开口三角电压与U_{LN}、U_L线接反所致，保护的中性点电压U_N接成了$3U_0$。以A相为例简单相量图分析如下。

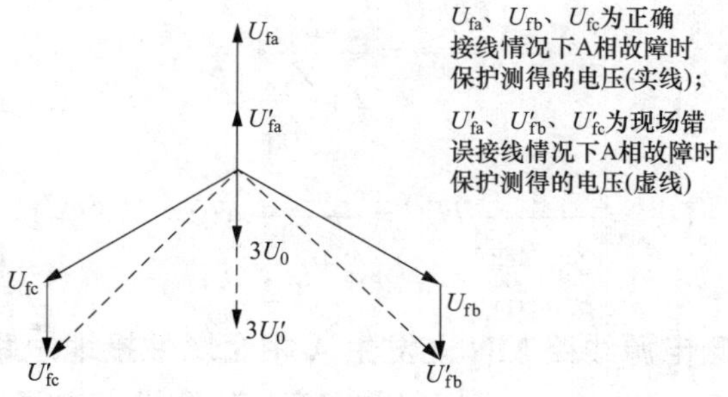

一、基础知识

1. 某 220kV 母线的系统各序综合阻抗的关系为 $Z_{\Sigma 1}=Z_{\Sigma 2}=1.2Z_{\Sigma 0}$；各序阻抗角相等。当该母线上发生 BC 相间金属性短路故障时，从某条出线保护装置上读得的负序电压值约为 30V，请问为什么？试求在该方式下该母线上 A 相金属性接地短路故障时，上述出线保护中的负序相电压值应为多少？

答：母线 BC 相发生金属性短路故障时，负序相电压的一次值为

$$U_{2(一次)}^{(2)}=\frac{U_{KA[0]}}{Z_{\Sigma 1}+Z_{\Sigma 2}}\cdot Z_{\Sigma 2}=\frac{1}{2}U_{KA[0]}$$

保护测得的负序相电压 $U_2^{(2)}$ 为

$$U_2^{(2)}=K_2\cdot U_{2(一次)}^{(2)}=K_2\frac{U_{KA[0]}}{2}\approx 30(V) \quad （K_2 为系数）$$

母线 A 相发生金属性接地短路故障时，负序相电压的一次值为

$$U_{2(一次)}^{(1)}=\frac{U_{KA[0]}}{Z_{\Sigma 1}+Z_{\Sigma 2}+Z_{\Sigma 0}}\cdot Z_{\Sigma 2}=\frac{U_{KA[0]}}{2+\dfrac{Z_{\Sigma 0}}{Z_{\Sigma 1}}}$$

保护测得的负序相电压 $U_2^{(1)}$ 为

$$U_2^{(1)}=K_2\cdot U_{2(一次)}^{(1)}=K_2\frac{U_{KA[0]}}{2+\dfrac{Z_{\Sigma 0}}{Z_{\Sigma 1}}}$$

所以
$$\frac{U_2^{(1)}}{U_2^{(2)}}=\frac{2}{2+\dfrac{Z_{\Sigma 0}}{Z_{\Sigma 1}}}$$

即
$$U_2^{(1)}=\frac{2}{2+\dfrac{Z_{\Sigma 0}}{Z_{\Sigma 1}}}\cdot U_2^{(2)}=\frac{2}{2+\dfrac{1}{1.2}}\times 30=21.2(V)$$

2. 如图所示在单侧电源线路 MN 上发生 A 相金属性接地短路，短路点到 M、N 母线的正序阻抗分别为 Z_{MK1} 和 Z_{NK1}。设短路前空载，N 侧没有电源且变压器中性点直接接地。输电线路的零序电流补偿系数为 K。问：

（1）N 侧三相电流 $\dot{I}_{NA}$、$\dot{I}_{NB}$、$\dot{I}_{NC}$ 幅值、相位有什么关系？为什么？

（2）写出 M、N 侧 A 相接地阻抗继电器的测量阻抗 $Z_{J.A}$ 的表达式。

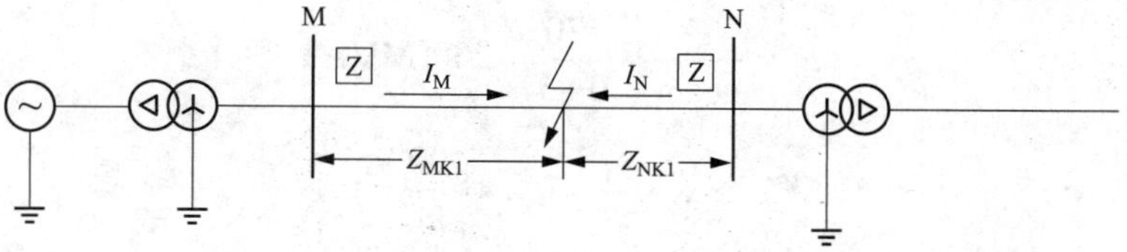

答：（1）由于短路前空载，所以 N 侧负载阻抗是无穷大，正序、负序阻抗都是无穷大。N 侧变压器是 YNd 接线，中性点接地。所以线路上 A 相接地短路后 N 侧电流中没有正、负序电流，只有零序电流。故 $\dot{I}_{NA}$、$\dot{I}_{NB}$、$\dot{I}_{NC}$ 三相电流幅值相等、相位相同，是零序电流，即 $\dot{I}_{NA}=\dot{I}_{NB}=\dot{I}_{NC}=\dot{I}_{N0}$。

（2）M 侧 A 相接地阻抗继电器的测量阻抗为

$$Z_{J.MA}=\frac{\dot{U}_{MA}}{\dot{I}_{MA}+K3\dot{I}_{M0}}=\frac{\left(\dot{I}_{MA}+K3\dot{I}_{M0}\right)Z_{MK1}}{\dot{I}_{MA}+K3\dot{I}_{M0}}=Z_{MK1}$$

N 侧 A 相接地阻抗继电器的测量阻抗为

$$Z_{J.NA}=\frac{\dot{U}_{NA}}{\dot{I}_{NA}+K3\dot{I}_{N0}}=\frac{\left(\dot{I}_{NA}+K3\dot{I}_{N0}\right)Z_{NK1}}{\dot{I}_{NA}+K3\dot{I}_{N0}}=Z_{NK1}$$

3. 已知下图中各元件参数如下。

F1、F2：P_e=170MW，功率因数 $\cos\varphi=0.85, X''_\alpha=0.2, U_e=10.5kV$。

T1：接线 Ynd11，U_e=230kV ± 2 × 2.5%/10.5kV，S_e=200MVA，U_k%=10%。

T2：接线 YnYnd11，S_e=200MVA，$U_e=230kV\pm8\times1.25\%/115kV\pm8\times1.25\%/10.5kV$，$U_{k高-中}\%=15\%$，$U_{k高-低}\%=5\%$，$U_{k中-低}\%=10\%$。

（均为全容量下）

线路：L=20km，Z_1=(0.02645+j0.2645)Ω/km。

基准容量 S_j=100MVA，基准电压 230kV、115kV、10.5kV。

假设：（1）发电机、变压器 $X_1=X_2=X_0$。

（2）不计发电机、变压器、线路电阻值，且线路 $X_0=3X_1$。

问题：

（1）计算出图中各元件的标幺阻抗值。

（2）画出在母线 M 处 A 相接地短路时，包括两侧的复合序网图。

（3）计算出 M 处 A 相接地短路时短路点的全电流（有名值）。

（4）利用计算结果求出流经 T2 的 220kV 侧零序电流（有名值）。

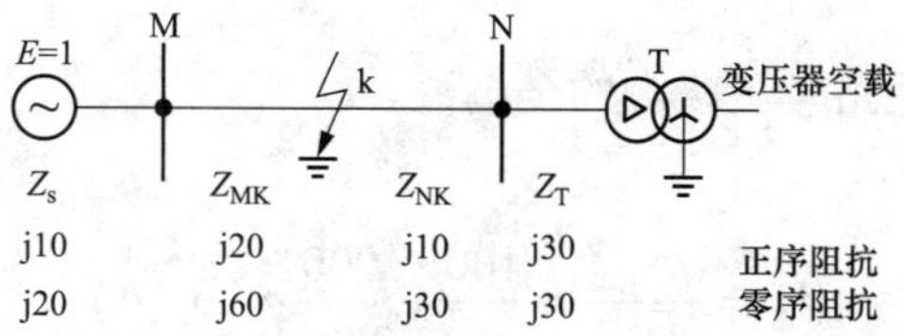

答：（1）各元件标幺值。

F1、F2 的标幺值：

$$S_e = \frac{P_e}{\cos\varphi} = \frac{170}{0.85} = 200(\text{MVA})$$

$$X_{F*} = X''_d \cdot \frac{S_j}{S_e} = 0.2 \times \frac{100}{200} = 0.1$$

T1 的标幺值：

$$X_{T*} = \frac{U_k\%}{100} \times \frac{S_j}{S_e} = 0.1 \times \frac{100}{200} = 0.05$$

T2 的标幺值：

$$X_{Ⅰ*} = \frac{U_{kⅠ}\%}{100} \times \frac{100}{200} = \frac{1}{2} \times (0.15 + 0.05 - 0.1) \times \frac{1}{200} = 0.025$$

$$X_{Ⅱ*} = \frac{U_{kⅡ}\%}{100} \times \frac{100}{200} = \frac{1}{2} \times (0.15 + 0.1 - 0.05) \times \frac{1}{200} = 0.05$$

$$X_{Ⅲ*} = \frac{U_{kⅢ}\%}{100} \times \frac{100}{200} = \frac{1}{2} \times (0.1 + 0.05 - 0.15) \times \frac{1}{200} = 0$$

线路的标幺值：

230kV 基准阻抗

$$Z_j = \frac{U_j^2}{S_j} = \frac{230^2}{100} = 529(\Omega)$$

$$Z_{1*} = \frac{Z_1}{Z_j} = \frac{\text{j}0.2645 \times 20}{529} = \text{j}0.01$$

$$Z_{0*} = 3Z_{1*} = \text{j}0.03$$

（2）复合序网如图所示。

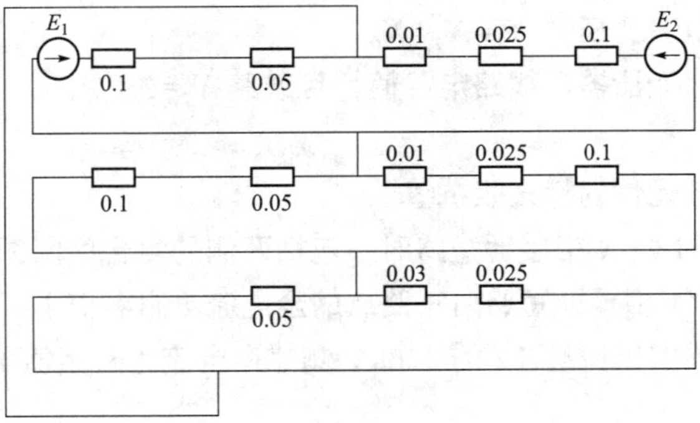

（3）M 处 A 相接地短路时短路点的全电流。

220kV 电流基准值：

$$I_{B1} = \frac{S_B}{\sqrt{3}U_B} = \frac{100 \times 1000}{\sqrt{3} \times 230} \approx 251(\text{A})$$

$$X_{1\Sigma*} = (0.1 + 0.05) // (0.01 + 0.025 + 0.1) = 0.071$$

$$X_{2\Sigma*} = (0.1 + 0.05) // (0.01 + 0.025 + 0.1) = 0.071$$

$$X_{0\Sigma*}=0.05//(0.03+0.025)=0.026$$

短路点的全电流为

$$I_k=3\frac{I_{B1}}{X_{1\Sigma}+X_{2\Sigma}+X_{0\Sigma}}=3\times\frac{251}{2\times0.071+0.026}=4482(A)$$

（4）流经 T2 的 220kV 侧零序电流为

$$I_0=\frac{I_k}{3}\times\frac{0.026}{0.055}=706(A)$$

4. 如下图所示，在 FF′ 点 A 相断开，求 A 相断开后 B、C 相流过的电流，并和断相前进行比较。

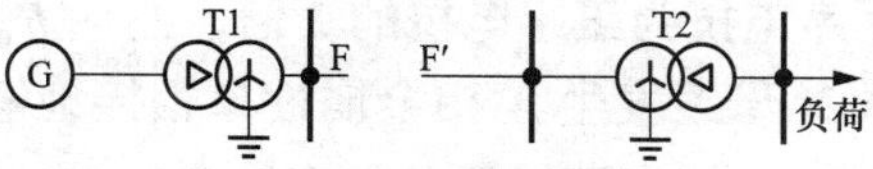

	发电机	T1	线路	T2	负荷
X_1	0.25	0.2	0.15	0.2	1.2
X_2	0.25	0.2	0.15	0.2	0.35
X_0		0.2	0.57	0.2	

假设各元件参数已归算到以 S_b=100MVA、U_b 为各级电网的平均额定电压为基准的标幺值表示。E_{a1}=j1.43。

答：（1）A 相断线时的复合序网如图所示。

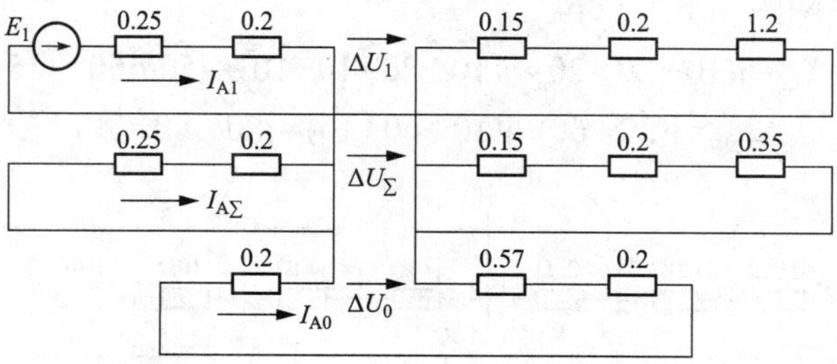

（2）系统各序阻抗：

$$X_{1\Sigma}=0.25+0.2+0.15+0.2+1.2=2$$
$$X_{2\Sigma}=0.25+0.2+0.15+0.2+0.35=1.15$$
$$X_{0\Sigma}=0.2+0.57+0.2=0.97$$

（3）断线相 A 相各序电流为

$$\dot{I}_{A1}=\frac{\dot{E}_{a1}}{j\left(X_{1\Sigma}+X_{2\Sigma}//X_{0\Sigma}\right)}=\frac{j1.43}{j\left(2+1.15//0.97\right)}=0.565$$

$$\dot{I}_{A2}=-\dot{I}_{A1}\frac{X_{0\Sigma}}{X_{2\Sigma}+X_{0\Sigma}}=-0.565\times\frac{0.97}{1.15+0.97}\approx-0.259$$

$$\dot{I}_{A0}=-\dot{I}_{A1}\frac{X_{2\Sigma}}{X_{2\Sigma}+X_{0\Sigma}}=-0.565\times\frac{1.15}{1.15+0.97}\approx-0.306$$

（4）非故障相电流：

$$\dot{I}_{B}=\alpha^{2}\dot{I}_{A1}+\alpha\dot{I}_{A2}+\dot{I}_{A0}=0.85\angle 237^{\circ}$$

$$\dot{I}_{B}=\alpha\dot{I}_{A1}+\alpha^{2}\dot{I}_{A2}+\dot{I}_{A0}=0.85\angle 237^{\circ}$$

（5）故障前各相电流：

$$\dot{I}_{A}=\dot{I}_{B}=\dot{I}_{C}=\frac{\dot{E}_{a1}}{X_{1\Sigma}}=\frac{\text{j}1.43}{\text{j}2}=0.715$$

5. 下图中标出的阻抗为正序（负序）电抗，设各元件阻抗角为 90°，变压器的励磁阻抗为无穷大，输电线路零序电抗为正序电抗的 3 倍，$\dot{E}_S=\dot{E}_R=1$，所有参数均已归算到 MN 线路所在的系统侧。求 N 母线发生 A 相金属性单相接地短路时流过 MN 线路的各相电流及 M 母线的 A 相电压值。（答案可以用分数表达）

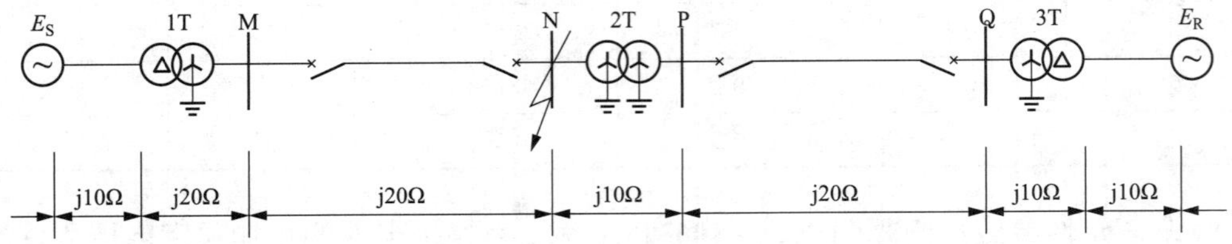

答：（1）求出各元件零序电抗。

X_{1T0}=j20；X_{MN0}=j60；X_{2T0}=j10；X_{PQ0}=j60；X_{3T0}=j10；

（2）画出复合序网图如下，求得

$X_{1\Sigma}$=j(10+20+20)//j(10+20+10+10)=j50//j50=j25

$X_{0\Sigma}$=j(20+60)//j(10+60+10)=j80//j80=j40

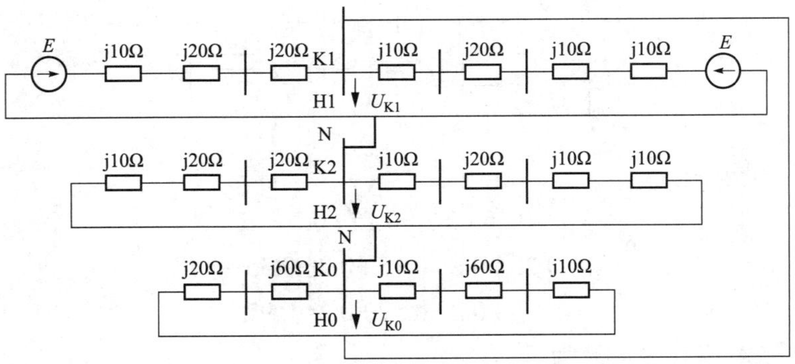

（3）求短路点各序电流。

$I_{K1}=I_{K2}=I_{K0}=E/(2X_{1\Sigma}+X_{0\Sigma})$=1/(2×j25+j40)=−j/90

（4）求流过 MN 线路的各序电流 I_1、I_2、I_0。

各序电流分配系数 C_1、C_2、C_0 为 $C_1=C_2=C_0=0.5$，所以

$I_1=I_2=I_0$=−j/180

（5）求流过 MN 线路的各相电流和 M 母线的 A 相电压。

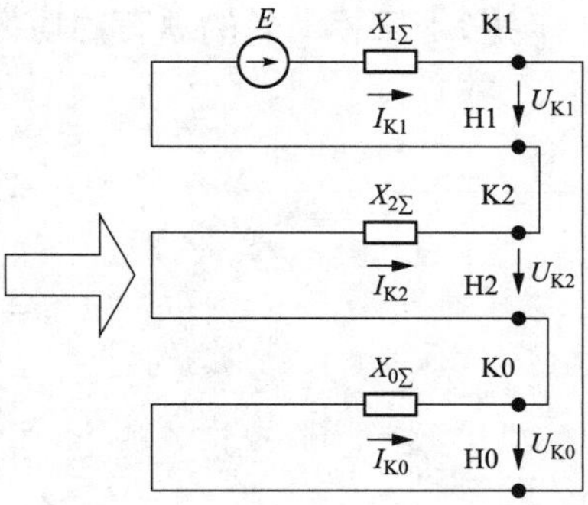

$$I_A=I_1+I_2+I_0=-j\times 3/180=-j/60$$

由于各序电流分配系数相等，故

$$I_B=0$$

$$I_C=0$$

根据线路参数 $K=(X_0-X_1)/(3X_1)=2/3$，故 M 母线的 A 相电压 U_{MA} 为

$$U_{MA}=U_{KA}+(I_A+K3I_0)X_{MN1}=0+[-j/60+(2/3)\times(-j/60)]j20=5/9。$$

6. 如图所示系统中的 k 点发生三相金属性短路，试用标幺值求次暂态电流。

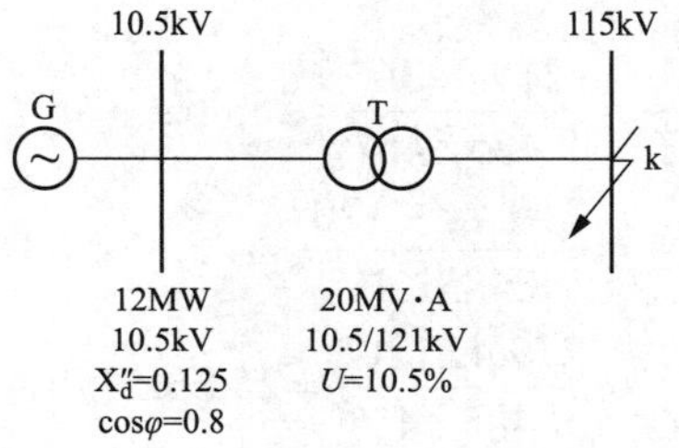

答：选基准功率 $S_j=100\text{MV}\cdot\text{A}$，基准电压 $U_j=115\text{kV}$，基准电流

$$I_j=\frac{100}{\sqrt{3}\times 115}\approx 0.5(\text{kA})$$

则

$$X_{G*}=\frac{0.125\times 100}{12\div 0.8}\approx 0.83$$

$$X_{T*}=\frac{0.105\times 100}{20}=0.525$$

$$I_{k*}=\frac{1}{0.83+0.53}=0.735$$

$$I_k=0.5\times 0.735\approx 0.368(\text{kA})$$

故次暂态电流为 0.368kA。

7. 有一三相对称大接地电流系统，故障前 A 相电压为 $U_A=63.5e^{j0}$，当发生 A 相金属性接地故障后，其接地电流 $I_k=1000e^{-j80°}$。求故障点的零序电压 U_{k0} 与接地电流 I_k 之间的相位差。

答：在不考虑互感时有

$$3\dot{U}_{k0}=-\dot{U}_A=U_A e^{-j180°}$$

$$\varphi_n-\varphi_i=-180°-(-80°)=-100°$$

故接地电流 I_k 超前零序电压 U_{k0}100°。

8. 星形联结的三相对称负载，已知各相电阻 $R=6\Omega$，感抗 $X_L=6\Omega$，现把它接入 $U_l=380V$ 的三相对称电源中，求：

（1）通过每相负载的电流 I。

（2）三相消耗的总有功功率。

答：设

$$\dot{U}_A=\frac{380\angle0^\circ}{\sqrt{3}}=219.4\angle0^\circ(\text{V})$$

$$\dot{U}_B=\frac{380\angle-120^\circ}{\sqrt{3}}=219.4\angle-120^\circ(\text{V})$$

$$\dot{U}_C=\frac{380\angle120^\circ}{\sqrt{3}}=219.4\angle120^\circ(\text{V})$$

$$Z=R+\text{j}X_L=6+\text{j}6=8.485\angle45^\circ(\Omega)$$

$$45^\circ=\arctan\left(\frac{X_L}{R}\right)=\arctan\left(\frac{6}{6}\right)=\arctan1$$

（1）通过每相电流：

$$\dot{I}_A=\frac{\dot{U}_A}{Z}=\frac{219.4\angle0^\circ}{8.485\angle45^\circ}=25.86\angle-45^\circ(\text{A})$$

$$\dot{I}_B=\frac{\dot{U}_B}{Z}=\frac{219.4\angle-120^\circ}{8.485\angle45^\circ}=25.86\angle-165^\circ(\text{A})$$

$$\dot{I}_C=\frac{\dot{U}_C}{Z}=\frac{219.4\angle120^\circ}{8.485\angle45^\circ}=25.86\angle75^\circ(\text{A})$$

（2）三相消耗的总有功功率：

$$P=3U_{ph}I_{ph}\cos\varphi$$
$$=3\times219.4\times25.86\times\cos45^\circ\approx12.034(\text{kW})$$

I_A 为 25.86∠−45°A，I_B 为 25.86∠−165°A，I_C 为 25.86∠75°A；三相消耗的总有功功率为 12.034kW。

9. 如右图所示正弦交流电路，试求电路发生谐振时，电源的角频率 ω 应满足的条件。

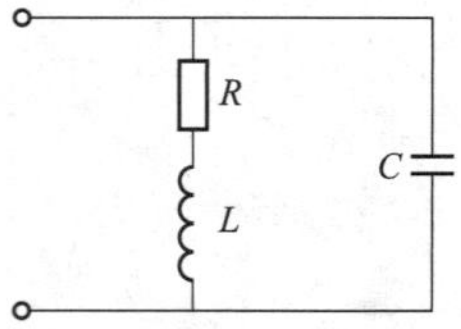

答：电路的等效复阻抗

$$Z=\frac{(R+\text{j}X_L)(-\text{j}X_C)}{R+\text{j}X_L-\text{j}X_C}$$
$$=\frac{X_C[RX_C-\text{j}(R^2+X_L^2-X_LX_C)]}{R^2+(X_L-X_C)^2}$$

电路发生谐振时，复阻抗 Z 的虚部为零，即

$$R^2+X_L^2-X_LX_C=0$$

又 $X_C=\frac{1}{\omega C}$，$X_L=\omega L$，代入上式整理得

$$\omega=\sqrt{\frac{1}{LC}-\left(\frac{R}{L}\right)^2}$$

即当 ω 满足上述关系时，电路就会发生谐振。

故 $\omega=\sqrt{\frac{1}{LC}-\left(\frac{R}{L}\right)^2}$ 时，电路发生谐振。

10. 有一方向阻抗继电器的整定值 Z_{set}=4Ω/ph，最大灵敏角为 75°，当继电器的测量

阻抗为 3∠15°Ω/ph 时，继电器是否动作？

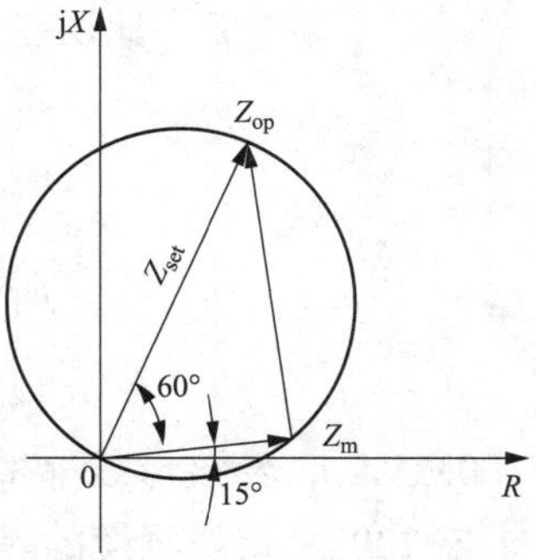

答：设整定阻抗在最大灵敏角上，如右图所示。

Z_{set} 与测量阻抗 Z_m 相差 60°，当整定阻抗落在圆周 15°处时，其动作阻抗为 $Z_{op}=4\cos60°=2(\Omega/ph)$，而继电器的测量阻抗为 3∠15°Ω/ph，大于 2Ω/ph，故继电器不动作。

11. 如下图所示为二极管稳压电源。已知电源电压 $E=20V$，$R_L=2k\Omega$，选 2CW18，$U_V=10V$，$I_{Vmin}=5mA$，$I_{Vmax}=20mA$。试计算限流电阻 R 的范围。

解：流经稳压管的电流为

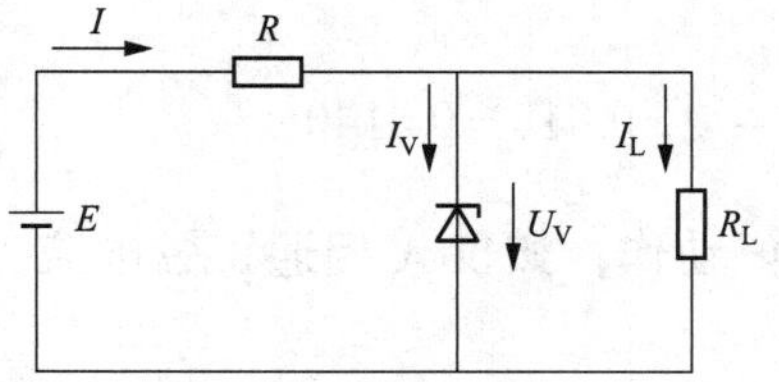

$$I_V=\frac{E-U_V}{R}-I_L$$

I_V 必须满足式（1）及式（2），即

$$I_V=\frac{E-U_V}{R}-I_L \quad (1)$$

$$5<I_V<20 \quad (2)$$

解式（1）、式（2）得

$$\frac{E-U_V}{20+I_L}<R<\frac{E-U_V}{5+I_L} \quad (3)$$

式中：$E=20V$；$U_V=10V$；$I_L=\frac{U_V}{R_L}=5mA$。

解式（3）可得限流电阻 R 的范围为 $0.4k\Omega<R<1k\Omega$。

答：限流电阻 R 的范围为 $0.4k\Omega<R<1k\Omega$。

12. 有两只额定电压均为 220V 的白炽灯泡，一只是 40W 的，另一只是 100W 的。当将两只灯泡串联在 220V 电压使用时，每只灯泡实际消耗的功率是多少？

解：设 40W 灯泡的功率为 P_1、内阻为 R_1；100W 灯泡的功率为 P_2、内阻为 R_2，电压为 U。

因 $R_1=U^2/P_1$，$R_2=U^2/P_2$，串联后的电流为 I，则

$$I=\frac{U}{R_1+R_2}=\frac{U}{(U^2/P_1)+(U^2/P_2)}=\frac{P_1P_2}{U(P_1+P_2)}$$

40W 灯泡实际消耗的功率为

$$P_1'=I^2R_1=\frac{P_1^2P_2^2}{U^2(P_1+P_2)^2}\times\frac{U^2}{P_1}=\frac{P_1P_2^2}{(P_1+P_2)^2}=\frac{40\times(100)^2}{(40+100)^2}=20.4(W)$$

同理，100W 灯泡实际消耗的功率为

$$P_2'=\frac{P_1^2P_2}{(P_1+P_2)^2}=\frac{(40)^2\times100}{(40+100)^2}=8.16(W)$$

答：一只消耗功率为 20.4W，另一只消耗功率为 8.16W。

13. 某电流互感器一次侧通入正弦交流电流 I1，二次侧在纯电阻负载下测得的电流为 I2，在不计二次绕组漏抗及铁芯损失的情况下，若测得的相角误差为 7°，试求此时的变

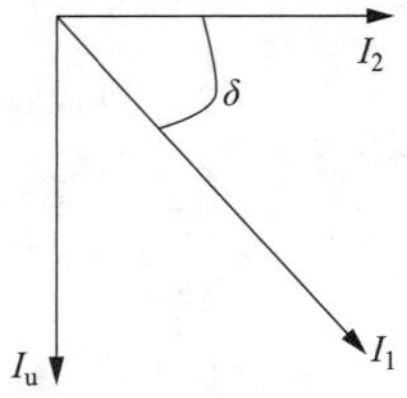

比误差 ε。

答：作出电流互感器相量关系如下：

因为 $I_2' = I_1 \cos\delta$

所以变比误差 $\varepsilon = \dfrac{I_2' - I_1}{I_1} = \dfrac{I_1 \cos\delta}{I_1} = \cos\delta - 1 = \cos 7° - 1 = -0.75\%$

14. 某 220kV 母线正序等值标幺阻抗为 0.018（基准容量 100MVA），若该母线单相接地短路电流为 5kA，当基准电压取额定电压的 1.05 倍时，试求该 220kV 母线系统的等值零序标幺阻抗。

答：因为 $I_k^{(1)} = \dfrac{3}{X\sum 1 + X\sum 2 + X\sum 0} \cdot \dfrac{S_B}{\sqrt{3}U_B}$

所以 $X\sum 0 = \dfrac{S_B}{\sqrt{3}U_B I_k^{(1)}} - 2X\sum 1 = \dfrac{100}{\sqrt{3} \times 1.05 \times 220 \times 5} - 2 \times 0.018 = 0.0140$

15. 某负序电流元件，AB 相间通 20A 正弦电流时刚好动作，如仅 A 相通正弦电流、则通入多少电流该元件正好动作？

答：该负序电流元件的动作电流为

$$I_{2.0p} = \frac{20}{\sqrt{3}} A$$

通单相时的动作电流为 $I_{op} = 3I_{2.0p} = 3 \times \dfrac{20}{\sqrt{3}} = 20\sqrt{3}(A)$

或 $I_{op} = 20\sqrt{3} = 34.64(A)$

16. 如下图所示系统，将所有参数统一归算到以 100MVA 为基准的标幺值，已知 $X_{G*}=0.14$，$X_{T*}=0.094$，$X_{OT*}=0.08$，线路 L 的 $X_{L*}=0.126$，且线路的 $X_0=3X_1$。

（1）试求 K 点发生三相短路时，线路 L 和发电机 G 的短路电流。

（2）试求 K 点发生单相接地时，线路 L 的短路电流，并画出序网图。

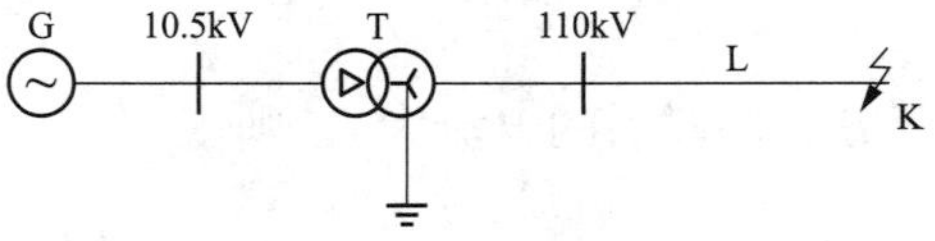

答：（1）K 点发生三相短路时有

$$I_{K*} = \frac{1}{0.14 + 0.094 + 0.126} \approx 2.78$$

110kV 基准电流为

$$I_{B(110)} = \frac{100000}{\sqrt{3} \times 110} \approx 525(A)$$

10.5kV 基准电流为

$$I_{B(10.5)} = \frac{100000}{\sqrt{3} \times 10.5} \approx 5505(A)$$

线路 L 的短路电流为

$$I_L = 2.78 \times 525 \approx 1459.5(A)$$

发电机 G 的短路电流为

$$I_G=2.78\times5505=15303.9(\text{A})$$

（2）K 点发生单相（A 相）接地时：

1）序网图如右图所示。

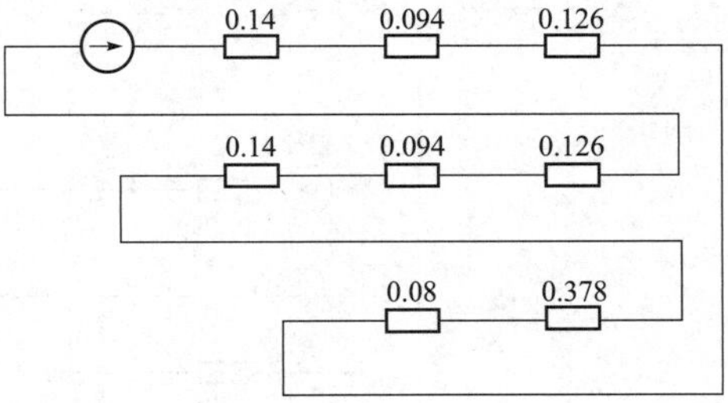

2）线路 L 的短路电流为

$$I_{A*}=3I_0=\frac{3E}{X_{1\Sigma}+X_{2\Sigma}+X_{0\Sigma}}$$

$$=\frac{3}{0.36+0.36+0.458}=2.547(\text{A})$$

$$I_A=2.547\times525=1337(\text{A})$$

$$I_B=I_C=0$$

17. 如下图所示：

F1、F2：S_e=200MVA，U_e=10.5kV，X_d''=0.2。

T1：接线 YN,YN,d11，S_e=200MVA，U_e=230kV/115kV/10.5kV，$U_{k\,高-中}\%$=15%，$U_{k\,高-低}\%$=5%，$U_{k\,低-中}\%$=10%（均为全容量下）。

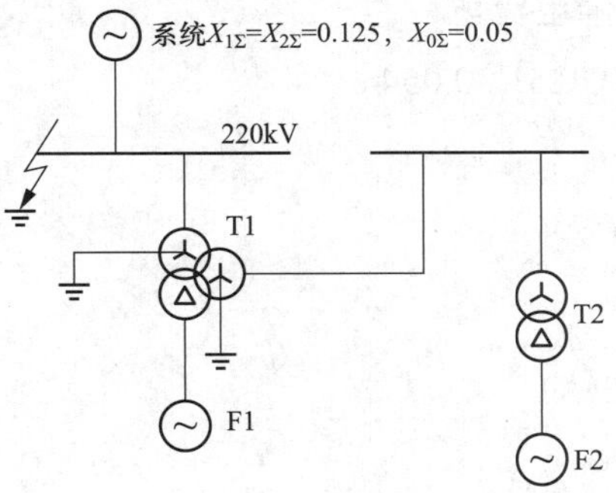

T2：接线 Yd11，S_e=100MVA，U_e=115kV/10.5kV，$U_k\%$=10%。

基准容量 S_j=100MVA，基准电压 230kV、115kV、10.5kV。

假设：

（1）发电机、变压器 $X_1=X_2=X_0$。

（2）不计发电机、变压器电阻值。

问题：

（1）计算出图中各元件的标幺阻抗值。

（2）画出在 220kV 母线处 A 相接地短路时，包括两侧的复合序网图；

（3）计算出短路点的全电流（有名值）。

（4）计算出流经 F1 的负序电流（有名值）。

答：（1）计算各元件标幺阻抗。

F1、F2 的标幺值：

$$X_{F*}=X_{d''}\frac{S_j}{S_e}=0.2\times\frac{100}{200}=0.1$$

T1 的标幺值：

$$X_{\text{I}*}=\frac{U_{K\text{I}}\%}{100}\times\frac{100}{200}=\frac{1}{2}\times(0.15+0.05-0.1)\times\frac{100}{200}=0.025$$

$$X_{\text{II}*}=\frac{U_{K\text{II}}\%}{100}\times\frac{100}{200}=\frac{1}{2}\times(0.15+0.1-0.05)\times\frac{100}{200}=0.05$$

$$X_{\text{III}*}=\frac{U_{K\text{III}}\%}{100}\times\frac{100}{200}=\frac{1}{2}\times(0.1+0.05-0.15)\times\frac{100}{200}=0$$

T2 的标幺值：

$$X_{T*}=\frac{U_K\%}{100}\times\frac{S_j}{S_e}=\frac{10}{100}\times\frac{100}{100}=0.1$$

（2）220kV 母线 A 相接地短路包括两侧的复合序网图如图所示。

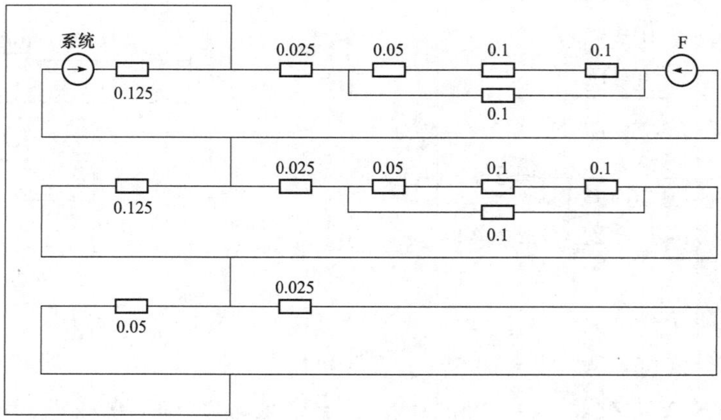

（3）计算 220kV 母线 A 相接地故障，故障点总的故障电流。

$$X_{1\Sigma*}=0.125//[0.1//(0.05+0.1+0.1)+0.025]=0.0544$$

$$X_{1\Sigma*}=X_{2\Sigma*}$$

$$X_{0\Sigma*}=0.05//0.025=0.0167$$

220kV 电流基准值：

$$I_{B1}=\frac{S_B}{\sqrt{3}U_B}=\frac{100\times1000}{\sqrt{3}\times230}\approx251(A)$$

10.5kV 电流基准值：

$$I_{B2}=\frac{S_B}{\sqrt{3}U_B}=\frac{100\times1000}{\sqrt{3}\times10.5}\approx5499(A)$$

故障点总的故障电流为

$$I_K=\frac{3I_{B1}}{X_{\Sigma*}}=\frac{3\times251}{2\times0.054+0.0167}=6002(A)$$

（4）计算流过 F1 的负序电流。

故障点的负序电流为

$$I_{K2}=\frac{1}{3}I_K=\frac{6002}{3}\approx2000.7(A)$$

折算到 10.5kV 侧的负序电流为

$$I_2=I_{K2}\frac{I_{B2}}{I_{B1}}=2000.7\times\frac{5499}{251}=43831(A)$$

流过 F1 的负序电流为

$$I_{F2}=I_2\times\frac{0.125}{0.125+0.025+\dfrac{0.1\times(0.1+0.1+0.05)}{0.1+0.1+0.1+0.05}}\times\frac{0.1+0.1+0.05}{0.1+0.1+0.1+0.05}$$
$$=43831\times0.403=17673(A)$$

18. 某电流互感器一次侧通入正弦交流电流 I_1，二次侧在纯电阻负载下测得的电流为 I_2，在不计二次绕组漏抗及铁芯损失的情况下，若电流互感器变比误差为 10%，试求此时的相角误差 δ。

答：作该电流互感器相量图如下：

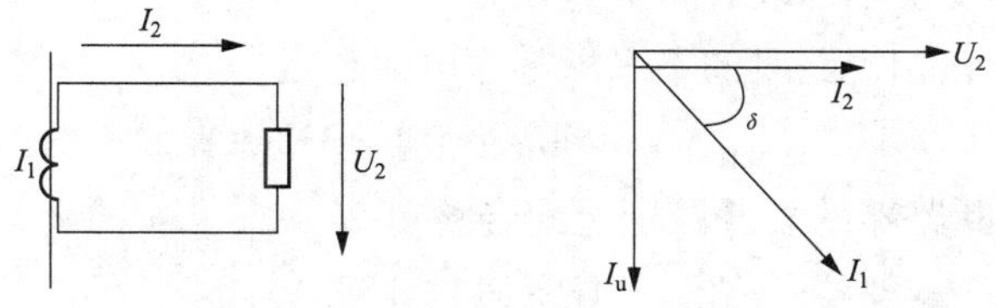

因为 $\dfrac{-I_1-I_2'}{I_1}=10\%$，所以 $I_2'=(1-10\%)I_1=90\%I_1$。从相量图得到 $I_2'=I_1\cos\delta$。故 $\cos\delta=90\%$，相角误差 $\delta=\arccos 90\%=25.8°$。

19. 如下图所示：

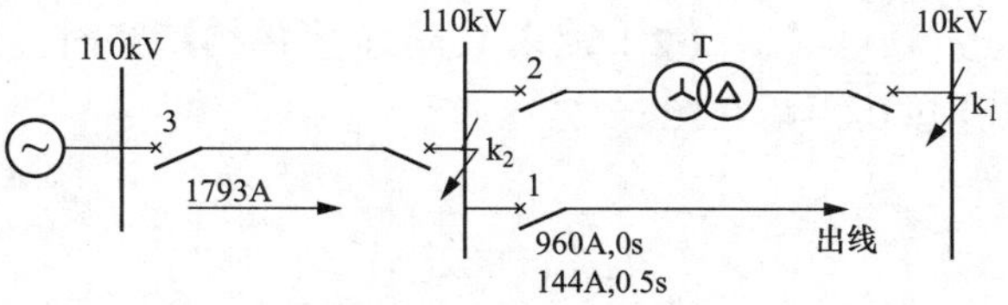

已知：① 110kV 系统基准容量为 100MVA，基准电压是 115kV；② 110kV 系统 k_2 点三相金属性短路电流为 1793A；③ k_2 综合零序阻抗是正序阻抗的 2.8 倍；④ 1 号断路器零序保护的整定值为如图所示；⑤设 110kV 系统到 k_2 点正序、负序阻抗相同；⑥取可靠系数 K_{rel}=1.3，配合系数 K_{co}=1.1，时间级差 0.5s。求 3 号断路器的零序保护整定值，按三阶段整定，不要求校验灵敏度、保护范围。

答：（1）计算 110kV 系统基准电流。

$$I_b=\frac{S}{\sqrt{3}U_b}=\frac{100\times10^3}{\sqrt{3}\times115}\approx502(\text{A})$$

（2）k_2 点正序短路阻抗。

$$Z_1=\frac{502}{1793}\approx0.28$$

（3）k_2 点零序短路阻抗。

$$Z_0=2.8\times0.28=0.784$$

（4）短路电流计算。

1）由于 k_2 点短路时 $Z_1<Z_0$，所以单相接地短路的零序电流比两相接地零序电流大。k_2 点单相接地短路时的 $3I_0$ 电流为

$$3I_0=\frac{3\times502}{2Z_1+Z_0}=\frac{3\times502}{2\times0.28+0.784}\approx1120(\text{A})$$

2）k_2 点三相金属性短路的短路电流已知为 1793A。

（5）整定计算。

Ⅰ段：躲 k_2 点单相接地短路时流过保护的最大零序电流。

$I_{DZ\,I}=1.3\times1120=1456(A)$，取时间定值 0s

Ⅱ段：与相邻线路 1 号断路器的第Ⅰ段定值配合整定。

$I_{DZ\,II}=1.1\times960=1056(A)$，取时间定值 0.5s

Ⅲ段：躲过 k_2 点三相短路时的不平衡零序电流整定。

$$I_{DZ\,III}=1.3\times1793\times0.1\approx233(A)$$

与相邻线路 1 号断路器的第Ⅱ段定值配合整定。

$$I_{DZ\,III}=1.1\times144\approx158(A)$$

取电流定值为 233A，时间 1.0s。

20. 如下图所示系统，已知 $X_{G*}=0.14$，$X_{T*}=0.094$，$X_{0.T*}=0.08$，线路 L 的 $X_{L*}=0.126$，且线路的 $X_0=3X_1$，变压器为 Δ/Y_N。

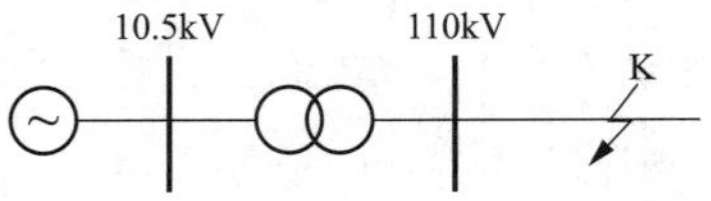

（1）试求 K 点发生三相短路时，线路 L 和发电机 G 的短路电流；

（2）试求 K 点发生单相短路时，线路 L 的短路电流。

答：（1）$I_{K*}=1/(0.14+0.094+0.126)=2.78$

110kV 基准电流为

$$I_{B(110)}=502(A)$$

10.5kV 基准电流为

$$I_{B(10.5)}=5498.73(A)$$

则：线路短路电流为

$$I_L=502\times2.78=1395.56(A)$$

发电机短路电流为

$$I_G=5498.73\times2.78=15286.47(A)$$

（2）$I_{a*}=3I_0=\dfrac{3E}{X_1+X_2+X_0}=\dfrac{3}{0.36+0.36+0.458}=2.547$

$$I_a=2.547\times502=1278.594(A)$$

$$I_b=0$$

$$I_c=0$$

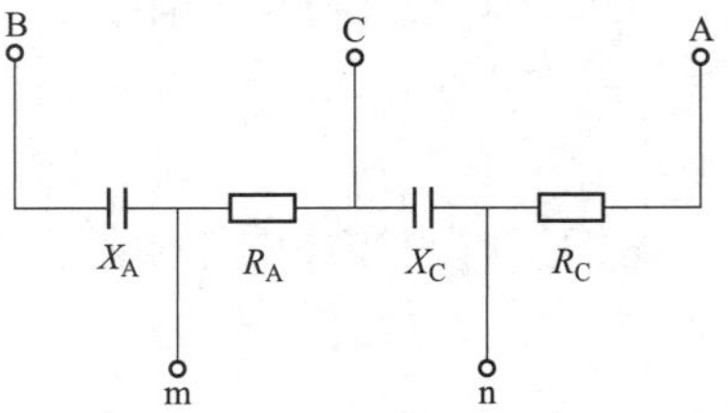

21. 分析判断下面的阻容式电压滤过器是正序电压滤过器还是负序电压滤过器？（用相量图分析或用数学推导）

其中：$R_A=\sqrt{3}X_A$；$X_C=\sqrt{3}R_C$。

答：输入负序电压时：

$$\dot{U}_{mn}=\dot{U}_{RA}+\dot{U}_{XC}=\frac{\dot{U}_{BC}}{R_A-jX_A}R_A+\frac{\dot{U}_{CA}}{R_C-jX_C}(-jX_C)$$

$$=\frac{\sqrt{3}}{2}e^{j30^\circ}\dot{U}_{BC}+\frac{\sqrt{3}}{2}e^{-j30^\circ}\dot{U}_{CA}=1.5\sqrt{3}\dot{U}_{B2}e^{j30^\circ}$$

输入正序电压时：

$$\dot{U}_{mn}=\dot{U}_{RA}+\dot{U}_{XC}=0$$

该阻容式的电压滤过器为负序电压滤过器。

22. 某 220kV 母线正序等值标幺阻抗为 0.018（基准容量 100MVA），若该母线单相接地短路电流为 5kA，当基准电压取额定电压的 1.05 倍时，试求该 220kV 母线系统的等值零序标幺阻抗。

答：因为 $I_k^{(1)}=\dfrac{3}{X_{\sum 1}+X_{\sum 2}+X_{\sum 0}}\cdot\dfrac{S_B}{\sqrt{3}U_B}$，所以

$$X_{\sum 0}=\frac{3S_B}{\sqrt{3}U_B I_k^{(1)}}-2X_{\sum 1}=\frac{3\times 100}{\sqrt{3}\times 1.05\times 220\times 5}-2\times 0.018\approx 0.1140$$

23. 如下图所示，电压互感器具二次额定线电压等于 100V，当星形接线的二次绕组 C 相或 B、C 相熔断器熔断时分别计算各相电压及相间电压。（二次电缆阻抗忽略不计）

答：将图按照 C 相及 B、C 相熔断器熔断时的等值电路，分别如图 1 和图 2 所示。图中 $\dot{U}_a=100/\sqrt{3}\angle 0^{\circ}$，$\dot{U}_b=100/\sqrt{3}\angle -120^{\circ}$，$\dot{U}_c=100/\sqrt{3}\angle 120^{\circ}$。

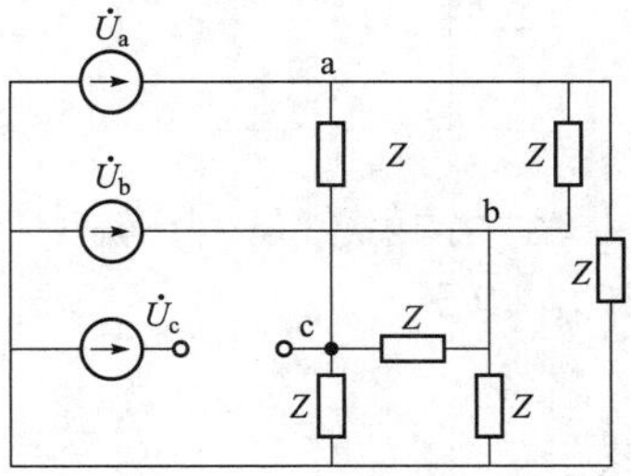

图1

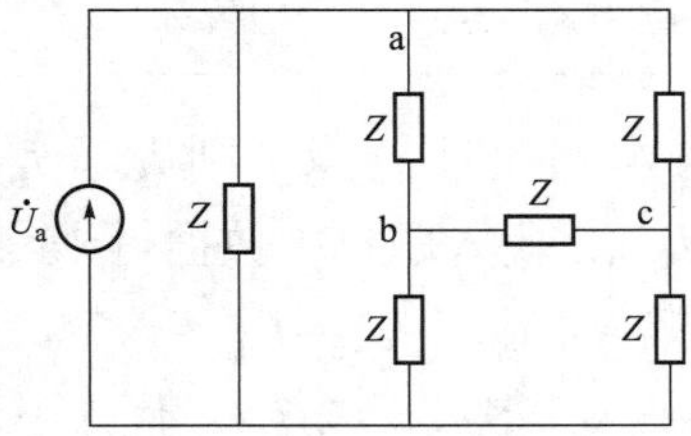

图2

由图 1 可以得到 $U_a=U_b=100/\sqrt{3}$（V），$U_c\approx(100\sqrt{3})/2\approx 50/\sqrt{3}$（V），$U_{ab}=100$（V），$U_{bc}=U_{ca}=100/2=50$（V）。

由图 2 可以得到 $U_a=100/\sqrt{3}$（V），$U_b=U_c=(100\sqrt{3})/2=50/\sqrt{3}$（V），$U_{ab}=U_{ca}=(100\sqrt{3})/2=50/\sqrt{3}$（V），$U_{bc}=0$（V）。

24. 如下图所示，变压器 YN,YN,d11 的中性点接地，系统为空载，忽略系统的电阻，故障前系统电动势为 57V，线路发生 A 相接地故障，故障点 R_g 不变化。已知：$X_{M1}=X_{M2}=1.78\Omega$，$X_{T0}=3\Omega$，$X_{L1}=X_{L2}=2\Omega$，$X_{L0}=6\Omega$，$X_{T21}=X_{T22}=X_{T20}=2.4\Omega$，保护安装处测得 $I_A=14.4A$，$3I_0=9A$。（以上所给的数据均为归算至保护安装处的二次值）

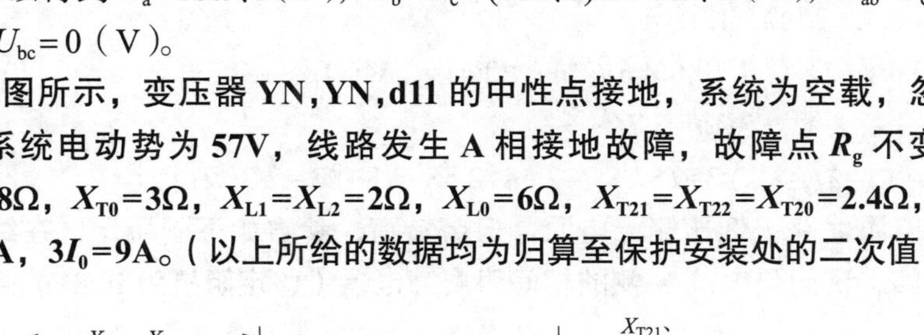

求出：①故障点位置比 α；②过渡电阻 R_g 的大小。

答：画出各序网络。

正序网络

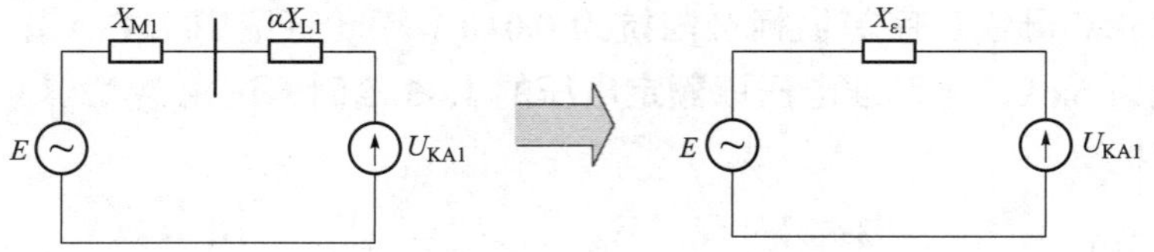

负序网络

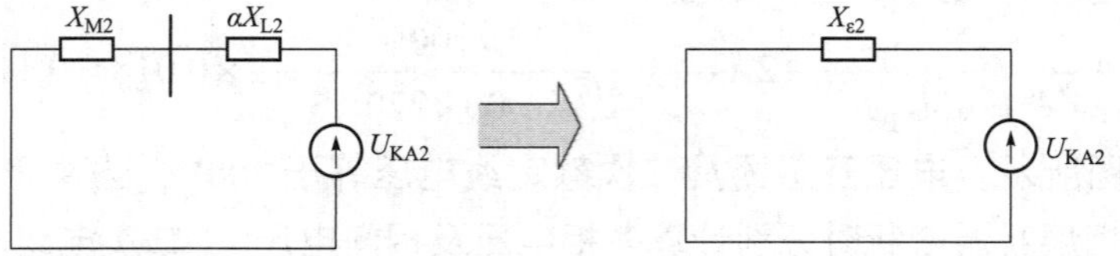

零序网络:

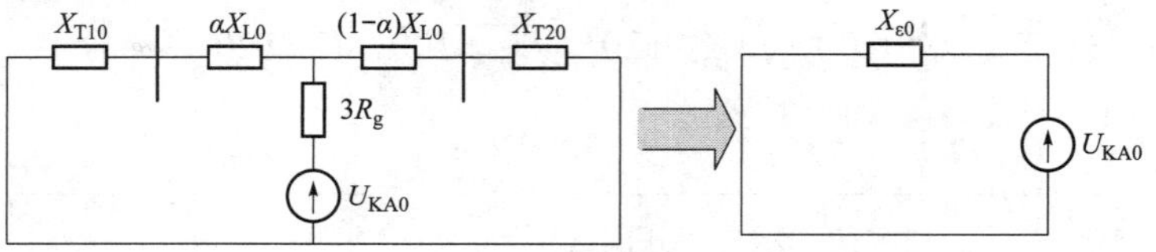

根据题意，A 相接地故障，则 $I_{KA1}=I_{KA2}=I_{KA0}$，$I_M=I_{MA1}+I_{MA2}+I_{MA0}$（其中 $I_{MA1}=I_{MA2}$），可得 $I_M=2I_{MA1}+I_{MA0}$，代入题目中数据得 $14.4=2I_{MA1}+9/3$

所以 $I_{MA1}=5.7\text{A}$，$I_{KA1}=I_{KA2}=I_{KA0}=5.7\text{A}$。

其中：$I_{MA0}=3\text{A}$，得 $I_{NA0}=2.7\text{A}$，代入下面式子

$(X_{T10}+\alpha X_{L0})/(X_{T10}+X_{L0}+X_{T20})=2.7/5.7$

$(3+6\alpha)/(3+6+2.4)=2.7/5.7$ 可得 $\alpha=0.4$

各序等值阻抗：

$X_{\varepsilon1}=1.78+0.4\times2=2.58(\Omega)$

$X_{\varepsilon2}=1.78+0.4\times2=2.58(\Omega)$

$X_{\varepsilon0'}=(3+0.4\times6)\times(2.4+0.6\times6)/(3+6+2.4)=2.84(\Omega)$

$I_{K0}=E/(X_{\varepsilon1}+X_{\varepsilon2}+X_{\varepsilon0'}+3R_g)=5.7$

$R_g=(E/I_{K0}-X_{\varepsilon1}-X_{\varepsilon2}-X_{\varepsilon0'})/3=(57/5.7-2.58-2.58-2.84)/3=2/3(\Omega)$

25. 单侧电源线路，低压侧无电源，但带负荷，参数如下图所示，在线路上 K 点发生 BC 两相短路，试问受电端 N 侧的相间距离继电器（整定阻抗为 j0.8）能否动作？

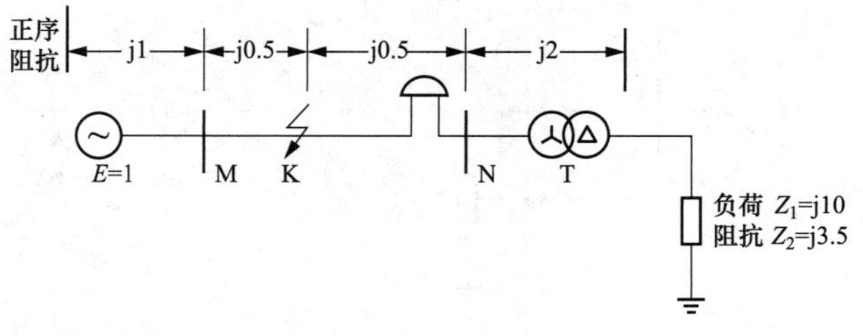

答：（1）做复合序网，如下图（规定电流的正方向为母线 N 流向故障点 K）所示。

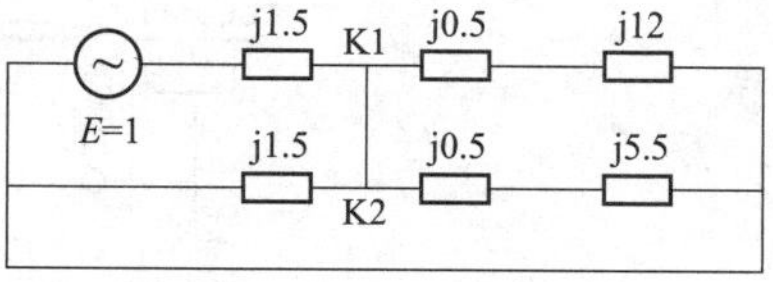

（2）计算 K 点正负序电压、母线 N 的正负序电压和流经 N 侧的正、负序电流。

$$j1.5\times j(0.5+5.5)/(j1.5+j0.5+j5.5)=j1.2$$

$$j1.2\times j12.5/(j1.2+j12.5)=j1.095$$

$$U_{KA1}=U_{KA2}=1/(j1.5+j1.095)\times j1.095=0.422$$

$$I_{NA1}=-0.422/j12.5=j0.034;\ U_{NA1}=12/12.5U_{K1}=0.405$$

$$I_{NA2}=-0.422/j6=j0.07;\ U_{NA2}=5.5/6\cdot U_{K2}=0.387$$

（3）计算母线 N 处的 U_{NB}、U_{NC} 及 U_{NBC}。

$$U_{NB}=0.405e^{-j120^\circ}+0.387e^{j120^\circ};\ U_{NC}=0.405e^{j120^\circ}+0.387e^{-j120^\circ}$$

$$U_{NBC}=U_{NB}-U_{NC}=-j\sqrt{3}\times0.405+j\sqrt{3}\times0.387=-j\sqrt{3}\times0.018$$

（4）计算母线 N 处的 I_{NB}、I_{NC} 及 I_{NBC}。

$$I_{NB}=j0.034e^{-j120^\circ}+j0.07e^{j120^\circ}=0.034e^{-j30^\circ}+0.07e^{j210^\circ}$$

$$I_{NC}=j0.034e^{j120^\circ}+j0.07e^{-j120^\circ}=0.034e^{j210^\circ}+0.07e^{-j30^\circ}$$

$$I_{NBC}=I_{NB}-I_{NC}=0.034\sqrt{3}+(-0.07\sqrt{3})=-0.036\sqrt{3}$$

（5）计算母线 N 处的 $Z_{NBC}=U_{NBC}/I_{NBC}$，判断继电器能否动作。

$Z_{NBC}=U_{NBC}/I_{NBC}=-j\sqrt{3}\times0.018/(-0.036\sqrt{3})=j0.5$，正确测量故障距离。

Z_{NBC} 小于整定阻抗 j0.8，正确动作。

26. CVT 电压互感器结构如右图所示，$C_1=C_2=C_3=C$，若 C_1 被短路击穿，试分析此时的二次过电压值为多少。

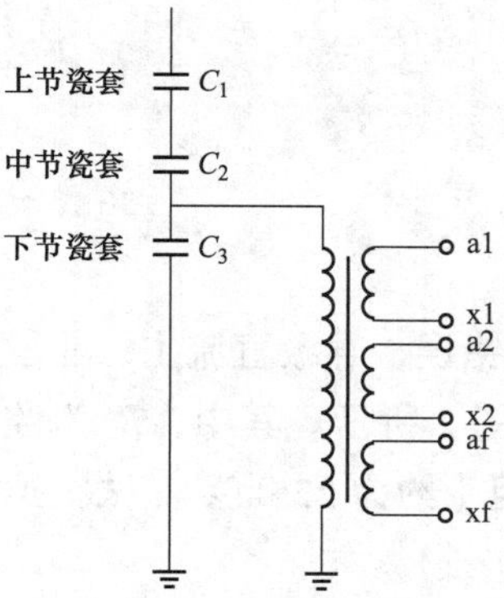

答：故障前：设二次电压有效值为 U，一次侧额定电压为 U_N，CVT 变比为 N。

根据 $C_1U_1=C_2U_2=C_3U_3=C_{总}U_N$，$C_{总}=\dfrac{C_1C_2C_3}{C_1C_2+C_1C_3+C_2C_3}$；已知 $C_1=C_2=C_3=C$，那么 $C_{总}=C/3$，$U_3=U_N/3$，则 $U=U_3/N=U_N\cdot N/3$。

故障后：设二次电压有效值为 U'。

根据 $C_2U_2'=C_3U_3'=C_{总}'U_N$，$C_{总}'=\dfrac{C_2C_3}{C_2+C_3}$；已知 $C_2=C_3=C$，那么 $C_{总}=C/2$，$U_3'=U_N/2$，则 $U'=U_3'/N=U_N\cdot N/2$。

可得 $U'=1.5U\approx1.5\times57.5=86.6(V)$

故障电压升高为 1.5 倍。

27. 直流站中的交流滤波电容器组额定电压为 500kV，额定电容为 3.774μF，采用了 H 桥的接线形式，各桥臂都由若干电容器串并联而成，其中上部两个桥臂电容 C_1 与 C_2 由结构为 2 并 36 串共 72 只电容器串并联而成，下部两个桥臂电容 C_3 与 C_4 由结构为 2 并 42 串共 84 只电容器串并联而成。单台电容器由 63 只电容元件组成，电气连接为 21 并 3 串，采用先并后串的形式组合而成，其结构如图 7 所示，其额定电容量为 74μF。

如果 C4 桥臂的一只电容发生击穿，试分析桥 CT T1 中流过的不平衡电流为多少。

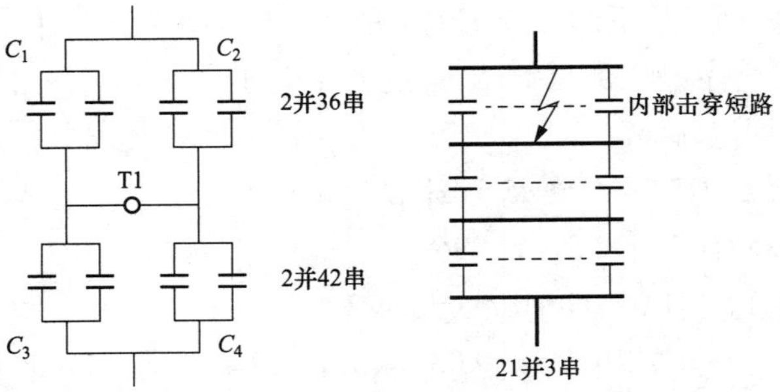

图1　电容器组结构图　　　图2　单台电容器内部结构图

答： C_4 电容器组中某只电容器内部电容元件击穿，击穿后该电容器的电容量升为 1.5 倍，为 110μF。

假设电容器组中单只电容器的电容量为 C, C=74μF，那么如图 1 所示 4 个桥臂电容器组电容量分别为

$$C_1 = C_2 = \frac{2C}{36} = \frac{1}{18}C$$

$$C_3 = \frac{2C}{42} = \frac{1}{21}C$$

$$C_4 = \frac{2C}{41} // \left(C + \frac{3}{2}C\right) = \frac{10}{209}C$$

电容器组中点电压 $U_{C3} = \dfrac{C_1 + C_2}{C_1 + C_2 + C_3 + C_4} U_{\text{n}}$

不平衡电流 $I_{\text{bph}} = I_{C1} - I_{C3} = \dfrac{U_{\text{n}} - U_{C3}}{Z_{C1}} - \dfrac{U_{C3}}{Z_{C3}}$

$$= \frac{C_1C_4 - C_2C_3}{C_1 + C_2 + C_3 + C_4} \times 2\pi f \times \frac{U_{\text{n}}}{\sqrt{3}} \approx 0.411(\text{A})$$

28. 某 500kV 变电站由于 5032 开关 A 相辅助触点设计接线错误，导致直流Ⅰ、Ⅱ段母线跨接，如图 1 所示。直流系统及绝缘监测装置等效图形如图 2 所示。其中，R_s 为监测装置的平衡桥电阻（约为 50kΩ），R 为智能终端光耦开入电阻（约为 225kΩ）。试根据图 2，推算直流Ⅰ段正母和Ⅱ段负母电压为多少。

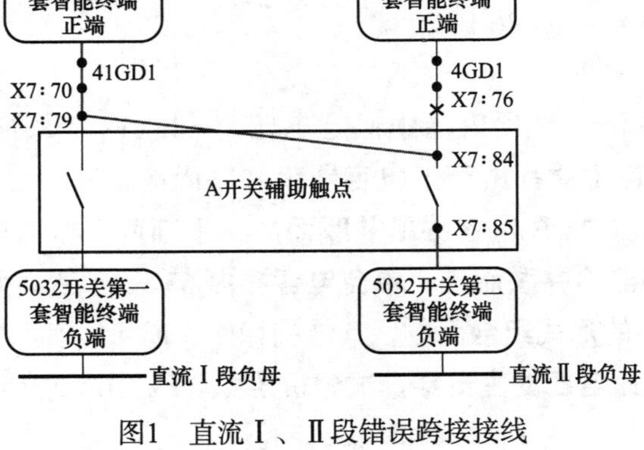

图1　直流Ⅰ、Ⅱ段错误跨接接线

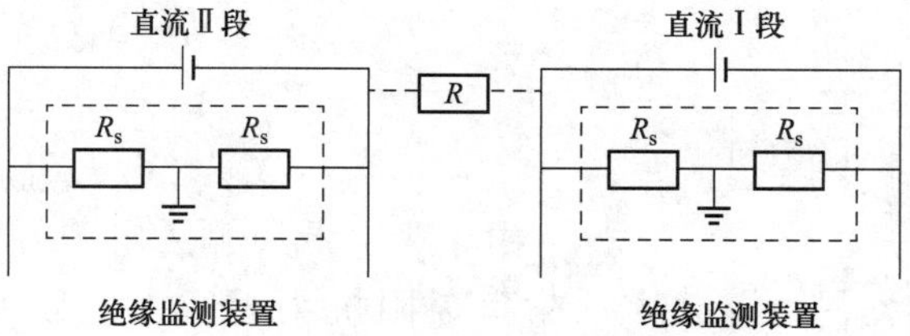

图2　直流系统及绝缘监测装置等效图形

答：对图 2 等效模型进行简化得出图（a）所示的等效电路。根据电路原理中的△-Y 变换得出图（b）所示的等效电路图，其中 $R_1=R_2=\dfrac{R_sR}{R_s+R_s+R}=34.6\Omega, R_3=\dfrac{R_sR_s}{R_s+R_s+R}$。

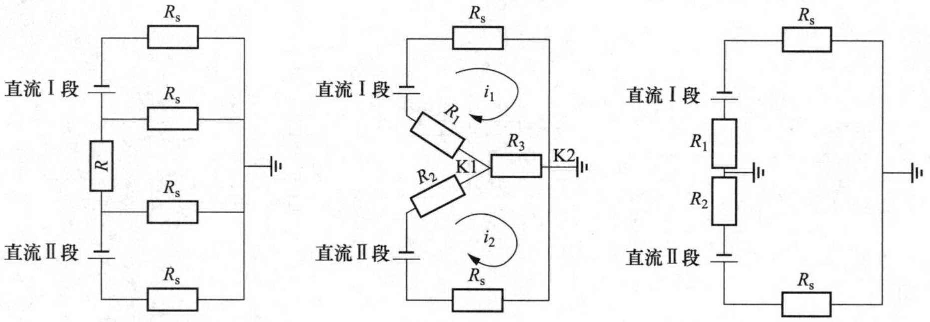

(a)　(b)　(c)

根据电路叠加原理，得出电流 i_1 和 i_2 大小相等、方向相反，所以 R_3 上没有电流流过，K1 和 K2 等电位，对地电压都为 0。由此得出图（c）所示的等效电路。

根据图（c）得，Ⅰ段正母电压 $U=\dfrac{220}{R_s+R_s+R_1+R_2}\cdot R_1=\dfrac{220}{100+34.6\times 2}\times 34.6=45(\text{V})$。

29. 如下图所示系统经一条 220kV 线路供一终端变电站，该变电站为一台 150MVA、220/110/35kV、YN,YN,d11 三绕组变压器，变压器 220kV、110kV 侧中性点均直接接地，中、低压侧均无电源且负荷不大。系统、线路、变压器的正序、零序标幺阻抗分别为 X_{1S}/X_{0S}、X_{1L}/X_{0L}、X_{1T}/X_{0T}，当在变电站出口发生 220kV 线路 A 相接地故障时，请画出复合序网图，并说明变电站侧录波图中各相电流如何变化？有何特征？

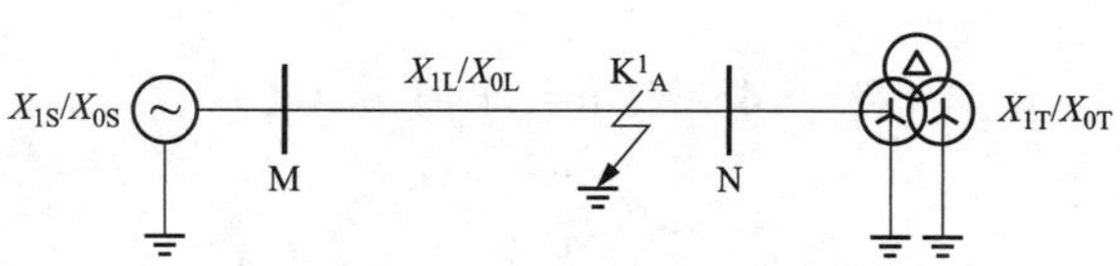

答：（1）复合序网如下图所示。

（2）录波图中的各相电流及特征。

由 A 相接地短路的边界条件 $\dot{U}_A=0,\dot{I}_B=\dot{I}_C$，得

$$I_1=I_2=I_0=\frac{\dot{E}}{\mathrm{j}(X_{1\Sigma}+X_{2\Sigma}+X_{0\Sigma})}$$

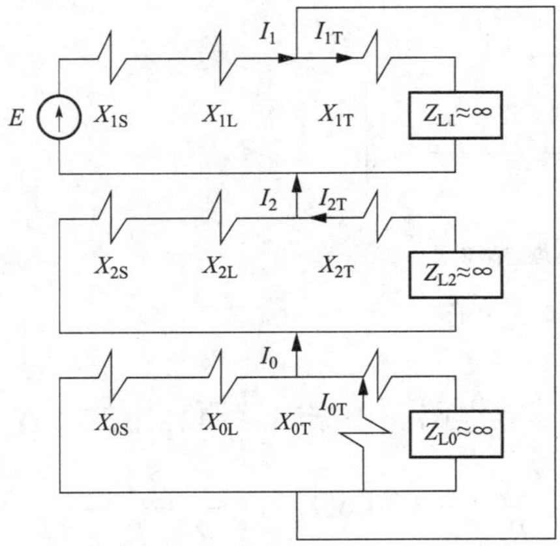

$$X_{1\Sigma}=X_{1S}+X_{1L}$$

$$X_{2\Sigma}=X_{2S}+X_{2L}=X_{1S}+X_{1L}$$

$$X_{0\Sigma}=(X_{0S}+X_{0L})//X_{0T}$$

由于中、低压侧无电源且负荷不大，可以近似认为负荷阻抗为无穷大，故可得变压器侧的各序电流：

$$I_{1T}=I_{2T}=0，I_{0T}=I_0(X_{0S}+X_{0L})/(X_{0S}+X_{0L}+X_{0T})$$

若忽略B、C相的负荷电流，则各相电流可近似为

$$I_A=I_B=I_C=I_{0T}$$

30. 试计算下图所示系统方式下断路器 A 处的相间距离保护Ⅱ段定值，并校验本线末灵敏度。

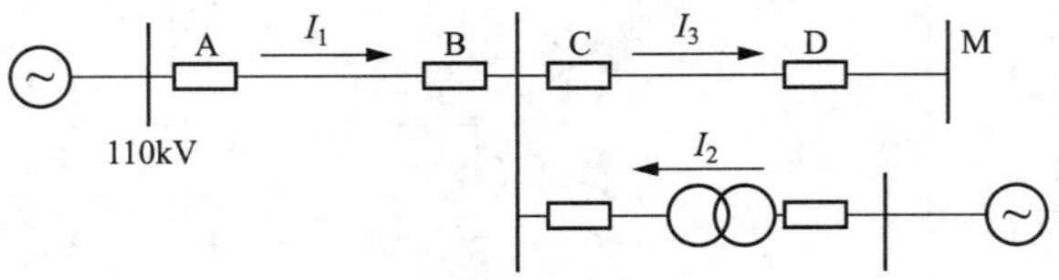

已知：

线路参数（一次有名值）：Z_{AB}=20Ω（实测值），Z_{CD}=30Ω（计算值）。

变压器参数：Z_T=100Ω（归算到 110kV 有名值）。

M 母线相间故障时：I_1=1000A，I_2=500A。

可靠系数：对于线路取 K_k=0.8～0.85；对于变压器取 K_k=0.7。

配合系数：取 K_{ph}=0.8。

答：（1）与相邻线距离Ⅰ段配合。

$$Z_{CI}=K_kZ_{CD}=0.8\times30=24(\Omega),0s$$

$$Z_{A\text{II}}=K_kZ_{AB}+K_{ph}K_{FZ}Z_{CI}=0.85\times20+0.8\times\frac{1000+500}{1000}\times24=45.8(\Omega),0.5s$$

（2）按躲变压器低压侧故障整定。

$$Z_{A\text{II}}=K_kZ_{AB}+K_kZ_T=0.85\times20+0.7\times100=87(\Omega),0.5s$$

综合（1）、（2），取

$$Z_{A\text{II}}=45.8\Omega（一次值），0.5s$$

（3）灵敏度校验。

$$K_{lm}=\frac{Z_{A\text{II}}}{Z_{AB}}=\frac{45.8}{20}=2.29>1.5$$

符合规程要求。

31. 设接地距离保护的电抗、电阻零序补偿系数分别为 K_X=0.3、K_R=0.6。用手动方式对该保护进行测试，模拟 A 相接地故障，通入 A 相电流为 5A（B、C 相电流为 0）。当继电器动作点的阻抗为 2Ω，阻抗角为 80°时，计算该动作点所加电压的大小及相位。

答：

$$Z_1 = R_1 + jX_1 = 2\cos 80° + j2\sin 80° = 0.347 + j1.970$$

$$\dot{K} = \frac{Z_0 - Z_1}{3Z_1} = \frac{(R_0 + jX_0) - (R_1 + jX_1)}{3(R_1 + jX_1)} = \frac{K_R R_1 + jK_X X_1}{R_1 + jK_1}$$

$$\dot{K} = 0.309 - j0.0513$$

由于故障电流为5A，角度为0°，所以

$$U_A = (I + \dot{K} \cdot 3I_0)Z_1 = 13.101\angle 77.8°$$

电压	幅值（V）	相角（°）	电流	幅值（A）	相角（°）
U_A	13.101	77.8	I_A	5	0
U_B	57.7	−42.2	I_B	0	0
U_C	57.7	197.8	I_C	0	0

32. 单电源线路及参数如图所示。在线路上k点发生BC两相金属性短路接地故障，变压器T绕组为YN,d11接线，中性点直接接地运行，故障前为空载状态，N侧阻抗继电器的整定阻抗为j24Ω。回答下列各问题：

（1）N侧的BC相间阻抗继电器能否正确动作？

（2）N侧的B相和C相的接地阻抗继电器能否正确动作？

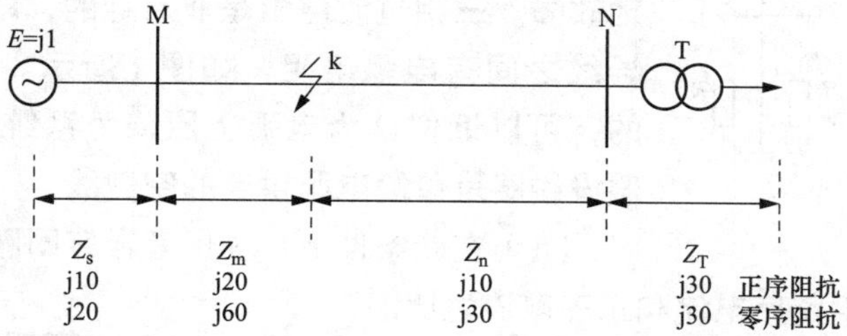

答：

$$I_g = I_B + I_C = \frac{3Z_{\Sigma1}}{2Z_{\Sigma0} + Z_{\Sigma1}} \cdot I_{KA}^{(3)} = \frac{3 \times j30}{2 \times (j60 // j80) + j30} \times \frac{j1}{j30} = 0.03$$

$$I_0 = \frac{1}{3} I_G = 0.01$$

流经N侧保护的各相电流和零序电流。因正序和负序网在N侧均断开，故只有零序电流流过，则$I_{AN}=I_{BN}-I_{CN}=I_{0N}=-0.01 \times [80/(80+60)]=-0.0057$。

N侧BC相阻抗继电器动作行为：N侧母线电压为$U_{BN}=U_{CN}=I_{ON} \times Z_{ON}=(-0.0057) \times j30=-j0.171$，$Z_{BC}=U_{BC}/I_{BC}=0$，可见相间阻抗继电器处于临界动作状态，动作行为不确定。

N侧B相和C相接地阻抗继电器动作行为：

B相：$Z_B=U_{BN}/(I_{BN}+K3I_0)=U_{BN}/(I_{0N}+2/3 \cdot 3I_{0N})=U_{BN}/3I_{0N}=-j0.171/(-3 \cdot j0.0057)=j10$

C相：$Z_C=Z_B=j10$，其中$K=(Z_0-Z_1)/(3Z_1)=2/3$，B相和C相接地距离继电器测量阻抗均小于整定值j24Ω，所以均能正确动作。

33. 变比为 1000/5、5P20、25VA 的电流互感器，二次绕组电阻测得 R_{in}=1.4Ω，在不计二次绕组漏抗、不计铁芯未饱和时的励磁电流情况下，当二次负载阻抗 R_{loa}=2Ω 时，稳态下综合误差不超过该电流互感器允许值（5%）的最大一次电流为多少？

答：（1）额定二次阻抗：

$$R_{2N}=\frac{25}{5^2}=1(\Omega)$$

（2）二次侧的饱和电动势（综合误差 5% 时）：

$$E_{2.sat}=MI_{1N}(R_{in}+R_{2N})\frac{I_{2N}}{I_{1N}}=20\times5\times(1.4+1)=240(\text{V})$$

（3）R_{loa}=2Ω 时，二次电动势：

$$E_2=I_1(R_{in}+R_{loa})\frac{I_{2N}}{I_{1N}}=I_1\times(1.4+2)\times\frac{5}{1000}=\frac{17}{1000}I_1(\text{V})$$

（4）为保证误差不超过允许值，$E_2\leqslant E_{2.sat}$，即

$$\frac{17}{1000}I_1\leqslant240$$

$$I_{1.max}=\frac{240\times1000}{17}=17142.9(\text{A})$$

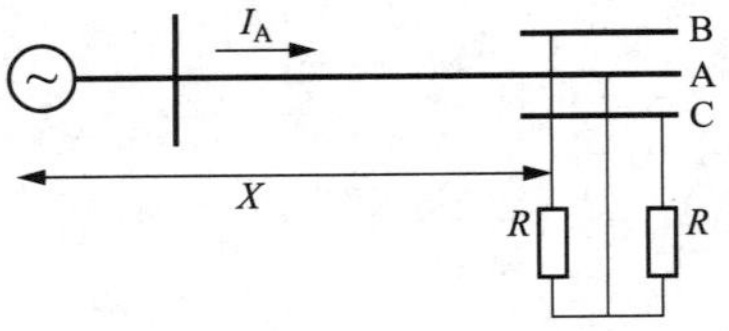

图1

34. 在架空输电线上发生三相经过渡电阻短路的不接地故障。三相过渡电阻是非对称的，即在两边导线与中间导线之间有电弧电阻，如图 1 所示。电弧电阻是非线性的，可以近似认为电弧上压降为系统额定相电压的 6%。假设线路是单侧电源供电的空载线。

（1）在此条件下，画出复合序网图。

（2）试求线路中负序电流和正序电流之比。

答：（1）画出复合序网。

选 A 相为基准相，如图 2 所示 k′ 点在 ABC 系统中的边界条件方程为

$$U_{k'b}=U_{k'c}$$

$$U_{k'a}-U_{k'b}=U_{k'a}-U_{k'c}=-I_{ka}R$$

$$I_{k'a}+I_{k'b}+I_{k'c}=0$$

$$I_{k'b}=I_{k'c}$$

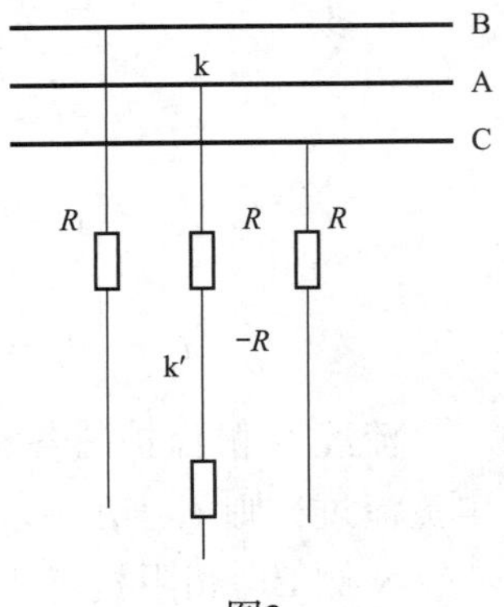

图2

根据边界条件写出序电压和序电流方程：

$$U_{k'a1}=\frac{1}{3}(U_{k'a}+aU_{k'b}+a^2U_{k'c})=\frac{1}{3}(U_{k'a}-U_{k'b})=\frac{-1}{3}I_{ka}R=-\frac{R}{3}(I_{ka1}+I_{ka2})$$

$$U_{k'a2}=\frac{1}{3}(U_{k'a}+a^2U_{k'b}+aU_{k'c})=\frac{1}{3}(U_{k'a}-U_{k'b})=\frac{-1}{3}I_{ka}R=-\frac{R}{3}(I_{ka1}+I_{ka2})$$

$$I_{a1}=\frac{1}{3}(I_{k'a}+aI_{k'b}+a^2I_{k'c})=I_b$$

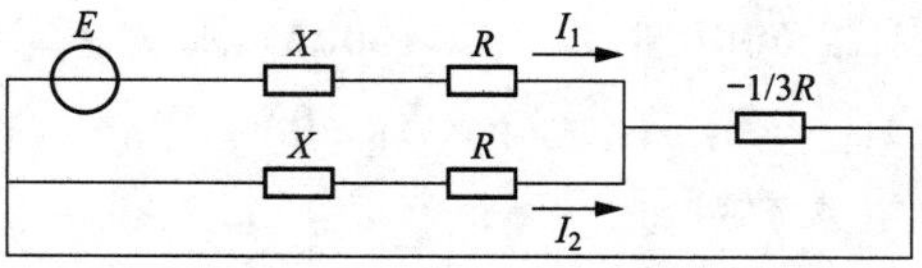

图3

$$I_{a2}=\frac{1}{3}(I_{k'a}+a^2I_{k'b}+aI_{k'c})=I_c$$

$$I_{a0}=\frac{1}{3}(I_{k'a}+I_{k'b}+I_{k'c})=0(\text{无零序网络})$$

根据上面可得

$$I_{a0}=0;U_{k'a1}=U_{k'a1}=-\frac{R}{3}(I_{ka1}+I_{ka2})$$

（2）线路中负序电流和正序电流之比为

$$\frac{I_{a2}}{I_{a1}}=\frac{\dfrac{U_{k'2}}{X+R}}{\dfrac{E-U_{k'1}}{X+R}}=\frac{U_{k'2}}{E-U_{k'1}}=\frac{-\dfrac{R}{3}I_a}{E-\dfrac{R}{3}I_a}=\frac{-6\%}{3-6\%}=-2\%$$

或也可这样写：又因为电弧压降仅占相电压的 6%，所以各相相电流近似于三相直接短路（$R=0$）时的电流，即 $I_a=I_b=I_c=\dfrac{E}{X}$，代入上式，可得

$$\frac{I_{a2}}{I_{a1}}=\frac{R}{3X}=\frac{RI_a}{3E}=\frac{1}{3}\times 6\%=2\%$$

35. 设电力系统 K 点三相短路电流为 6kA，两相短路电流为 $4\sqrt{3}$kA，单相接地短路电流为 9kA，试求该点两相接地短路时的短路电流。

答：根据已知条件，得

三相短路时，有 $I_k^{(3)}=\dfrac{E_{1\Sigma}}{Z_{1\Sigma}}=6$，可得

$$E_{1\Sigma}=6Z_{1\Sigma}$$

两相短路时，有 $I_k^{(2)}=\sqrt{3}I_{k1}^{(2)}=\dfrac{\sqrt{3}E_{1\Sigma}}{Z_{1\Sigma}+Z_{2\Sigma}}=4\sqrt{3}$，可得

$$E_{1\Sigma}=4(Z_{1\Sigma}+Z_{2\Sigma})$$

单相接地短路时，有 $I_k^{(1)}=3I_{k1}^{(1)}=\dfrac{3E_{1\Sigma}}{Z_{1\Sigma}+Z_{2\Sigma}+Z_{0\Sigma}}=9$，可得

$$E_{1\Sigma}=3\times(Z_{1\Sigma}+Z_{2\Sigma}+Z_{0\Sigma})$$

由上述式可得

$$Z_{1\Sigma}=\frac{1}{6}E_{1\Sigma};\ Z_{2\Sigma}=\frac{1}{12}E_{1\Sigma};\ Z_{0\Sigma}=\frac{1}{12}E_{1\Sigma}$$

则两相接地短路时，有

$$I_k^{(1.1)}=\sqrt{3}\times\sqrt{1-\frac{Z_{2\Sigma}Z_{0\Sigma}}{(Z_{2\Sigma}+Z_{0\Sigma})^2}}\times\frac{E_{1\Sigma}}{Z_{1\Sigma}+Z_{2\Sigma}//Z_{0\Sigma}}=\sqrt{3}\times\sqrt{\frac{3}{4}}\times\frac{24}{5}$$
$$=7.2(\text{kA})$$

36. 如下图所示系统，发电厂经同杆并架双回线向系统送电，每回线负荷电流为

$I_{A|0|}$**=600∠0°A，以 1000MVA 为基准，机组、线路和系统阻抗标幺值如下：**X_{1F}**=0.7，**X_{1T}**=0.5，**X_{1L}**=0.6，**X_{1S}**=0.3，**X_{0T}**=0.4，**X_{0L}**=1.8，**X_{0M}**=0.6，**X_{0S}**=0.2，电厂侧Ⅰ线出口发生 A 相断线。**

画出复合序网图，求Ⅰ线 I_B**、**I_C**、**$3I_0$**。**

答：断线故障序网络图如下。

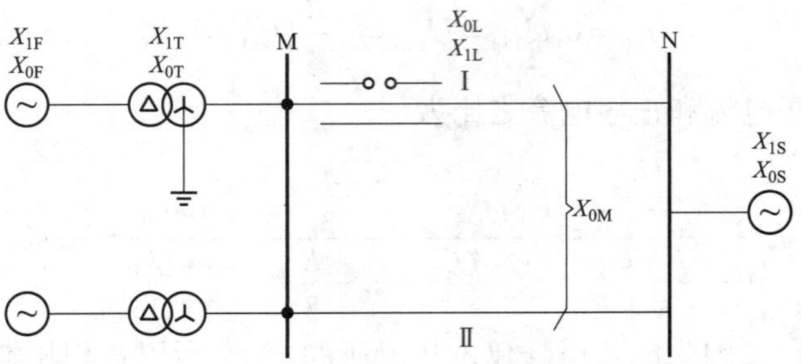

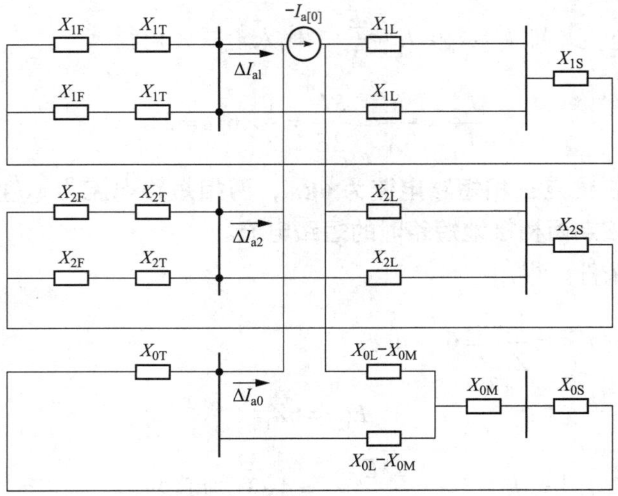

断口处综合电抗：

$$X_{1\Sigma}=X_{2\Sigma}=[(X_{1F}+X_{1T})/2+X_{1S}]//X_{1L}+X_{1L}$$

$$=[(0.7+0.5)/2+0.3]//0.6+0.6=0.96$$

$X_{0\Sigma}$ 考虑了零序互感影响：

$$X_{0\Sigma}=(X_{0T}+X_{0S}+X_{0M})//(X_{0L}-X_{0M})+(X_{0L}-X_{0M})$$

$$=(0.4+0.2+0.6)//(1.8-0.6)+(1.8-0.6)=1.8$$

根据叠加原理，断线电流故障分量：

$$\Delta I_{A1}=-I_{A|0|}\frac{1}{\dfrac{1}{X_{1\Sigma}}+\dfrac{1}{X_{2\Sigma}}+\dfrac{1}{X_{0\Sigma}}}\times\frac{1}{X_{1\Sigma}}=-I_{A|0|}\frac{X_{0\Sigma}}{2X_{0\Sigma}+X_{1\Sigma}}$$

$$\Delta I_{A2}=\Delta I_{A1}$$

$$\Delta I_{A0} = -I_{A|0|}\frac{1}{\frac{1}{X_{1\Sigma}}+\frac{1}{X_{2\Sigma}}+\frac{1}{X_{0\Sigma}}}\times\frac{1}{X_{0\Sigma}} = -I_{A|0|}\frac{X_{1\Sigma}}{2X_{0\Sigma}+X_{1\Sigma}}$$

Ⅰ回线全电流：

$$I_A = 0$$

$$I_B = a^2(I_{A|0|}+\Delta I_{A1}) + a\Delta I_{A2} + \Delta I_{A0} = I_{B|0|} + I_{A|0|}\times\frac{X_{0\Sigma}-X_{1\Sigma}}{2X_{0\Sigma}+X_{1\Sigma}}$$

$$= I_{B|0|} + I_{A|0|}\times\frac{1.8-0.96}{2\times1.8+0.96}$$

$$= I_{B|0|} + 0.184 I_{A|0|}$$

$$= 0.92\times600\angle-110°$$

$$I_C = a(I_{A|0|}+\Delta I_{A1}) + a^2\Delta I_{A2} + \Delta I_{A0} = I_{C|0|} + I_{A|0|}\times\frac{X_{0\Sigma}-X_{1\Sigma}}{2X_{0\Sigma}+X_{1\Sigma}}$$

$$= 0.92\times600\angle130°$$

$$3I_{0\text{I}} = 3\Delta I_{A0} = -3I_{A|0|}\frac{X_{1\Sigma}}{2X_{0\Sigma}+X_{1\Sigma}}$$

$$= -3\times600\times\frac{0.96}{2\times1.8+0.96} = -378(\text{A})$$

37. 开口三角绕组按如图所示 a 尾接地方式引出，试计算在极性正确时 U_{Aa+}、U_{Bb+}、U_{Cc+} 的大小并画出相量图。电压互感器二次和三次电压分别为 57.7V、100V。

解：U_{Aa+}=100−57.7=42.3(V)

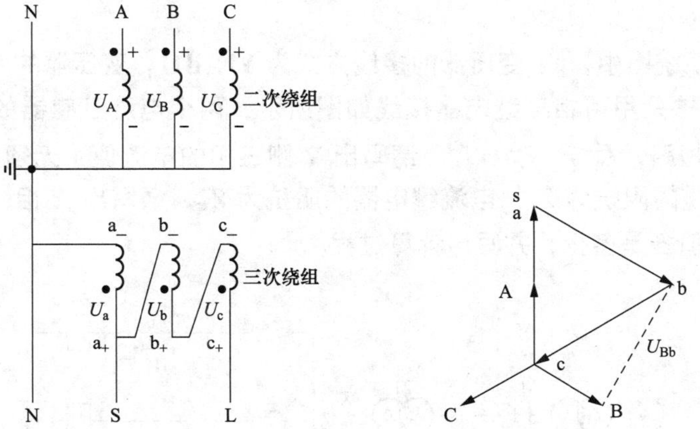

$$U_{Bb+} = \sqrt{100^2+57.7^2-2\times100\times57.7\times\cos60°} = 86.9(\text{V})$$

$$U_{Cc+} = 57.7\text{V}$$

38. 某厂用供电如下图所示，计算低厂变压器低压侧出口两相短路和单相短路时故障点电流，计算时不计元件电阻，不计 20kV 系统阻抗，且各元件正、负、零序阻抗相同。

答：取基准容量 S_B=100MVA。

T1 阻抗：

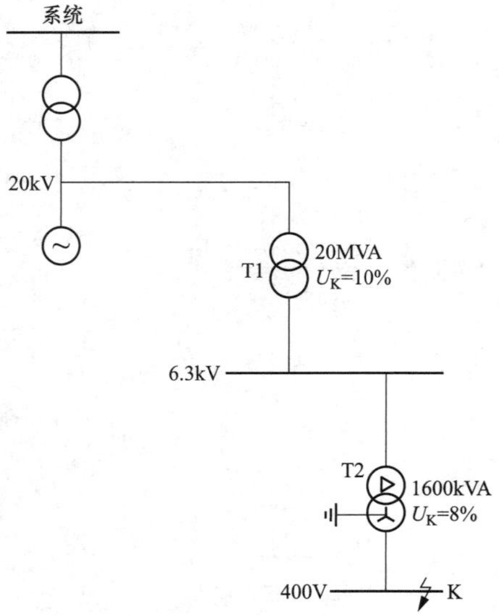

$$X_{T1}=X_{T2}=10\%\times\frac{100}{20}=0.5$$

T2 阻抗：

$$X'_{T1}=X'_{T2}=X'_{T0}=8\%\times\frac{100}{1.6}=5$$

两相短路电流 $I_K^{(2)}$ 为

$$I_K^{(2)}=\frac{\sqrt{3}}{2}\times\frac{1}{X_{T1}+X'_{T1}}\times\frac{100}{\sqrt{3}\times 400}\times 10^6=22727.3(\text{A})$$

单相短路电流 $I_K^{(1)}$ 为

$$I_K^{(1)}=\frac{3}{(X_{T1}+X'_{T1})+(X_{T2}+X'_{T2})+X'_{T0}}\times\frac{100\times 10^6}{\sqrt{3}\times 400}=27063.3(\text{A})$$

39. 电力系统接线如下图所示，K 点 A 相接地电流为 1.8kA，T1 中性线电流为 1.2kA，分别求线路 M 侧、N 侧的三相电流值。

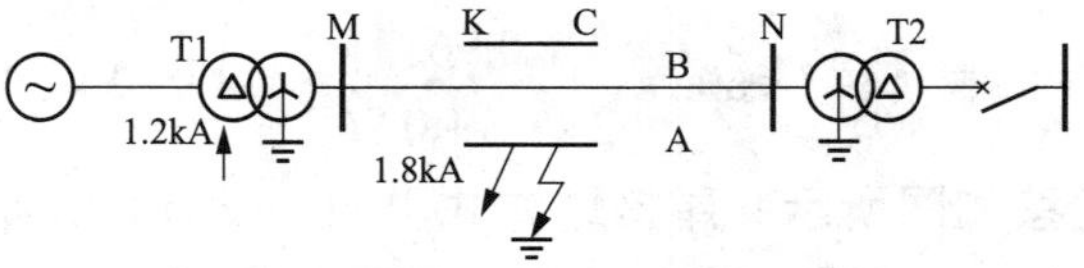

答：线路 N 侧无正序电流和负序电流，仅有零序电流，而每零序相零序电流为 1/3 (1.8−1.2)=0.2(kA)；因此 M 侧 B 相、C 相电流为 0.2kA；线路 M 侧 A 相电流为 1.8−0.2=1.6(kA)。

40. 在如下系统图中，2T 变压器的接线方式为 YN,d11，变压器的变比设为 1。M 侧线路上的电流保护采用两相三继电器接线如图所示，两个电流互感器的变比相同。在△侧发生 BC 两相短路，$I_B^{\triangle}=-I_C^{\triangle}=I_K$。请写出 Y 侧三相的电流值（无须推导）。设电流互感器 TA 二次电缆的阻抗为 Z_L，电流继电器的阻抗为 Z_K，请写出 A 相、C 相电流互感器的二次负载阻抗值各是多少，并写出计算过程。

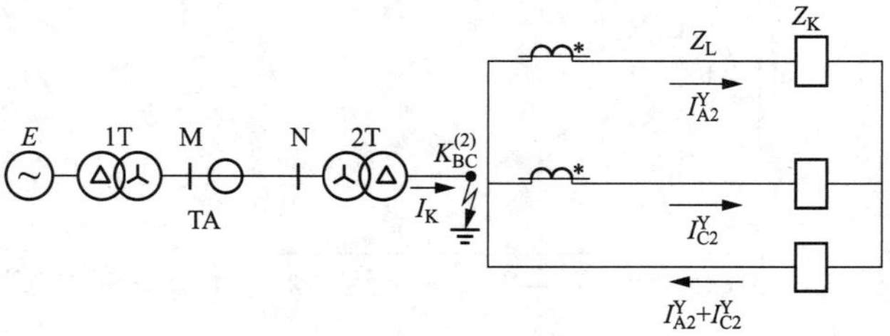

答：(1) $I_C^Y=-2I_K/\sqrt{3}, I_A^Y=I_B^Y=I_K/\sqrt{3}$

(2) A 相继电器的二次负载为

$$Z_A=\frac{I_{A2}^Y(Z_L+Z_K)+(I_{A2}^Y+I_{C2}^Y)(Z_L+Z_K)}{I_{A2}^Y}=\frac{I_{A2}^Y(Z_L+Z_K)-I_{A2}^Y(Z_L+Z_K)}{I_{A2}^Y}=0$$

（3）C相继电器的二次负载为

$$Z_C=\frac{I_{C2}^Y(Z_L+Z_K)+(I_{A2}^Y+I_{C2}^Y)(Z_L+Z_K)}{I_{C2}^Y}=\frac{I_{C2}^Y(Z_L+Z_K)+0.5I_{C2}^Y(Z_L+Z_K)}{I_{C2}^Y}=1.5(Z_L+Z_K)$$

41. 如下图所示系统，T1、T2参数完全相同，T1和T3主变压器中性点接地，线路上K点发生A相单相接地故障时，N侧A相电流为0.8kA，0点B、C相电流为零。求P点A相电流，K点入地电流。（提示：不计负荷电流影响，可使用相量图分析）

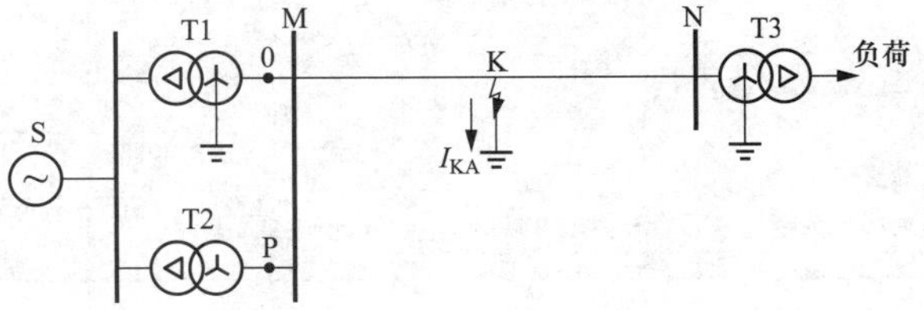

答： 由系统图可知，M侧为负荷侧，且主变压器中性点接地，因此N侧三相只有三个同方向的零序分量电流（各相零电流为0.8kA），N侧无正负序分量电流。M侧0点有正负序分量电流，也有零序分量电流，P点只有正负序分量电流。

因为0点B、C相电流为零，则根据0点相量图，B、C相正负电流之和与B、C相零序电流大小相等、方向相反。因此$\dot{I}_{KA1}=\dot{I}_{KA2}=\dot{I}_{KA0}=\dot{I}_{KB0}=\dot{I}_{KC0}$。

由于T1与T2参数相同，所以0点的正负序电流和P点的正负序电流大小相同，等于故障点正负序电流的一半。

根据相量图，综上所述可以得到如下关系：

$$I_{KA1}=I_{KA2}=I_{KA0}=I_{KB0}=I_{KC0}=2I_{OKA1}=2I_{OKA2}=2I_{OKA0}=2I_{PKA1}=2I_{PKA2}$$

因为$I_{KA0}=I_{MKA0}+I_{NKA0}=I_{OKA0}+I_{NKA0}=I_{OKA0}+0.8=2I_{OKA1}$

所以$2I_{OKA1}=I_{OKA0}+0.8=I_{OKA1}+0.8$

所以$I_{OKA1}=0.8\text{kA}$

同理：$I_{OKA2}=0.8\text{kA}$; $I_{OKA0}=0.8\text{kA}$。

所以$I_{OKA}=I_{OKA1}+I_{OKA2}+I_{OKA0}=0.8+0.8+0.8=2.4(\text{kA})$

所以$I_{PKA}=I_{PKA1}+I_{PKA2}=0.8+0.8=1.6(\text{kA})$

K点入地电流：

$$I_{KA}=I_{OKA}+I_{PKA}+I_{NKA}=2.4+1.6+0.8=4.8(\text{kA})$$

二、线路保护

1. 在校验RCS-931AM装置中的A相接地距离Ⅰ段保护时，已知整定距离Ⅰ段定值Z_1=2Ω, 正序灵敏角为80°，K=0.5。按图1设置故障前状态，当装置TV断线报警返回后切换到故障状态图2，故障状态的持续时间设置为100ms，请问A相接地距离继电器Ⅰ段保护可以动作吗？为什么？

答： 不会动作。

写出距离保护的比相方程

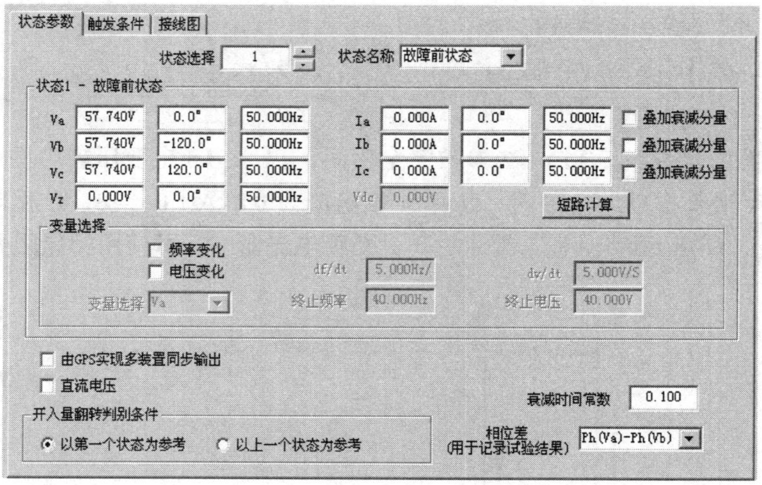

图1　故障前状态

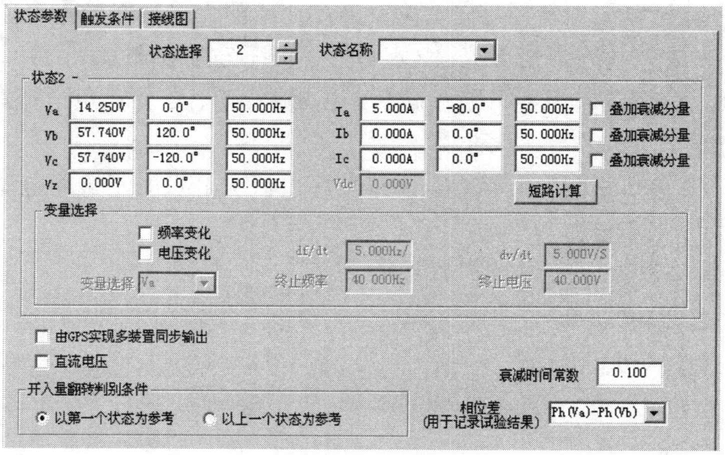

图2　故障状态

$$-90° < \arg\frac{\dot{U}_{\mathrm{OP\Phi}}}{-\dot{U}_{1\Phi}} < 90°$$

因为从图（2）可以看出，保护计算出的正序电压：

$$\dot{U}_{\mathrm{A1}} = 14.25 + a\cdot\dot{U}_{\mathrm{B}} + a^2\cdot\dot{U}_{\mathrm{C}} = -43.49(\mathrm{V})$$

工作电压：

$$\begin{aligned}\dot{U}_{\mathrm{OPA}} &= \dot{U}_{\mathrm{A}} - (1+K)\cdot\dot{I}_{\mathrm{A}}\cdot Z_{\mathrm{ZD1}} = 14.25\angle 0° - (1.5\times 5\angle -80°)\times 2\angle 80° \\ &= -0.75(\mathrm{V})\end{aligned}$$

$\dot{U}_{\mathrm{OPA}}$ 与 $\dot{U}_{\mathrm{A1}}$ 同相位，显然不满足距离保护的比相方程。

2. 如下图所示，在线路L1的A侧装有按 $U_\Phi/(I_\Phi+K3I_0)$ 接线的接地距离保护（K=0.8），阻抗元件的动作特性为最大灵敏度等于80°的全偏移方向圆，一次整定阻抗为 $Z_{zd}=40\angle 80°\Omega$。在K点发生A相经电阻接地短路故障。

（1）写出阻抗元件的测量阻抗表达式。

（2）该阻抗元件是否会动作？请用阻抗相量图进行说明。

注：I_1 与 I_2 同相。

Z_{L1} 为线路 $L1$ 的线路正序阻抗，Z_{L3k} 为线路母线 B 到故障点 K 的线路正序阻抗，Z_{L1}=Z_{L3k}=5∠80° Ω。

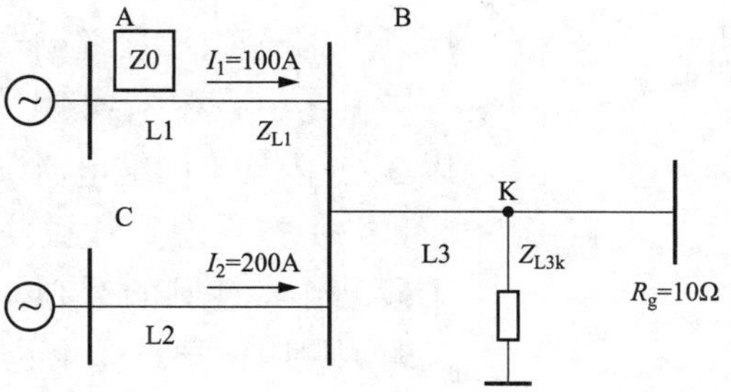

答：（1）测量阻抗

$$
\begin{aligned}
Z_{ca} &= Z_{L1} + [(I_1+I_2)+K(I_1+I_2)Z_{L3k}]/(I_1+KI_1)+(I_1+I_2)R_g/(I_1+KI_1) \\
&= Z_{L1}+(I_1+I_2)Z_{L3k}/I_1+(I_1+I_2)R_g/(I_1+0.8I_1) \\
&= 20\angle 80° + 17
\end{aligned}
$$

（2）该阻抗元件会动作，在 K 点短路时阻抗元件的允许接地电阻为 20Ω，现测量的 K 点接地电阻为 17Ω，所以能动作。

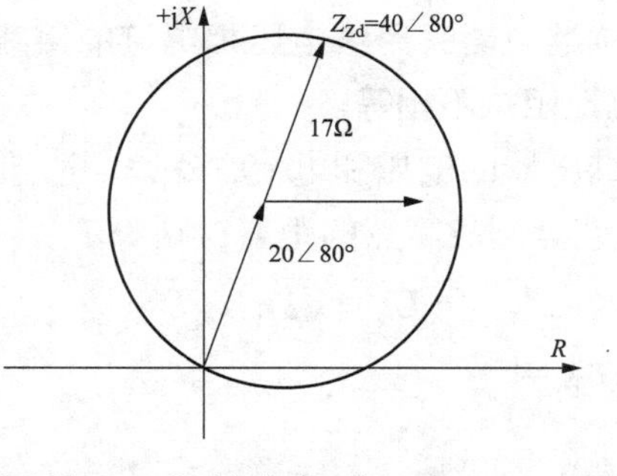

3. 系统各元件的参数如图所示，阻抗角都为 80°，$|E_s|=|E_R|$。两条线路各侧距离保护Ⅰ段均按本线路阻抗的 0.8 倍整定。继电器都用方向阻抗继电器。

（1）试分析距离保护 1、2、4 的Ⅰ段阻抗继电器振荡时会不会误动。

（2）如果振荡周期 T=1.5s 且做匀速振荡，求振荡时距离保护 3 的Ⅰ段阻抗继电器的误动时间。[提示：$(4^2+7^2)^{1/2}\approx 8$。]

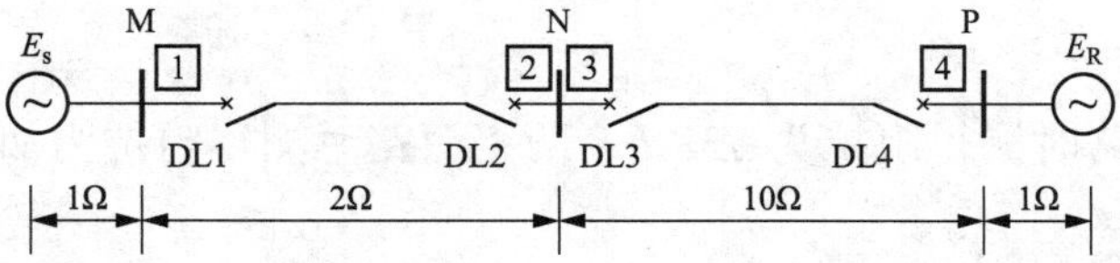

答：（1）求各保护距离Ⅰ段定值。

$$Z_{zd1}^{I} = Z_{zd2}^{I} = 0.8\times 2 = 1.6(\Omega)$$

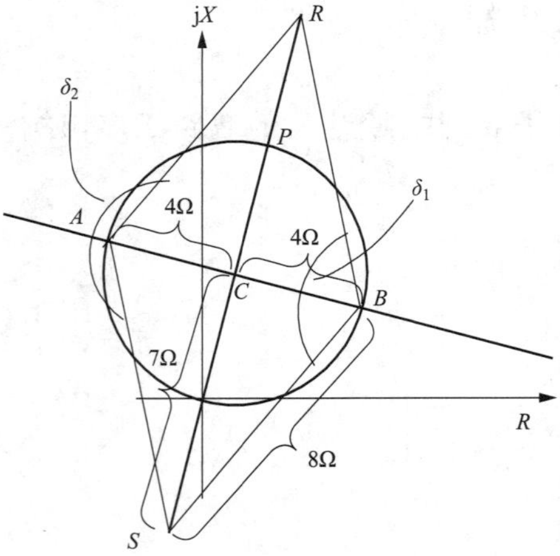

$$Z_{zd3}^{\mathrm{I}}=Z_{zd4}^{\mathrm{I}}=0.8\times10=8(\Omega)$$

（2）求振荡中心位置。

因为 $|E_s|=|E_R|$，振荡中心在 $Z_\Sigma/2$ 处；$Z_\Sigma/2=(1+2+10+1)/2=7(\Omega)$，位于 NP 线路距 N 母线 4Ω 处。振荡中心不在 1、2 阻抗 Ⅰ 段的动作特性内，所以 1、2 阻抗 Ⅰ 段继电器不误动。

振荡中心在 3、4 阻抗 Ⅰ 段的动作特性内，所以 3、4 阻抗 Ⅰ 段继电器误动。

（3）按系统参数振荡中心正好位于 3 号阻抗 Ⅰ 段动作特性圆的圆心，动作特性如图所示。振荡时测量阻抗端点变化的轨迹是 SR 线的垂直平分线，如图所示。

因为 $CB=4\Omega$，$SC=7\Omega$

所以 $SN=(4^2+7^2)^{1/2}\approx8(\Omega)$

所以 $\angle CSB=30^\circ$，故

$\angle CBS=60^\circ$，

所以 $\angle RBS=\delta_1=120^\circ$。

同理求得 $\delta_2=240^\circ$，两侧电势夹角在 $\delta_1\sim\delta_2$ 期间阻抗继电器误动。

误动时间 $t=(\delta_2-\delta_1)/360^\circ T=(240^\circ-120^\circ)/360^\circ\times1.5=0.5(\mathrm{s})$。

4. 有些距离保护中阻抗继电器采用线电压相电流的接线方式，试证明这种接线方式在三相、两相短路时，其测量阻抗不相等。

答：设 U_K、I_K 为加入继电器的电压和电流，Z_m 为测量阻抗，I_k 为故障电流，Z_1 为线路每公里阻抗，L 为保护安装点到故障点的距离，则对于三相短路有

$$U_k^3=\sqrt{3}I_k^{(3)}Z_1L$$

式中：$I_k^{(3)}=I_K^{(3)}$（设 $n_{TV}=1$，$n_{TA}=1$）。

所以

$$\dot{Z}_K^{(3)}=\frac{U_K^{(3)}}{I_K^{(3)}}=\sqrt{3}Z_1L$$

对于两相短路有

$$U_K^{(2)}=2I_k^{(2)}Z_1L,\ I_k^{(2)}=I_K^{(2)}$$

所以 $$\dot{Z}_K^{(2)}=\frac{U_K^{(2)}}{I_K^{(2)}}=2Z_1L$$

显然 $$\dot{Z}_K^{(2)}\neq\dot{Z}_K^{(3)}$$

综上，三相短路时测得阻抗为 $\sqrt{3}Z_1L$，两相短路时测得阻抗为 $2Z_1L$，故测量阻抗不相等。

5. 如需构成如下图所示特性的阻抗继电器，图形内部是动作区是整定值）。请写出各直线特性阻抗形式的动作方程（以 Z_j、X_{zd}、R_{zd} 为基本变量）并说明其实现方法。（要求写出用加于继电器的电压 U_J、电流 I_J 和 X_{zd}、R_{zd} 表达的电压形式动作方程及逻辑关系）

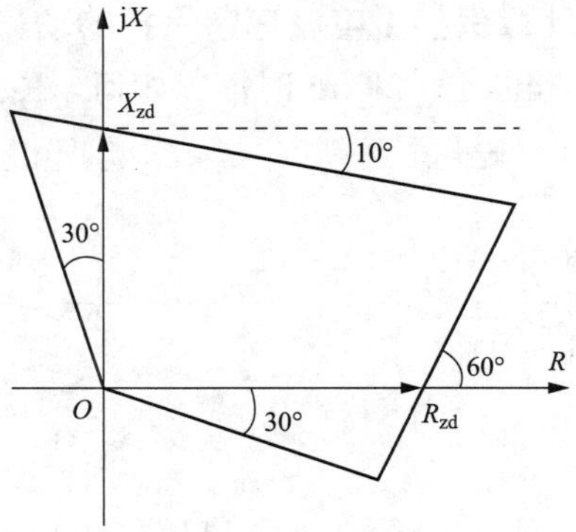

答：（1）电抗线动作方程：

$$170° < \arg(Z_J - X_{zd})/R < 350°$$

右电阻线动作方程：

$$60° < \arg(Z_J - R_{zd})/R < 240°$$

左电阻线动作方程：

$$-60° < \arg Z_J/R < 120°$$

方向线动作方程：

$$-30° < \arg Z_J/R < 150°$$

（2）实现方法：

$$170° < \arg(U_J - I_J X_{zd})/I_J R < 350° \ [\text{或}\ 170° < \arg(U_J - I_J X_{zd})/I_J < 350°]$$

$$60° < \arg(U_J - I_J R_{zd})/I_J R < 240° \ [\text{或}\ 60° < \arg(U_J - I_J R_{zd})/I_J < 240°]$$

$$-60° < \arg U_J/I_J R < 120° \ (\text{或}\ -60° < \arg U_J/I_J < 120°)$$

$$-30° < \arg U_J/I_J R < 150° \ (\text{或}\ -30° < \arg U_J/I_J < 150°)$$

上述四个方程构成“与”门。

6. 某系统主接线如下图所示，系统阻抗、线路阻抗如图中所示，那么距离保护 1、2、3、4 中Ⅰ段方向阻抗是否需经振荡闭锁控制？

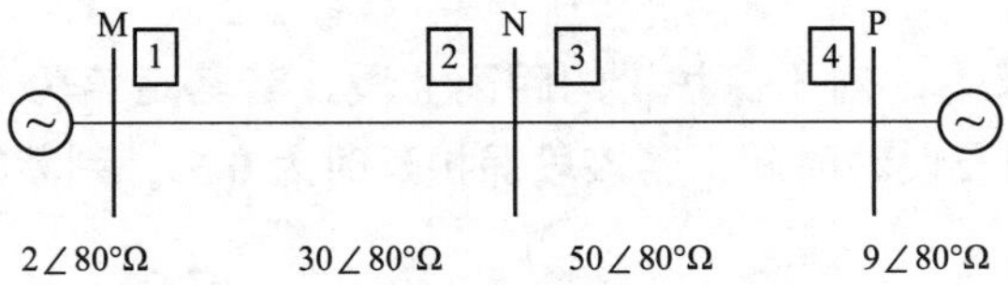

答：系统综合阻抗为

$$Z_\Sigma/2=2+30+50+9=91$$

振荡中心在 $Z_\Sigma/2$ 处，即 91/2=45.5Ω，振荡中心在 NP 线路靠近 N 侧的 45.5−(30+2)=13.5Ω 处。

1、2 保护中的Ⅰ段：不需要振荡闭锁控制；

3 保护中的Ⅰ段：需振荡闭锁控制；

4 保护中的Ⅰ段：按整定阻抗 85% 计算。保护区为 50×85%=42.5Ω，保护区伸到离 N 母线处 50−42.5=7.5(Ω)，振荡中心在Ⅰ段保护区内，故需振荡闭锁控制。

7. 如下图所示网络，试计算保护 1 电流速断保护的动作电流、动作时限及电流保护范围，并说明当线路长度减到 40km、20km 时情况如何。由此得出什么结论？

已知：$K_{rel}^{1}=1.2, Z_1=0.4\Omega/km$。

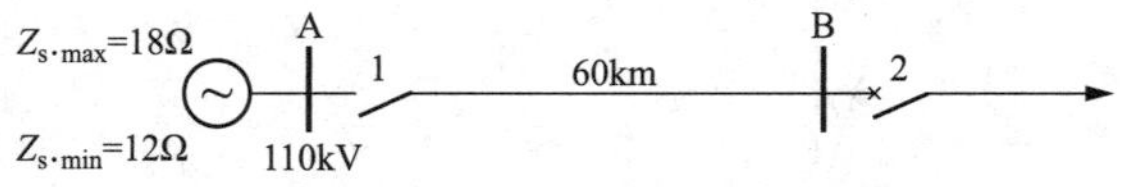

答：I_{AB}=60km 时：

$$I_{K\cdot B\cdot max}=\frac{E_s}{Z_{s\cdot min}+Z_1L_{AB}}=\frac{115/\sqrt{3}}{12+0.4\times 60}$$
$$=1.84(kA)$$
$$I_{act\cdot 1}^{I}=K_{rel}^{I}\cdot I_{K\cdot B\cdot max}=1.2\times 1.84=2.21(kA)$$
$$L_{min}=\left(\frac{\sqrt{3}}{2}\cdot\frac{E_s}{I_{act\cdot 1}^{I}}-Z_{s\cdot max}\right)/Z_1=19.95(km)$$
$$L_{min}\%=33.25\%>15\%, t_I^I=0s$$

当 t_{AB}=40km 时：

$$I_{act\cdot 1}^{I}=2.84kA, L_{min}\%=14\%<15\%, t_I^I=0s$$

当 t_{AB}=20km 时：

$I_{act\cdot 1}^{I}=3.984kA, L_{min}\%=-44.5\%$，即没有保护范围，$t_I^I=0s$。

由此得出结论，当线路较短时，电流速断保护范围将缩短，甚至没有保护范围。

8. 在下图所示网络中，线路阻抗 0.4Ω/km，全系统阻抗角均等于 70°，其他参数见图。图示 1、2 分别位于线路 AB 的出口和末端；3、4 处分别为线路 BC 的出口和末端。假设系统电动势 $|\dot{E}_m|=|\dot{E}_n|$，若系统发生振荡，则：

（1）试指出振荡中心位于何处，而保护 1（1 处所安装的保护）、保护 2、保护 3 和保护 4 的距离Ⅰ段和Ⅱ段中有哪些保护可能受振荡的影响。（假设线路Ⅰ段定值取线路全长的 80%。）

（2）若振荡周期取 2s，对于保护 1 的距离Ⅱ段，若其定值为 60Ω，求可能使其测量元件误动的 δ 角的范围及误动时间；若该段保护延时为 0.5s，判断能否误动。

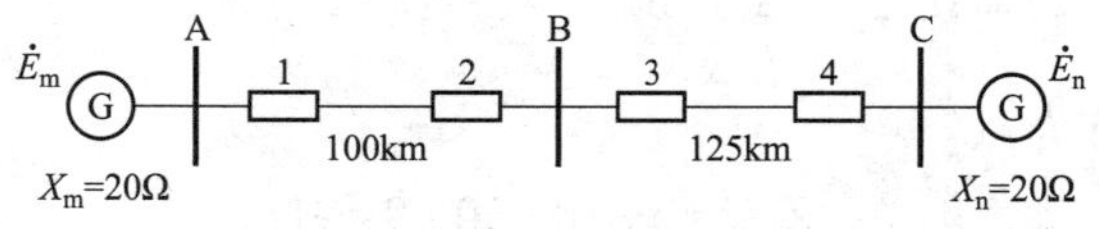

答：（1）$Z_z=\frac{20+20+100\times 0.4+125\times 0.4}{2}=65(\Omega)$，$\frac{65-20}{0.4}=112.5(km)$

所以振荡中心位于 BC 线距 C 端 1125.5km 处，距 B 端 12.5km 处。

保护 1 距离Ⅱ段、保护 4 距离Ⅱ段和保护 3 距离Ⅰ段、Ⅱ段受振荡影响。

（2）由于保护Ⅰ的距离Ⅱ段阻抗定值为 60Ω，则可得振荡时的测量阻抗图如下。

则 $h=\sqrt{45\times(60-45)}=26$

由于，$\tan\dfrac{\delta}{2}=\dfrac{65}{26}=2.5$

所以 $\dfrac{\delta}{2}=\arctan 2.5=68°$

所以 $\delta=136°$

可能误动的时间为

$$t_{\delta}=2\times(180-136)\times\frac{2}{360}=0.488(\mathrm{s})$$

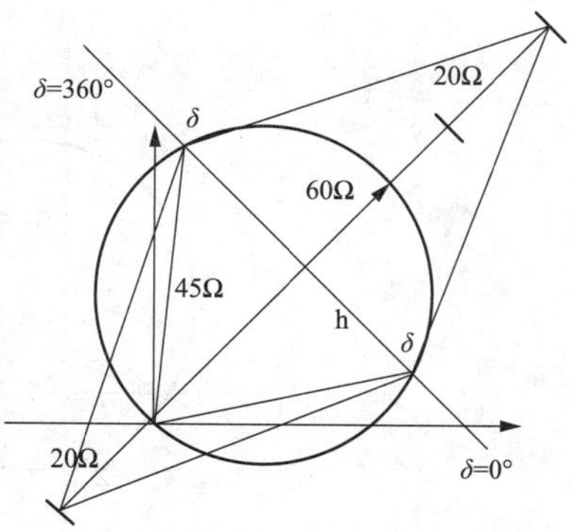

若保护 1 距离Ⅱ段延时为 0.5s，由于其可能误动的时间为 0.488s，小于 0.5s，所以不会误动作。

9. 一联络线采用三重方式，已知基准电压为 230kV，基准容量为 100MVA，标幺阻抗 $Z_{1\Sigma}=Z_{2\Sigma}=\mathrm{j}0.5$、$Z_{0\Sigma}=\mathrm{j}1$。

试计算分析在非同期合闸中由于断路器三相不同时接通产生的最大 $3I_0$。

答：（1）断路器两相先接通计算。

最大三倍零序电流发生在两侧电源电动势相角 $\delta=180°$时，有

$$I_{\mathrm{J}}=100000/\sqrt{3}\times 230=251(\mathrm{A});$$

$$3I_0=3\times(-2\times 251)/\mathrm{j}(0.5+2\times 1)=624\angle 90°(\mathrm{A})$$

（2）短路器一相先接通计算。

$3I_0=3\times(-2\times 251)/\mathrm{j}(2\times 0.5+1)=753\angle 90°(\mathrm{A})$

10. 如果阻抗继电器的动作方程为 $90°\leqslant\arg(Z_{\mathrm{J}}-Z_{\mathrm{zd}})/Z_{\mathrm{J}}\leqslant 270°$，式中 Z_{J} 为测量阻抗，Z_{zd} 为整定阻抗。

（1）在阻抗复数平面上画出它的动作特性。

（2）写出继电器用以实现的电压形式的动作方程（即用加在继电器上的电压 U_{J}、电流 I_{J} 和整定阻抗 Z_{zd} 表达的动作方程）。

（3）说明该继电器在正方向出口短路可能会拒动（出现死区），在反方向出口短路可能会误动，应采取什么措施。采取措施后，请画出正向短路和反向短路时的暂态动作特性（保护反方向的阻抗为 $Z_{\mathrm{S}}\angle\Phi$，正方向的所有阻抗为 $Z_{\mathrm{R}}\angle\Phi$，保护的整定阻抗为 $Z_{\mathrm{zd}}\angle\Phi$）。

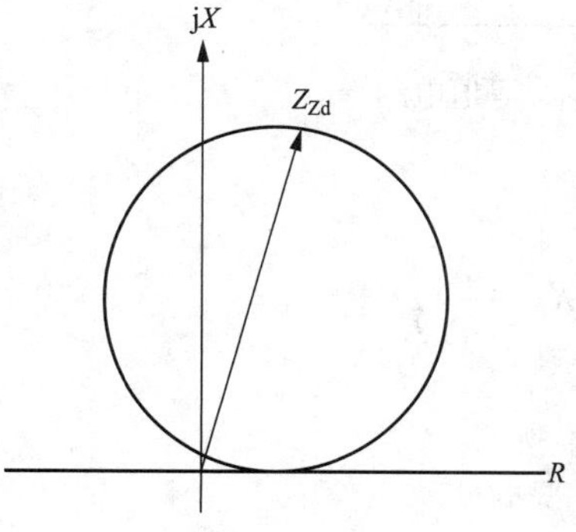

答：（1）如下图所示。

（2）$90°\leqslant\arg(U_{\mathrm{J}}-I_{\mathrm{J}}Z_{\mathrm{zd}})/U_{\mathrm{J}}\leqslant 270°$。

（3）应采取的措施：对极化电压（U_{J}）进行记忆，即用短路前的电压作为极化电压。

继电器正方向和反方向短路的暂态特性如下图所示。

11. 对于同杆架设的具有互感的两回路，在双线运行和单线运行（另一回线两端接地）的不同运行方式下，试计算在线路末端故障零序等值电抗和零序补偿系数的计算值。

答：设 $X_{01}=3X_1$, $X_{0M}=0.6X_{01}$（X_{01} 为线路零序电抗，X_{0M} 线路互感电抗）。

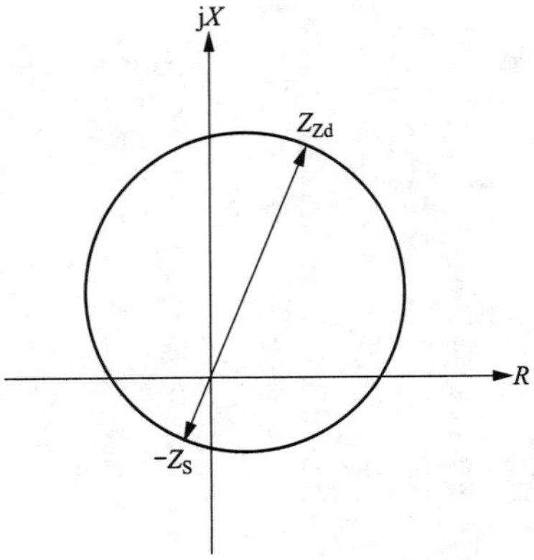

正向短路暂态动作特性

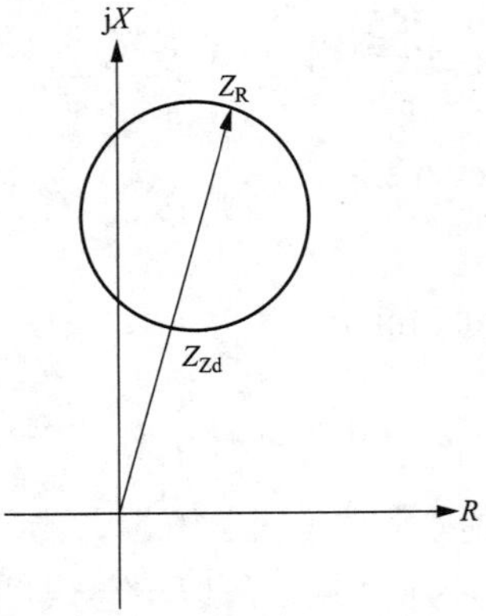

反向短路暂态动作特性

（1）双线运行时零序等值电抗为

$$X_0 = X_{0M} + \frac{1}{2}(X_{01} - X_{0M}) = 0.6X_{01} + \frac{1}{2} \times 0.4X_{01}$$
$$= 0.8X_{01} = 2.4X_1$$

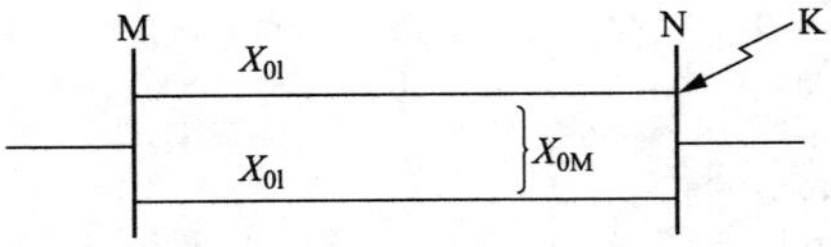

图1　双线运行时一次系统示意图

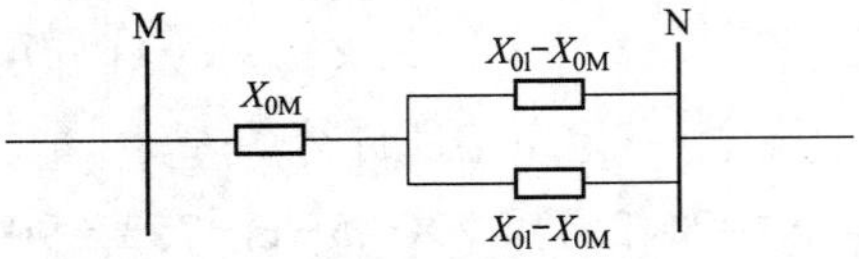

图2　等值电路

零序补偿系数为

$$K = \frac{X_0 - X_1}{3X_1} = 0.47$$

（2）单回线运行另一回线两端接地时：

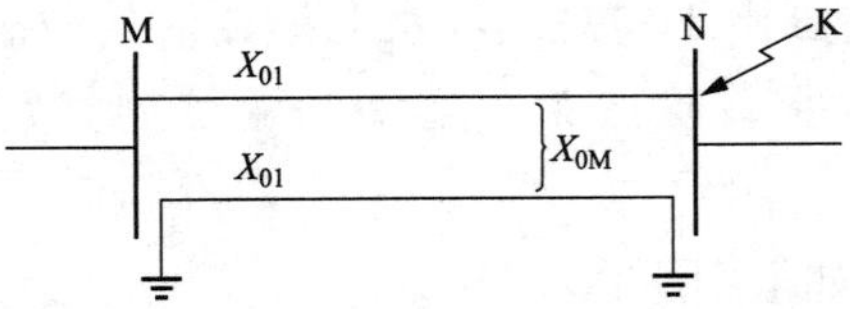

图3　一次系统示意图

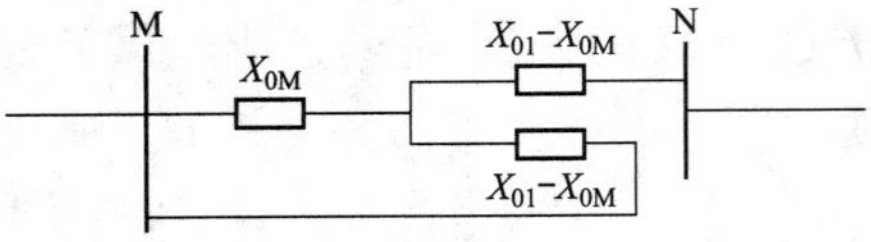

图4　等值电路

单回线运行另一回线两端接地时零序等值电抗为

$$X_0 = \frac{X_{0M}(X_{01} - X_{0M})}{X_{0M} + (X_{01} + X_{0M})} + (X_{01} - X_{0M}) = X_{01} - \frac{X_{0M}^2}{X_{01}}$$
$$= X_{01} - \frac{(0.6X_{01})^2}{X_{01}} = 0.64X_{01} = 1.92X_1$$

零序补偿系数为

$$K = \frac{X_0 - X_1}{3X_1} = 0.31$$

12. **如下图所示，220kV 线路 K 点 A 相单相接地短路。电源、线路阻抗标幺值已注明在图中，设正、负序电抗相等，基准电压为 230kV，基准容量为 1000MVA。**

（1）绘出 K 点 A 相接地短路时的复合序网图。

（2）计算出短路点的全电流（有名值）。

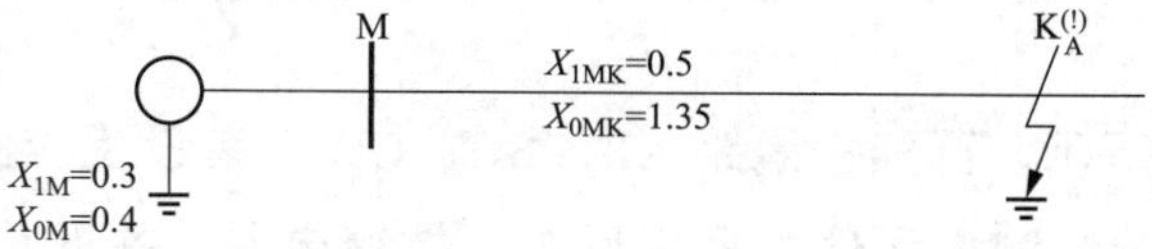

答：（1）复合序网图如下。

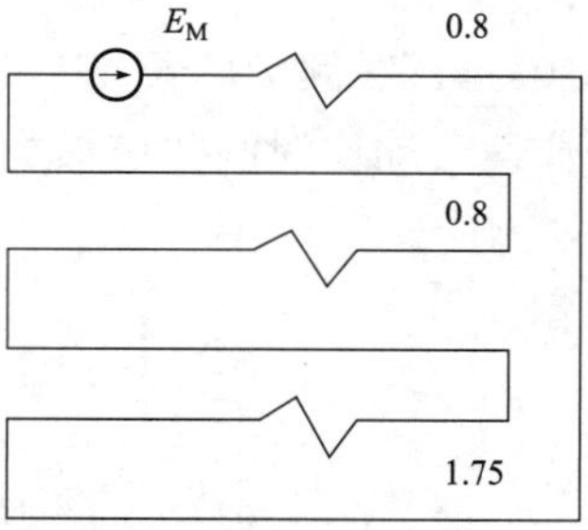

（2）$X_{1M_\Sigma}=X_{2M_\Sigma}=X_{1M}+X_{1MK}=0.3+0.5=0.8$

$$X_{0M_\Sigma}=X_{0M}+X_{0MK}=0.4+1.35=1.75$$

基准电流 I=1000/(1.732 × 230)=2.51(kA)

$$I_A=3X_I/(2X_{1M_\Sigma}+X_{0M_\Sigma})=3\times2.51/(2\times0.8+1.75)=2.25(\text{kA})$$

13. **双侧电源双回线路系统参数如下图所示，在线路 L1 距离 M 侧 α=0.45 的 K 点发生两相短路接地。①健全线路 L2 的方向纵联保护在两侧都同时采用零序功率方向元件 D0 和负序功率方向元件 D2；②健全线 L2 的距离纵联保护两侧的超范围距离元件的整定阻抗 Z_{set}=j150Ω。试问在上述两种情况下，健全线纵联保护的动作情况如何?**

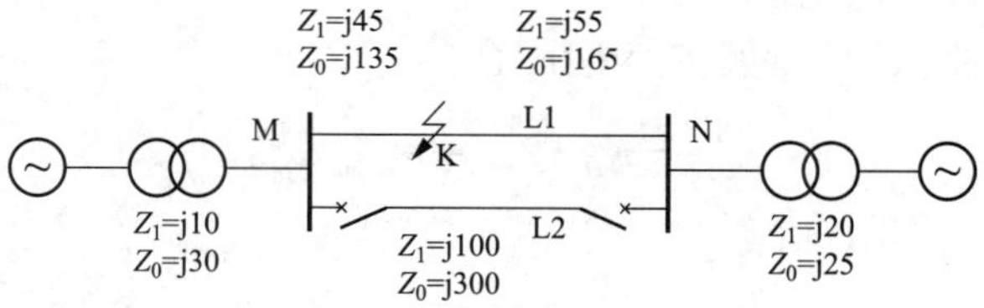

答：（1）将健全线 L2 断开，在 K 点加负序电压，则

$$\dot{U}_{2M}=\dot{U}_2-\dot{I}_{2M}\times\text{j}45=\dot{U}_2-\frac{75}{55+75}\dot{I}_2\times45=\dot{U}_2-\frac{3375}{130}\dot{I}_2$$

$$\dot{U}_{2N}=\dot{U}_2-\dot{I}_{2N}\times\text{j}55=\dot{U}_2-\frac{55}{55+75}\dot{I}_2\times55=\dot{U}_2-\frac{3025}{130}\dot{I}_2$$

所以，$\dot{U}_{2M}<\dot{U}_{2N}$。

再将 L2 接通，在 L2 上 $\dot{I}_2$ 将由 N 侧流向 M 侧，则 M 侧 D2 判为正方向。

将健全线 L2 断开，在 K 点加零序电压，则

$$\dot{U}_{0M}=\dot{U}_0-\dot{I}_{0M}\times\text{j}135=\dot{U}_0-\frac{190}{355}\dot{I}_0\times135=\dot{U}_0-\frac{25650}{355}\dot{I}_0$$

$$\dot{U}_{0N}=\dot{U}_0-\dot{I}_{0N}\times\text{j}165=\dot{U}_0-\frac{160}{355}\dot{I}_0\times135=\dot{U}_0-\frac{27225}{355}\dot{I}_0$$

所以，$\dot{U}_{0M}>\dot{U}_{0N}$。

再将 L2 接通，在 L2 上 $\dot{I}_0$ 将由 M 侧流向 N 侧，则 N 侧 D0 判为正方向。

若不采取措施，M 侧 D2 动作停信，N 侧 D0 动作停信，则方向纵联保护误动作。对策是两侧都加反方向判别元件，当任何一个反方向判别元件动作时，即将正方向判别元件闭锁，禁止停信，纵联保护不会误动。

（2）健全线 L2 的 M 侧超范围距离元件测量阻抗必大于 j155Ω，不会动作。N 侧距离元件因为有 M 侧电源起助增作用，也不会动作。两侧超范围元件都不动作，纵联保护不会跳闸。

14. 网络如下图所示，已知：线路 AB、BC、CD 上装设反应相间短路的三段式距离保护，Ⅰ、Ⅱ段保护的测量元件均采用反向阻抗继电器，并取$K_{rel}^{I}=K_{rel}^{II}=K_{rel}^{III}=0.85$，$K_{sen}^{I}=0.85$，$K_{sen}^{II}=1.25$，$\Delta t$=0.5s，线路单位阻抗 Z_1=0.4Ω/km，线路阻抗角，线路 AB 长 30km，线路 BC 长 40km，线路 CD 长 60km。试整定保护 1 及保护 3 的距离Ⅰ、Ⅱ的动作值、动作时间并校核灵敏度。

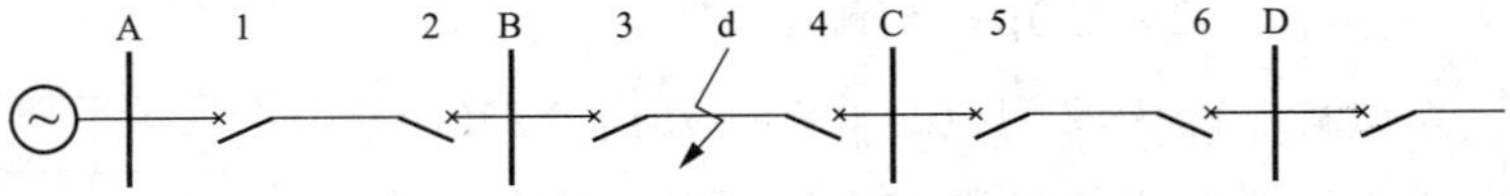

答：（1）保护 3 的距离Ⅰ段动作值：

$$Z_{op}^{I}=K_{rel}^{I}Z_{BC}=0.85\times0.4\times40=13.6(\Omega)$$

动作时间：$t_{op.3}^{I}=0s$

灵敏度校验：$K_{sen}=0.85$

（2）保护 3 的距离Ⅱ段整定。

动作值与相邻线路保护 5 的距离Ⅰ段配合：

$$Z_{op.3}^{II}=K_{rel}^{II}\left(Z_{BC}+K_{b.min}K_{op.5}^{I}\right)$$

保护 5 距离Ⅰ段动作阻抗：

$$Z_{op.5}^{I}=K_{rel}^{I}Z_{CD}=0.85\times0.4\times60=20.4(\Omega)$$

所以保护 3 的距离Ⅱ段动作值为

$$Z_{op.3}^{II}=K_{rel}^{II}\left(Z_{BC}+K_{b.min}Z_{op.5}^{I}\right)=0.85\times(0.4\times40+1\times20.4)=33.3(\Omega)$$

动作时间：$t_{op.3}^{II}=0.5s$

灵敏度校验：$K_{sen.3}^{II}=\dfrac{Z_{op.3}^{II}}{Z_{BC}}=\dfrac{33.3}{0.4\times40}=2.08>1.25$，合格。

（3）保护 1 的距离Ⅰ段整定。

动作值：$Z_{op.1}^{I}=K_{rel}^{I}Z_{AB}=0.85\times0.4\times30=10.2(\Omega)$

动作时间 $t_{op.1}^{I}=0s$

灵敏度校验：$K_{sen}=0.85$

（4）保护 1 距离Ⅱ段整定。

动作值按与保护 3 距离Ⅰ段整定：

$$Z_{op.1}^{II}=K_{rel}^{II}\left(Z_{AB}+K_{b.min}Z_{op.3}^{I}\right)=0.85\times(0.4\times30+1\times13.6)=21.76(\Omega)$$

动作时间：$t_{op.1}^{\mathrm{II}}=0.5s$

灵敏度校验：$K_{sen.1}^{\mathrm{II}}=\dfrac{Z_{op.1}^{\mathrm{II}}}{Z_{AB}}=\dfrac{21.76}{0.4\times 30}=1.81>1.25$，合格

15. 如下图所示系统中整定 K 保护的阻抗继电器Ⅱ段定值时要计算分支系数，分支系数 K_b 的定义为流过故障线路的电流与流过保护的电流之比。请说明，求此时的分支系数时应取何处短路。选择运行方式并计算出分支系数的数值。

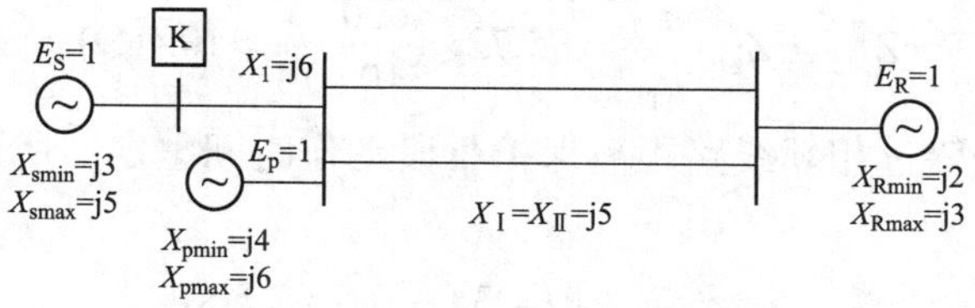

答：K 保护的阻抗继电器Ⅱ段定值应与双回线阻抗继电器Ⅰ段配合。

对于 E_P 电源，系数是助增系数，即

$$K_{b1}=\frac{I_1+I_2}{I_1}$$

对于双回线，系数是汲出系数，即

$$K_{b2}=\frac{I_1-I_2}{I_1}$$

I_2 越大即汲出电流越大，则汲出系数越小。为取得汲出电流最大，求分支系数时，取双回线末端母线短路，此时有

助增系数 $K_{b1}=\dfrac{1}{\dfrac{6}{9+6}}=\dfrac{15}{6}=2.5$

汲出系数 $K_{b2}=\dfrac{1}{2}=0.5$

分支系数为

$$K_b=K_{b1}K_{b2}=2.5\times 0.5=1.25$$

16. 如下图所示，1、2 号断路器均装设三段式的相间距离保护（方向阻抗继电器），已知 1 号断路器一次整定阻抗值为 $Z_{1set}(1)=3.6\Omega/ph$, 0s；$Z_{2set}(1)=11\Omega/ph$, 0.5s；$Z_{3set}(1)=114\Omega/ph$, 3sAB 段线路输送的最大负荷电流为 500A，最大负荷功率因数角为 40°。试计算 2 号断路器距离保护的Ⅲ段的二次整定阻抗是多少欧姆。动作时间整定为多少秒。（保留小数点后一位）

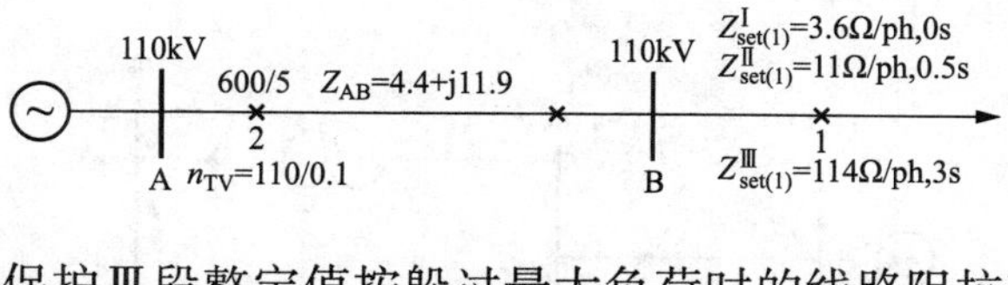

答：（1）因距离保护Ⅲ段整定值按躲过最大负荷时的线路阻抗整定，所以 2 号断路器距离Ⅲ段整定一次阻抗值 Z_{zd}^{III} 为

$$Z_{zd}^{\text{III}}=\frac{0.9U_N}{\sqrt{3}K_{rel}K_{re}K_{ss}I_{fh.max}\cos(\varphi_{sen}-\varphi_L)}=\frac{0.9\times110\times10^3}{\sqrt{3}\times1.2\times1.1\times1\times500\times\cos\left(\arctan\frac{11.9}{4.4}-40°\right)}=95.72(\Omega)$$

式中：K_{rel} 为可靠系数，取 1.25；K_{re} 为返回系数，取 1.1；K_{ss} 为负荷自启动系数，取 1；φ_{sen} 为继电器最灵敏角，取线路阻抗角，即 $\varphi_{sen}=\arctan\frac{11.9}{4.4}=69.71°$。

所以，二次阻抗整定值 $Z_{zd.2}^{\text{III}}$ 为

$$Z_{zd.2}^{\text{III}}=Z_{zd}^{\text{III}}\cdot\frac{n_{TA}}{n_{TV}}=95.72\times\frac{600/5}{110/0.1}=10.4(\Omega)$$

（2）时间整定按躲过相邻线路距离保护Ⅲ段动作时间整定，所以 2 号距离Ⅲ段动作时间 $t_{\text{III}.2}$ 为

$$t_{\text{III}.2}=t_{\text{III}.3}+\Delta t=3.0+0.5=3.5(\text{s})$$

答：2 号断路器距离保护的Ⅲ段的二次整定阻抗为 10.4Ω，动作时间整定为 3.5s。

17. 如下图所示，某 35kV 单电源辐射形线路，L1 的保护方案为限时电流速断和过电流保护，电流互感器为不完全星形接线。已知 L1 的最大负荷电流为 300A，变电站 A 的 1、2 号断路器保护定值如图所示。计算 L1 的过电流保护电流动作值应整定为多少安。动作时间整定为多少秒。（保留小数点后一位）

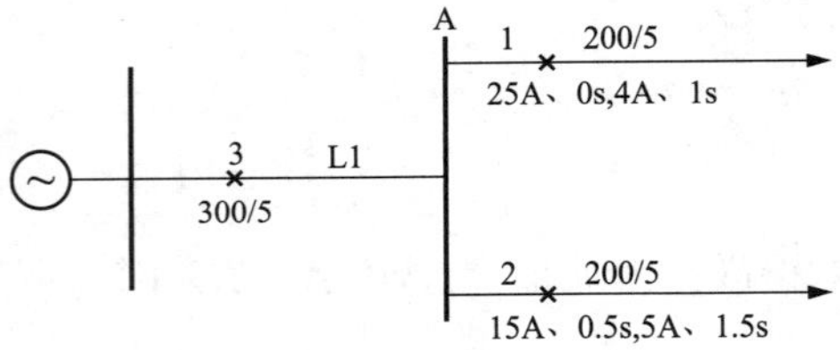

答：依题意，L1 的保护定值计算如下。

过电流保护：

（1）动作电流按避越本线路最大负荷电流整定，即

$$I''_{op(3)}=\frac{K_{rel}I_{fh.max}}{K_{re}n_{TA}}=\frac{1.2\times300}{0.85\times\frac{300}{5}}=7.1(\text{A})$$

式中：K_{rel} 为可靠系数，取 1.2；K_{re} 为返回系数，取 0.85。

（2）动作时限按与 2 号断路器定时电流 ($t''_{(2)}=1.5$s) 相配合，即

$$t''_{(3)}=t''_{(2)}+\Delta t=1.5+0.5=2.0(\text{s})$$

18. 如下图所示，已知 k1 点最大三相短路电流为 1300A（折合到 110kV 侧），k2 点的最大接地短路电流 I_{kg} 为 2400A，最小接地短路电流为 2000A，1 号断路器零序保护的一次整定值为Ⅰ段 1200A，0s；Ⅱ段 330A，0.5s。计算 3 号断路器零序电流保护Ⅲ段的一次动作电流值为多少。动作时间为多少。（取可靠系数 K_{rel}=1.3，配合系数 K_{co}=1.1，结果保留两位小数）

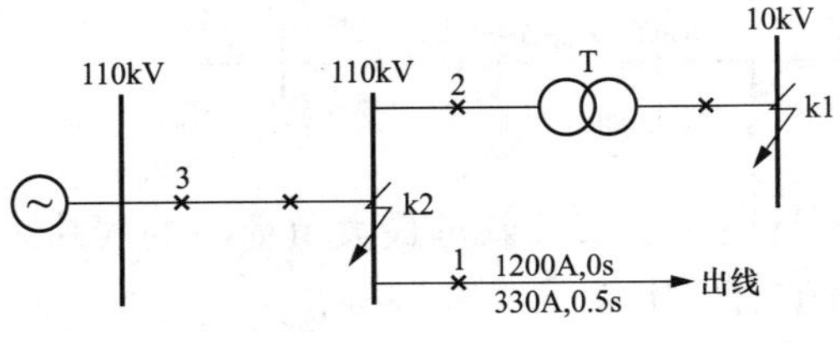

答：（1）3 号断路器零序Ⅲ段的整定值应按与 1 号断路器零序Ⅱ段相配合，即

$$I'''_{op(3)} = K_{co} I''_{op(1)} = 1.1 \times 330 = 363(A)$$

（2）零序Ⅲ段的动作时间按与 1 号断路器零序Ⅱ段相配合，即

$$t_3''' = t_1'' + \Delta t = 0.5 + 0.5 = 1.0(s)$$

答：3 号断路器零序电流保护Ⅲ段的一次动作电流值为 363A，动作时间为 1.0s。

19. 如下图所示，已知：I_j=692A, K_c=1, n_{TA}=600/5，计算过电流保护定值是多少，并核算本线路末端故障时，该保护的灵敏度为多少。（设返回系数为 0.85，可靠系数为 1.2，结果保留两位小数）

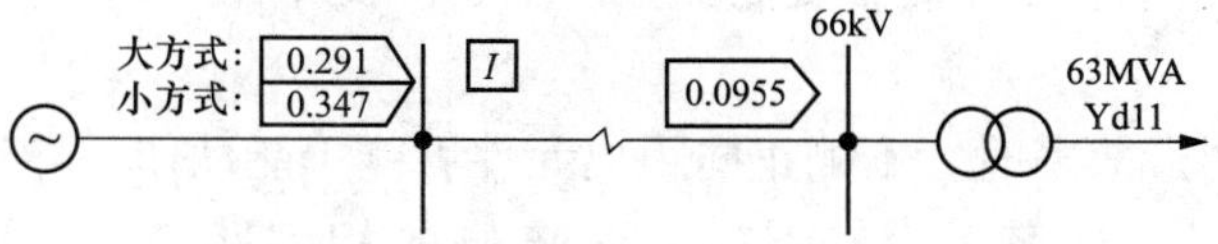

解：

$$I_{g.max} = \frac{S_t}{U_e \times \sqrt{3}} \times 10^3 = \frac{63}{66 \times \sqrt{3}} \times 10^3 = 551.11(A)$$

整定值为

$$I_{set} = \frac{K_{rel} \times K_c}{K_r \times n_{TA}} I_{g.max} = \frac{1.2 \times 1}{0.85 \times 600/5} \times 551.11 = 6.48(A)$$

又因为两相短路时，一次故障电流为

$$I_k^{(2)} = \frac{1}{X_{X\Sigma}} I_j \times \frac{\sqrt{3}}{2} = \frac{1}{0.4425} \times 692 \times \frac{\sqrt{3}}{2} = 1354.33(A)$$

所以灵敏系数为

$$K_{sen} = \frac{I_k^{(2)}}{n_{TA} I_{set}} = \frac{1354.33}{\frac{600}{5} \times 6.48} = 1.74$$

答：经计算过电流保护定值为 6.48A，灵敏度为 1.74。

20. RCS900 工频变化量距离实验，工频变化量阻抗 ΔZ_{ZD}=3.5Ω，Z_0=0.6，Z_1=0.2，所加故障电流 5A，当系数 m=1.1 时，求保护可靠动作时的：

（1）单相接地故障电压。

（2）相间故障电压。

答：（1）求零序补偿系数 K 值：$K=(Z_0-Z_1)/(3Z_1)=0.67$

（2）单相接地故障电压为

$$\begin{aligned} U &= (1+K)I \cdot \Delta Z_{ZD} + (1-1.05m)U_N \\ &= (1+0.67) \times 5 \times 3.5 + (1-1.05 \times 1.1) \times 57.74 \\ &= 29.23 - 8.95 \\ &= 20.28(V) \end{aligned}$$

（3）模拟相间故障电压为

$$\begin{aligned}U&=2I\cdot\Delta Z_{ZD}+(1-1.05\mathrm{m})\times100\\&=2\times5\times3.5+(1-1.05\times1.1)\times100\\&=35-15.5\\&=19.5(\mathrm{V})\end{aligned}$$

21. 在超范围允许式距离纵联保护中，线路一侧距离元件的电流互感器本应是800/1，因不慎错用为1600/1，试分析该保护行为。

答：测量阻抗为$Z_m=Z_{(一次)}\cdot\dfrac{n_{TA}}{n_{TV}}$

同一故障点，因为电流互感器变比扩大一倍，故测量阻抗增大一倍，导致保护区严重缩短。

当在对侧出口附近故障时，本侧正向距离元件可能不能动作，导致保护拒动。

22. 如下图所示，计算220kV1XL线路M侧的相间距离Ⅰ、Ⅱ、Ⅲ段保护定值，2XL与3XL为同杆并架双回线，且参数一致。无单位值均为标幺值（最终计算结果以标幺值表示），可靠系数均取0.8，相间距离Ⅱ段的灵敏度不小于1.5。

已知条件：

（1）发电机以100MVA为基准容量，230kV为基准电压，1XL的线路阻抗为0.04，2XL、3XL的线路阻抗为0.03，2XL、3XL N侧的相间距离Ⅱ段定值为0.08，t_2=0.5s。

（2）P母线故障，线路1XL的故障电流为18，线路2XL、3XL的故障电流各为20。

（3）1XL的最大负荷电流为1200A。（Ⅲ段仅按最大负荷电流整定即可，不要求整定时间）

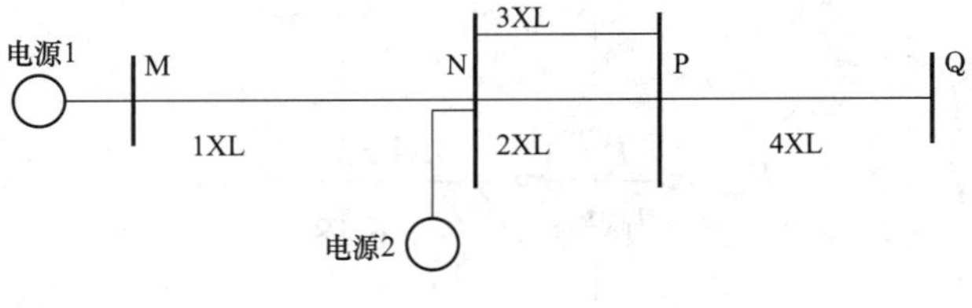

答：（1）Z_{I1XL}=0.8×0.04=0.032，t=0s

（2）计算Ⅱ段距离，考虑电源2停运，取得最小助增系数

$$K_{FZ}=9/18=0.5$$

与线路2XL的Ⅰ段配合：

$$\begin{aligned}Z_{Ⅱ}&=0.8\times0.04+0.8\times0.5\times ZI_{2XL}\\&=0.032+0.8\times0.5\times0.8\times0.03=0.0416\end{aligned}$$

校核灵敏度：1.5×0.04=0.06，0.0416＜0.06，灵敏度不符合要求；

与线路2XL的Ⅱ段配合：$Z_{Ⅱ}$=0.8×0.04+0.8×0.5×0.08=0.064，t=0.8～1.0s。

灵敏度符合要求。

（3）$Z_{Ⅲ}$=0.8×0.9×230/(1.73×1.2)=79.7(Ω)

换算成标幺值：

$$Z_{\mathrm{III}}=79.7\times100/230\times230=0.151$$

23. 某线路第一套保护发出差流异常告警，已知保护本地和远方电流采样值，试计算各相电流差流值，并分析可能存在的故障。

答：根据表 1，画出电流相量图。

表1　　差流异常保护各相采样值

相别			A 相	B 相	C 相
第一套保护	本地电流	幅值（mA）	199	210	201
		相位（°）	0	−121	119
	远方电流	幅值（mA）	200	212	198
		相位（°）	−175	75	−57

注　以上相别的相位以 A 相本地电流为基准。

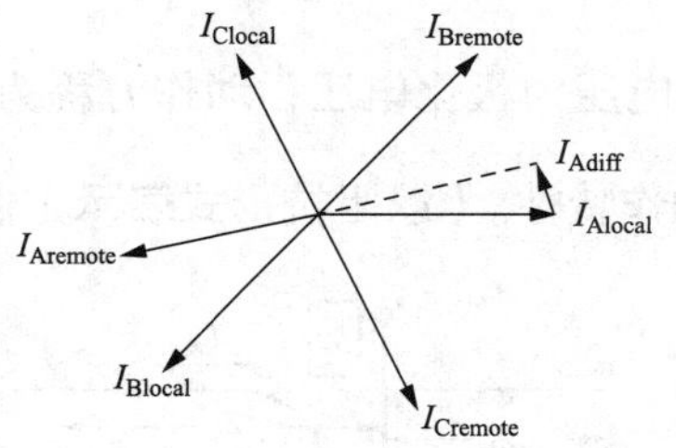

差动电流计算公式为

$$I_{\text{diff}}=|\dot{I}_{\text{local}}+\dot{I}_{\text{remote}}|=|\dot{I}_{\text{local}}+\dot{I}_{\text{remote}}+180^{\circ}|=\sqrt{I_{\text{local}}^{2}+I_{\text{remote}}^{2}-2I_{\text{local}}I_{\text{remote}}\cos\theta\cdots}\qquad(1)$$

式中：I_{local} 为本地电流；I_{remote} 为对侧电流；I_{diff} 为差动电流。

由式（1）计算得出：第一套分相电流差动保护 A 相差流为 17.4mA，B 相差流为 58.7mA，C 相差流为 14.2mA。B 相电流差流异常，且远方电流相位偏差较大，故可能是远端变电站内该线路保护 B 相电流回路存在异常。

24. 500kV 线路的等值电路如下图所示，已知末端电压为 10.2kV，试求始端电压并画出电压相量图。

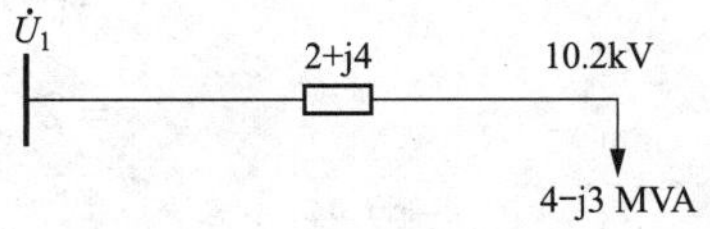

答：$\Delta U_2=\dfrac{P_1R+Q_1X}{U_1}=-0.39\text{kV}$

$$\delta U_2=\frac{P_1X-Q_1R}{U_1}=2.16\text{kV}$$

$$\dot{U}_1=U_2+\Delta U_2+\text{j}\delta U_2=(9.81+\text{j}2.16)\text{kV}$$

相量图如下。

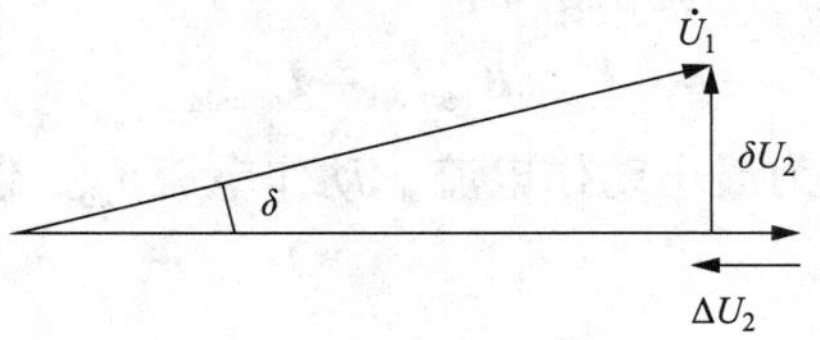

25. 有一方向阻抗继电器，若正常运行时的测量阻抗为3.5∠30°Ω，要使该方向阻抗继电器在正常运行时不动作，则整定阻抗最大不能超过多少？（设 $\varphi_{sen}=75°$）

解：首先在坐标图上画出测量阻抗的相量 Z_1 和整定阻抗 Z_{set} 的相角 φ_{sen}，即可以确定整定阻抗的方向，过测量阻抗的末端 A 作测量阻抗向量的垂线与整定阻抗交于 B，显然 OB 即是整定阻抗幅值的最大值。

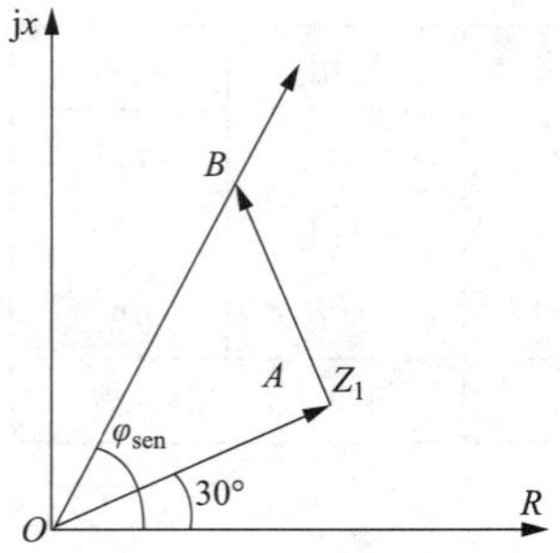

根据余弦定理可知

$$OA/OB=\cos(\varphi_{sen}-30°)$$

其中：

$$OA=3.5, \varphi_{sen}=75°$$

解得

$$OB=3.5\sqrt{2}$$

答：整定阻抗的最大值为 $3.5\sqrt{2}\angle 75°$。

26. 某阻抗继电器以正序电压为极化电压，动作方程为 $90°<\arg\dfrac{U_{OP\varphi\varphi}}{U_{P\varphi\varphi}}<270°$，请分析发生反方向两相短路时的动作特性。（以阻抗形式表示）假设故障前线路空载。

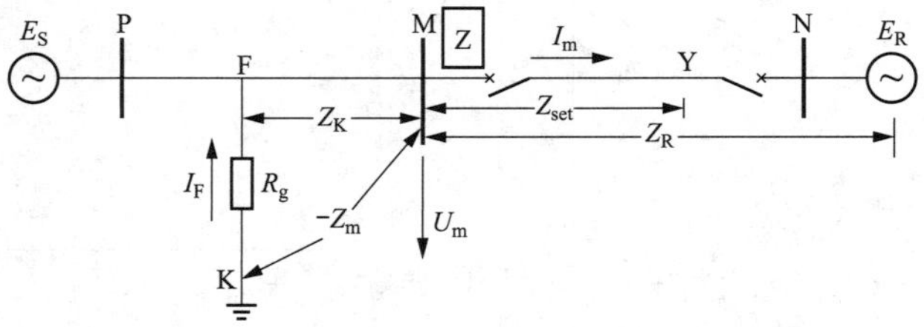

答：以 $K_{BC}^{(2)}$ 为例，分析BC相间阻抗继电器。

$$\begin{aligned}\dot{U}_{OPBC}&=\dot{U}_{BC}-(\dot{I}_B-\dot{I}_C)Z_{set}=-(\dot{I}_B-\dot{I}_C)(-Z_m)-(\dot{I}_B-\dot{I}_C)Z_{set}\\&=(\dot{I}_B-\dot{I}_C)(Z_m-Z_{set})=2\dot{I}_B(Z_m-Z_{set})\end{aligned}$$

$$\begin{aligned}\dot{U}_{PBC}&=\dot{U}_{1BC}=\dot{U}_{1B}-\dot{U}_{1C}=(\dot{E}_{RB}+\dot{I}_{1B}Z_R)-(\dot{E}_{RC}+\dot{I}_{1C}Z_R)\\&=(\dot{E}_{RB}-\dot{E}_{RC})+(\dot{I}_{1B}-\dot{I}_{1C})Z_R\\&=-(\dot{I}_B-\dot{I}_C)(Z_R-Z_m)+(\dot{I}_{1B}-\dot{I}_{1C})Z_R\\&=2\dot{I}_B(Z_m-Z_R)+\dot{I}_BZ_R=2\dot{I}_B\left(Z_m-\frac{1}{2}Z_R\right)\end{aligned}$$

动作方程为

$$90°<\arg\frac{Z_m-Z_{set}}{Z_m-\dfrac{1}{2}Z_R}<270°$$

27. 某分相光纤差动保护动作判据如下：

$$\boldsymbol{I_{op}>K_{res}I_{res}+I_{op.min}}$$

K_{res} 为制动系数，$I_{op.min}$ 为最小动作电流，动作电流 I_{op}、制动电流 I_{res} 表示式如下：

$$\begin{cases} I_{op}=\left|\dot{I}_p+\dot{I}_q\right| \\ I_{res}=\max\left\{I_{res.\varphi},\dfrac{1}{2}I'_{res}\right\} \end{cases}$$

其中，$I_{res.\varphi}=\dfrac{1}{2}\left|\dot{I}_{p\varphi}-\dot{I}_{q\varphi}\right|$为本相制动电流，$I'_{res}$为其他相的制动电流。$\dot{I}_p$、$\dot{I}_q$示意如下图所示。

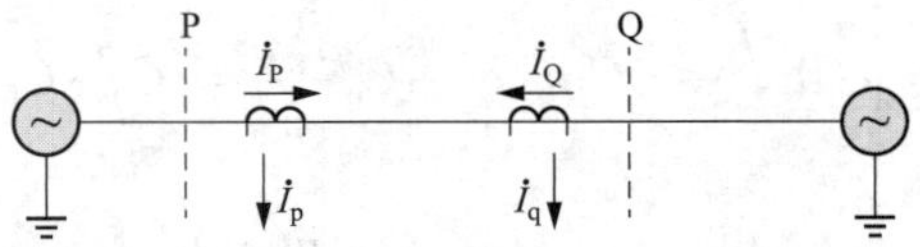

（1）作出该光纤差动保护判据动作特性。

（2）分析说明制动电流中引入$\dfrac{1}{2}I'_{res}$的作用。

答：（1）

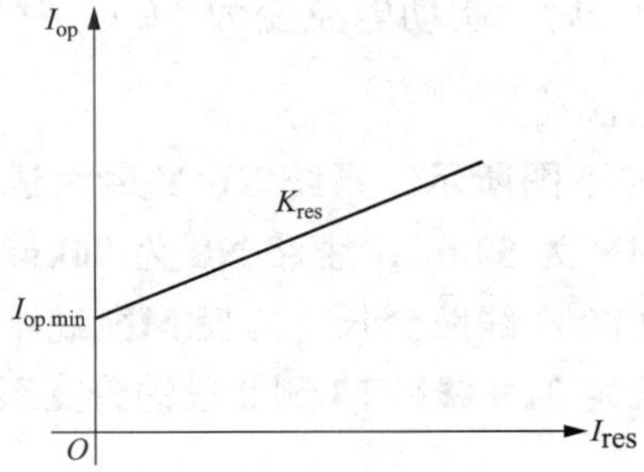

（2）引入$\dfrac{1}{2}I'_{res}$可有效防止区外短路故障时非故障相差动保护误动。以区外 A 相接地时，B、C 相差动保护行为。设单相接地电流为$\dot{I}_{KA}^{(1)}$，K 点左侧 PQ 线序电流分配系数为$C_1=C_2$、C_0，如下图所示。

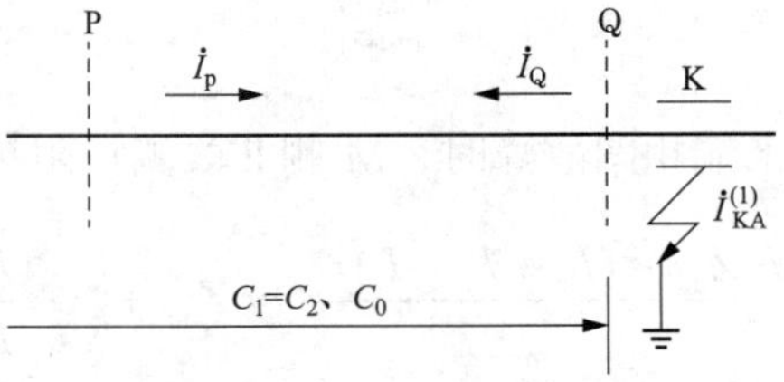

1）流入差动回路电流，因是外部故障，所以只有不平衡电流，即

$$\begin{cases} I_{d.A}=I_{unb.A} \\ I_{d.B}=I_{unb.B} \\ I_{d.C}=I_{unb.C} \end{cases}$$

$I_{unb.B}$、$I_{unb.C}$主要是非故障中零序电流引起的不平衡电流，并非只有负荷电流产生的不平衡电流。

2）$I_{res.\varphi}$ 制动电流

$$I_{res.\varphi}=\frac{1}{2}\left|\dot{I}_{p\varphi}-\dot{I}_{q\varphi}\right|=I_{p\varphi}$$

各相得 $I_{res.\varphi}$ 为

$$I_{res.A}=\left|C_1\frac{\dot{I}_{KA}^{(1)}}{3}+C_2\frac{\dot{I}_{KA}^{(1)}}{3}+C_0\frac{\dot{I}_{KA}^{(1)}}{3}\right|=(2C_2+C_0)\frac{\dot{I}_{KA}^{(1)}}{3}$$

$$I_{res.B}=\left|C_1a^2\frac{\dot{I}_{KA}^{(1)}}{3}+C_2a\frac{\dot{I}_{KA}^{(1)}}{3}+C_0\frac{\dot{I}_{KA}^{(1)}}{3}\right|=(C_0-C_1)\frac{\dot{I}_{KA}^{(1)}}{3}$$

$$I_{res.C}=\left|C_1a\frac{\dot{I}_{KA}^{(1)}}{3}+C_2a^2\frac{\dot{I}_{KA}^{(1)}}{3}+C_0\frac{\dot{I}_{KA}^{(1)}}{3}\right|=(C_0-C_1)\frac{\dot{I}_{KA}^{(1)}}{3}$$

3）说明：如果 I_{res} 中无 $\frac{1}{2}I'_{res}$，则当出现 $C_0\approx C_1$ 时，B、C 相差动继电器制动电流很小，容易发生误动。引入 $\frac{1}{2}I'_{res}$ 后，制动电流变为 $\frac{1}{2}(2C_2+C_0)\frac{\dot{I}_{KA}^{(1)}}{3}$，相应动作电流增大，有效克服非故障相差动继电器误动。

28. 某 110kV 系统接线如下图所示，系统 X、Y 最大运行方式和最小运行方式时的系统阻抗示于图中，线路 MN 为 50km，线路 NP 为 80km，每百公里阻抗均为 j40Ω，NP 线路距离Ⅰ段的保护区为 80% 线路全长，为使 MN 线路 M 侧相间距离Ⅱ段与 NP 线路的相间距离Ⅰ段配合，试确定 MN 线路 M 侧Ⅱ段的分支系数 *K* 值。

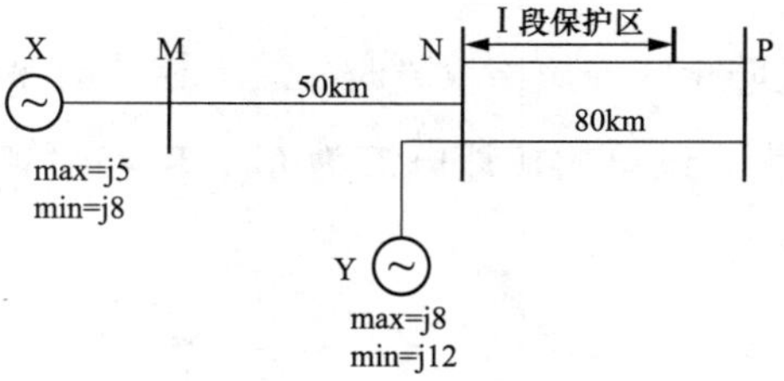

答：（1）NP 线路Ⅰ段末端相间故障时，M 侧Ⅱ段测量阻抗为

$$Z_m=\frac{U_m}{I_m}=\frac{I_mZ_{mn}+(I_m+I_Y-I_1)Z_{nk}}{I_m}=Z_{mn}+\left(1+\frac{I_Y}{I_m}-\frac{I_1}{I_m}\right)Z_{nk}$$

分支系数 k_{fz}

$$k_{fz}=1+\frac{I_Y}{I_m}-\frac{I_1}{I_m}$$

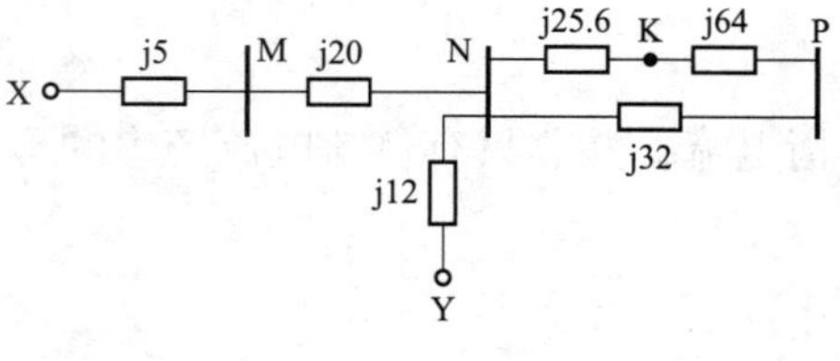

（2）为了保证选择性，k_{fz} 应取较小值，所以，Y 系统应该取最小运行方式，X 系统应取最大运行方式。此时系统阻抗图如下：

设 K 点三相短路，则有

$$Z_{\Sigma}=\mathrm{j}[25.6//(64+32)]+\mathrm{j}[12//(5+20)]=\mathrm{j}23.47(\Omega)$$

$$I_{\mathrm{k}}^{(3)}=\frac{115/\sqrt{3}}{Z_{\Sigma}}=\frac{115}{\sqrt{3}\times 23.47}=2.83(\mathrm{kA})$$

$$I_{\mathrm{m}}=2.83\times\frac{12}{20+5+12}=0.918(\mathrm{kA})$$

$$I_{\mathrm{Y}}=2.83\times\frac{20+5}{20+5+12}=1.912(\mathrm{kA})$$

$$I_{1}=2.83\times\frac{25.6}{32+64+25.6}=0.4(\mathrm{kA})$$

$$k_{\mathrm{fz}}=1+\frac{1.912}{0.918}-\frac{0.4}{0.918}=2.65$$

29. 如下图所示双电源系统中，$Z_L=50\angle 75°\Omega$，$Z_M=30\angle 75°\Omega$，$Z_N=20\angle 75°\Omega$，母线M侧距离保护接线方式为线电压两相电流差的方向阻抗继电器，其第1段的整定阻抗$Z_1=40\Omega$，最大灵敏角为75°，$E_M=E_N$。问：

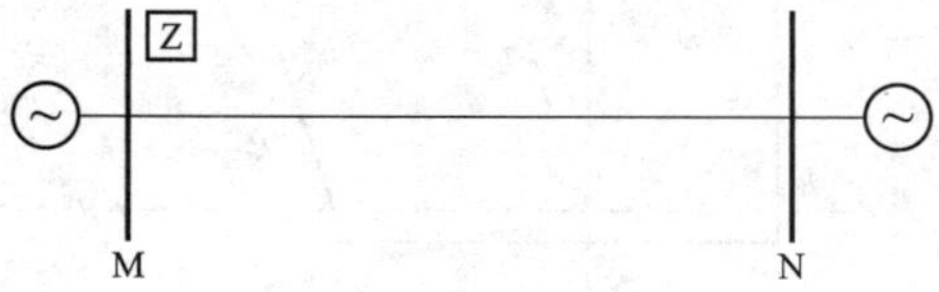

（1）当系统发生振荡时，两电势相角差$\delta=157.4°$，该1段阻抗继电器会不会误动作？

（2）当系统发生振荡时，两电势相角差$\delta=136.4°$，该1段阻抗继电器会不会误动作？

（3）若系统振荡周期为1.5s，该1段阻抗继电器误动作的时间是多少？

答：$Z_{\Sigma}=50/75°+30\angle 75°+20\angle 75°=100\angle 75°\Omega$

（1）δ=157.4°时，振荡电流为

$$I_{\mathrm{swi}}=\frac{E_{\mathrm{m}}-E_{\mathrm{n}}}{Z_{\Sigma}\cdot \mathrm{e}^{\mathrm{j}75°}}=\frac{E_{\mathrm{m}}(1-\mathrm{e}^{-\mathrm{j}157.4°})}{100\cdot \mathrm{e}^{\mathrm{j}75°}}$$

$$U_{\mathrm{m}}=E_{\mathrm{m}}-Z_{\mathrm{m}}I_{\mathrm{swi}}$$

$$Z_{\mathrm{m}}=[(0.5-\mathrm{m})-\mathrm{j}0.5\mathrm{ctg}(\delta/2)]\cdot Z_{\Sigma}$$

$$m=Z_{\mathrm{m}}/Z_{\Sigma}=3/10=0.3$$

$$\begin{aligned}Z_{\mathrm{m}}&=[(0.5-0.3)-\mathrm{j}0.5\cot(157.4/2)]\times 100/75°\\&=0.2236\angle-26.6°\cdot 100\angle 75°\\&=22.36\angle-48.4°\end{aligned}$$

角度为48.4°时，阻抗继电器动作值为

$$Z_{\mathrm{op}}=40\cos(75-48.4)=35.7(\Omega)>22.36(\Omega)$$

方向阻抗继电器会误动。

（2）δ=136.4°时，

$$\begin{aligned}Z_{\mathrm{m}}&=[(0.5-0.3)-\mathrm{j}0.5\cot(136.4/2)]\times 100\angle 75°\\&=28.3\angle 30°\end{aligned}$$

角度为30°时，阻抗继电器动作值为

$$Z_{\mathrm{op}}=40\cos(75-30)=28.3(\Omega)$$

方向阻抗继电器处于临界状态。

（3）继电器误动时间：

$$\Delta\delta=(180-136.4)\times 2=87.2°$$

$$T=(\Delta\delta/360)\times 1.5=(87.2\times 1.5)/360=0.363(\text{s})$$

30. 220kV 线路采用 PSL602 数字式线路保护，已知整定单中：正序阻抗角 78°，距离保护电阻定值 6Ω，相间距离Ⅰ段阻抗 5Ω，请分析：

（1）当测量阻抗是 4.78∠85°Ω 时，Ⅰ段阻抗元件的动作情况如何？

（2）当测量阻抗是 8.06∠29.7°Ω 时，Ⅰ段阻抗元件的动作情况如何？

（3）当测量阻抗是 –1+j1.732 时，Ⅰ段阻抗元件动作情况如何？

答： PSL602 数字式线路保护采用偏移阻抗元件和正序方向元件组成，正序方向元件：

$$-25°\leqslant \arg\frac{U_1}{I_A+3KI_0}\leqslant 115°$$

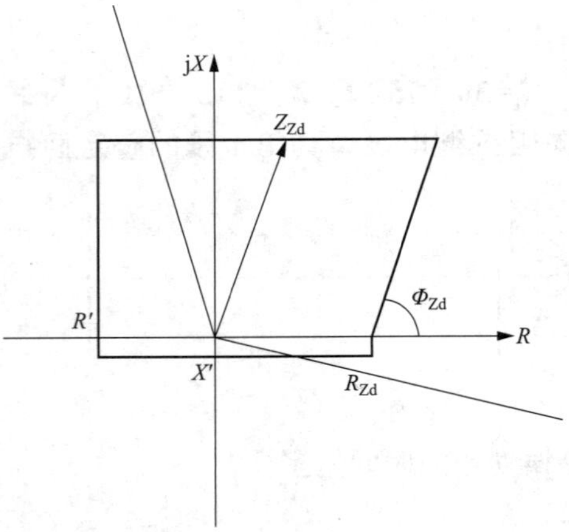

阻抗元件阻抗定值按段设置，阻抗角和电阻定值共用一个，偏移电阻分量取 $0.5R_{ZD}$、$0.5Z_{ZD}$ 中最小值，偏移电抗分量取 0.5Ω、$0.5Z_{ZD}$ 中最小值，因此阻抗特性如下图：

（1）测量阻抗为 4.78∠85°(Ω) 时，

$$Z=4.78\angle 85°\Omega=(0.42+\text{j}4.67)\Omega$$

$$R_m=0.42<R_{zd};\ X_m=4.67<Z_{zd}\cdot\cos(90-78)=4.89$$

所以Ⅰ段阻抗元件能动作。

（2）测量阻抗为 8.06∠29.7°Ω 时，

$$Z_m=R_m+\text{j}X_m=(7+\text{j}4)\Omega$$

$R_m>R_{zd}$ 时，对应的 X 的门槛不再是 0，而是对应的 X'。

$$X'=(R_m-R_{zd})\text{tg}(\Phi_{zd})=(7-6)\times\text{tg}78°=4.7(\Omega)$$

$X_m=4<X'=4.7$，所以Ⅰ段阻抗元件不动作。

（3）测量阻抗是 –1+j1.732 时，

$$Z_m=R_m+\text{j}X_m=-1+\text{j}1.732$$

$$R_m<R'_{zd}=\min\{0.5R_{ZD},0.5Z_{ZD}\}=2.5(\Omega)$$

$$X_m<X_m=5\times\cos(90-78)=4.89(\Omega)$$

$$Z_m=-1+\text{j}1.732=2\angle 120°(\Omega)$$

但是因为相角是 120°，已经超过方向元件动作区，所以Ⅰ段阻抗元件不能动作。

31. 如下图所示系统，求三相系统振荡时，相间阻抗继电器 KZ 的测量阻抗轨迹，用图表示。方向阻抗继电器在 δ=90° 时动作，δ=270° 时返回（δ 为 E_M、E_N 两相量间的夹角），系统最长振荡周期为 2s，则方向阻抗继电器动作时间应整定何值。

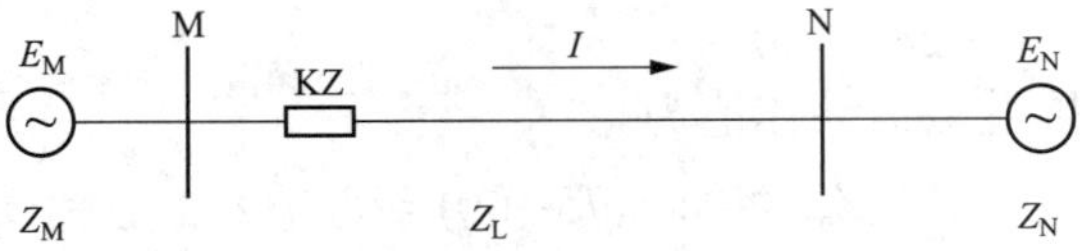

答：在 M 侧的阻抗继电器可用同名相电压和电流来分析，以下分析的各电气量均为相量。

$$I=(E_M-E_N)/(Z_M+Z_L+Z_N)=(E_M-E_N)/Z_E$$

设 $Z_M=mZ_E$，$U_M=E_M-IZ_M=E_M-I_mZ_E$

则继电器的测量阻抗为

$$Z_k=U_M/I=(E_M-I_mZ_E)/I=E_MZ_E/(E_M-E_N)-mZ_E$$

设 E_M、E_N 两相量间的夹角为 δ，且 $|E_M|=|E_N|$，$1-\mathrm{e}-\mathrm{j}\delta=2/[1-\mathrm{j}\cot(\delta/2)]$

则 $Z_k=Z_E/(1-\mathrm{e}-\mathrm{j}\delta)-mZ_E=(1/2-m)Z_E-\mathrm{j}Z_E\cot(\delta/2)/2$

Z_k 的轨迹在 R–X 复平面上是一直线，在不同的 δ 下，相量 $-\mathrm{j}Z_E\cot(\delta/2)/2$ 是一条与 $(1/2-m)Z_E$ 垂直的直线。反映在继电器的端子上，测量阻抗 Z_k 的相量末端应落在直线上，当 $\delta=180°$时，$Z_k=(1/2-m)Z_E$ 即保护安装地点到振荡中心之间的阻抗，如图所示。

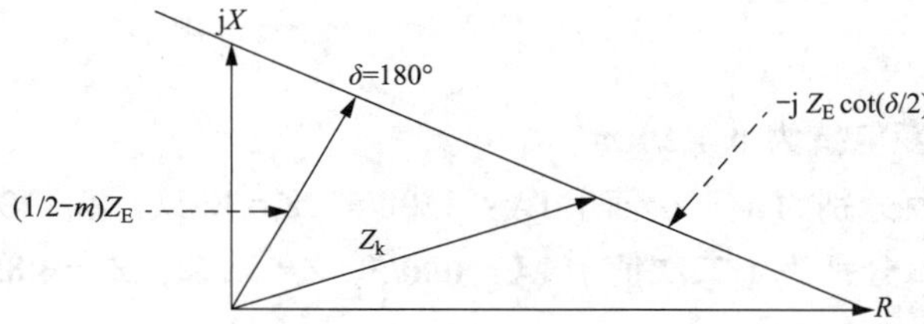

系统振荡时，进入方向阻抗继电器的动作区时间为 t，$t=(270-90)\times2/360=1(\mathrm{s})$，则方向阻抗继电器动作时间应大于 1s，即用延时来躲开振荡误动。

32. 如下图所示系统，求在 K 点金属性短路时，阻抗继电器 ZA 的测量阻抗。

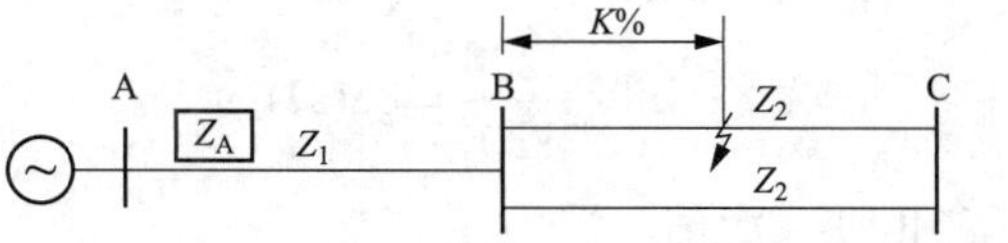

答：方法 1：$Z_m=Z_1+KZ_2K_{fz}$；$K_{fz}=I_2/I_1$；$I_2=I_1(2-K)/2$；

$K_{fz}=(2-K)/2$；$Z_m=Z_1+Z_2K(2-K)/2$；

方法 2：用阻抗并联求取。

$$Z_m=Z_1+KZ_2//(2-K)Z_2=Z_1+KZ_2(2-K)/2$$

33. 如需构成如图所示特性的相间阻抗继电器，直线 *PQ* 下方与圆所围的部分是动作区。Z_{zd} 是整定值，*OM* 是直径。请写出动作方程，并说明其实现方法。（要求写出圆特性和直线特性的以阻抗形式表达的动作方程，写出加于继电器的电压 U_J、电流 I_J 和 Z_{zd} 表达的电压动作方程以及逻辑关系）

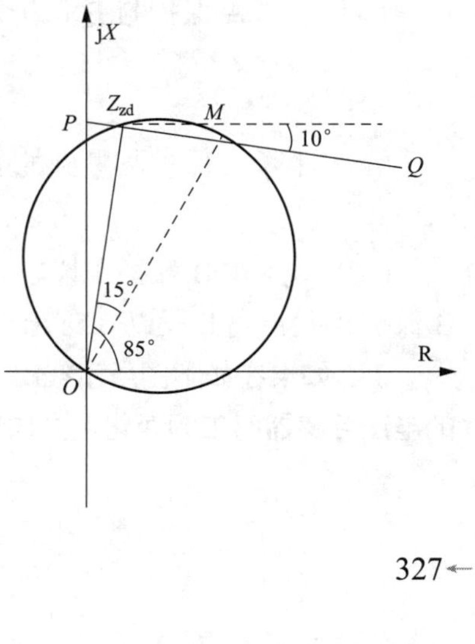

答：（1）圆特性动作方程 $90°+15°<\arg(Z_{zd})/ZJ<270°+15°$，

即 $105°<\arg(ZJ-Z_{zd})/Z_J<285°$；

（2）直线特性动作方程 $180°-10°<\arg(ZJ-Z_{zd})/R<$

360°−10°，即 170°＜$\arg(ZJ-Z_{zd})/R$＜350°；

（3）实现方法：

圆特性动作方程　105°＜$\arg(UJ-IJZ_{zd})/UJ$＜285°；

直线特性动作方程　170°＜$\arg(UJ-IJZ_{zd})/(IJR)$＜350°

（或 170°＜$\arg(UJ-IJZ_{zd})/IJ$＜350°）

二个动作方程构成“与”门。

34. 如下图所示电网中相邻 A、B 两线路，线路 A 长度为 100km。因通信故障使 A、B 的两套快速保护均退出运行。在距离 B 母线 80km 的 K 点发生三相金属性短路，流过 A、B 保护的相电流如图所示。试计算分析 A 处相间距离保护与 B 处相间距离的动作情况。

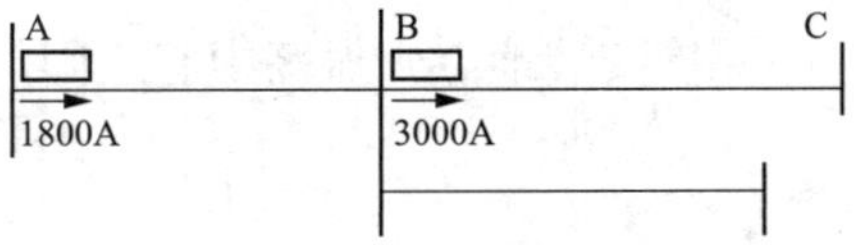

已知线路单位长度电抗为 0.4Ω/km。

A 处距离保护定值分别为（二次值）TA：1200/5，Z_{I}=3.5Ω，Z_{II}=13Ω，t=0.5s。

B 处距离保护定值分别为（二次值）TA：600/5，Z_{I}=1.2Ω，Z_{II}=4.8Ω，t=0.5s。

线路 TV 变比：220/0.1kV。

答：（1）计算 B 保护距离Ⅰ段一次值：

$$1.2\times\frac{2200}{120}=22(\Omega)$$

（2）计算 B 保护距离Ⅱ段一次值：

$$4.8\times\frac{2200}{120}=88(\Omega)$$

（3）计算 A 保护距离Ⅱ段一次值：

$$13\times\frac{2200}{240}=120(\Omega)$$

（4）计算 B 保护测量到的 K 点电抗一次值：

$$0.4\times80=32(\Omega)$$

（5）计算 A 保护与 B 保护之间的助增系数：

$$\frac{3000}{1800}=1.67$$

（6）计算 A 保护测量到的 K 点电抗一次值：

$$0.4\times100+1.67\times32=93.5(\Omega)<120(\Omega)$$

（7）K 点在 B 保护Ⅰ段以外Ⅱ段以内，同时也在 A 保护Ⅱ段的范围之内，所以 A 和 B 保护相间距离Ⅱ段以 0.5s 出口跳闸。

35. 如果在如下图所示线路上装有串补电容，在线路上发生短路时，试问用 TV1 和 TV2 的电压互感器时工频变化量方向继电器的动作行为（不考虑串补电容的保护不对称击穿）。

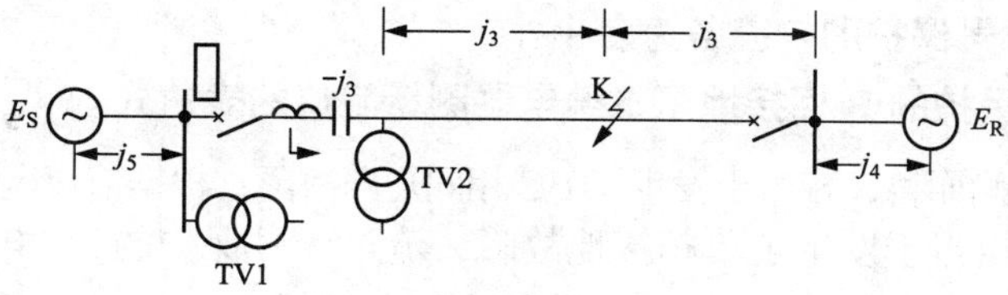

答：工频变化量方向继电器的动作方程是：

$$\Phi_{+}=\mathrm{Arg}(\Delta U/\Delta I\times Z_D)$$

设系统阻抗角与 Z_D 的阻抗角一致，则：

当 $\Phi_{+}=180°$时，方向继电器动作；当 $\Phi_{+}=0°$时，方向继电器不动作。

上述串补线路中，在线路上 K 点发生故障时，若保护电压取自母线 TV1：

$\Phi_{+}=\mathrm{Arg}(\Delta U/\Delta I\times Z_D)$

$=\mathrm{Arg}(-\Delta I\times j_5/\Delta I\times Z_D)$

$=\mathrm{Arg}(-j_5/Z_D)$

$=180°$，方向继电器能正确动作。

上述串补线路中，在线路上 K 点发生故障时，若保护电压取自线路 TV2：

$\Phi_{+}=\mathrm{Arg}(\Delta U/\Delta I\times Z_D)$

$=\mathrm{Arg}(-\Delta I\times(j_5-j_3)/\Delta I\times Z_D)$

$=\mathrm{Arg}(-j_2/Z_D)$

$=180°$，方向继电器仍能正确动作。

这说明，如果串补电容器容抗 Z_c＜本侧系统等效阻抗 Z_s，且串补电容器容抗 Z_c＜对侧系统等效阻抗 Z_s' 时，工频变化量方向继电器将不受串补电容器的影响，能够正确反应故障方向。

36. 在如下图所示的 35kV 单侧电源系统中，K、F 点分别发生 B、C 相金属性接地故障。K 点到 N 母线的正序阻抗为 Z_{NK}，F 点到 N 母线的正序阻抗为 Z_{NF}，MN 母线之间的正序阻抗为 Z_{MN}。忽略电容电流和负荷电流并设各线路零序电流补偿系数为 k。试问：

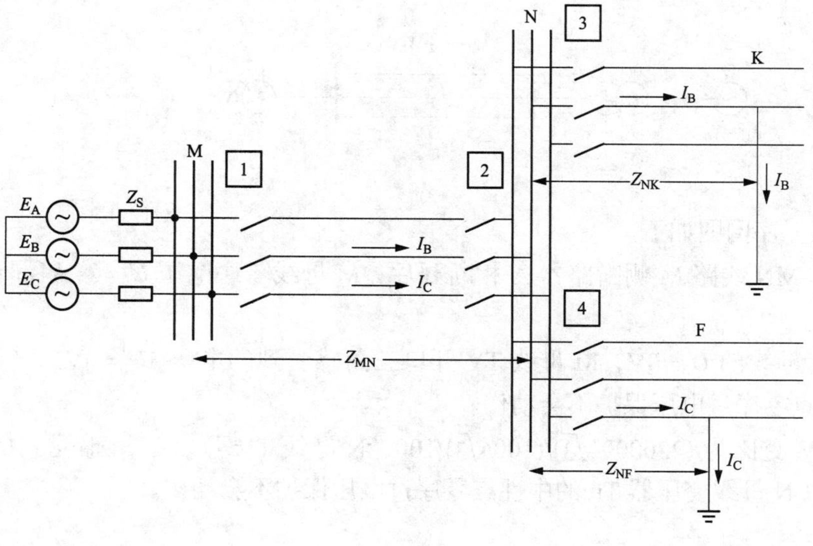

（1）流过 3、4 号保护的电流各为多少?

（2）写出 1 号保护的 B 相接地阻抗继电器测量阻抗的表达式。

答:（1）对 M 侧而言，相对于发生了 BC 相间短路故障，根据节点电流定理有$\dot{I}_B=-\dot{I}_C$。

对线路而言，相当于发生了单相接地故障，流过 3 号保护的$3\dot{I}_0$电流为$3\dot{I}_{0NK}=\dot{I}_B$；流过 4 号保护的$3\dot{I}_0$电流为$3\dot{I}_{0NF}=\dot{I}_C$。

零序电流仅存在于 N 母线和故障点 K、F 之间，在 N 母线左侧均没有零序电流。

（2）N 侧母线的 B、C 相电压分别为

$$\dot{U}_{NB}=(\dot{I}_B+k3\dot{I}_{0NK})Z_{NK}=\dot{I}_B(1+k)Z_{NK}$$

$$\dot{U}_{NC}=(\dot{I}_C+k3\dot{I}_{0NF})Z_{NF}=\dot{I}_C(1+k)Z_{NF}$$

M 侧母线的 B、C 相电压分别为

$$\dot{U}_{MB}=\dot{I}_B Z_{MN}+\dot{U}_{NB}$$

$$\dot{U}_{MC}=\dot{I}_C Z_{MN}+\dot{U}_{NC}$$

则安装在 M 母线的 1 号保护的 B 相接地阻抗继电器的测量阻抗为

$$Z_{JB}^{1}=\frac{\dot{U}_{MB}}{\dot{I}_B}=Z_{MN}+\frac{\dot{U}_{NB}}{\dot{I}_B}=Z_{MN}+(1+k)Z_{NK}$$

三、变压器保护

1. 220kV 系统如下图所示，变压器 Tm 和 Tn 均为三相五柱式结构，Tm 变压器直接接地，Tn 变压器间隙接地且低压侧无电源，Tm 和 Tn 变压器中性点零序过压继电器分别接 M 母线和 N 母线 TV 变比：[（220000/$\sqrt{3}$）/（100/$\sqrt{3}$/100）] 开口三角绕组（反应 $3U_0$），定值为 180V，当 M 侧线路 A 相开关跳闸后，请画出序网图，判断变压器 Tm 和 Tn 的中性点零序过电压保护能否动作。

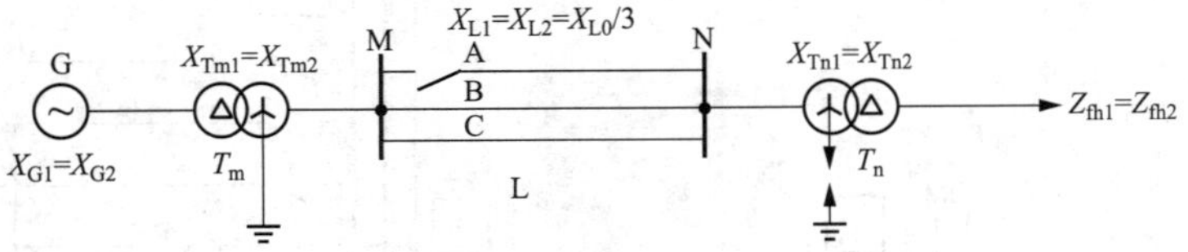

答:（1）序网图如下。

（2）当 MN 线路 M 侧断路器 A 相断开后，M 母线零序电压 U_0=0，N 母线零序电压 $U_0=E_A/2$。

（3）M 母线的 U_0=0V，M 母线 TV 开口三角感受到的电压 $3U_0$=0V，M 母线变压器 Tm 的中性点零序过电压保护不会动作。

（4）TV 变比为 (220000/$\sqrt{3}$)/(100/$\sqrt{3}$)/100，N 母线 TV 开口三角感受到的电压 $3U_0$=150V，所以 N 母线变压器 Tn 的中性点零序过电压保护不会动作。

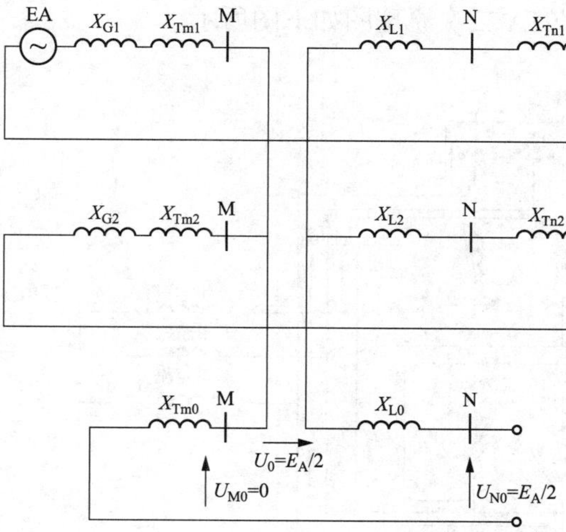

2. 有一台 YN，d11 接线、容量为 31.5MVA、电压为 110/35kV 的变压器，高压侧 TA 变比为 300/5，低压侧 TV 变比为 600/5，计算变压器差动保护回路中不平衡电流。

解：（1）计算各侧额定电流：

$$I_e = \frac{S_e}{\sqrt{3}U_e}$$

$$I_{e1} = \frac{31500}{\sqrt{3}\times 110} = 165(\text{A})$$

$$I_{e2} = \frac{S_e}{\sqrt{3}\times 35} = 519(\text{A})$$

（2）计算差动继电器各侧二次电流：

$$I_1 = \frac{165\times\sqrt{3}}{60} = 4.76(\text{A})$$

$$I_2 = \frac{519}{120} = 4.33(\text{A})$$

（3）计算不平衡电流：

$$I_{bl}=I_1-I_2=4.76-4.33=0.43(\text{A})$$

答：不平衡电流为 0.43A。

3. 如下图所示，发电机经 YN，d11 变压器及断路器 B1 接入高压母线，在准备用断路器 B2 并网前，高压母线发生 A 相接地短路，短路电流为 I_{AK}。变压器配置有其两侧 TA 接线为星 - 角的分相差动保护，并设变压器零序阻抗小于正序阻抗。

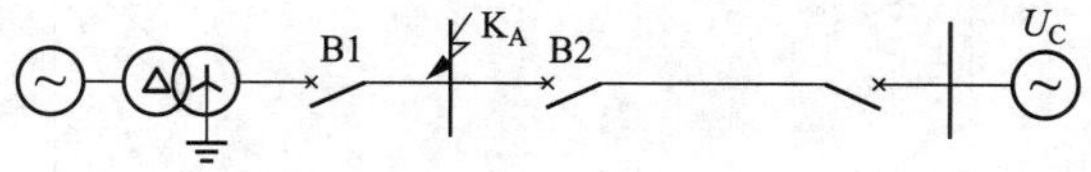

（1）画出差动保护两侧 TA 二次原理接线图。（标出相对极性及差动继电器差流线圈）

（2）画出故障时变压器两侧的电流、电压相量图及序分量图。

（3）计算差动保护各侧每相的电流及差流。（折算到一次）

（4）写出故障时各序功率的流向。

答：（1）画出的差动保护 TA 二次原理图如下图所示。

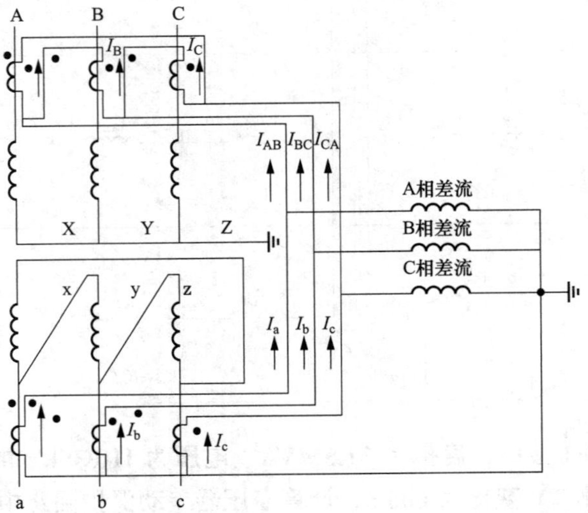

（2）变压器高压侧接地故障时，设 A 相短路电流为 I_{AK}，则

$$\dot{U}_{A1}=-(\dot{U}_{A0}+\dot{U}_{A2})$$

$$\dot{I}_{A1}=\dot{I}_{A2}=\dot{I}_{A0}=1/3\dot{I}_{AK}$$

变压器高压侧电流、电压及序量相量图如下图所示。

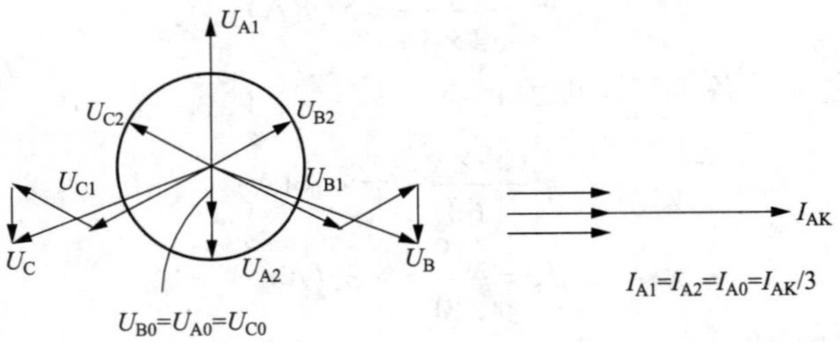

变压器低压侧电流、电压相量图如下图所示。

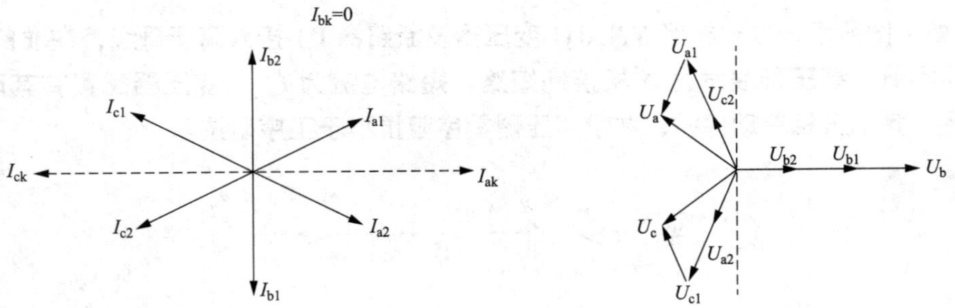

（3）变压器低压侧各相短路电流

$$\dot{I}_{AK}=2\frac{\dot{I}_{AK}}{3}\cos 30°=2\frac{\dot{I}_{AK}}{3}\times\frac{\sqrt{3}}{2}=\frac{\dot{I}_{AK}}{\sqrt{3}}$$

$$\dot{I}_{BK}=0$$

$$\dot{I}_{CK}=-\frac{\dot{I}_{AK}}{\sqrt{3}}$$

由变压器高压侧流入各相差动继电器的电流

A 相：$(\dot{I}_{BK}-\dot{I}_{AK})/\sqrt{3}=-\frac{\dot{I}_{AK}}{\sqrt{3}}$

B 相：0

C 相：$(\dot{I}_{AK}-\dot{I}_{CK})/\sqrt{3}=-\frac{\dot{I}_{AK}}{\sqrt{3}}$

A 相差动保护差流

$$I_{Ad}=\frac{\dot{I}_{AK}}{\sqrt{3}}-\frac{\dot{I}_{AK}}{\sqrt{3}}=0$$

C 相差动保护差流

$$I_{Cd}=-\frac{\dot{I}_{AK}}{\sqrt{3}}+\frac{\dot{I}_{AK}}{\sqrt{3}}=0$$

（4）零序功率及负序功率由故障点流向变压器，而正序功率则由变压器流向故障点。

4. 有一台 SFL1-50000/110 双绕组变压器，高、低压侧的阻抗压降 10.5%，短路损耗为 230kW，求变压器绕组的电阻和漏抗值。

解：变压器绕组电阻

$$R_T=\Delta P_0\times10^3\frac{U_e^2}{S_e^2}=230\times10^3\times\frac{110^2}{50000^2}=1.11(\Omega)$$

变压器漏抗

$$X_T=U_o\%U_e^2\frac{10^3}{S_e}=10.5\%\times110^2\times\frac{10^3}{50000}=25.41(\Omega)$$

答：绕组电阻为 1.11Ω，漏抗为 25.41Ω。

5. 下图（a）中一台 YN,d11 变压器，设额定电压为 U_n=1（标幺值）变压器的变比为 1。如果短路前空载，忽略变压器的励磁电流，短路后忽略短路电流在变压器上的压降。在 Y 侧端口发生 BC 两相金属性短路时，由故障分析知识可知：Y 侧的三相短路电流为 $\dot{I}_B^Y=-\dot{I}_C^Y=\dot{I}_K$、$\dot{I}_A^Y=0$，三相电压为 $\dot{U}_A^Y=1$、$\dot{U}_B^Y=\dot{U}_C^Y=-0.5$。试用相量图分析△侧的三相电流和三个相电压、相间电压的大小和相位。

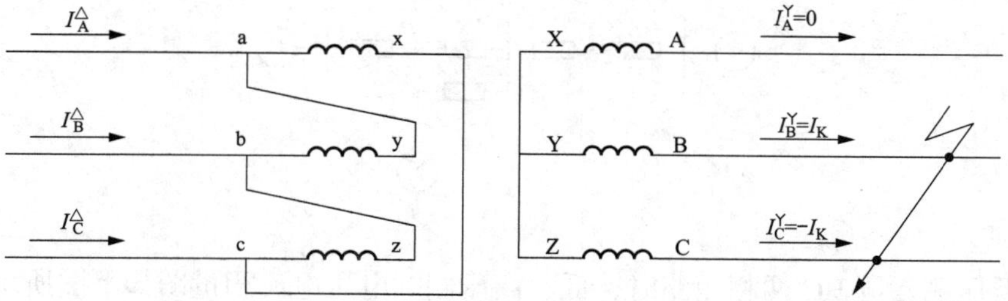

(a) 接线图

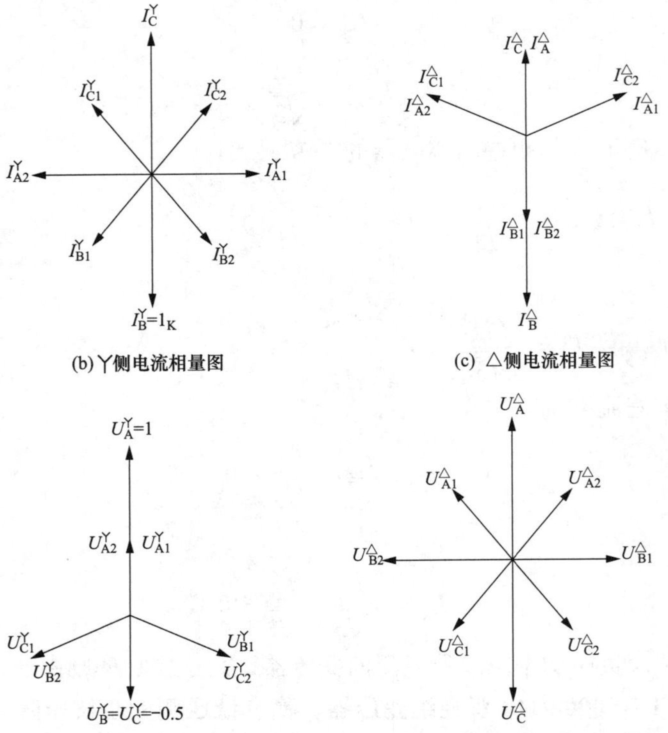

(b) Y侧电流相量图　　(c) △侧电流相量图

(d) Y侧电压相量图　　(e) △侧电压相量图

答： Y侧与△侧的电流相量图如图（b）、图（c）所示。

由于变压器变比为 1，所以$\left|\dot I_{B1}^{\triangle}\right|=\left|\dot I_{B1}^{Y}\right|=\left|\dot I_B^{Y}/\sqrt3\right|=\left|\dot I_K/\sqrt3\right|$。

由△侧的电流相量图可知：$\dot I_B^{\triangle}=2\dot I_{B1}^{\triangle}=2\dot I_K/\sqrt3$、$\dot I_A^{\triangle}=\dot I_C^{\triangle}=-\dot I_K/\sqrt3$。

Y侧与△侧的电压相量图如图（d)、图（e）所示。由于变压器变比为 1, 所以$\left|\dot U_{A1}^{\triangle}\right|=\left|\dot U_{A1}^{Y}\right|=\left|0.5\right|$。由△侧的电压相量图可知

$$\dot U_A^{\triangle}=\sqrt3\times0.5=\sqrt3/2,\dot U_C^{\triangle}=-\sqrt3/2,\dot U_B^{\triangle}=0$$

$$\dot U_{AB}^{\triangle}=\dot U_A^{\triangle}-\dot U_B^{\triangle}=\sqrt3/2,\dot U_{BC}^{\triangle}=\dot U_B^{\triangle}-\dot U_C^{\triangle}=\sqrt3/2,\dot U_{CA}^{\triangle}=\dot U_C^{\triangle}-\dot U_A^{\triangle}=-\sqrt3$$

6. 在下图所示网络中，断路器 2 处装有三相式方向性过电流保护，方向元件采用 90°接线方式，最大灵敏角为 −45°，变压器阻抗角为 90°，该变压器Y侧为无穷大电源。试通过相量图和公式分析在 YN,d11 接线变压器△侧发生 BC 两相短路时，过电流保护 2 的动作情况。（90°接线方式灵敏角指相间电压超前另一相电流的角度）

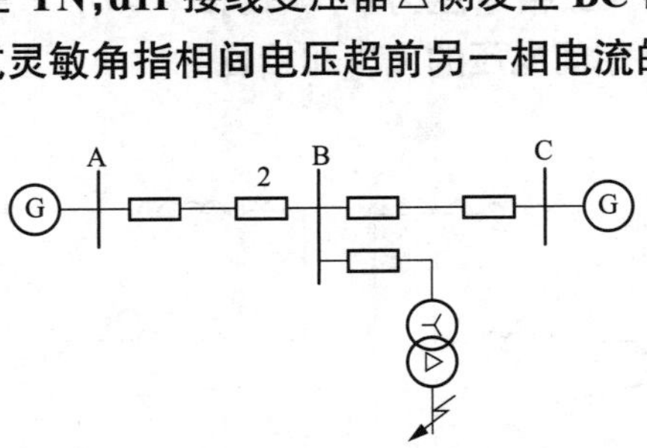

答： 低压侧△侧 BC 两相短路时，低、高压侧的电压电流相量图如下图所示。

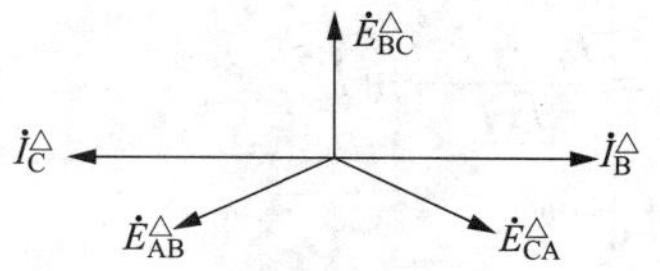

低压侧相量图

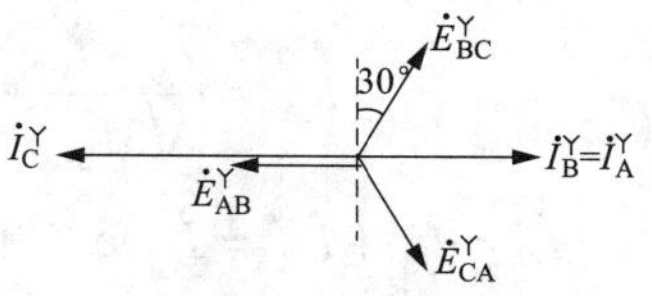

高压侧相量图

$$\dot{U}_{AB}=\dot{E}_{AB},\dot{U}_{BC}=\dot{E}_{BC},\dot{U}_{CA}=\dot{E}_{CA},-135^{\circ}\leqslant\varphi_{J}\leqslant45^{\circ}$$

所以，$\varphi_{JA}=\arg\dfrac{\dot{U}_{BC}}{-\dot{I}_{A}}=-120^{\circ}$，动作，误动。

$\varphi_{JB}=\arg\dfrac{\dot{U}_{CA}}{-\dot{I}_{B}}=+120^{\circ}$，不动作，正确。

$\varphi_{JC}=\arg\dfrac{\dot{U}_{AB}}{-\dot{I}_{C}}=180^{\circ}$，不动作，正确。

7. 有一台 110±2×2.5%/10kV 的 31.5MVA 降压变压器，试计算其复合电压闭锁过电流保护的整定值。（电流互感器的变比为 300/5，星形接线；K_{rel} 为可靠系数，过电流元件取 1.2，低电压元件取 1.15；K_{r} 为继电器返回系数，对低电压继电器取 1.2，电磁型过电流继电器取 0.85）

答：变压器高压侧的额定电流

$$I_{e}=\frac{31.5\times10^{6}}{\sqrt{3}\times110\times10^{3}}=165(\text{A})$$

电流元件按变压器额定电流整定，即

$$I_{op}=\frac{K_{rel}K_{c}I_{e}}{K_{r}n_{TA}}=\frac{1.2\times1\times165}{0.85\times60}=3.88(\text{A})\text{（取 3.9A）}$$

电压元件取 10kV 母线电压互感器的电压，即

（1）低电压 $U_{op}=\dfrac{U_{min}}{K_{rel}K_{r}n_{TV}}=\dfrac{0.9\times10000}{1.15\times1.2\times100}=65.2(\text{V})$（取 65V）

式中 U_{min} 为系统最低运行电压。

（2）负序电压按避越系统正常运行不平衡电压整定，即 $U_{op.n}$=(5～7)V，取 6V。

故复合电压闭锁过电流保护定值为：动作电流为 3.9A，接于线电压的低电压继电器动作电压为 65V，负序电压继电器的动作电压为 6V。

8. 发电厂 YN，d11 主变压器高压侧 A 相差动 TA 主变压器侧与 B 相差动 TA 母线侧同时发生接地故障，故障点电流大小 $I_{A}=I_{B}$=6000A，高压侧 TA 变比为 1200/5，低压侧 TA 变比为 3000/5，主变压器容量 S_{N}=150MVA，220kV/35kV。分别计算以下两种情况下的三相差流大小。

（1）配置 PST1200 主变压器保护时。

（2）配置 RCS978 主变压器保护时。

答：主变压器Y侧额定一次电流为 I_{E1}，△侧额定一次电流为 I_{E2}。

（1）PST 差流标幺值

$$\dot{I}_{dA}{}^{*}=\frac{\dot{I}_{A}-\dot{I}_{B}}{\sqrt{3}I_{E1}}+\frac{\dot{I}_{a}}{I_{E2}}=\frac{\dot{I}_{A}{}^{*}-\dot{I}_{B}{}^{*}}{\sqrt{3}I_{E1}}+\dot{I}_{a}{}^{*} \quad (1)$$

$$\begin{aligned}\dot{I}_{a}{}^{*}&=\dot{I}_{a1}{}^{*}+\dot{I}_{a2}{}^{*}=\dot{I}_{A1}{}^{*}e^{j30^\circ}+\dot{I}_{A2}{}^{*}e^{-j30^\circ}\\&=\dot{I}_{A'1}{}^{*}\frac{1-a^2}{\sqrt{3}}+\dot{I}_{A'2}{}^{*}\frac{1-a}{\sqrt{3}}=\frac{1}{\sqrt{3}}\left[\dot{I}_{A'1}{}^{*}+\dot{I}_{A'1}{}^{*}-\left(\dot{I}_{B'1}{}^{*}+\dot{I}_{B'1}{}^{*}\right)\right]\\&=\frac{\dot{I}_{A'1}{}^{*}-\dot{I}_{B'1}{}^{*}}{\sqrt{3}}\end{aligned} \quad (2)$$

将式（2）代入式（1）得

$$\dot{I}_{dA}{}^{*}=\frac{\left(\dot{I}_{A}{}^{*}+\dot{I}_{A'}{}^{*}\right)-\left(\dot{I}_{B}{}^{*}+\dot{I}_{B'}{}^{*}\right)}{\sqrt{3}}$$

同理：

$$\dot{I}_{dB}{}^{*}=\frac{\left(\dot{I}_{B}{}^{*}+\dot{I}_{B'}{}^{*}\right)-\left(\dot{I}_{C}{}^{*}+\dot{I}_{C'}{}^{*}\right)}{\sqrt{3}}$$

$$\dot{I}_{dA}{}^{*}=\frac{\left(\dot{I}_{C}{}^{*}+\dot{I}_{C'}{}^{*}\right)-\left(\dot{I}_{A}{}^{*}+\dot{I}_{A'}{}^{*}\right)}{\sqrt{3}}$$

非故障相和区外故障相的$\dot{I}_{\phi}{}^{*}+\dot{I}_{\phi'}{}^{*}=0$。

可得$\dot{I}_{dA}{}^{*}=\frac{\dot{I}_{FA}{}^{*}}{\sqrt{3}},\dot{I}_{dB}{}^{*}=0,\dot{I}_{dC}{}^{*}=-\frac{\dot{I}_{FA}{}^{*}}{\sqrt{3}}$

A、C 相差流大小为 $6000/240/\sqrt{3}=14.43$A。

B 相差流为大小 0。

（2）RCS978 差流标幺值同理得

$$\dot{I}_{dA}{}^{*}=\frac{2\left(\dot{I}_{A}{}^{*}+\dot{I}_{A'}{}^{*}\right)-\left(\dot{I}_{B}{}^{*}+\dot{I}_{B'}{}^{*}\right)-\left(\dot{I}_{C}{}^{*}+\dot{I}_{C'}{}^{*}\right)}{\sqrt{3}}t$$

$$\dot{I}_{dB}{}^{*}=\frac{2\left(\dot{I}_{B}{}^{*}+\dot{I}_{B'}{}^{*}\right)-\left(\dot{I}_{C}{}^{*}+\dot{I}_{C'}{}^{*}\right)-\left(\dot{I}_{A}{}^{*}+\dot{I}_{A'}{}^{*}\right)}{\sqrt{3}}$$

$$\dot{I}_{dA}{}^{*}=\frac{2\left(\dot{I}_{C}{}^{*}+\dot{I}_{C'}{}^{*}\right)-\left(\dot{I}_{A}{}^{*}+\dot{I}_{A'}{}^{*}\right)-\left(\dot{I}_{B}{}^{*}+\dot{I}_{B'}{}^{*}\right)}{\sqrt{3}}$$

可得$\dot{I}_{dA}{}^{*}=\frac{2\dot{I}_{FA}{}^{*}}{3},\dot{I}_{dB}{}^{*}=-\frac{\dot{I}_{FA}{}^{*}}{3},\dot{I}_{dC}{}^{*}=-\frac{\dot{I}_{FA}{}^{*}}{3}$

$I_{e1}=150000/(\sqrt{3}\times 220\times 240)=1.64$(A)

A 相差流大小为 $(6000\times 2)/(240\times 3)=16.67$(A)，标幺值为 16.67/1.64=10.16。

B、C 相差流为大小 8.33A，标幺值为 8.33/1.64=5.08。

9. 某降压变压器容量 S=100MVA，变比 230/38.5kV，高压侧 TA 变化为 1200/5A，低压侧 TA 变比为 2500/5A，接线为 YN,d11，该变压器微机差动保护 TA 接线为星形，采用低压侧移相方式，请回答以下问题。

（1）以低压侧为基准，求高压侧电流平衡系数。

（2）额定运行情况下，高压侧保护区内发生单相接地故障，接地电流为 12.6kA, 求 A、B、C 相差动回路电流。（低压侧无电源）

答:（1）额定电流为

$$I_{1N}=\frac{100\times10^3}{\sqrt{3}\times230}=251.02(\text{A})$$

$$I_{2N}=\frac{100\times10^3}{\sqrt{3}\times38.5}=1499.61(\text{A})$$

进入差动回电流为

$$I_{1N}=\frac{251.02}{240}=1.046(\text{A})$$

$$I_{2N}=\frac{1499.61}{500}=2.999(\text{A})$$

平衡系数为

$$K_{b1}=\frac{2.999}{1.046}=2.867$$

$$K_{b2}=1$$

（2）YN 侧保护区内单相接地时，有

$$I_{KA1}=I_{KA2}=I_{KA0}=\frac{1}{3}\times12.6=4.2(\text{kA})$$

因低压侧无电流，所以低压侧进入差动回路的电流为 0，只有 YN 侧正、负序电流进入差动回路。

I_{KA}(进差动)=2×4.2=8.4(kA)

I_{KB}(进差动)=−4.2(kA)

I_{KC}(进差动)=−4.2(kA)

故

$$I_{dA}=\frac{8.4\times10^3}{240}\times2.867\approx100.3(\text{A})$$

$$I_{dB}=\frac{4.2\times10^3}{240}\times2.867\approx50.2(\text{A})$$

$$I_{dC}=\frac{4.2\times10^3}{240}\times2.867\approx50.2(\text{A})$$

画出 YN 侧进入差动回路的一次电流相量如下：

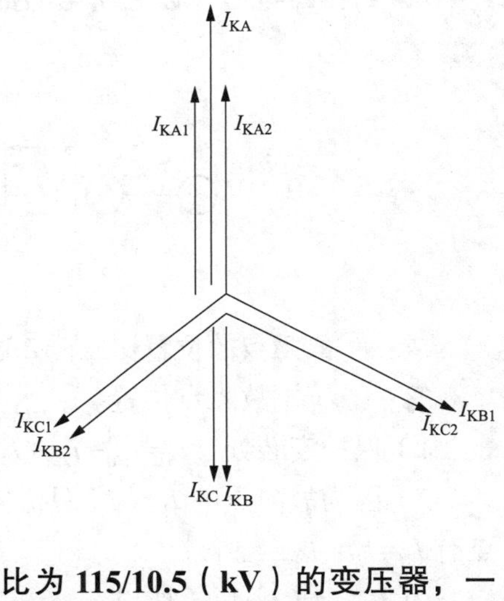

10. 有一台 YN,d11 接线、容量为 31.5MVA、变比为 115/10.5（kV）的变压器，一次电流为 158A，二次电流为 1730A。一次侧电流互感器的变比 K_{TAY}=300/5，二次侧电流

互感器的变比 $K_{TA\triangle}$=2000/5，在该变压器上装设差动保护，试计算差动回路中各侧电流及流入差动继电器的不平衡电流分别是多少。

答：由于变压器为 YN,d11 接线，为校正一次线电流的相位差，要进行相位补偿。

（1）变压器 115kV 侧二次回路电流为

$I_{2Y}=I_Y\div K_{TAY}\times\sqrt{3}=158\div(300/5)\times\sqrt{3}=4.56(A)$

（2）变压器 10.5kV 侧二次回路电流为

$I_{2\triangle}=I_\triangle\div K_{TA\triangle}=1730\div(2000/5)=4.32(A)$

（3）流入差动继电器的不平衡电流为

$I_{apn}=I_{2Y}-I_{2\triangle}=4.56-4.32=0.24(A)$

11. 如下图所示，有一台自耦调压器接入一负载，当二次电压调到 11V 时，负载电流为 20A，试计算 I_1 及 I_2 的大小。

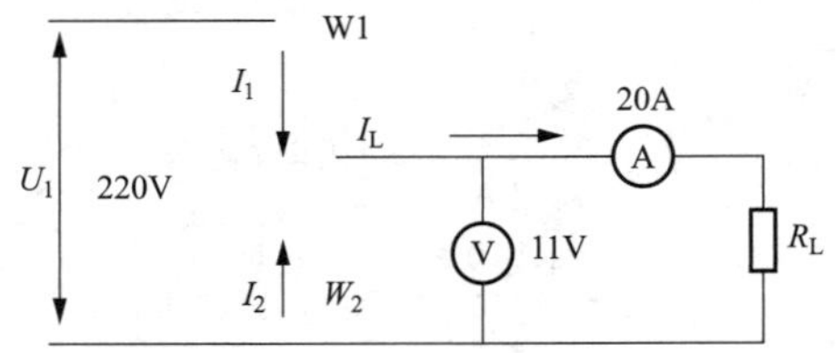

答：忽略调压器的损耗，根据功率平衡的原理有 $P_1=P_L$。而 $P_1=U_1I_1$，$P_L=U_LI_L$，所以 $P_1=U_1I_1=U_LI_L=11\times20=220$（W）

所以 $I_1=P_2/U_1=220/220=1$（A）

$I_2=I_L-I_1=20-1=19$（A）

12. 如下图所示，变压器 YN,d11 的中性点接地，系统为空载，忽略系统的电阻，故障前系统电动势为 57V，线路发生 A 相接地故障，故障点 R_g 不变化。已知：$X_{M1}=X_{M2}=1.78\Omega$，$X_{T10}=3\Omega$；$X_{L1}=X_{L2}=2\Omega$，$X_{L0}=6\Omega$；$X_{T21}=X_{T22}=X_{T20}=2.4\Omega$；保护安装处测得 $I_A=14.4A$，$3I_0=9A$。（以上所给的数值均为归算到保护安装处的二次值）

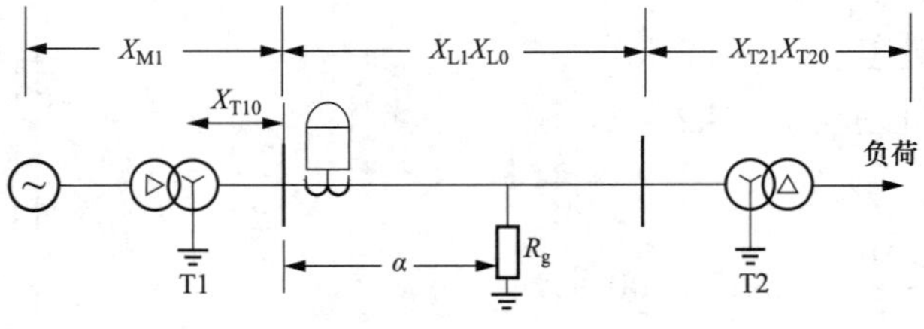

求：①故障点的位置比 α；②过渡电阻 R_g 的大小。

答：（1）求故障点位置。

1）保护安装处：$I_A=I_{1M}+I_{2M}+I_{0M}=14.4A$，其中 $I_{0M}=3A$，$I_{1M}=I_{2M}$，得 $I_{1M}=I_{2M}=5.7A$。

2）因为故障点的 I_{1F}、I_{2F} 只流向 M 侧，所以 $I_{1M}=I_{1F}=5.7A$，$I_{2M}=I_{2F}=5.7A$，且在故障点有 $I_{1F}=I_{2F}=I_{0F}=5.7A$。

因为 $I_{0F}=I_{0M}+I_{0N}$，所以

$$I_{0N}=I_{0F}-I_{0M}=2.7A$$

$$\frac{I_{0N}}{I_{0M}}=\frac{X_{T10}+\alpha X_{L0}}{X_{T20}+(1-\alpha)X_{L0}}$$
$$\frac{2.7}{3}=\frac{3+\alpha\cdot 6}{2.4+(1-\alpha)\cdot 6}$$

解得 $\alpha=0.4$

（2）故障点：$X_{1\Sigma}=X_{2\Sigma}=X_{M1}+\alpha X_{L1}=1.78+0.8=2.58(\Omega)$

$X_{0\Sigma}=(X_{T10}+\alpha X_{L0})//[X_{T20}+(1-\alpha)X_{L0}]=2.84(\Omega)$

因为$I_{1F}=\dfrac{U}{j(X_{1\Sigma}+X_{2\Sigma}+X_{0\Sigma})+3R_g}$，$5.7=57/(j8+3R_g)$，解得

$$R_g=2\Omega$$

13. 一台 SFP-90000/220 电力变压器，额定容量为 90000kVA，额定电压为 220±2×2.5%/110kV，问高压侧和低压侧的额定电流各是多少？

答： 高压侧的额定电流为

$I_{1e}=S_e/(\sqrt{3}U_{1e})=90000/(\sqrt{3}\times 220)\approx 236$（A）

低压侧的额定电流为

$I_{2e}=S_e/(\sqrt{3}U_{2e})=90000/(\sqrt{3}\times 110)\approx 472$（A）

14. 下图中标出的阻抗为正序（负序）电抗，设各元件阻抗角为 90°，变压器的励磁阻抗为无穷大、输电线路零序电抗为正序电抗的 3 倍，所有参数均已归算到 $E_s=E_r=1$MN 线路所在的系统侧。请计算得出，当 N 母线发生 A 相金属性单相接地短路时流过 MN 线路的三相电流 I_A、I_B、I_C 分别是多少？M 母线的 A 相电压 U_{MA} 是多少？（结果保留三位小数）

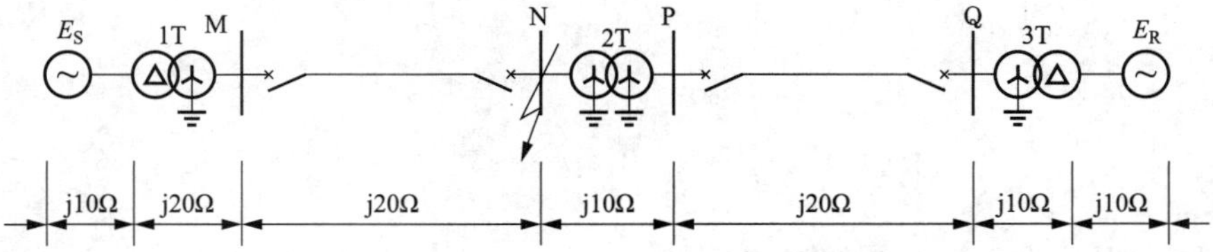

解：（1）流过 MN 线路的各相电流是

$$I_A=I_1+I_2+I_0=3\times\frac{1}{2}\cdot\frac{E}{Z_{1\Sigma}+Z_{2\Sigma}+Z_{0\Sigma}}=-j\frac{3}{180}=-j\frac{1}{60}=-j0.016$$
$$I_B=I_C=0$$

（2）M 母线的 A 相电压 U_{MA} 为

$U_{MA}=U_{KA}+(I_A+K_3I_0)X_{MN1}=0+[-j/60+(2/3)\times(-j/60)]\cdot j20=5/9=0.556$

答： 流过 MN 线路的各相电流——I_A 是 $-j0.016$，I_B 是 0，I_C 是 0，M 母线的 A 相电压 U_{MA} 是 0.556。

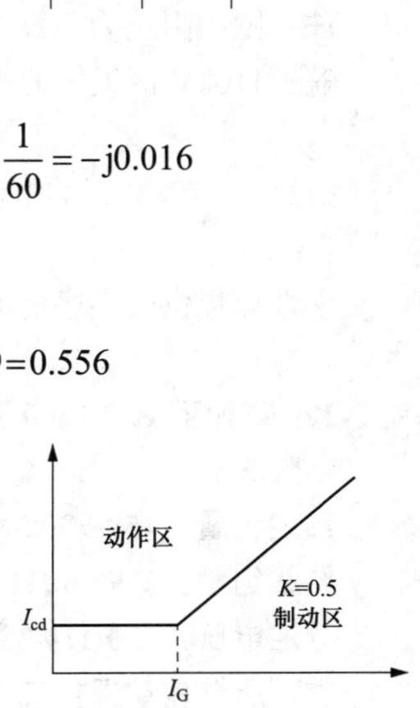

15. 微机变压器保护的比例制动特性如下图所示：动作值 I_{cd}=2A（单相），制动拐点 I_G=5A（单相），比例制动系数 K=0.5，差流 $I_{cd}=BL1\cdot I_1+BL2\cdot I_2+BL3\cdot I_3$

制动电流 $I_{zd}=\max(BL1\cdot I_1，BL2\cdot I_2，BL3\cdot I_3)$

BL1=BL2=BL3=1

计算当在高中压侧 A 相分别通入反相电流作制动特性时，I_1=10A，I_2 通入多大电流正好是保护动作边缘。（I_1 为高压侧电流，I_2 为中压侧电流，I_3 为低压侧电流，BL 为平衡系数）

答：根据比例制动特性，设高压侧电流 I_1 大于中压侧电流 I_2，即 I_1 作为制动电流。

$$K=\frac{I_1-I_2-I_{cd}}{I_1-I_G}=0.5$$

所以 $\frac{10-I_2-2}{10-5}=0.5$

可求出 I_2=5.5A

设高压侧电流 I_1 小于中压侧电流 I_2，即 I_2 作为制动电流。

$$K=\frac{I_2-I_1-I_{cd}}{I_2-I_G}=0.5$$

所以 $\frac{I_2-10-2}{I_2-5}=0.5$

可求出 I_2=19A

16. 一台自耦变压器的高中压侧额定电压、零序参数及 110kV 侧系统零序阻抗（皆为纯电抗）如下图所示。设变压器 220kV 侧发生单相接地故障，故障点总零序电流为 300A，则流过变压器中性点的零序电流应为多少？

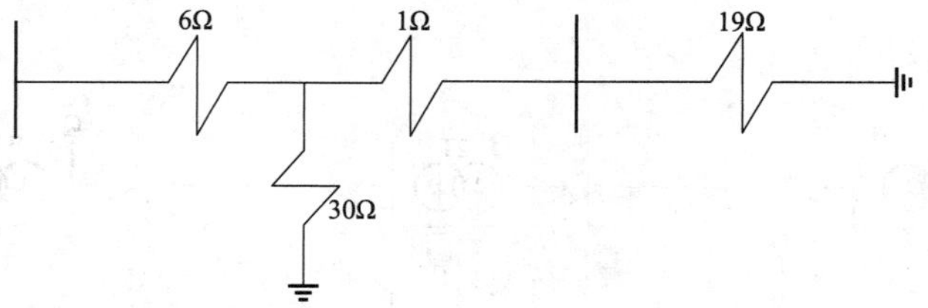

注：图中阻抗为归算至 220kV 的阻抗。

答：110kV 侧提供的零序电流：

$$300\times 30/(1+19+30)=180(A)$$

折算至 110kV 下的电流值：

$$180\times 230/115=360(A)$$

中性点提供的零序电流：

$$300-360=-60(A)$$

17. 算如下 PST1200 变压器微机型主变压器差动保护各侧额定电流及各侧平衡系数。

参数表：

额定容量：150/90/45MVA。

结线组别：YNYnd11。

额定电压：230/110/38.5kV。

主变压器差动保护二次侧 TA 均采用星形接线。

高压侧 TA 变比：600/5；中压侧 TA 变比：1200/5；低压侧 TA 变比：4000/5。

答：（1）按$I_e=\dfrac{S_e}{\sqrt{3}U_e}$计算变压器各侧额定电流一次值。

230kV 侧：$I_{eH}=\dfrac{150000}{\sqrt{3}\times230}=376(A)$

110kV 侧：$I_{eM}=\dfrac{150000}{\sqrt{3}\times110}=787(A)$

38.5kV 侧：$I_{eL}=\dfrac{150000}{\sqrt{3}\times38.5}=2249(A)$

（2）按$I_2=\dfrac{K_j\cdot I_e}{n_{TA}}$计算变压器各侧电流二次值。

230kV 侧：$I_{2H}=\dfrac{376}{600/5}=3.13(A)$

110kV 侧：$I_{2M}=\dfrac{787}{1200/5}=3.28(A)$

38.5kV 侧：$I_{2L}=\dfrac{2249}{4000/5}=2.81(A)$

（3）高、中、低压侧平衡系数。

230kV 侧：$K_{PH}=\dfrac{3.13}{3.13\sqrt{3}}=1/\sqrt{3}$

110kV 侧：$K_{PM}=\dfrac{3.13}{3.28\sqrt{3}}=0.95/\sqrt{3}$

38.5kV 侧：$K_{PL}=\dfrac{3.13}{2.81}=1.11$

18. 一台变压器：180/180/90MVA，220±8×1.25%/121/10.5kV，U_{k1-2}=13.5%，U_{k1-3}=23.6%，U_{k2-3}=7.7%，YN,YN,d11 接线，高压加压中压开路阻抗值为 64.8Ω，高压开路中压加压阻抗值为 6.5Ω，高压加压中压短路阻抗值为 36.7Ω，高压短路中压加压阻抗值为 3.5Ω。计算短路计算用主变压器正序、零序阻抗参数（标幺值）。

基准容量 S_j=1000MVA，基准电压 230kV、121kV、10.5kV。

答：（1）主变压器正序阻抗参数。

高压侧：$U_{K1}\%=\dfrac{1}{2}\left(U_{K1-2}\%+U_{K1-3}\%-U_{K2-3}\%\right)$

$$=\frac{1}{2}\times(0.135+0.236-0.077)=14.7\%$$

中压侧：$U_{K2}\%=\dfrac{1}{2}\left(U_{K1-2}\%+U_{K2-3}\%-U_{K1-3}\%\right)$

$$=\frac{1}{2}\times(0.135+0.077-0.236)=-1.2\%$$

低压侧：$U_{K3}\%=\dfrac{1}{2}\left(U_{K1-3}\%+U_{K2-3}\%-U_{K1-2}\%\right)$

$$=\frac{1}{2}\times(0.236+0.077-0.135)=8.9\%$$

高压侧正序阻抗：$X_{\mathrm{I}*}=\frac{U_{\mathrm{K1}}\%}{100}\times\frac{S_j}{S_e}\times\frac{U_e^{\ 2}}{U_j^{\ 2}}=0.147\times\frac{1000}{180}=0.817$

中压侧正序阻抗：$X_{\mathrm{II}*}=\frac{U_{\mathrm{K2}}\%}{100}\times\frac{S_j}{S_e}\times\frac{U_e^{\ 2}}{U_j^{\ 2}}=-0.012\times\frac{1000}{180}=-0.067$

低压侧正序阻抗：$X_{\mathrm{III}*}=\frac{U_{\mathrm{K3}}\%}{100}\times\frac{S_j}{S_e}\times\frac{U_e^{\ 2}}{U_j^{\ 2}}=0.089\times\frac{1000}{180}=0.494$

（2）主变零序阻抗参数。

高压加压中压开路阻抗 $Z_a=64.8\Omega$

$$Z_a\%=\frac{Z_a}{Z_j}\times100\%=\frac{64.8}{230^2/180}\times100\%=22\%$$

高压加压中压短路阻抗 $Z_d=36.7\Omega$

$$Z_d\%=\frac{Z_d}{Z_j}\times100\%=\frac{36.7}{230^2/180}\times100\%=12.5\%$$

中压加压高压开路阻抗 $Z_b=6.5\Omega$

$$Z_b\%=\frac{Z_b}{Z_j}\times100\%=\frac{6.5}{121^2/180}\times100\%=8\%$$

中压加压高压短路阻抗 $Z_c=3.5\Omega$

$$Z_c\%=\frac{Z_d}{Z_j}\times100\%=\frac{3.5}{121^2/180}\times100\%=4.3\%$$

低压侧零序阻抗：

$$Z_D=\sqrt{Z_b\times\left(Z_a-Z_d\right)}=8.71\%$$

高压侧零序阻抗：

$$Z_G=Z_a-Z_D=13.3\%$$

中压侧零序阻抗：

$$Z_Z=Z_b-Z_D=-0.71\%$$

高压侧零序阻抗：

$$X_{\mathrm{I}0*}=\frac{Z_G}{100}\times\frac{S_j}{S_e}\times\frac{U_e^2}{U_j^2}=0.133\times\frac{1000}{180}=0.739$$

中压侧零序阻抗：

$$X_{\mathrm{II}0*}=\frac{Z_z}{100}\times\frac{S_j}{S_e}\times\frac{U_e^2}{U_j^2}=-0.0071\times\frac{1000}{180}=-0.039$$

低压侧零序阻抗：

$$X_{\mathrm{III}0*}=\frac{Z_D}{100}\times\frac{S_j}{S_e}\times\frac{U_e^2}{U_j^2}=0.0871\times\frac{1000}{180}=0.484$$

19. 已知变压器额定容量 240/240/72MVA，额定电压 220/117/37kV，零序阻抗试验数据：高压加电、中压开路 54.3Ω；高压加电、中压短路 29.97Ω；中压加电、高压开路 4.94Ω；中压加电、高压短路 2.75Ω。请求出各侧零序阻抗标幺值。（基准容量 100MVA，基准电压近似取变压器额定电压）

答：

$$Z_{\mathrm{ol}}=\left[\sqrt{\frac{(54.3-29.97)\times 4.94}{484\times 136.89}}+\sqrt{\frac{(4.94-2.75)\times 54.3}{484\times 136.89}}\right]\Big/2=0.0425$$

$$Z_{0\mathrm{h}}=\frac{54.3}{484}-0.0425\approx 0.0697$$

$$Z_{0\mathrm{m}}=\frac{4.94}{136.89}-0.0425\approx -0.0064$$

20. 下图为一个单侧电源系统。其中，变压器 T1 为 YN,d11 接线，中性点接地。降压变压器 T2 为 YN,YN,d11 接线，额定容量 200MVA，额定电压为 230/115/37kV（P 为中压侧、Q 为低压侧），高压侧中性点不接地，中压侧中性点接地，T2 变压器空载运行。

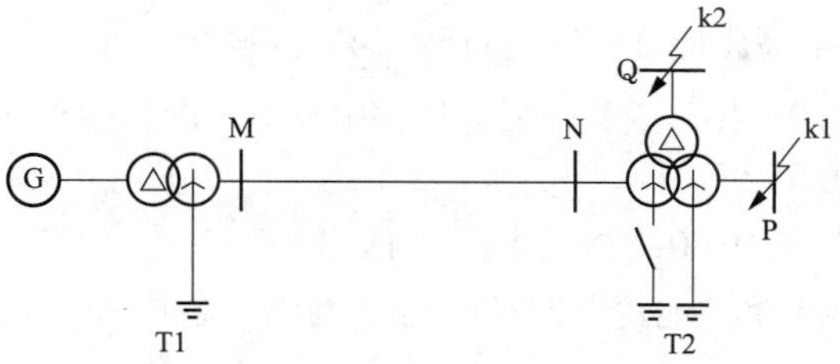

系统中各元件标幺参数如下：基准电压为 230kV，基准容量为 1000MVA。

设备	正序参数（负序参数）	零序参数
发电机 G	$X_{G1}=0.4$	$X_{G0}=0.5$
T1 变压器	$X_{T1}=0.6$	$X_{T0}=0.6$
线路 MN	$X_{L1}=0.1$	$X_{L0}=0.3$

T2 主变压器实测参数：

阻抗电压	高一中	18%	零序实测参数	70Ω	$Z_{高}+Z_{励}$
	高一低	28%		6Ω	$Z_{中}+Z_{励}$（中压值）
	中一低	10%		46Ω	$Z_{高}+Z_{中}//Z_{励}$

问题：（1）请根据 T2 主变压器实测参数，求出 T2 变压器的正序和零序标幺参数。

（2）画出 k1 点发生 BC 两相接地短路时的复合序网图，并标注序网参数。（要求复合序网图中必须包含各元件的等值）

（3）计算 k2 点发生 BC 两相短路时高压侧三相短路电流大小。

（4）线路 MN 配置有复用光纤通道的纵联电流差动保护，保护同步方法为“采样时刻调整法”。线路分相纵联电流差动保护动作方程为

$$\begin{cases} I_{CD\Phi} > KI_{R\Phi} \\ I_{CD\Phi} > I_{QD} \end{cases}$$

$$\Phi = A、B、C$$

式中：差动电流 $I_{CD\Phi} = |\dot{I}_{M\Phi} + \dot{I}_{N\Phi}|$，即为两侧电流矢量和；制动电流 $I_{R\Phi} = |\dot{I}_{M\Phi} - \dot{I}_{N\Phi}|$，即为两侧电流矢量差；动作门槛 I_{QD}=600A（一次值），制动系数 K=0.5。

由于某种原因保护通道出现收发路由不一致，收发通道延时分别为 0.4ms 和 6.6ms，当系统 k2 点发生 BC 两相短路时，请计算线路 MN 上的故障电流大小，结合动作方程分析光纤电流差动保护的动作行为。（忽略负荷电流和电容电流，系统频率始终为 50Hz）

答：（1）主变压器正序：

高 (0.18+0.28−0.10)/2=0.18, 0.18×1000/200=0.9

中 (0.18−0.28+0.10)/2=0

低 (0.28+0.1−0.18)/2=0.1, 0.1×1000/200=0.5

主变压器零序：

A=70, B=6（折算至高压侧 $6\times230^2/115^2=24$），C=46

励磁支路为 $\sqrt{24\times(70-46)}=24$，高压 46，中压 0，折算为标幺值：

基准阻抗 $230^2/1000=52.9$。

折算后为高压 0.87，中压 0，励磁支路 0.45。

（2）k1 点发生 BC 两相接地短路时的复合序网图（各序分量为 A 相的序分量）

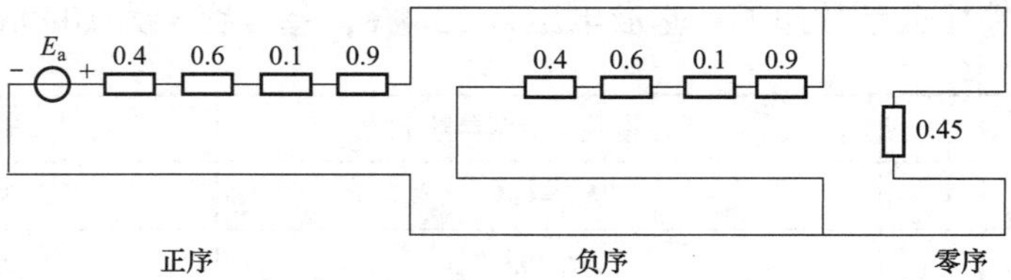

（3）k2 点发生 BC 两相短路，短路电流计算：

变压器高压侧 B 相标幺值：1/(0.4+0.6+0.1+0.9+0.5)=0.4，AC 相标幺值：0.2，

折算为实际值：基准电流 2510A，高压侧 A、C 相 502A，B 相 1004A。

（4）通道延时 (0.4+6.6)/2=3.5(ms)，采样偏差 3.1ms，折合 3.1×18°=55.8°，则装置计算的差动电流为 $2\sin(55.8/2)I_d=0.9359I_d$，制动电流 $2\sin(180-55.8/2)I_d=1.7675I_d$。

由此可知：

A、C 相差动电流：0.9359×502A=470A，小于 600A，保护不动作。

B 相差动电流：0.9359×1004A=940A，大于 600A。制动电流：1.7675×1004A=1775A，1775×0.5A=888A，940A＞888A，满足动作方程，保护选跳 B 相。

21. 三相自耦变压器组 YNyn△，容量 750MVA，515/230/36kV，短路阻抗 $U_{12}\%$=12.97；$U_{13}\%$=42.37；$U_{23}\%$=25.74。中性点加装小电抗 13Ω。系统阻抗（标幺值，基于

100MVA）高压侧：0.0026（正负序）、0.0038（零序）；中压侧 0.0118（正负序）、0.01（零序）。请问高压侧母线单相金属性接地故障时，主变压器高中压侧零序电流为多少（有名值）？主变压器中性点电流、电压为多少？（S_B=100MVA，电压基准 525kV、230kV）

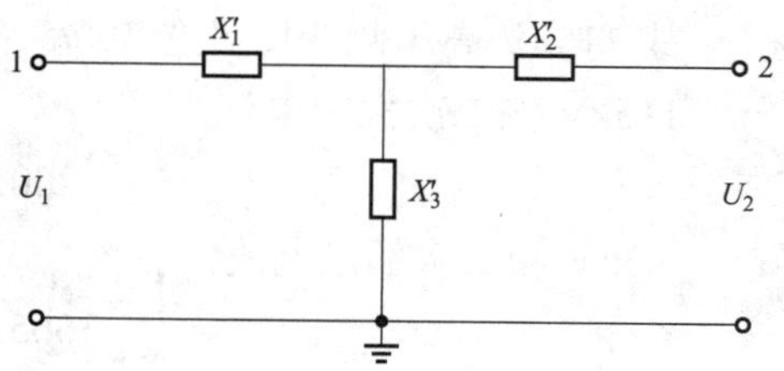

答：$X_{10}'=X_1+3X_n(1-k)$

$X_{20}'=X_2-3X_nk(1-k)$

$X_{30}'=X_3+3X_nk$

求出主变压器高中压侧正序阻抗：0.0197、−0.0024、0.0368

中性点阻抗折算为标幺值：13/2756.25=0.00472

零序阻抗：

$$X_{10}=0.0197+3\times0.00472\times(1-515/230)=0.0022$$

$$X_{20}=-0.0024-3\times0.00472\times515/230\times(1-515/230)=0.0369$$

$$X_{30}=0.0368+3\times0.00472\times515/230=0.0685$$

主变压器侧综合阻抗：

正序：(−0.0024+0.0118+0.0197)=0.0291

零序：(0.0369+0.01)//0.0685+0.0022=0.03

500kV 母线故障综合阻抗：

正序：0.0291//0.0026=0.00239

零序：0.03//0.0038=0.00337

零序电流：

$$3I_0=3\times1/(0.00239\times2+0.00337)=368$$

高压侧零序电流：

$$368\times0.00337/0.03\times110=4547(\text{A})$$

中压侧零序电流：

$$368\times0.00337/0.03\times[(0.0369+0.01)//0.0685]/(0.0369+0.01)\times251=6159(\text{A})$$

中性点电流：

$$6159-4547=1612(\text{A})$$

中性点电压：

$$1612\times13=21(\text{kV})$$

22. 有一台 YN,d11 型容量为 S=40/20/20MVA、电压为 115/6.3/6.3kV 的变压器，TA 二次接成全星形，装设微机差动保护时，变压器一、二次电流互感器分别选用多大变比？各侧的平衡系数为多少？

答：115kV 侧一次额定电流为

$$40/(1.732\times115)\times1000=200.8(\text{A})$$

6.3kV 侧一次额定电流为

$$40/(1.732\times6.3)\times1000=3665.7(\text{A})$$

故 115kV 高压侧变比可选 300/5，6.3kV 侧低压侧可选 4000/5。

115kV 侧二次额定电流为

$$200.8/(300/5)=3.35(\mathrm{A})$$

6.3kV 侧二次额定电流

$$3665.7/(4000/5)=4.58(\mathrm{A})$$

平衡系数为

$$4.58/3.35=1.37$$

23. 有两台 100kVA 变压器并列运行，第一台变压器的短路电压为 4%，第二台变压器的短路电压为 5%，求两台变压器并列运行时，负载分配的情况。

答：已知两台变压器额定容量 $S_{1e}=S_{2e}=100\mathrm{kVA}$，短路电压 $U_{1D}\%=4\%$，$U_{2D}\%=5\%$。

第一台变压器分担负荷为

$S_1=(S_{1e}+S_{2e})/[S_{1e}/U_{1D}+S_{2e}/U_{2D}]\cdot(S_{1e}/U_{1D})=200/(100/4+100/5)\cdot(100/4)=111.11(\mathrm{kVA})$

第二台变压器分担负荷为

$S_2=(S_{1e}+S_{2e})/[S_{1e}/U_{1D}+S_{2e}/U_{2D}]\cdot(S_{2e}/U_{2D})=200/(100/4+100/5)\cdot(100/5)=88.89(\mathrm{kVA})$

第一台变压器负载为 111.11kVA，第二台变压器负载为 88.89kVA。

24. 接线为 YN,d11 的变压器，其微机保护的采样频率为 600Hz。变压器低压侧接一发电机组。其纵差保护两侧 TA 的接线为 d11Y。在变压器高压侧纵差保护区外处设置三相短路做发电机—变压器组短路试验。纵差保护动作。初步检查：变压器的电流为额定值。差动低压侧三相电流的采样值情况：最大值均为 7.05A，在一个周期内 A 相电流的第一个采样点值分别等于 B 相电流的第 5 个及 C 相电流的第 9 个采样点，差动高压侧三相电流的采样值情况：A 相、B 相中采样值最大者为 3.4A，B 相第一个采样点等于 A 相的第三个采样点，C 相采样值最大的为 7.05A，而 A 相采样最大值点与 C 相同符号的最大采样值点相差 7 个点（C 相的在前）。

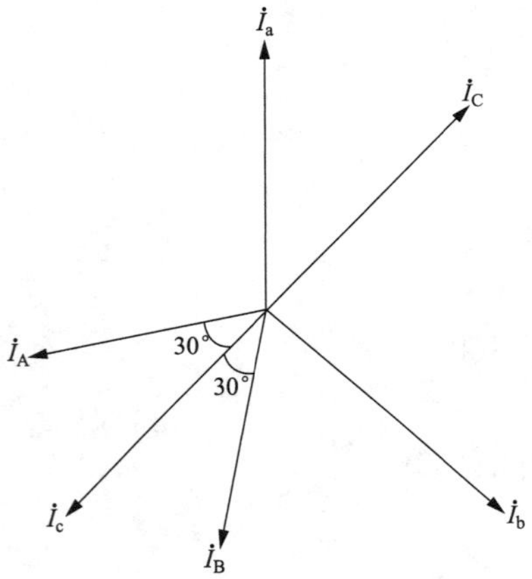

差动保护各相的差流为 A 相等于 B 相等于 5.85A，C 相差流等于零。

查看报告记录，各侧差动 TA 的变比与设计值相符。

（1）画出差动元件各侧电流相量关系图，说明测量数值。

（2）指出差动保护动作原因。

答：（1）设低压侧电流为 I_a、I_b、I_c，高压侧三相电流为 I_A、I_B、I_C。由于低压侧三相电流均为 5A，其相位分别相差 120°，三相为正相序。高压侧流入各相差动的电流分别为 $I_A=I_B=2.4\mathrm{A}$，$I_C=5\mathrm{A}$，I_c 超前 I_A 为 210°，I_B 超前 I_A60°。以低压侧三相电流相量为参考值，画出两侧电流相量关系如图所示。

（2）由于变压器系 Yd11 接线，差动 TA 应为 d11Y 接线。故从高压侧流入各相差动元件的电流分别为 I_a-I_b、I_b-I_c、I_c-I_a（I_a、I_b、I_c 分别为高压侧差动 TA 二次电流），因为 I_c 等于 5A（即等于正常值），又因为由高压侧流入差动 C 相的电流为 $I_C=I_c'-I_a'$，且差动

C 相无差流，说明高压侧差动 TA 二次 A 相及 C 相接线正确，故 B 相 TA 二次极性接反，大小关系不是 1.732。此时 I_A 与 I_B 幅值相等，I_B 超前 I_A60°，I_C 超前 I_A210°。

25. 已知主变压器三侧额定电压为 500kV/230kV/37kV，接线方式 YN,YN,d11。35kV 侧 TA 取自套管 TA，二次接线为△接。主变压器带一台电容器，220kV 侧空载。电容器接线方式如图 1、2 所示，参数如下：单个电容 C=89.6μF，额定电压 6kV。求当 500kV 系统电压为 510kV 时，35kV 侧电容器的一次电流大小。设流入保护装置的电流经保护计算后标幺值大小已经相等，已知保护对 Y 侧电流做 Y→Δ-11 点转换。当 35kV 侧 TA 接线如图 3 所示时，分析保护有没有差电流显示。假如有，请作图计算差电流值大小，设折算后电流为 1 个单位。

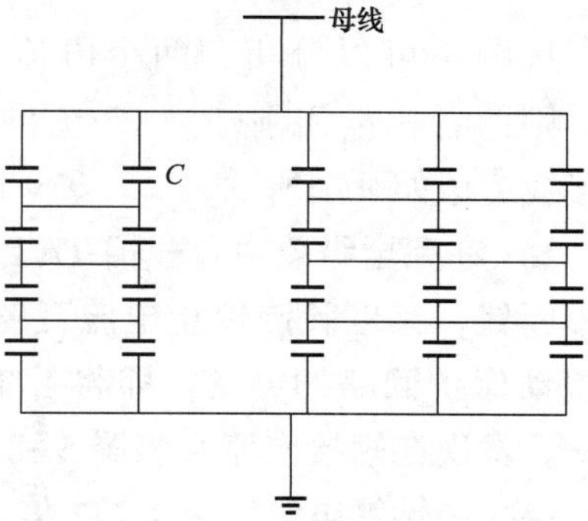

图1　电容器一次接线图（A相，B、C两相相同）

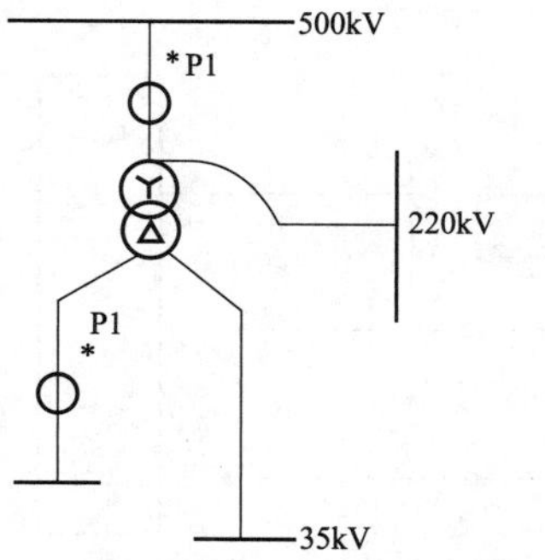

图2　TA极性图，35kV侧取套管TA，P1与S1呈减极性

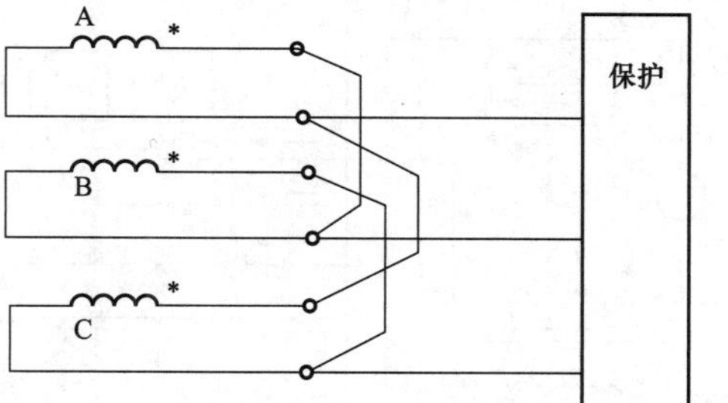

图3　35kV侧TA二次接线示意图，星点为S1

答：（1）单相总电容量 $C=(5/4)\times 89.6=112(\mu F)$

得，单相电流 $I=314\times 112\times [(510/500)\times 37/1.732]/1000=766(A)$

（2）正确接线时，电流相量图：

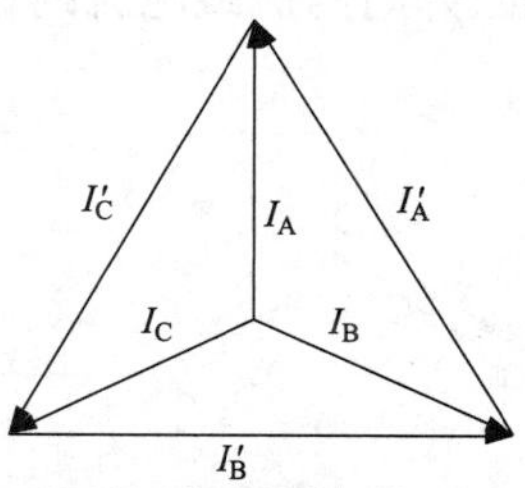

高压侧电流相量图

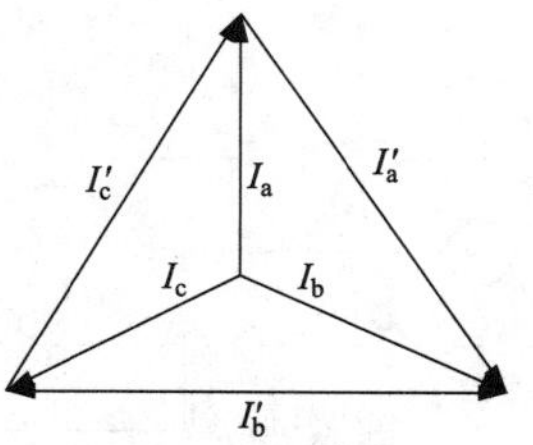

低压侧电流相量图

图中，I_A 与 I'_a 表示流入保护的电流标幺值。I'_A 表示保护对星形侧电流进行转角后的电流。I'_a 与 I'_A 大小相等，方向相反。

（3）实际接线的电流相量图。

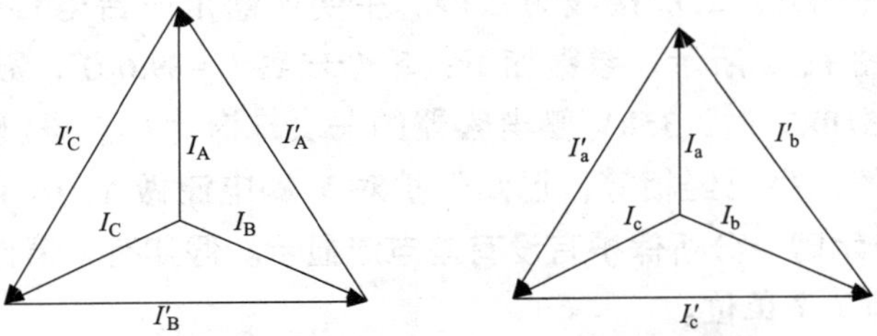

高压侧电流相量图　　低压侧电流相量图

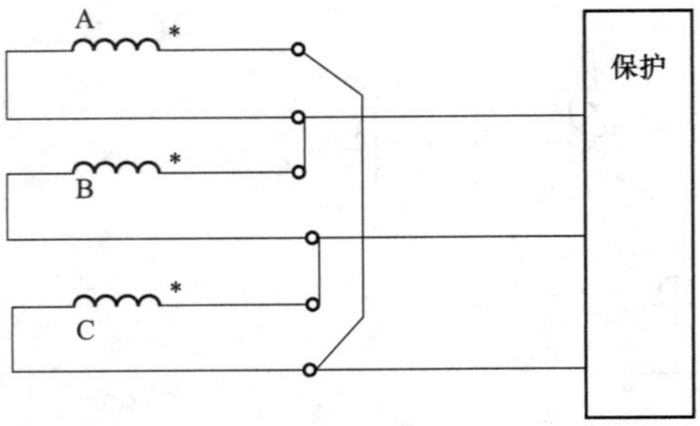

从图中可以分析，两个电流 I'_A 与 I'_a 成 120° 角，则两者相量和刚好为 1，方向与 I'_B 反向。正确接线应该如下图所示。

26. 在完全纵差中有一相 TA 断路，为了查找哪相断线，采取轮流停止电流互感器二次电流进入差动保护回路的办法，即将各 TA 分别短路的办法，发现在短接电流互感器 5 和 6 二次线圈时，差动保护中性线电流增大 1.732 倍，试问：

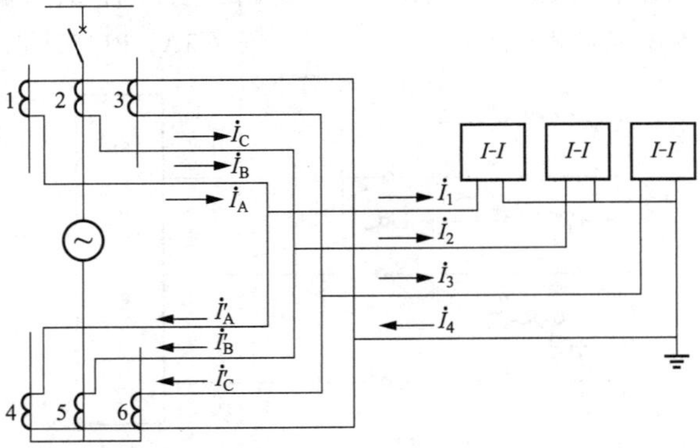

（1）哪一回路断线？

（2）短接电流互感器 1—4，对 I_N 的大小有什么影响？

答：（1）TA1 二次回路断线。

（2）短接 TA1—3 时，I_N 电流大小不变，短接 TA4 时 I_N=0。

27. 试分析 YN,d11 变压器 YN 侧断路器一相断开时两侧线电流的相量关系，并绘图。

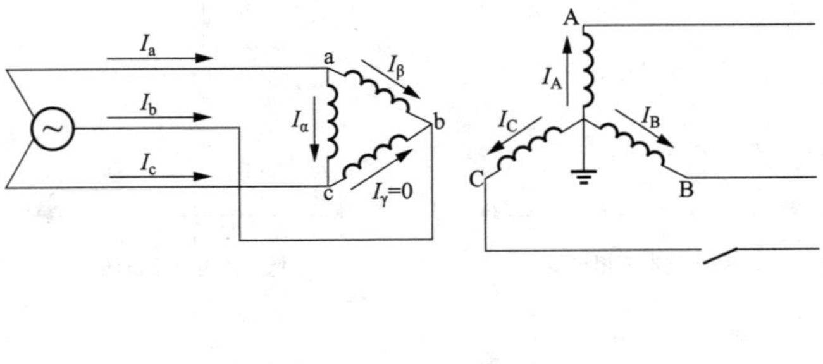

答： 当 YN 侧 A、B 两相未断开做两相运行时，则变压器 YN 侧有 $\dot{I}_{C1}+\dot{I}_{C2}+\dot{I}_{C0}=0$，且 $\dot{I}_{C2}$、$\dot{I}_{C0}$ 对 $\dot{I}_{C1}$ 的相位为 180°，YN 侧各序电流如下图所示。

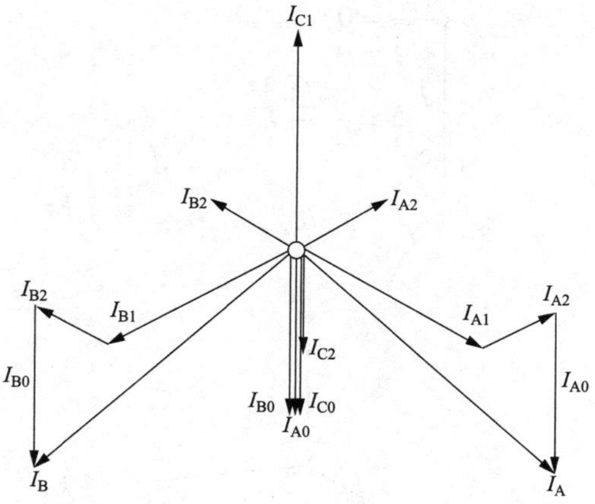

有△侧电流与 YN 侧电流之间的关系为 $\dot{I}_a=\dot{I}_\alpha-\dot{I}_\beta=(\dot{I}_A-\dot{I}_B)/\sqrt{3}$，对于序分量，易得以下关系：$\dot{I}_{a1}=\dot{I}_{A1}\angle 30°$，$\dot{I}_{a2}=\dot{I}_{A2}\angle -30°$。可得△侧相量关系如下图所示。

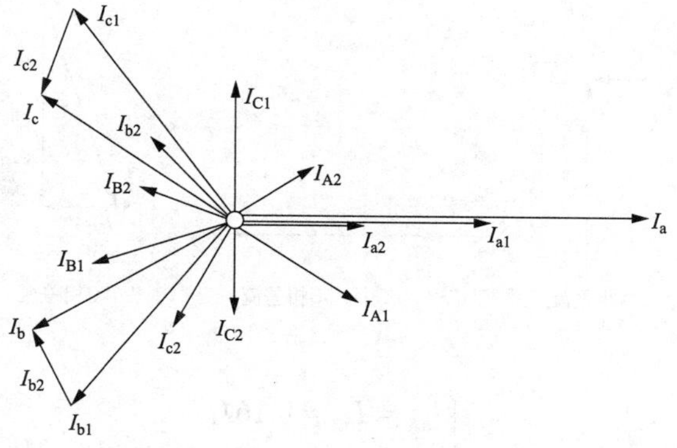

28. YN,YN,d11 的 500kV 主变压器，用 500kV 和 35kV 侧进行主变压器差动带负荷试验（110kV 侧断开），主变压器容量 750/750/240MVA，低压侧满负荷时 A、B、C 三相差流分别为 0.16I_e、0.32I_e、0.16I_e，请分析可能是什么原因。已知：保护装置采用 PRS778。

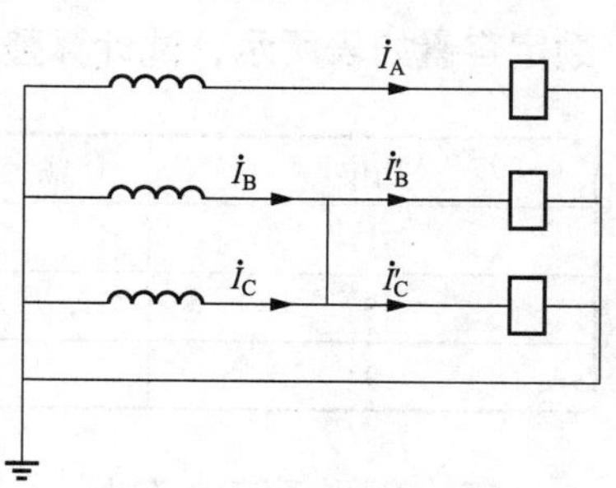

答： Y 侧 TA 的 B、C 相在端子箱或 TA 接线盒处短接。

主变压器容量 750/750/240MVA，低压侧满负荷时，高压侧电流为 $I_A=I_B=I_C=0.32I_e$。因电流回路阻抗主要由电缆决定，所以

$$\dot{I}'_B=\dot{I}'_C=-\frac{\dot{I}_A}{2}$$

$$\begin{cases}\dfrac{\dot{I}_{AB}}{\sqrt{3}}=\dfrac{\dot{I}_{A}-\dot{I}_{B}}{\sqrt{3}}=\dfrac{\sqrt{3}}{2}\dot{I}_{A}\\ \dfrac{\dot{I}_{BC}}{\sqrt{3}}=0\\ \dfrac{\dot{I}_{CA}}{\sqrt{3}}=-\dfrac{\sqrt{3}}{2}\dot{I}_{A}\end{cases}$$

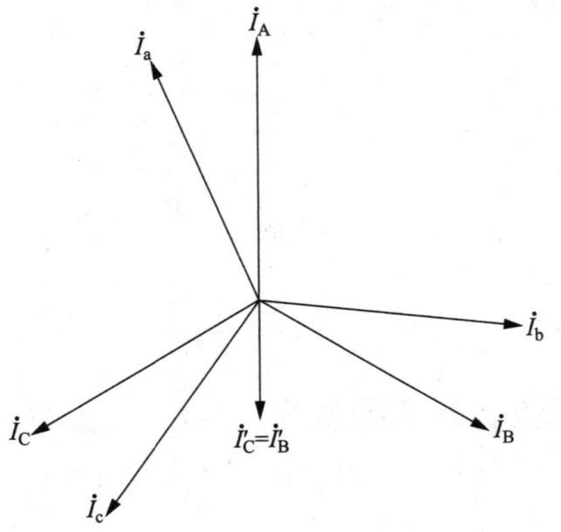

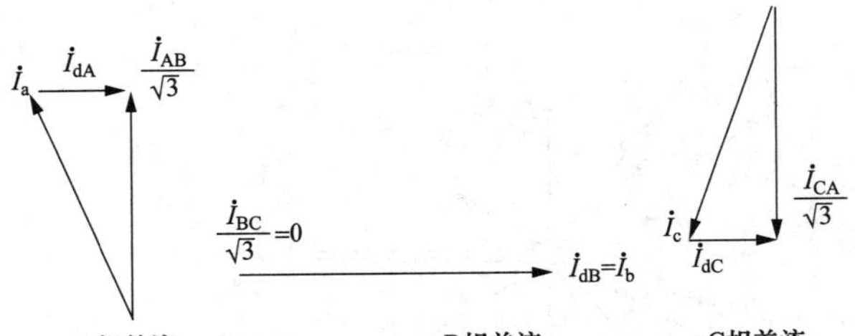

由相量图得

$$\begin{cases}I_{dA}=I_{dC}=0.16I_{e}\\ I_{dB}=0.32I_{e}\end{cases}$$

29. 特高压主变压器调压变压器共有 9 个挡位，已知 1 挡、5 挡和 9 挡的额定电压、额定容量如表所示，试计算整定计算时，这三个区的额定电流分别为多少。

挡位	额定容量（MVA）	星侧额定电压（kV）	角侧额定电压（kV）
1	170.89	53.25	200.3
5	170.89	0.0	200.3
9	170.89	53.24	200.3

答：角侧额定电流为

$$I_{\triangle}=\frac{170.89}{\sqrt{3}\times200.3}=0.493(\text{kA})$$

星侧额定电流为

1 挡：$I_{Y1}=\dfrac{170.89}{\sqrt{3}\times53.25}=1.855(\text{kA})$

5 挡：$I_{Y5}=I_{Y1}=1.855(\text{kA})$，此时相当于调压变压器为空载状态。

9 挡：$I_{Y9}=\dfrac{170.89}{\sqrt{3}\times 53.24}=1.853(\text{kA})$

30. 一台变压器容量为 180/180/90MVA，电压变比为 220 ± 1.25%/121/10.5 kV，U_{K1-2}=13.8%，U_{K1-3}=23.7%，U_{K2-3}=7.9%，YN,YN,d11 接线，高压加压中压开路阻抗值为 63.9Ω，高压开路中压加压阻抗值为 6.2Ω，高压加压中压短路阻抗值为 35.7Ω，高压短路中压加压阻抗值为 3.8Ω。计算短路计算用的主变压器正序、零序阻抗参数（标幺值）。基准容量 S_j=1000MVA，基准电压为 230kV/121kV/10.5kV。

答：（1）主变压器正序阻抗参数。

高压侧：$U_{K1}\%=(U_{K1-2}\%+U_{K1-3}\%-U_{K2-3}\%)/2=(0.138+0.237-0.079)/2=14.8\%$

中压侧：$U_{K2}\%=(U_{K1-2}\%+U_{K2-3}\%-U_{K1-3}\%)/2=(0.138+0.079-0.237)/2=-1\%$

低压侧：$U_{K3}\%=(U_{K1-3}\%+U_{K2-3}\%-U_{K1-2}\%)/2=(0.237+0.079-0.138)/2=8.9\%$

高压侧正序阻抗为

$$X_{\text{I}*}=\frac{U_{K1}\%}{100}\cdot\frac{S_j}{S_e}\cdot\frac{U_{e^2}}{U_{j^2}}=0.148\times\frac{1000}{180}=0.817$$

中压侧正序阻抗为

$$X_{\text{II}*}=\frac{U_{K2}\%}{100}\cdot\frac{S_j}{S_e}\cdot\frac{U_{e^2}}{U_{j^2}}-0.01\times\frac{1000}{180}=-0.056$$

低压侧正序阻抗为

$$X_{\text{III}*}=\frac{U_{K3}\%}{100}\cdot\frac{S_j}{S_e}\cdot\frac{U_{e^2}}{U_{j^2}}=0.089\times\frac{1000}{180}=-0.494$$

（2）主变压器零序阻抗参数。

高压加压中压开路阻抗值 Z_a=63.9Ω

$$Z_a\%=\frac{Z_a}{Z_j}\times 100\%=\frac{63.9}{230^2/180}\times 100\%=21.7\%$$

高压加压中压短路阻抗 Z_d=35.7Ω

$$Z_d\%=\frac{Z_d}{Z_j}\times 100\%=\frac{35.7}{230^2/180}\times 100\%=12.1\%$$

中压加压高压开路阻抗值 Z_b=6.2Ω

$$Z_b\%=\frac{Z_b}{Z_j}\times 100\%=\frac{6.2}{121^2/180}\times 100\%=7.6\%$$

中压加压高压短路阻抗 Z_c=3.8Ω

$$Z_c\%=\frac{Z_c}{Z_j}\times 100\%=\frac{3.8}{121^2/180}\times 100\%=4.7\%$$

低压侧零序阻抗：

$$Z_D = \sqrt{7.6\% \times (21.7\% - 12.1\%)} = 8.54\%$$

高压侧零序阻抗：

$$Z_G = Z_a - Z_D = 21.7\% - 8.54\% = 13.16\%$$

中压侧零序阻抗：

$$Z_Z = Z_b - Z_D = 7.6\% - 8.54\% = -0.94\%$$

高压侧零序阻抗：

$$X_{\text{I}O*} = \frac{Z_G}{100} \times \frac{S_j}{S_e} \times \frac{U_{e^2}}{U_{j^2}} = 0.1316 \times \frac{1000}{180} = 0.731$$

中压侧零序阻抗：

$$X_{\text{II}O*} = \frac{Z_Z}{100} \times \frac{S_j}{S_e} \times \frac{U_{e^2}}{U_{j^2}} = 0.0094 \times \frac{1000}{180} = 0.052$$

低压侧零序阻抗：

$$X_{\text{III}O*} = \frac{Z_D}{100} \times \frac{S_j}{S_e} \times \frac{U_{e^2}}{U_{j^2}} = 0.0854 \times \frac{1000}{180} = 0.474$$

31. 某 220kV 变电站扩建 2 号主变压器在启动送电时，所有 TA 接线都正确，但调试人员误将主变压器 PST1202 保护的控制字整定错误，即将差动保护控制字“YN,d11 接线”误整定为“YN,d1 接线”，主变压器带低压侧送电时，高压侧流出负荷：*P* 为 40MVA，Q 为 2MVA，请计算在此种情况下（不计主变压器功率损耗及励磁电流影响），主变压器保护装置高低压侧二次电流显示值是多少安（未折算），以及误整定后每相差电流值是多少安？主变压器接线图及 TA 接丝配置图如下：主变压器额定容量为 180MVA，高压侧额定电压为 220kV，低压侧额定电压为 10.5kV。

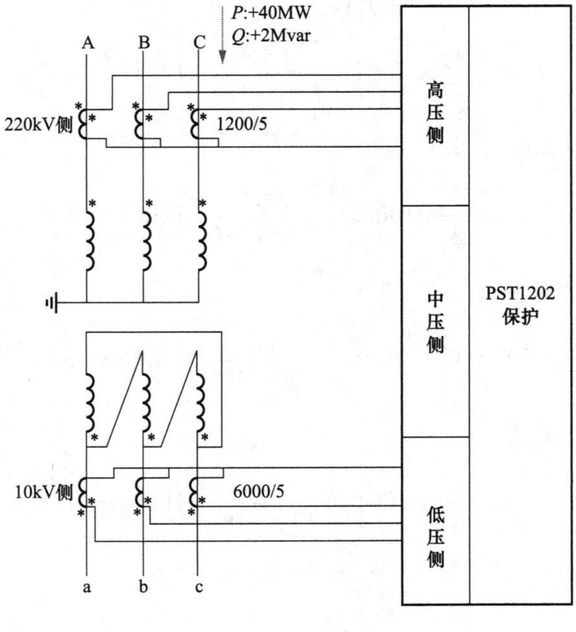

答：高压侧二次电流值为

$$I_{BH2}=\frac{S_B}{\sqrt{3}U_{BH}n_{CTH}}=\frac{\sqrt{(40^2+2^2)}\times1000}{\sqrt{3}\times220\times240}\approx0.220(A)$$

主变压器保护装置高压侧二次电流值未折算进差动保护，不受主变压器转换方式影响，所以 I_{BH2}=0.220(A)。

低压侧二次电流为

$$I_{BL2}=\frac{S_B}{\sqrt{3}U_{BL}n_{CTL}}=\frac{\sqrt{(40^2+2^2)}\times1000}{\sqrt{3}\times10.5\times1200}=0.921(A)$$

主变压器保护装置低压侧二次电流值未折算进差动保护，不受主变压器转换方式影响，所以 I_{BL2}=0.921(A)。

按照原有 YN,d11 接线，所有 TA 回路接线均正确的情况下，流进保护装置各相差电流应为 0，但因错将“YN,d11 接线”误整定为“YN,d1 接线”，因补偿不一致出现差电流。

YN,d11 接线：

$$I_{cda}=(I_A-I_B)K_{ph}+I_aK_{pl}$$

YN,d1 接线：

$$I_{cda}=(I_A-I_C)K_{ph}+I_aK_{pl}$$

相量图如下图所示。

通过下图可看出，因转换错误，相当于把高压侧进差动继电器的电流进行顺时针 60° 转角补偿，相当于在任一侧任一相电流产生一个等边三角形差电流值，为简化本题计算，即用高压侧电流直接进行计算，该差电流值为高压侧电流归算至差动保护的数值，PST1202 主变压器差动保护，高压侧绕组及 TA 均采用星形接线，其 $K_{ph}=1/\sqrt{3}$

$$I_{cda}=I_{cdb}=I_{cdc}=I_{BH2}\times\sqrt{3}\times K_{ph}=0.220\times\sqrt{3}/\sqrt{3}=0.220(A)$$

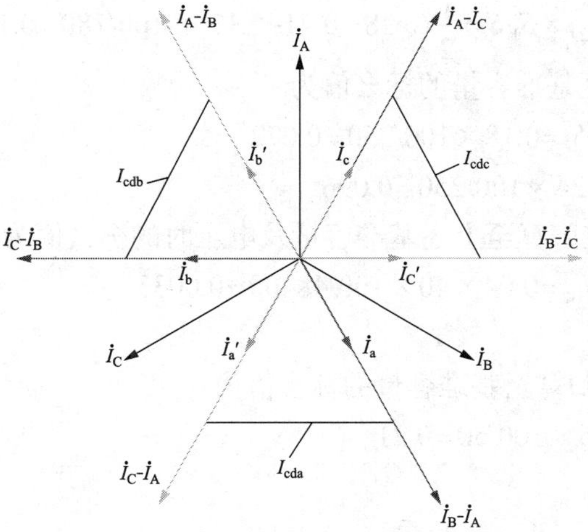

32. 已知三相自耦变压器容量为 180/180/90MVA，电压为 220kV/110kV/35kV，短路电压比（折算至变压器全容量全电压基准下）测得 X_{12}=17%，X_{23}=21%，X_{13}=38%；系

统等值电源 S_N=250MVA，正负序等值阻抗 $X_{S1}=X_{S1}=0.18$，零序等值阻抗 $X_{S0}=0.24$，T2 变压器容量 S_N=50MVA，电压为 110kV/10.5kV，U_d=10.5%，110kV 输电线路 $X_{L1}=X_{L2}=0.04\Omega/km$，$X_{L0}=3X_{L1}$，线路全长 40km。变压器中压侧发生 A 相单相接地故障，试绘出单相接地故障的各序网络和复合序网，并计算出流经中性点零序电流的大小和流向。

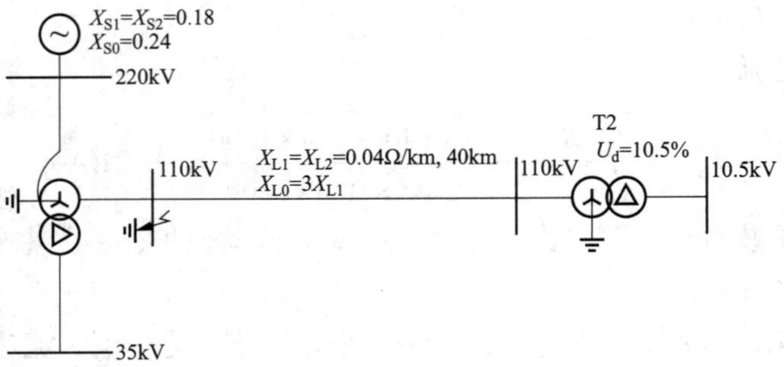

答：设基准容量 S_J=100MVA，U_{B1}=220kV，U_{B2}=110kV。

220kV 系统基准电流为

$$I_{B1}=\frac{S_J}{\sqrt{3}U_{B1}}=\frac{100\times1000}{\sqrt{3}\times220}=262(A)$$

110kV 系统基准电流：

$$I_{B2}=\frac{S_J}{\sqrt{3}U_{B2}}=\frac{100\times1000}{\sqrt{3}\times110}=524(A)$$

（1）作出各元件阻抗标幺值：

1）将自耦变压器各侧阻抗归算至上述基准容量及电压时的标幺值为

$X_{T1*}=\frac{1}{2}(X_{12}+X_{13}-X_{23})\times S_J/S_e=\frac{1}{2}(0.17+0.38-0.21)\times100/180=0.094$

$X_{T2*}=\frac{1}{2}(X_{12}+X_{23}-X_{13})\times S_J/S_e=\frac{1}{2}(0.17+0.21-0.38)\times100/180=0$

$X_{T3*}=\frac{1}{2}(X_{13}+X_{23}-X_{12})\times S_J/S_e=\frac{1}{2}(0.38+0.21-0.17)\times100/180=0.117$

2）系统阻抗归算至基准容量的标幺值为

$X_{S1*}=X_{S2*}=0.18\times S_J/S_e=0.18\times100/250=0.072$

$X_{S0*}=0.24\times S_J/S_e=0.24\times100/250=0.096$

3）110kV 线路阻抗归算至上述基准容量及电压时的标幺值为

$X_{L1*}=X_{L2*}=X_{L1}\cdot S_J/U_{B2}=0.04\times40\times100/48400=0.0033$

$X_{L0*}=3X_{L1*}=0.0099$

4）T2 变压器阻抗归算至基准容量的标幺值为

$X_{T*}=X_T\cdot S_J/S_e=0.105\times100/50=0.21$

（2）各序网络。

1）正序网络。

$X_{\Sigma1*}=X_{S1*}+X_{T1*}+X_{T2*}=0.072+0.094+0=0.166$

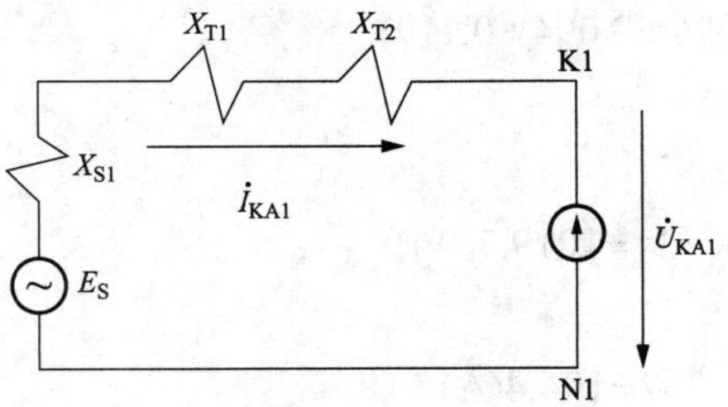

2）负序网络。

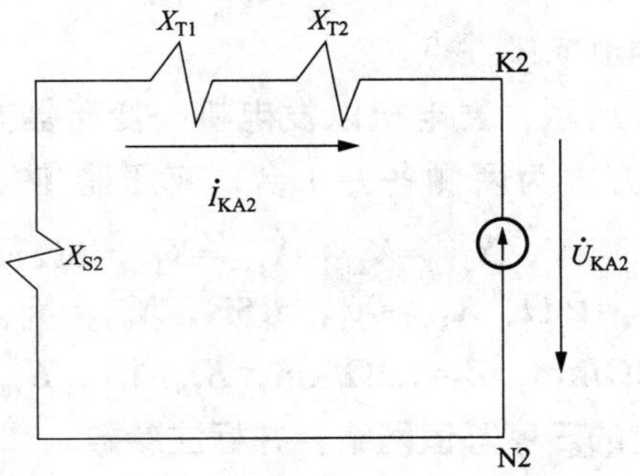

$X_{\Sigma2*}=X_{S2*}+X_{T1*}+X_{T2*}=0.072+0.094+0=0.166$

3）零序网络。

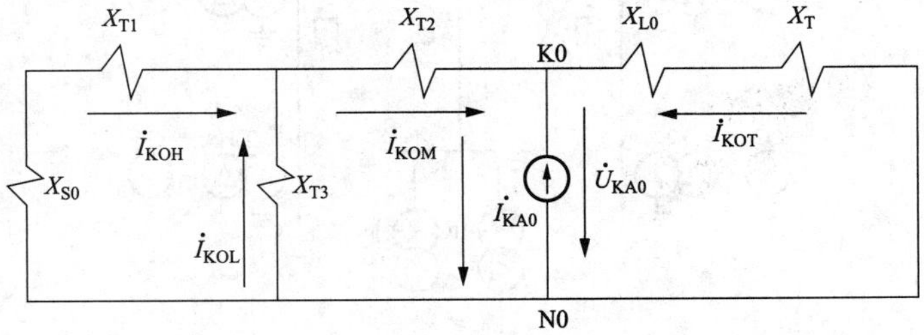

$X_{\Sigma0*}=[(X_{S0*}+X_{T1*})//X_{T3*}+X_{T2*}]//(X_{L0*}+X_{T*})$

$=[(0.096+0.094)//0.117+0]//(0.0099+0.21)$

$=0.0724//0.2199=0.0545$

4）A 相接地复合序网。

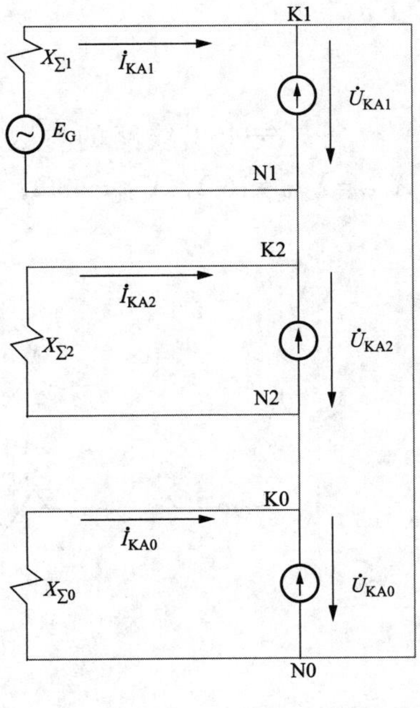

（3）短路电流计算。

$$I_{KA0*}=\frac{E_{S*}}{X_{\Sigma1*}+X_{\Sigma2*}+X_{\Sigma0*}}=\frac{1}{0.166+0.166+0.0545}=2.587$$

根据零序网络图，可得

$I_{K0M*}=I_{KA0*}\times(X_{L0*}+X_{T*})/[(X_{S0*}+X_{T1*})//X_{T3*}+X_{T2*}+X_{L0*}+X_{T*}]$

$=2.587\times0.2199/(0.0724+0.2199)$

$=1.946$

$I_{K0H*}=I_{K0M*}\times X_{T3*}/(X_{S0*}+X_{T1*}+X_{T3*})$

$=1.946\times0.117/(0.096+0.094+0.117)$

$=0.742$

折算成中压侧有名值：

$I_{K0M}=I_{K0M*}\times I_{B2}=1.946\times524=1019.7(A)$

折算成高压侧有名值：

$I_{K0H}=I_{K0H*}\times I_{B1}=0.742\times262=194.4(A)$

所以流经中性点零序电流为

$I_{K0N}=3\times(I_{K0M}-I_{K0H})=3\times(1019.7-194.4)=2475.9(A)$

中性点零序电流是由地流向中性点。

33. 系统示意图如图 1 所示，发电机以发电机—变压器方式接入系统，最大开机方式为 4 台全开，最小开机方式为两侧各开 1 台，变压器 T5 和 T6 可能 2 台也可能 1 台运行。参数：$E_{\varphi}=115/\sqrt{3}$ kV，$X_{1.G1}=X_{2.G1}=X_{1.G2}=X_{2.G2}=5\Omega$，$X_{1.G3}=X_{2.G3}=X_{1.G4}=X_{2.G4}=8\Omega$，$X_{1.T1}\sim X_{1.T4}=5\Omega$，$X_{0.T1}\sim X_{0.T4}=15\Omega$，$X_{1.T5}=X_{1.T6}=15\Omega$，$X_{0.T5}=X_{0.T6}=20\Omega$，$L_{A-B}=60$km，$L_{B-C}=40$km，线路阻抗 $Z_1=Z_2=0.4\Omega$/km，$Z_0=1.2\Omega$/km，$K_{rel}^{I}=1.2$，$K_{rel}^{II}=1.15$。

画出所有元件全运行时的三序等值网络，并标注参数。

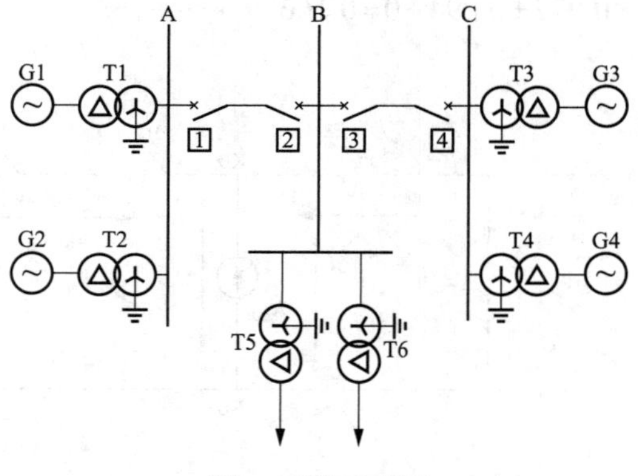

图1　系统示意图

答：先求出线路的参数，即 $L_{AB}=60$km，$X_{1.AB}=X_{2.AB}=24\Omega$，$X_{0.AB}=72\Omega$，$L_{BC}=40$km，$X_{1.BC}=X_{2.BC}=16\Omega$，$X_{0.BC}=48\Omega$，所有元件全运行时三序电压等值网络图如图 2 所示。

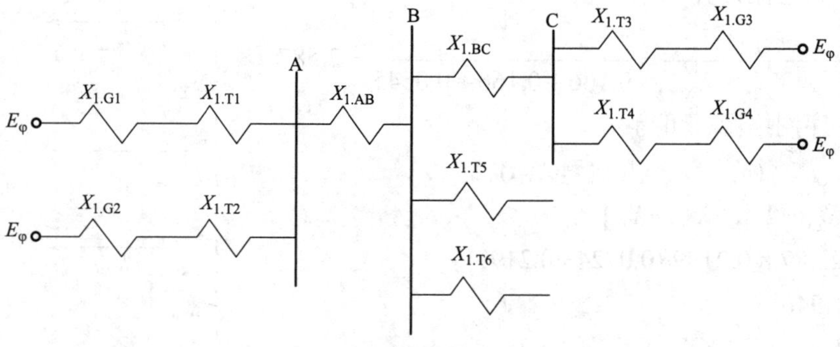

(a) 正序等值图

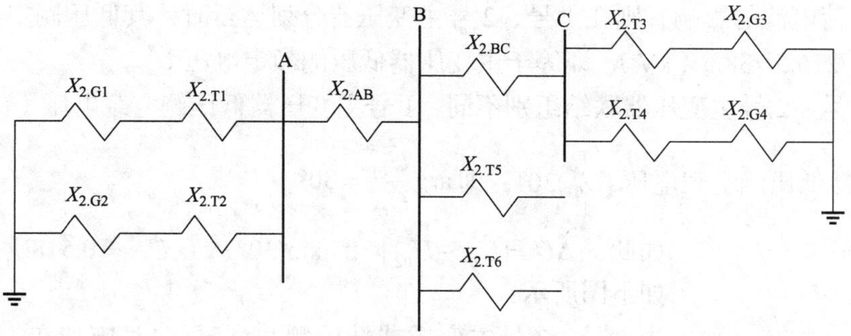

(b) 负序等值图

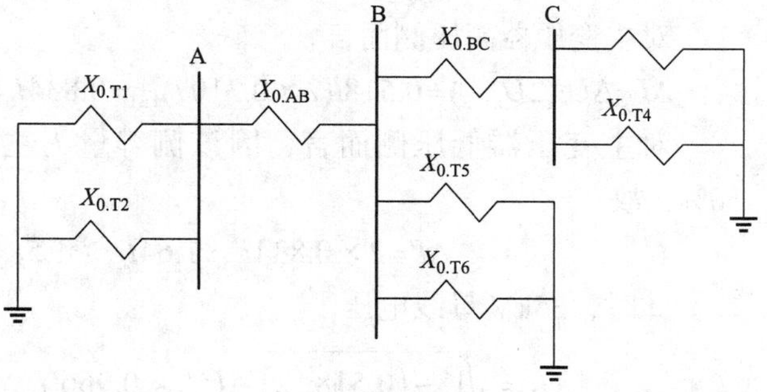

(c) 零序等值图

图2　三序电压等值网络图

34. 某 220kV 变电站，其 1 号、2 号主变压器的参数如下：

1 号主变压器： **型号：OSFS10-120000/220** **电压比：220 ± 2 × 2.5%/121/38.5/(15)kV** **联结组别：YNa0y0(d11)** **容量比：120/120/60/(40)MVA** **短路阻抗：U_{k1-2}%=8.85, U_{k1-3}%=31.07, U_{k2-3}%=19.94(已归算到额定容量)**	**2 号主变压器：** **型号：OSFS10-120000/220** **电压比：220 ± 2 × 2.5%/121/38.5kV** **联结组别：YNa0d11** **容量比：120/120/60/MVA** **短路阻抗：U_{k1-2}%=8.85, U_{k1-3}%=31.07, U_{k2-3}%=19.94(已归算到额定容量)**

设：1 号、2 号主变压器高压侧开关分别运行于正、副母线且母联开关合上，两台主变压器高压侧电压分接头均运行于Ⅱ挡，220kV 母线电压为 225.5kV，两台主变压器三侧复压过电流保护的电流定值按各侧 1.5 倍额定电流整定，其低电压定值则取 70% 额定电压。(三侧电压闭锁元件采用“或”门逻辑)

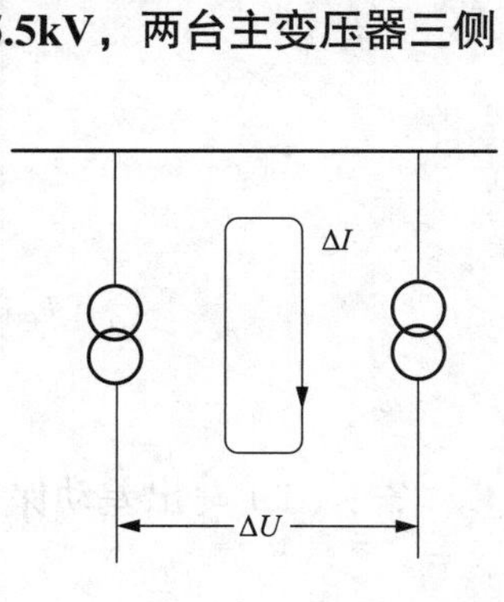

不计负荷电流的影响，试分析 1 号、2 号主变压器 35kV 侧并列时主变压器三侧复压过电流保护的动作行为。

注：主变压器中压侧仍按分列运行考虑。

答：高压侧电压分接头运行于Ⅱ挡，即 225.5kV。

不计负荷电流的影响，则在1号、2号主变压器分列运行时，其低压侧空载电压均为225.5×38.5/225.5=38.5（kV），即等于主变压器低压侧额定电压U_{n3}。

由于1号、2号主变压器联结组别不同，1号主变压器低压侧空载电压（U_{01}）超前于2号主变压器低压侧空载电压$(U_{02})30°$，即$\arg\frac{\dot{U}_{01}}{\dot{U}_{02}}=30°$。

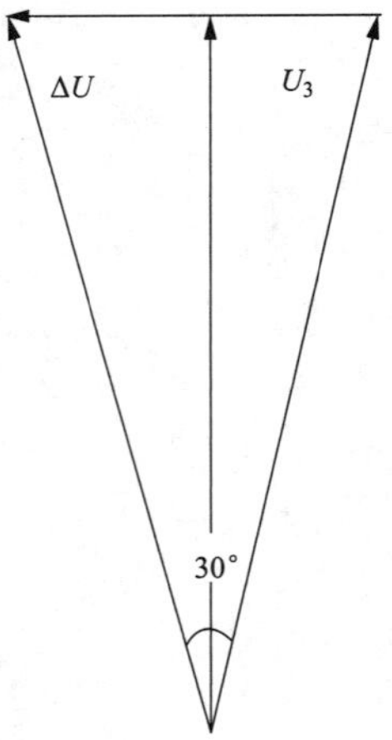

如此，$\Delta U=|\dot{U}_{01}-\dot{U}_{02}|=2\times\sin(30°/2)\times U_{n3}=0.518U_{n3}$

如下图所示：

当1号、2号主变压器低压侧并列时，ΔU施加在1号、2号主变压器高压侧–低压侧短路阻抗上，并产生环流ΔI。

对主变压器高压侧而言，

$\Delta I=\Delta U/(2U_{k1-3})=0.518/(2\times0.3107)I_{n1}=0.834I_{n1}<1.5I_{n1}$

对主变压器低压侧而言，因该侧容量为主变压器额定容量的50%，故

$$\Delta I'=2\times0.834I_{n3}=1.64I_{n3}>1.5I_{n3}$$

此时，35kV母线电压

$$U_3=\sqrt{1^2-(0.518/2)^2}\cdot U_{n3}=0.966U_{n3}>0.7U_{n3}$$

所以，高压侧复压过电流保护因环流未达到其电流元件动作值而不会动作；中压侧复压过电流保护因无环流流过而不会动作；低压侧复压过电流保护虽然环流超过其电流元件动作值，但因其低压闭锁元件把关，也不会动作出口跳闸。

35. 已知一台主变压器为YN,YN,d11接线，变比为225/115/37，三侧额定容量为180/180/180MVA。主变压器差动保护用高、中、低三侧TA变比分别为2000/5、2000/5、3000/5。试分析低压侧A相TA断线时，差动保护各相差流及动作情况。（低压侧负荷电流为2700A，中压侧空载）已知差动保护在Y侧滤零，在D侧转角。制动电流（I_r）取三侧差流计算电流绝对值之和的1/2，比例制动特性如下图所示。（其中，$I_{qd}=0.5I_e$，$I_{r1}=0.5I_e$、$I_{r2}=6I_e$、$K_1=0.2$、$K_2=0.5$、$K_3=0.7$）

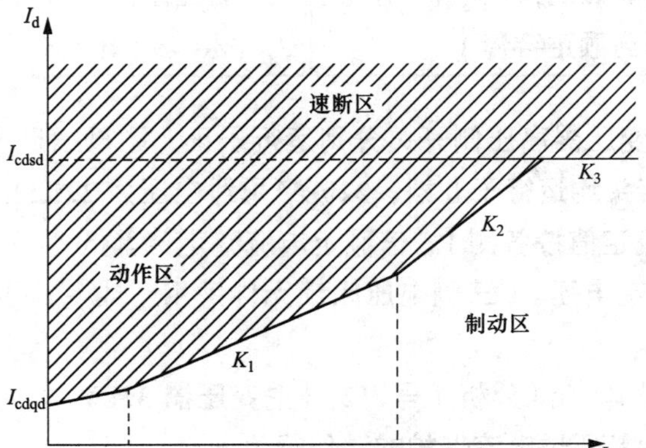

答：（1）写出差动保护动作方程：

$$\begin{cases} I_d > 0.2I_r + I_{qd} & I_r < I_{r1} \\ I_d > 0.2I_{r1} + I_{qd} + 0.5(I_r - I_{r1}) & I_{r1} \leqslant I_r < I_{r2} \\ I_d > 0.2I_{r1} + I_{qd} + 0.5(I_{r2} - I_{r1}) + 0.7(I_r - I_{r2}) & I_{r2} \leqslant I_r \end{cases}$$

（2）计算高低压侧二次额定电流：

$$高压侧\ \dot{I}_{He} = \frac{\dfrac{180\times10^6}{225\times10^3\times\sqrt{3}}}{2000/5} = 1.155(A)$$

（3）以高压侧为基准 1，计算低压侧平衡系数：

高压侧 $K_{Hp}=1$，低压侧 $K_{Lp} = \dfrac{37\times3000/5}{225\times2000/5} = 0.247$

（4）计算低压侧 A 相 TA 断线时 A 相的制动电流与差动电流：

$$I_{ra} = \frac{\left|\dot{I}_A - \dot{I}_0\right| + \left|\dfrac{(\dot{I}_a - \dot{I}_c)}{\sqrt{3}}\cdot K_{Lp}\right|}{2} = \frac{\left|1.11\angle 0° - 0\right| + \left|\dfrac{(0-4.5\angle -30°)}{\sqrt{3}}\times 0.247\right|}{2} = 0.876(A) = 0.758I_e$$

$$I_{da} = \left|(\dot{I}_A - \dot{I}_0) + \frac{(\dot{I}_a - \dot{I}_c)}{\sqrt{3}}\cdot K_{Lp}\right| = \left|(1.11\angle 0° - 0) + \frac{(0-4.5\angle -30°)}{\sqrt{3}}\times 0.247\right| = 0.64(A) = 0.554I_e$$

当制动电流 $I_{ra} = 0.758I_e$ 时，需要的差流动作值：

$$I'_{da} = 0.2I_{r1} + I_{qd} + 0.5(I_{ra} - I_{r1}) = 0.2\times0.5I_e + 0.5I_e + 0.5(0.758I_e - 0.5I_e) = 0.729I_e$$

因为 $I_{da} < I'_{da}$，可见，虽然差流大于启动门槛，但是由于制动作用，A 相差动不动作。

（5）计算低压侧 A 相 TA 断线时 B 相的制动电流与差动电流：

$$I_{rb} = \frac{\left|\dot{I}_B - \dot{I}_0\right| + \left|\dfrac{(\dot{I}_b - \dot{I}_a)}{\sqrt{3}}\cdot K_{Lp}\right|}{2} = \frac{\left|1.11\angle -120°\right| + \left|\dfrac{(4.5\angle 90° - 0)}{\sqrt{3}}\times 0.247\right|}{2} = 0.876(A) = 0.758I_e$$

$$I_{db} = \left|(\dot{I}_B - \dot{I}_0) + \frac{(\dot{I}_b - \dot{I}_a)}{\sqrt{3}}\cdot K_{Lp}\right| = \left|(1.11\angle -120° - 0) + \frac{(4.5\angle 90° - 0)}{\sqrt{3}}\times 0.247\right| = 0.64(A) = 0.554I_e$$

当制动电流 $I_{rb} = 0.758I_e$ 时，需要的差流动作值：

$$I'_{db} = 0.2I_{r1} + I_{qd} + 0.5(I_{rb} - I_{r1}) = 0.2\times0.5I_e + 0.5I_e + 0.5(0.758I_e - 0.5I_e) = 0.729I_e$$

因为 $I_{db} < I'_{db}$，可见，虽然差流大于启动门槛，但是由于制动作用，B 相差动不动作。

（6）计算低压侧 A 相 TA 断线时 C 相的制动电流与差动电流：

$$I_{rc} = \frac{\left|\dot{I}_C - \dot{I}_0\right| + \left|\dfrac{(\dot{I}_c - \dot{I}_b)}{\sqrt{3}}\cdot K_{Lp}\right|}{2} = \frac{\left|1.11\angle 120° - 0\right| + \left|\dfrac{(4.5\angle -30° - 4.5\angle 90°)}{\sqrt{3}}\times 0.247\right|}{2} = 1.11(A) = 0.96I_e$$

$$I_{dc} = \left|(\dot{I}_C - \dot{I}_0) + \frac{(\dot{I}_c - \dot{I}_b)}{\sqrt{3}}\cdot K_{Lp}\right| = \left|(1.11\angle 120° - 0) + \frac{(4.5\angle -30° - 4.5\angle 90°)}{\sqrt{3}}\times 0.247\right| = 0(A)$$

可见，此时 C 相制动电流最大，C 相差流为零，因此 C 相差动元件不动作。

36. 已知一台主变压器为 YN,YN,d11 接线，变比为 225/115/37，三侧额定容量为 180/180/180MVA。主变压器差动保护用高、中、低三侧 TA 变比分别为 2000/5、2000/5、3000/5。试分析高压侧 A 相 TA 断线时，差动保护各相差流及动作情况（高压侧负荷电流为 444A，中压侧空载）已知差动保护在 Y 侧转角。制动电流（I_r）取三侧差流计算电流的最大值，比例制动特性如下图（其中，$I_{qd}=0.5I_e$，$I_{r1}=I_e$、$I_{r2}=3I_e$、$K_1=0.5$、$K_2=0.7$）所示。

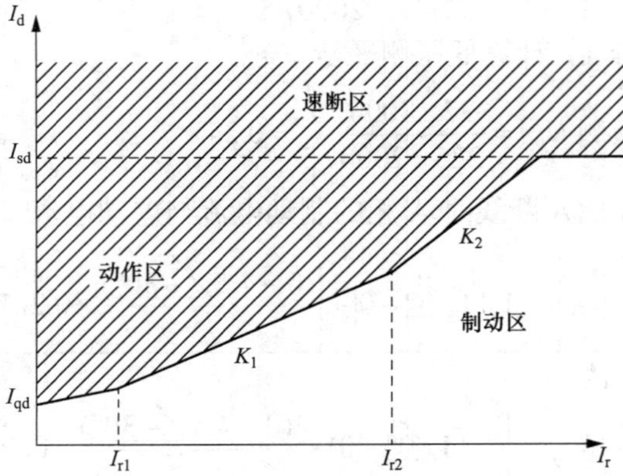

答：（1）写出差动保护动作方程：

$$\begin{cases} I_d > I_{qd} & I_r < I_{r1} \\ I_d > I_{qd} + 0.5(I_r - I_{r1}) & I_{r1} \leqslant I_r < I_{r2} \\ I_d > I_{qd} + 0.5(I_{r2} - I_{r1}) + 0.7(I_r - I_{r2}) & I_{r2} \leqslant I_r \end{cases}$$

（2）计算高压侧二次额定电流：

$$\dot{I}_{He} = \frac{\dfrac{180\times10^6}{225\times10^3\times\sqrt{3}}}{2000/5} = 1.155$$

（3）以高压侧为基准 1，计算低压侧平衡系数：

高压侧 $K_{Hp}=1$，低压侧 $K_{Lp} = \dfrac{37\times3000/5}{225\times2000/5} = 0.247$

（4）计算高压侧 A 相 TA 断线时 A 相的制动电流与差动电流：

$$I_{ra} = \max\left\{\left|(\dot{I}_A - \dot{I}_B)/\sqrt{3}\right|;\left|\dot{I}_a\cdot K_{Lp}\right|\right\}$$

$$= \max\left\{\left|(0\angle 0° - 1.11\angle -120°)/\sqrt{3}\right|;\left|4.5\angle -150°\times0.247\right|\right\} = 1.11(\text{A}) = 0.961I_e$$

$$I_{da} = \left|(\dot{I}_A - \dot{I}_B)/\sqrt{3} + \dot{I}_a\cdot K_{Lp}\right| = \left|(0\angle 0° - 1.11\angle -120°)/\sqrt{3} + 4.5\angle -150°\times0.247\right|$$

$$= 0.641(\text{A}) = 0.555I_e$$

当制动电流 $I_{ra}=0.961I_e$ 时，需要的差流动作值 $I'_{da}=0.5I_e$。

因为 $I_{da} > I'_{da}$，A 相差动动作。

（5）计算高压侧 A 相 TA 断线时 B 相的制动电流与差动电流：

$$I_{rb}=\max\left\{\left|(\dot I_B-\dot I_C)/\sqrt3\right|;\left|\dot I_b\cdot K_{Lp}\right|\right\}$$

$$=\max\left\{\left|(1.11\angle{-120^\circ}-1.11\angle{120^\circ})/\sqrt3\right|;\left|4.5\angle{90^\circ}\times0.247\right|\right\}=1.11(A)=0.961I_e$$

$$I_{db}=\left|(\dot I_B-\dot I_C)/\sqrt3+\dot I_b\cdot K_{Lp}\right|$$

$$=\left|(1.11\angle{-120^\circ}-1.11\angle{120^\circ})/\sqrt3+4.5\angle{90^\circ}\times0.247\right|=0(A)$$

B 相差流为零，B 相差动不动作。

（6）计算高压侧 A 相 TA 断线时 C 相的制动电流与差动电流：

$$I_{rc}=\max\left\{\left|(\dot I_C-\dot I_A)/\sqrt3\right|;\left|\dot I_c\cdot K_{Lp}\right|\right\}$$

$$=\max\left\{\left|(1.11\angle{120^\circ}-0)/\sqrt3\right|;\left|4.5\angle{-30^\circ}\times0.247\right|\right\}=1.11(A)=0.961I_e$$

$$I_{dc}=\left|(\dot I_C-\dot I_A)/\sqrt3+\dot I_c\cdot K_{Lp}\right|=\left|(1.11\angle{120^\circ}-0)/\sqrt3+4.5\angle{-30^\circ}\times0.247\right|$$

$$=0.641(A)=0.555I_e$$

当制动电流 $I_{rc}=0.961I_e$ 时，需要的差流动作值 $I'_{da}=0.5I_e$。

因为$I_{dc}>I'_{dc}$，所以 C 相差动动作。

37. 一台单电源降压变压器为 YN,YN,d11 接线，变比为 225/115/37，$U_{d高-低}\%=23\%$，三侧额定容量为 180/180/180MVA。差动保护在 Y 侧滤零并转角，制动电流（I_r）取三侧差流计算电流的最大值，比例制动特性如下图（其中，$I_{qd}=0.5I_e$，$I_{r1}=I_e$、$I_{r2}=3I_e$、$K_1=0.5$、$K_2=0.7$），试校验变压器低压侧区内 AB 相金属性两相相间短路故障时，差动保护的灵敏度。（已知 220kV 系统等值正序阻抗 $X_s=0.1$，$S_b=1000MVA$，$U_b=230kV$）

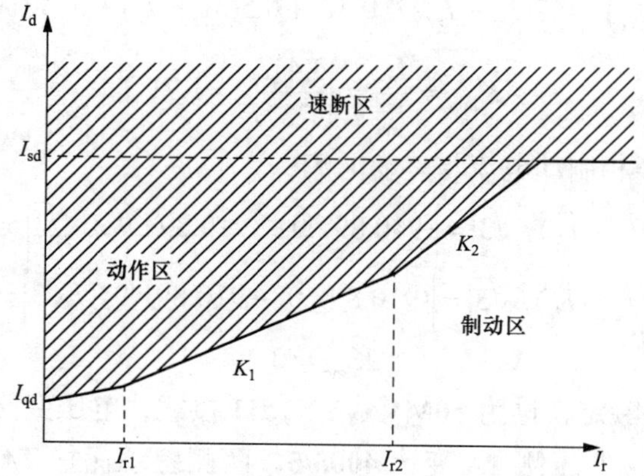

答：（1）写出差动保护动作方程：

$$\begin{cases}I_d>I_{qd} & I_r<I_{r1}\\ I_d>I_{qd}+0.5(I_r-I_{r1}) & I_{r1}\leqslant I_r<I_{r2}\\ I_d>I_{qd}+0.5(I_{r2}-I_{r1})+0.7(I_r-I_{r2}) & I_{r2}\leqslant I_r\end{cases}$$

（2）计算高压侧额定电流：

$$\dot{I}_{He}=\frac{180\times10^6}{225\times10^3\times\sqrt{3}}=462(A)$$

（3）计算低压侧AB两相相间短路故障时，高压侧各相电流：

$$\dot{I}_A=\dot{I}_C=\frac{1}{\sqrt{3}}\cdot\dot{I}_{Kab}^{(2)*}\cdot\dot{I}_j=\frac{1}{\sqrt{3}}\times\frac{1}{0.1+0.23\frac{1000}{180}}\times\frac{\sqrt{3}}{2}\times\frac{1000\times10^6}{230\times10^3\sqrt{3}}=910.89\angle0°(A)$$

$$\dot{I}_B=-\frac{2}{\sqrt{3}}\cdot\dot{I}_{Kab}^{(2)*}\cdot\dot{I}_j=-\frac{2}{\sqrt{3}}\times\frac{1}{0.1+0.23\frac{1000}{180}}\times\frac{\sqrt{3}}{2}\times\frac{1000\times10^6}{230\times10^3\sqrt{3}}=1821.78\angle180°(A)$$

（4）计算高压侧A相制动电流与差动电流：

$$I_{ra}=\left|(\dot{I}_A-\dot{I}_B)/\sqrt{3}\right|=\left|(910.89\angle0°-1821.78\angle180°)/\sqrt{3}\right|=1577.7(A)=3.41I_e$$

$$I_{da}=\left|(\dot{I}_A-\dot{I}_B)/\sqrt{3}\right|=\left|(910.89\angle0°-1821.78\angle180°)/\sqrt{3}\right|=1577.7(A)=3.41I_e$$

当制动电流$I_{ra}=3.41I_e$时，需要的差流动作值：

$$I'_{da}=I_{qd}+0.5(I_{r2}-I_{r1})+0.7(I_{ra}-I_{r2})=0.5I_e+0.5(3I_e-I_e)+0.7(3.41I_e-3I_e)=1.787I_e$$

$$K_{lma}=\frac{I_{da}}{I'_{da}}=\frac{3.41I_e}{1.787I_e}=1.91$$

（5）计算高压侧B相制动电流与差动电流：

$$I_{rb}=\left|(\dot{I}_B-\dot{I}_C)/\sqrt{3}\right|=\left|(1821.78\angle180°-910.89\angle0°)/\sqrt{3}\right|=1577.7(A)=3.41I_e$$

$$I_{db}=\left|(\dot{I}_B-\dot{I}_C)/\sqrt{3}\right|=\left|(1821.78\angle180°-910.89\angle0°)/\sqrt{3}\right|=1577.7(A)=3.41I_e$$

当制动电流$I_{rb}=3.41I_e$时，需要的差流动作值：

$$I'_{db}=I_{qd}+0.5(I_{r2}-I_{r1})+0.7(I_{rb}-I_{r2})=0.5I_e+0.5(3I_e-I_e)+0.7(3.41I_e-3I_e)=1.787I_e$$

$$K_{lmb}=\frac{I_{db}}{I'_{db}}=\frac{3.41I_e}{1.787I_e}=1.91$$

（6）计算高压侧C相制动电流与差动电流：

$$I_{rc}=\left|(\dot{I}_C-\dot{I}_A)/\sqrt{3}\right|=\left|(910.89\angle0°-910.89\angle0°)/\sqrt{3}\right|=0(A)$$

$$I_{dc}=\left|(\dot{I}_C-\dot{I}_A)/\sqrt{3}\right|=\left|(910.89\angle0°-910.89\angle0°)/\sqrt{3}\right|=0(A)$$

$$K_{lmc}=0$$

38. 某降压变压器额定容量为50MVA，YN，d11接线，电压变比为115kV/10.5kV，高压侧TA变比为300/5，低压侧TA变比4000/5，两侧差动保护TA均采用星形接线，极性均为母线指向变压器，微机差动保护在Y侧移相方案。

要求：（1）以高压侧为1计算低压侧差动保护平衡系数。

（2）若在Y侧B相进C相处通入5 $\angle0°$ A的电流，应在低压侧如何加电流才能使差动保护的各相差流平衡？

答：差动保护高压侧转角公式：

$$\dot{I}_{dA}=(\dot{I}_A-\dot{I}_B)/\sqrt{3}，\ \dot{I}_{dB}=(\dot{I}_B-\dot{I}_C)/\sqrt{3}，\ \dot{I}_{dC}=(\dot{I}_C-\dot{I}_A)/\sqrt{3}$$

（1）高压侧平衡系数为1，则低压侧平衡系数为

$$K_{Lp}=\frac{10.5\times300/5}{115\times300/5}=1.22$$

（2）高侧B相进C相处通入$5\angle 0°$A的电流时高压侧的各相差流为

$$\dot{I}_{dA}=(\dot{I}_A-\dot{I}_B)/\sqrt{3}=(0-5\angle 0°)/\sqrt{3}=2.89\angle 180°(A)$$

$$\dot{I}_{dB}=(\dot{I}_B-\dot{I}_C)/\sqrt{3}=(5\angle 0°-5\angle 180°)/\sqrt{3}=5.77\angle 0°(A)$$

$$\dot{I}_{dC}=(\dot{I}_C-\dot{I}_A)/\sqrt{3}=(5\angle 180°-0)/\sqrt{3}=2.89\angle 180°(A)$$

平衡上述各相差流，低压侧需要加入的各相电流为

$$\dot{I}_a=(\dot{I}_{dA}/K_{Lp})e^{j180°}=\frac{2.89\angle 180°}{1.215}e^{j180°}=2.38\angle 0°(A)$$

$$\dot{I}_b=(\dot{I}_{dB}/K_{Lp})e^{j180°}=\frac{5.77\angle 0°}{1.215}e^{j180°}=4.75\angle 180°(A)$$

$$\dot{I}_c=(\dot{I}_{dc}/K_{LP})e^{j180°}=\frac{2.89\angle 180°}{1.215}e^{j180°}=2.38\angle 0°(A)$$

39. 有一台额定容量为120000kVA的电力变压器。高压侧电流互感器变比为600/5，采用△接线方式；中压侧电流互感器变比为1200/5，采用△接线方式；低压侧电流互感器变比为2500/5，采用Y接线方式。该变压器的额定电压为220/115/35kV，联结组别为YNyn12d11，试求该变压器在额定运行工况下，各侧的额定电流及电流互感器二次侧电流。

答：高压侧额定电流 $I_{i1}=I_{pk1}=\frac{120000}{\sqrt{3}\times220}=315(A)$

此时，高压侧电流互感器二次电流 $i_1=\frac{\sqrt{3}\times315}{600/5}=4.5(A)$

中压侧额定电流 $I_{i2}=I_{pk2}=\frac{120000}{\sqrt{3}\times115}=602(A)$

此时，中压侧电流互感器二次电流 $i_2=\frac{\sqrt{3}\times602}{1200/5}=4.34(A)$

低压侧额定电流 $I_{i3}=I_{pk2}=\frac{120000}{\sqrt{3}\times35}=1979(A)$

此时，低压侧电流互感器二次电流 $i_2=\frac{1979}{2500/5}=3.96(A)$

四、母差失灵保护

1. 某站220kV为双母线接线，母差保护采用BP-2B，定值：差动动作值=2A，比率高值K_H=0.7，比率低值K_L=0.5。某日两段母线并列运行时，站内Ⅰ母K点发生A相接地故障，故障电流（二次值）、TA变比如下图所示，试计算Ⅰ母小差差动电流值、大差差动电流值，并校验Ⅰ母

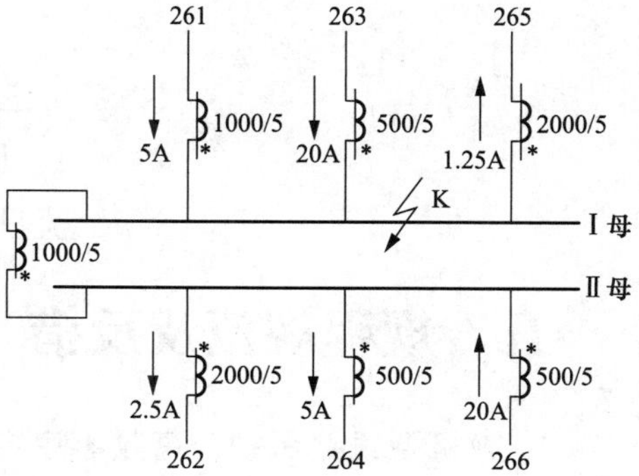

差动是否能动作。

答：依题目可求得母联一次流过500A电流，方向由Ⅱ母流向Ⅰ母。则

Ⅰ母小差差动电流：

$$I_{d1}=5/2+20/4+2.5/2-1.25=2.5+5+1.25-1.25=7.5(A)$$

Ⅰ母小差制动电流：

$$I_{r1}=5/2+20/4+2.5/2+1.25=2.5+5+1.25+1.25=10(A)$$

$$I_{d1}=7.5A>2A（启动值）$$

$$I_{d1}=7.5A>KH\cdot(I_{r1}-I_{d1})=0.7\times(10-7.5)=1.75(A)$$

Ⅰ母小差满足动作条件。

大差差动电流：

$$I_d=5/2+20/4+20/4-2.5-5/4-2.5/2=2.5+5+5-2.5-1.25-1.25=7.5(A)$$

大差制动电流：

$$I_r=5/2+20/4+20/4+1.25+5/4+2.5/2=2.5+5+5+2.5+1.25+1.25=17.5(A)$$

$$I_d=7.5A>2A（启动值）$$

$$I_d=7.5A>KH\cdot(I_r-I_d)=0.7\times(17.5-7.5)=7(A)$$

大差元件满足动作条件。

结论：Ⅰ母差动动作。

2. BP-2B母差保护已知TA允许误差*c*，内部故障时流出电流占总差流比例为*e*，确定复式比率差动*K*的整定范围。（要求写出推导过程）

答：（1）按区外故障支路TA误差为**c**时不误动整定，得 $c/(2-2c)<K$。

（2）按内部故障时流出电流占总差流为**e**时不拒动，$K<1/(2e)$。

*K*的整定范围为 $c/(2-2c)<K<1/(2e)$。

3. 以下图为例来说明母联断路器状态对差动元件动作灵敏度的影响。

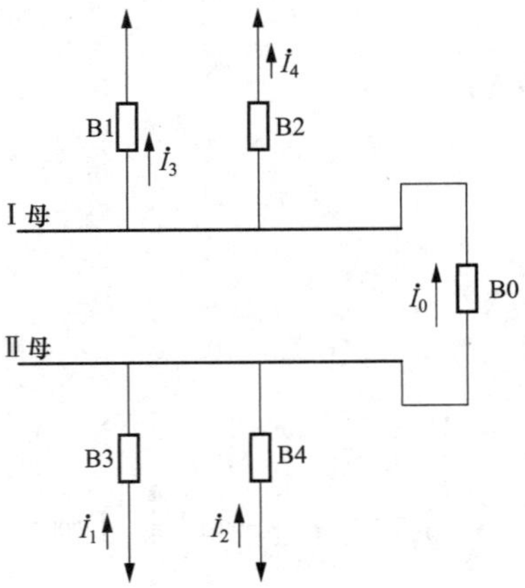

答：运行时，流入大差元件的电流为 $\dot{I}_1\sim\dot{I}_4$ 四个电流；流入Ⅰ母小差元件的电流为 $\dot{I}_3$、$\dot{I}_4$ 及 $\dot{I}_0$ 三个电流；流入Ⅱ母小差元件的电流为 $\dot{I}_1$、$\dot{I}_2$、$\dot{I}_0$ 三个电流。

当母联运行时Ⅰ母发生短路故障，Ⅰ母小差元件的差流为 $|\dot{I}_3|+|\dot{I}_4|+|\dot{I}_0|=|\dot{I}_3|+|\dot{I}_4|+|\dot{I}_1|+|\dot{I}_2|$；Ⅰ母小差元件的制动电流也为 $|\dot{I}_3|+|\dot{I}_4|+|\dot{I}_1|+|\dot{I}_2|$。两者之比为1。大差元件的差流与制动电流与Ⅰ母小差相同，两者之比也为1。

当母联断开时Ⅰ母发生短路故障时，Ⅰ母小差元件的差流为 $|\dot{I}_3|+|\dot{I}_4|$，制动电流也为 $|\dot{I}_3|+|\dot{I}_4|$，两者之比为1。而大差元件的制动电流仍为 $|\dot{I}_3|+|\dot{I}_4|+|\dot{I}_1|+|\dot{I}_2|$，但差流只有 $|\dot{I}_3|+|\dot{I}_4|$。显然大差元件的动作灵敏度大大下降。

五、规程规范及反措

1. 微机型线路保护，高频零序方向采用自产 $3\dot{U}_0$，电流回路接线正确，电压回路接

线如下图所示，存在如下问题：①电压互感器二、三次没有分开，在开关场引入一根 N 线；②在端子排上，$\dot{U}_N$错接在 L 线上。试分析该线路高频零序方向保护在相邻线路出口发生 A 相金属性接地时的动作行为。

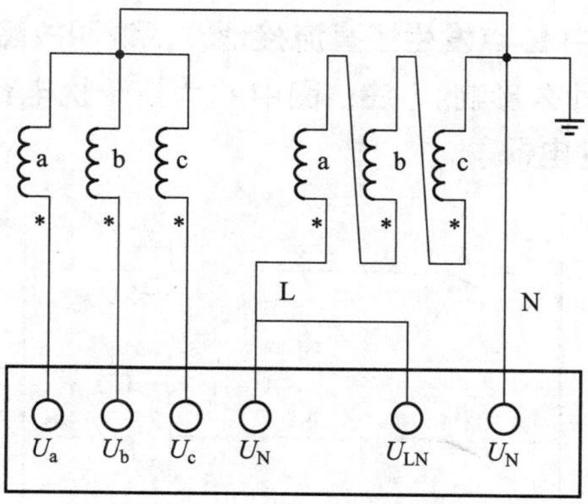

答：接线正确时，区外 A 相接地故障时零序电压为

$$\dot{U}_a+\dot{U}_b+\dot{U}_c=3\dot{U}_0$$

接线错误时，区外 A 相接地故障时各相零序电压分量分别为

$$\dot{U}'_a=\dot{U}_a-\dot{U}_{LN}、\dot{U}'_b=\dot{U}_b-\dot{U}_{LN}、\dot{U}'_c=\dot{U}_c-\dot{U}_{LN}$$

$$3\dot{U}'_0=\dot{U}'_a+\dot{U}'_b+\dot{U}'_c=3\dot{U}_0-3\dot{U}_{LN}$$

考虑到电压互感器三次相电压为二次相电压的$\sqrt{3}$倍，即$\dot{U}_{LN}=\sqrt{3}(3\dot{U}_0)$，故$3\dot{U}'_0=3\dot{U}_0-3\dot{U}_{LN}=(1-\sqrt{3})\cdot 3\dot{U}_0\approx -4.2(3\dot{U}_0)$

该$3\dot{U}'$与正确接线时的$3\dot{U}_0$相位相反，因此，区外 A 相接地故障时，保护将误判为区内故障，进而误跳闸。

2. 一台变压器的差动、气体保护的出口回路如图所示。它的直流电源额定电压为 220V。KM1、KM2 为 110V 中间继电器，电阻为 2000Ω，其动作电压为其额定电压的 60%。*R* 为外串电阻，2000Ω。KS1、KS2 为 0.05A 信号继电器，其电阻为 300Ω，动作电流略小于额定电流。请校验它们能否可靠动作。

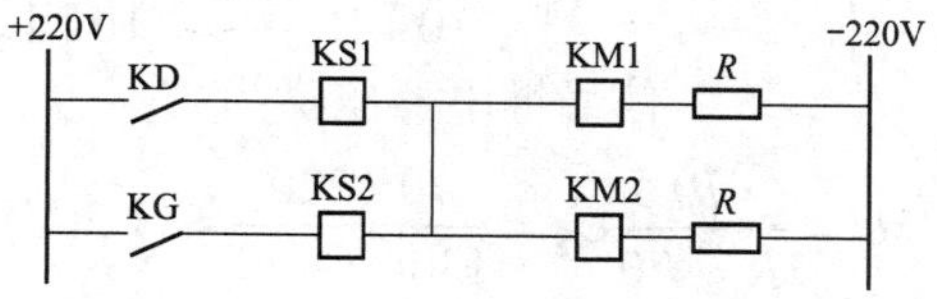

答：（1）当 KD、KG 中的一套继电保护动作时校验 KM1、KM2 的灵敏度。

$U_{KM}=[2000/(300+2000)]\times(2000/4000)\times 100\%U_N=43.5\%U_N$

$K_{KM}=0.8\times 220/(60\%\times 110)\times 43.5\%=1.16>1.1$

当 KD、KG 分别或同时动作时，KM1、KM2 均能可靠动作。

（2）当 KD、KG 中的一套动作时校验 KS1、KS2 的灵敏度。

$K_{KS}=0.8\times 220/[(300+2000)\times 0.05]=1.53>1.4$

当 KD、KG 中的一套动作时，KS1、KS2 能可靠动作。

（3）当 KD、KG 同时动作时校验 KS1、KS2 的灵敏度。

$K_{KS}=0.8\times220\times0.5/[(150+2000)\times0.05]=0.82<1.4$

当 KD、KG 同时动作时，KS1、KS2 不会动作。

3. 在下图所示的电路中 K 点发生了直流接地，试说明故障点排除之前如果接点 A 动作，会对继电器 ZJ2 产生什么影响。（注：图中 *C* 为抗干扰电容，可不考虑电容本身的耐压问题；ZJ2 为快速中间继电器）

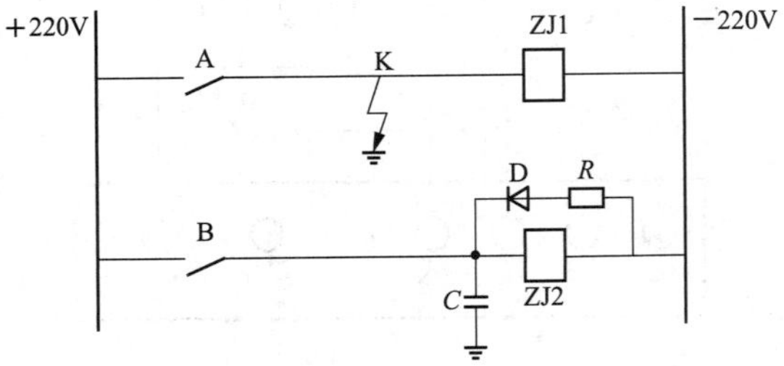

答：（1）接点 A 动作之前，直流系统为负接地，直流系统的负极对地电位为 0V；正极对地电位为 220V，且电容 *C* 上的电位宜为 0V。

（2）接点 A 动作之后，直流系统瞬间转为正接地，正极对地电位由 220V 转为 0V；负极对地电位由 0V 转为 −220V。

（3）由于抗干扰电容上的电位不能突变，因此在直流系统由正接地转为负接地之后，电容 *C* 上的电位不能马上转变为 −220V，并通过继电器 ZJ2 的线圈对负极放电。

（4）继电器 ZJ2 为快速继电器，有可能在电容 *C* 的放电过程中动作。

4. 如下图所示，已知电源电压为 220V，出口中间继电器直流电阻为 10000Ω，并联电阻 *R*=1500Ω，信号继电器电阻为 70Ω，额定电流为 0.05A，计算该信号继电器最大压降是额定电压的百分之多少。最大灵敏度是多少。（结果保留一位小数）

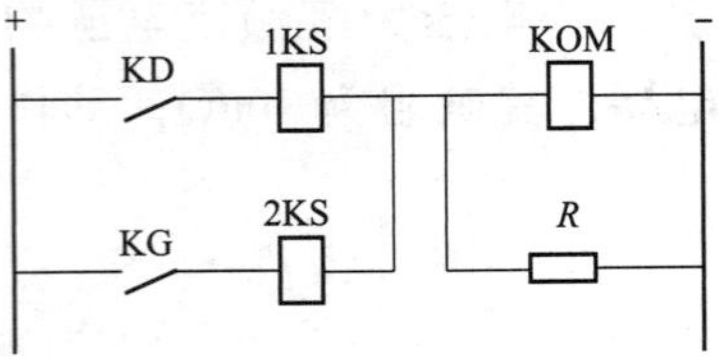

解：依题意，

（1）计算信号继电器压降时应以 KD 或 KG 单独动作来计算，则中间继电器线圈与 *R* 并联的总电阻 R_p 为

$$R_{\mathrm{p}}=\frac{10\times R}{10+\mathrm{R}}\times10^{3}=\frac{10\times1.5}{10+1.5}\times10^{3}\approx1304.3(\Omega)$$

信号继电器压降为

$$\Delta U=\frac{70}{R_{\mathrm{p}}+70}U_{\mathrm{e}}=\frac{70\times220}{1304.3+70}\approx11.2(\mathrm{V})$$

（2）计算信号继电器灵敏度时，应按 KD 和 KG 同时动作来考虑，则流过每个信号继电器的电流 *I* 为

$$I=\frac{1}{2}\times\left(\frac{220}{R_{\mathrm{P}}+70\ 2}\right)=\frac{1}{2}\times\frac{220}{1304.3+35}\approx0.082(\mathrm{A})$$

灵敏系数 K_s 为

$$K_{\mathrm{s}}=\frac{I}{0.05}=\frac{0.082}{0.05}=1.64$$

答：信号继电器线圈两端电压降为 11.2V，灵敏度是 1.64。

5. 某线路一次侧三相故障时，最大短路电流为 10000A，其保护 TA 变比为 1250/5，经测得该 TA 某一点的伏安特性为 I_e=4A，U_2=180V，设 TA 的伏安特性是线性的，试分析计算，如果其变比误差不超过 10%，其二次侧最多能接入多大的负载阻抗。（设 TA 二次漏抗及电缆电阻为 0.5Ω）

解：

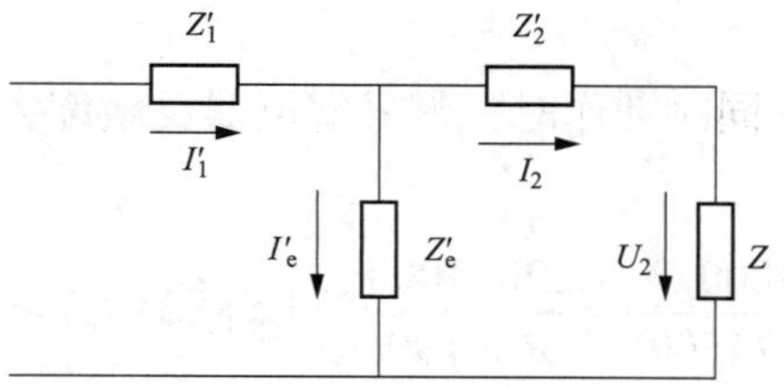

（1）计算到二次侧的最大故障电流为

$$10000/250=40(A)$$

（2）励磁电流为 4A 时

$$\begin{aligned}U_e=U_2&=(I_1-I_e)\times(Z_2+Z)\\&=(40-4)\times(0.5+Z)\\&=36\times(0.5+Z)\\&=180(V)\end{aligned}$$

则 Z+0.5=5，故 Z=4.5Ω。

答：TA 二次侧最大只能接入 Z=4.5Ω 的负载。

6. 某电流互感器的变比为 1500/1，二次接入负载阻抗 5Ω（包括电流互感器二次漏抗及电缆电阻），电流互感器伏安特性试验得到的一组数据为电压 120V 时，电流为 1A。试问当其一次侧通过的最大短路电流为 30000A 时，其变比误差是否满足规程要求？为什么？

答：最大短路电流为 30000A 时，I_2=30000/1500=20(A)。

假若此时的励磁电流 I_F=1A，则在 TA 二次侧的电压 U_2=(20−1)×5=95(V)。

由伏安特性可知 U=120V 时 I_F=1A，而此时 U_2=95V＜120V，可知此时接 5Ω 负载时的 I_F＜1A。

误差 δ＜1/20=5%＜10%，满足规程要求。

7. 某保护装置的出口回路如图所示，已知电源电压为 220V，出口中间继电器 CKJ 的直流电阻为 10kΩ，信号继电器的参数如下表所示，如要保证信号继电器的灵敏度大于 1.5；信号继电器压降小于 10%，可选用几号信号继电器？

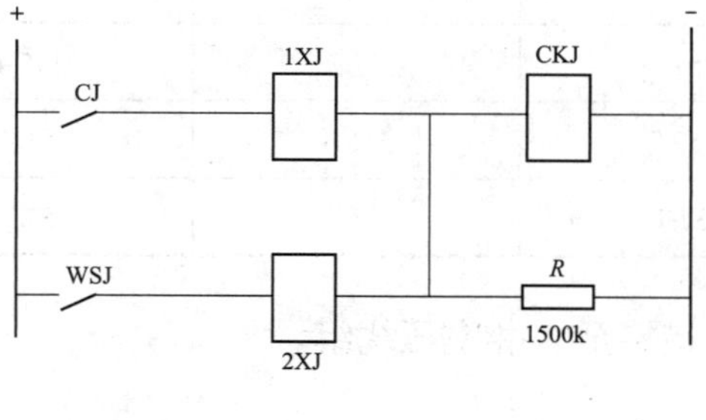

信号继电器编号	额定电流（A）	线圈直阻（Ω）
a	0.025	320
b	0.05	70
c	0.75	30
d	0.1	18

答：根据题意

（1）为保证 CJ 和 WSJ 同时动作时，信号继电器灵敏度大于 1.5，则 CJ 和 WSJ 同时闭合时回路电流 I 为

$$I=\frac{U/1000}{R+(10//1500)}=\frac{220/1000}{R+0.99}>1.5\times(2\times I_e)>3I_e\text{（式一）}$$

其中 R 为信号继电器电阻，I_e 为信号继电器额定电流。

（2）为保证 CJ 和 WSJ 任一动作时，信号继电器压降小于 10%，则

$$\frac{R}{R+(10//1500)}<10\%$$

计算得出 $R<1.1\text{k}\Omega$，上表中信号继电器电阻参数均能满足，所以还需进一步判断额定电流能否满足要求。

（3）将上述参数带入式一，得到下表结论，选用 B 型继电器。

信号继电器编号	额定电流（A）	线圈直阻（Ω）	回路电流 I（A）	灵敏动作所需电流 $3I_e$（A）	结论
a	0.025	320	0.167	0.075	$I>3I_e$，虽满足动作条件，但远超过信号继电器额定电流，容易造成继电器烧毁，因而不选用
b	0.05	70	0.207	0.15	$I>3I_e$，参数合适，满足要求
c	0.75	30	0.215	2.25	$I<3I_e$，因而该项不适用
d	0.1	18	0.218	0.3	$I<3I_e$，因而该项不适用

8. 某 500kV 线路 1 启动过程中，对线路 1 电压与线路 2 电压进行同电源核相，试根据核相表画出电压相量图，并推断可能存在的接线错误。

电压核相表	U_{a2}/V	U_{b2}/V	U_{c2}/V	U_{n2}/V
U_{a1}/V	57.7	57.7	57.7	0
U_{b1}/V	152.7	57.7	115.4	100
U_{c1}/V	152.7	115.4	57.7	100
U_{n1}/V	57.7	57.7	57.7	0

答：线路 1 的电压 N 错接至 A 相电压绕组。

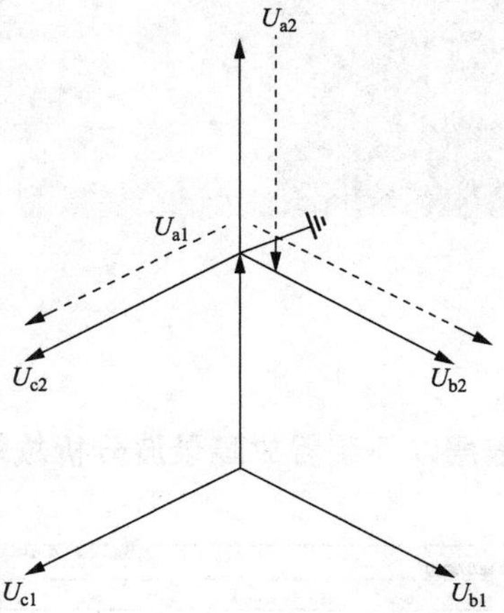

9. 某电流互感器变比为600/5，带有3Ω负载（含电流互感器二次漏抗）。已测得此电流互感器二次伏安特性如图所示，试分析一次最大短路电流为4800A时，此电流互感器变比误差是否满足10%的要求。如有一组同型号、同变比的备有电流互感器，可采取什么措施来满足要求？各点坐标为A（0.5A，80V）、B（3A，85V）、C（4A，90V）。

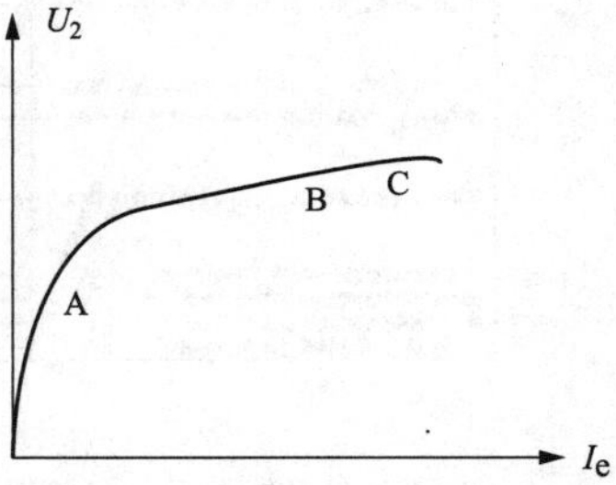

答：（1）在最大短路电流情况下，折算到电流互感器的二次电流为4800/120=40（A）。

（2）按10%误差计算，在最大短路电流情况下，电流互感器二次负荷上电流为40×0.9=36(A)，二次负载上电压为36×3=108(V)＞90V，因此电流互感器实际励磁电流会大于4A，不满足10%误差要求。

（3）采用两组电流互感器串联可解决问题。串联后，其伏安特性为0.5A时，电压约为80×2=160(V)＞108V，按0.5A励磁电流计算，误差为0.5/40=1.25%，实际误差应小于1.25%。

1. 某线路故障跳闸，请根据以下装置故障录波分析故障类型、保护动作时序。

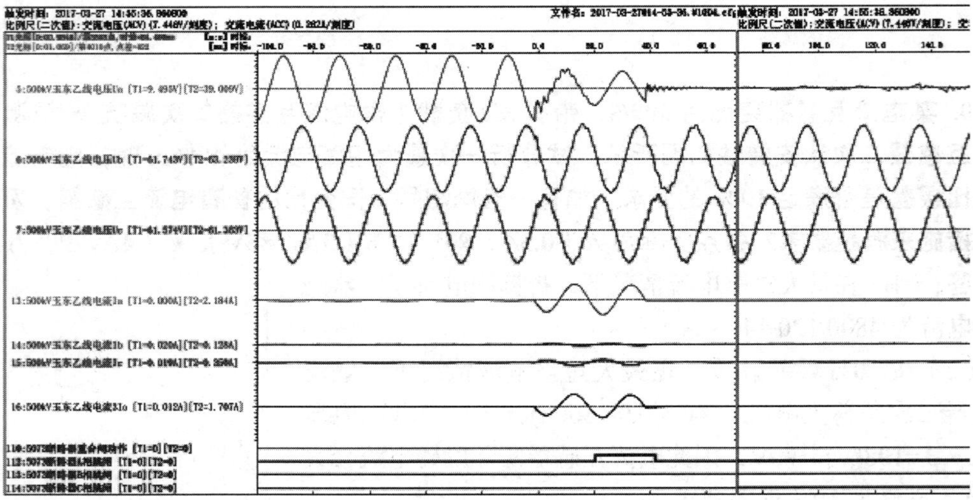

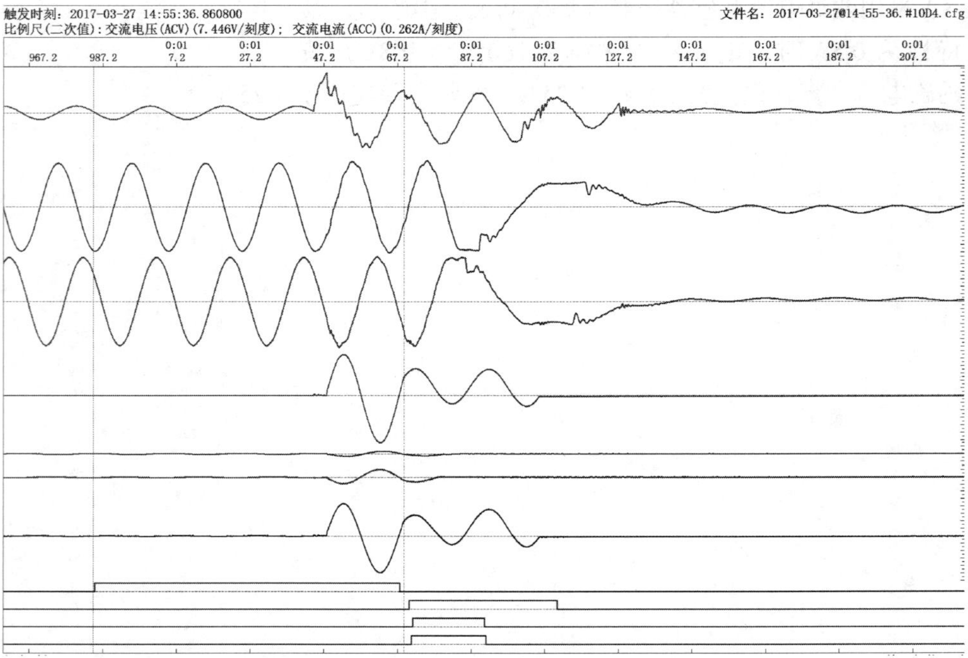

注：160~950ms间的波形无变化，在此省略。

答：故障情况：线路 A 相永久故障。

保护动作时间和顺序：保护故障后约 21ms 出口，跳 A 相，约 40ms 切除故障；约 985ms 重合闸动作，重合 A 相，约 1047ms 再次发生 A 相故障，保护尚未整组复归，约 1070ms 保护出口跳三相。

2. 某 500kV 主变压器变中 220kV 侧发生 B 相单相接地短路，变中 1402 开关 B 相开关灭弧室爆炸，220kV 母差保护动作，跳开Ⅰ母线上所连接的元件；220kV 母联失灵保护动作，跳开Ⅱ母线上所连接的元件；1s 后 2 号主变压器 220kV 距离保护动作，跳开 2 号主变压器各侧开关。已知主变压器中压侧后备距离保护带偏移特性，方向指向变压器；母联元件的电流判别元件采用不带差分的全波傅里叶算法，母联间隔采用 TPY 型 TA，分析上述母差、母联失灵、主变压器保护动作行为并评价是否正确。

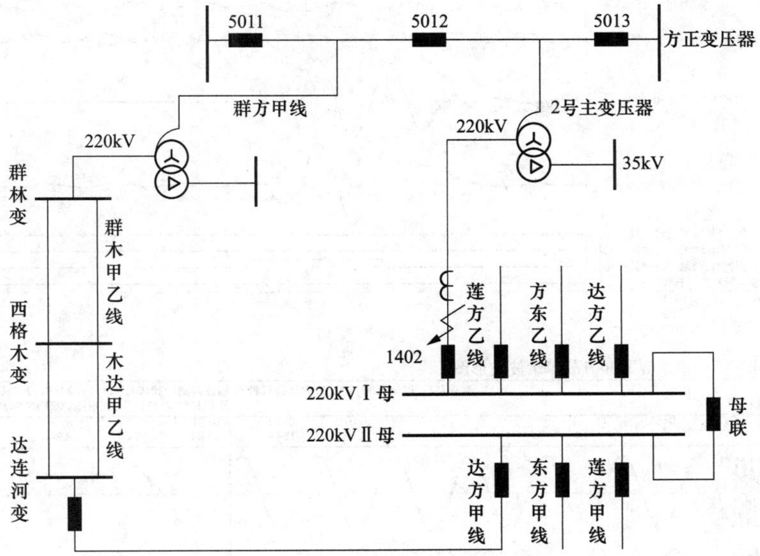

答：（1）母差保护：此次故障应该发生在主变压器 220kV 侧 1402 开关和 TA 之间，属变压器差动保护范围之外，母线差动保护区内，220kV 母差保护正确动作，跳开Ⅰ母线上连接的元件。

（2）主变压器距离保护：母差保护动作后，由于 2 号主变压器仍通过 500kV 系统向故障点提供短路电流，2 号主变压器距离保护由于具有反向偏移特性，正确动作跳开 2 号主变压器各侧开关，故障消失，保护动作行为正确。

（3）母联失灵保护电流判据采用不带差分算法，且 TA 采用 TPY 型，衰减时间较长，很可能使母联失灵保护电流判据满足，满足了失灵保护动作的一个条件。

当 220kVⅠ母母差保护动作后，2 号主变压器支路 TA 仍有故障电流流过，由于母差保护差电流回路中还有故障电流存在，造成母差保护Ⅰ母差动元件仍处于动作状态，满足了失灵保护动作的第二个条件。

220kVⅠ母线切除后，Ⅱ母线上的东方甲线、莲方甲线仍通过达方甲线，木达甲、乙线，群木甲、乙线，500kV 群方甲线向故障点提供短路电流（此时主变压器距离后备保护尚未动作），产生零序电压，造成失灵保护复合电压闭锁继电器动作，满足了失灵保护动作的第三个条件。上述原因造成220kV母联失灵保护误动作。

3. 西五线故障跳闸，请根据以下装置故障录波分析故障类型、保护动作时序。

某500kV第一串录波器0001故障录波波形图

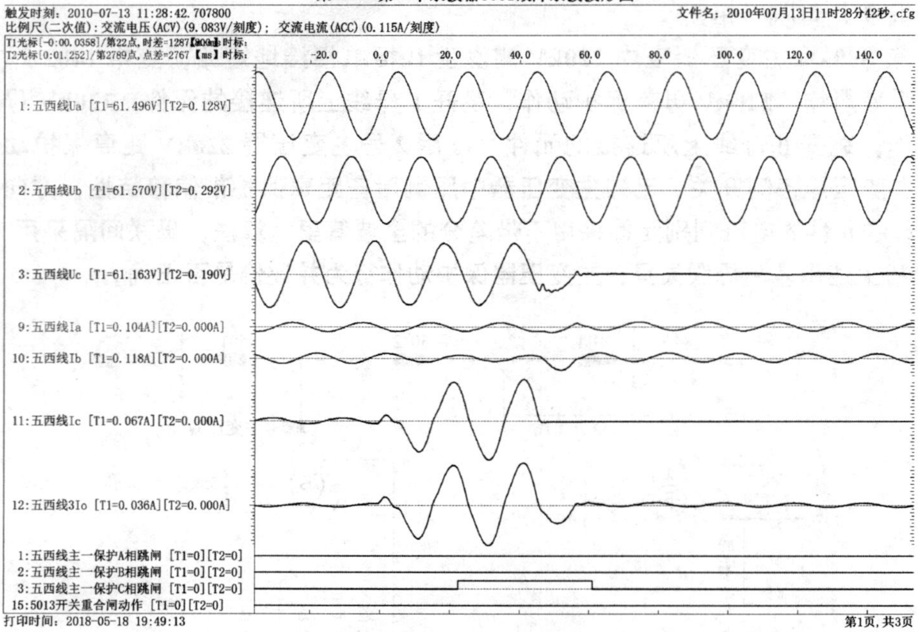

变电站500kV第一串录波器0001故障录波波形图

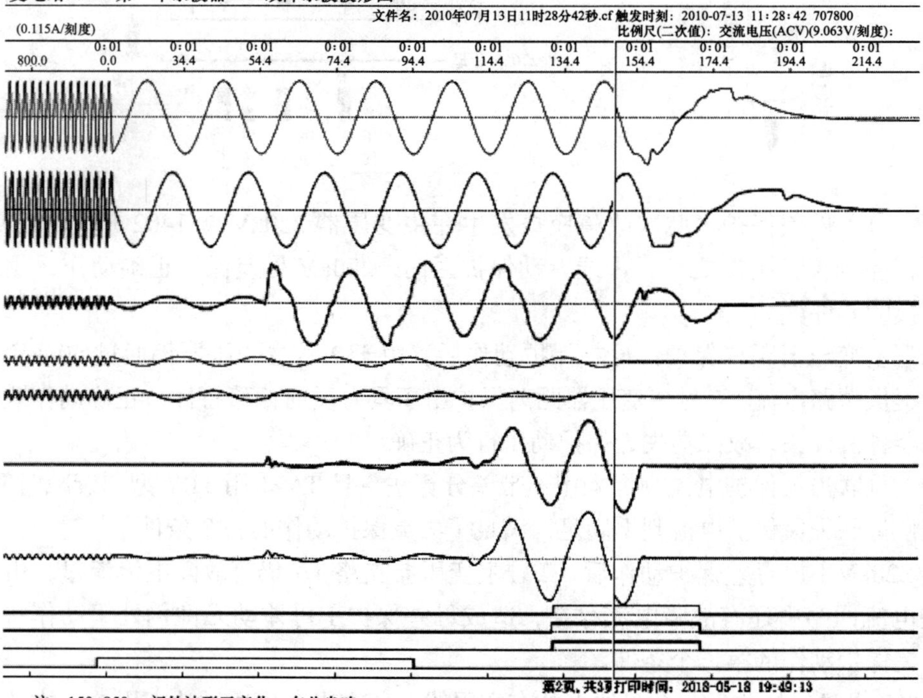

注：150~850ms间的波形无变化，在此省略。

答：故障类型：线路C相永久性故障。

保护动作时间和顺序：保护故障后约 23ms 出口，跳 C 相，约 46ms 切除故障；约 980ms 重合闸动作，重合 A 相，约 1110ms 再次发生 A 相故障，保护尚未整组复归，约 1130ms 保护出口跳三相；

4. 某日，某地发电一厂 3 号主变压器 330kV 侧 B 相引线接地故障。故障 22ms 后，一厂 3 号主变压器差动保护动作跳主变压器三侧断路，其中高压侧 3303 断路器机构拒动未跳开；故障 0.55s 后，330kV 一厂与二厂的 Ⅰ、Ⅱ 回联线的二厂侧保护装置距离 Ⅱ 段、零序 Ⅱ 段保护（时间整定为 0.5s）跳闸，切除 Ⅰ、Ⅱ 回联线。已知一厂、二厂主接线示意图分别如图 1、图 2 所示；一厂 3 号主变压器保护跳闸高压侧 3303 断路器回路示意图如图 3 所示，分析上述一厂 3 号主变压器保护，3303 断路器失灵保护，Ⅰ、Ⅱ 回联线距离 Ⅱ 段、零序 Ⅱ 段保护动作行为并评价是否正确。

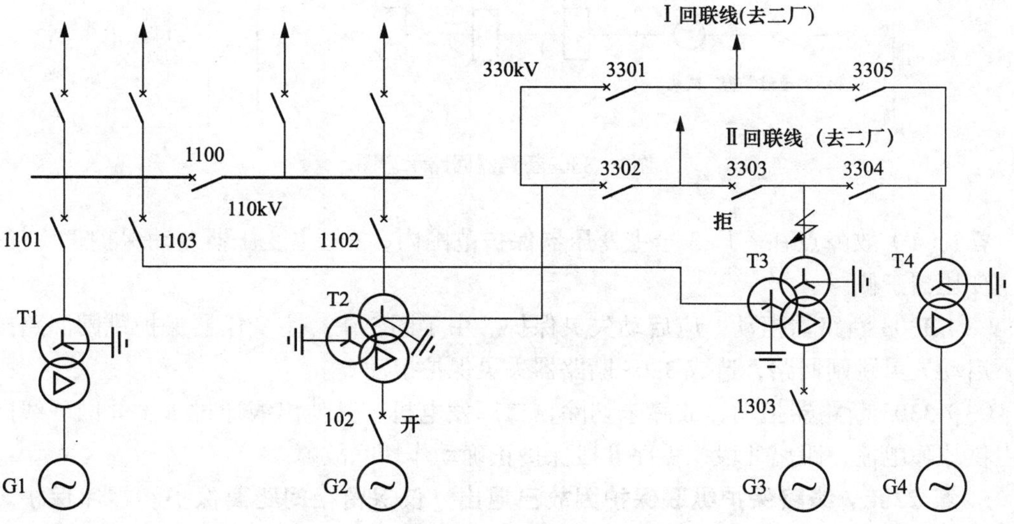

图1　一厂接线示意图

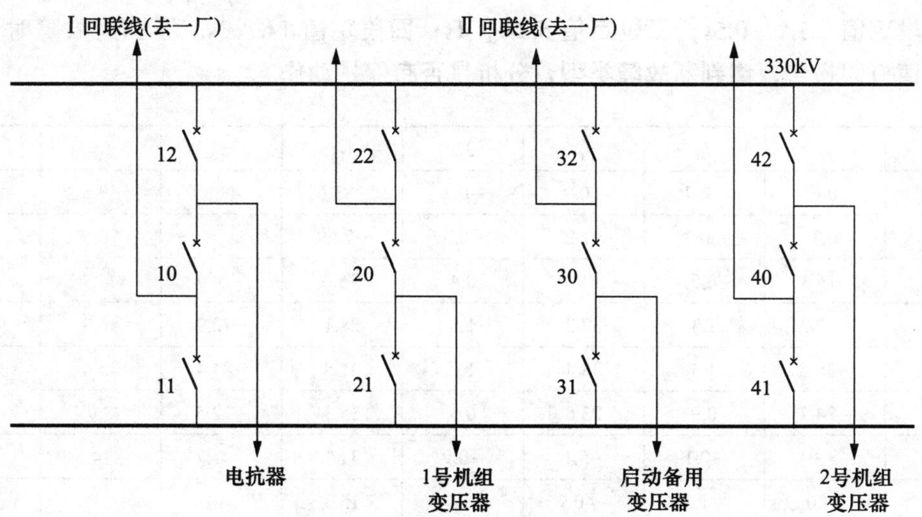

图2　二厂接线示意图

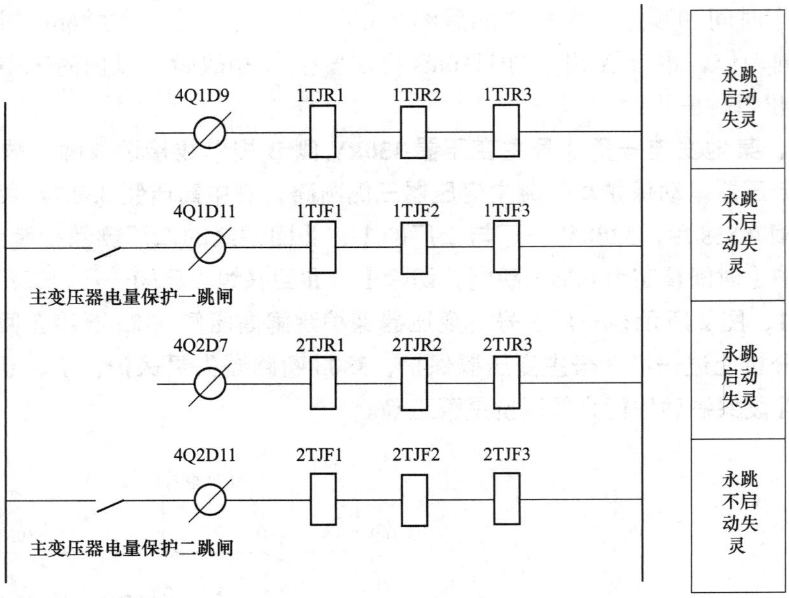

图3　3303断路器回路示意图

答:（1）故障点在一厂 3 号主变压器保护范围内，3 号主变压器差动保护正确动作，跳主变压器三侧。

（2）3303 断路器拒动，应启动失灵保护。由于图 3 中，主变压器保护跳闸回路接到了不启动失灵跳闸回路，造成 3303 断路器失灵保护拒动。

（3）3303 断路器拒动，故障未切除，二厂发电机、其他出线通过Ⅰ、Ⅱ回联线向故障点供故障电流，距离Ⅱ段、零序Ⅱ段保护正确动作切除故障。

5. 某 220kV 线路保护纵联保护因故已退出，仅保留相间距离保护和零序保护。相间距离保护为方向阻抗圆特性，定值（均为二次值）如下：一段电抗定值 0.6Ω，0s；二段电抗定值 1.32Ω，1s；三段电抗定值 2.9Ω，2.5s。零序保护定值如下：一段定值 11A，0s；二段定值 7.5A，0.5s；三段定值 5.2A，1s；四段定值 1A，3s。下图为故障时该保护的采样值打印报告，请判断故障类型，分析是否有保护动作。

No.	I_A	I_B	I_C	$3I_0$	U_A	U_B	U_C	$3U_0$
−2	0.4	−0.7	−0.9	−0.3	−83.6	42.3	39.6	−1.3
−1	0.3	−0.3	−1.2	−0.3	−72.9	0.5	70.5	−0.9
0	−14.3	0.5	13.6	0.4	−5.6	−40.9	44.9	−0.4
1	−37.2	1.3	37.2	1.5	28.1	−72.9	40.9	−1.1
2	−38.8	1.3	38.4	1.2	41.8	−84.4	35.4	−0.3
3	−24.7	0.9	23.6	0.5	35.3	−72.5	8.9	−0.9
4	3.1	−0.1	−5.1	−0.9	31.1	−41.7	−14.5	−0.8
5	38.0	−1.3	−40.9	−2.7	15.3	−1.8	−31.1	−0.3
6	70.8	−2.6	−74.5	−4.1	−9.1	38.4	−45.6	−1.7

续表

No.	I_A	I_B	I_C	$3I_0$	U_A	U_B	U_C	$3U_0$
7	81.4	−3.9	−95.2	−4.8	−28	70.3	−44.8	−0.8
8	93.4	−3.5	−96.5	−4.8	−38.1	81.8	−33.3	−0.5
9	74.8	−2.9	−76.7	−3.4	−38.7	70.2	−15.9	−1.5
10	42.1	−1.8	−42.4	−1.6	−28.5	40.9	8.6	−0.6
11	3.8	−0.4	−2.5	0.3	−11.8	1.5	30.2	−0.9
12	−31.8	0.3	33.7	2.2	6.9	−38.8	41.6	−0.8
13	−54.5	1.9	56.4	3.1	27.2	−70.8	42.1	−0.4
14	−58.5	2.2	59.6	2.9	37.1	−81.3	30.7	−1.3
15	−43.2	1.9	43.6	1.9	37.8	−70.1	12.0	−0.0
16	−13.7	0.8	12.8	0.3	28.3	−41.8	−12.0	−0.6
17	21.9	−0.5	−23.0	−1.6	13.2	−2.6	−31.6	−0.9
18	54.7	−1.8	−57.1	3.0	−7.2	37.6	−43.1	−0.8
19	75.5	−2.0	−76.2	−3.9	−27.2	66.9	−43.4	−1.1
20	78.9	−3.1	−80.8	−3.9	−37.9	80.1	−43.4	−0.6
21	63.0	−2.8	−63.7	−2.8	−37.9	88.8	−32.3	−1.1
22	32.1	−1.7	−31.4	−1.0	−28.1	40.3	−13.0	−0.6

答：（1）该线路故障为AC相接地故障。

（2）A相电流有效值：$(93.4+58.5)/(2\sqrt{2})=53.7(\text{A})$，相角取为基准0°。

（3）C相电流有效值：$(96.5+59.6)/(2\sqrt{2})=55.2(\text{A})$，相角为180°。

（4）A相电压有效值：$38.7/\sqrt{2}=27.4(\text{V})$，相角为180°。

（5）C相电压有效值：$44.8/\sqrt{2}=31.7(\text{V})$，相角为150°。

（6）$Z_{ca}=(U_c-U_a)/(I_c-I_a)=31.7\angle 150^\circ-27.4\angle 180^\circ/(53.7+55.2)=0.005+\text{j}0.14(\Omega)$。

（7）零序电流 $3I_0=(3.1+4.8)/(2\sqrt{2})=2.8(\text{A})$。

（8）由于Z_{ca}电抗测量值小于一段电抗定值，而零序电流$3I_0$尽管达到四段电流定值，但需延时3s，所以距离保护一段动作，切除故障。

6. 如下图所示，220kV甲站110kV双母并列运行：1号主变压器101开关、甲戊线103开关、甲己线106开关在Ⅰ母运行；2号主变压器102开关、甲乙线110开关、甲丙线109开关、甲丁线105开关在Ⅱ母运行，母联100开关合环运行。1号主变压器高、中压侧中性点直接接地运行，2号主变压器高、中压侧中性点经间隙接地运行。

2017年07月21日00时02分45秒640毫秒，220kV甲站1号主变压器中后备零序过电流Ⅱ段一时限动作出口，跳开110kV母联100开关。

00时02分46秒115毫秒，110kV甲丙线保护零序Ⅰ段动作出口跳闸，重合成功。

00时02分47秒673毫秒，110kV甲乙线保护相间距离Ⅱ段动作出口跳闸，重合成功。

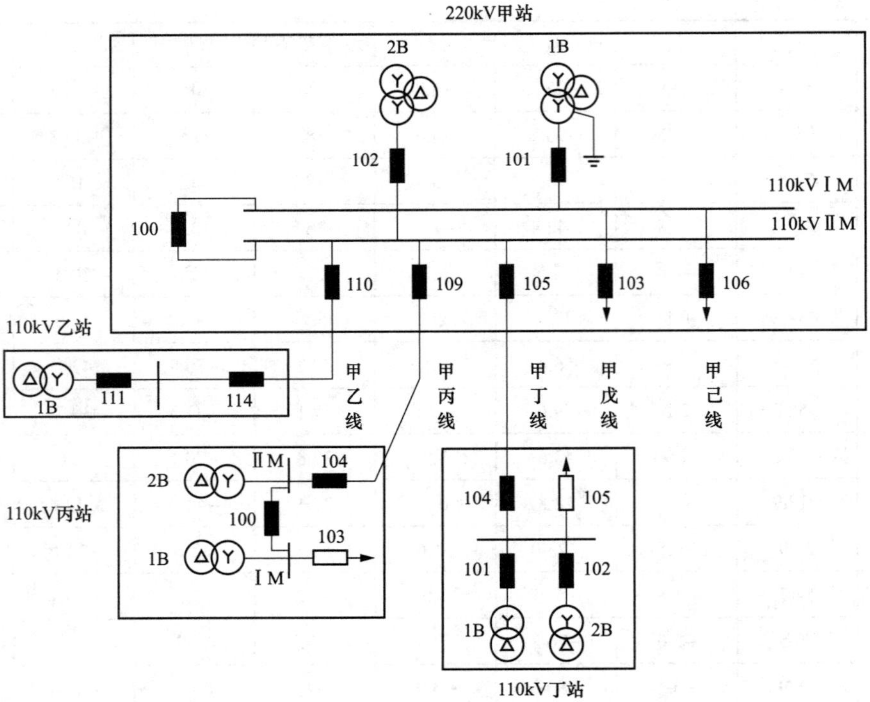

00 时 04 分 36 秒 512 毫秒，220kV 甲站 2 号主变压器中后备零序过电压动作，跳开 2 号主变压器三侧开关；00 时 04 分 36 秒 412 毫秒，110kV 丙站 1 号主变压器高后备间隙过电压动作，跳开 1 号主变压器三侧开关；00 时 04 分 36 秒 417 毫秒，110kV 丙站 2 号主变压器高后备间隙过电压动作，跳开 2 号主变压器三侧开关。

00 时 04 分 36 秒 416 毫秒，110kV 丁站 1 号主变压器高后备间隙过电压动作，跳开 1 号主变压器两侧开关。

00 时 04 分 36 秒 416 毫秒，110kV 丁站 2 号主变压器高后备间隙过电压动作，跳开 2 号主变压器两侧开关；00 时 04 分 36 秒 462 毫秒，110kV 乙站 1 号主变压器高后备间隙过电压动作，跳开 1 号主变压器两侧开关。

启动时间	站名（间隔）	保护动作情况	备注
00:02:43:930	甲站：1 号主变压器	1 号主变压器中后备零序Ⅱ段一时限动作出口，跳开母联 100 开关	中压侧零序Ⅱ段定值：10A，一时限 1.7s 跳分段
00:02:44:074	甲站：甲乙线 110 开关	相间距离Ⅱ段动作，跳开甲乙线 110 开关	甲乙线相间距离定值：3.7Ω，1.5s
	甲站：甲乙线 110 开关	重合闸动作，开关重合成功	重合闸定值 5s
00:02:45:953	甲站：甲丙线 109 开关	零序过电流Ⅰ段动作，跳开甲丙线 109 开关	零序Ⅰ段定值：3A，0.15s，投方向
	甲站：甲丙线 109 开关	重合闸动作，开关重合成功	重合闸定值 5s
00:04:36:008	甲站：2 号主变压器	间隙过电压动作出口，跳开主变压器三侧	定值：180V,0.5s

续表

启动时间	站名（间隔）	保护动作情况	备注
00:04:35:932	乙站 :1 号主变压器	间隙过电压动作出口，跳开主变压器三侧	定值：180V,0.5s
00:04:35:936	丁站 :1 号主变压器	间隙过电压动作出口，跳开主变压器三侧	定值：180V,0.5s
00:04:35:935	丁站 :2 号主变压器	间隙过电压动作出口，跳开主变压器三侧	定值：180V,0.5s
00:04:35:936	丙站 :2 号主变压器	间隙过电压动作出口，跳开主变压器两侧	定值：180V,0.5s
00:04:35:964	丙站 :1 号主变压器	间隙过电压动作出口，跳开主变压器两侧	定值：180V,0.5s

通过分析以上事故信息，简要回答以下问题：

（1）简述故障点位置范围、故障类型及发生转换过程。

（2）故障过程中以上各保护动作结果是否正确？

（3）导致不正确动作的可能原因是什么？

答：根据保护动作情况，故障分为两阶段。

第一阶段：1 号主变压器中后备零序过电流Ⅱ段一时限动作，随后Ⅱ母 110kV 甲丙线保护零序Ⅰ段动作出口，110kV 甲乙线保护相间距离Ⅱ段动作出口。可以分析出：第一发生的是接地故障；第二故障点在 110kV 甲乙线或 110kV 甲丙线上。因为故障不可能在Ⅰ母或者Ⅰ母的出线上；故障也不可能在Ⅱ段母线上，如果在Ⅱ段母线上，第一 110kV 母差会动作，第二线路保护不会动，第三重合不可能会成功。

110kV 甲丙线保护零序Ⅰ段动作出口时 110kV 母联 100 开关已经跳开，假如故障点在 110kV 甲丙线上，Ⅱ段母线上没有其他接地点，保护不可能动作，所以故障点应该在 110kV 甲乙线上，那为什么 110kV 甲丙线保护零序Ⅰ段会动作？110kV 甲丙线保护零序Ⅰ段动作是因为母联 100 开关跳开后，不接地系统发生接地短路导致中性点电压升高，丙站主变压器中性点击穿，110kV 甲丙线保护零序Ⅰ段误动。

发生接地短路，为什么 110kV 甲乙线接地和零序保护不动，而是相间距离Ⅱ段动作？那应该是接地和零序保护有问题，后来故障发展为相间故障以后相间距离Ⅱ段动作。

通过以上分析：导致不正确动作的可能原因是 110kV 甲乙线接地和零序保护定值、连接片、电流电压回路存在缺陷，导致接地故障时保护拒动，主变压器保护越级动作。

110kV 甲乙线接地距离和零序保护拒动。

1 号主变压器中后备零序过电流Ⅱ段越级动作。

110kV 甲丙线保护零序Ⅰ段误动作。

110kV 甲乙线保护相间距离Ⅱ段正确动作。

第二阶段，110kV 甲乙线再次发生接地故障，由于 220kV 甲站Ⅱ母此时为不接地系统，各变电站主变压器中性点间隙电压正确动作。

7. 如图 1 所示，某 220kV 变电站采用组合电器双母线接线方式，TA 绕组分布在断

路器两侧。母联合环运行，甲、乙线接于 N 变电站，丙、丁线接于 M 变电站。乙线线路采用两套高频闭锁纵联保护。

如图 1 所示，乙线先在 K1 点发生 A 相单相接地故障，保护正确动作两侧单跳、经 1s 两侧重合成功；重合后 2s（即图 2 中 t_1 时刻）在 *K*2 点又发生 A 相接地故障。保护装置均正确动作。图 2 是 K2 点故障母差保护装置录波图。

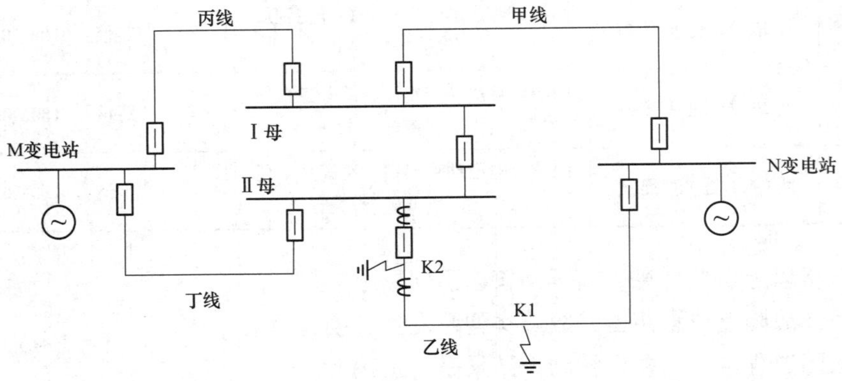

图1　系统接线图

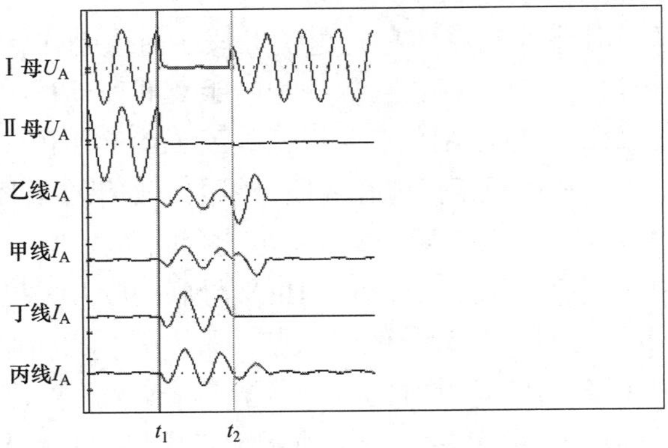

图2　K2点故障母差保护装置录波图

根据图 2，回答以下问题：

（1）分析 t_1 时刻到 t_2 时刻之间及 t_2 时刻以后的电压、电流波形特征，并说明其原因。

（2）分析 K2 点故障，乙线 N 侧线路保护动作出口情况，并说明其原因。

答：（1）t_1～t_2 时段：

Ⅱ母线区内出口处故障，Ⅰ、Ⅱ母 A 相电压跌落，甲、乙、丙、丁线向故障点 K 送短路电流，故而图中母差保护四个支路 TA 电流相位基本相同。

t_2 时刻以后：

①母差保护动作，跳开母联开关及Ⅱ母上所有断路器。

②Ⅰ母 A 相电压恢复正常。

③母差保护丁线支路 TA 电流为 0。

④由于乙线本侧开关跳开，K 点的短路电流只能通过乙线供给，所以母差保护乙线支路 TA 短路电流增大。

⑤电源 M 通过丙线、甲线、乙线向故障点送短路电流，所以母差保护甲线支路 TA 电流倒向，丙线支流 TA 电流变小。

⑥约一个周波后，乙线 N 侧线路保护动作，此时母差保护各支流 TA 电流为 0。

⑦由于在乙线线路保护整组复归时间内发生第二次故障，乙线 N 侧线路保护三跳出口，此时母差保护各支流 TA 电流为 0。

（2）由于乙线 N 侧线路保护第一次故障启动尚未整组复归期间，发生第二次单相故障，保护三跳出口，或者乙线 N 侧线路保护重合闸动作后，在充电未完成期间发生第二次单相故障，保护三跳出口。

8. 如下图所示系统发生某次故障录波波形如下（T2 的故障录波）:

（1）试根据电量特点判断可能的故障位置和故障类型，为什么?

（2）画出 T2 两侧的电压、电流相量图。

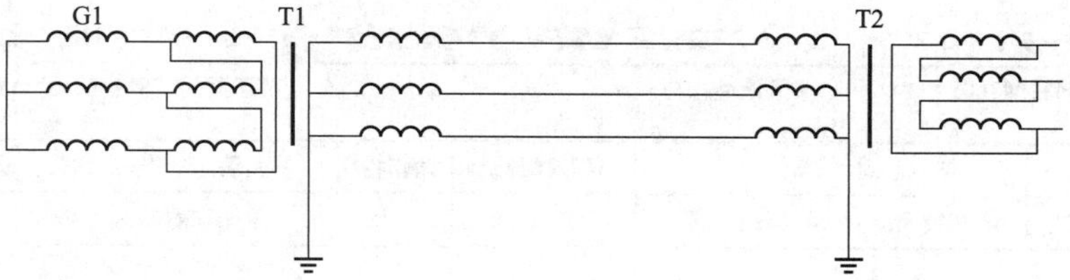

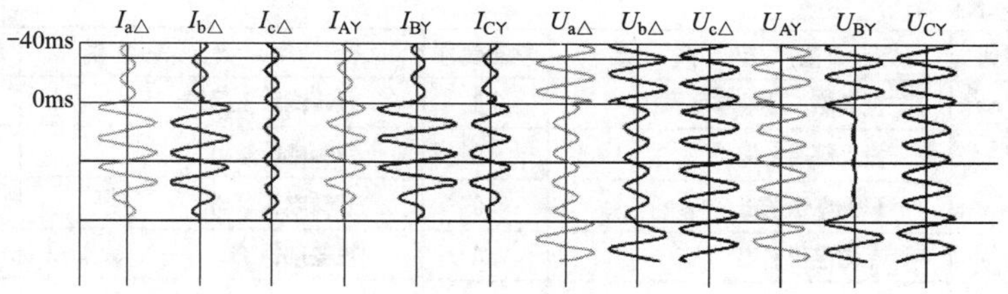

答: 由录波波形可以绘出两侧电压、电流的相量图，因此有

（1）低压侧两相电流增大，两相电压降低；没有零序电流、零序电压。

（2）低压侧电流增大、电压降低为相同两个相别。

（3）低压侧两个故障相电流基本反向。

（4）高压侧短路滞后相电流与其他两相电流方向相反，且大小为其他两相电流的 2 倍左右。

（5）高压侧短路滞后相母线故障残压非常小，接近为零。

（6）高压侧非故障相电压与短路超前相电压大小相等、方向相反。

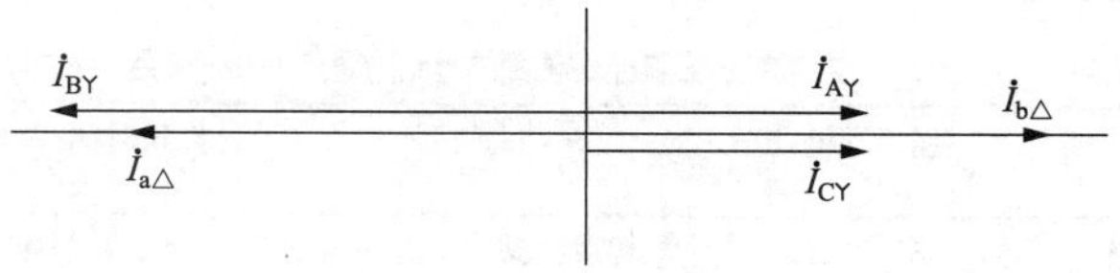

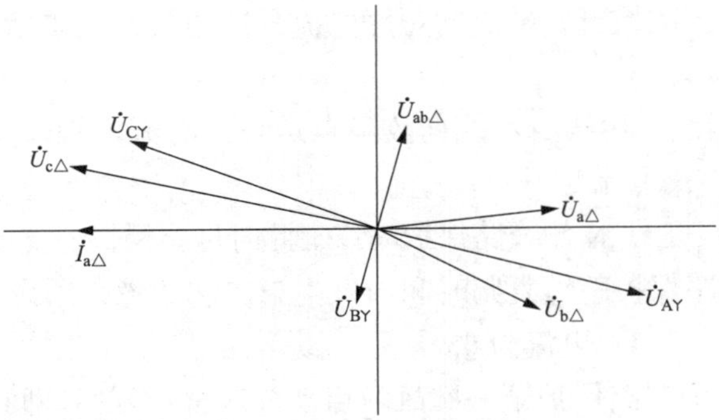

因此可以看出：故障发生在变压器△侧，故障类型为AB两相短路。

9. 下图为变压器差动保护装置及故障录波器录波报告，除了比率差动保护动作外，其余保护均没有动作，无其他异常信号，请依次回答下列问题：（**TA：1600/1**）

（1）是否发生了故障?

（2）差动保护是否正确动作?

RCS－978G2　　3.02变压器保护装置——动　作　报　告

装置编号:0978G2　　　通讯地址:075　　　打印时间:2012-06-07 19:37:54

序号	起　动　时　间	相对时间	动作相别	动　作　信　息
002	2012-06-07 17:44:40:801	00104 ms		比率差动

起动时开入量状态:

相对时间	变　位　开　关　量	状态信息	变　位　开　关　量	状态信息
00000 ms	投Ⅱ侧不接地零序保护	0	投Ⅲ侧后备保护	1
	投Ⅳ侧后备保护	0	Ⅳ侧电压退出	0
	Ⅲ侧电压退出	0	Ⅱ侧电压退出	0
	Ⅰ侧电压退出	0	投差动保护	1
	投Ⅰ侧相间后备保护	1	投Ⅰ侧接地零序保护	1
	投Ⅰ侧不接地零序保护	0	投Ⅱ侧相间后备保护	1
	投Ⅱ侧接地零序保护	1	复归	0
	RLYTST	0	OPTST	0
	Ⅰ侧开关TWJ	0	Ⅱ侧开关TWJ	0
	投检修态	0	打印	0
	对时	0	PWOPT	1

起动后开入量状态:

相对时间	变　位　开　关　量	变位信息	变　位　开　关　量	变位信息
00105 ms	RLYTST	0 → 1		
00255 ms	RLYTST	1 → 0		

RCS－978G2　　3.02变压器保护装置——动　作　报　告

装置编号:0978G2　　　通讯地址:075　　　打印时间:2012-06-07 19:39:00

序号	起　动　时　间	相对时间	动作相别	动　作　信　息
002	2012-06-07 17:44:40:801	00104 ms		比率差动

RCS－978G2　　3．02故障波形——差动电流

装置编号:0978G2　　通讯地址:075　　打印时间:2012-06-07 19:39:03

说明:当有差动元件动作时,下面的48点为差动元件动作时刻后两个周波连续计算的谐波比值;
当无差动元件动作时,下面的48点为起动时刻后两个周波连续计算的谐波比值.

序号	差流三相二次谐波百分比			差流三相三次谐波百分比			差流三相五次谐波百分比		
	A相	B相	C相	A相	B相	C相	A相	B相	C相
01	021.85	003.93	024.45	001.70	001.39	003.19	002.07	001.89	002.48
02	021.90	003.93	024.33	001.71	001.42	003.12	002.07	001.94	002.34
03	022.00	003.87	024.27	001.64	001.38	003.13	002.37	002.11	002.16
04	021.96	003.75	024.26	001.67	001.45	003.19	002.28	002.44	002.16
05	021.98	003.71	024.23	001.69	001.47	003.16	002.28	002.40	002.05
06	021.95	003.63	024.23	001.69	001.59	003.10	002.16	002.03	001.94
07	021.97	003.62	024.24	001.66	001.60	003.10	002.16	002.00	001.89
08	021.91	003.62	024.16	001.78	001.61	003.16	002.47	002.03	002.10
09	021.91	003.68	024.19	001.78	001.53	003.08	002.47	002.16	002.13
10	021.88	003.68	024.23	001.79	001.53	003.17	002.28	002.16	001.81
11	021.90	003.64	024.24	001.76	001.55	003.16	002.16	002.26	001.79
12	021.94	003.61	024.33	001.69	001.52	003.12	002.26	002.24	001.94
13	022.02	003.59	024.53	001.61	001.40	002.97	002.50	001.91	002.16
14	021.99	003.64	024.42	001.63	001.29	003.00	002.50	001.73	002.26
15	021.98	003.65	024.46	001.61	001.28	003.00	002.60	001.78	002.18
16	021.94	003.89	024.49	001.57	001.39	003.02	002.64	002.32	002.18
17	021.98	004.00	024.46	001.53	001.49	003.00	002.55	002.31	002.13
18	021.97	004.07	024.48	001.54	001.58	003.02	002.58	002.03	002.16
19	022.28	004.08	024.60	001.68	001.61	003.03	002.84	001.92	002.39
20	022.54	004.08	024.69	001.87	001.61	003.09	003.32	001.91	002.52
21	022.61	004.12	024.89	001.94	001.65	003.25	003.35	001.81	002.36
22	022.61	004.11	025.05	001.94	001.64	003.37	003.19	001.79	001.94
23	022.64	004.20	025.00	001.98	001.66	003.36	003.30	002.05	001.95
24	022.65	004.27	025.04	002.01	001.63	003.40	003.25	002.13	001.86
25	022.60	004.28	025.08	001.97	001.63	003.44	003.35	002.11	001.76
26	022.64	004.27	025.01	001.97	001.58	003.41	003.37	002.07	001.68
27	022.64	004.26	025.05	001.97	001.58	003.41	003.37	002.08	001.83
28	022.63	004.29	025.06	001.94	001.57	003.44	003.38	002.00	001.83
29	022.67	004.13	025.02	001.79	001.72	003.44	003.01	002.07	001.86
30	022.62	004.12	025.05	001.79	001.74	003.44	002.77	002.03	001.87
31	022.57	004.12	025.02	001.85	001.76	003.45	002.82	001.92	001.99
32	022.51	004.16	024.97	001.96	001.72	003.48	003.13	002.07	002.05
33	022.47	004.11	024.95	002.02	001.78	003.52	003.17	001.95	002.02
34	022.44	004.15	024.98	002.01	001.74	003.53	003.05	001.94	001.99
35	022.48	004.13	024.94	001.96	001.74	003.53	002.87	001.95	001.99
36	022.47	004.15	024.97	001.96	001.75	003.54	002.85	001.94	001.95
37	022.40	004.15	024.98	002.02	001.77	003.53	002.66	001.99	001.99
38	022.47	004.18	025.16	002.02	001.74	003.43	002.69	001.94	001.79
39	022.40	004.28	025.19	001.94	001.71	003.43	003.03	002.16	001.73
40	022.38	004.47	025.30	001.85	001.79	003.58	003.14	002.60	001.71
41	022.49	004.67	025.25	001.74	001.99	003.62	002.87	002.61	001.86
42	022.77	004.80	025.40	001.75	002.15	003.54	002.26	002.16	001.76
43	022.77	004.79	025.74	001.76	002.13	003.63	002.31	002.23	002.44
44	023.62	005.00	027.44	002.42	002.45	004.81	004.01	001.92	005.02
45	024.80	006.02	030.88	003.38	003.61	007.48	005.87	001.31	007.85
46	025.50	008.30	035.61	004.01	005.41	010.85	005.47	005.28	010.87
47	025.32	011.81	040.65	004.05	007.43	014.16	002.71	010.64	015.54
48	024.77	015.99	043.64	003.66	009.13	015.93	000.67	014.27	019.75

故障号: 002　　起动时间: 2012-06-07 17:44:40:801

各路波形幅值(起动后0.5～1.5之间的一个周波内有效值):

差动A相电流	001.83	Ie	差动B相电流	001.90	Ie
差动C相电流	001.68	Ie	差动调整后Ⅰ侧1支路A相电流	001.83	Ie
差动调整后Ⅰ侧1支路B相电流	001.89	Ie	差动调整后Ⅰ侧1支路C相电流	001.69	Ie
差动调整后Ⅰ侧2支路A相电流	000.00	Ie	差动调整后Ⅰ侧2支路B相电流	000.00	Ie
差动调整后Ⅰ侧2支路C相电流	000.00	Ie	差动调整后Ⅱ侧A相电流	000.00	Ie
差动调整后Ⅱ侧B相电流	000.00	Ie	差动调整后Ⅱ侧C相电流	000.00	Ie
差动调整后Ⅲ侧A相电流	000.00	Ie	差动调整后Ⅲ侧B相电流	000.00	Ie
差动调整后Ⅲ侧C相电流	000.00	Ie	差动调整后Ⅳ侧A相电流	000.00	Ie
差动调整后Ⅳ侧B相电流	000.00	Ie	差动调整后Ⅳ侧C相电流	000.00	Ie

电流标度(瞬时值)I:　001.61Ie/格
时间标度T:　20 ms/格

跳闸位说明:

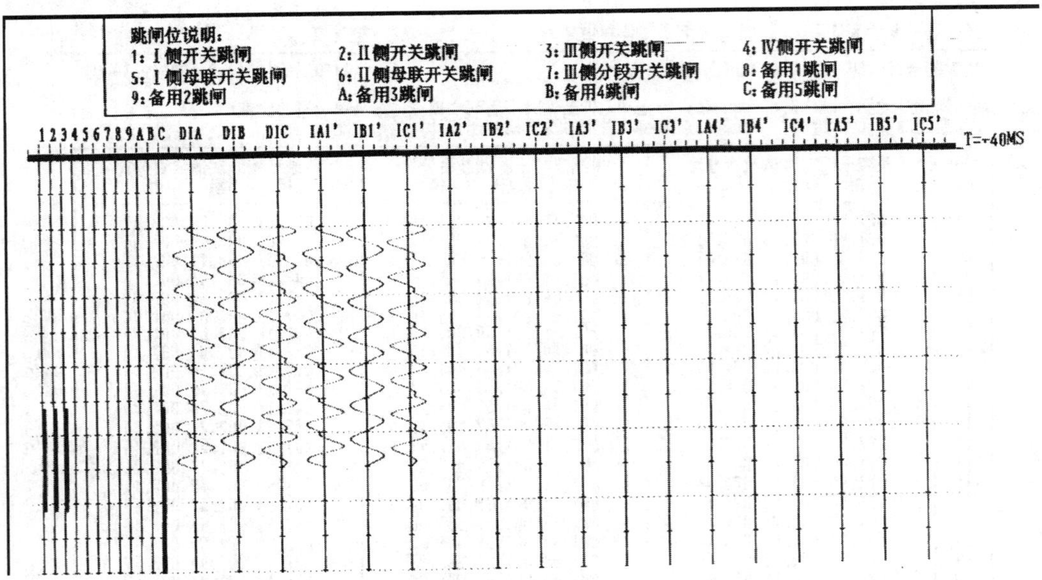

c:\sh2000\standard\2012年06月07日17时44分40秒_SSH417.shw　　打印时间：2012年06月11日14:59

1：#1主变高压侧电流A相　　2：#1主变高压侧电流B相

3：#1主变高压侧电流C相　　4：#1主变高压侧电流3I0

5：220kV Ⅰ母电压A相　　6：220kV Ⅰ母电压B相

7：220kV Ⅰ母电压C相　　8：220kV Ⅰ母电压3U0

9：220kV Ⅱ母电压A相　　10：220kV Ⅱ母电压B相

11：220kV Ⅱ母电压C相　　12：220kV Ⅱ母电压3U0

13：#1主变高压侧电流差动一跳闸　　14：#1主变高压侧电流高压侧后备 一跳闸

15：#1主变高压侧电流 中压侧后备 一跳

电压比例尺：—— 165.10伏电压　　电流比例尺：—— 3.70安电流　　放大倍数：X 1, y 1

—— 开关状态:开　　▬▬ 开关状态:闭合

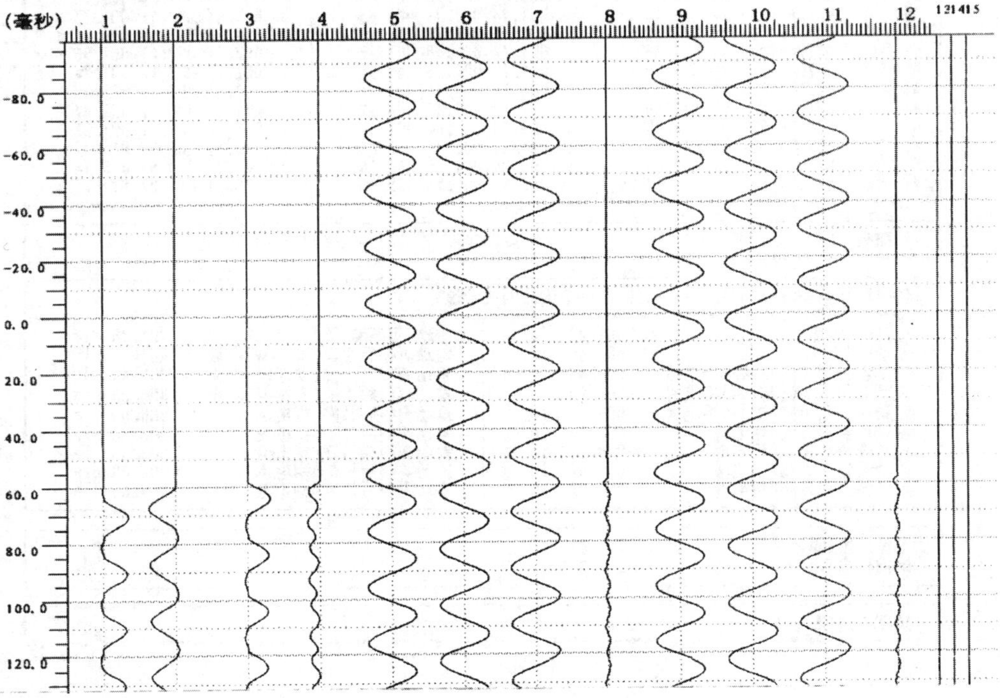

答：（1）根据主变压器差动保护装置波形可知：

1）差动保护启动前主变压器各侧均无电流，说明之前主变压器没有带负荷。

2）跳闸时仅高压侧出现较大电流（该电流经软硬件滤波后已除去直流分量、零序分量并经过相位调整，不代表实际电流），此时差流与高压侧电流仅相差零序分量；A、C相电流波形出现一定程度的畸变，A、C 相差流中二次谐波含量均大于 20%；B 相电流波形比较均匀，二次谐波含量仅为 5%；推测存在空充主变压器时励磁涌流过大导致主变压器跳闸的可能性。

（2）根据故障录波器记录的波形可知：

1）220kV 1M、2M 电压均正常，推测系统未发生故障或发生高阻接地故障；没有 $3U_0$ 电压，进一步判断没有发生接地故障。

2）该主变压器高压侧三相电流明显偏向时间轴一侧、每周波内电流明显不对称，主变压器高压侧中性点出现了严重偏移的零序电流（说明主变压器中性点接地开关在合闸位置），符合主变压器空充时励磁涌流特征。

题干中提及非电量保护没有动作，也无轻瓦斯等异常信号，说明主变压器本体没有故障。

（3）由上述分析可知系统没有发生故障，差动跳闸是由于空充主变压器时，三相励磁涌流较大，且 B 相二次谐波百分比在 5% 左右，未达到装置内部“二次谐波制动系数”整定值 15%，满足比例差动保护动作条件，保护正确动作。

10. 某 220kV 系统接线图如图 1 所示，线路上发生 A 相接地故障。两侧保护动作跳开 A 相开关；约 1s 后重合闸动作，合于永久性故障，两侧保护再次动作，三相开关瞬时跳开。动作报告显示：当合于故障线路后，甲站光差保护装置 RCS931BM 报“电流差动保护”动作且跳开三相开关，但 RCS902B 保护未动作。试分析：当开关合于故障线路后，甲站 RCS902B 保护未能动作的原因。（具体分析：①纵联距离；②纵联零序方向；③工频变化量阻抗；④距离Ⅰ段；⑤距离加速；⑥零序过电流Ⅰ段；⑦零序加速元件未动原因）已知参数：Z_1=7Ω，Z_2=16.5Ω，零序补偿系数 K_0=0.5，零序过电流加速段定值为 0.3A。RCS902B 用允许式。合于故障后 U_{Amin}=50V，I_{Amax}=2A，图 3 中 $\Delta T=T_1-T_2$=8.75（ms）。

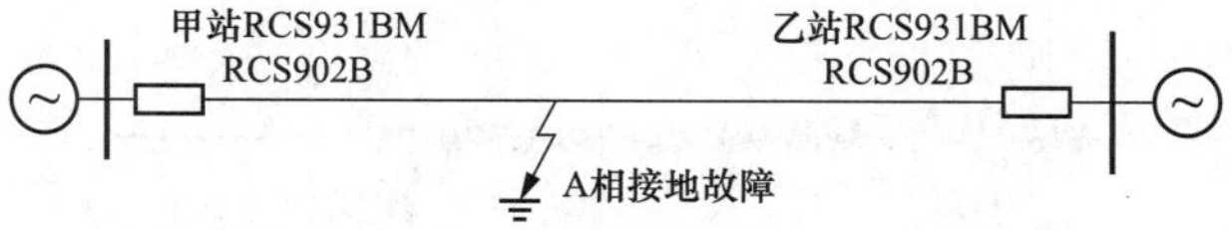

图1 系统主接线图

动作序号	250	起动绝对时间	2010-07-07 12:59:45:582
序 号	动作相	动作相对时间	动 作 元 件
01 02	A	00048MS 01089MS	纵联零序方向 重合闸动作
故障测距结果 故障相别 故障相电流值 故障零序电流			0078.1 kM A 000.95 A 001.13 A

图2 甲站RCS902B动作报告

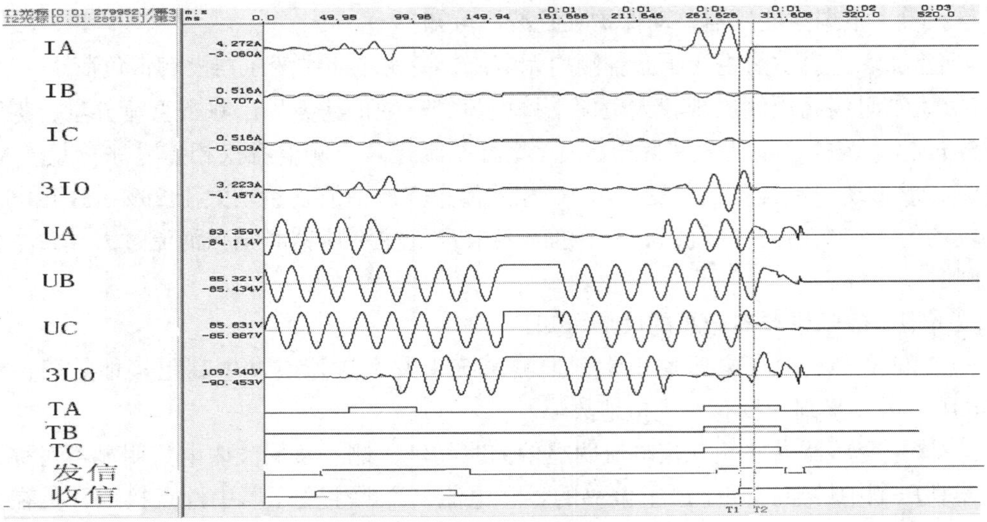

图3　甲站RCS902B故障录波

答：（1）甲站在A相合于故障线路后，RCS902B保护装置退出以下动作元件：纵联零序方向、与跳开相相关的工频变化量阻抗、零序过电流Ⅰ段元件。

（2）纵联距离投入。此时纵联方向保护出口需经功率倒向延时，通道收信由“0→1”到故障切除时间：$\Delta T=T_1-T_2=8.75\text{ms}<25\text{ms}$，所以纵联距离无法动作。

距离Ⅰ段投入。从图3中能看到为A相经过渡电阻接地故障，在故障切除前测量阻抗$Z_m=50/[(1+0.5)\times 2.0]=16.67\Omega$（$>Z_1$），所以距离Ⅰ段无法动作。

单重时，固定加速Z_2段。由于测量阻抗$Z_m=16.67\Omega>Z_2$，距离加速元件无法动作。

零序加速元件投入。由于故障在合上开关后约50ms时就被切除了，而在单重时，零序加速元件须经60ms延时跳闸，所以零序加速元件无法动作。

11. 某超高压输电线路发生短路故障时，录取的i_A、i_B、i_C、$3i_0$、u_A、u_B、u_C、$3u_0$波形示意图如下图所示（不计各波形的相位关系，只计大小），试说明各时间段（t_1前、t_1–t_2、t_2–t_3、t_3–t_4）波形变化规律，进而说明故障相别和性质。

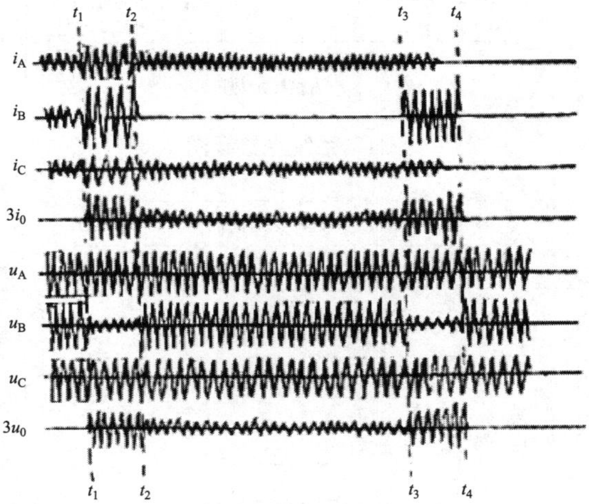

答：（1）t_1 前：$3u_0=0$，$3i_0=0$，三相电压、电流正常，属正常运行。

（2）$t_1 \sim t_2$：$3u_0$、$3i_0$ 出现，判接地故障。

（3）B 相电压降低，B 相电流增大，判 B 相接地。

（4）A、C 相电流有所增大，因非故障相中有故障分量电流。

（5）$t_2 \sim t_3$：B 相电流为 0，B 跳闸，三相电压恢复。

（6）线路处非全相运行，有 $3u_0$、$3i_0$。

（7）A、C 相基本上保持负荷电流水平。

（8）$t_3 \sim t_4$：本侧 B 相重合于故障上，有 $3u_0$、$3i_0$ 出现并增大。

（9）i_B 增大，u_B 降低。

（10）i_A、i_C 在 t_4 前消失，表示对侧重合故障上三跳，当然 A、C 相电流消失。

12. 下图是某 220kV 牵引站供电线路，正常时采用 AB 两相供电方式，线路保护按 AB 两相运行进行整定，保护没有计入 C 相电流，请分析该种运行方式有何风险，如何整改。

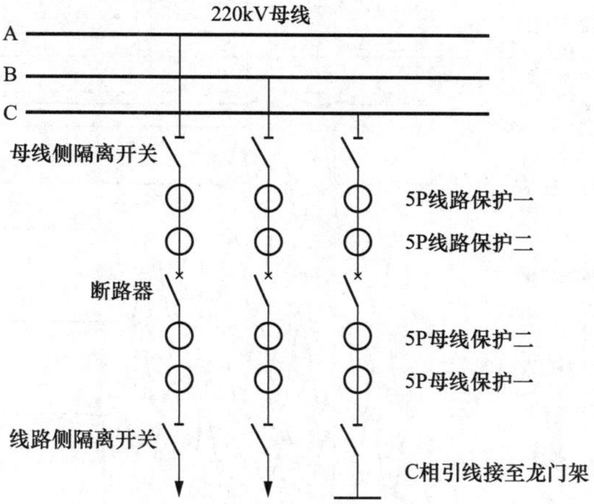

答：（1）风险说明：存在主保护死区的风险，如下图所示。非供电相（C 相）母线侧隔离开关、断路器在合闸位置，牵引线路未投入线路三相保护功能，当 C 相线路侧发生单相接地故障时，故障点位于母差保护范围之外，线路保护也不能动作，即无主保护

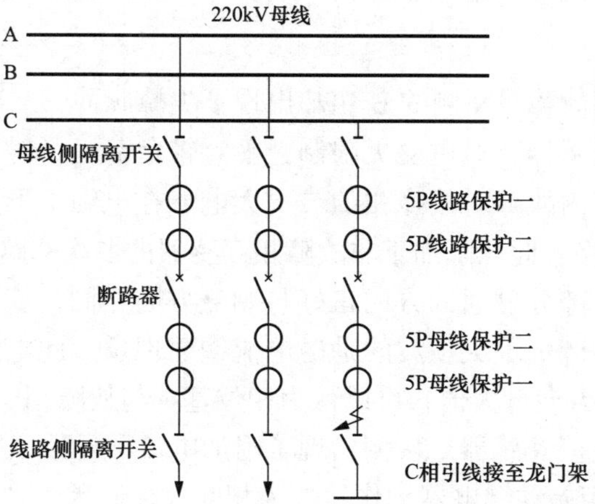

切除故障。

（2）整改措施：一是采取扩大母线保护范围，封母线保护非供电相C相TA二次回路，但非供电相线路过长时不建议采用；二是线路保护按三相供电方式整定，但采取断开非供电相母线侧隔离开关或断路器等临时措施，最好是断开非供电相线路。

13. MN线路发生C相接地故障，两侧RCS-943A的电流差动保护均动作跳闸，但重合闸均未动作。M侧重合闸为检无压方式，N侧重合闸为检同期方式，检查故障前M侧的装置已充电，故障期间无外部闭重开入。故障录波如下图，其中I_A、I_B、I_C、U_A、U_B、U_C、U_X为M侧的电流电压波形，I'_A、I'_B、I'_C为N侧的电流波形，两侧均为P级电流互感器，M侧TA变比为600/5，差动电流起动值为1.50A；而N侧的TA变比为300/5，差动电流启动值为3A。请说明：

（1）N侧的B相电流为什么出现畸变？

（2）M侧RCS-943A的重合闸未动作的原因。

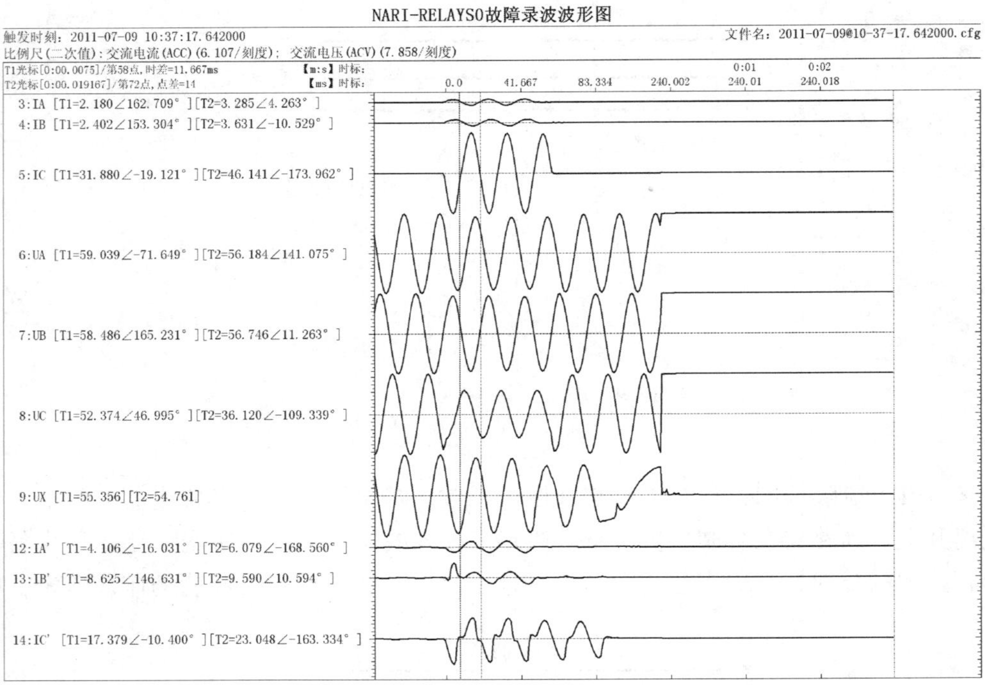

答：（1）区内C相故障，N侧的B相却出现了尖峰脉冲，二次电流高达9.6A，这是因为选用了P级电流互感器，对剩磁无限制，平时带负荷运行时，只需在剩磁点小磁滞回线上运行即可。当区内故障时故障相的二次大电流在电缆上形成压降，中性线上的电压降大约有1/2二次压降，此压降加于非故障相互感器的二次回路上，需要铁芯中产生磁通变化量与之对应。这部分磁通的方向正好与剩磁方向相同，就会引起铁芯饱和，励磁阻抗忽然下降，于是就产生了尖顶波的励磁电流倒灌现象。此电流的尖顶波的最大值正好对应故障相电流的负方向最大值，可以认为相位基本与故障相电流相反。

（2）由于N侧的电流互感器二次侧出现了附加电流，导致区内C相故障时，M侧的RCS-943A的B、C两相差动继电器动作，选为相间故障。因为“多相故障闭重”控制字置 1，所以 M 侧差动保护动作时放电，重合闸未动作。

14. 某 110kV 系统接线图如图 1 所示，在甲站出口处发生 B 相接地故障，若已知两侧 PCS-941N 距离保护均投入运行。甲站距离保护Ⅰ段动作，动作时间 88ms，乙站距离保护未动作。请结合录波波形，回答以下问题：

（1）图 2 中甲站 B 相电流为什么会产生畸变？距离保护Ⅰ段为什么延时跳闸？

（2）在图 3 中乙站 A、B、C 相电流有何特点？分析造成该现象的原因。乙站距离保护为什么没动作？

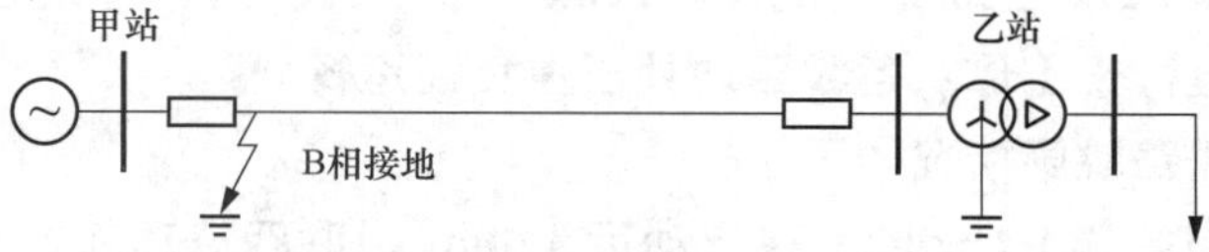

图1　系统主接线图

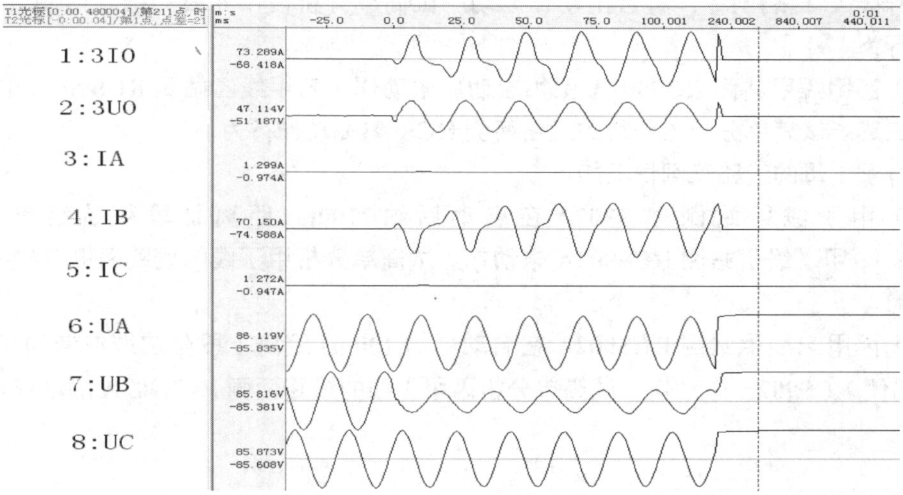

图2　甲站故障录波

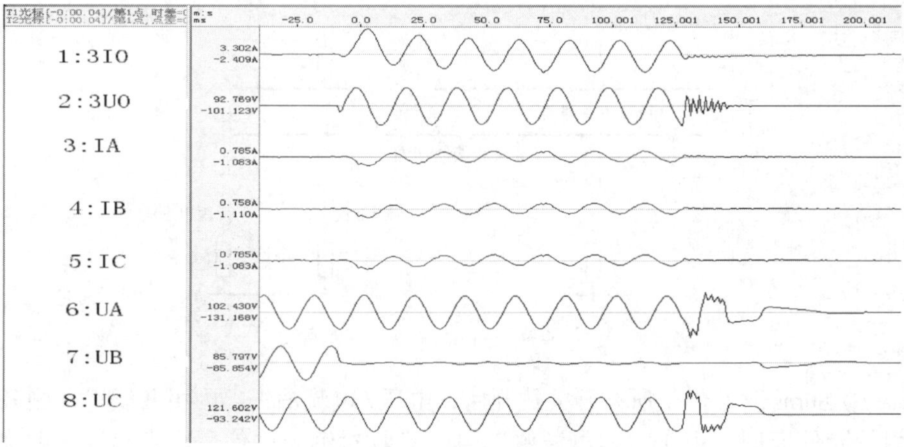

图3　乙站故录波形

答：(1) 故障后，电流互感器由于剩磁的影响很快进入饱和，当电流互感器退出饱和后，进入了动作区，所以甲站距离保护Ⅰ段延时跳闸。

(2) 三相电流大小基本相等、相位相同。因为B站是弱电源侧且母线背后变压器中性点接地，电流呈零序性质。故障点在甲站出口处，属于乙站距离Ⅰ段保护范围外，电源侧跳闸后，故障消失，导致该侧距离延时段保护无法动作。

15. 220kV的甲站220kVⅡ母发生C相接地故障。30ms时母差保护动作跳Ⅱ母；约80ms时Ⅱ母上所有开关跳开。故障发生时，Ⅰ母TV处于检修状态，Ⅱ母TV通过电压并列装置向Ⅰ母TV二次回路提供电压。220kV乙甲线、丙甲Ⅱ线运行于Ⅱ母。220kV甲丁线、丙甲Ⅰ线运行于Ⅰ母。各线路均处于重负荷运行。

运行于Ⅱ母的线路跳闸情况如下：

(1) 丙甲Ⅱ线甲站侧RCS902A在启动后120ms纵联距离动作发ABC相跳闸令（控制字“弱电源侧”=1）；丙甲Ⅱ线丙站侧RCS902A在启动后41ms纵联距离、纵联零序方向动作发C相跳闸令，重合闸动作成功。试简单分析丙甲Ⅱ线的线路两侧RCS902A的动作行为。

(2) 乙甲线甲站侧RCS901A保护启动后未动作；乙甲线乙站侧RCS901A的动作先单跳后三跳。试简单分析乙甲线的线路两侧RCS901A动作行为。

运行于Ⅰ母的线路跳闸情况如下：

(1) 甲丁线甲站侧RCS902A在启动后约2100ms距离Ⅲ段阻抗继电器动作（$T_{ZⅢ}$=2s）；甲丁线丁站侧RCS902A未动作。试简单分析甲丁线的线路两侧RCS902A的动作行为。

(2) 丙甲Ⅰ线甲站侧RCS902A在启动后约100ms距离Ⅰ段阻抗继电器动作；丙甲Ⅰ线丙站侧RCS902A未动作。试简单分析丙甲Ⅰ线的线路两侧RCS902A的动作行为。

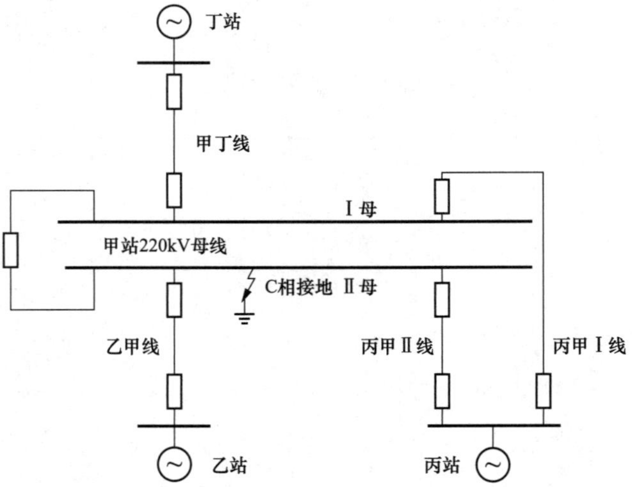

答：(1) 80ms时Ⅱ母上所有开关跳开后，电压/电流消失，丙甲Ⅱ线甲站侧RCS902A反方向测量元件返回，由于“弱电源侧”=1，且收对侧允许信号，满足纵联距离动作条件经短延时出口。甲站母线故障在丙甲Ⅱ线丙站侧RCS902A的正方向上，由于甲站侧母

差动作停信，丙站侧 RCS902A 的纵联距离、纵联零序方向动作跳闸。

（2）由于故障点在乙甲线甲站侧 RCS901A 背后，所以甲站侧保护启动后未动作。由于故障在乙甲线乙站侧正方向上，在甲站侧母差动作停信后，乙站侧 RCS901A 先单跳；80ms 母差保护跳开甲站侧三相开关时，由于线路重负荷运行，RCS901A 相间电流变化量选成多相故障，乙站 RCS901A 补发三跳令。

（3）由于 80ms 时Ⅱ母上所有开关跳开，甲丁线甲站侧 RCS902A 在启动后 80ms 三相失压，进入低压距离继电器逻辑。由于Ⅲ段距离继电器始终采用反门坎，动作圆包含原点，所以甲站侧 RCS902A 距离Ⅲ段阻抗继电器经延时动作。甲丁线丁站侧 RCS902A 未收到对侧允许信号，主保护未动作。

（4）由于 80ms 时Ⅱ母上所有开关跳开，丙甲Ⅰ线甲站侧 RCS902A 在启动后 80ms 进入低压距离继电器逻辑。Ⅰ段距离继电器在动作前设置正的门坎，继电器动作后则改为反门坎。在母差保护动作电压跌落的暂态过程中，RCS902A 所采电压不具有任何明确的物理意义；在电压跌落至 10%额定电压前，Ⅰ段距离元件动作与否都有可能。丙甲Ⅰ线丙站侧 RCS902A 未收到对侧允许信号，主保护未动作。

16. 电厂甲（以下简称甲侧）至变电站乙（以下简称乙侧）双回线运行，系统接线示意图如图 1 所示，两侧保护 P1 和 P2 均配置纵联距离和零序方向保护，甲侧重合闸采用检有压方式（保护采用线路侧电压，有压条件需三相电压均大于 $0.7U_n$）。× 年 × 月 × 日 × 时 × 分，甲乙Ⅱ线发生故障，甲侧纵联零序方向保护动作，重合成功；乙侧纵联零序和距离及距离Ⅰ段动作，重合不成功，两侧故障波形如图 2 和图 3 所示。1h 后乙侧进行合环操作，再次故障，甲侧纵联零序方向保护动作，未重合；乙侧纵联保护及距离Ⅰ段和距离加速动作动作，未重合，两侧故障波形如图 4 和图 5 所示。（注：$3I_0$ 方向做了反向处理）

试根据以上材料分析以下问题：

（1）结合两侧电流、电压及序分量特征，说明第一次故障时甲侧和乙侧的故障性质及过程（故障类型、相别、持续时间）、保护动作和开关动作过程。

（2）甲侧保护选相元件为序分量选相，即比较 I_0 和 I_{2a} 的相位关系，第一次故障时 $I_{1a}=0.74\angle 0°$，$I_{2a}=1.3\angle 160°$，$I_0=5.5\angle 86°$，合环时 $I_{1a}=0.9\angle 0°$，$I_{2a}=1.1\angle 106°$，$I_0=5.8\angle 53°$。试将下图保护序分量选相件选区图各元件动作区标注在图中，画出两次故障时各序分量相量图，结合选区图分析选相元件如何动作。

（3）电厂侧 90ms 左右 A 相电流为何发生突变？对线路保护有何影响？如何解决？

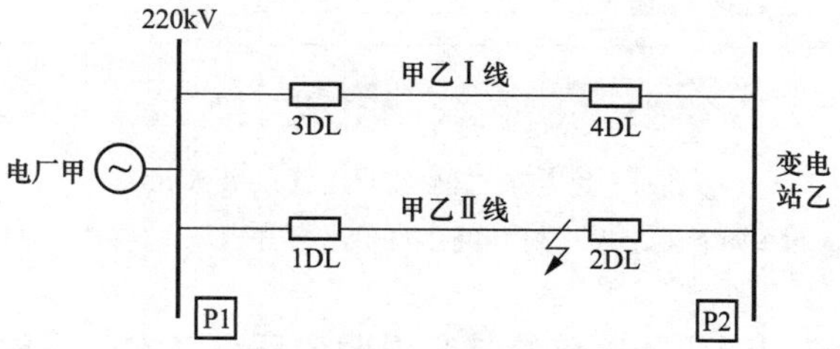

图1　系统接线方式示意图

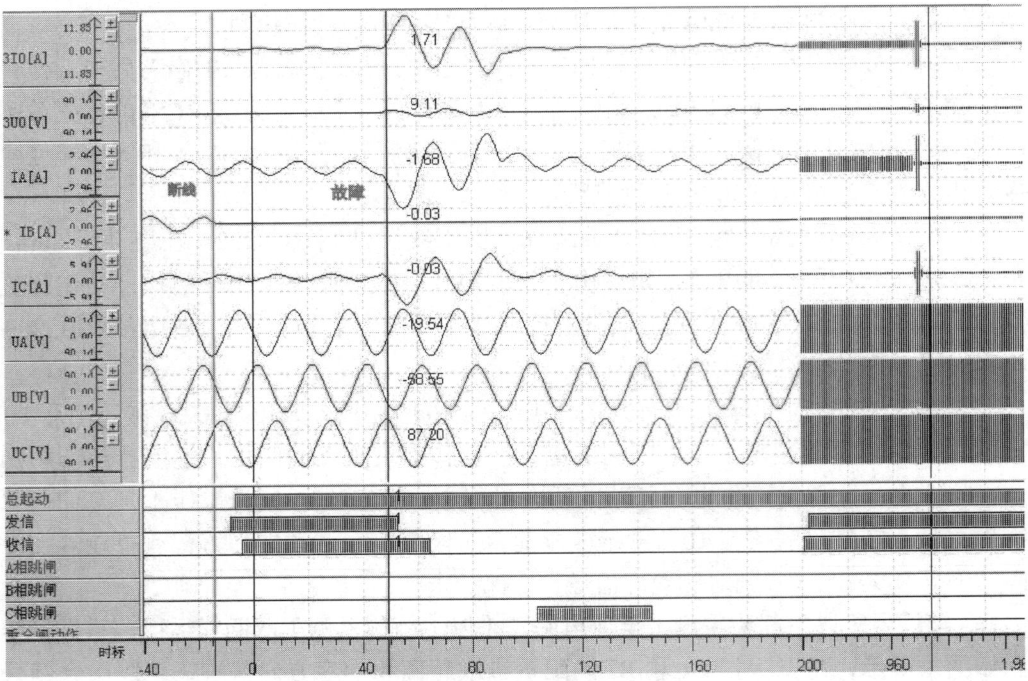

图2　电厂甲侧保护装置录波波形

（I_A、I_C 故障前峰值 2.5A，故障峰值约 7A，零序电压 U_0 峰值约 10V）

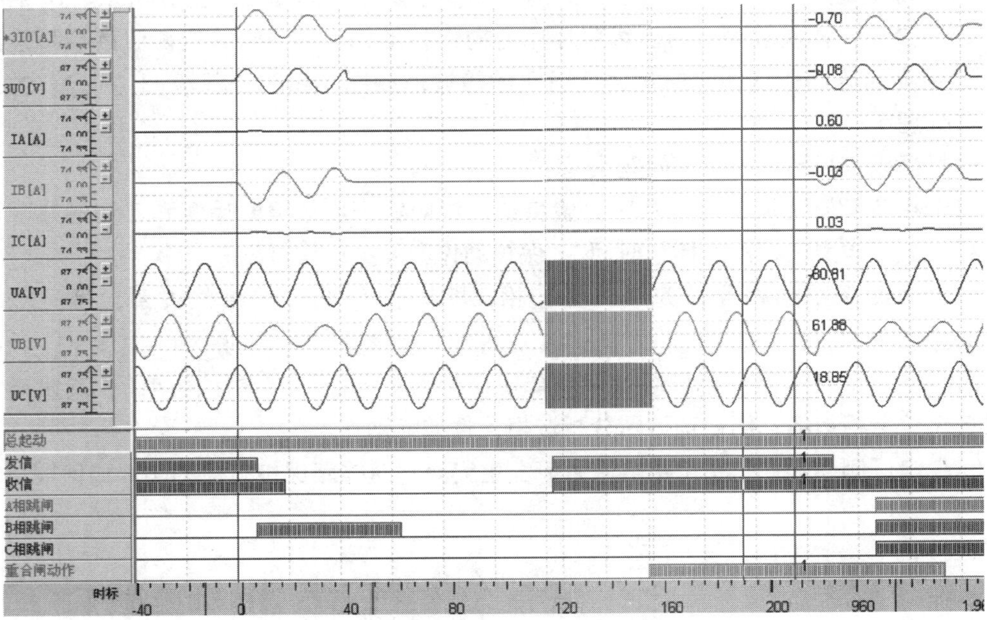

图3　变电站乙侧保护装置录波波形

（I_B 故障前峰值 2.5A，故障峰值约 70A，零序电压 U_0 峰值约 24V）

（4）结合两侧电流、电压及序分量特征说明合环第二次故障时甲侧和乙侧的故障性质及过程（故障类型、相别、持续时间）、保护动作和开关动作过程。

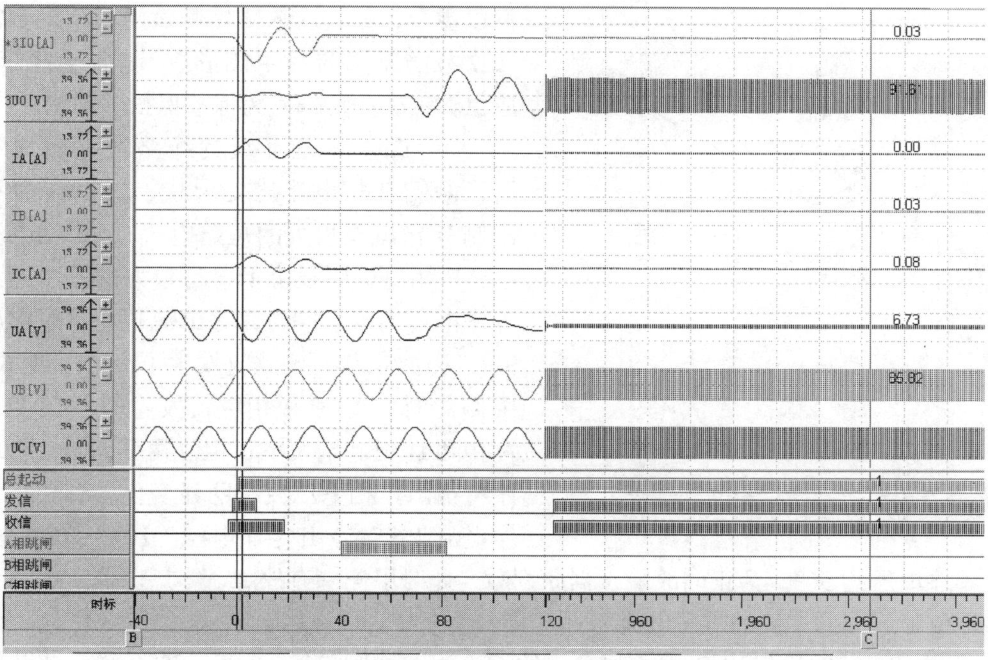

图4 合环时电厂甲侧保护装置录波波形

（I_A、I_C 故障前峰值 0A，故障峰值约 6.8A，零序电压 U_0 峰值约 9V）

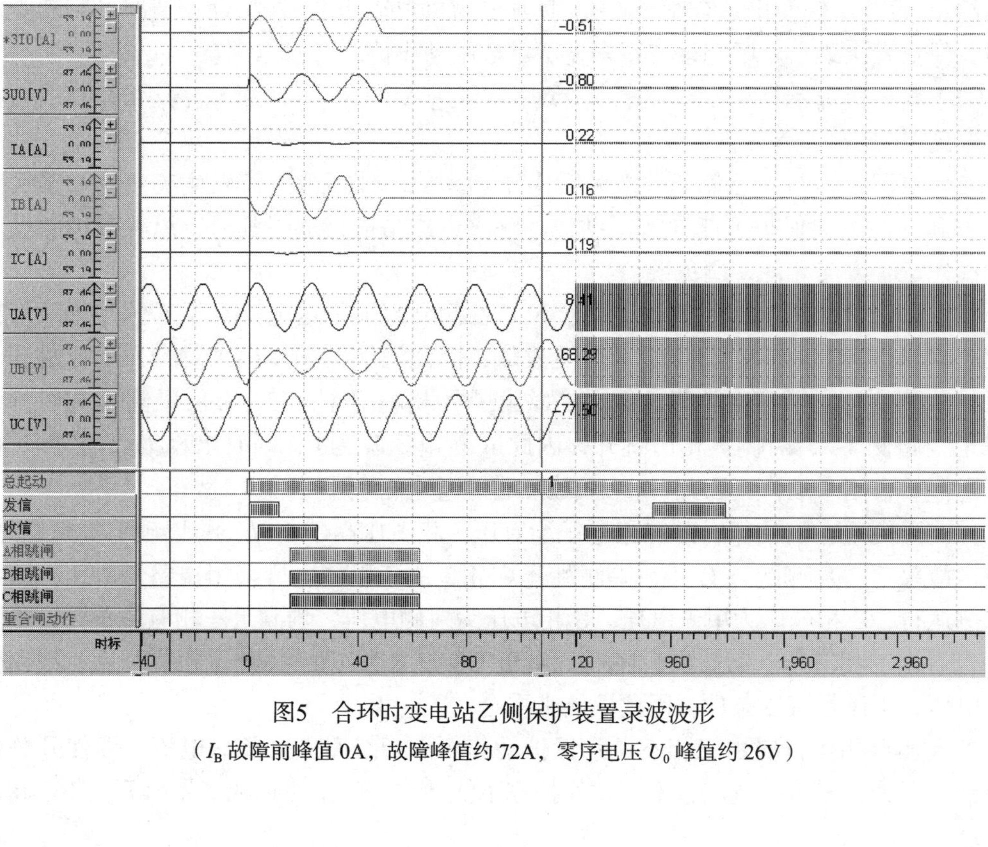

图5 合环时变电站乙侧保护装置录波波形

（I_B 故障前峰值 0A，故障峰值约 72A，零序电压 U_0 峰值约 26V）

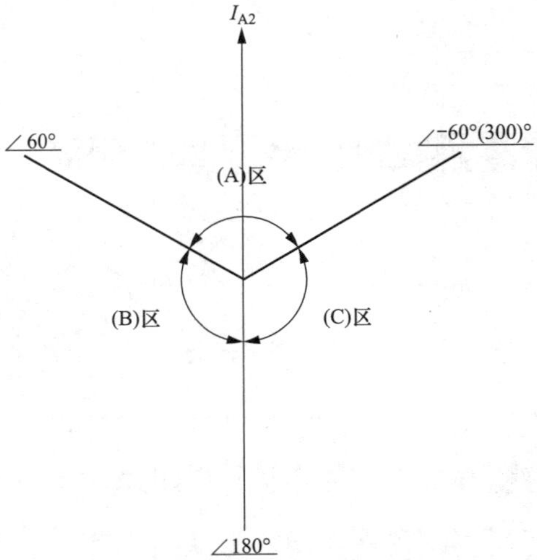

零序电流和 A 相负序电流比相选区图

（5）试说明为何第一次故障后甲侧跳闸后可以重合，第二次故障甲侧跳闸后不重合？第二次故障不重合后甲侧形成 BC 非全相运行，应由哪种保护动作？为何该保护不动作。

答：（1）甲乙Ⅱ线的线路发生 B 相断线后，两侧 B 相电流均变为 0。约 60ms 后靠近乙侧 B 相出现很大的短路电流，AC 相电流很小，B 相电压明显降低，有较大的零序电流和零序电压出现，同时零序电流超前零序电压约 90°，因此判断乙侧此时发生了 B 相接地故障。甲侧此时 A 相和 B 相电流发生较小突变，且 A 相和 B 相电流大小和相位几乎相同，呈现零序特征。三相电压没有明显变化，有较小的零序电流（6.8A）和零序电压（10V），零序电流超前零序电压约 90°，为正向故障，据此判断，此时甲侧未有故障，零序电流、电压为对侧接地故障后分到本侧的零序电流。

乙侧 10 多 ms 后发出 B 相跳闸令，约 60ms 后故障切除。由于为双回线，此时甲侧出现功率倒向，甲侧由于感受到较小零序故障量，呈现高阻接地性质，进入功率倒向逻辑，经延时后，103ms 左右发出 C 相跳闸令，AB Ⅱ线只有 A 相单相运行。

约 1s 后，乙侧发出重合闸令，此时故障特征同前，根据保护动作情况，判断重合于故障，保护发永跳令。甲侧录波图未显示重合闸动作情况，根据题意，重合成功。

（2）第一次 I_0 滞后 I_2 74°左右，零负序选区进入 C 区；第二次 I_0 滞后 I_2 52°左右，零负序选区进入 A 区。

（3）双回线运行，乙侧切除故障后由于功率倒向使甲侧电流发生突变。对于线路纵联距离和零序方向保护可能导致误动作。解决方法是进行适当延时，纵联保护的反方向元件优先于正方向元件，避免误动。

（4）第二次故障前，甲侧开关在合位，乙侧合闸强行送电。对于乙侧，故障量特征同第一次，因此判断手动重合于永久性故障，因此乙侧保护发出永跳令，三相跳开。甲侧保护故障特征同第一次类似，但保护发出了 A 相跳闸令，120ms 后甲侧 A 相跳开，由于采用线路侧 TV，对侧三相已跳开，因此 A 相电压降为 0，同时出现很大的零序电压，由于甲侧重合闸未动作，因此一直处于 BC 相非全相运行状态。

（5）甲侧重合闸动作时需三相电压均有压（相电压高于 $0.7U_n$），以确保电站侧先合。第一次故障后，乙侧跳开 B 相，甲侧跳开 C 相，由于甲侧电压采用线路侧电压，因此此时甲侧运行，B 相电压为甲侧电压，C 相电压为对侧电压，均满足三相有压条件，故障录波图也看出三相有压。第二次故障后，由于乙侧三相跳开，甲侧 A 相跳开后，线路侧 A 相无电压，不满足有压条件，因此甲侧未重合。

进入非全相运行应由三相不一致保护动作，由于线路上无负荷电流，即使开关位置不一致，因为无零负序电流，不一致保护亦不能动作。故最终形成了甲侧开关 BC 相两相运行的情况。

17. 一次系统接线如图 1 所示，故障录波如图 2～图 4 所示。

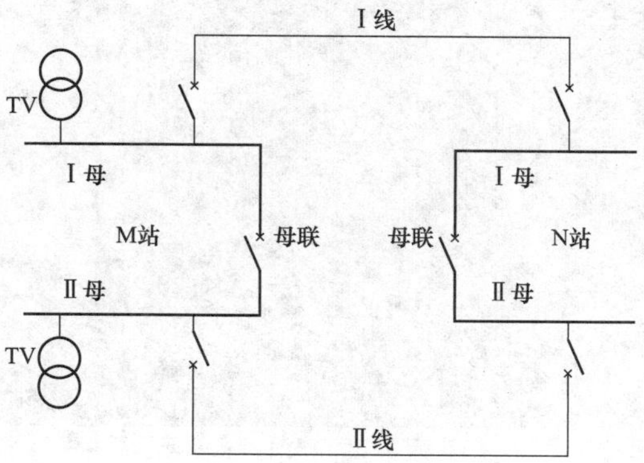

图1　一次系统接线

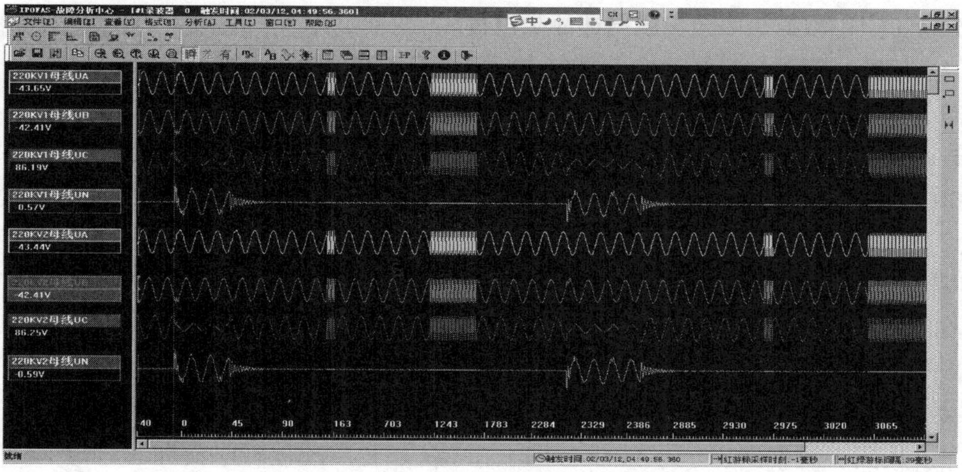

图2　M侧故障录波器记录到故障时保护装置的电压波形

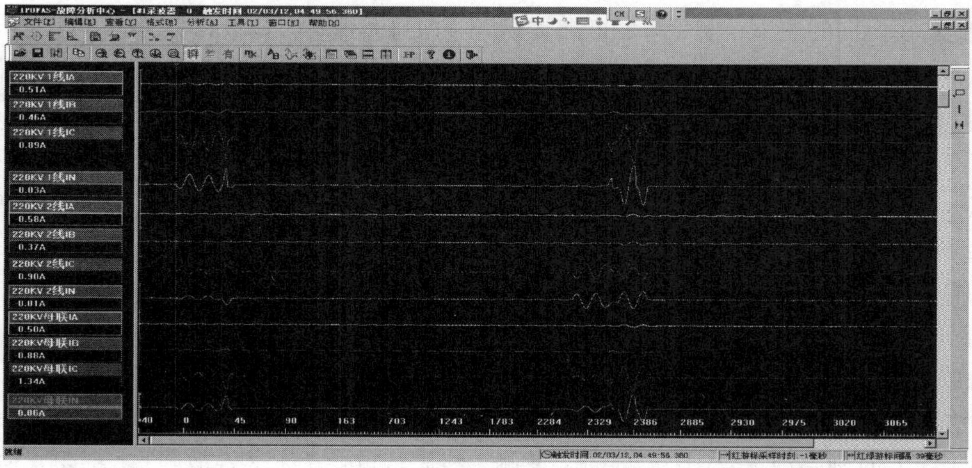

图3　M侧故障录波器记录到故障时保护装置的电流波形

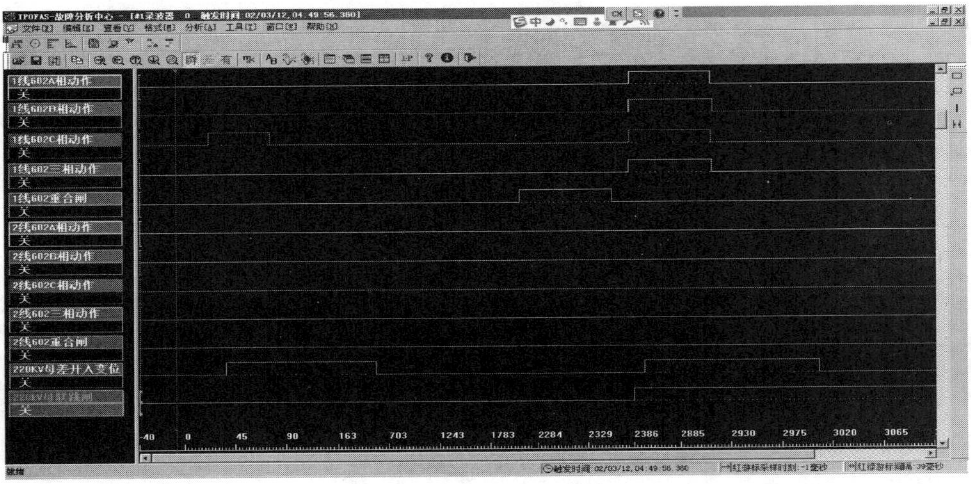

图4　M侧故障时录波器记录到保护装置开出的波形

分析：(1) 根据故障录波图描述故障过程。

(2) 问哪一侧重合闸先动作，并在一次接线图上标出故障发生处。

(3) 分析本次保护动作行为，并进行评价。

答：(1) 从图 2 观察到 t_0（约 0ms）时刻Ⅰ、Ⅱ母 C 相电压跌落并出现 $3U_0$，表明发生单相接地故障。

(2) 从图 3 观察到 1 线和 2 线的 C 相都出现故障电流和 $3I_0$，且 1 线 C 相故障电流和 $3I_0$ 的幅值都大于 2 线。

(3) 从图 4 观察到 1 线 602C t_1 时刻（约 30ms）发出跳令，t_2 时刻（约 45ms）切除故障，同时观察图 1 上的Ⅰ、Ⅱ母线电压恢复（由此可判断为母线区外故障）。

(4) 从图 4 观察到 t_3（约 2000ms）时刻 1 线 602 重合闸启动。

(5) 从图 3 观察到 t_4（约 2300ms）时刻 2 线 C 相出现故障电流和 $3I_0$，表明 N 侧重合闸先合于永久性故障，且故障电流流经母联断路器（由此可判断本次故障是 2 线的区外故障）。t_5 时刻（约 40ms 后）M 侧重合闸重合于永久性故障，同时还从相关电流波形观察到功率倒向的现象，随后母联断路器跳开并对母差保护发出开入信号。

(6) 从图 2 观察到在 t_6（约 2600ms）时刻Ⅰ、Ⅱ母线电压同时恢复（由此可判断本次故障是母线的区外故障），同时从图 3 观察到Ⅰ线的 M、N 侧同时跳开断路器的三相。

(7) 从图 4 观察到在重合的过程中母联断路器跳开。

(8) 小结：Ⅰ线在 t_0 时刻发生点相接地故障，t_1 时刻两侧断路器同时跳开 C 相，t_3 时刻 1 线重合闸起动，但在 t_4 时刻观察到 2 线 C 相再次出现故障电流和 $3I_0$，由此判断 N 侧重合闸先合于永久性故障，M 侧重合闸后合于永久性故障，约 2 个周波 M、N 的 1 线两侧断路器同时三跳。

由于未提供纵联通道信息，只讨论 602 动作情况，故障点位于 1 线路。

结论：在 t_0 时刻，线路 1 发生 C 相单相接地故障；t_2 时刻，M、N 两侧同时 C 跳，M 侧 1 线 t_3 时刻起动重合闸；t_4 时刻，N 侧 1 线先行重合于永久性故障；t_5 时刻，M 侧 1 线也重合于永久性故障；t_6 时刻，1 线 M、N 两侧同时三跳。

18. 系统发生接地故障时，某一侧的 $3U_0$、$3I_0$ 打印数据如下，试判断故障在正方向上还是反方向上。

N=	1	2	3	4	5	6	7	8
$3U_0$(V)	23.9	53.6	68.9	65.8	45	12.2	−23.9	−53.6
I_0(A)	−76.6	−34.2	17.4	64.3	94	98.5	76.6	34.2
N=	9	10	11	12	13	14	15	16
$3U_0$(V)	−68.9	−65.8	−45	−12.2	23.9	53.6	68.9	65.8
$3I_0$(A)	−17.4	−64.3	−94	−98.5	−76.6	−34.2	17.4	64.3

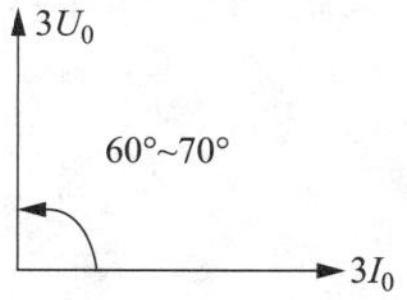

答：（1）从打印数据读出：一个工频周期采样点数 N=12 即，相邻两点间的工频电角度为$\frac{360°}{12}=30°$；

（2）从打印数据读出 $3I_0$ 滞后 $3U_0$ 的相角改为 60°～70°；

（3）结论：故障在反方向上。

19. 某 220kV、110kV 终端变电站一次接线相同，如下图所示。某次故障，220kV 线路因雷击发生 A 相瞬时接地，在两侧线路保护选相跳闸后等待重合的过程中，2 号主变压器的两套间隙保护动作。而 110kV 变电站进线多次因雷击发生单相接地故障，均未发生主变压器间隙保护动作情况。220kV 环网中也多次发生线路雷击故障，均未出现主变压器间隙保护动作情况。请分析：

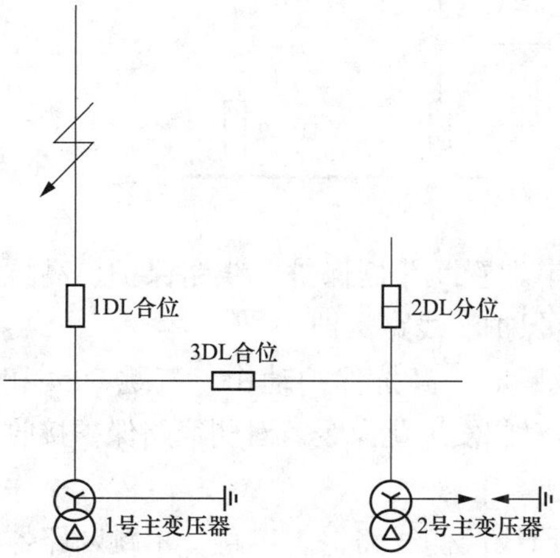

（1）2 号主变压器的什么间隙保护动作？

（2）2 号主变压器保护动作原因。

（3）110kV 变电站进线发生故障时，为什么主变压器间隙保护不会动作？

（4）220kV 环网中线路发生雷击故障，为什么主变压器间隙保护不会动作？

答：（1）2 号主变压器的间隙零序电流保护动作。

（2）2 号主变压器间隙在线路遭雷击时已经击穿，在线路单相重合闸期间，因线路非全相运行存在零序电流，中性点间隙仍然续流；而 220kV 线路单相重合闸时间一般为 1s，超过了中性点间隙过电流保护的动作时间（一般为 0.5s），导致 2 号主变压器间隙过电流保护动作。

（3）因 110kV 系统采用三相重合闸，不存在非全相运行阶段，即使雷击时主变压器中性点间隙击穿，线路保护动作后间隙不会续流，因此主变压器间隙保护不会动作。

（4）因环网中线路及接地变压器较多，在重合线路非全相运行期间，对零序电流产生很大的分流，导致中性点间隙无法续流，因而也不会出现主变压器间隙动作的情况。

20. 对于如下图 A、B 两个 500kV 变电站，线路出线不带隔离开关，A 站侧 Ⅰ 回、Ⅱ 回线路均带并联电抗器；线路保护选用集成过电压远跳功能的光纤差动保护，重合闸方式均为单重方式，试回答以下问题（动作情况分析时，需注明发跳合闸令的保护装置，并指出保护跳闸、合闸对应的断路器）：

（1）请列出下图中 A 站 Ⅰ 母、Ⅱ 母，第二串设备；B 站第一串设备所需配置的保护类型。

（2）说明当 Ⅰ 回线路的并联电抗器发生匝间短路故障时，两侧变电站各保护装置的动作情况。

（3）说明当 A 站 Ⅱ 回线路出口处发生 A 相瞬时接地故障，断路器 DL5 失灵，两侧变电站各保护装置的动作情况。

（4）说明当 A 站 Ⅰ 母上发生 AB 相故障时，断路器 DL4 失灵，两侧变电站各保护装置的动作情况。

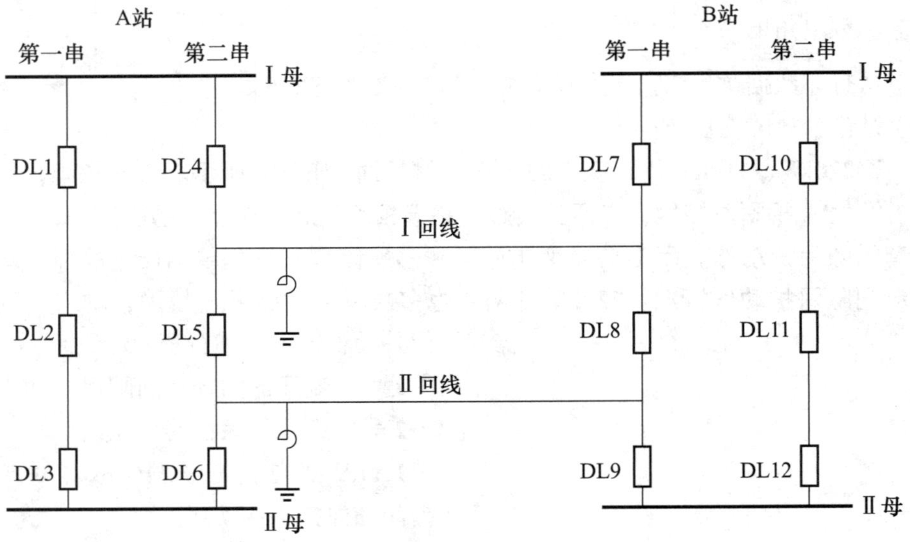

答：（1）A 站 Ⅰ 母、Ⅱ 母配置母线保护、第二串配置断路器保护、线路保护、高抗电量保护、高抗非电量保护。B 站第一串配置断路器保护、线路保护。

（2）当 Ⅰ 回线路的并联电抗器发生匝间短路故障时，高抗保护动作，三跳 DL4 和 DL5，闭锁重合闸，并通过线路保护的远跳功能，给对侧发远跳命令，对侧线路保护接收到远跳命令，三跳 DL7 和 DL8，并闭锁重合闸。

（3）当 Ⅱ 回线路上发生 A 相瞬时接地故障，Ⅱ 回线两侧线路保护单跳，单跳断路器 DL5、DL6、DL8、DL9。由于 DL5 失灵，无法跳开，失灵保护三跳 DL4、DL6，并闭锁 DL4、DL6 断路器保护的重合闸；通过远跳三跳 DL7、DL8，并闭锁 DL7、DL8 断路器保护的重合闸。DL9 断路器保护的重合闸能够重合。

（4）当 A 站 Ⅰ 母上发生 AB 相故障时，Ⅰ 母母线保护动作，三跳断路器 DL1、DL4。此时若断路器 DL4 失灵，断路器失灵保护三跳 DL5，闭锁重合闸；并通过线路保护远跳对侧 DL7、DL8，并闭锁重合闸。

21. 某变电站母线区内发生故障，母线接线方式为双母线接线，L1 为母联间隔，L2 及 L4 为电源间隔，L3 及 L5 为负荷支路。各间隔 TA 变比相同，全部为 1200/5，间隔及母联 TA 极性如图 1 所示。故障前母联开关一次处于分位，故障相别为 A 相，母线保护型号为 BP-2CS。图 2 为故障时刻Ⅰ母 A 相电压 / Ⅱ母 A 相电压及各间隔 A 相电流。波形图标示了 T_1 时刻及 T_2 时刻的波形幅值，I_1～I_5 代表 L1～L5 的电流。

（1）请根据图 2 的电压及电流波形，分析母线故障点位置。

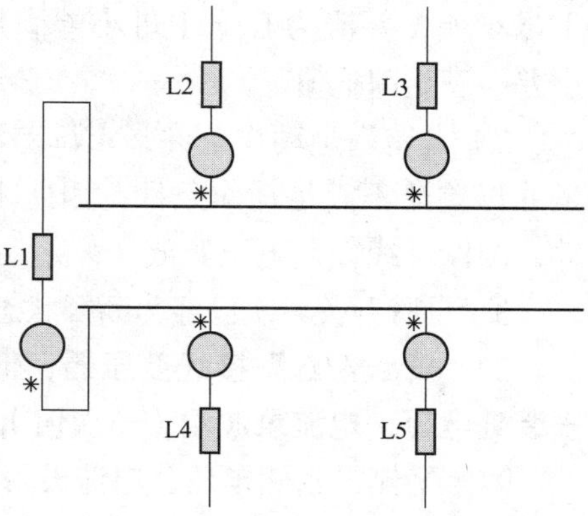

图 1　主接线示意图

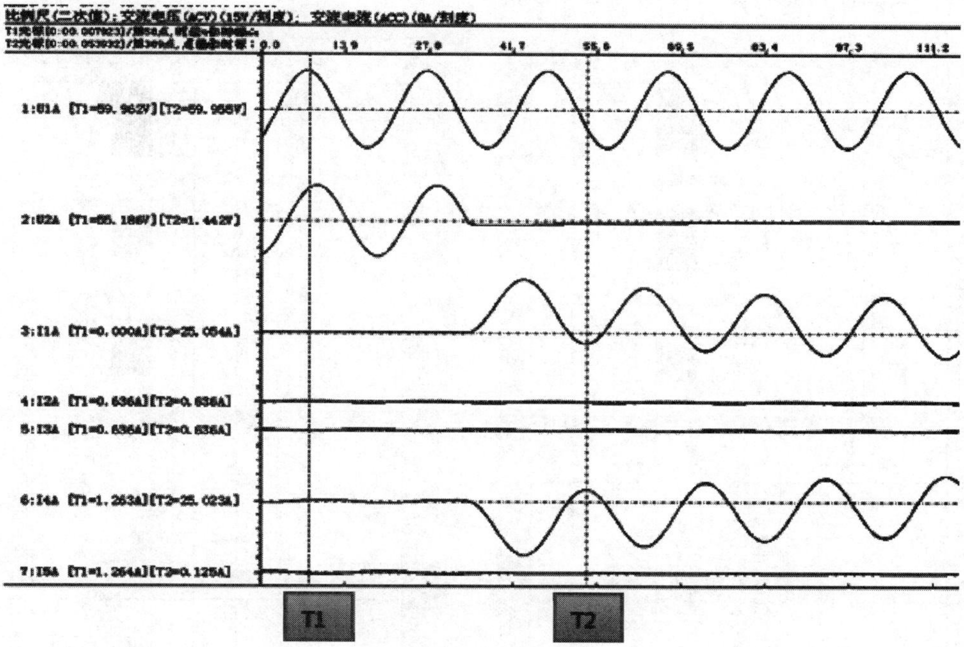

图 2　故障录波图

（2）假设故障前母联开关二次辅助触点 TWJ 异常，母线保护装置认为母联开关为合，经计算差流门槛及比率都满足动作条件，请分析母线保护装置的动作行为。

答：（1）分析故障点位置：

根据波形分析，Ⅰ母上两个间隔 L2 及 L3 电流较小，为负荷电流，且Ⅰ母电压正常，因此故障点不在Ⅰ母。Ⅱ母母线电压异常，且间隔 L4 电流变大，因此故障点应在Ⅱ母，而母联电流极性与 L4 极性相反，因此故障点在母联死区位置。

（2）分析母线保护动作行为：

1）故障前母联开关一次处于分位，而二次为合位，则母联电流计入小差电流，计算

Ⅰ母小差，差流为 L_1，Ⅰ母小差满足差动动作条件；计算Ⅱ母小差 L1+L4+L5=0，Ⅱ母小差不满足门槛值。

2）大差满足动作条件，Ⅰ母差流满足动作条件，但是电压闭锁，Ⅱ母电压开放，但是Ⅱ母差流不满足动作条件，因此Ⅰ母及Ⅱ母小差都不动作，此时大差差流满足动作条件，两段母线任一电压开放，大差动作跳母联开关。

3）母联开关一次已经为断开状态，此时大差动作启动母联失灵，继而动作切除Ⅱ母。

22. 一台Y/△型接线变压器，低压△侧无电源，下图为某次故障后变压器两侧保护安装处电压、电流录波图（一次值），请分析：

（1）Y侧、△侧电压、电流波形特点是什么？

（2）根据波形判断故障发生在哪里，故障类型是什么。

（3）画出该故障下，Y侧、△侧电压、电流相量图。

（4）变压器何种保护可能动作切除故障？

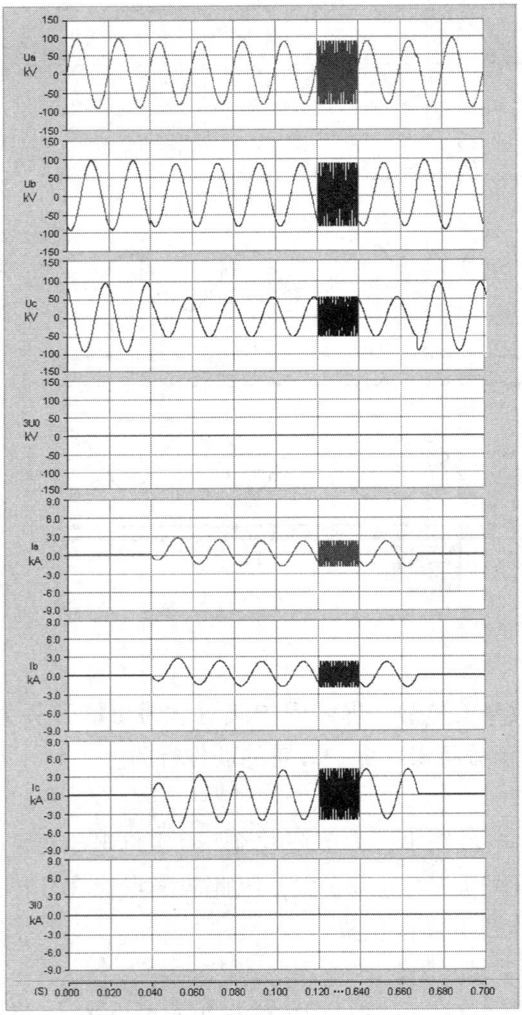

Y侧电压电流录波图

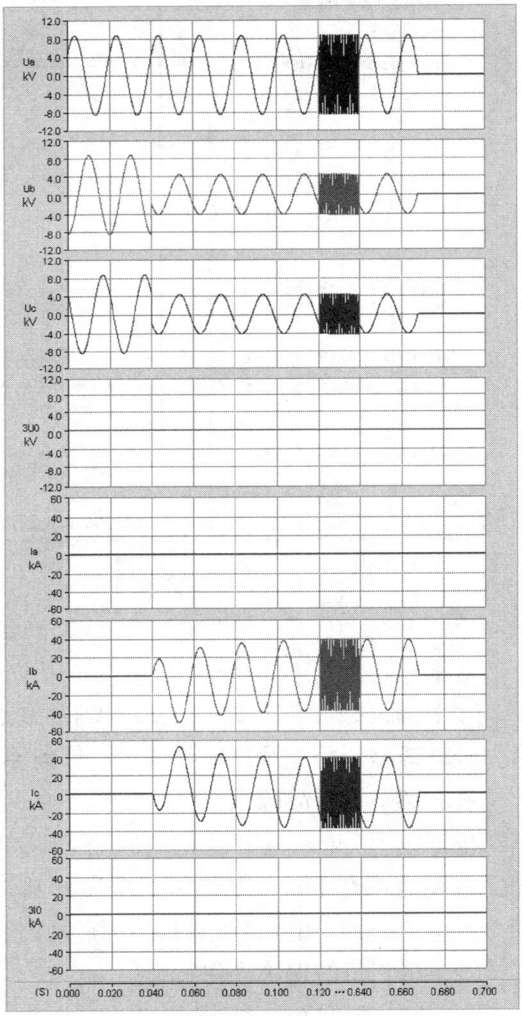

△侧电压电流录波图

答：（1）主要特点：①故障持续时间较长。故障从 40ms 开始，约在 668ms 时故障电流消失，Y侧母线电压恢复正常。②Y侧 A、B 相电流大小相等、相位相同，与 C 相相位相反，幅值约为 C 相一半。③△侧录波图显示，故障期间 B、C 两相出现了幅值相等、相位相反的故障电流，可直观地看出是△侧两相相间短路。④此时△侧 B、C 两相电压幅值相等，约为 A 相电压幅值的一半，相位与 A 相电压相反。

（2）△侧母线 (区外)BC 相金属性相间短路故障。

（3）

$$\overrightarrow{ab}=\overrightarrow{ef}=\frac{1}{2}\overrightarrow{cd}=\frac{Z_{S1}}{2\left(Z_{S1}+Z_{T1}^{Y}\right)}\dot{U}_{KC|0|}^{Y}\quad \overrightarrow{gh}=-j\frac{\sqrt{3}}{2}\dot{U}_{KA|0|}^{\triangle}\quad \overrightarrow{ih}=-j\frac{\sqrt{3}}{2}\dot{U}_{KA|0|}^{\triangle}$$

（4）变压器低压侧后备保护可能动作跳开低压侧断路器。

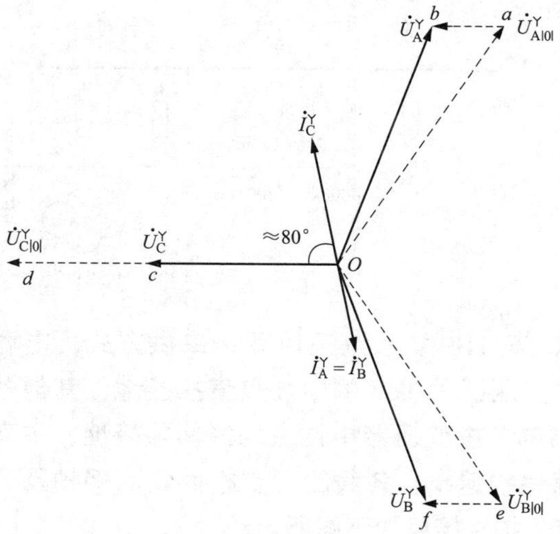

(a) Y侧相量图

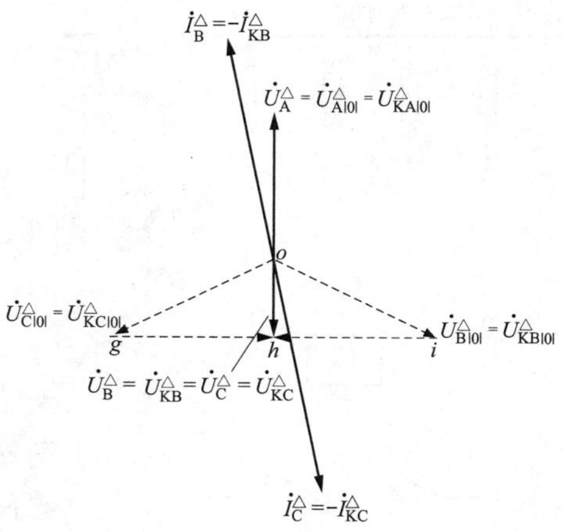

(b) △侧相量图

23. 变电站主接线如图所示，变压器接线组别为 YN,d11，高压侧无电压互感器，低压侧电压互感器二次为 $100/\sqrt{3}$ V。某日线路 2 进行了部分杆塔改造工作，送电后在变电站进行低压侧二次核相。已知变电站内原一、二次设备接线正确，核相结果如下：U_{a1}、U_{b1}、U_{c1} 为 10kV 1 号母线电压，U_{a2}、U_{b2}、U_{c2} 为 10kV 2 号母线电压，测量相电压、相间电压均正确，测量 U_{a1} 与 U_{a2} 之间 57.7V，U_{b1} 与 U_{b2} 之间 115.4V, U_{c1} 与 U_{c2} 之间 57.7V。请根据核相结果用相量图分析存在的问题和处理措施。

答：（1）电压相量图如下，U_A、U_B、U_C 为高压侧电压，U_{a1}、U_{b1}、U_{c1} 为正常的 1 号母线电压，U_{a2}、U_{b2}、U_{c2} 为异常的 2 号母线电压。通过相量图分析，2 号主变压器低压侧电压变为负序。系统通入主变压器的电压为负序电压。U_a 方向由 U_A-U_B 变成 U_A-U_C, U_b 方向由 U_B-U_C 变成 U_C-U_B, U_c 方向由 U_C-U_A 变成 U_B-U_A。以上说明线路 2 因施工相序发生 B 相、C 相接反。

（2）将上级电源侧出线或本变电站进线进行换相，重新核相即可。

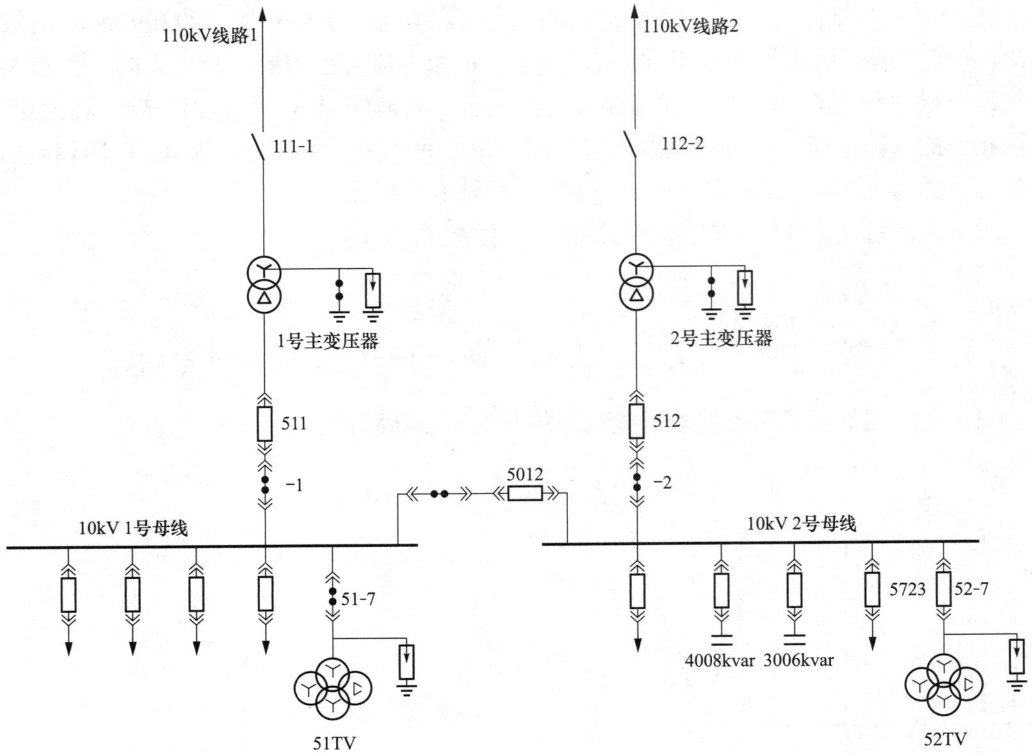

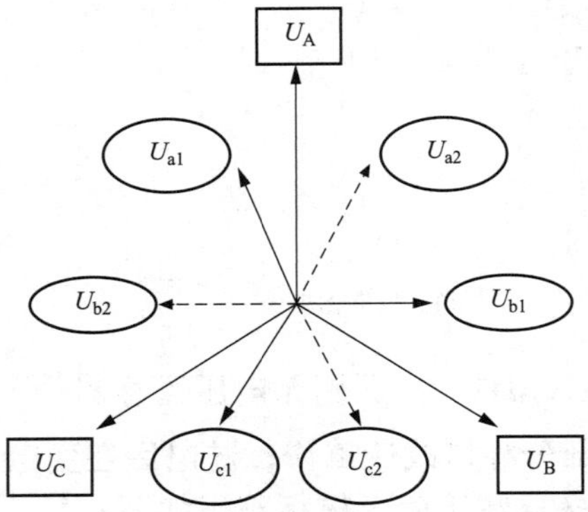

24. 某 110kV 系统采用逐级串供方式，电源端 A 站主变压器 110kV 侧中性点直接接地，其他各负荷站 110kV 主变压器中性点均经间隙接地，主变压器间隙保护退出；各线路配置相间距离保护及无方向零序保护；接线如下图所示。

在 AB 线路 K 点发生 A 相接地故障时，A 站 1 开关零序二段动作跳闸（故障电流 20.4A），C 站 5 开关零序二段动作跳闸（故障电流 4.7A），线路负荷侧开关（2，4，6）未配置保护。经检查保护装置和二次回路无异常，试分析 1、5 开关保护动作行为是否正确。为什么？3 开关保护为何不动作？

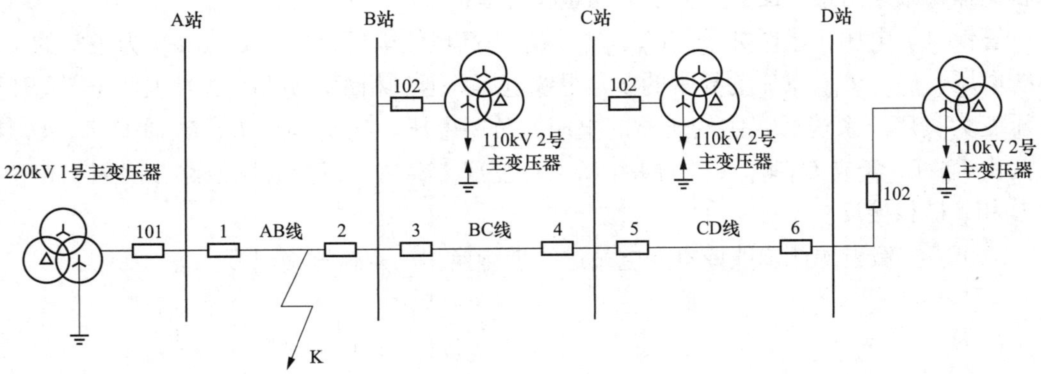

	保护 1	保护 3	保护 5
零序Ⅰ段	27A，0s	17A，0s	12A，0s
零序Ⅱ段	5.7A，1.5s	4.4A，1s	3.3A，0.5s
重合闸	1s	1s	1s

答： 1、5 开关保护正确动作。因为 K 点发生 A 相接地故障时，1 开关流过零序故障电流 20.4A，达到零序二段定值，1.5s 时 1 开关零序二段正确动作。正常情况下，5 开关保护不应动作，但 D 站 110kV2 号主变压器中性点间隙击穿，造成 5 开关流过零序故障电流 4.7A，达到零序二段定值，0.5s 时 5 开关零序二段正确动作。

故障开始时，3 开关虽然也流过零序故障电流 4.7A，但 0.5s 时 5 开关跳开，故障电流消失，零序二段保护返回，故不动作。

25. 系统图如下：

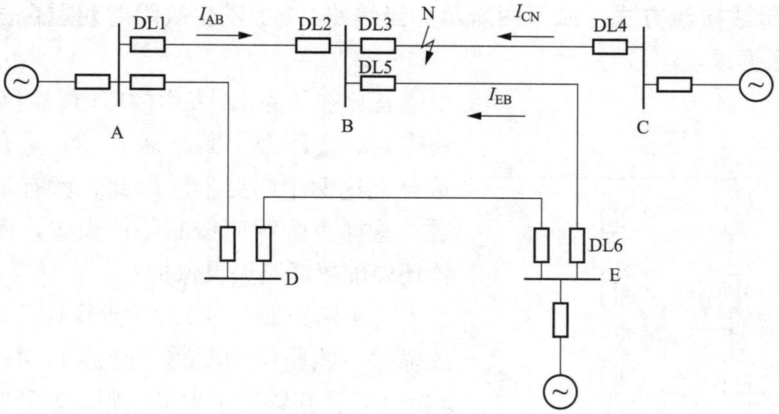

N 点线路发生单相接地短路故障，故障点总短路电流 $I_{\Sigma N}$=4500A，I_{CN}=1800A，I_{EB}=800A。保护配置情况：各站线路保护皆为三段式方向零序过电流保护，方向指向线路，TA 变比为 1200/5。

A 站：

DL1 开关　Ⅰ段：I_{dz1}=15A　　t_1=0s

Ⅱ段：I_{dz2}=6.25A　t_2=1s

Ⅲ段：I_{dz3}=3A　　t_3=2s

B 站：

DL2 开关　Ⅰ段：I_{dz1}=14A　　t_1=0s

Ⅱ段：I_{dz2}=9A　　t_2=1s

Ⅲ段：I_{dz3}=4A　　t_3=2s

DL3 开关　Ⅰ段：I_{dz1}=11.0A　　t_1=0s

Ⅱ段：I_{dz2}=5A　　t_2=1s

Ⅲ段：I_{dz3}=3A　　t_3=2s

DL5 开关　Ⅰ段：I_{dz1}=12A　　t_1=0s

Ⅱ段：I_{dz2}=6A　　t_2=1s

Ⅲ段：I_{dz3}=4A　　t_3=2s

C 站： **E 站：**

DL4 开关 Ⅰ段：I_{dz1}=7A t_1=0s **DL6 开关 Ⅰ段：I_{dz1}=15A t_1=0s**

Ⅱ段：I_{dz2}=5A t_2=1s **Ⅱ段：I_{dz2}=9A t_2=1s**

Ⅲ段：I_{dz3}=3A t_3=2s **Ⅲ段：I_{dz3}=3A t_3=2s**

问：（1）当 N 点发生单相短路故障时，哪一个开关的哪段保护应动作跳闸？

（2）短路电流 I_{AB} 为多少？

（3）DL4 开关成功跳开，若 DL3 开关拒动，应由哪一级保护动作切除故障？为什么？

答：（1）当 N 点发生单相短路故障时，DL3 及 DL4 的方向零序保护应动作跳闸，根据电流的数值判断，DL3、DL4 均为零序Ⅰ段动作。

（2）$I_{AB}=I_{BN}-I_{EB}=I_{\Sigma N}-I_{CN}-I_{EB}$=4500−1800−800=1900（A）。

（3）若 DL3 开关拒动，因此时 DL2、DL5 皆为反方向，保护不会动作。DL1 的零序Ⅰ段未达到定值，零序Ⅱ段动作跳开 DL1 开关。DL6 开关的零序Ⅰ、Ⅱ段未达到定值，零序Ⅲ段动作跳开 DL6 开关。DL1、DL6 跳开后，故障切除。

26. 3/2 母线接线方式，如下图所示。当线路 L1 上发生故障时对重合闸和断路器失灵保护有什么要求。

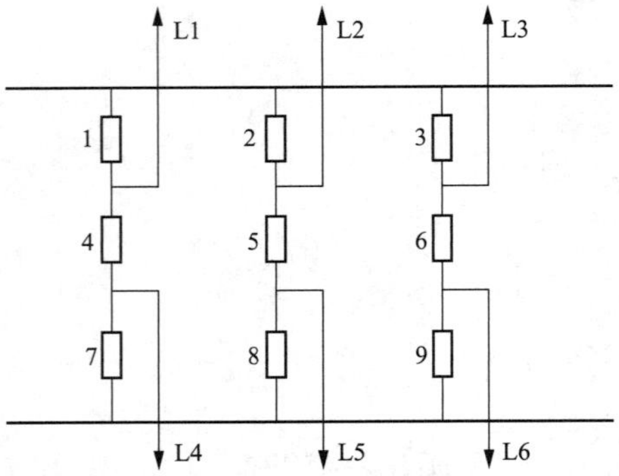

答：在线路 L1 发生故障时，线路保护发跳闸命令时，要跳两个断路器 1、4，重合闸动作也要重合上这两个断路器。因此，就有重合的顺序问题，这样重合闸应按断路器设置，而且每个断路器还要配置断路失灵保护。

（1）断路器跳闸失灵的问题：当线路 L1 发生故障时，线路保护要跳断路器 1、4，如中断路器 4 跳闸后，断路器 1 失灵，则 1 断器失灵，则 1 断路器失灵保护应将Ⅰ母上所有断路器，如图中断路器 2、3 跳闸。如断路器 4 失灵，在断路器 1 跳闸后，4 断路器失灵保护将断路器 7 跳闸。可见，凡边断路器（如图中断路器 1、2、3、7、8、9）失灵，边断路器失灵保护跳边断路器所在母线上所有断路器和中断路器；凡中断路器失灵，中断路器失灵保护跳与其连接的两个边断路器。而且要考虑在 3/2 母线接线方式时某一线路发生短路故障，如出现边断路器或中断路器失灵拒动，则一方面启动失灵保护，跳开与失灵断路器有电气联系的所有断路器。同时要传送远方跳闸信号，使线路对侧断路器跳闸切处故障。

（2）重合闸的重合顺序问题：当线路 L1 发生故障时，线路保护跳动 1、4 断路器后，重合闸装置动作，如先合断路器 4，且重合在线路永久故障上，线路保护再跳断路器 4，此时，万一断路器 4 失灵，断路器 4 的失灵保护将断路器 7 跳开，这会影响线路 L4 正常运行。如先合断路器 1 也是重合在线路永久故障上，线路保护再跳断路器 1，此时，万一断路器 1 失灵，断路器 1 的失灵保护将Ⅰ母上所有与其连接的断路器如图中 2、3 都跳开，由于断路器 4 没有合，所以线路 L4 运行不受影响。可见，在线路保护跳开两个断路器后，应先合边断路器，如重合成功后，再合中断路器。

27. **某 220kV 系统联络线甲线发生故障时，本侧的故障录波如下图所示，试根据录波图回答如下问题：**

（1）甲线发生什么故障？第一次故障持续时间多长？

（2）断路器开断时间约为多少？

（3）第一套保护跳令返回时间为多少？

（4）重合闸整定延时约为多少？

（5）在重合于故障，保护发三跳令后为什么 B、C 相电流（图中 e、f 点）先于 A 相电流（图中 g 点）消失？

答：（1）甲线发生 A 相单相接地故障（基本无过渡电阻），并重合于永久性故障。第一次故障电流持续时间约 65ms。

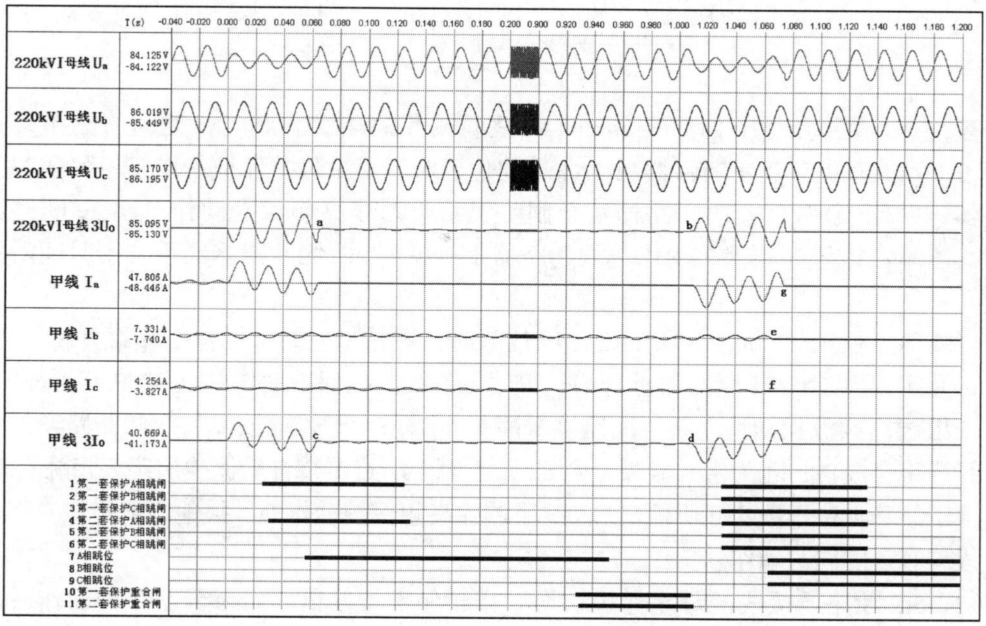

（2）约 40ms。

（3）约 60ms。

（4）约 800ms。

（5）因对侧开关先于本侧开关跳闸。

28. **某 500kV 系统接线图如下，甲乙两站的所有保护配置均满足有关规程及规定的要求，重合闸投单重方式，所有线路保护Ⅱ段时间定值为 0.6s，失灵保护延时跳相邻断路器时间为 0.3s，断路器两侧均有足够的 TA 供保护接入。某日，系统发生冲击，录波图显示发生单相接地故障，甲站Ⅰ母两套母差保护动作，甲乙线两套全线速动保护均动作。故障点找到后，经分析认为所有保护均正确动作。试回答以下问题：**

（1）指出单相接地故障点的位置。

（2）根据故障点位置，分析各相关保护及断路器的动作情况。

（3）若甲乙线配置高频保护，母差保护动作是否停信？为什么？

（4）若在本次故障中甲站22断路器拒动，试分析各保护及断路器的动作行为。

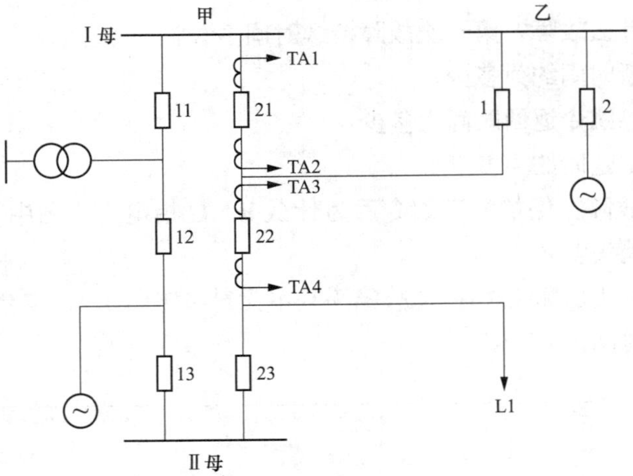

答：（1）故障点位于21断路器和TA1之间或者21断路器和TA2之间的位置。

（2）当故障点位于1断路器和TA1之间位置时，甲站母差保护动作三相跳开11、21断路器，并闭锁甲乙线21断路器重合闸。甲站甲乙线高频保护动作单跳22断路器故障相，乙站乙甲线高频保护动作单跳断路器1故障相，两侧断路器经重合闸时间后重合成功。

当故障点位于21断路器和TA2之间位置时，甲站母差保护动作三相跳开11、21断路器，并闭锁甲乙线21断路器重合闸。甲站甲乙线高频保护动作单跳22断路器故障相，乙站乙甲线高频保护动作单跳1断路器故障相，若为瞬时接地故障，两侧断路器经重合闸时间后重合成功；若为永久故障，则22及乙侧1断路器重合后保护加速三相跳闸。

由于故障点位于甲乙线甲侧出口处，甲侧除高频保护动作外，接地距离Ⅰ段及零序电流Ⅰ段均有可能同时动作。

（3）3/2断路器接线的母差保护动作后高频保护不停信。如果母差保护动作后高频保护停信，当母线故障时会误切线路。例如，该系统Ⅰ母故障，会使乙侧高频保护动作，误切乙站1断路器。

（4）若故障点位于21断路器和TA1之间位置，虽然22断路器拒动，但母差保护动作，使21断路器三跳，切除故障，22断路器失灵保护不会动作。

若故障点位于21断路器和TA2之间位置，虽然母差保护动作，使21断路器三跳，但故障并未切除。甲乙线路保护动作后，22断路器故障相拒动，150～200ms后发三跳令，非故障相断路器跳开。22断路器失灵保护动作，先按相瞬跳本断路器；延时0.3s后三跳23断路器。同时启动甲乙线及L1线远跳，乙站1断路器在单相跳闸后重合闸动作前又三相跳闸不重合，L1线对侧断路器三相跳闸不重合。

29. 某线路故障时保护动作切除故障，线路保护装置的录波图形如下。

请根据录波图回答：

（1）线路采用的重合闸方式。发生何种故障？电压取至母线电压互感器还是线路电

压互感器？

（2）故障持续时间、重合闸时间。

（3）故障点在何时熄弧？线路在何时合环运行？

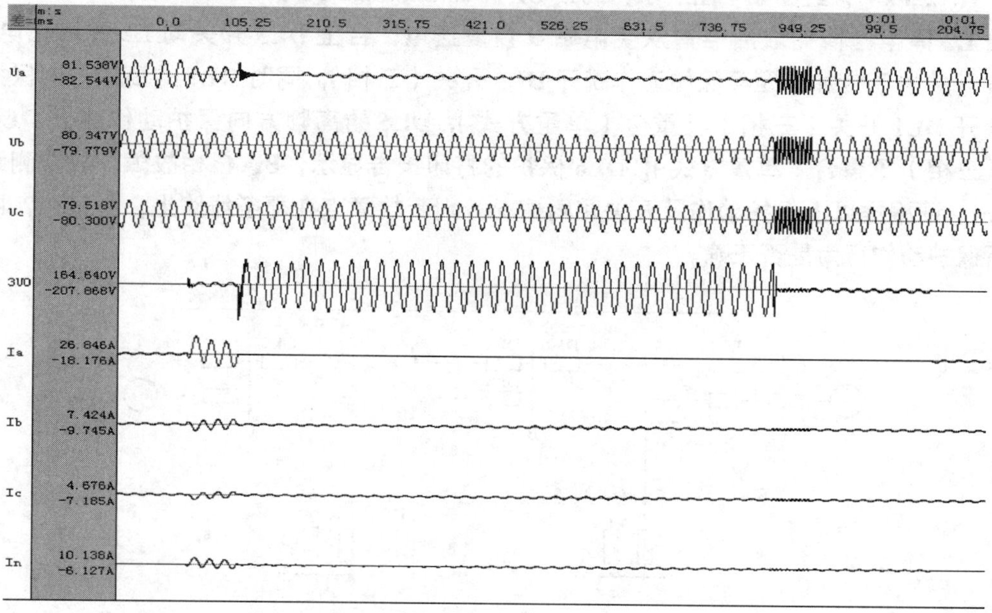

答：（1）线路采用单相重合闸方式，发生 A 相瞬时性接地故障，电压取值线路电压互感器。

（2）故障持续时间 105ms，重合闸时间 850ms。

（3）故障点在故障发生后约 190ms 熄弧，线路在故障发生后约 1200ms 后合环运行。

30. 如下图所示，当 BC 线路发生距 C 端 10%处永久性 B 相接地故障时，试分析 DL3、DL4 所配保护的动作行为。若 DL2 由于所配纵联距离保护用收发信机原因未发闭锁信号，则分析 DL1、DL2 的保护动作行为。

注：DL1、DL2 所配保护：光纤纵联差动 + 载波纵联距离。

DL3、DL4 所配保护：光纤纵联差动 + 光纤纵联距离。

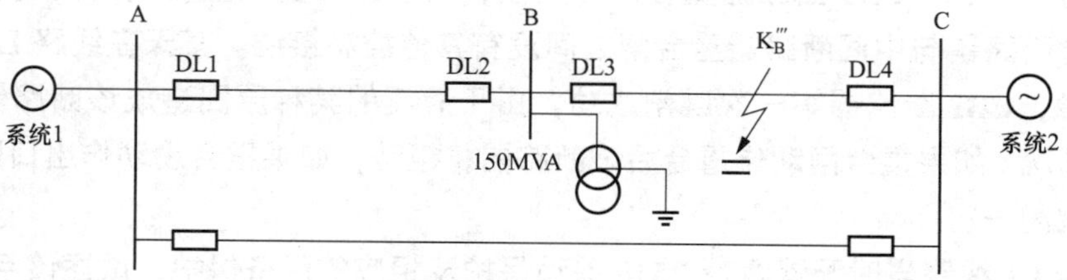

答：（1）BC 线路发生单相永久接地故障时，DL3 应有如下保护动作：纵联差动、纵联距离、重合闸动作，零序后加速、接地后加速动作。

DL4 应有如下保护动作：纵联差动、纵联距离、接地距离 I 段动作出口，重合闸动作，零序后加速、接地后加速动作。

（2）若 DL2 侧收发信机未发闭锁信号，则 DL1 侧的纵联距离动作出口，选相元件灵敏度足时掉 B 相，重合闸动作。选相元件灵敏度不足时掉三相，不重合。DL2 侧不应有保护动作。

31. 220kV 系统图如下图所示，线路 L1 长 38km, 线路 L2 长 79km，线路 L3 长 65km。线路 L2 停电检修完成后准备从变电站 B 恢复送电，合上 DL3 开关向 L2 线路充电时，DL3 开关的手合加速距离保护动作跳开 DL3 开关（三相），同时 DL1 的高频方向保护动作跳开 DL1 开关（三相）不重合（单重方式），DL6 的高频方向保护动作跳开 DL6 开关（三相）不重合（单重方式），DL6 保护的打印报告显示，B、C 相故障，故障测距为 92km。请根据以上保护动作及开关跳闸情况，判断故障点在那条线路上，为什么？同时分析保护动作行为是否正确。

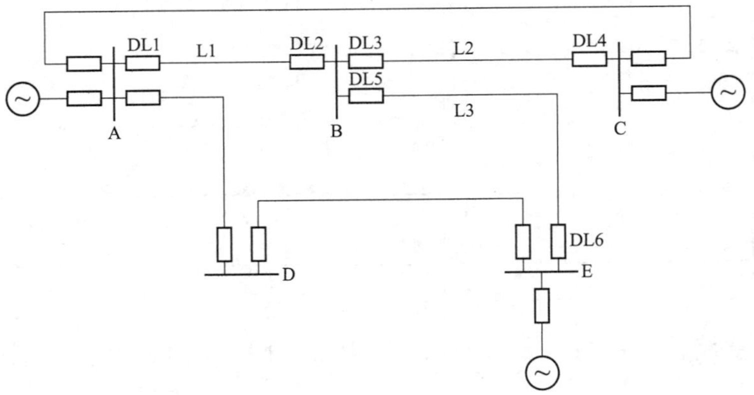

答：（1）故障点在 L2 线路上。因为 L1、L3 线路的另一端开关保护没有动作跳闸，说明故障出现在 DL2 和 DL5 的反向。且 DL6 保护的故障测距为 92kM，线路 L3 长 65kM，因此故障点在相邻线。综上，故障点应在 L2 线路上。

（2）因为故障点在 L2 线路上，所以 DL3 开关的手合加速距离保护动作正确，DL1 的高频方向保护为误动作，DL6 的高频方向保护也为误动作。

32. 对一个半接线的线变串，如下图所示，断路器 CB1 的重合闸置停用方式运行，其他线路断路器的重合闸方式为单重方式，CB1、CB9 断路器重合闸整定时间为 0.7s，CB2、CB8 断路器为 1.0s，CB1 断路器重合闸停用后，其他断路器的重合闸时间均没做相应调整，甲站边断路器与中间断路器重合闸之间没有其他控制接线。某天在线路 L1 上发生单相永久故障，CB2 断路器第一次跳闸成功，由于液压的某种原因造成该断路器的重合闸出现如下情况：如果重合闸动作重合后该断路器将拒动，如果重合没动作出口则该断路器还允许再跳闸一次。

（1）若 L1 线路当时配置两套 P546 差动保护及相应的后备保护，试述该系统各保护、重合闸、各断路器的动作行为。

（2）若 L1 线路当时配置两套 PCS931 差动保护及相应的后备保护，试述该系统各保护、重合闸、各断路器的动作行为。

答：（1）在 L1 线上发生单相故障，L1 线路两侧保护对 CB1、CB2、CB8、CB9 发跳

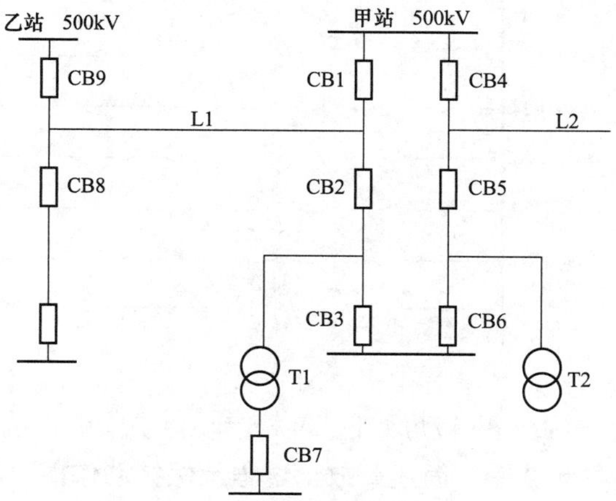

A相命令，并向相关的重合闸发启动重合闸命令，相关的断路器失灵保护启动失灵。因为CB1重合闸停用，由其通过沟通三跳逻辑，使CB1三跳，经0.7s后，CB9进行重合。因重合于永久故障，约经0.1s，由乙侧的合于故障保护和P546差动分别向CB8、CB9发跳三相命令，并同时闭锁这些断路器的重合闸，启动相关断路器的失灵，同时终止CB8的重合闸进程，CB8不再重合。甲侧因P546差动连跳分别向CB1、CB2发跳三相命令。因CB1已三跳，其对CB1不起作用，同时终止CB2的重合闸进程，CB8不再重合。

（2）在L1线上发生单相故障，L1线路两侧保护对CB1、CB2、CB8、CB9发跳A相命令，并向相关的重合闸发启动重合闸命令，相关的断路器失灵保护启动失灵。因为CB1重合闸停用，由其通过沟通三跳逻辑，使CB1三跳，经0.7s后，CB9进行重合，因重合于永久故障，约经0.1s，由乙侧的合于故障保护和PCS931差动分别向CB8、CB9发跳三相命令，并同时闭锁这些断路器的重合闸，启动相关断路器的失灵，同时终止CB8的重合闸进程，CB8不再重合。甲侧因PCS931差动无连跳功能，于是不能连跳出口，当重合闸延时至1.0s时，CB2进行重合，因重合于永久故障，约经0.1s，甲侧的合于故障保护和PCS931差动分别向CB1、CB2发跳三相命令，并同时闭锁这些断路器的重合闸，启动相关断路器的失灵，因CB1已三跳，其对CB1不起作用，由于CB2断路器拒动，经失灵检测时间后，CB2失灵出口向CB1、CB3发三跳命令，向线路对侧发远方跳闸命令，向主变压器保护总出口发三跳命令。因为CB1、CB8、CB9已三跳，不起作用，而主变压器总出口向CB2、CB3、CB7发三跳命令，同样，CB2仍然拒动，其仅对CB7起作用，对其三跳。

33. 试根据下面的波形图分析变压器发生了何种故障，此时变压器差动保护的动作行为。I_{HA}、I_{HB}、I_{HC}分别为220kV主变压器高压侧的A、B、C三相电流，I_{MA}、I_{MB}、I_{MC}分别为110kV中压侧的A、B、C三相电流，变压器绕组的接线方式为Y0/Y0，220kV直接接地，110kV经中阻接地，TA的接线方式为Y/Y接线。

答：（1）从图中可看出高压侧A相有很大的故障电流，而中压侧A相无很大的故障电流，判断出并非区外故障，而是A相区内故障，并且110kV侧为无电源。

（2）由图分析，220kV与110kV的C相电流同时增大并且相位相反，可以判断110kV侧区外C相接地。

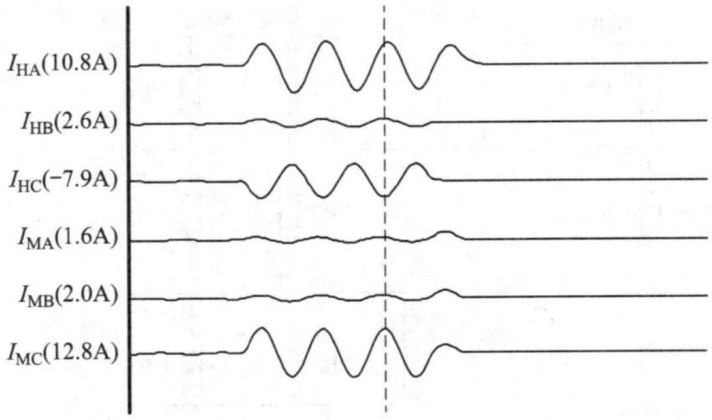

（3）变压器差动保护为分相差动原理，A相差动保护能够正确动作。

34. 根据下图的故障录波图，简述事故全过程及保护动作情况。

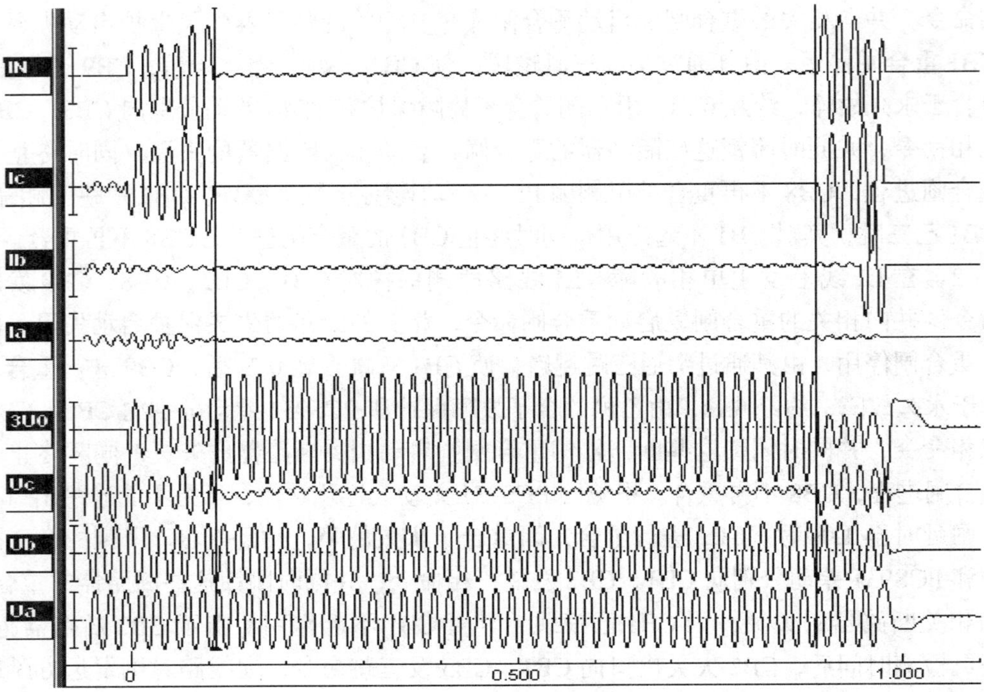

答：某线发生C相接地故障，110ms故障切除，经过779ms，重合闸动作，重合于永久性故障，在开关三相跳闸前，转换为B、C两相接地故障，开关三跳。

35. 某YN，YN，d11的变压器，根据下图高压侧和中压侧的故障录波截图，分析：

（1）是什么样的故障？

（2）交流回路接线存在什么问题？

答：（1）从图中可以看出，是B、C相间故障。高压侧和中压侧电流相位相反，一定是区外故障。

（2）从高压侧交流录波图可以看出，每相电压都有三次谐波。相间故障不应该有零序电压，从高压侧录波可以看出自产零序电压U_{0H}很大，且有明显的三次谐波特征，由此可以判断TV中性点N600虚接。

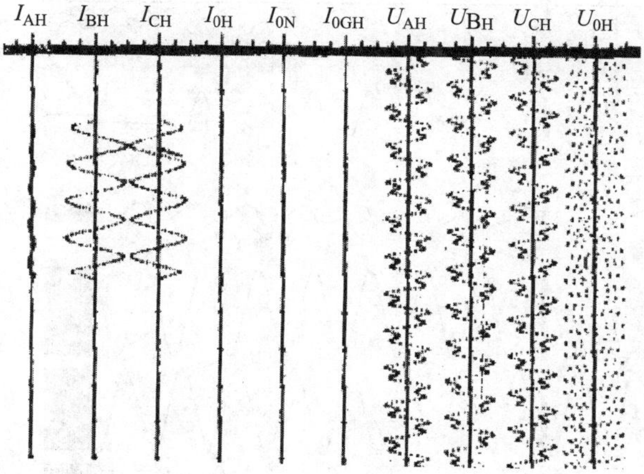

高压侧交流录波

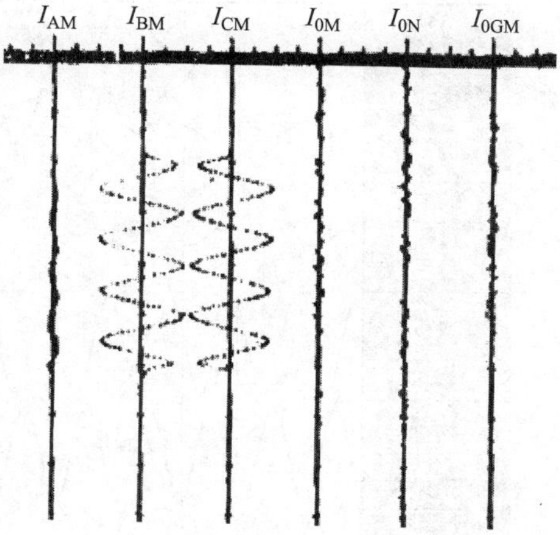

中压侧交流录波

36. 某一 220kV 线路配置 RCS931 光纤差动保护，甲站侧和乙站侧差动保护同时跳闸，两站录波如下图所示，两侧 TA 变比不同。

问题：（1）从录波信息来看，一次系统出现了什么扰动？说明理由。

（2）分析差动动作原因。

（3）乙站差动保护跳闸时开关灭弧时间大约是多少？跳闸时 B 相电流录波末端为什么出现非周期分量？

答：（1）两站有一侧空投变压器时产生穿越性励磁涌流。理由是两侧同相电流相位相反，说明是线路区外扰动；波形畸变是涌流特征；扰动时两侧电压没有明显降低，而且正序特征。

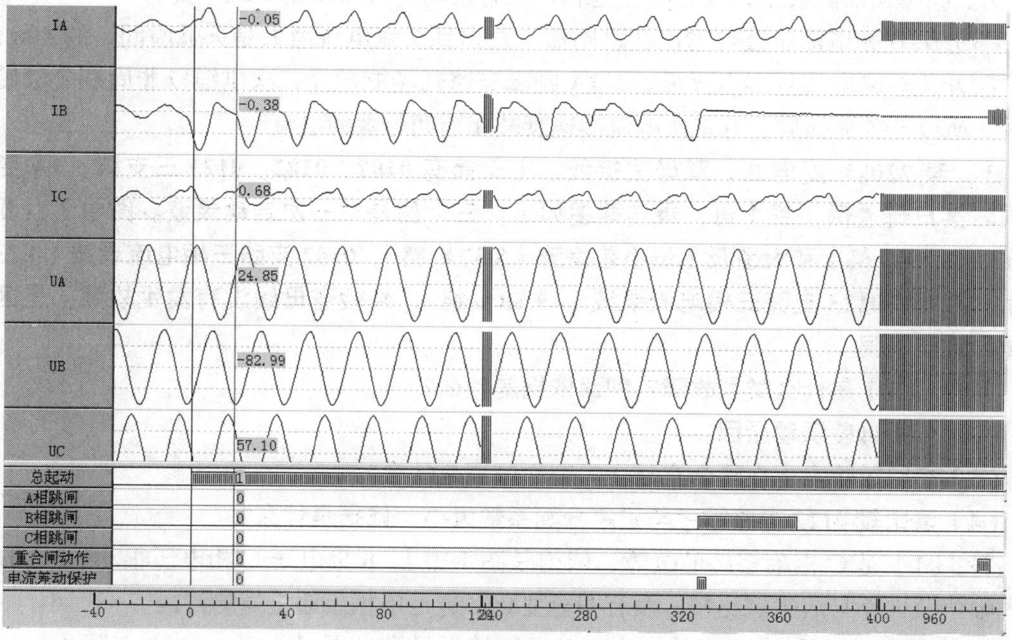

甲站侧录波

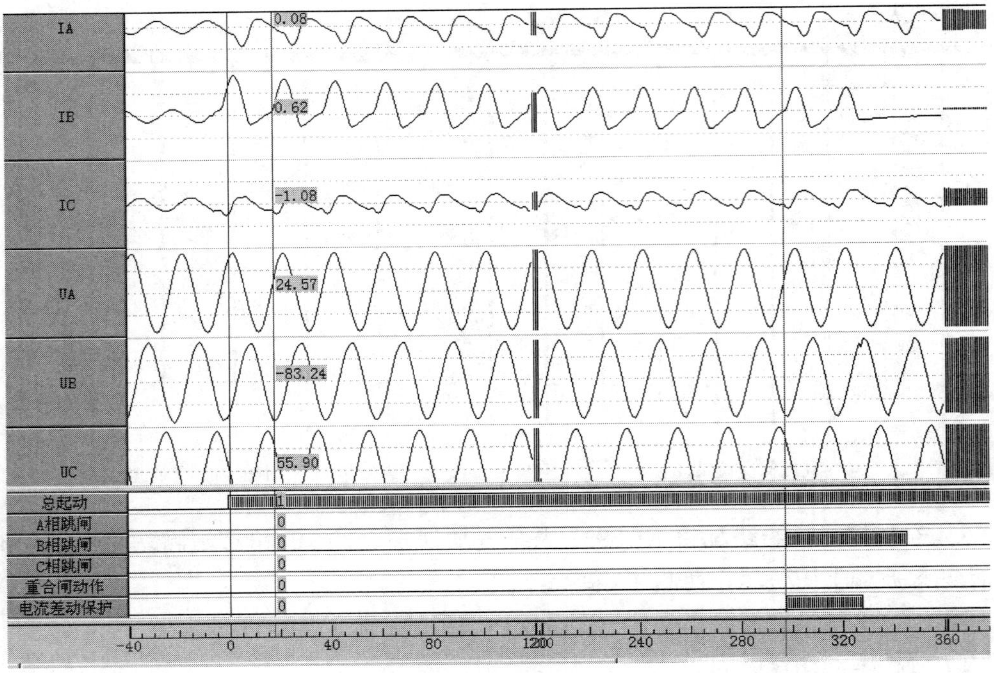

乙站侧录波

（2）乙站差动保护跳闸前B相电流近2个周波没有明显较大变化，保持励磁涌流本身特征；甲站差动保护跳闸前B相近2个周波明显变小，而且显示明显TA饱和特征。空投变压器时B相是最大涌流相，非周期分量很大，同时衰减又慢导致了空投开始阶段甲站TA还没有发展到饱和差动不会误动，当发展到深度饱和时，电流很快变小，差动误跳。A、C两相油流较小，没有明显饱和，没有误动。所以线路单跳单重。

（3）从B相电流录波可看出从跳闸命令发出到交流电流消失是灭弧时间，约40ms；因一次开关短路电流过零点灭弧后，TA励磁支路磁场能量经二次电缆以非周期分量慢速衰减。所以开关灭弧后，有二次电流慢速衰减非周期分量的电流。

37. 某220kV变电站，双母主接线，Ⅰ母接有0102、0122、0123三支路，TA变比相同。某日母差保护跳Ⅰ母，录波截图如下。三个图是同一次启动录波。图中Ⅰ、Ⅱ母电压（41.29V/格）和大差及Ⅰ母小差差流（8.37A/格）。0102支路三相电流录波（4.23A/格），0122和0123支路三相电流录波（19.08A/格），经检查母线没有发生故障，是区外故障导致误跳闸。

问题：（1）是什么类型故障？判断依据是什么？

（2）分析母差误动原因。

（3）短路故障发生在哪个支路上？判断依据是什么？

（4）请比较0122支路零序与正序分配系数大小，依据是什么？

答：（1）是C相单相接地故障，依据是图1中Ⅰ、Ⅱ母电压C相电压很小，A、B相电压幅值及大小与故障前比较，没有明显变化，这是单相接地故障的特征。

（2）误动原因是0102支路A相TA极性接反导致的差动误动。0102支路A、B、C三相电流大小相等，B、C相同相位，A相反相位，系统常规故障类型，以及故障电流经

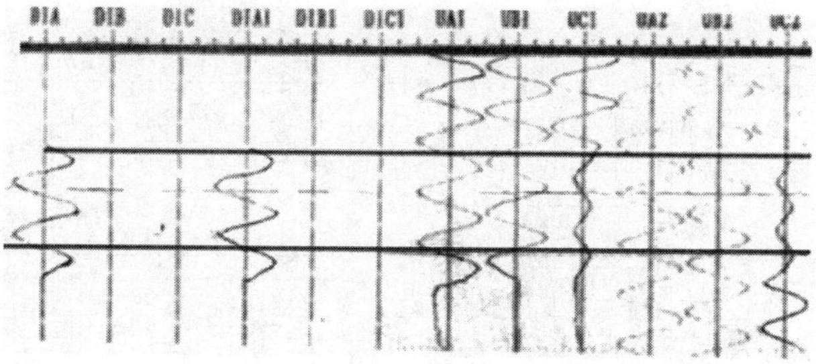

图1

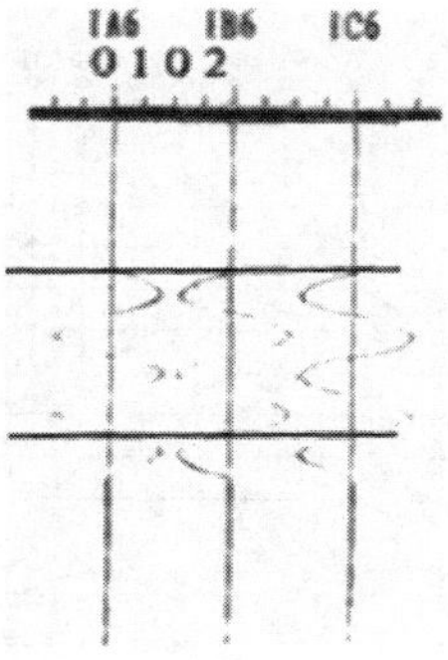

图2

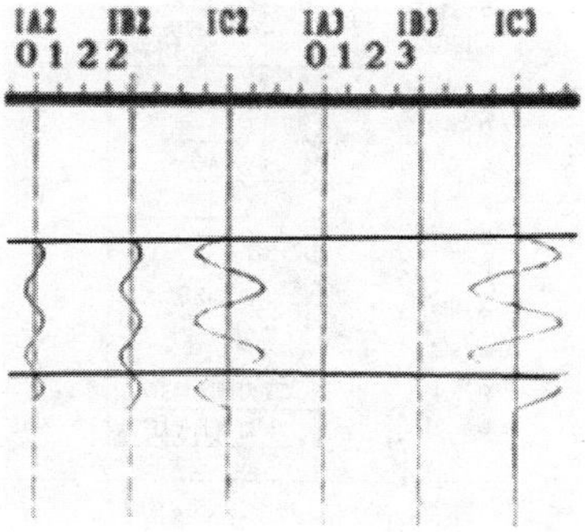

图3

变压器转角没有该特征故障电流，但是系统中有接地故障时弱电侧显示三相幅值及相位相同的零序特征电流，所以0102支路TA有接反相。从0122、0123支路录波可以看出，C相电流大，A、B两相电流很小，显然是单相接地故障的特征，而母差跳闸时A相有差流，C、B相没有差流，所以是0102支路A相TA极性接反引起的。

（3）首先排除0102支路。C相接地故障发生在0123支路上，原因如下：①三个支路中0123支路电流最大，一般规律是故障支路电流大于非故障支路；②三个图中40ms时间相位，C相电压相位约为70°，0123支路C相电流约为0°，0122支路C相电流约为180°，电压超0123支路电流约70°，电压超0122支路–110°，因TA极性端在母线侧，短路电流从非故障电源支路流向故障支路，0123是故障支路。

（4）从图3中可以看出，非故障支路A、B相故障分量电流同相位且相等，与故障C相电流反相位，所以正序分配系数大于零序分配系数。A、B相负荷分量电流影响很小，保护启动之前录波负荷状态电流几乎没有。

38. 某220kV变电站220kV主接线为双母线结构，为配合220kV新扩间隔，停用220kV Ⅰ母线进行GIS拼接。当拉开220kV母联开关将220kVⅠ母线由运行改热备用时，发生220kVⅡ母电压互感器二次小空开跳开。

（1）试判断发生220kVⅡ母电压互感器二次小空开断开的可能原因。发生异常后如何进行检查？

（2）下图为220kV间隔电压回路切换及信号回路图，分析按下图设计时信号回路是否存在缺陷。目前220kV典型设计是否存在上述问题？

（3）当发生电压回路误并列时，若发生220kVⅠ母线故障，试分析会造成什么后果。

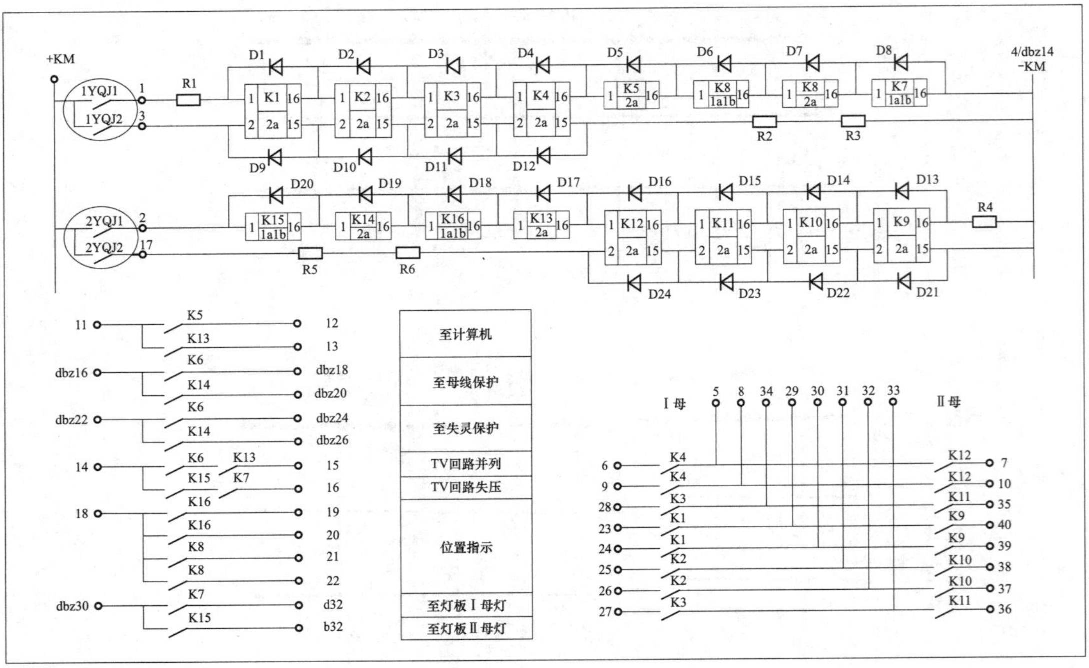

答：（1）根据异常现象初步判断，当拉开220kV母联时，220kVⅠ母线无电，220kV Ⅱ母电压互感器小空开跳闸可能原因为Ⅱ母电压向220kV Ⅰ母线反充电。

检查站内220kV各间隔，电压二次回路并列（切换继电器同时动作）光子牌是否点亮，判断造成电压反充电是否由间隔隔离开关互跨造成。

测量220kV Ⅰ母电压互感器二次小空开下桩头电压，检查是否由Ⅰ/Ⅱ母电压并列回路造成。

（2）根据图纸判断，间隔电压切换重动采用的是双线圈磁保持K1～K4，而信号回路告警采用的是K5～K8单线圈继电器，造成K1～K4的状态无法由K5～K8完全实时监视，当闭触点（1YQJ2）切换不良或接线松动时，会造成K1～K4在动作状态，而K5～K8已返回，造成电压回路误并列而无法发现。建议相应告警及信号触点应采用与K5～K8状态相同的触点。

（3）当发生上述情况时，220kV Ⅰ母线动作后，第一时限跳开220kV母联，第二时限跳开Ⅰ母线上所有间隔。220kV Ⅰ母线失电，220kV电压误并列，造成220kV Ⅱ母电压互感器二次小空开跳开，220kV线路保护在区外故障启动情况下，特性过原点的距离三段动作跳开接在220kV Ⅱ母线上的所有线路，造成220kV全停。

39. 如下图所示，图中的线路均为双端电源线路，图中的所有保护配置均为常规配置，且没有异常，CB3母联的充电保护为单独配置，不包含在母线保护内，Ⅰ母、Ⅱ母的母差保护也正常投入。L1为待投入的新线路，在成功投入之前要进行极性检查。现假设对侧CB2已充好电，且充电成功，并已通过其他手段将TA的极性校验正确。然后调度这样操作：①先将L1线路两侧的纵联保护退出，L1甲站的后备保护也退出，重合闸退出，仅投入合于故障保护，因为其对TA极性没有要求，然后让Ⅰ母空出，通过母联向Ⅰ母充电，再合CB1向L1线路充电。②如前项合闸成功，线路即带上负载，可校验本侧

的 TA11 极性，极性校验正确后，投 L1 线路本侧的后备保护。③在前项基础上，加上通道与对侧保护进行联调，联调完成后再投入两侧的纵联保护。④将重合闸投入，完成 L1 线路及其保护的投运。

试问：（1）如在合 CB1 的过程中，线路上发生故障，甲站的保护如何切除故障？

（2）CB1 闸成功后，后备保护投入之前，线路上发生故障，甲站的保护如何切除故障？

（3）护投入之后，纵联保护投入之前，在 L1 线路甲站出口附近发生 A 相故障，甲站保护如何清除故障？

（4）纵联保护投入且重合闸投入之后，线路上发生 A 相瞬时故障，甲站线路保护与断路器如何反应？

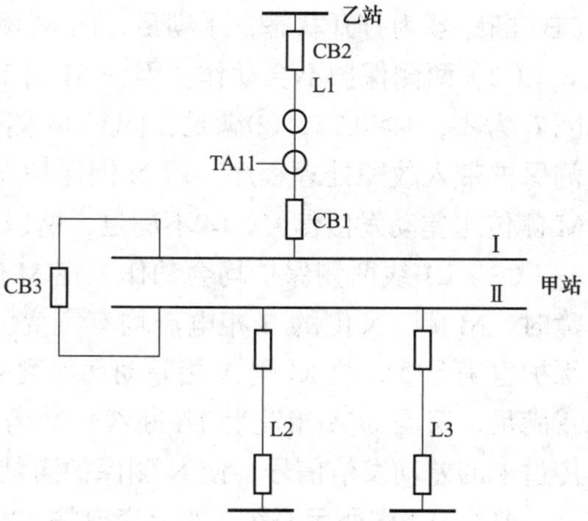

答：（1）由 L1 线路保护中的合于故障保护出口三跳 CB1，切除故障。

（2）由母联解列保护三跳 CB3，隔离故障。

（3）距离 1 段跳 CB1 的 A 相，由于重合闸停用，通过沟通三跳对 CB1 跳三相；如沟通三跳回路没有接，经三相不一致保护三跳 CB1。

（4）纵联保护动作跳 CB1 的 A 相，并启动 CB1 重合闸，重合闸成功重合。

40. 如下图所示，L1 线路两侧配有一套分相电流差动保护，根据厂家说明书及差动保护的逻辑图，假定简化考虑其他相关的闭锁，差动保护的出口跳闸必须同时满足下列条件：①保护从正常处理程序转到故障处理程序（任一相电流有突变，或者零序电流有突变，再或者收到对侧保护传送过来的差动发信信号，仅需三者之一满足）；②差动判别式满足，即 $|I_1+I_1'|>0.75|I_1-I_1'|$（$I_1$、$I_1'$ 分别为同一相的本侧电流、对侧电流）；③收到对侧差动保护传送过来的差动发信信号；④任一相电流或者零序电流有突变。

满足下列条件之一时，一侧的差动保护向另一侧传送差动发信信号：

ⅰ. 收到对侧传送过来的发信信号且本侧断路器三相为断开状态。

ⅱ. 任一相电流有突变或零序电流有突变，且本侧差动判别式满足。

试阐述：

（1）在 CB2 断路器打开时，先合 CB1，恰逢此时 L1 线路一相在某处对地形成短路，M 侧保护是否动作？简述理由。

（2）在 L1、L2 线路正常运行时，M 侧发生 A 相 TA 二次回路断线，两侧保护是否会动作？简述理由。

（3）在 M 侧发生 A 相 TA 断线时，运行人员没有及时申请处理，不久，在 L2 线路上发生 B 相故障，L1 线路两侧差动保护是否会动作？简述理由。

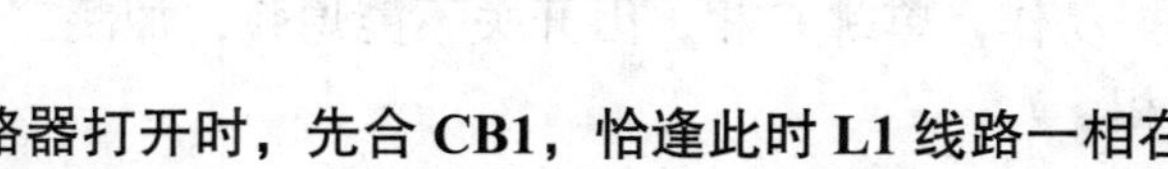

答：（1）M 侧保护动作。因为合 CB1，相电流有突变，保护启动，①、④满足，因为 CB2 断路器没合闸，I_1' 为零，1>0.75，②满足；同时 M 侧保护ⅱ满足，向对侧传送差动发信信号，N 侧的保护收到 M 侧传过来的差动发信信号，转入故障处理程序，N 侧 CB2 断路器为打开状态，ⅰ满足，向 M 侧传送差动发信信号，使 M 侧保护③满足。

（2）两侧保护不会动作。因为 M 侧 TA 断线有电流突变，转入故障程序①、④满足，因 I_1 为零，1>0.75，②满足，同时 M 侧保护ⅱ满足，向 N 侧传送差动发信信号，将 N 侧保护带入故障处理程序，因 N 侧保护没有电流突变，不满足ⅱ，也不满足ⅰ，故不向 M 侧传送差动发信信号，③不满足，所以差动不动作。

（3）L1 线两侧保护均会动作。在 M 侧发生 A 相 TA 断线，当 L2 线路上发生 B 相故障时，M 侧、N 侧的 B 相电流均有突变，由（2）可知，N 侧保护满足ⅱ，也就是 M 侧保护也满足③，故 M 侧 A 相差动动作跳 A 相；因为 N 侧 B 相电流有突变，N 侧保护①、④满足，又因为 A 相发生 TA 断线，②满足，且 M 侧保护ⅱ满足，N 侧保护会收到 M 侧传过来的差动发信信号，使 N 侧保护满足③，故 N 侧 A 相差动动作跳 A 相。

41. 如下图所示系统，四个变电站 220kV 母线间通过 L1～L5 线路连接，L1、L2、L3 配置 CSL101A+RCS901A 保护，L4 配置 PSL603GA+RCS931A 保护，L5 配置 CSC101A+RCS931A 保护，重合闸均为单重方式，各站母线均配置 RADSS 母差保护，且甲站开关较老，分闸时间均比对侧慢 100ms。某日，系统全接线运行（图示所有元件均运行，所有保护均投入），甲站Ⅰ母挂 L2，Ⅱ母挂 L1、L3、L4、L5 运行，母联合位线路 L1 C 相遭雷击发生永久性故障，A 开关因设备原因 C 相不能熄弧，请分析该系统中各处保护及开关的动作情况。

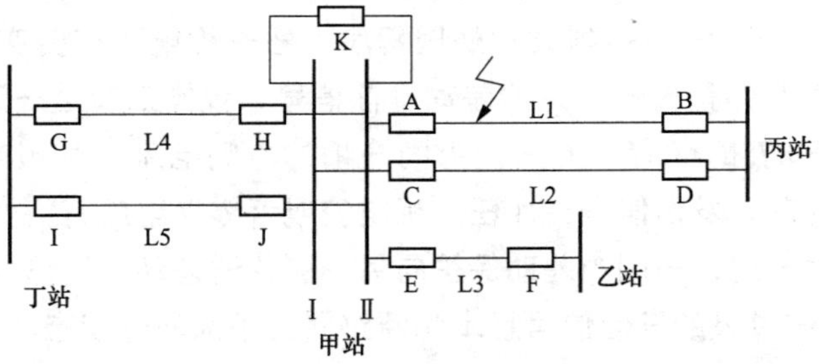

答：（1）A 侧保护动作，单跳 C 相，因开关不能熄弧，加跳三相，并启动失灵；B 侧保护动作，单跳 C 相。

（2）失灵保护动作，第一时限 200ms 跳开母联开关 K。

（3）失灵保护第二时限 400ms 出口跳Ⅱ母线上所有开关（H、J、E），同时对 L3 双套及 L5 第一套保护停信（或发允许信号），对 L4 双套及 L5 第二套保护发远跳信号；F 开关 C 相跳闸、G 开关和Ⅰ开关三相跳闸。

（4）B 开关 C 相重合于故障加速跳开三相，F 开关 C 相重合成功。

42. 一个 220kV 系统如图所示，M 站母线配置微机型母线保护，Ⅰ线配置双套微机线路保护及重合闸，重合闸选用单重方式。每套保护装置含高频保护、三段式距离保护和四段式零序电流保护。Ⅰ线 M 站出口处发生 A 相永久接地故障，Ⅰ线两端保护及重合闸

均正确动作，同时Ⅰ母微机母线保护B相差动元件动作切除Ⅰ母所有元件。事后检查母线保护装置工作正常，母线保护打印报告显示Ⅰ线M站侧A相短路电流较大，同时B相有一个较小的故障电流，且其他连接元件B相无故障电流。

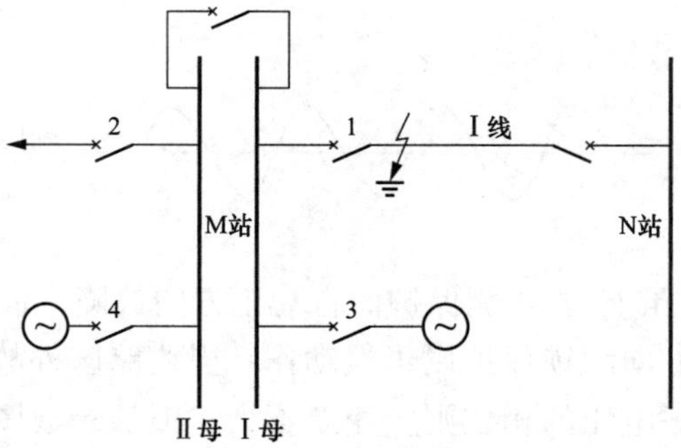

（1）请叙述Ⅰ线两侧线路保护装置及重合闸应有的动作行为。

（2）请分析造成母线保护误动的可能原因。

答：（1）N端双套高频保护动作，重合成功；M端除高频保护动作外，接地距离Ⅰ段、零序方向Ⅰ段保护应动作；M端由于母线保护动作闭锁重合闸，不重合。

（2）根据题意，此次母线保护误动的原因基本可排除母差保护本身问题或系统发生B相故障；初步定位问题点在电流互感器二次回路；重点怀疑电缆绝缘损坏或电流互感器二次回路两点接地。

43. 某220kV线路两侧设有高频闭锁保护，当区外单相接地故障时，M侧、N侧高频闭锁保护因零序方向保护均动作而跳闸，已知零序方向元件的最大灵敏角为110°（零序电流超前零序电压110°），故障录波波形见下图。试分析：

（1）本次误动的原因。

（2）在哪些情况下可能发生这种错误？

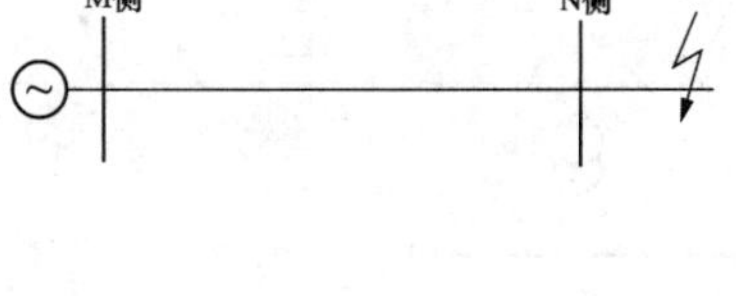

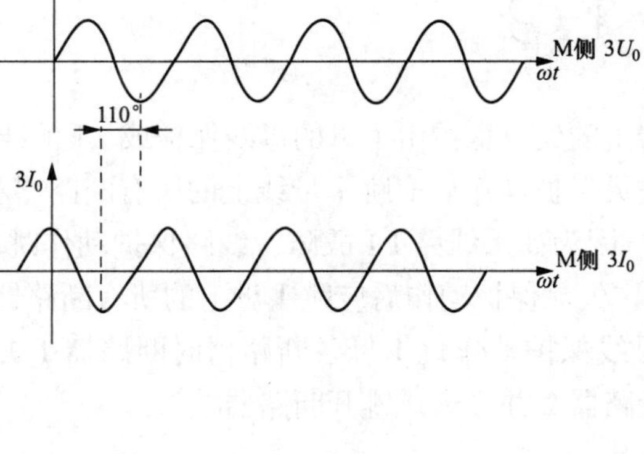

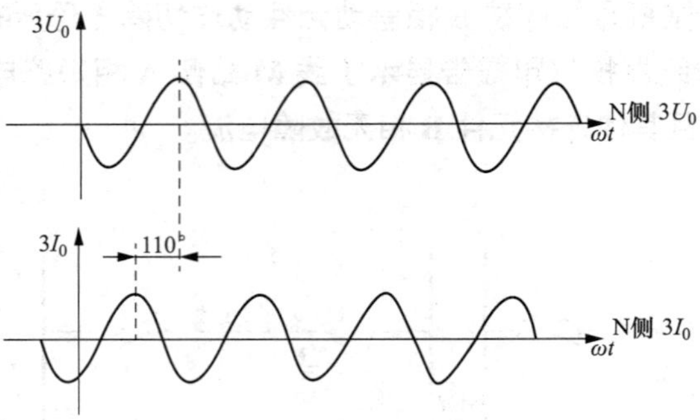

答：（1）k点故障，虽然对M侧保护而言为正方向故障，但对N侧保护而言却为反方向故障，故高频零序方向闭锁保护属于误动作。当线路区外故障时，两侧的零序电流的相位应基本相反，零序电压的相位则应相差不大。但从录波图看，两侧零序电流的相位相反，但两侧零序电压的相位也相反，而且，两侧的零序电流均超前于本侧的零序电压110°，由此可见，N侧的零序电压相位错误是本次误动的原因。

（2）一是零序电压极性接反；二是零序电压回路存在多点接地；三是没有“反措”要求，将电压互感器二、三次回路按6根电缆芯引入保护装置。

44. 下图是3/2接线方式，请说明：

（1）边断路器1的失灵保护应有哪些保护启动？

（2）边断路器1的失灵保护动作后应跳哪些断路器？说明理由。

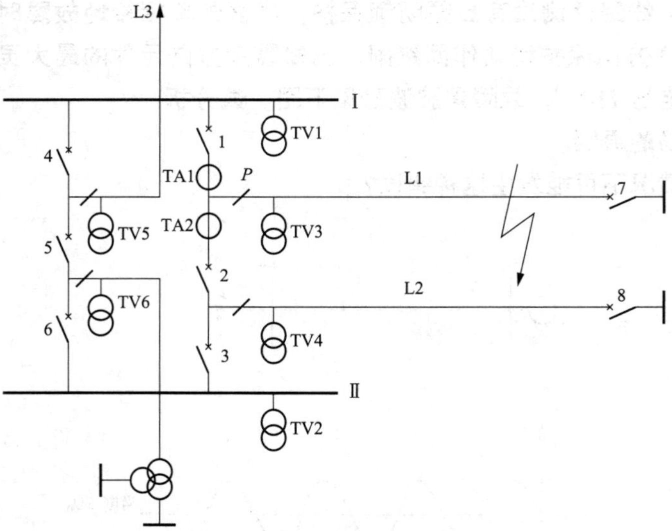

答：（1）边断路器1的失灵保护由Ⅰ母的母线保护或L1的线路保护启动。

（2）断路器1的失灵保护动作后应跳Ⅰ母线上的所有断路器和中断路器2，并启动线路L1的远跳断路器7。因为如果线路L1故障，线路保护动作跳1、2断路器，但断路器1失灵，为了切除故障，失灵保护动作后应跳Ⅰ母上的所有断路器。

如果Ⅰ母故障，母线保护动作跳Ⅰ母各断路器时断路器1失灵，为了切除故障，失灵保护动作后应跳中断路器2并经远跳跳开断路器7。

45. 如下图所示电网，变压器高、中压侧接地运行，线路发生高阻接地故障时，M侧线路保护零序保护拒动，此时流过 M 侧保护的零序电流为 300A，M 侧带方向的零序过电流保护Ⅳ段定值为 240A（一次值），M 侧保护装置及其二次回路正常，请分析 M 侧带方向的零序过电流保护拒动可能的原因。此时变压器什么保护可能动作？

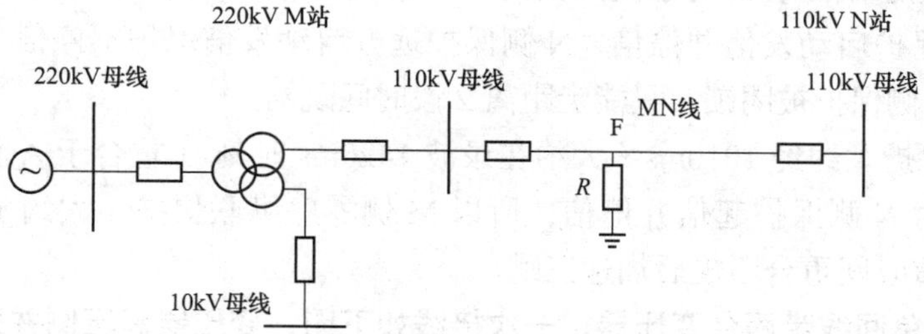

答：MN 线路 M 侧系统零序阻抗较小，导致 M 侧保护零序电压小，达不到零序过电流保护电压开放门槛，零序功率方向不开放。变压器（110kV 侧或 220kV 侧的）不带方向的过电流或零序过电流保护动作。

46. 某 220kV 线路 MN 如下图所示，配置闭锁式纵联保护及完整的距离、零序后备保护。N 侧保护接母线 TV，两侧纵联保护接三相跳闸位置停信，投单相重合闸；纵联保护通道在 C 相上；二段时间 t_2=0.5s；重合闸时间 1s。线路发生故障并跳闸，经检查：一次线路 N 侧出口处 A 相断线，并在断口两侧接地。N 侧保护距离Ⅰ段动作跳 A 相，经单重时间重合不成后加速跳三相。M 侧保护纵联零序方向动作跳 A 相，经单重时间重合不成后加速跳三相。N 侧故障录波在线路断线时启动。试通过 N 侧故障录波图，分析两侧保护的动作行为。

答：（1）从 N 侧录波图可见，录波在 −50～300ms 没有故障表现，就此推断大约 300ms 前只发生了断线故障。

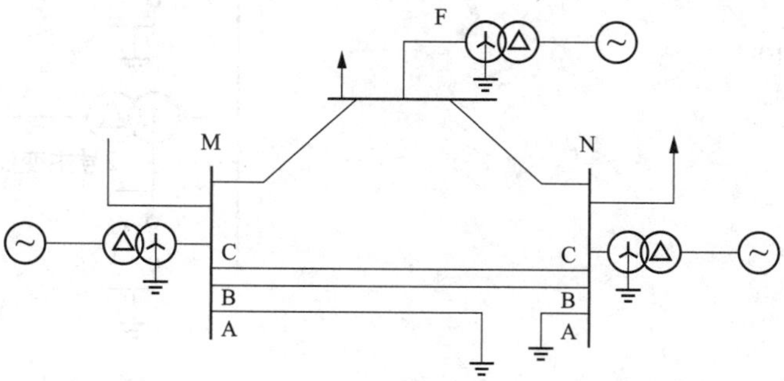

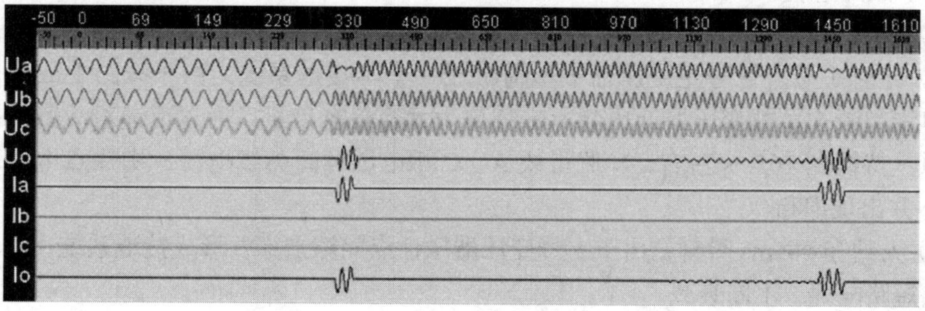

（2）两侧保护均没感受到故障，到录波图大约300ms处发生断口母线侧（与N侧相联结部分）A相接地故障，N侧保护由于感受到出口接地故障，所以距离一段动作。由于M侧（断口的线路侧）这时仍感受不到故障，所以在收到N侧高频信号后，远方启动发信保护不停信，N侧纵联保护被闭锁不动作。

（3）从N侧录波图看：到录波图大约1070ms处发生M侧（断口的线路侧）A相接地故障，M侧保护启动发信并停信，N侧保护远方启动发信保护不停信（由于未接单跳停信），所以M侧保护被闭锁。只能走距离2段时间跳闸。

（4）N侧保护大约经1010ms（大约在录波1420ms时刻）重合于A相故障，后加速三相跳闸。此时N侧保护起信并停信，所以M侧零序纵联保护（大约1420ms）动作，跳A相，经单重时间重合不成后加速三跳。

47. 110kV单回线带两台变压器，一次接线如下图，变压器高压侧并列运行，线路发生故障，波形如下图：波形排列顺序为，高压侧母线电压 U_a、U_b、U_c、U_0，1号主变压器高压侧电流 I_a、I_b、I_c，1号主变压器中性点电流 I_0，2号主变压器高压侧电流 I_a、I_b、I_c。试问：（1）线路上发生何种故障？

（2）1号、2号主变压器中性点的运行状态。

（3）分析故障的过程。

答：（1）线路发生B相单相接地故障。

（2）1号、2号主变压器中性点为经间隙接地运行方式。

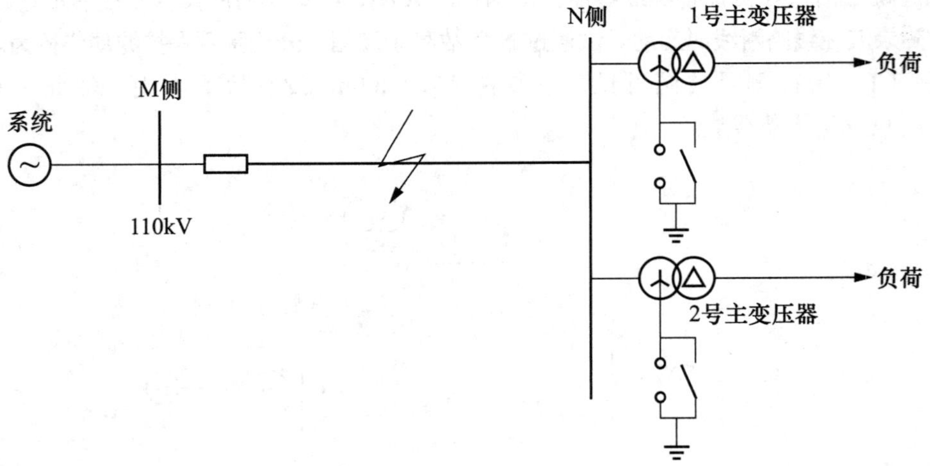

（3）故障过程：

1）故障录波显示0 ms时发生线路B相接地故障，62ms左右M侧断路器跳闸；

2）此时1号、2号主变压器带负荷形成一个不接地系统，由于线路上故障仍未消失，初步判断1号主变压器低压侧所带负荷为大容量电动机，通过反馈对故障点提供短路电源，持续到165ms左右，N侧母线A、C相电压升高为线电压，中性点电压理论为300V，并出现饱和。

3）大约在165ms时刻，由于1号变压器中性点间隙击穿，形成接地系统，电动机反馈提供短路电源，不断衰减。

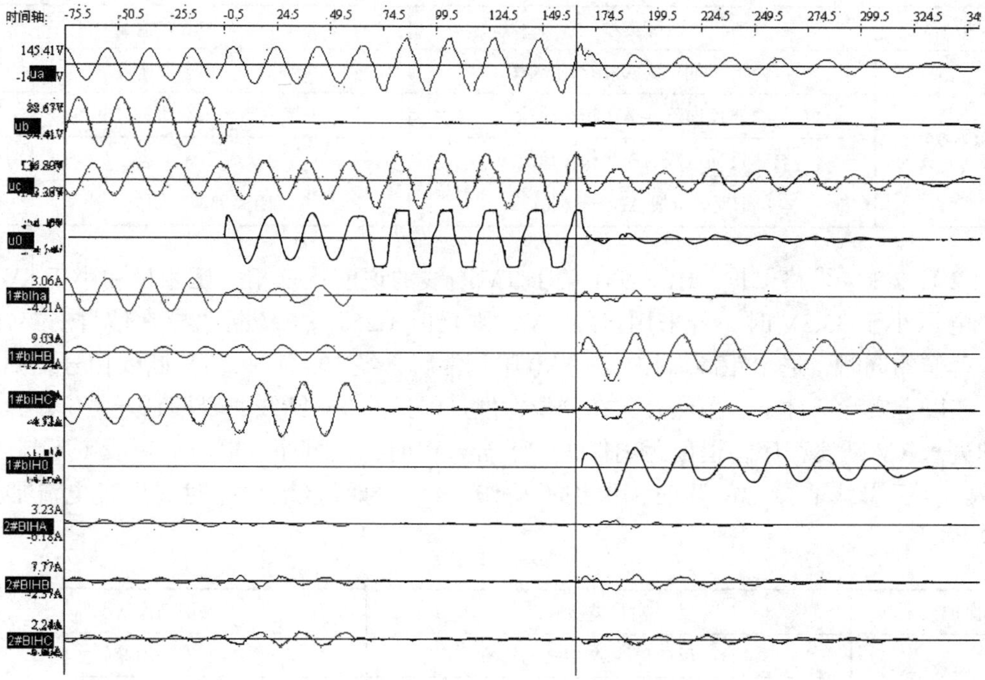

48. 如下图所示系统中，线路 AB 充电运行，A 侧开关在合位，B 侧开关在分位；变电站 B 的母线空载三相无压。若母线分别是 A 相接地故障、AB 相间故障、AB 两相接地故障、ABC 三相故障，此时手合线路 AB 的 B 侧开关，试以 110kV 线路保护 RCS-943B 和 220kV 线路保护 RCS-931 为例分别分析保护动作情况。

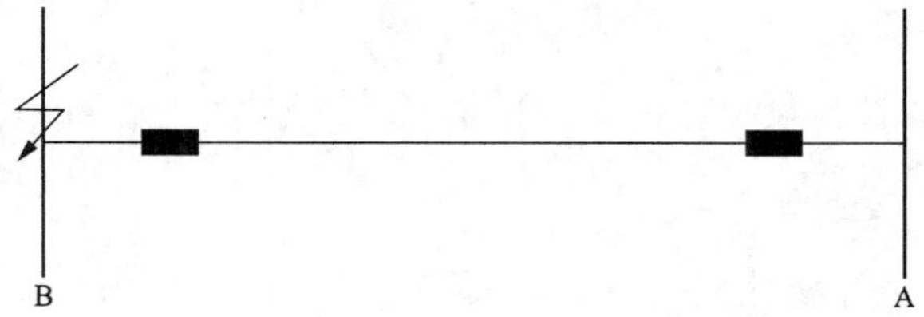

答:（1）110kV 线路保护。RCS-941B 关于 TV 断线的说明：正序电压小于 33V 时，当任一相有流元件动作或 TWJ 不动作时，延时 1.25s 发 TV 断线异常信号。TV 断线信号动作的同时，退出距离保护。三相电压正常后，经 10s 延时，TV 断线信号复归。因此，在以上实验条件下，因开关在分位，保护不进入 TV 断线程序，距离保护不退出。手合开关时，加速距离Ⅲ段和零序过电流加速段（不判方向）生效。合于母线非三相故障时，距离继电器由正序电压极化，因此不会失去方向性，距离保护不动作。合于母线三相故障时（正序电压小于 10%U_n），进入低压距离程序，距离继电器由故障前记忆电压的正序分量极化。因故障前母线电压为零，所以记忆电压为零，因此距离Ⅰ、Ⅱ段动作特性经过原点，处于动作边界。而距离Ⅲ段继电器的门槛电压倒置，特性包含原点，可动作。

保护型号	故障类型	保护动作情况
RCS-941	合于反向母线 A 相接地故障	零序加速
	合于反向母线 AB 相间故障	不动
	合于反向母线 AB 两相接地故障	零序加速
	合于反向母线 ABC 三相故障	距离加速、距离Ⅰ段

（2）220kV 线路保护。RCS-931 关于 TV 断线的说明：三相电压相量和小于 8V，但正序电压小于 33.3V 时，若采用母线 TV，则延时 1.25s 发 TV 断线异常信号。TV 断线信号动作的同时，退出距离保护。三相电压正常后，经 10s 延时，TV 断线信号复归。因此，在以上实验条件下，虽然开关在分位，但是保护的 TV 断线逻辑不判开关位置，因此保护进入 TV 断线程序，退出距离保护。手合开关时，仅零序过电流加速段（不判方向）生效。合于母线非接地故障时，保护不动作。合于母线接地故障时零序过电流加速段动作。

保护型号	实验类型	保护动作情况
RCS-931	合于反向母线 A 相接地故障	零序加速
	合于反向母线 AB 相间故障	不动
	合于反向母线 AB 两相接地故障	零序加速
	合于反向母线 ABC 三相故障	不动